普通高等教育农业部"十二五"规划教材

全国高等农业院校优秀教材

食 品 化 学

第 二 版

夏延斌　王　燕　主编

中国农业出版社

图书在版编目（CIP）数据

食品化学／夏延斌，王燕主编．—2版．—北京：
中国农业出版社，2014.11（2018.12重印）
普通高等教育农业部"十二五"规划教材
ISBN 978-7-109-19769-5

Ⅰ.①食…　Ⅱ.①夏…②王…　Ⅲ.①食品化学-高
等学校-教材　Ⅳ.①TS201.2

中国版本图书馆 CIP 数据核字（2014）第 266183 号

中国农业出版社出版
（北京市朝阳区麦子店街 18 号楼）
（邮政编码 100125）
策划编辑　王芳芳
文字编辑　李国忠

北京万友印刷有限公司印刷　新华书店北京发行所发行
2004 年 8 月第 1 版　2015 年 2 月第 2 版
2018 年 12 月第 2 版北京第 2 次印刷

开本：787mm×1092mm　1/16　印张：26.25
字数：623 千字
定价：39.50 元
（凡本版图书出现印刷、装订错误，请向出版社发行部调换）

第 二 版 编 者

主　编　夏延斌（湖南农业大学）

　　　　王　燕（湖南农业大学）

副主编　胡秋辉（南京财经大学）

　　　　赵新淮（东北农业大学）

　　　　王文君（江西农业大学）

　　　　吉宏武（广东海洋大学）

参　编　（按姓名笔画排序）

　　　　王玉昆（河北工程大学）

　　　　王英丽（内蒙古农业大学）

　　　　王佳宏（南京林业大学）

　　　　王雅立（福建省药品检验所）

　　　　付晓萍（云南农业大学）

　　　　伊　莉（山西农业大学）

　　　　陈海华（青岛农业大学）

　　　　庞　杰（福建农林大学）

　　　　郑惠娜（广东海洋大学）

　　　　夏　菠（湖南农业大学）

　　　　龚加顺（云南农业大学）

第 一 版 编 者

主　编　夏延斌（湖南农业大学）

副主编　胡秋辉（南京农业大学）

　　　　赵新淮（东北农业大学）

参　编　（按姓名笔画排列）

　　　　王　燕（湖南农业大学）

　　　　王文君（江西农业大学）

　　　　毕金峰（中国农业科学院）

　　　　安辛辛（南京农业大学）

　　　　宋莲军（河南农业大学）

　　　　郑艺梅（安徽技术师范学院）

　　　　常　泓（山西农业大学）

第 二 版 前 言

食品化学是从化学的角度在分子水平上研究食品的组成、结构、理化性质、营养和安全性以及它们在生产、加工、贮藏、运输、销售过程中发生化学变化的规律。了解食品化学原理和掌握食品化学技术是从事食品科技工作必不可少的条件之一。食品化学已成为食品科学与工程专业、食品质量与安全专业或相关专业的必修课程。

本书第一版已经出版 8 年了。近几年来中国食品产业和食品科学发生了显著的变化，民以食为天，食以安为先，人民对食品质量与安全的要求，促进了科学技术的进步，食品科学类相关专业也成为高等教育体系中最重要的专业类群之一。在此条件下，修订食品化学教材已成为必需，如何在原来的基本框架不变的前提下及时反映出本领域的科学技术进步，是每一位作者需要认真思考的问题。

本次修订保持原章节名称不变，全书仍由绪论和 12 章组成，各章分别为水、糖类、脂质、蛋白质、维生素、矿物质、酶、风味物质、食品中的天然色素、萜类与生物碱、食品添加剂、食品中的有害物质。但在每一章中根据现有的认识水平，添加了更实用的理论与实践知识，修订了过去不够明确的概念，希望新的《食品化学》在原版基础上有质的提升。

本次修订对内容的处理，力图层次清楚、知识点明确，有利于老师备课，也有利于学生自学。很多知识并非简单地组合相关资料中的内容，而是从相关交叉科学的最新研究中或编者自身的研究中提炼得来，充分体现了教材内容的新颖性和实用性。

编者分工如下：

绪论，湖南农业大学夏延斌编写；

水，东北农业大学赵新淮编写；

糖类，青岛农业大学陈海华编写；

脂质，湖南农业大学王燕编写；

蛋白质，福建农林大学庞杰与福建省药品检验所王雅立联合编写；

维生素，河北工程大学王玉昆编写；

矿物质，内蒙古农业大学王英丽编写；

酶，江西农业大学王文君与山西农业大学伊莉联合编写；

食品风味物质，湖南农业大学夏菠编写；

食品中的天然色素，南京林业大学王佳宏编写；

蕈类与生物碱，南京财经大学胡秋辉编写；

食品添加剂，云南农业大学龚加顺与付晓萍联合编写；

食品中的有害物质，广东海洋大学吉宏武与郑惠娜联合编写；

全书由夏延斌、王燕统稿并定稿。

由于编者学术水平有限，书中难免有错，敬请批评指正。

编　者

2014 年 5 月

第 一 版 前 言

食品化学是一门研究食品中的化学变化与食品质量相关性的科学。了解食品化学原理和掌握食品化学技术是从事食品科技工作必不可少的条件之一。食品化学已成为食品科学与工程专业、食品质量与安全专业或相关专业的必修课程。

本教材收集了国际、国内最新的食品化学研究成果，采取了全新的编排方案，以适当的篇幅全面介绍了食品化学的原理及应用技术，既适合于教师讲授，也适合于学生自学。全书分为13章，分别为：绪论、水、碳水化合物、脂质、蛋白质、维生素、矿物质、酶、风味物质、食品中的天然色素、菇类与生物碱、食品添加剂、食品中常见的有害物质。

考虑到目前我国食品质量与安全面临诸多挑战，本书在内容的处理方面，讨论了食物成分在加工条件下的理化反应，也讨论了功能成分、有毒有害物质对人的影响。其中很多知识并非简单地组合相关教材的内容，而是从相关交叉科学的最新研究中或编者自身的研究中得来，充分体现了教材内容的新颖性和实用性。

编者分工如下：

夏延斌，湖南农业大学食品科技学院，编写：绪论、风味物质。

胡秋辉，南京农业大学食品科技学院，编写：菇类与生物碱

赵新淮，东北农业大学食品学院，编写：水、食品中的有害物质

宋莲军，河南农业大学生物技术与食品科学学院，编写：食品中的天然色素

毕金峰，中国农业科学院农产品加工研究所，编写：碳水化合物

王文君，江西农业大学食品科学与工程系，编写：酶

常 泓，山西农业大学食品学院，编写：蛋白质

郑艺梅，安徽技术师范学院工程技术系，编写：维生素、矿物质

王 燕，湖南农业大学食品科技学院，编写：脂质

安辛辛，南京农业大学食品科技学院，编写：食品添加剂

由于编者学术水平有限，书中错误之处，敬请批评指正。

编 者

2004 年 2 月

目　　录

第二版前言
第一版前言

绪论 ··· 1

0.1　食品化学的课程地位 ·· 1

0.2　食品化学的发展过程 ·· 1

　　0.2.1　天然动植物特征成分的分离与分析阶段 ······························· 1

　　0.2.2　食品化学在农业化学发展的过程中不断充实 ·························· 2

　　0.2.3　生物化学的发展推动食品化学的发展 ································· 2

　　0.2.4　关注人类营养，推动食品化学发展 ···································· 2

0.3　食品化学理论体系的特点 ··· 3

　　0.3.1　食品的品质特性 ·· 3

　　0.3.2　影响食品品质特性的化学反应 ··· 5

　　0.3.3　研究食品化学反应的关键条件实现反应干预 ························· 6

0.4　食品化学的学习方法 ·· 7

　　复习思考题 ··· 8

第1章　水 ··· 9

1.1　水的分子结构和性质 ··· 10

　　1.1.1　水的分子结构 ·· 10

　　1.1.2　冰的分子结构 ·· 11

　　1.1.3　水的物理性质 ·· 12

1.2　食品中水与非水成分的相互作用 ·· 13

　　1.2.1　食品中水的存在状态 ·· 13

　　1.2.2　水与非水成分的相互作用 ··· 14

1.3　水分活度 ··· 16

　　1.3.1　水分活度的定义 ·· 16

　　1.3.2　水分活度的测定 ·· 18

1.4　水分活度与水分含量的关系 ·· 18

　　1.4.1　水的吸湿等温线 ·· 18

　　1.4.2　吸湿等温线的数学描述 ·· 21

1.5　水与食品保存性的关系 ·· 22

1.5.1 水分活度与食品保存性的关系 ……………………………… 22

1.5.2 冰冻与食品稳定性的关系 ……………………………………… 23

1.5.3 玻璃态、分子移动性与食品稳定性的关系 …………………… 25

1.5.4 水分活度、分子移动性和玻璃化转变温度在预测食品稳定性的比较 … 29

1.6 含水食品的水分转移 …………………………………………………… 30

1.6.1 水分的位转移 ……………………………………………… 30

1.6.2 水分的相转移 ……………………………………………… 30

复习思考题 …………………………………………………………………… 32

第2章 糖类 …………………………………………………………………… 33

2.1 单糖和低聚糖 …………………………………………………………… 33

2.1.1 单糖 …………………………………………………………… 33

2.1.2 糖苷 …………………………………………………………… 35

2.1.3 低聚糖 ………………………………………………………… 38

2.2 单糖和低聚糖的性质 …………………………………………………… 44

2.2.1 单糖和低聚糖的物理性质 …………………………………… 44

2.2.2 单糖和低聚糖的化学性质 …………………………………… 47

2.3 多糖 ……………………………………………………………………… 56

2.3.1 多糖概述 ……………………………………………………… 56

2.3.2 多糖的性质 …………………………………………………… 57

2.4 食品中的主要多糖 ……………………………………………………… 59

2.4.1 淀粉 …………………………………………………………… 59

2.4.2 果胶 …………………………………………………………… 70

2.4.3 纤维素和半纤维素 …………………………………………… 73

2.5 其他植物多糖 …………………………………………………………… 76

2.5.1 阿拉伯胶 ……………………………………………………… 76

2.5.2 魔芋胶 ………………………………………………………… 76

2.5.3 黄芪胶 ………………………………………………………… 77

2.5.4 瓜尔豆胶 ……………………………………………………… 77

2.5.5 刺槐豆胶 ……………………………………………………… 78

2.6 海洋多糖 ………………………………………………………………… 78

2.6.1 琼脂 …………………………………………………………… 78

2.6.2 海藻胶 ………………………………………………………… 79

2.6.3 卡拉胶 ………………………………………………………… 80

2.6.4 壳聚糖 ………………………………………………………… 81

2.7 微生物多糖 ……………………………………………………………… 82

2.7.1 黄原胶 ………………………………………………………… 82

2.7.2 苗霉胶 ………………………………………………………… 83

2.8 食品中糖类的功能作用 ………………………………………………… 83

　　2.8.1　单糖和低聚糖的功能 ………………………………………………… 83

　　2.8.2　多糖的功能 ………………………………………………………… 85

　复习思考题 ………………………………………………………………… 87

第3章　脂质 …………………………………………………………………… 88

3.1　脂质的组成与分类 …………………………………………………… 88

　　3.1.1　脂质的分类 ………………………………………………………… 88

　　3.1.2　脂质的主要组成成分 ……………………………………………… 89

　　3.1.3　三酰基甘油的结构和分类 ………………………………………… 91

　　3.1.4　具有保健作用的脂质 ……………………………………………… 93

　　3.1.5　其他脂质 …………………………………………………………… 100

3.2　油脂的物理性质 ……………………………………………………… 101

　　3.2.1　油脂的气味和色泽 ………………………………………………… 101

　　3.2.2　油脂的熔点和沸点 ………………………………………………… 101

　　3.2.3　油脂的烟点、闪点和着火点 ……………………………………… 101

　　3.2.4　油脂的晶体结构与固态脂特点 …………………………………… 102

　　3.2.5　天然油脂中脂肪酸位置分布 ……………………………………… 105

　　3.2.6　油脂熔融 …………………………………………………………… 106

　　3.2.7　油脂的液晶相 ……………………………………………………… 108

　　3.2.8　乳浊液与乳化剂 …………………………………………………… 108

3.3　食用油脂的劣变反应 ………………………………………………… 112

　　3.3.1　脂解反应 …………………………………………………………… 112

　　3.3.2　脂质氧化 …………………………………………………………… 112

　　3.3.3　脂质热解 …………………………………………………………… 126

　　3.3.4　油炸用油的化学变化 ……………………………………………… 128

　　3.3.5　辐照 ………………………………………………………………… 129

3.4　油脂品质鉴评 ………………………………………………………… 130

　　3.4.1　油脂的重要化学特征值 …………………………………………… 130

　　3.4.2　油脂氧化稳定性的测定 …………………………………………… 131

3.5　油脂加工化学 ………………………………………………………… 133

　　3.5.1　油脂的制取 ………………………………………………………… 133

　　3.5.2　油脂的精炼 ………………………………………………………… 133

　　3.5.3　油脂的改性加工 …………………………………………………… 134

3.6　脂质与健康 …………………………………………………………… 139

　　3.6.1　脂肪酸的生物活性 ………………………………………………… 139

　　3.6.2　脂肪替代品 ………………………………………………………… 141

　复习思考题 ………………………………………………………………… 141

第4章　蛋白质 ………………………………………………………………… 142

4.1　蛋白质概述 …………………………………………………………… 142

4.1.1　蛋白质的化学组成 ……………………………………………………………… 142

4.1.2　组成蛋白质的基本单位氨基酸 ………………………………………………… 142

4.2　氨基酸和蛋白质的分类和结构 ……………………………………………………… 142

4.2.1　氨基酸的分类和结构 …………………………………………………………… 142

4.2.2　蛋白质的分类和结构 …………………………………………………………… 144

4.2.3　维持蛋白质各级结构的作用力 ………………………………………………… 145

4.3　蛋白质在食品加工中的功能性质 …………………………………………………… 147

4.3.1　蛋白质的水合性质 ……………………………………………………………… 147

4.3.2　蛋白质的溶解度 ………………………………………………………………… 149

4.3.3　蛋白质的黏度 …………………………………………………………………… 150

4.3.4　蛋白质的胶凝作用 ……………………………………………………………… 151

4.3.5　蛋白质的质构化 ………………………………………………………………… 152

4.3.6　面团的形成 ……………………………………………………………………… 153

4.3.7　蛋白质的乳化性质 ……………………………………………………………… 154

4.3.8　蛋白质的发泡作用 ……………………………………………………………… 155

4.3.9　蛋白质与风味物质的结合 ……………………………………………………… 157

4.3.10　蛋白质的其他功能性质 ……………………………………………………… 158

4.4　食品加工对蛋白质功能和营养价值的影响 ………………………………………… 159

4.4.1　热处理对蛋白质功能和营养价值的影响 ……………………………………… 159

4.4.2　低温处理对蛋白质功能和营养价值的影响 …………………………………… 161

4.4.3　脱水处理对蛋白质功能和营养价值的影响 …………………………………… 162

4.4.4　氧化剂对蛋白质功能和营养价值的影响 ……………………………………… 162

4.4.5　机械处理对蛋白质功能和营养价值的影响 …………………………………… 164

4.4.6　酶处理引起的蛋白质变化 ……………………………………………………… 164

4.4.7　蛋白质与其他物质的反应 ……………………………………………………… 164

4.4.8　蛋白质的专一化学改性 ………………………………………………………… 166

4.5　常见食品蛋白质 ……………………………………………………………………… 167

4.5.1　肉类蛋白质 ……………………………………………………………………… 167

4.5.2　胶原和明胶 ……………………………………………………………………… 168

4.5.3　乳蛋白质 ………………………………………………………………………… 168

4.5.4　卵蛋白质 ………………………………………………………………………… 169

4.5.5　鱼肉中的蛋白质 ………………………………………………………………… 171

4.5.6　谷物类蛋白质 …………………………………………………………………… 171

4.5.7　大豆蛋白质 ……………………………………………………………………… 172

4.6　蛋白质新资源 ………………………………………………………………………… 173

4.6.1　单细胞蛋白质 …………………………………………………………………… 174

4.6.2　叶蛋白质 ………………………………………………………………………… 174

4.6.3　动物浓缩蛋白质 ………………………………………………………………… 174

复习思考题 ………………………………………………………………………………… 175

第 5 章　维生素 ⋯⋯⋯⋯⋯⋯⋯⋯⋯⋯⋯⋯⋯⋯⋯⋯⋯⋯⋯⋯⋯⋯⋯⋯⋯⋯⋯⋯⋯⋯ 176

5.1　维生素概述 ⋯⋯⋯⋯⋯⋯⋯⋯⋯⋯⋯⋯⋯⋯⋯⋯⋯⋯⋯⋯⋯⋯⋯⋯⋯⋯⋯⋯⋯⋯ 176

5.1.1　维生素的概念和特点 ⋯⋯⋯⋯⋯⋯⋯⋯⋯⋯⋯⋯⋯⋯⋯⋯⋯⋯⋯⋯⋯⋯⋯ 176

5.1.2　维生素的研究历史 ⋯⋯⋯⋯⋯⋯⋯⋯⋯⋯⋯⋯⋯⋯⋯⋯⋯⋯⋯⋯⋯⋯⋯⋯ 176

5.1.3　维生素的分类与命名 ⋯⋯⋯⋯⋯⋯⋯⋯⋯⋯⋯⋯⋯⋯⋯⋯⋯⋯⋯⋯⋯⋯⋯ 177

5.2　脂溶性维生素 ⋯⋯⋯⋯⋯⋯⋯⋯⋯⋯⋯⋯⋯⋯⋯⋯⋯⋯⋯⋯⋯⋯⋯⋯⋯⋯⋯⋯ 177

5.2.1　维生素 A ⋯⋯⋯⋯⋯⋯⋯⋯⋯⋯⋯⋯⋯⋯⋯⋯⋯⋯⋯⋯⋯⋯⋯⋯⋯⋯⋯⋯ 177

5.2.2　维生素 D ⋯⋯⋯⋯⋯⋯⋯⋯⋯⋯⋯⋯⋯⋯⋯⋯⋯⋯⋯⋯⋯⋯⋯⋯⋯⋯⋯⋯ 178

5.2.3　维生素 E ⋯⋯⋯⋯⋯⋯⋯⋯⋯⋯⋯⋯⋯⋯⋯⋯⋯⋯⋯⋯⋯⋯⋯⋯⋯⋯⋯⋯ 180

5.2.4　维生素 K ⋯⋯⋯⋯⋯⋯⋯⋯⋯⋯⋯⋯⋯⋯⋯⋯⋯⋯⋯⋯⋯⋯⋯⋯⋯⋯⋯⋯ 181

5.3　水溶性维生素 ⋯⋯⋯⋯⋯⋯⋯⋯⋯⋯⋯⋯⋯⋯⋯⋯⋯⋯⋯⋯⋯⋯⋯⋯⋯⋯⋯⋯ 182

5.3.1　维生素 C ⋯⋯⋯⋯⋯⋯⋯⋯⋯⋯⋯⋯⋯⋯⋯⋯⋯⋯⋯⋯⋯⋯⋯⋯⋯⋯⋯⋯ 182

5.3.2　维生素 B_1 ⋯⋯⋯⋯⋯⋯⋯⋯⋯⋯⋯⋯⋯⋯⋯⋯⋯⋯⋯⋯⋯⋯⋯⋯⋯⋯⋯ 183

5.3.3　维生素 B_2 ⋯⋯⋯⋯⋯⋯⋯⋯⋯⋯⋯⋯⋯⋯⋯⋯⋯⋯⋯⋯⋯⋯⋯⋯⋯⋯⋯ 186

5.3.4　烟酸 ⋯⋯⋯⋯⋯⋯⋯⋯⋯⋯⋯⋯⋯⋯⋯⋯⋯⋯⋯⋯⋯⋯⋯⋯⋯⋯⋯⋯⋯⋯ 187

5.3.5　维生素 B_6 ⋯⋯⋯⋯⋯⋯⋯⋯⋯⋯⋯⋯⋯⋯⋯⋯⋯⋯⋯⋯⋯⋯⋯⋯⋯⋯⋯ 188

5.3.6　叶酸 ⋯⋯⋯⋯⋯⋯⋯⋯⋯⋯⋯⋯⋯⋯⋯⋯⋯⋯⋯⋯⋯⋯⋯⋯⋯⋯⋯⋯⋯⋯ 188

5.3.7　维生素 B_{12} ⋯⋯⋯⋯⋯⋯⋯⋯⋯⋯⋯⋯⋯⋯⋯⋯⋯⋯⋯⋯⋯⋯⋯⋯⋯⋯ 189

5.3.8　泛酸 ⋯⋯⋯⋯⋯⋯⋯⋯⋯⋯⋯⋯⋯⋯⋯⋯⋯⋯⋯⋯⋯⋯⋯⋯⋯⋯⋯⋯⋯⋯ 190

5.3.9　生物素 ⋯⋯⋯⋯⋯⋯⋯⋯⋯⋯⋯⋯⋯⋯⋯⋯⋯⋯⋯⋯⋯⋯⋯⋯⋯⋯⋯⋯⋯ 190

5.4　维生素类似物 ⋯⋯⋯⋯⋯⋯⋯⋯⋯⋯⋯⋯⋯⋯⋯⋯⋯⋯⋯⋯⋯⋯⋯⋯⋯⋯⋯⋯ 191

5.4.1　胆碱 ⋯⋯⋯⋯⋯⋯⋯⋯⋯⋯⋯⋯⋯⋯⋯⋯⋯⋯⋯⋯⋯⋯⋯⋯⋯⋯⋯⋯⋯⋯ 191

5.4.2　肉碱 ⋯⋯⋯⋯⋯⋯⋯⋯⋯⋯⋯⋯⋯⋯⋯⋯⋯⋯⋯⋯⋯⋯⋯⋯⋯⋯⋯⋯⋯⋯ 191

5.4.3　肌醇 ⋯⋯⋯⋯⋯⋯⋯⋯⋯⋯⋯⋯⋯⋯⋯⋯⋯⋯⋯⋯⋯⋯⋯⋯⋯⋯⋯⋯⋯⋯ 192

5.4.4　其他维生素类似物 ⋯⋯⋯⋯⋯⋯⋯⋯⋯⋯⋯⋯⋯⋯⋯⋯⋯⋯⋯⋯⋯⋯⋯⋯ 192

5.5　维生素的生物可利用性 ⋯⋯⋯⋯⋯⋯⋯⋯⋯⋯⋯⋯⋯⋯⋯⋯⋯⋯⋯⋯⋯⋯⋯⋯ 194

5.5.1　维生素生物可利用性的含义 ⋯⋯⋯⋯⋯⋯⋯⋯⋯⋯⋯⋯⋯⋯⋯⋯⋯⋯⋯ 194

5.5.2　影响维生素生物可利用性的因素 ⋯⋯⋯⋯⋯⋯⋯⋯⋯⋯⋯⋯⋯⋯⋯⋯⋯ 194

5.6　维生素在食品加工与贮藏过程中的变化 ⋯⋯⋯⋯⋯⋯⋯⋯⋯⋯⋯⋯⋯⋯⋯⋯⋯ 194

5.6.1　食品原料本身对维生素的影响 ⋯⋯⋯⋯⋯⋯⋯⋯⋯⋯⋯⋯⋯⋯⋯⋯⋯⋯ 194

5.6.2　食品加工前预处理对维生素的影响 ⋯⋯⋯⋯⋯⋯⋯⋯⋯⋯⋯⋯⋯⋯⋯⋯ 195

5.6.3　食品加工过程对维生素的影响 ⋯⋯⋯⋯⋯⋯⋯⋯⋯⋯⋯⋯⋯⋯⋯⋯⋯⋯ 195

5.6.4　贮藏过程对维生素的影响 ⋯⋯⋯⋯⋯⋯⋯⋯⋯⋯⋯⋯⋯⋯⋯⋯⋯⋯⋯⋯ 198

复习思考题 ⋯⋯⋯⋯⋯⋯⋯⋯⋯⋯⋯⋯⋯⋯⋯⋯⋯⋯⋯⋯⋯⋯⋯⋯⋯⋯⋯⋯⋯⋯⋯⋯ 199

第 6 章　矿物质 ⋯⋯⋯⋯⋯⋯⋯⋯⋯⋯⋯⋯⋯⋯⋯⋯⋯⋯⋯⋯⋯⋯⋯⋯⋯⋯⋯⋯⋯⋯ 200

6.1　矿物质概述 ⋯⋯⋯⋯⋯⋯⋯⋯⋯⋯⋯⋯⋯⋯⋯⋯⋯⋯⋯⋯⋯⋯⋯⋯⋯⋯⋯⋯⋯ 200

6.1.1　矿物质的功能 ⋯⋯⋯⋯⋯⋯⋯⋯⋯⋯⋯⋯⋯⋯⋯⋯⋯⋯⋯⋯⋯⋯⋯⋯⋯ 200

6.1.2 矿物质的分类 ……………………………………………………………… 200
6.1.3 动物性食品中的矿物质 ………………………………………………… 201
6.1.4 植物性食品中的矿物质 ………………………………………………… 202
6.2 矿物质的理化性质 ………………………………………………………………… 203
6.2.1 矿物质的溶解性 …………………………………………………………… 203
6.2.2 矿物质的酸碱性 …………………………………………………………… 203
6.2.3 矿物质的氧化还原性 …………………………………………………… 204
6.2.4 微量元素的浓度 …………………………………………………………… 204
6.2.5 矿物质的螯合效应 ………………………………………………………… 204
6.3 食品中主要的矿物质 ……………………………………………………………… 204
6.3.1 食品中的常量元素 ………………………………………………………… 204
6.3.2 食品中的微量元素 ………………………………………………………… 206
6.4 矿物质生物可利用性 ……………………………………………………………… 213
6.4.1 矿物质生物可利用性的概念 …………………………………………… 213
6.4.2 食品中矿物质利用率的测定 …………………………………………… 213
6.4.3 影响矿物质生物可利用性的因素 …………………………………… 214
6.5 矿物质在食品加工和贮藏过程中的变化 …………………………………… 214
6.5.1 遗传因素和环境因素对食品中矿物质的影响 ………………… 214
6.5.2 食品加工中矿物质的变化 ……………………………………………… 214
6.6 矿物质营养强化 …………………………………………………………………… 216
6.6.1 矿物质营养强化概况 …………………………………………………… 216
6.6.2 矿物质营养强化的意义 ………………………………………………… 216
6.6.3 食品矿物质营养强化的原则 …………………………………………… 216
复习思考题 ……………………………………………………………………………… 217
附录 食品矿物质营养强化剂使用标准（GB 14880—2012） …………… 218

第7章 酶 ……………………………………………………………………………… 222
7.1 酶概述 ………………………………………………………………………………… 222
7.1.1 酶在食品科学中的重要性 ……………………………………………… 222
7.1.2 酶在生物材料中的分布 ………………………………………………… 222
7.2 酶的化学本质与分类 ……………………………………………………………… 224
7.2.1 酶的化学本质 ……………………………………………………………… 224
7.2.2 酶的催化特性 ……………………………………………………………… 224
7.2.3 酶催化专一性的两种学说 ……………………………………………… 225
7.2.4 酶的命名与分类 …………………………………………………………… 226
7.2.5 酶的辅助因子 ……………………………………………………………… 229
7.2.6 酶的纯化与活力测定 …………………………………………………… 230
7.3 酶催化反应动力学 ………………………………………………………………… 231
7.3.1 影响酶催化反应速度的因素 …………………………………………… 231

　　7.3.2　酶的抑制作用和抑制剂 ··· 234

7.4　固定化酶 ·· 236

　　7.4.1　固定化酶及其制备原则 ··· 237

　　7.4.2　酶固定化的方法 ··· 238

7.5　内源酶对食品质量的影响 ·· 239

　　7.5.1　内源酶对食品颜色的影响 ··· 239

　　7.5.2　内源酶对食品风味的影响 ··· 240

　　7.5.3　内源酶对食品质构的影响 ··· 241

　　7.5.4　内源酶对食品营养的影响 ··· 243

7.6　食品科学领域常用的酶 ··· 243

　　7.6.1　氧化还原酶在食品科学领域的应用 ·· 245

　　7.6.2　水解酶在食品科学领域的应用 ··· 246

　　7.6.3　应用于食品工业的其他酶简介 ··· 250

　　7.6.4　酶在食品工业中的应用实例 ··· 250

　　7.6.5　酶在食品分析中的作用 ·· 260

7.7　酶促褐变 ·· 262

　　7.7.1　酶促褐变的机理 ··· 262

　　7.7.2　酶促褐变的控制 ··· 264

复习思考题 ·· 265

第8章　食品风味物质 ··· 267

8.1　风味物质概述 ·· 267

　　8.1.1　食品的感官反应 ··· 267

　　8.1.2　食品风味物质的特点 ··· 267

　　8.1.3　研究食品风味的重要性 ·· 269

8.2　味觉和味感物质 ·· 269

　　8.2.1　味觉生理 ·· 269

　　8.2.2　甜味和甜味物质 ··· 270

　　8.2.3　酸味和酸味物质 ··· 272

　　8.2.4　苦味和苦味物质 ··· 273

　　8.2.5　咸味和咸味物质 ··· 275

　　8.2.6　其他味感 ·· 275

8.3　嗅觉和嗅感物质 ·· 277

　　8.3.1　嗅觉生理 ·· 277

　　8.3.2　原嗅 ··· 278

　　8.3.3　麝香 ··· 279

8.4　风味化合物形成的途径 ··· 280

　　8.4.1　酶催化反应 ·· 281

　　8.4.2　非酶催化反应 ·· 283

8.5 几类典型食品的风味 ··· 284
　　8.5.1 植物源性食品的风味 ······································ 284
　　8.5.2 动物源性食品的风味 ······································ 286
　　8.5.3 发酵食品的风味 ·· 289
　复习思考题 ·· 292

第9章 食品中的天然色素 ·· 293

9.1 色素的呈色机理 ·· 293
9.2 食品原料中的天然色素 ·· 294
　　9.2.1 叶绿素 ·· 294
　　9.2.2 血红素 ·· 297
　　9.2.3 类胡萝卜素 ·· 299
　　9.2.4 花青素 ·· 301
　　9.2.5 类黄酮色素 ·· 304
9.3 天然食品着色剂 ·· 305
　　9.3.1 甜菜色素 ·· 306
　　9.3.2 红曲色素 ·· 306
　　9.3.3 姜黄素 ·· 307
　　9.3.4 虫胶色素 ·· 307
　　9.3.5 焦糖色素 ·· 307
　复习思考题 ·· 308

第10章 萜类与生物碱 ··· 309

10.1 食品中常见的萜类化合物 ······································· 309
　　10.1.1 萜类化合物概述 ··· 309
　　10.1.2 单萜类化合物 ··· 310
　　10.1.3 倍半萜类化合物 ··· 312
　　10.1.4 二萜类化合物 ··· 317
　　10.1.5 多萜 ·· 320
10.2 生物碱化学 ··· 323
　　10.2.1 生物碱概述 ··· 323
　　10.2.2 生物碱的生物活性 ······································· 326
　　10.2.3 食品中的生物碱 ··· 327
　　10.2.4 生物碱的提取与分离 ····································· 329
　复习思考题 ·· 332

第11章 食品添加剂 ··· 333

11.1 食品添加剂概述 ··· 333
　　11.1.1 食品添加剂的定义 ······································· 333

11.1.2　食品添加剂的分类 ··· 334

11.1.3　食品添加剂的作用 ··· 334

11.1.4　食品添加剂的使用原则 ·· 334

11.1.5　食品添加剂的应用 ·· 335

11.1.6　食品添加剂的安全性评估和管理 ·· 335

11.2　食品防腐剂 ··· 336

11.2.1　食品防腐剂的定义 ·· 336

11.2.2　食品防腐剂的分类 ·· 337

11.2.3　影响食品防腐剂防腐效果的因素 ·· 337

11.2.4　常用食品防腐剂简介 ·· 337

11.3　食品抗氧化剂 ··· 341

11.3.1　食品抗氧化剂概述 ·· 341

11.3.2　食品抗氧化剂的作用原理 ·· 341

11.3.3　常用食品抗氧化剂简介 ··· 342

11.4　食品漂白剂 ··· 344

11.4.1　食品漂白剂概述 ··· 344

11.4.2　常用食品漂白剂简介 ·· 344

11.5　食品增稠剂 ··· 345

11.5.1　食品增稠剂概述 ··· 345

11.5.2　食品增稠剂使用注意事项 ·· 345

11.5.3　常用食品增稠剂简介 ·· 346

11.6　食品乳化剂 ··· 349

11.6.1　食品乳化剂概述 ··· 349

11.6.2　食品乳化剂的作用机理 ··· 349

11.6.3　乳化剂在食品中的作用 ··· 349

11.6.4　常用食品乳化剂简介 ·· 350

复习思考题 ·· 352

第 12 章　食品中的有害物质 ··· 353

12.1　植物性毒素 ··· 354

12.1.1　蛋白酶抑制剂、血细胞凝集素和皂苷 ··· 355

12.1.2　硫代葡萄糖苷 ·· 357

12.1.3　生氰苷类 ··· 358

12.1.4　棉酚 ··· 358

12.1.5　植物抗毒素 ·· 359

12.1.6　双稠吡咯啶生物碱类 ·· 359

12.1.7　植酸盐和草酸盐 ··· 360

12.1.8　其他植物性毒物 ··· 361

12.2　动物性毒素 ··· 362

　　12.2.1　鱼毒素 ……………………………………………………………… 362
　　12.2.2　贝类毒素 …………………………………………………………… 364
12.3　微生物毒素 ……………………………………………………………… 366
　　12.3.1　霉菌毒素 …………………………………………………………… 366
　　12.3.2　蕈类毒素 …………………………………………………………… 370
　　12.3.3　细菌毒素 …………………………………………………………… 371
　　12.3.4　真菌中毒与细菌中毒的比较 ……………………………………… 374
12.4　化学污染物 ……………………………………………………………… 375
　　12.4.1　化学污染物概述 …………………………………………………… 375
　　12.4.2　农药类 ………………………………………………………………… 376
　　12.4.3　重金属和砷 …………………………………………………………… 378
　　12.4.4　多氯联苯化合物和多溴联苯化合物等 …………………………… 380
　　12.4.5　二噁英化合物 ……………………………………………………… 380
　　12.4.6　兽药及非法添加物 ………………………………………………… 381
　　12.4.7　放射性物质 …………………………………………………………… 385
12.5　食品在加工贮藏中生成的有害物质 …………………………………… 386
　　12.5.1　多环芳烃与苯并（a）芘 …………………………………………… 386
　　12.5.2　硝酸盐、亚硝酸盐与亚硝酸胺 …………………………………… 387
　　12.5.3　丙烯酰胺 …………………………………………………………… 389
　　12.5.4　氯丙醇 ………………………………………………………………… 390
　　12.5.5　杂环芳胺类 …………………………………………………………… 391
复习思考题 …………………………………………………………………… 392

主要参考文献 ………………………………………………………………… 394
附　英文缩略词表 …………………………………………………………… 396

绪　论

食品化学（food chemistry）是一门研究食品中的化学变化与食品质量相关性的科学。食品质量包括食品的色、香、味、质构、营养、安全等几个主要特征指标，其中每个指标的优劣都与食品中的化学成分和化学变化相关。本课程以食物中重要成分水、糖类、油脂、蛋白质、维生素、矿物质、色素、酶等为主线，介绍各主要成分的化学特性、功能特性及其对食品质量的影响。

0.1　食品化学的课程地位

食品化学是食品类专业的核心课程之一。我国高等教育的专业设置中与食品相关的专业有：食品科学与工程、食品质量与安全、粮食工程、酿酒工程、乳品工程等。尽管各个专业都有不同的知识领域，但由于衡量任何食品的质量与安全都离不开食品化学知识，因此所有的食品类专业都开设了食品化学课程。食品化学是食品营养学、食品分析、食品质量控制等课程的基础；是确定食品工艺参数、设计贮藏和运输条件的重要依据，每个食品加工参数的设计，都要建立在对原料化学组成的了解，及对相应条件下可能发生的反应的预测的基础之上。

食品化学是基础理论课与专业技术课的桥梁。要学好食品化学，首先要学好无机化学、分析化学、有机化学及生物化学；另一方面，食品化学对专业技术课程的作用，如同大门的钥匙，学好了食品化学的原理，就掌握了深入到食品科学前沿的条件。

食品化学不同于生物化学。食品化学与生物化学很多研究的对象相同，如蛋白质、脂质等，但研究的内容不同。譬如说两门课程都有蛋白质一章，尽管是完全相同的章节名，但介绍的内容是不一样的。食品化学侧重于研究蛋白质在极端条件下，与生命活动不相容的条件下的理化反应，如食物成分在高热、冷冻、浓缩、脱水、辐照等处理时可能发生的物理变化和化学变化，以及这些变化对食品质量的影响。而生物化学则着重研究蛋白质在与正常生命活动相容的环境条件下，各种生理生化变化的规律及其对生物生命活动的影响。当然，食品化学对某些生理生化反应也有描述，但只是局限在植物的采后生理和动物的宰后生理，其研究范围也是有差别的，探讨的是行将衰败或死亡的生物体内的生理现象，因为这些现象与食品质量密切相关。

0.2　食品化学的发展过程

食品科学源于远古，盛于当今，食品科学的发展，促进了食品化学的发展。如今食品化学已成为一门相对独立的学科，纵观它的发展史，可分为下述 4 个阶段。

0.2.1　天然动植物特征成分的分离与分析阶段

该时期食品化学知识的积累完全依赖于基础化学学科的发展，当化学家们有了分离与分析食物的理论与手段后，便开始了对一些食物及食品的特征成分进行研究。当时学者们对食品的研究是分散的，不系统的，有的重大发现甚至是在其他研究中偶尔得到的。在这一阶段内，比较突出的发现有下述几个。

瑞典药学家 Carl Wilhelm Scheeie（1742—1786）从事了大量的食物成分的分离和测定工作。1780 年分离和研究了乳酸的性质以及把乳酸氧化制成了黏酸；1784—1785 年从柠檬汁和醋栗酒中分离出了柠檬酸；1785 年从苹果中分离出苹果酸。他一共分析了 20 余种普通水果中的柠檬酸、苹果酸、酒石酸。他从植物和动物原料中分离各种新的化合物的工作，被认为是在农业和食品化学方面精密分析研究的开端。

法国化学家 Antoine Laurent Lavoisier（1743—1794）是利用燃烧方法分析有机物的理论奠基人，他首次把发酵过程用配平的化学方程式表达；并首次测定了乙酸的元素组成（1784）；他发表了第一篇关于水果中有机酸的论文（1786）。

法国化学家（Nicolas）Theodore de Saussure（1767—1845）为阐明和规范农业和食品化学的基本理论做了大量工作。他还研究了植物呼吸时 CO_2 和 O_2 的变化；用灰化的方法测定了植物中矿物质的含量；并首次对乙醇进行了精确的元素分析（1807）。

Joseph Louis Gay-Lussac（1778—1850）和 Louis-Jacques Thenard（1777—1857）于 1811 年设计了定量测定干燥植物中碳、氢、氮的含量的第一个方法。

0.2.2 食品化学在农业化学发展的过程中不断充实

农业化学是介绍有关土壤、肥料、农作物等化学知识的一门学科，其中包含了不少食品化学知识。英国化学家 Sir Humphry Davy（1778—1829）在 1813 年出版了第一本《农业化学元素》。他在该书中指出："植物的所有不同部位都有可能分解为少数几种元素，它们能否用于食品或其他目的，取决于植物不同部位或汁液中化学元素的排列方式。"19 世纪初，随着农业化学的发展，食品掺假的现象发生较多，这种现象也促进了化学家们花费更多的精力来了解食品的天然特性，研究掺杂物及食品的特点，建立检测掺假食品的方法。因此在 1820—1850 年，化学和食品化学开始在欧洲占据重要地位。在许多大学中建立了化学研究实验室和创立了新的化学研究杂志，推动了化学和食品化学的发展。从此，食品化学发展的步伐更快。

0.2.3 生物化学的发展推动食品化学的发展

1871 年 Jean Baptiste Dumas 提出一种观点：仅由蛋白质、糖类和脂肪组成的膳食不足以维持人类的生命。1906 年英国生物化学家 Frederick Gowland Hopkins 开展了一系列动物实验，证明牛乳中含有数量微小的能促进大鼠生长的物质，他当时称之为辅因子；此后，他还从食品中分离出了色氨酸并确定了其结构。1911 年英国化学家 Casimir Funk 从米糠和酵母中提取了抗脚气病的物质，并鉴别为胺类物质，命名为 vitamine，从此开始了维生素的研究。到 20 世纪前半叶，化学家们已发现了各种对人体有益的维生素、矿物质、脂肪酸和一些氨基酸，并对它们的性质和作用做了深入的分析。

0.2.4 关注人类营养，推动食品化学发展

20 世纪末期，随着科学技术的快速发展，各国人民的生活水平明显提高，更多的人关注健康问题，想通过饮食来改善身体状况，通过饮食来预防与治疗疾病。但是食物成分与人体健康的关系，还远远未能了解清楚，因此在实践上，提出了膳食补充剂（dietary supplement）的概念。膳食补充剂是一种补充膳食营养素的产品，它可能含有一种或多种如下膳食成分：一种维生素、一种矿物质、一种草本（草药）或其他植物、一种氨基酸、一种用于增加每日总摄入

量来补充膳食的食物成分，或以上成分的一种浓缩品、代谢物、提取物、组合产品等。由于膳食补充剂的应用与减少保健费用和疾病预防等确实存在某种联系，1994 年美国膳食补充剂健康与教育法获得通过。该法案指出：还需要进一步研究证实，完善的膳食与健康之间可能存在的促进关系。因而，可以预见今后若干年在食品化学学科中，有关功能性成分的研究将进一步充实。

美国学者 Owen R. Fennema 对当今食品化学的发展做出了极大的贡献，他多次编写修订《食品化学》，不断把该书的内容充实和系统化，其内容体系已被各国学者接受，被世界各国的高等院校作为教材广泛使用。

0.3　食品化学理论体系的特点

食品化学理论体系的核心就是探讨在食品的生产、贮藏和加工过程中如何提高和保证食品的质量。现代食品化学是以食物中的主要成分和重要成分为主线，以这些物质在加工与贮藏条件下的理化特性和化学反应为基础，以食品质量的变化为标准来建立理论体系的，是近百年来食品科学和其他相关科学研究的基本材料的归纳与分析。因此本书对一类食品或一种食品成分的基本介绍，一般都着眼 3 个层面的问题：a. 明确食品的品质特性；b. 分析影响食品质量的化学成分和化学反应；c. 研究重要反应的发生和发展规律，实现反应干预。尽管在各章节中讨论更多的是第二个问题，但是第一个问题和第三个问题探讨也一直贯穿始终。

0.3.1　食品的品质特性

食品的品质特性通俗地说就是食品的质量问题，前已述及食品的质量包括：色、香、味、质构、营养和安全共 6 个方面。不同的食品对其品质特性有不同的要求，在此介绍一些基本的概念。

0.3.1.1　食品的安全性问题

不管是什么食品，安全性（safety）是首要的，安全的食品严格地来说是指"食品在食用时完全无有害物质和无微生物的污染"，但是实践上无法按照这一定义来执行，主要原因有：a. 物质的有害性不是绝对的，食品中有些物质低剂量时无害，浓度超过一定值后才产生危害；b. 不同的人群对食品的敏感性不一样，如不同的人对乙醇的反应就相差极大，同样道理，有一些物质只对某些人有害，而对另外一些人则是安全的；c. 有害食品对人的毒害作用有急性的和慢性的，有短时间内可感觉到的和不易感觉到的。正因为食品与人的作用关系如此复杂，因此现代科学还很难一一甄别每一种有害的物质。那么食品安全性的控制就必须实际一点。食品安全的可操作性定义是："食品被食用后，在一定时间内对人体不产生可观察到的毒害。"该定义在使用时对不同食品有不同的要求，对敏感的人群也要予以标示。例如对低酸性的肉类罐头，除有基本的食品安全要求外，还有对致病菌、重金属和食品添加剂的要求，还要重点检查肉毒梭菌是否存在；对花生类制品则要强调有无霉变；对添加阿斯巴甜的食品，则应标明"对苯丙酮尿症"者不宜。目前，世界各国执行食品卫生标准，实际上都是执行食品安全的可操作性定义。

不安全食品及食品成分主要在以下几种情况下出现：a. 天然存在于食物中的有害物质，如大豆中的有害物，牛乳中的有害物，蘑菇中的毒素；b. 食品生产与加工时有意或无意添加到食品中的有害物，如过量的添加剂、兽药与农药残留等；c. 食品在贮藏和运输过程中产生的微生物毒素及不良化学反应形成的有害物质。现代食品工业要求每种食品必须有明确的安全性指标，而且上市之前应经过充分的安全性评价。讨论食品的安全性是本课程重点，该部分内容也是建立 HACCP 质量控制体系以及其他质量管理体系的理论基础。

0.3.1.2 食品的直观性品质特性

消费者容易知晓的食品的质量特性称为直观性品质特性，也称为感官质量特性，这些特性用技术术语讲有：色泽、风味、质构，用俗语来讲是：色、香、味、形，它们是衡量食品质量的重要指标。

(1) 质构 质构（texture）对初学者来说是一个较生僻的技术名词，它包含了食品的质地（软、脆、硬、绵）、形状（大、小、粗、细）、形态（新鲜、衰竭、枯萎）。不同的食品，其质构方面的要求差异很大，口香糖需要有韧性，饼干需要有脆性，肉制品需要软嫩等。质构的化学本质一般是食品中的大分子自身的作用，以及它们与金属离子、水之间的相互作用。最常见的导致食品质构劣变的原因有：食物成分失去溶解性、失去持水力及各种引起硬化与软化的反应。

(2) 色 色（color）是指食品中各类有色物质赋予食品的外在特征，是消费者评价食品新鲜与否、正常与否的重要的感官指标。一种食品应具有人们习惯接受的色泽，天然未加工食品应呈现其新鲜状态的色泽，加工食品应呈现加工反应中正常生成的色素，如新鲜瘦猪肉应为红色，酱油应为红褐色。引起食品色泽变化的主要反应为褐变、褪色或产生其他不正常颜色。保持色泽和生成正常色素常常是食品工艺研究中十分重要的问题之一。

(3) 香 香（aroma）多指食品中宜人的挥发性成分刺激人的嗅觉器官产生的效果，加工的食品一般具有特征香气。香有时也泛指食品的气味，正常的食品应有特征的气味，如羊肉具有一定的膻味、麻油有很好的香气。不正常食品会产生使人恶心的气味，如食用油的氧化性气味。由于气味能影响人的食欲，因此食品加工十分注重调整工艺，使之产生好的气味。贮藏食品质量的降低，首先是消失应有的香气。

(4) 味 味（palate）俗称味道，是指食品中非挥发性成分作用于人的味觉器官所产生的效果。在对多种食品的市场调查中发现，消费者选择食品时，大多数首选味道好的产品。味的劣变也可归纳为3个方面，一为食物成分的水解及氧化酸败，二为蒸煮产生的或焦糖化反应形成的非正常化合物，三为其他反应中产生的不正常味。

香气和味道有时统称风味（flavor），其内涵就是上述两方面的内容。

消费者十分关注食品的直观性品质，只有品质特性符合消费心理的食品，才是好的食品。由于食物原料的不同，习惯与文化传统的不同，消费者对不同的食品有不同的要求，食品科技人员应多做社会调查，利用食物成分间的反应，使食品满足不同的市场需求。

0.3.1.3 食品的非直观性品质特性

消费者不能凭感官知晓的食品的质量特性称为非直观性品质特性，如食品的营养和功能特性，即便是专家也不能直接看出产品某项指标的优劣。现在泛指的食品营养是指食品中含有人体必需的几大类营养素，主要是蛋白质、必需氨基酸、必需脂肪酸、矿物质元素、维生素。但人的膳食营养与食品营养是不完全一致的，人的吸收功能不同，基本膳食背景不同，对营养需求不一样，因此每个人都应选择适合自己的营养食品。另外，除公认的重要营养素外，还有很多新发现的对调节人体功能起重要作用的物质，如低聚果糖有助于人体对钙的吸收；大豆异黄酮具类雌激素活性，有利于缓解妇女的更年期综合征。食品的营养与功能是人们身体健康的基础，可以吃出健康来，也可以吃出疾病来，因而每个食品企业都应对社会负责，应确保生产营养好的食品。在食品加工与贮藏中常遇到的营养成分损失主要指维生素、蛋白质、矿物质的损失，其中前两个又显得十分重要。

0.3.2　影响食品品质特性的化学反应

学习食品化学的重点之一，就是要熟知在食品的贮藏与加工过程中常见的化学反应。尽管各类物质之间的反应甚多，但是已知的明显影响食品质量的反应还是不多，仅十余种反应类型，它们是：非酶褐变、酶促褐变、脂类水解、脂类氧化、蛋白质变性、蛋白质交联、蛋白质水解、低聚糖和多糖的水解、多糖的合成、糖酵解和天然色素的降解等。以上反应可分为食品主要成分的反应和食品活性成分的反应。

0.3.2.1　食品主要成分的反应

食品主要成分是指食品中的脂类、糖类及蛋白质 3 大类物质，它们一般共占天然食品的90%（干基）以上，食品加工与贮藏中，它们自身与相互之间有各类反应，简化的反应体系见图 0-1。

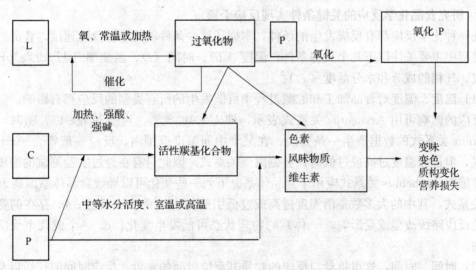

图 0-1　食品主要成分之间的化学反应

图中 L、C 和 P 分别代表脂肪、糖类和蛋白质。图中列出的反应主要是食品劣变的反应，最终都导致食品质量下降。图 0-1 显示了以下一些基本反应规律：a. 食品主要成分的反应活性顺序为：脂肪＞蛋白质＞糖类。脂肪与蛋白质都能在常温下发生反应而导致劣变，而糖类必须在加热或较强酸、强碱条件下才发生相关反应。蛋白质和脂肪的反应比较，脂肪的反应具有自身催化作用，因此食物主要成分中脂肪是最不稳定的，很多食品通常是先由脂肪变化而导致食品变质。对于糖类，尽管只有在加热、酸或碱性较强的情况下才反应，但绝不能不重视其对食品质量的影响，因为使用酸、碱和加热是食品加工的常用手段。b. 食品主要成分在适当的条件下会相互反应。脂肪是通过氧化的中间产物与蛋白质和糖类反应；在加热、酸或碱性条件下蛋白质和糖类互相反应。c. 反应体系中过氧化物与活性羰基化合物是参与反应的最主要的活性基团。d. 色素、风味物质、维生素由于分布在食物中，最易与各种反应产物发生反应，导致食品多种品质特性的改变。以上各种典型的反应将分别在各章节中介绍。

0.3.2.2 食品活性成分的反应

食品的活性成分主要指：食品中各种酶类，及催化活性高的一些离子，食品中只要以上物质存在，就很容易发生各类反应。酶促褐变、脂类水解、脂类氧化、蛋白质水解、低聚糖和多糖的水解、多糖的合成、糖酵解等都是与酶相关的反应。酶的反应是双刃剑，既可损害食品质量又可用于食品工业。在食品加工中杀灭酶是为了稳定食品质量，如蔬菜加工中的热烫工艺就是为了控制酶的活性，不致使产品变色、变味；另一方面，食品工业中应用酶是食品加工技术发展的方向，如淀粉酶广泛用于淀粉糖工业。食品中一些高活性的离子一般在食物原料中较少，往往是在加工过程中由加工试剂和加工设备引入的，由于它们的存在，酶参与的反应和非酶反应都会加速，这也是食品加工中需要高度关注的反应。

综上所述，食品中基本的化学反应并不多，但是对于一种天然食品来说，由于有多种能够相互反应的物质同时存在，也同时会发生几种类型的反应，因而就组成了一个十分复杂的反应体系。学习食品化学就是要学会甄别不同的反应，了解反应对食品质量的影响，从中找出影响食品质量的主要反应，并实施控制方案。

0.3.3 研究食品化学反应的关键条件实现反应干预

任一种化学反应都有反应发生的条件，掌握了这些条件就能调控反应速度。食品贮藏与加工过程中主要关注以下几个关键条件：温度（T）、时间（t）、温变率（dT/dt）、pH、食品组成、气相的成分和水分活度（a_w）。

（1）温度 温度对食品加工和贮藏过程中可能发生的所有类型的反应都有影响。温度对单个反应的影响可用 Arrhenius 关系式表示，即 $k = Ae^{-\Delta E/RT}$，当绘制 lg$k$-1/T 图时，符合 Arrhenius 关系式的数据产生一条直线。在某个中间温度范围内，反应一般符合 Arrhenius 关系式，但是在温度过高或过低时，会偏离该关系式。因此只有在经过实验测试的温度范围内，才能将 Arrhenius 关系式应用于食品体系。下列一些变化可以导致食品体系偏离 Arrhenius 关系式，其中的大多数是由温度过高或过低引起的：a. 酶失去活性；b. 存在的竞争性反应使反应路线改变或受影响；c. 体系的物理状态可能发生变化；d. 一个或几个反应物可能短缺。

（2）时间 时间，这里指参与反应的物质其反应时间的先后、反应时间的长短以及反应时温度随时间变化的速度。其中的每个参数都十分重要。例如脂类氧化和非酶褐变都能引起某种食品的变质，而褐变反应的产物恰恰是抗氧化剂，如果褐变反应在氧化反应之前或同时发生，那么这两个反应对食品质量的影响就有所减少；又如，设计食品贮藏方案时，常常需要根据反应速度预测食品在某个质量水平上食品能保存多久。因此在一个指定的食品体系中各种化学反应发生的时间与程度，决定了产品的具体贮藏寿命。温变率的控制，在多种食品反应体系中应用，特别是在食品的杀菌工艺与速冻工艺中，可以说是决定产品质量的第一因素。

（3）pH pH 影响食品中许多化学反应和酶催化反应的速度。例如酸性条件可抑制糖类与蛋白质的褐变反应；蛋白质对 pH 的变化很敏感，将 pH 调节到蛋白质的等电点可使蛋白质沉淀，有利于分离与纯化蛋白质；用缓冲液调节反应体系的 pH 到酶最适宜的 pH 范围，有利于发挥酶的作用。调节 pH 来加速和控制反应速度，提高加工食品的质量，几乎成为一种常规手段。从化学原理来讲，调节反应体系的 pH 很容易，但对食品来说，有时也很难，当加入的酸和碱要影响最终产品的 pH 时，pH 太高和太低都不行，因为人的味觉对食品的

pH 也有一个最适范围。

(4) 食品组成　食品组成指食品中含有多少种物质、各类物质含量多少。这在天然食品中称为组成，在加工食品中可看成是食品的配方。食品的成分不同，不光决定了食品的风味，也决定了食品体系的稳定性。例如无脂肪的体系不可能发生脂肪的氧化，保质期就相对长；有糖和蛋白质的体系就容易颜色变暗。食品的贮存寿命、保水性、坚韧度、风味和色泽都与食品组成密切相关，故往往通过增加（添加剂）或减少某些物质来确保食品的质量；通过加入酸化剂、风味增强剂来改善产品的风味；加螯合剂或氧化剂来防止有关成分的氧化；从蛋清蛋白中除去葡萄糖，用以防止在蛋粉加工时形成的褐变。对于动物源性食品和植物源性食品，化学组成的控制则是另外的一种思路，主要是控制与利用各种残存的生理生化反应来调节产品的组成。例如为了控制鲜肉的品质，对欲屠宰动物实施科学管理，可保证动物体内相应的糖朊的含量，从而达到控制宰后动物胴体的 pH，以保持鲜肉最好的理化品质。

(5) 水分活度　水分活度（activity of water，a_w）通俗地讲是指食品中化学反应和微生物生长能够利用的水的多少。许多报道指出，水分活度在酶反应、脂类氧化、非酶褐变、蔗糖水解、叶绿素降解、花色素降解和许多其他反应中是决定反应速度的重要因素。对大多数反应而言，体系中水分多，有稀释作用，反应速度慢；水分太少，有阻碍分子移动作用，反应速度慢。不符合此规则的反应也有，固气反应体系、液气反应体系，反应物的接触不依赖于水分，水越少，反应速度越快。例如类胡萝卜素脱色和油脂的氧化，其反应取决于这类成分与氧气的接触，因此水少时，氧化反应速度更快。

(6) 气相的组成　气相的组成主要是指食品包装中气体的组成。水果、蔬菜的保鲜可通过适当的包装材料和充气处理，降低气相中的氧含量，提高二氧化碳的含量，从而降低呼吸强度，延长货架期。对一些特别不易贮藏的食品（如高级茶叶），可在包装中充入惰性气体，以维持其特有的色泽和香气。对罐头和瓶装食品，排除罐顶和瓶口的氧气，有利于延长产品的保质期。

探索一种食品加工工艺，以上的所有条件都是要确定的，但在实际工作中，要从方案的可行性、经济性来平衡这些条件，在不同的反应中，各种条件的重要性是不一样的，有的工艺可能仅仅是选择不同的加工温度，有的可能只是调整配方。因此找出关键反应，确定关键的控制条件，是工艺设计的第一步。

0.4　食品化学的学习方法

尽管食品化学的研究工作可追溯到 100 多年前，但是食品化学作为一门大学课程，才几十年，因此本门课程知识体系的系统性与规范性还有些欠缺。另一方面，食品化学是一门应用化学，由于食品种类很多，其涉及面就会很广。对于完全无食品加工实践的学生来说，如果不注意学习方法，则难于收到好的学习效果。编者建议在学习该课程时注意以下几点。

a. 要多记食品中主要化学成分的基本化学特点，如结构特点、特征基团、加工与贮藏条件下的典型反应等，这些都是本课程的基本知识元素，不了解这些就无法从事产品开发和科学研究。

b. 学习过程中，应注意了解常见食品的特点，特别是它们的化学组成及营养特点，例如猕猴桃维生素 C 含量高、糖含量高。这是预测食品在贮藏和加工条件下可能发生的化学反应的基础，具备这些知识有利于理解教学材料中的实例。

c. 教材中有关工艺技术的举例，最好能查阅有关工艺资料，了解工艺参数和某些特定反应的关系，以加深对有关理论的理解。

d. 在学习过程中会遇到很多不明确的基础性问题，如一些典型的有机反应、一些普遍的生物学现象，要及时查阅相关的书籍把这些问题弄懂。

e. 食品化学知识与人们的日常生活密切相关，应多与自己遇到的实际情况联系，培养对本门课程的学习兴趣。

复习思考题

1. 食品化学的研究领域及课程特点各是什么？

2. 你认为食品化学在发展的各个阶段中，促进其发展的动力是什么？

3. 什么是食品安全？出现不安全食品的主要因素有哪些？

4. 食品的品质特性是指哪些要素？

5. 食品中主要成分的反应具有哪些基本规律？

6. 控制各类食品化学反应的关键条件有哪些？它们为什么对食品质量有影响？

第1章　水

　　水（water）在人类生存的地球上普遍存在，它是食品中的重要组分，各种食品都有其特定的水分含量，并且因此才能显示出它们各自的色、香、味、形等特征。从物理化学方面来看，水在食品中起着分散蛋白质、淀粉等成分的作用，使它们形成溶胶或溶液。从食品化学方面考虑，水对食品的鲜度、硬度、流动性、呈味性、保藏性、加工等方面都具有重要的影响。水也是微生物繁殖的重要因素，影响着食品的可贮藏性和货架寿命。在食品加工过程中，水还能发挥膨润、浸透等方面的作用。在许多法定的食品质量标准中，水分是一个重要的指标。天然食品中水分的含量范围一般为 50%～92%，常见的一些食品含水量见表 1-1。

表 1-1　一些食品中水分的含量（%）

食品		水分含量	食品		水分含量
水果、蔬菜等	新鲜水果	90	谷物及其制品	全粒谷物	10～12
	果汁	85～93		燕麦片等早餐食品	<4
	番石榴	81		通心粉	9
	甜瓜	92～94		面粉	10～13
	成熟橄榄	72～75		饼干等	5～8
	鳄梨	65		面包	35～45
	浆果	81～90		馅饼	43～59
	柑橘	86～89		面包卷	28
	干制水果	<25	高脂肪食品	人造奶油	15
	豆类（青）	67		蛋黄酱	15
	豆类（干）	10～12		食品用油	0
	黄瓜	96		沙拉酱	40
	马铃薯	78	乳制品	奶油	15
	甘薯	69		奶酪（切达）	40
	小萝卜	78		鲜奶油	60～70
	芹菜	79		奶粉	4
畜、水产品等	动物肌肉和水产品	50～85		液体乳制品	87～91
	新鲜蛋	74		冰激凌等	65
	干蛋	4	糖类	果酱	<35
	鹅肉	50		白糖及其制品	<1
	鸡肉	75		蜂蜜、其他糖浆	20～40

　　食品的加工过程经常有一些涉及对水的加工处理，如采用一定的方式从食品中除去水分

（加热干燥、蒸发浓缩、超滤、反渗透等），或将水分转化为非活性成分（冷冻），或将水分物理固定（凝胶），以达到提高食品稳定性的目的。因此研究水的结构和物理化学特性、食品中水分的分布及其状态，对食品化学和食品保藏技术有重要意义。

1.1 水的分子结构和性质

1.1.1 水的分子结构

水分子由两个氢原子的 s 轴道与一个氧原子的两个 sp³ 杂化轴道形成两个 σ 共价键（具有 40% 离子性质）。水分子为四面体结构，氧原子位于四面体中心，四面体的 4 个顶点中有两个被氢原子占据，其余两个为氧原子的非共用电子对所占有（图 1 - 1）。气态水分子两个 O—H 键的夹角即 H—O—H 的键

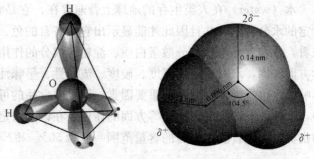

图 1-1 单分子水的结构与立体模式示意图

角为 104.5°，与典型四面体夹角 109°28′很接近，键角之所以比典型四面体夹角小了约 5°是因为受到氧原子的孤对电子排斥的影响，此外，O 核与 H 核间距为 0.096 nm，氢和氧的范德华（van der Waals）半径分别为 0.12 nm 和 0.14 nm。

由于自然界中 H、O 两种元素存在着同位素，所以纯水中除常见的 H_2O 外，实际上还存在其他一些同位素的微量成分，但它们在自然界的水中所占比例极小。

常温下水是一种有结构的液体。在液态水中，若干个水分子缔合成为 $(H_2O)_n$ 的水分子簇。这是由于水分子是偶极分子（在气态时为 1.84 D），它们之间的作用是通过静电吸引力（氢原子的＋端同氧原子的－端）及产生氢键（键能为 2～40 kJ/mol）形成的。氧原子的两个孤对电子与邻近的两个水分子的氢原子产生氢键，形成如图 1 - 2 所示的四面体结构。每个水分子在三维空间的氢键给体数目和受体数目相等，因此水分子间的吸引力比同样靠氢键结合成分子簇的其他小分子（如 NH_3 和 HF）要大得多。例如氨分子是由 3 个氢给体和 1 个氢受体构成的四面体，氟化氢的四面体只有 1 个氢给体和 3 个氢受体，它们只能在二维空间形成氢键网络结构，因此比水分子包含的氢键数目少。水分子形成三维氢键的能力可以用于解释水分子

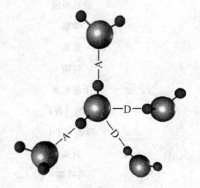

图 1-2 水分子的四面体构型
下的氢键模式
D. 氢受体 A. 氢给体

的一些特殊物理化学性质，例如它的高熔点、高沸点、高比热容和高相变焓，这些均与破坏水分子的氢键所需要的额外能量有关；水的高介电常数则是由于氢键所产生的水分子簇，导致多分子偶极，从而有效地提高了水分子的介电常数。

水分子的氢键键合程度与温度有关。在 0℃的冰中水分子的配位数为 4，随着温度的升高，配位数增加，例如在 1.5℃和 83℃时，配位数分别为 4.4 和 4.9，配位数增加有增加水的密度的效果。另外，由于温度升高，水分子布朗运动加剧，导致水分子间的距离增加，例

如 1.5℃和 83℃时水分子之间的距离分别为 0.290 nm 和 0.305 nm，该变化导致体积膨胀，结果是水的密度会降低。一般来说，温度在 0~4℃时，配位数的对水的密度影响起主导作用；随着温度的进一步升高，布朗运动起主要作用，温度越高，水的密度越低。两种因素的最终结果是水的密度在 3.98℃时最大，低于、高于此温度则水的密度均会降低。

1.1.2　冰的分子结构

冰（ice）是由水分子构成的非常疏松的大而长的刚性结构，相比之下液态水则是一种短而有序的结构，因此冰的比容较大。冰在融化时，一部分氢键断裂，所以转变成液相后水分子紧密地靠拢在一起，密度增加。图 1-3 是最普通的冰的晶胞示意图。

在普通冰晶体中，最邻近的水分子的 O—O 核间距为 0.276 nm，O—O—O 键角约为 109°，接近理想四面体键 109°28′。每个水分子的配位数等于 4，均可与最邻近的 4 个水分子缔合形成四面体结构。

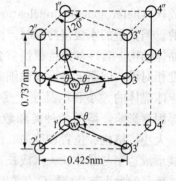

图 1-3　0℃时普通冰的晶胞
（W 代表水分子，数字代表水分子缔合数，圆圈表示水分子中的氧原子，最邻近水分子的 O 核与 O 核间距为 0.276 nm，θ=109°）

当几个晶胞结合在一起形成晶胞群时，从图 1-4 中可以清楚地看出冰的正六方结构。从左图中可见，水分子 W 与水分子 1、2、3 和位于平面下的另外一个水分子（正好位于 W 的下面）形成四面体结构。如果从三维角度观察左图，则可以得到右图的结果，即冰结构中存在两个平面（由空心和实心的圆分别表示），它们是接近和平行的，冰在压力下滑动或流动时它们作为一个单元运动，类似于冰川的结构。此类平面构成冰的"基本平面"，许多平面的堆积就构成了冰的结构，它的结构中水分子在空间的配置是完美的，冰在 C 轴方向是单折射而在其他方向是双折射，所以 C 轴是冰的光学轴。

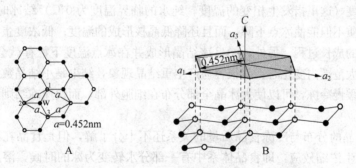

图 1-4　冰的基本平面
（每个圆代表一个水分子的氧原子，空心和实心分别代表基本平面上层和下层中的氧原子）
A. 从 C 轴所观察到的正六边形结构　B. 基本平面的三维图

冰有 11 种结构，但是在常压和温度 0℃时，只有普通正六方晶系的冰晶体是稳定的。另外还有 9 种同质多晶（polymorphism）和一种非结晶或玻璃态的无定形结构。在冷冻食品中存在 4 种主要的冰晶体结构：六方形、不规则树枝状、粗糙的球形和易消失的球晶，以及各种中间状态的冰晶体。大多数冷冻食品中的冰晶体是高度有序的六方形结构，但在含有大量明胶的水溶液中，由于明胶对水分子运动的限制以及妨碍水分子形成高度有序的正六方结晶，冰晶体主要是立方体和玻璃状冰晶。

在水的冰点温度时，水并不一定结冰，其原因之一是溶质可以降低水的冰点，另一个原因是产生过冷现象。所谓过冷（supercooling）是由于无晶核存在，液体水温度降到冰点以下仍不析出固体。但是，若向过冷水中投入一粒冰晶或摩擦器壁产生冰晶，过冷现象立即消失。在过冷溶液中加入晶核，则会在这些晶核的周围逐渐形成长大的结晶，这种现象称为异相成核（heterogeneous nucleation）。过冷度愈高，结晶速度愈慢，这对冰晶的大小是很重要的。当大量的水缓慢冷却时，由于有足够的时间在冰点温度产生异相成核，因而形成粗大的晶体结构。若冷却速度很快就会发生很高的过冷现象，则很快形成晶核，但由于晶核增长速度相对慢，因而就会形成微细的结晶结构，这对于冷冻食品的品质提高是十分重要的。

冰晶体的大小和结晶速度受溶质、温度、降温速度等因素影响，溶质的种类和数量也影响冰晶体的数量、大小、结构、位置和取向。图1-5显示了冷冻时晶核形成速率与晶体长大（成长）速率的关系。

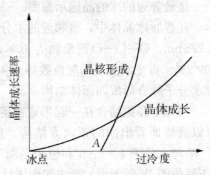

图1-5 晶核形成与晶体成长速率关系示意图

冰晶的大小与晶核数目有关，形成的晶核越多则晶体越小。结晶温度和结晶热传递速度直接影响晶核数目的多少。若使体系温度维持在冰点和过冷临界温度（A点)(图1-5)之间将只能形成少量的晶核，每个晶核可很快长大为大冰晶；缓慢除去冷冻体系的热能，也同样可以得到相似的结果，例如对食品或未搅动的液体体系，若缓慢地除去热能，则会慢慢形成连续的冰晶相。

图1-5中，A点为过冷临界温度；对一般食物而言，过冷临界温度为−5～−8℃；冰点到过冷临界温度之间为大冰晶形成区。如果很快除去热能使温度下降至A点，即可形成许多晶核，但每个晶体只能长大到一定的程度，结果得到许多小结晶；搅拌则可以促进晶核的生成并使晶体变小。临界温度（这里指发生相变的温度，纯水的临界温度为0℃）结冰时形成小的结晶，所存在的其他物质不但能使冰点下降，而且还降低晶核形成的温度；低浓度蛋白质、酒精、糖等均可阻滞晶体的成长过程。另外，一旦冰结晶形成并在冰点温度下贮存就会促使晶体长大。当贮存温度在很大范围内变化时，就很容易产生重结晶现象，结果是小结晶数量减少而形成大结晶。食品组织缓慢冷冻，可以使大冰晶全部分布在细胞外部，而快速冻结则可在细胞内外都形成小冰晶。

虽然有关冰晶的分布与冷冻食品质量的关系还不十分了解，但是食品在冷冻时，由于水转变成冰时可产生浓缩效应，即食品体系中有一部分水转变为冰的时候，溶质的浓度相应增加，同时pH、离子强度、黏度、渗透压、蒸汽压及其他性质也会发生变化，从而会影响食品的品质。浓缩效应可以导致蛋白质絮凝、鱼肉质地变硬、化学反应速度增加等不良变化，甚至一些酶在冷冻时被激活，从而对食品的品质产生影响，这些在具体食品加工中需注意。

1.1.3　水的物理性质

(1) 水的比热容、汽化热和熔化热大　这是由于水分子间强烈的氢键缔合作用而造成的，当发生相转变时，必须供给额外的能量来破坏水分子之间的氢键。这对食品冷冻、干燥和加工都是非常重要的因素。

(2) 水的介电常数大、溶解力强　水的介电常数同样会受到氢键键合的影响，虽然水分子是一个偶极子，但水分子间靠氢键键合形成分子群，成为多极子，这便导致水的介电常数增大。20℃时水的介电常数为80.36。而大多数生物体内干物质的介电常数为2.2~4.0。理论上，任何物质的水分含量增加1%，介电常数增加0.8左右。

由于水的介电常数大，因此水溶解离子型化合物的能力较强；至于非离子极性化合物（如糖类、醇类、醛类等）均可与水形成氢键而溶于水中。即使不溶于水的物质（如脂肪和某些蛋白质），也能在适当的条件下分散在水中形成乳浊液或胶体溶液。

（3）水的密度 水的密度的变化和温度变化相关，另外冰的密度也与温度有关，冰结晶的成长及冰体积的膨胀都会引起食品的细胞组织机械损伤和破坏，从而使冷冻食品质地发生物理变化。

1.2 食品中水与非水成分的相互作用

1.2.1 食品中水的存在状态

人类在很早就认识到食品的腐败变质同水之间有着紧密的联系。虽然早期的这种认识不够全面，但脱水仍然成为人类保存食品的一种重要的方法，因为食品浓缩或干燥处理均是降低食品中水分的含量，提高溶质的浓度。食品中溶质的存在，使得食品中的水分以不同的状态存在。从水与食品中非水成分的作用情况来划分，水在食品中是以游离水（或称为体相水、自由水）和结合水（或称为固定水）两种状态存在的，这两种状态水的区别就在于它们同亲水性物质的缔合程度的大小，而缔合程度的大小则又与非水成分的性质、盐的组成、pH、温度等因素有关。

1.2.1.1 结合水

结合水（bound water）或固定水（immobilized water）是指存在于溶质及其他非水组分邻近的那一部分水，与同一体系的游离水相比，它们呈现出低的流动性和其他显著不同的性质，这些水在－40℃不会结冰，不能作为溶剂，在核磁共振（nuclear magnetic resonance，NMR）试验中使氢的谱线变宽。

在复杂体系中存在着不同结合程度的水。结合程度最强的水已成为非水物质的整体部分，这部分水被看作化合水或者称为组成水（constitutional water），它在高水分含量食品中只占很小比例，例如它们存在于蛋白质的空隙区域内或者成为化学水合物的一部分。结合强度稍强的结合水称为单层水（monolayer water）或邻近水（vicinal water），它们占据着非水成分的大多数亲水基团的第一层位置，按这种方式与离子或离子基团相缔合的水是结合最紧的一种邻近水。多层水（multilayer water）占有第一层中剩下的位置以及形成单层水以外的几个水层，虽然多层水的结合强度不如单层水，但是仍与非水组分靠得足够近，以至于它的性质也大大不同于纯水的性质。因此结合水是由化合水和吸附水（单层水加多层水）组成的。应该注意的是，结合水不是完全静止不动的，它们同邻近水分子之间的位置交换作用会随着水结合程度的增加而降低，但是它们之间的交换速度不会为零。

1.2.1.2 游离水

游离水（free water）或体相水（bulk water）就是指没有与非水成分结合的水。它又可分为3类：不移动水或滞化水、毛细管水和自由流动水。滞化水（entrapped water）是指被组织中的显微和亚显微结构与膜所阻留住的水，由于这些水不能自由流动，所以称为不可移动水或滞化水，例如一块重100 g的动物肌肉组织中，总含水量为70~75 g，含蛋白质20 g，除去近 10g 结合水外，还有 60～65g 的游离水，这部分水中极大部分是滞化水。毛细管水（capillary water）是指在生物组织的细胞间隙、制成食品的结构组织中，存在着的一种由毛细管力所截留的水，在生物组织中又称为细胞间水，其物理性质和化学性质与滞化水相同。而自由流动水（free flow water）是指动物的血浆、淋巴和尿液、植物的导管和细胞内液泡中的水，因为都可以自由流动而得名（表 1 - 2）。

表 1 - 2　食品中水的分类与特征

分　类		特　征	典型食品中比例（%）
结合水	化合水	食品非水成分的组成部分	<0.03
	单层水	与非水成分的亲水基团强烈作用形成单分子层，水-离子结合以及水-偶极结合	0.1～0.9
	多层水	在亲水基团外形成另外的分子层，水-水结合以及水-溶质结合	1～5
游离水	自由流动水	自由流动，性质同稀的盐溶液，水-水结合为主	5～96
	滞化水和毛细管水	容纳于凝胶或基质中，水不能流动，性质同自由流动水	5～96

　　食品中结合水和游离水之间的界限是很难定量地做截然的区分的，只能根据物理性质和化学性质做定性的区别（表 1 - 3）。

表 1 - 3　食品中水的性质

性　质	结合水	游离水
一般描述	存在于溶质或其他非水组分附近的水，包括化合水、单层水及几乎全部多层水	位置上远离非水组分，以水-水氢键存在
冰点（与纯水比较）	冰点大为降低，甚至在 -40℃ 不结冰	能结冰，冰点略微降低
溶剂能力	无	大
平均分子水平运动	大大降低甚至无	变化很小
蒸发焓（与纯水比）	增大	基本无变化
高水分食品中占总水分比例（%）	0.03～3	约96
微生物利用性	不能	能

1.2.2　水与非水成分的相互作用

　　由于水在溶液中的存在状态，与溶质的性质以及溶质同水分子的相互作用有关，下面分别介绍不同种类溶质与水之间的相互作用。

1.2.2.1　水与离子或离子基团的相互作用

　　离子或离子基团（Na^+、Cl^-、—COO—、—NH_3^+ 等）通过自身的电荷可以与水分子偶极子产生相互作用，通常称为水合作用。与离子和离子基团相互作用的水，是食品中结合最紧密的一部分水。从实际情况来看，所有的离子对水的正常结构均有破坏作用，典型的特征就是水中加入盐类以后，水的冰点下降。

　　当水中添加可离解的溶质时，纯水的正常结构遭到破坏。由于水分子具有大的偶极矩，因此能与离子产生相互作用（图 1 - 6），由于水分子同 Na^+ 的水合作用能约为 83.68 kJ/mol，比水分子之间氢键结合（约 20.9 kJ/mol）大 4 倍，因此离子或离子基团加入到水中，会破坏水中的氢键，导致水流动性的改变。

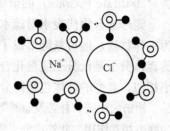

图 1-6　离子的水合作用和水分子的取向

在稀盐溶液中，离子对水结构的影响是不同的，一些离子（例如 K^+、Rb^+、Cs^+、NH_4^+、Cl^-、Br^-、I^-、NO_3^-、BrO_3^-、IO_3^-、ClO_4^- 等）由于离子半径大，电场强度弱，能破坏水的网状结构，所以溶液比纯水的流动性更大。而对于电场强度较强、离子半径小的离子或多价离子，它们有助于水形成网状结构，因此这类离子的水溶液比纯水的流动性小，例如 Li^+、Na^+、H_3O^+、Ca^{2+}、Ba^{2+}、Mg^{2+}、Al^{3+}、F^-、OH^- 等就属于这一类。实际上，从水的正常结构来看，所有的离子对水的结构都起破坏作用，因为它们均能阻止水在 0 ℃下结冰。

1.2.2.2　水与极性基团的相互作用

水和极性基团（如 —OH、—SH、—NH₂ 等）间的相互作用力比水与离子间的相互作用弱，例如在蛋白质周围，结合水至少有两种存在状态，一种是直接被蛋白质结合的水分子，形成单层水；另一种是外层水分子（即多层水），结合能力较弱，蛋白质的结合水中大部分属于这种水，但与游离水相比，它们的移动性变小。除了上述两种情况外，当蛋白质中的极性基团与几个水分子作用形成水桥结构时（图 1-7），这部分水也是结合水。

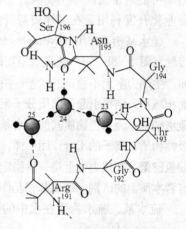

图 1-7　木瓜蛋白酶中的三分子水桥

各种有机分子的不同极性基团与水形成氢键的牢固程度有所不同。蛋白质多肽链中赖氨酸和精氨酸侧链上的氨基，天冬氨酸和谷氨酸侧链上的羧基，肽链两端的羧基和氨基，以及果胶物质中的未酯化的羧基，无论是在晶体中还是在溶液中，都是呈离解或离子态的基团；这些基团与水形成氢键，键能大，结合得牢固。蛋白质结构中的酰胺基、淀粉、果胶质、纤维素等分子中的羟基与水也能形成氢键，但键能较小，牢固程度较差。

通过氢键而被结合的水流动性极小。一般来说，凡能够产生氢键键合的溶质都可以强化纯水的结构，至少不会破坏这种结构。然而在某些情况下，一些溶质在形成氢键时，键合的部位以及取向在几何构型上与正常水不同，因此这些溶质通常对水的正常结构也会产生破坏作用，像尿素这种小的氢键键合溶质就对水的正常结构有明显的破坏作用。大多数能够形成氢键键合的溶质都会阻碍水结冰，但当体系中添加具有氢键键合能力的溶质时，单位物质的量溶液中的氢键总数不会明显地改变，这可能是由于所断裂的水-水氢键被水-溶质氢键所代替。

1.2.2.3　水与非极性基团的相互作用

把疏水物质［如含有非极性基团（疏水基）的烃类、脂肪酸、氨基酸以及蛋白质］加入水中，由于极性的差异发生了体系的熵减少，在热力学上是不利的，此过程称为疏水水合（hydrophobic hydration）。由于疏水基团与水分子产生斥力，从而使疏水基团附近的水分子之间的氢键键合增强，使得疏水基邻近的水形成了特殊的结构，水分子在疏水基外围定向排列，导致的熵减少。水对于非极性物质产生的作用中，有两个方面特别值得注意：笼形水合物（clathrate hydrate）的形成和蛋白质中的疏水相互作用。

笼形水合物代表水对疏水物质的最大结构形成响应。笼形水合物是冰状包合物，其中水为主体物质，通过氢键形成了笼状结构，物理截留了另一种被称为客体的分子。笼形水合物的客体分子是低分子质量化合物，它的大小和形状与由 20～74 个水分子组成的主体笼的大小相似，典型的客体包括低分子质量的烃类及卤代烃、稀有气体、SO_2、CO_2、环氧乙烷、乙醇、短链的伯胺、仲胺及叔胺等，水与客体之间相互作用往往涉及弱的范德华力，但有些情况下为静电相互作用。此外，分子质量大的客体（如蛋白质、糖类、脂类和生物细胞内的其他物质）也能与水形成笼形水合物，使水合物的凝固点降低。一些笼形水合物具有较高的稳定性。

笼形水合物的微结晶与冰的晶体很相似，但当形成大的晶体时，原来的四面体结构逐渐变成多面体结构，在外表上与冰的结构存在很大差异。笼形水合物晶体在 0℃ 以上和适当压力下仍能保持稳定的晶体结构。已证明生物物质中天然存在类似晶体的笼形水合物结构，它们很可能对蛋白质等生物大分子的构象、反应性和稳定性有影响。笼形水合物晶体目前尚未商业化开发利用，在海洋资源开发中，可燃冰（甲烷的水合物）的前景被看好。

疏水基相互作用（hydrophobic interaction）是指疏水基尽可能聚集在一起以减少它们与水的接触（图 1-8b、c）。疏水基相互作用可以导致非极性物质分子的熵（分子混乱程度）减小，因而产生热力学上不稳定的状态；由于分散在水中的疏水性物质相互集聚，导致使它们与水的接触面积减小，结果引起蛋白质分子聚集，甚至沉淀。此外，疏水基相互作用还包括蛋白质与脂类的疏水结合。疏水性物质间的疏水基相互作用导致体系中自由水分子增多，所以疏水基相互作用和极性物质、离子的水合作用一样，其溶质周围的水分子都同样伴随着熵减小，然而，水分子之间的氢键键合在热力学上是一种稳定状态，从这一点上讲，疏水基相互作用和极性物质的水合作用有着本质上的区别。疏水基相互作用对于维持蛋白质分子的结构发挥重要的作用。

疏水基、疏水物质在水中的作用情况见图 1-8。

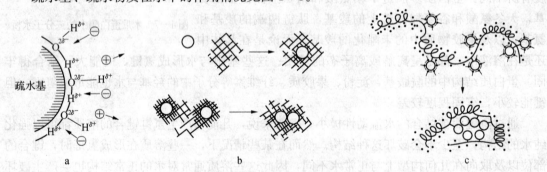

图 1-8　疏水基与疏水性物质在水中的作用情况
a. 疏水水合　b. 疏水基相互作用　c. 球蛋白的疏水相互作用

1.3　水分活度

1.3.1　水分活度的定义

食品中水分的含量与食品的腐败变质有一定的相关关系，浓缩或脱水就是通过降低水分含量，提高溶质的含量来提高食品的保存性。从上面的介绍中可以看出，由于在含水食品中溶质对水的束缚能力会影响水的汽化、冻结、酶反应、微生物的利用等，考虑到这一点，仅仅将水分含量作为食品中各种生物、化学反应对水的可利用性指标不是十分恰当的。例如在相同的水分含量时，不同的食品的腐败难易程度是不同的。同时，水与食品中非水成分作用后处于不同的存在状态，与非水成分结合牢固的水被微生物或化学反应利用程度降低。因此目前一般采用水分活度（water activity）表示水与食品成分之间的结合程度。在较低的温度下，利用食品的水分活度比利用水分含量更容易确定食品的稳定性，所以目前它是食品质量指标中更有实际意义的重要指标。食品中水分活度（a_w）的表示为

$$a_w = \frac{f}{f_0} \approx \frac{p}{p_0} = \frac{ERH}{100}$$

式中，f 和 f_0 分别为食品中水的逸度和相同条件下纯水的逸度，p 和 p_0 分别为食品中水的蒸气分压和在相同温度下纯水的蒸气压，ERH 为食品的平衡相对湿度（equilibrium relative humidity）。

固定组成的食品体系其水分活度（a_w）还与温度有关，克劳修斯-克拉贝龙（Clausius-Clapeyron）方程表达了 a_w 与温度之间的关系，即

$$\frac{d\ln a_w}{d(1/T)} = \frac{-\Delta H}{R}$$

式中，T 为热力学温度，R 是气体常数，ΔH 是在样品的水分含量下等量净吸附热。

从此方程可以看出 $\ln a_w$ 与 $1/T$ 为线性关系，当温度升高时，a_w 随之升高，这对密封在袋内或罐内食品的稳定性有很大影响。还要指出的是，$\ln a_w$ 对 $1/T$ 作图得到的并非始终是一条直线，在冰点温度处出现断点。在低于冰点温度条件下，温度对水分活度的影响要比在冰点温度以上大得多。但是对冷冻食品来讲，水分活度的意义不是太大，因为此时低温下的化学反应、微生物繁殖等均很慢。

低于冰点温度的水分活度（a_w）应按下式计算。

$$a_w = \frac{p_{ff}}{p_{0(scw)}} = \frac{p_{ice}}{p_{0(scw)}}$$

p_{ff} 是部分冷冻食品中水的蒸气分压，$p_{0(scw)}$ 是纯的过冷水的蒸汽压，p_{ice} 是纯冰的蒸气压。

在冻结温度以下，食品体系的水分活度的改变主要受温度的影响，受体系组成的影响很小，因此不能根据水分活度说明在冻结温度以下食品体系组成对化学变化和生物变化的影响，所以水分活度一般应用于在冻结温度以上的体系中来表示其对各种变化的影响行为。表1-4中给出了不同温度下冰、过冷水和相应的水分活度。

表 1-4　水、冰和食品在低于冰点下的不同温度时水的蒸气压和水分活度

温度（℃）	液态水的蒸气压（kPa）[a]	冰和含冰食品水的蒸气压（kPa）	水分活度（a_w）
0	0.6104[b]	0.6104	1.004[d]
-5	0.4216[b]	0.4016	0.953
-10	0.2865[b]	0.2599	0.907
-15	0.1914[b]	0.1654	0.864
-20	0.1254[c]	0.1034	0.82
-25	0.0806[c]	0.0635	0.79
-30	0.0509[c]	0.0381	0.75
-40	0.0189[c]	0.0129	0.68
-50	0.0064[c]	0.0039	0.62

a. 除0℃外为所有温度下的过冷水；b. 观测数据；c. 计算的数据；d. 仅适用于纯水。

1.3.2 水分活度的测定

水分活度的测定是食品保藏性能研究中经常采用的一个方法，目前对食品水分活度测定一般采用各种物理或化学方法。常用的方法有下述几种。

1.3.2.1 水分活度仪测定

利用经过氯化钡饱和溶液校正相对湿度的传感器，通过测定一定温度下的样品蒸气压的变化，可以确定样品的水分活度；氯化钡饱和溶液在 20℃ 时的水分活度为 0.9000。利用水分活度仪的测定是一个准确、快速地测定，现在已有不同的水分活度仪，均可满足不同使用者的需求。

1.3.2.2 恒定相对湿度平衡室法

置样品于恒温密闭的小容器中，用不同的饱和盐溶液（使溶液产生的平衡相对湿度从大到小）使容器内样品与环境间达到水的吸附脱附平衡，平衡后测定样品的含水量。通常情况下，温度恒定在 25℃，扩散时间依据样品性质变化较大，样品量约为 1g。通过在密闭条件下样品与系列水分活度不同的标准饱和盐溶液之间的扩散吸附平衡，测定、比较样品质量的变化来计算样品的水分活度（推测出样品质量变化为零时的水分活度）。测定时要求有较长的时间，使样品与饱和盐溶液之间达到扩散平衡才可以得到较准确的数值。在没有水分活度仪的情况下，这是一个很好的替代方法，其不足之处是分析繁琐，时间较长。至于不同盐类饱和溶液的水分活度（a_w）可以在理化手册上查找，也可以参考表 1-5 所给出的部分常用饱和盐溶液。

1.3.2.3 化学法

利用化学法直接测定样品的水分活度时，利用与水不相溶的有机溶剂（一般采用高纯度的苯）萃取样品中的水分，此时在苯中水的萃取量与样品的水分活度成正比；通过卡尔-费休滴定法测定样品萃取液中水含量，再通过与纯水萃取液滴定结果比较后，可以计算出样品中的水分活度。

表 1-5 一些饱和盐溶液所产生的恒定相对湿度

盐类	温度（℃）	相对湿度（%）	盐类	温度（℃）	相对湿度（%）
硝酸铅	20	98	溴化钠	20	58
磷酸二氢铵	20~25	93	重铬酸钠	20	52
铬酸钾	20	88	硫氰酸钾	20	47
硫酸铵	20	81	氯化钙	24.5	31
醋酸钠	20	76	醋酸钾	20	20
亚硝酸钠	20	66	氯化锂	20	15

1.4 水分活度与水分含量的关系

1.4.1 水的吸湿等温线

要想了解食品中水的存在状态和对食品品质等的影响行为，必须知道各种食品的含水量与其对应水分活度（a_w）的关系。在一定温度条件下用来表示食品的含水量（用每单位干物质中的水含量表示）与其水活度关系的图，称为吸湿等温线（moisture sorption isotherm，MSI）。从这类图形所得到的资料对于浓缩脱水过程是很有用的，因为水从体系中消除的难易程度与水分活度有关，在评价食品的稳定性时，确定用水分含量来抑制微生物的生长时，也必须知道水分活度与水分含量之间的关系。因此了解食品中水分含量与水分活度之间的关系是十分有价值的。

图 1-9 是高含水量食品吸湿等温线的示意图，它包括了从正常至干燥状态的整个水分含量范围。这类示意图并不是很有用，因为对食品来讲有意义的数据是在低水分区域。图 1-10 为低水分含量食品的吸湿等温线的一个典型例子。一般来讲，不同的食品由于其组成不同，其吸湿等温线的形状是不同的，并且曲线的形状还与食品的物理结构、食品的预处理、温度、测定方法等因素有关。为了便于理解吸湿等温线的含义和实际应用，可以人为地将图 1-10 中表示的曲线范围分为 I、II 和 III 3 个不同的区间。当干燥的无水样品产生回吸作用而重新结合水时，其水分含量、水分活度等就从区间 I（干燥）向区间 III（高水分）移动，水吸着过程中水存在状态、性质大不相同，有一定的差别。以下叙述各区间水的主要特性。

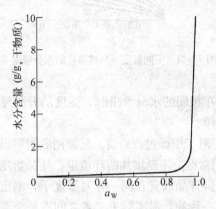
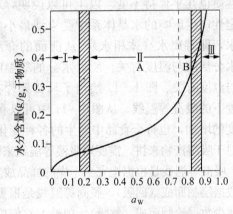

图 1-9　水分含量与水分活度（a_w）的关系　　图 1-10　食品的吸湿等温线的一般形式（20℃）

等温线区间 I 的水与溶质结合最牢固，它们是食品中最不容易移动的水，这种水依靠水-离子或水-偶极相互作用而被强烈地吸附在极易接近的溶质的极性位置，其蒸发焓比纯水大得多，这类水在 -40℃ 不结冰，也不具备作为溶剂溶解溶质的能力。食品中这类水不能对食品的固形物产生可塑作用，其行为如同固形物的组成部分。区间 I 的水只占高水分食品中总水量的很小一部分，一般为 0～0.07g/g（干物质），a_w 为 0～0.25。

在区间 I 和区间 II 的边界线之间的阴影所示部分水分含量相当于食品中的单层水的水分含量，单层水可以看成是在接近干物质强极性基团上形成一个单分子层所需要的近似水量，例如对于淀粉，此含量为一个葡萄糖残基吸着一个水分子。

吸湿等温线区间 II 的水包括了区间 I 的水和区间 II 内所增加的水，区间 II 内增加的水占据固形物的第一层的剩余位置和亲水基团周围的另外几层位置，这部分水是多层水。多层水主要靠水-水分子间的氢键作用，和水-溶质间的缔合作用；它们的移动性比游离水差一些，蒸发焓比纯水大但相差范围不等，大部分在 -40℃ 不能结冰。这部分水一般为 0.1～0.33g/g（干物质），a_w 为 0.25～0.8。

当水回吸到相当于等温线区间 III 和区间 II 边界之间的水含量时，所增加的这部分水能引发溶解过程，促使基质出现初期溶胀，起着增塑作用。在含水量高的食品中，这部分水的比例占总水含量的 5% 以下。

等温线区间 III 内的水包括区间 II 和区间 I 的水加上区间 III 边界内增加的水，该区间增加的这部分水就是游离水，它是食品中结合最不牢固且最容易移动的水。这类水的性质与纯水基本相同，不会受到非水物质分子的作用，既可以作为溶剂，又有利于化学反应的进行和微生物生长。区间Ⅲ内的游离水在高水分含量食品中一般占总水量的95％以上。

必须指出的是，人们还不能准确地确定吸湿等温线各个区间的分界线的位置，除化合水外，等温线的每个区间内和区间之间的水都能够相互进行交换。另外，向干燥的食品中添加水时，虽然能够稍微改变原来所含水的性质，如产生溶胀和溶解过程，但在区间Ⅱ中添加水时区间Ⅰ的水的性质保持不变，在区间Ⅲ内添加水时区间Ⅱ的水的性质也几乎保持不变。以上可以说明，对食品稳定性产生影响的水是体系中受束缚最小的那部分水，即游离水（体相水）。从前面的介绍知道，水分活度与温度有关。所以水分的等温吸着线也与温度有关。图1-11给出了马铃薯片在不同温度下的吸湿等温线。从图1-11中可以看出，在相同的水分含量时，温度的升高导致水分活度的增加，也符合食品中发生的各种变化的规律。

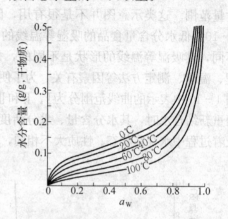

图1-11　不同温度下马铃薯片的水分吸湿等温线

对于吸湿产物来讲，需要用吸湿等温线来研究；对于干燥过程来讲，就需用脱附等温线来研究。吸湿等温线是根据把完全干燥的样品放置在相对湿度不断增加的环境里，样品所增加的质量数据绘制而成（回吸），脱附等温线是根据把潮湿样品放置在同一相对湿度下，测定样品质量减少数据绘制而成（解吸）。理论上它们应该是一致的，但实际上二者之间有一个滞后现象（hysteresis），不能重叠，如图1-12所示。这种滞后所形成的环状区域（滞后环）随着食品品种的不同、温度的不同而异，但总的趋势是在食品的解吸过程中水分的含量大于回吸过程中的水分含量（即解吸曲线在回吸曲线之上）。另外，其他一些因素如食品除去水分程度、解吸的速度、食品中加入水分或除去水分时发生的物理变化等均能够影响滞后环的形状。

不同的食品由于其组成的差别，其吸湿等温线不同，如图1-13所示。

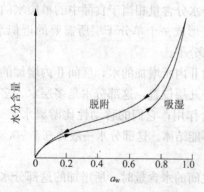

图1-12　食品的等温吸湿、脱附曲线

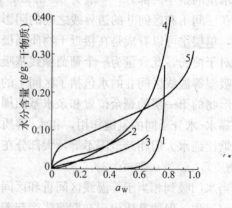

图1-13　不同食品和生物物质的吸湿等温线
1.蜜饯（主要成分为蔗糖）　2.喷雾干燥菊苣提取物
3.焙烤哥伦比亚咖啡　4.猪胰酶提取物　5.天然大米淀粉
（1为40℃，2～5为20℃）

1.4.2　吸湿等温线的数学描述

相比食品水分含量的测定而言，食品水分活度的测定以及吸湿等温线的绘制是一个比较繁琐的过程，如果能够用数学方法定量描述某种食品中水分含量与水分活度之间的关系（数学模型），这将是十分有用的，它可以被利用于已知水分含量对这种食品的水分活度进行计算、预测。但是由于各种食品的化学组成不同以及各成分的水结合能力不同，虽然在过去研究者已经推出几十个数学模型，目前还没有一种模型能够完全准确地描述各种不同食品的吸湿等温线。下面介绍一些常见的数学模型。

在已经确定出的数学模型中，改进的 Halsey 方程是一个较简单、直观的模型，它只涉及 3 个参数就将温度、水分含量与水分活度 3 个重要的变量联系在一起。改进的 Halsey 模型的数学形式为

$$\ln(a_w) = -\exp(C + BT) \times m^{-A}$$

式中，A、B 和 C 为常数，m 和 T 分别为食品水分含量和温度。

人们熟知的 BET 方程也是一个常用的经典方程，其表达式为

$$\frac{a_w}{(1 - a_w)m} = \frac{1}{m_0 - 1} + \frac{a_w(C - 1)}{m_0 C}$$

式中，m 为食品水分含量，m_0 为单分子层水含量，C 为常数。

而 Iglesias 等提出一个 3 个参数的模型来描述一些食品的吸湿等温线，即

$$a_w = \exp\left[-C\left(\frac{m}{m_0}\right)^r\right]$$

式中，m 为食品水分含量，m_0 为单分子层水含量，C 和 r 为常数。

在 1983 年后 GAB（Guggenheim - Anderson - de Boer）方程被确认为是描述吸湿等温线的最好模型，该方程为

$$m = \frac{C k m_0 a_w}{(1 - k a_w)(1 - k a_w + C k a_w)}$$

式中，m 为食品水分含量，m_0 为单分子层水含量，C 和 k 为常数。

一些食品的吸湿等温线数据见表 1-6。

表 1-6　一些食品的吸湿等温曲线数据

食品	方程	温度（℃）	m_0（g/100 g，干物质量）	r 或 k	C
玉米	Iglesias 方程	30	7.30	2.57	1.80
		50	6.89	2.12	1.59
		60	5.11	2.22	1.74
脱脂奶粉	GAB	25～27	4.25	0.93	56.7
酸奶粉	GAB	20	5.25	0.99	44.74
苹果(真空干燥)	GAB	30	7.75	1.13	9.31
玉米粉	GAB	25～27	7.4	0.79	118.3

但是，由于食品的组成不同，各成分对水的作用情况不一样，所以不是所有的吸湿等温线均可以用一个方程来进行定量描述。

1.5 水与食品保存性的关系

1.5.1 水分活度与食品保存性的关系

同一类的食品，由于其组成、新鲜度和其他因素的不同而使水分活度（a_w）有差异，实际上食品中的脂类自动氧化、非酶褐变、微生物生长、酶促反应等都与水分活度有很大的关系，即食品的稳定性与水分活度有着密切的联系。图1-14给出几个典型的变化与水分活度之间的关系。

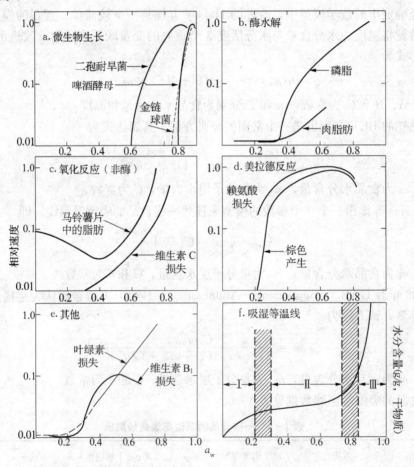

图1-14 水分活度与食品稳定性间的关系

a. 微生物生长与水分活度的关系　b. 酶水解与水分活度的关系　c. 氧化反应（非酶）与水分活度的关系　d. 美拉德反应与水分活度的关系　e. 其他反应速度与水分活度的关系　f. 水分含量与水分活度的关系（图中除了f外所有纵坐标代表相对速度）

图1-14所示的化学反应，最小反应速度一般首先出现在等温线的区间Ⅰ与区间Ⅱ之间的边界（a_w为0.2~0.3）。当a_w进一步降低时，除了氧化反应外，全部保持在最小值。在中等和较高a_w（a_w为0.7~0.9）时，美拉德反应、脂类氧化、维生素B_1降解、叶绿素损失、微生物的生长和酶促反应均显示出最大速率。但在有的情况下，对高水分食品，随着水分活度的增大，反应速度反而降低，如蔗糖水解后的褐变反应，这是因为：a. 在水为生成物的反应中，根据反应动力学原理，由于水分含量的增加，阻止反应的进行，结果使反应速度降低；b. 当反应中水分含量达到某一值时，反应物的溶解度、大分子表面与另一反应物

相互接近的程度以及通过提高水分活度来增加反应速度的作用已不再是一个显著的因素，此时如果再增加水分含量，则对促进反应进行的各组分产生稀释效应，最终结果使得体系的反应速度反而降低。因此中等水分含量范围（a_w 为 0.7～0.9）的食品，其化学反应速率最大，不利于食品耐藏性能的提高（这也是为什么现代食品加工技术非常关注中等水分含量食品的原因）。由于食品体系在 a_w 为 0.2～0.3 时的稳定性较高，而这部分水相当于形成单分子层水，所以知道食品中单分子层水时的水分含量是十分有意义的，可以通过前面所介绍的数学方程预测食品最大稳定性时的含水量。

脂类氧化速率随 a_w 值增加而降低，表明最初添加到干燥样品中的那一部分水能明显干扰氧化作用，因为这类水可以与来自游离基反应生成的氢过氧化物结合，并阻止其分解，从而使脂类自动氧化的初速度降低（a_w 为 0.2～0.3）。此外，在反应的初始阶段，这些水还能与催化油脂氧化的金属离子发生水合作用，明显降低金属离子的催化活性。当向食品中添加的水超过区间Ⅰ和区间Ⅱ的边界时，随着 a_w 的增加氧化速率加快，因为在等温线这个区间内增加水，能增加氧的溶解度和大分子溶胀，使大分子暴露出更多的反应位点，使氧化速率加快。a_w 大于 0.85 时所添加的水则降低氧化速率，这种现象是由于水对催化剂的稀释作用或对底物的稀释作用而降低催化效率所造成的。

总之，低水分活度能够稳定食品质量，是因为食品中发生的化学反应（包括酶促反应）是引起食品品质变化的重要原因，降低水分活度可以抑制这些反应的进行，一般作用的机理表现在下述几个方面。

a. 大多数化学反应都必须在水溶液中才能进行，如果降低食品的水分活度，则食品中水的存在状态会发生变化，游离水的比例减少，而结合水又不能作为反应物的溶剂，所以降低水分活度，能使食品中许多可能发生的化学反应受到抑制，反应的速率下降。

b. 很多化学反应是属于离子反应，反应发生的条件是反应物首先必须进行离子的水合作用，而发生离子水合作用的条件必须在有足够的游离水才能进行。

c. 很多化学反应（包括生物化学反应）都必须有水分子参加才能进行（如水解反应），若降低水分活度，就减少了参加反应的水的有效数量，化学反应的速率也就下降。

d. 许多以酶为催化剂的酶促反应，水有时除了具有底物作用外，还能作为输送介质，并且通过水化促使酶和底物活化。当 a_w 低于 0.8 时，大多数酶的活力就受到抑制；若 a_w 降到 0.25～0.30 的范围，则食品中的淀粉酶、多酚氧化酶和过氧化物酶就会受到强烈的抑制或丧失其活力（但脂肪酶是个例外，水分活度在 0.05～0.1 时仍能保持其活性）。

食品中水分活度与微生物生长之间的关系见表 1-7。

水分活度除影响化学反应和微生物的生长以外，还可以影响干燥和半干燥食品的质地，所以欲保持饼干、油炸马铃薯片等食品的脆性，防止砂糖、奶粉、速溶咖啡等结块，以及防止糖果、蜜饯等的黏结，均需要保持适当的水分活度。

1.5.2　冰冻与食品稳定性的关系

长期以来低温被认为是保藏食品的一个好方法，这种保藏技术的优点是在低温情况下微生物的繁殖被抑制、一些化学反应的速度常数降低，保藏性提高与此时水从液态转化为固态的冰不无关系。食品的低温冷藏虽然可以提高一些食品的稳定性，但是对一些食品冰的形成也可以带来下述两个不利的影响作用。

表1-7 食品中水分活度与微生物生长之间的关系

a_w	此范围内的最低 a_w 一般能抑制的微生物	食品
1.0～0.95	假单胞菌、大肠杆菌、变形菌、志贺氏菌属、克雷伯氏菌属、芽孢杆菌、产气荚膜梭状芽孢杆菌、一些酵母	极易腐败的食品、蔬菜、肉、鱼、牛乳、罐头水果；香肠和面包；含有约40%蔗糖或7%食盐的食品
0.95～—0.91	沙门氏杆菌属、肉毒梭状芽孢杆菌、溶副血红蛋白弧菌、沙雷氏杆菌、乳酸杆菌属、一些霉菌、红酵母、毕赤酵母	一些干酪、腌制肉、水果浓缩汁、含有55%蔗糖或12%食盐的食品
0.91～0.87	许多酵母（假丝酵母、球拟酵母、汉逊酵母）、小球菌	发酵香肠、干的干酪、人造奶油、含有65%蔗糖或15%食盐的食品
0.87～0.80	大多数霉菌（产毒素的青霉菌）、金黄色葡萄球菌、大多数酵母菌、德巴利氏酵母菌	大多数浓缩水果汁、甜炼乳、糖浆、面粉、米、含水分15%～17%的豆类食品、自制火腿
0.80～0.75	大多数嗜盐细菌、产真菌毒素的曲霉	果酱、糖渍水果、杏仁酥糖
0.75～0.65	嗜旱霉菌、二孢酵母	含水分10%的燕麦片、果干、坚果、粗蔗糖、棉花糖、牛轧糖块
0.65～0.60	耐渗透压酵母（鲁酵母）、少数霉菌（刺孢曲霉、二孢红曲霉）	含水分15%～20%的果干、太妃糖、焦糖、蜂蜜
0.50	微生物不繁殖	含水分12%的酱、含水分10%的调料
0.40	微生物不繁殖	含水分5%的全蛋粉
0.30	微生物不繁殖	饼干、面包硬皮
0.20	微生物不繁殖	含水分2%～3%的全脂奶粉、含水分5%的脱水蔬菜或玉米片、自制饼干

　　a. 水转化为冰后，其体积会增加9%，体积的膨胀就会产生局部压力，使具有细胞组织结构的食品受到机械性损伤，造成食品解冻后汁液的流失，或者使得细胞内的酶与细胞外的底物产生接触，导致不良反应的发生。

　　b. 产生冰冻浓缩效应。这是由于在所采用的商业冻藏温度下，食品中仍然存在非冻结相。对于非水成分，冷冻过程类似于一般的脱水过程，在非冻结相中非水成分的浓度提高（图1-15），最终引起食品体系的理化性质等发生改变。在此条件下冷冻给食品体系化学反应带来的影响有相反的两方面：降低温度，会减慢反应速度；溶质浓度增加，会加快反应速度。表1-8中就温度、浓度两种因素的影响程度进行比较，综合列出了它们最后对反应速度的影响。

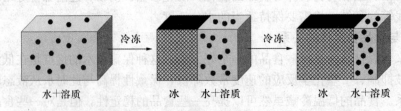

图1-15　冰冻浓缩效应示意图

表 1-8　冷冻过程中温度和溶质浓缩对化学反应速度的最终影响

情况	化学反应速度变化		两种作用的相对影响程度	冻结对反应速度的最终影响
	温度降低（T）	溶质浓缩的影响（S）		
1	降低	降低	协同	降低
2	降低	略有增加	$T>S$	略有降低
3	降低	中等程度增加	$T=S$	无影响
4	降低	极大增加	$T<S$	升高

表 1-9 给出了发生冻结时，反应或变化速度升高的一些具体食品例子。

表 1-9　食品冷冻过程中一些变化被加速的实例

化学反应	反应物
酸催化反应	蔗糖
氧化反应	抗坏血酸、乳脂、油炸马铃薯食品中的维生素 E、脂肪中 β 胡萝卜素与维生素 A 的氧化
蛋白质的不溶性	鱼、牛、兔的蛋白质

对牛肌肉组织所挤出的汁液中蛋白质的不溶性研究发现，由于冻结而产生蛋白质不溶性变化加速的温度，一般是在低于冰点几度时最为明显；同时在正常的冷冻温度下（-18℃），蛋白质不溶性变化的速度远低于 0℃时的速度，这与冷冻是一种有效的保藏技术的结论是相吻合的。

在细胞食品体系中一些酶催化反应在冷冻时被加快，这与冷冻导致的浓缩效应无关，一般认为是由于酶被激活，或由于冰体积增加而导致的酶-底物位移。典型的例子见表 1-10。

表 1-10　冷冻过程中酶催化反应被加速的例子

反应类型	食品样品	反应加速的温度（℃）
糖原损失和乳酸蓄积	动物肌肉组织	-2.5～-3.0
磷脂的水解	鳕	-4
过氧化物的分解	快速冷冻马铃薯与慢速冷冻豌豆中的过氧化物酶	-0.8～-5.0
维生素 C 的氧化	草莓	-6

1.5.3　玻璃态、分子移动性与食品稳定性的关系

1.5.3.1　食品的玻璃态

（1）无定形态　水的存在状态有液态、固态和气态 3 种，在热力学上属于稳定态。其中水分在固态时，是以稳定的结晶态存在的。但是复杂的食品与其他生物大分子（聚合物）一样，往往是以无定形态存在的。所谓无定形态（amorphous）是指物质的所处的一种非平衡、非结晶状态，当饱和条件占优势并且溶质保持非结晶时，形成的固体就是无定形态。食品处于无定形态，其稳定性不会很高，但却具有优良的食品品质。因此食品加工的任务就是在保证食品品质的同时使食品处于亚稳态或处于相对于其他非平衡态来说比较稳定的非平衡态。

（2）玻璃态　玻璃态（glassy state）是指既像固体一样具有一定的形状和体积，又像液

体一样分子间排列只是近似有序，因此它是非晶态或无定形态。处于此状态的大分子聚合物的链段运动被冻结，只允许在小尺度的空间运动（即自由体积很小），其形变很小，类似于人们熟知的透光材料玻璃，因此称为玻璃态。

(3) 橡胶态 橡胶态（rubbery state）是指大分子聚合物转变成柔软而具有弹性的固体（此时还未融化）的状态，分子具有相当的形变，它也是一种无定形态。根据状态的不同，橡胶态的转变可分成 3 个区域：玻璃态转变区域（glassy transition region）、橡胶态平台区（rubbery plateau region）和橡胶态流动区（rubbery flow region）。

(4) 黏流态 黏流态是指大分子聚合物链能自由运动，出现类似一般液体的黏性流动的状态。

(5) 玻璃化转变温度 玻璃化转变温度（glass transition temperature，T_g，T_g'）：T_g 是指非晶态的食品体系从玻璃态到橡胶态的转变（称为玻璃化转变）时的温度；T_g' 是特殊的 T_g，是指食品体系在冰形成时具有最大冷冻浓缩效应的玻璃化转变温度。

随着温度由低到高，无定形聚合物可经历 3 个不同的状态：玻璃态、橡胶态和黏流态，各反映了不同的分子运动模式。

物质在不同条件下所处状态以及这些状态间的相互转化条件见图 1-16。当食品发生玻璃化转变时，其物理性质（包括力学性能）都发生急剧变化，如食品的比容、比热容、膨胀系数、导热系数、折光指数、形变模量等都发生突变或不连续变化。一些有机化合物的 T_g' 点见表 1-11。

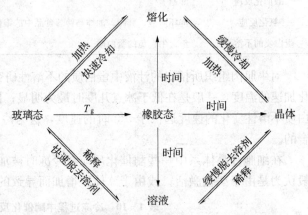

图 1-16 不同条件下物质所处状态以及相互变化

表 1-11 一些食品的特定溶质的最大冷冻浓缩溶液的玻璃化转变温度（T_g'）（℃）

	食品	T_g'		食品	T_g'
果汁	菠萝汁	−37	蔬菜	市售甜玉米	−8
	橘汁	−37.5		马铃薯	−12
	梨汁	−40		菠菜	−17
	苹果汁	−40		豌豆	−25
	白葡萄汁	−42		菜花（茎）	−25
	柠檬汁	−43		青刀豆	−27
水果	草莓	−33~−41		番茄	−41
	香蕉	−35	干酪	意大利玻罗伏洛	−13
	桃	−36		切达	−24
	蓝莓	−41	肌肉组织	鳕肌肉	−11.7
	苹果	−42		牛肌肉	−12
甜点	香草冰激凌	−31~−33		鲭肌肉	−12.4

(6) 状态图　状态图（state diagram）是补充的相图（phase diagram），包含平衡状态和非平衡状态的数据。由于干燥、部分干燥或冷冻食品不存在热力学平衡状态，因此状态图比相图更有用。

在恒压下，以溶质含量为横坐标、以温度为纵坐标作出的二元体系状态图如图 1-17 所示。由融化平衡曲线（T_m^L）可见，食品在低温冷冻过程中，随着冰晶的不断析出，未冻结相溶质的浓度不断提高，冰点逐渐降低，直到食品中非水组分也开始结晶（此时的温度可称为共熔温度 T_E），形成所谓共晶物后，冷冻浓缩也就终止。由于大多数食品的组成相当复杂，其共熔温度低于起始冰结晶温度，所以其未冻结相，随温度降低可维持较长时间的黏稠液体过饱和状态，而黏度又未显著增加，这即是所谓橡胶态。此时，物理变化、化学变化及生物化

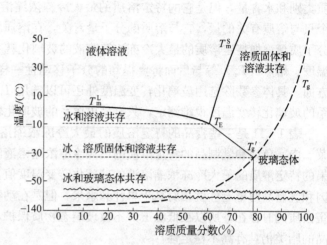

图 1-17　二元食品体系的状态图

T_m^L. 融化平衡曲线　T_m^S. 溶解平衡曲线　T_E. 低共熔点（即共熔点）
T_g. 玻璃化曲线　T_g'. 特定溶质的最大冷冻浓缩溶液的玻璃化转变温度

学反应依然存在，并导致食品腐败。继续降低温度，未冻结相的高浓度溶质的黏度开始显著增加，并限制溶质晶核的分子移动与水分的扩散，则食品体系将从未冻结的橡胶态转变成玻璃态，对应的温度为 T_g。T_g' 是特定溶质的最大冷冻浓缩溶液的玻璃化温度，即是在体系发生冷冻浓缩时候，最大浓缩溶液的玻璃态转化为橡胶态时的温度。图中的粗实线和粗虚线均代表亚稳态，如果食品的状态处于玻璃化曲线（T_g 线）的左上方又不在其他亚稳态线上，食品就处于不平衡状态。同时可以想象，在溶质的含量为 0 时，T_g 线与纵坐标的交点应该是水的玻璃化温度 -135℃，所以对于任何一种体系，它的 T_g 线的左端总是固定在 -135℃；不同溶质对于玻璃化曲线的影响，是通过影响 T_g 和 T_g' 的不同，从而造成曲线的差异。

(7) 玻璃态与食品稳定性的关系　玻璃态下的未冻结的水不是按前述的氢键方式结合的，其分子被束缚在由极高溶质黏度所产生的具有极高黏度的玻璃态下，这种水分不具有反应活性，使整个食品体系以不具有反应活性的非结晶性固体形式存在。因此在玻璃化转变温度（T_g）下，食品具有高度的稳定性。故低温冷冻食品的稳定性可以用该食品的玻璃化转变温度（T_g）与贮藏温度（t）的差（$t-T_g$）来决定，差值越大，食品的稳定性就越差。

已经知道大多数食品均具有玻璃化转变温度（T_g），一般食品中的溶质在温度下降时不会结晶，持续的降温会使其转化为玻璃态。水和溶质对食品的玻璃化转变温度有影响，例如一般情况下水含量增加 1%，其 T_g 降低 5~10℃。例如冻干草莓的水分含量为 0% 时，T_g 为 60℃；当水分含量增加到 3% 时，T_g 已降至 0℃；当水分含量为 10% 时，T_g 为 -25℃；水分含量为 30% 时，T_g 降至 -65℃。食品的 T_g 随着溶质分子质量的增加而成比例增高，但是当溶质相对分子质量大于 3000 时，玻璃化转变温度的变化就不再依赖其分子质量。不同种类的淀粉，支链淀粉分子侧链越短，且数量越多，玻璃化转变温度越低，例如小麦支链

淀粉与大米支链淀粉相比，小麦支链淀粉的侧链数量多而且短，所以在相近的水分含量时，其玻璃化转变温度也比大米淀粉的玻璃化转变温度低。食品中的蛋白质的玻璃化转变温度都较高，不会对食品的加工及贮藏过程产生影响。虽然一种食品的玻璃化转变温度强烈依赖溶质类别和水含量，但是它的特定溶质的最大冷冻浓缩溶液的玻璃化转变温度（T_g'）却是一个只与溶质有关的量，它与溶质的分子量有关，在溶质相对分子质量小于 3 000 时，随相对分子质量增加特定溶质的最大冷冻浓缩溶液的玻璃化转变温度成比例增加。目前玻璃化转变温度、熔点（T_m）等与后面将要提到的分子移动性一样，已经被用于研究食品的稳定性等方面，具体参数除选用玻璃化转变温度外还可以选用 $T_m - T_g$。但是需要指出的是，复杂体系的玻璃化转变温度很难测定，只有简单体系的玻璃化转变温度可以较容易地测定。

表 1 - 11 是一些食品的特定溶质的最大冷冻浓缩溶液的玻璃化转变温度（T_g'）值：蔬菜、肉、鱼肉和乳制品的特定溶质的最大冷冻浓缩溶液的玻璃化转变温度一般高于果汁和水果的特定溶质的最大冷冻浓缩溶液的玻璃化转变温度值，所以冷藏或冻藏时，蔬菜、肉、鱼肉和乳制品的稳定性就相对高于果汁和水果。但是在动物食品中，大部分脂肪由于和肌纤维蛋白质同时存在，所以在低温下并不被玻璃态物质保护，因此即使在冻藏的温度下，动物食品的脂类仍具有高不稳定性。

在对冷冻食品的贮藏条件进行选择时，是选择特定溶质的最大冷冻浓缩溶液的玻璃化转变温度（T_g'）还是选择玻璃化转变温度（T_g）并没有取得共识，不过有一点可以认为是一致的，即在食品商业化贮藏时，尽量使食品的温度接近特定溶质的最大冷冻浓缩溶液的玻璃化转变温度（T_g'）是有利的。对于冷冻食品中那些由扩散控制的反应与变化速度，可以通过以下的措施来提高食品的稳定性：a. 将贮藏温度降低至接近或者是低于特定溶质的最大冷冻浓缩溶液的玻璃化转变温度；b. 在食品中加入一些相对分子质量较大的水溶性溶质，提高体系的特定溶质的最大冷冻浓缩溶液的玻璃化转变温度，等于相对降低食品的温度、或者说相对降低食品在高于特定溶质的最大冷冻浓缩溶液的玻璃化转变温度时的分子移动性。

1.5.3.2 分子移动性与食品性质的相关性

除了水分活度（a_w）是预测、控制食品稳定性的重要指标外，分子移动性（molecular mobility，M_m，也有人将其称为分子流动性），对食品稳定性也是一个重要的参数，因为它与食品的一些重要的扩散控制性质有关。分子移动性是分子的旋转移动和平动移动性的总度量，物质处于完全而完整的结晶状态下分子移动性（M_m）为零，物质处于完全的玻璃态（无定形态）时 M_m 也几乎为零。决定食品分子移动性的主要成分是水和食品中占支配地位的几种非水成分，因为水分子体积小，常温下为液态，同时黏度也很低，所以在温度处于样品的玻璃化转变温度（T_g）时仍然可以转动和移动；而作为食品主要成分的蛋白质、多糖等大分子化合物，不仅是食品品质的决定因素，同时还影响食品的黏度和扩散性质，所以它们决定食品的分子移动性；绝大多数食品的分子移动性（M_m）不等于零。已经证明一些食品性质和行为特征由分子移动性决定（表 1 - 12）。

将分子移动性应用于研究食品体系的化学反应是适当的，包括前述的酶催化反应以及蛋白质折叠变化、质子转移变化、游离基重新结合反应等。例如在室温条件下，根据化学反应理论，一个化学反应的速度由 3 个因素（扩散因子、碰撞频率和反应活化能）控制。对于一个扩散控制反应，虽然反应可能具有很高的碰撞频率和较低的反应活化能，但是由于反应物的扩散速度较低，使得整个反应由扩散速度决定。另外，一般条件下不是扩散速度控制的反应，在水分活度降低或体系的温度降低时，也可能使得扩散速度成为限制因子，其原因是水分活度降低或体系温度降低导致体系的黏度增大（从理论化学知识可知扩散系数与黏度成反比），或者是低温降低分子移动性（减少了分子运动空间大小，使移动和转动更加困难）。在食品的品质方面，也可以应用分子移动性概念。复杂的食品体系中存在无定形区，例如在表1-12中所示的干燥食品、部分干燥食品、冷冻食品和冷冻干燥食品中，参与形成无定形区的食品组分包括蛋白质和糖类。由于这些无定形区处于非平衡态，也就是说食品也处于非平衡态，因此利用动力学方法可以较热力学更有效地了解、控制和预测食品的性质。分子移动性正是与食品中的扩散限制变化的速度有关，所以适合用于研究一些食品的稳定性，例如物理变化与化学变化速度问题。不过，对于那些不受扩散控制的反应、变化，应用分子移动性是不适当的，例如微生物的增殖。

表1-12　分子移动性对食品品质的影响

对干燥或半干燥食品的影响	对冷冻食品的影响
流动性和黏性	水分迁移（冰结晶现象发生）
结晶和重结晶过程	乳糖的结晶（在冷甜食品中出现砂状结晶）
巧克力表面起糖霜	酶活力在冷冻时留存，有时还出现表观提高
食品干燥时的爆裂	在冷冻干燥的初级阶段发生无定形区的结构塌陷
干燥或中等水分的质地	食品体积收缩（冷冻甜食中泡沫样结构部分塌陷）
冷冻干燥中发生的食品结构塌陷	
微胶囊风味物质从芯材的逸散	
酶活性	
美拉德反应	
淀粉的糊化	
淀粉老化导致的焙烤食品的陈化	
焙烤食品在冷却时的爆裂	
微生物孢子的热灭活	

1.5.4　水分活度、分子移动性和玻璃化转变温度在预测食品稳定性的比较

水分活度（a_w）、分子流动性（M_m）和玻璃化转变温度（T_g）方法是研究食品稳定性的3个互补的方法。水分活度方法主要是研究食品中水的有效性（可利用性），如水作为溶剂的能力。分子移动性方法主要是研究食品的微观黏度（microviscosity）和化学组分的扩散能力，它也取决于水的性质。玻璃化转变温度是从食品的物理特性的变化来评估食品稳定性的方法。

大多数食品具有玻璃化转变温度，在生物体系中，溶质很少在冷却或干燥时结晶，所以常以无定形区和玻璃化存在。可以从分子移动性和玻璃化转变温度的关系估计这类物质的扩散限制性质的稳定性。在食品保藏温度低于玻璃化转变温度时，分子移动性和所有扩散限制的变化，包括许多变质反应，都会受到很好的限制。在熔点至玻璃化转变温度范围内，随着温度下降，分子移动性减小而黏度提高。一般说来，食品在此范围内的稳定性也依赖温度，并与 $T-T_g$ 成反比。

在估计由扩散限制的性质，像冷冻食品的物理性质、冷冻干燥的最佳条件和包括结晶作用、胶凝作用和淀粉老化等物理变化时，分子移动性方法明显地更为有效，水分活度指标在预测冷冻食品物理性质或化学性质上是无用的。在估计食品保藏在接近室温时导致的结块、黏结、脆性等物理变化时，分子移动性方法和水分活度方法有大致相同的效果。在估计不含冰的产品中微生物生长和非扩散限制的化学反应速度（例如高活化能反应和在较低黏度介质中的反应）时，分子移动性方法的实用性明显的较差和不可靠，而水分活度方法更有效。

在快速、正确、经济地测定食品的分子移动性和玻璃化转变温度技术没有完善之前，分子移动性方法不能在实用性上达到或超过水分活度方法的水平。但食品体系的玻璃化转变温度是预测食品贮藏稳定性的一种新思路、新方法。如何将玻璃化转变温度、水分含量、水分活度等重要临界参数和现有的技术手段综合起来，并应用于对各类食品的加工和贮藏过程的优化，是今后研究的重点之一。

1.6　含水食品的水分转移

食品在其贮存和运输过程中，一些食品的水分含量、分布不是固定不变的，变化的结果无非有两种：a. 水分在同一食品的不同部位或在不同食品之间发生位转移，导致了原来水分的分布状况改变；b. 发生水分的相转移，特别是气相和液相水的互相转移，导致了食品含水量的降低或增加，这对食品的贮藏性及其他方面有着极大的影响。

1.6.1　水分的位转移

根据热力学有关定律，食品中水分的化学势（μ）可以表示为

$$\mu = \mu\,(T,\ p) + RT\ln a_w$$

如果食品的温度（T）或水分活度（a_w）不同，则食品中水的化学势就不同，水分就要依着化学势降低的趋势发生变化、运动，即食品中的水分要发生转移。从理论上讲，水分的转移必须进行至各部位水的化学势完全相等才能停止，即最后达到热力学平衡。

由于温差引起的水分位转移，水分将从高温区域进入低温区域的食品，这个过程较为缓慢。而由于水分活度不同引起的水分位转移，水分从水分活度高的区域向水分活度低的区域转移。例如蛋糕与饼干这两种水分活度不同的食品放在同一环境中，由于蛋糕的水分活度高于饼干的水分活度，所以蛋糕里的水分就逐渐转移到饼干里，使得两种食品的品质都受到不同程度的影响。

1.6.2　水分的相转移

由于食品的含水量是指在一定温度、湿度等环境条件下食品的平衡水分含量，所以如果环境条件发生变化，食品的水分含量就会发生变化。例如空气湿度的变化就有可引起食品中水分的相转移（当然对密封性良好的包装食品不存在此问题），空气湿度变化的方式与食品中水分相转移的方向和强度密切相关。食品中水分的相转移主要形式为水分蒸发（evaporation）和水蒸气凝结（condensing）。

1.6.2.1　水分蒸发

食品中的水分由液相转变为气相而散失的现象称为食品的水分蒸发，它对食品质量有重要的影响。利用水分的蒸发进行食品的干燥或浓缩，可得到低水分活度的干燥食品或中等水分食品。但对新鲜的水果、蔬菜、肉禽、鱼贝等来讲，水分的蒸发则对食品的品质会发生不良的影响，例如会导致食品外观的萎蔫皱缩，食品的新鲜度和脆度受到很大的影响，严重时

会丧失其商品价值。同时，水分蒸发还会导致食品中水解酶的活力增强，高分子物质发生降解，也会产生食品的品质降低、货架寿命缩短等问题。

水分的蒸发主要与环境（空气）的湿度与饱和湿度差有关，饱和湿度差是指空气的饱和湿度与同一温度下空气中的绝对湿度之差。饱和湿度差越大，空气达到饱和状态所能再容纳的水蒸气量就越多，反之亦然。因此饱和湿度差是决定食品水分蒸发量的一个极为重要的因素。饱和湿度差大，则食品水分的蒸发量就大；反之，食品水分的蒸发量就小。

影响饱和湿度差的因素主要有空气的温度、绝对湿度、流速等。空气的饱和湿度随着温度的变化而改变，温度升高时空气的饱和湿度也升高。在相对湿度一定时，温度升高就导致饱和湿度差变大，因此食品水分的蒸发量增大。在绝对湿度一定时，温度升高则饱和湿度增大，所以饱和湿度差也加大，相对湿度降低，同样导致食品水分的蒸发量加大。如果温度不变，绝对湿度增大，则相对湿度也增大，饱和湿度差减少，食品的水分蒸发量减少。空气的流动可以从食品周围的环境中带走较多的水蒸气，即降低了这部分空气的水蒸气压，加大了饱和湿度差，因而能加快食品水分的蒸发，使食品的表面干燥，影响食品的物理品质。

从热力学角度来看，食品水分的蒸发过程是食品中水溶液形成的水蒸气和空气中的水蒸气发生转移直至平衡的过程。由于食品的温度与环境的温度、食品中水蒸气压与环境的水蒸气压均不一定相同，因此两相间水分的化学势有差异。根据热力学的定义，假设食品和环境之间的水分转移是由环境向食品转移，则根据物理化学的基础知识，两相之间的化学势差为

$$\Delta\mu = \mu_F - \mu_E = R\,(T_F\ln p_F - T_E\ln p_E)$$

式中，p 表示水蒸气压，角标 F 和 E 分别表示食品和环境。

据此可得出下列结论。

a. 若 $\Delta\mu > 0$，上述假设的过程不是自发进行的，则食品中的水蒸气向环境转移是自动过程。这时食品水溶液上方的水蒸气压力下降，使原来食品水溶液与其上方水蒸气达成的平衡状态遭到破坏（水蒸气的化学势低于水溶液中水的化学势）。为了达到新的平衡状态，则食品水溶液中就有部分水蒸发，由液态转变为气态，这个过程也是自动过程。只要 $\Delta\mu > 0$，食品中的水分就要源源不断地从食品向环境转移，直到空气中水蒸气的化学势与食品中水蒸气的化学势相等为止（$\Delta\mu = 0$）。对于敞开的、没有包装的食品，在空气的相对湿度较低或饱和湿度差较大的情况下，空气中与食品中水蒸气的化学势很难达到相等，所以食品的水分蒸发就要不断地进行，食品的外观及食用价值受到严重的影响。

b. 如果 $\Delta\mu = 0$，即食品中水分的化学势与空气中水蒸气的化学势相等，食品中的水蒸气与空气中水蒸气处于动态平衡状态，食品水溶液与其上方的水蒸气也处于动态平衡状态。但从总的结果来看，这时食品既不蒸发水分也不吸收水分，是食品货架期的理想环境。

c. 如果 $\Delta\mu < 0$，即食品水分的化学势低于空气中水蒸气的化学势，此时的一个自发过程是空气中的水蒸气向食品转移。此时，食品中的水分不蒸发，而且还吸收空气中的水蒸气而变潮，食品的稳定性受到影响（a_w 增大）。

影响食品水分蒸发的主要因素是食品的温度（T_F）和环境水蒸气压（p_E）。在环境温度和环境水蒸气压不变的情况下，食品温度越高，食品水蒸气与空中水蒸气的化学势差（$\Delta\mu$）也就越大，食品中水分蒸发的趋势就越强烈。在环境的温度不变时，环境的绝对湿度越低，环境水蒸气压就越小，若食品水蒸气的化学势（μ_F）不变，食品水蒸气与空中水蒸气的化学势差（$\Delta\mu$）也变大，食品水分蒸发的趋势也加强。如果增大环境的绝对湿度，则环境水蒸

气的化学势（μ_E）增大，若食品水蒸气的化学势（μ_F）不变，食品水蒸气与空中水蒸气的化学势差（$\Delta\mu$）就减小，食品水分蒸发的趋势也就相应减弱。总之，环境的相对湿度越低，空气的饱和湿度差越大，食品水分蒸发将越强烈；食品水蒸气与空气中水蒸气的化学势差（$\Delta\mu$）越大，食品水分蒸发的趋势就越强烈。

1.6.2.2 水蒸气凝结

空气中的水蒸气在食品的表面凝结成液体水的现象称为水蒸气凝结。一般来讲，单位体积的空气所能容纳水蒸气的最大数量随着温度的下降而减少，当空气的温度下降一定数值时，就使得原来饱和的或不饱和的空气变为过饱和的状态，致使空气中的一部分水蒸气在物体上凝结成液态水。空气中的水蒸气与食品表面、食品包装容器表面等接触时，如果表面的温度低于水蒸气的饱和温度，则水蒸气也有可能在表面上凝结成液态水。在一般情况下，若食品为亲水性物质，则水蒸气凝聚后铺展开来并与之融合，如糕点、糖果等就容易被凝结水润湿，并可将其吸附。若食品为憎水性物质，则水蒸气凝聚后收缩为小水珠，如蛋的表面和水果表面的蜡质层均为憎水性物质，水蒸气在其上面凝结时就不能扩展而收缩为小水珠。

可以说水不仅是食品中最普遍的组分，而且是决定食品品质的关键成分之一。水也是食品腐败变质的主要影响因素，它决定了食品中许多化学反应、生物变化的进行。但是水的性质及在食品中的作用极其复杂，对水的研究还需深入进行。

复习思考题

1. 阐述水的物理化学特点以及水在食品体系中的重要性。

2. 何谓过冷？过冷在冷冻食品加工、食品贮藏中有何重要应用价值？冷冻同时会对食品的贮藏带来哪些不良的影响？

3. 水与食品中不同化学基团的作用情况如何？疏水相互作用产生的意义何在？

4. 从微观及物理化学性质上解释结合水与游离水的根本区别。

5. 画出水的等温吸湿、脱附曲线示意图，指出各区间水的存在形式，以及它们在影响食品保藏性时所产生的作用。

6. 什么是水分活度？它是如何计算或测定的？密封体系中温度变化会对水分活度产生什么影响？

7. 比较说明水对食品中重要的反应、变化的影响行为，说出控制食品中水分含量的意义所在。

8. 食品中的水分转移是如何发生的？它对食品品质可能产生的影响是什么？

9. 什么是物质的玻璃态？研究分子移动性有什么意义？

10. 查阅一篇食品文献，了解如何测定固态食品的水分含量或者是水分活度。

第 2 章 糖 类

糖类又称为碳水化合物（carbohydrate），是生物界重要的有机化合物之一，也是供给生物能量的最重要食品。糖在植物中含量可达干物质量的 80% 以上，广泛存在于谷物、水果、蔬菜及其他人类能食用的植物中。动物体内的肝糖、血糖也属于糖类，约占动物体干物质量的 2%。

早期认为，糖类是由碳和水组成的，表达式为 $C_n(H_2O)_m$，因此采用碳水化合物这个术语。但随着研究的不断深入，发现有些物质虽然符合碳水化合物结构及特性，但其组成不一定单纯由碳和水组成，例如鼠李糖和脱氧核糖的组成分别为 $C_6H_{12}O_5$ 和 $C_5H_{10}O_4$，不符合碳水化合物的通式；又如由甲壳素得到的壳聚糖，其分子中含有 N 元素，还有些糖含有氮、硫、磷等成分，也不符合碳水化合物的通式。一般认为，将碳水化合物称为糖类更为科学合理，但由于沿用已久，至今仍在使用这个名称。

根据化学结构特征，糖类物质可以定义为多羟基的醛类、酮类化合物或其聚合物及其各类衍生物。

按其结构中含有基本结构单元的多少，糖类可分为单糖、低聚糖和多糖 3 种类型。单糖是糖类中结构最简单，不能再被水解为更小单位的糖类，是低聚糖及多糖的基本结构单元，常见的为含 4～7 个碳的单糖分子，按所含碳原子数目的不同称为丙糖、丁糖、戊糖、己糖等，其中以戊糖和己糖最为重要，如葡萄糖、果糖等。低聚糖是指聚合度为 2～10 个单糖的糖类，按水解后生成单糖数目的不同，低聚糖又分为二糖、三糖、四糖、五糖等，其中以二糖最为重要，如蔗糖、麦芽糖等。多糖一般指聚合度大于 10 的糖类，可分为同聚多糖（由相同的单糖分子缩合而成）和杂聚多糖（由不相同的单糖分子缩合而成）两种，淀粉、纤维素、糖原等属于同聚多糖，果胶、半纤维素、卡拉胶、阿拉伯胶等属于杂聚多糖，重要的多糖主要有淀粉、果胶和纤维素。

糖类是生物体维持生命活动所需能量的主要来源，是合成其他化合物的基本原料，同时也是生物体的主要结构成分。人类摄取食物的总能量中大约 80% 由糖类提供，因此它是人类及动物的生命源泉。在食品中，糖类除了具有营养价值外，其低分子糖类可作为甜味剂、保藏剂，大分子糖类可作为增稠剂、稳定剂、胶凝剂等。此外，糖类还是食品加工过程中产生香味和色泽的前体物质，对食品的感官品质产生重要作用。

2.1 单糖和低聚糖

2.1.1 单糖

单糖（monosaccharide）是糖类的最小组成单位，它们不能进一步水解。从分子结构上看，它们是含有一个自由醛基或酮基的多羟基醛或多羟基酮类化合物。根据分子中所含羰基的特点，单糖可分为醛糖（aldose）和酮糖（ketose）。根据单糖分子中碳原子数目的多少，可将其分为丙糖（triose，三碳糖）、丁糖（tetrose，四碳糖）、戊糖（pentose，五碳糖）、己糖（hexose，六碳糖）等。单糖也有几种衍生物，其中有醛基被氧化的醛糖酸（aldonic acid）、羰基对侧末端的—CH_2OH变成酸的糖醛酸（uronic acid）、导入氨基的氨基糖（aminosugar）、脱氧的脱氧糖（deoxysugar）、分子内脱水的脱水糖（anhydrosugar）等。

在化学结构上，除了二羟基丙酮（即丙酮糖）外，单糖分子中均含有手性碳原子（即不对称碳原子，chiral carbon），因此大多数单糖具有旋光异构体。天然存在的单糖大部分是D型，食物中只有2种天然存在的L型糖，即L-阿拉伯糖和L-半乳糖。

单糖的直链状构型的写法，以费歇尔（E. Fischer）式最具代表性。醛糖可看作D-甘油醛的衍生物，见图2-1；酮糖可看作二羟基丙酮的衍生物，见图2-2。

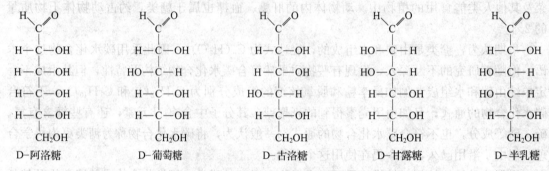

D-阿洛糖　D-葡萄糖　D-古洛糖　D-甘露糖　D-半乳糖

图2-1　几种D-醛糖的结构式（C_6）

D-阿洛酮糖　D-果糖　D-山梨糖　D-塔罗糖

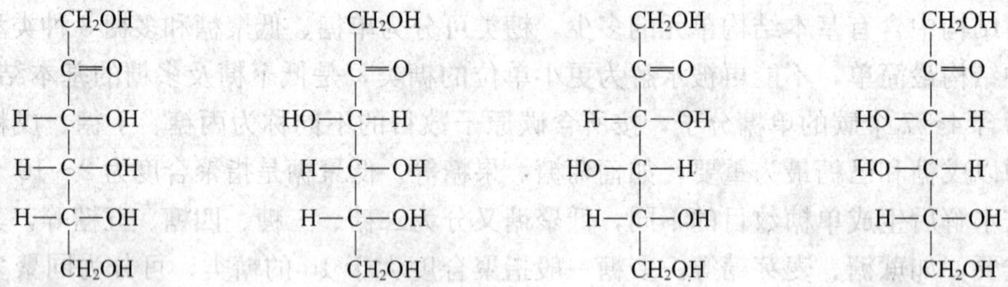

图2-2　几种D-酮糖的结构式（C_6）

单糖不仅以直链结构存在，还以环状形式存在。单糖分子的羰基可以与糖分子本身的一个羟基反应，形成半缩醛或半缩酮，形成五元呋喃糖环或更稳定的六元吡喃糖环。根据哈沃斯（Haworth）环结构表示方法，用单糖新形成的半缩醛羟基与决定单糖构型的C_5上的羟基的相对位置决定α、β构型，若位于平面的同一侧为β型，不在同一侧为α型。图2-3为几种单糖的环状结构式。

α-D-葡萄糖　α-D-半乳糖　β-D-葡萄糖　α-D-果糖

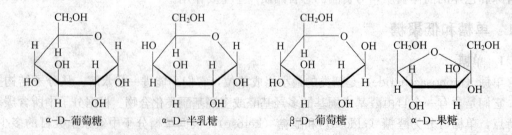

图2-3　几种单糖的环状结构式

2.1.2　糖苷

糖苷是糖在自然界存在的一种重要形式，几乎各类生物都含有糖苷，但以植物中分布最为广泛。糖苷的研究始于 19 世纪初。1830 年 Robiquet 和 Charland 首次发现苦杏仁苷，并进行了系统分析，确定其为止咳祛痰的良药。许多糖苷是天然的色、香、味物质，在生物体内具有重要的生理功能。因一些糖苷类物质在医药和其他方面有很大的实用价值而促进了人们对它的广泛注意。例如类黄酮糖苷能使食品具有苦味和其他风味及颜色，毛地黄苷是一种强心剂，皂角苷（甾类糖苷）是起泡剂和稳定剂，甜菊苷是一种甜味剂。

2.1.2.1　糖苷的概念

糖苷是指单糖环状半缩醛结构中的半缩醛羟基与另一分子醇或羟基作用时，脱去 1 分子水而生成缩醛（O-糖苷）（图 2-4）。

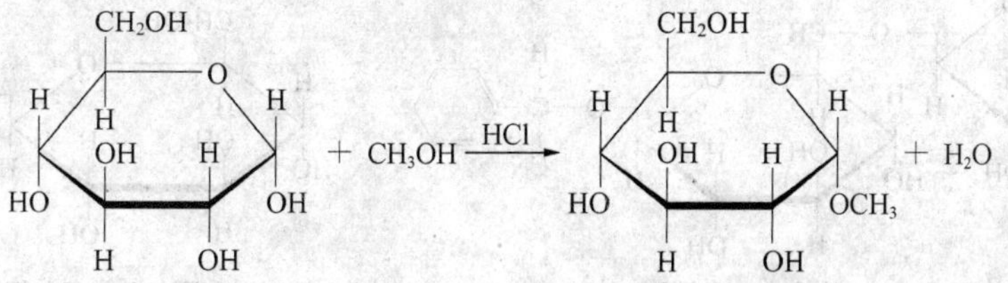

$$\alpha\text{-}D\text{-葡萄糖} \qquad\qquad \alpha\text{-}D\text{-甲基葡萄糖苷}$$

图 2-4　糖苷的形成

糖苷经完全水解，生成糖和非糖两部分，糖部分称为糖基（glycone），非糖部分称为糖苷配基（aglycone）。例如果糖与硫醇（RSH）作用，则生成硫葡萄糖苷（S-糖苷），与胺（RNH_2）作用生成氨基葡萄糖苷（N-糖苷），如核苷类化合物。

糖苷的名称一般是在母体糖基名后加"苷"字，另外将糖苷配基的名称和母体糖苷的构型 α-或 β-先后加在糖苷名称之前，例如 α-D-甲基-吡喃葡萄糖苷。对于比较复杂的糖苷配基，有时可直接用醇、酚的名称而不用"基"，例如对苯二酚-α-D-吡喃半乳糖苷。也有以糖苷的来源作为普通名称，如芹菜糖苷、苦杏仁糖苷等。

2.1.2.2　糖苷的性质

糖苷是比较稳定的化合物，一般为无色结晶，一些带有苦味。大多数糖苷能溶于水、酒精、丙酮或其他有机溶剂。与游离态配基相比，糖苷的溶解度要大得多，可利用这个性质来增加糖苷配基的溶解度。糖苷溶液一般呈中性，无还原性，具有左旋性。

糖苷键的构型大多数为 β 型，易被酸和酶水解，但氨基糖苷中以 α 型较多。

糖苷一般对碱是稳定的，只有极少数糖苷能为碱所水解，这种糖苷称为碱敏感糖苷，如苦藏花素在碱溶液中水解生成 D-葡萄糖和藏花醛。

大多数糖苷可在酸性条件下水解。糖苷酸水解主要取决于 3 个因素：a. 糖苷键的构型对水解速度的影响，β 型糖苷比 α 型糖苷容易水解；b. 糖基上取代基不同，水解速度不同；c. 糖基氧环的大小与水解速度有关，一般吡喃糖苷的水解速度仅是相应的呋喃糖苷的 1/100～1/10。

酶催化糖苷水解作用的结果与酸水解是一致的，只是它对糖基和配基具有一定的专一性。酶水解反应的活化能较低，水解的位置均在糖苷键醛（或酮）基碳原子和氧原子之间。

2.1.2.3　天然糖苷

自然界存在的糖苷形形色色，种类繁多。糖苷中糖基成分较为丰富，有单糖、低聚糖等。单糖中含有己糖、戊糖、氨基糖、脱氧糖等，以 D-葡萄糖、D-果糖、L-阿拉伯糖、D-木糖、氨基己糖为糖基的较为普遍。也有以低聚糖为糖基的，如苦杏仁苷中的龙胆二糖等。一些常见的天然糖苷介绍如下。

(1) 生氰糖苷 一些食品（如苦杏仁、木薯、高粱、竹笋、利马豆等）含有生氰糖苷，经酸或酶水解产生苯甲醛、氢氰酸、葡萄糖等。由于产生的氰化物有毒，这些食品在加工中必须充分煮熟后，再充分洗涤，以尽可能除去氰化物。

苦杏仁苷（amygdalin）属于生氰糖苷，经酸或酶水解产生苯甲醛、氢氰酸和两分子葡萄糖，其结构见图2-5。其他生氰糖苷有扁桃腈（mandelonitrile）苷、蜀黍苷、野黑樱皮苷等。

(2) 水杨苷 水杨苷（salicin）(图2-6)。存在于白杨树和柳树皮中，含量可达7.5%，经酶水解产生葡萄糖与水杨醇，后者氧化为水杨酸。水杨苷的主要功能是解热，可治疗风湿病，目前这种糖苷已为人工合成的产品所代替。

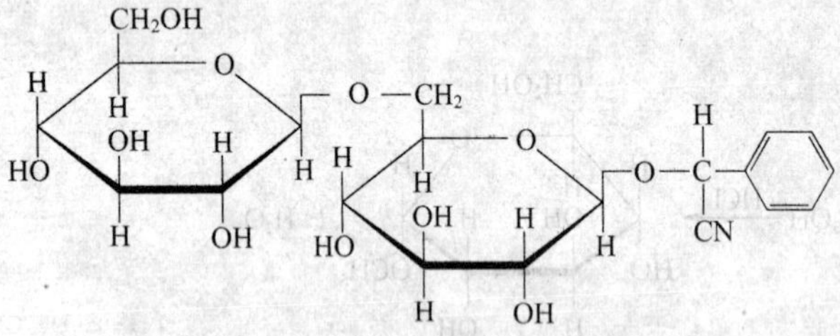

图2-5 苦杏仁苷结构 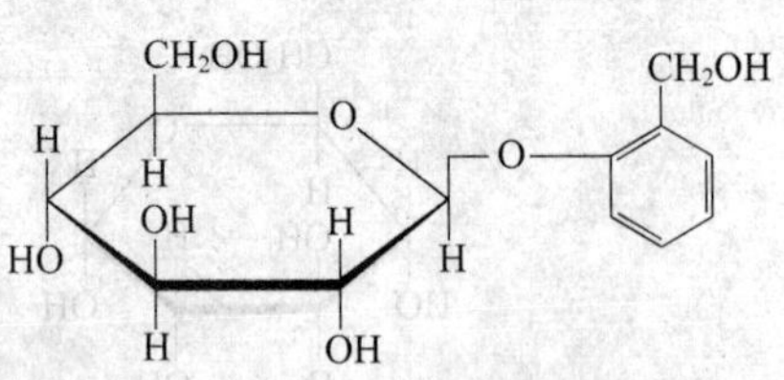　　　　　　图2-6 水杨苷结构

(3) N-糖苷 N-糖苷不如O-糖苷稳定性好，它在水中容易溶解。但有些N-糖苷是相当稳定的，特别是N-葡基酰胺、某些N-葡基嘌呤和N-葡基嘧啶，例如肌苷、黄苷以及鸟苷的5′-单磷酸盐，它们都是风味增效剂。几种N-糖苷的结构见图2-7。

一些不稳定的N-糖苷（葡基胺）在水中通过一系列复杂的反应而分解，同时使溶液的颜色变深，从起始的黄色逐渐转变为暗棕色，主要由于发生了美拉德褐变反应。

(4) S-糖苷 S-糖苷在芥菜籽与辣根中普遍存在，又称为硫葡萄糖苷。由于天然存在的硫葡萄糖苷酶的作用，导致糖苷配基的裂解和分子重排，如图2-8示。芥籽油的主要成分是异硫氰酸酯RN=C=S，其中R为烯丙基、3-丁烯基、4-戊烯基、苯基或其他有机基团。烯丙基硫葡萄糖苷称为黑芥籽硫苷酸钾，含有这类化合物的食品具有某些特殊风味。近年来研究发现S-糖苷及其分解产物是食品中的天然毒素。

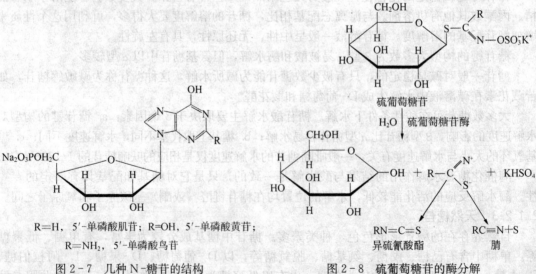

R=H，5′-单磷酸肌苷；R=OH，5′-单磷酸黄苷；
R=NH₂，5′-单磷酸鸟苷

图2-7 几种N-糖苷的结构　　　　图2-8 硫葡萄糖苷的酶分解

（5）分子内糖苷 在形成 O-糖苷时，如果 O-供体基团是同一分子中的羟基，则形成的就是分子内糖苷，如 D-葡萄糖通过热解生成 1,6-脱水-β-D-吡喃葡萄糖（图 2-9）。在焙烤或加热糖或糖浆至高温的热解条件下就会形成少量的 1,6-脱水-β-D-吡喃葡萄糖。由于产生苦味，因此在食品中应尽量控制以避免产生大量的 1,6-脱水-β-D-吡喃葡萄糖。

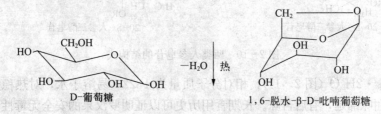

图 2-9 D-葡萄糖形成分子内糖苷的反应

2.1.2.4 具有保健作用的糖苷

皂苷（saponin）广泛地分布于高等植物中，一些海洋动物（如海参、海星等）也含有皂苷，它们都是一些具有生物活性的天然产物。从皂苷的配基结构来看，可将其分成两大类：甾属皂苷和三萜皂苷。皂苷类具有如下的共同特征：均为白色或乳白色无定形粉末，溶于水成胶体的皂性溶液，在水中振荡具有强的起泡作用，不溶于有机溶剂，有乳化去毒作用，呈碱性，可作洗涤剂用，具辛辣味，对呼吸器官黏膜有刺激作用，对冷血动物特别对鱼类有毒，可作鱼毒剂用，最近证明皂苷还具有抗菌性。

（1）甾属皂苷 这种糖苷的配基较复杂，它们除了具有菲的骨架之外，尚有两个含氧杂环，这类皂苷主要分布在百合科、薯蓣科、玄参科等植物中，如毛地黄皂苷和薯蓣皂苷。

（2）三萜皂苷 这类皂苷存在于五加科、伞形花科、豆科、石竹科、七叶树科等植物中。皂苷的配基部分是五环三萜类。许多三萜类在自然界是以酯或糖苷的形式存在的。如人参皂苷、罗汉果苷、桔梗皂苷等。

① 人参皂苷 人参皂苷存在于五加科人参属植物的根中，是人参所含的最重要的一类生理活性物质，约占人参组成的 4%。至今为止，已从生晒参、白参、红参中分离出的人参皂苷有 30 多种。根据它们水解生成的配基不同，可将这些皂苷分成 3 类：a. 以人参二醇（panaxdiol）为配基的人参二醇型皂苷，包括 R_{a1}、R_{b1}、R_{b2}、R_{b3}、R_c、R_d、R_{g3} 和 R_{h2}；b. 以人参三醇（panaxtriol）为配基的人参三醇型皂苷，包括 R_{g1}、R_{g2}、R_e、R_f、R_{h1}、20（R）-人参皂苷 R_{g2} 和 20-葡萄糖人参皂苷 R_{f3}；c. 以齐墩果酸（oleanolic acid）为配基的人参皂苷 R_0。常见两类人参皂苷的结构式见图 2-10。

人参皂苷和人参中的其他活性成分人参多糖、挥发油、氨基酸、多肽等一起对人类的健康起着重要作用，具有增强记忆力、提高人体免疫力、防止衰老、保护心血管系统等多种生理功能。

② 罗汉果苷 罗汉果属于葫芦科草本蔓藤植物，历史上作为民间的中药流传，新鲜的罗汉果不能食用，需经干燥处理。罗汉果中的甜味成分为三萜类糖苷 MogrosideⅣ和 MogrosideⅤ，属于极性化合物，含有 5 个葡萄糖残基，在干燥果实中的含量为 1%。MogrosideⅤ的分子

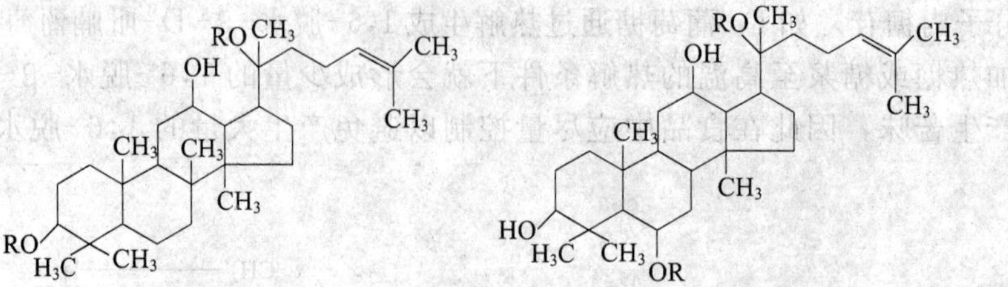

20-S-人参二醇皂苷　　　　20-S-人参三醇皂苷

图 2-10　两类人参皂苷的结构式

式为 $C_{60}H_{102}O_{29} \cdot 2H_2O$（图 2-11），相对分子质量为 1322，易溶于水，对热稳定，甜度是蔗糖的 250 倍，甜味绵延，有后苦味。长期食用历史可以证明罗汉果的安全无毒性。中医认为罗汉果具有止渴生津、消热解暑、止咳化痰、凉血润肺等功效。

　　③ 桔梗皂苷 D　桔梗皂苷 D 存在于桔梗根中，为桔梗根的主要皂苷，分子式为 $C_{57}H_{92}O_{28}$，糖基部分为 L-阿拉伯糖、L-鼠李糖、D-木糖和芹菜糖组成的四糖。另外在 C_2 位上连有单个葡萄糖分子，结构见图 2-12。这种糖苷可治疗炎症、咳嗽、疼痛、高血压、发热等症状。

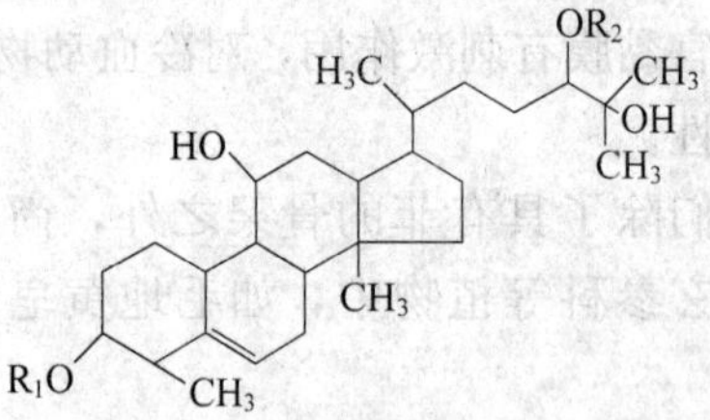

图 2-11　罗汉果苷 Mogroside V 的化学结构式

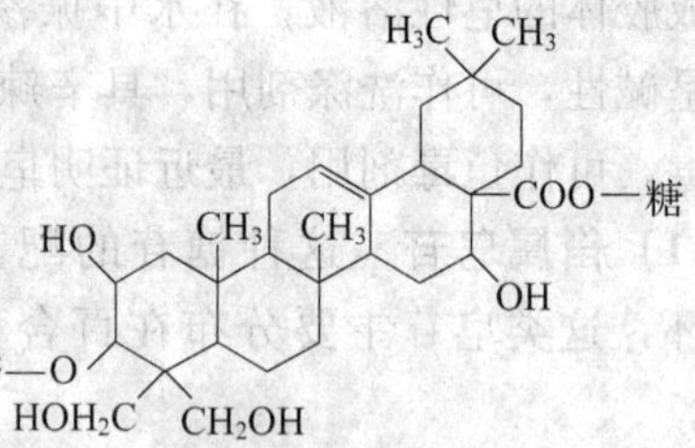

图 2-12　桔梗皂苷

2.1.3　低聚糖

　　低聚糖（oligosaccharide）又称为寡糖，是由 2～10 个单糖分子通过糖苷键连接而成的低度聚合糖类。按水解后所生成单糖分子的数目，低聚糖分为二糖、三糖、四糖、五糖等，其中以二糖最为常见，如蔗糖、麦芽糖、乳糖等。根据组成低聚糖的单糖分子相同与否分为均低聚糖和杂低聚糖，前者是以同种单糖聚合而成（如麦芽糖、异麦芽糖、环状糊精等），后者由不同种单糖聚合而成（如蔗糖、棉籽糖等）。根据还原性质低聚糖又可分为还原性低聚糖和非还原性低聚糖。

2.1.3.1　低聚糖结构和命名

　　低聚糖通过糖苷键结合，即醛糖 C_1（酮糖则在 C_2）上半缩醛的羟基（—OH）和其他单糖分子的羟基经脱水，通过缩醛方式结合而成。糖苷键有 α 和 β 构型之分，结合位置有 1→2、1→3、1→4、1→6 等。

　　低聚糖的命名通常采用系统命名法。即用规定的符号 D 或 L 和 α 或 β 分别表示单糖残基的构型；用阿拉伯数字和箭头（→）表示糖苷键连接碳原子的位置和方向，其全称为某糖基（X→Y）某醛（酮）糖苷，X 和 Y 分别代表糖苷键所连接的碳原子位置。例如麦芽糖的系统

名称为 α-D-吡喃葡萄糖基（1→4）-D-吡喃葡萄糖苷，蔗糖的系统名称为 α-D-吡喃葡萄糖基（1→2）-β-D-呋喃果糖苷，乳糖的系统名称为 β-D-吡喃半乳糖基（1→4）-α-D-吡喃葡萄糖苷（图2-13）。

除系统命名外，因习惯名称使用简单方便，沿用已久，故目前仍然经常使用，如蔗糖、乳糖、龙胆二糖、海藻糖、棉籽糖、水苏糖等。

2.1.3.2 食品中重要的低聚糖

低聚糖存在于多种天然食物中，尤以植物性食物为多，如果蔬、谷物、豆科植物种子和一些植物块茎中。此外还存在于牛乳、蜂蜜及一些发酵制品中等。其中以蔗糖、麦芽糖、乳糖最常见，它们可被机体消化吸收，生理功能一般，属于普通低聚糖。除此之外的一些低聚糖，因其具有显著的生理功能，在机体胃肠道内不被消化吸收而直接进入大肠内优先为双歧杆菌所利用，是双歧杆菌增殖因子，一些具有

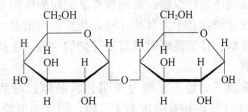

麦芽糖[α-D-吡喃葡萄糖基(1→4)-D-吡喃葡萄糖苷]

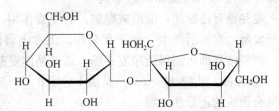

蔗糖[α-D-吡喃葡萄糖基(1→2)-β-D-呋喃果糖苷]

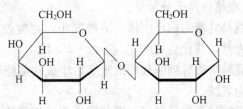

乳糖[β-D-吡喃半乳糖基(1→4)-α-D-吡喃葡萄糖苷]

图2-13 几种双糖的结构式

防止龋齿功能，属于功能性低聚糖，如低聚果糖、低聚异麦芽糖、大豆低聚糖等，近年来备受重视，已开发出各种保健食品。

(1) 二糖 二糖可看作由2分子单糖失水形成的化合物，均溶于水，有甜味、旋光性，可结晶。根据其还原性质，二糖又可分为还原性二糖与非还原性二糖。

① 蔗糖 蔗糖（sucrose, cane sugar）是由1分子 α-D-吡喃葡萄糖的 C_1 上的苷羟基与 β-D-呋喃果糖的 C_2 上的苷羟基失去1分子水，通过（1→2）糖苷键连接而成的非还原性二糖。在自然界，蔗糖广泛地分布于植物的根、茎、叶、花、果实及种子内，尤以甘蔗、甜菜中最多。蔗糖是人类需求最大，也是食品工业中最重要的能量型甜味剂，在人类营养上起着巨大的作用。制糖工业中常用甘蔗（sugarcane）、甜菜（sugarbeet）为原料提取。

纯净蔗糖为无色透明结晶，相对密度为1.588，熔点为160℃，加热到熔点，便形成玻璃样晶体，加热到200℃以上形成棕褐色的焦糖，此焦糖常被用作酱油的增色剂。蔗糖易溶于水，难溶于乙醇、氯仿、醚等有机溶剂。蔗糖甜度较高，甜味纯正。

蔗糖不具有还原性，无变旋作用（因无 α、β 型），无成脎反应，但可与碱土金属的氢氧化物结合，生成蔗糖盐。工业上利用此特性可从废糖蜜中回收蔗糖。

蔗糖广泛应用于含糖食品的加工中。高浓度蔗糖溶液对微生物有抑制作用，可用于蜜饯、果酱和糖果的生产，提供特殊的风味和口感。蔗糖衍生物——三氯蔗糖是一种强力甜味剂，蔗糖脂肪酸酯用作乳化剂。蔗糖也是家庭烹调的作料。

② 麦芽糖 麦芽糖（maltose）又称为饴糖，是由2分子的葡萄糖通过 α-1,4 糖苷键结

合而成的还原性双糖，是淀粉在 β 淀粉酶作用下的最终水解产物。

麦芽糖存在于麦芽、花粉、花蜜、树蜜及大豆植株的叶柄、茎和根部。谷物种子发芽、面团发酵、甘薯蒸烤时就有麦芽糖的生成，生产啤酒所用的麦芽汁中所含糖的主要成分就是麦芽糖。

常温下，纯麦芽糖为透明针状晶体，易溶于水，微溶于乙醇，不溶于醚。其熔点为 102～103℃，相对密度为 1.540，甜度为蔗糖的 1/3，甜味柔和，有特殊风味。麦芽糖是食品中使用的一种温和的甜味剂。

麦芽糖有还原性，能形成糖脎，有变旋作用，比旋光度为 $[\alpha]_D^{20} = +136°$。麦芽糖可被酵母发酵，水解后产生 2 分子葡萄糖。工业上将淀粉用淀粉酶糖化后加酒精使糊精沉淀除去，再经结晶即可制得纯净麦芽糖。通常晶体麦芽糖为 β 型。

③ 乳糖　乳糖（lactose）是由 1 分子 β-D-半乳糖与另一分子 D-葡萄糖以 β-1,4 糖苷键结合而成的还原性二糖。

乳糖是哺乳动物乳汁中的主要糖成分，牛乳含乳糖 4.6%～5.0%，人乳含乳糖 5%～7%，在植物界十分罕见。

纯品乳糖为白色固体，溶解度小，甜度仅为蔗糖的 1/6。乳糖具有还原性，能形成脎，有旋光性，其比旋光度 $[\alpha]_D^{20}$ 为 +55.4°。

乳糖可被乳糖酶和稀酸水解后生成葡萄糖和半乳糖，不被酵母发酵。乳酸菌可使乳糖发酵变为乳酸。

乳糖的存在可以促进婴儿肠道双歧杆菌的生长，也有助于机体内钙的代谢和吸收。但对体内缺乳糖酶的人群，它可导致乳糖不耐症。目前，主要有 2 种方法防止乳糖不耐症的出现，一种是通过发酵除去乳糖（如酸乳），另一种是加入乳糖酶将乳糖进行降解（如低乳糖牛乳）。

④ 海藻糖　海藻糖（trehalose）旧称茧蜜糖，是由 2 分子葡萄糖以 1,1 糖苷键结合而成的二糖，有 3 种异构体：海藻糖（α，α）、异海藻糖（β，β）和新海藻糖（α，β）。

海藻糖广泛存在于海藻、真菌、蕨类等植物和酵母、无脊椎动物及昆虫的血液中。

海藻糖对生物组织和生物大分子具有非特异性的保护作用，因此可用于工业上作不稳定药品、食品和化妆品的保护剂。

(2) 果葡糖浆　果葡糖浆（fructose, corn syrup），又称高果糖浆或异构糖浆，是以酶法糖化淀粉所得的糖化液经葡萄糖异构酶的异构化，将其中一部分葡萄糖异构成果糖，即由果糖和葡萄糖为主要成分组成的一种混合糖浆。根据其所含果糖的多少，分为果糖含量为 42%、55% 和 90% 3 种产品，甜度分别为蔗糖的 1 倍、1.4 倍和 1.7 倍。

果葡糖浆是一种新型食用糖，其最大的优点就是含有相当数量的果糖，而果糖具有多方面的独特性质，如甜度的协同增效、冷甜爽口性、高溶解度与高渗透压、吸湿性、保湿性、抗结晶性、优越的发酵性与加工贮藏稳定性、显著的褐变反应等，而且这些性质随果糖含量的增加而更加突出。

果糖在代谢中不受胰岛素影响，进入血液速度较慢，使血糖变化范围较小，目前果葡糖浆作为蔗糖的替代品在食品加工领域中应用日趋广泛。

(3) 食品中重要的功能性低聚糖

① 低聚果糖　低聚果糖（fructooligosaccharide）又称为寡果糖或蔗果三糖族低聚糖，

是指在蔗糖分子的果糖残基上通过 β-1,2 糖苷键连接 1～3 个果糖基而成的蔗果三糖、蔗果四糖及蔗果五糖组成的混合物。其结构式可表示为 G－F－F_n（G 为葡萄糖，F 为果糖，$n＝1～3$），属于果糖与葡萄糖构成的直链杂聚糖（图 2-14）。

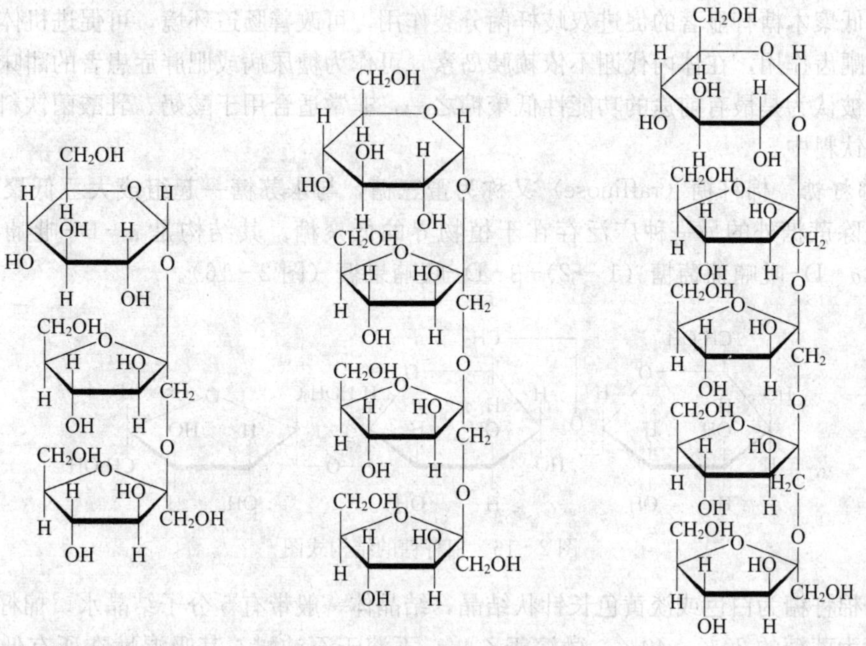

蔗果三糖　　　　　　　蔗果四糖　　　　　　　蔗果五糖

图 2-14　低聚果糖的结构图

低聚果糖多存在于天然植物中，如菊芋、芦笋、洋葱、香蕉、番茄、大蒜、蜂蜜及某些草本植物中。低聚果糖具有卓越的生理功能，包括作为双歧杆菌的增殖因子、属于人体难消化的低热值甜味剂、为水溶性的膳食纤维、能降低机体血清胆固醇和甘油三酯含量、可抗龋齿等诸多优点。

低聚果糖的黏度、保湿性、吸湿性、甜味特性及在中性条件下的热稳定性与蔗糖相似，甜度较蔗糖低。低聚果糖不具有还原性，参与美拉德反应程度小，但有明显的抑制淀粉回生的作用。低聚果糖近年来备受人们的重视，尤其是日本和欧洲国家对其开发应用走在世界前列，我国也已开始生产该产品。低聚果糖已广泛应用于乳制品、乳酸饮料、糖果、焙烤食品、膨化食品及冷饮食品中。

目前低聚果糖多采用适度酶解菊芋粉来获得。此外也可以蔗糖为原料，采用 β-D-呋喃果糖苷酶（β-D-fructofuranosidase）的转果糖基作用，在蔗糖分子上以 β-1,2 糖苷键与1～3个果糖分子相结合而成，该酶多由米曲霉和黑曲霉产生。

②低聚木糖　低聚木糖（xylooligosaccharide）是由 2～7 个木糖以 β-1,4 糖苷键连接而成的低聚糖（图 2-15），其中以木二糖为主要成分，木二糖含量越多，其产品质量越好。

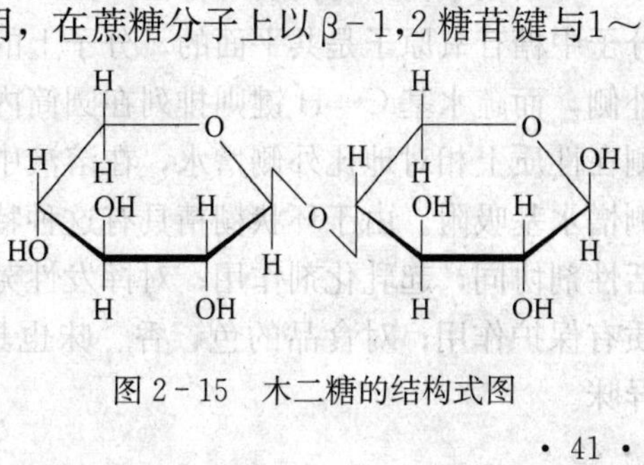

图 2-15　木二糖的结构式图

　　低聚木糖一般是以富含木聚糖（xylan）的植物（如玉米芯、蔗渣、棉籽壳和麸皮等）为原料，通过木聚糖酶、碱、酸或热的水解，然后分离精制而获得。工业上采用的木聚糖酶主要是由球毛壳霉（*Chaetomium globosum*）产生的内切型酶。

　　低聚木糖的相对甜度为 0.4～0.5，甜味特性类似于蔗糖，具有独特的耐酸、耐热及不分解性。低聚木糖有显著的促进双歧杆菌分裂作用，可改善肠道环境，可促进机体对钙的吸收，有抗龋齿作用，在体内代谢不依赖胰岛素，可作为糖尿病或肥胖症患者的甜味剂。因此低聚木糖被认为是最有前途的功能性低聚糖之一，非常适合用于酸奶、乳酸菌饮料和碳酸饮料等酸性饮料中。

　　③ 棉籽糖　棉籽糖（raffinose）又称为蜜三糖，与水苏糖一起组成大豆低聚糖的主要成分，是除蔗糖外的另一种广泛存在于植物界的低聚糖。其结构是 α-D-吡喃半乳糖基（1→6）-α-D-吡喃葡萄糖（1→2）-β-D-呋喃果糖（图 2-16）。

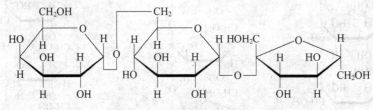

图 2-16　棉籽糖的结构式图

　　纯净棉籽糖为白色或淡黄色长针状结晶，结晶体一般带有 5 分子结晶水。棉籽糖易溶于水，甜度为蔗糖的 20%～40%，微溶于乙醇，不溶于石油醚。其吸湿性在所有低聚糖中是最低的，即使在相对湿度为 90% 的环境中也不吸水结块。

　　棉籽糖属于非还原糖，参与美拉德反应的程度小，热稳定性和酸稳定性较好。棉籽糖有双歧杆菌增殖的作用，能量值很低。棉籽糖是一种安全无毒的功能性食品基料，可部分替代蔗糖，应用于清凉饮料、酸奶、乳酸菌饮料、冰激凌、面包、糕点、糖果、巧克力等食品中。

　　工业生产棉籽糖主要有 2 种方法，一种是从甜菜糖蜜中提取，另一种是从脱毒棉籽中提取。

　　④ 环状糊精　环状糊精（cyclodextrin）是由 α-D-葡萄糖以 α-1,4 糖苷键连接而成的环状低聚糖，聚合度分别为 6 个、7 个和 8 个葡萄糖单位，依次称为 α 环状糊精、β 环状糊精和 γ 环状糊精（图 2-17）。在食品工业中，β 环状糊精的应用效果最佳。工业上多用软化芽孢杆菌（*Bacillus macerans*）产生的葡萄糖苷基转移酶（EC 2.4.1.19）作用于淀粉而制得。

　　环糊精结构具有高度对称性，呈圆筒形立体结构，空腔深度和内径均为 0.7～0.8 mm；分子中糖苷氧原子是共平面的，分子上的亲水基葡萄糖残基 C_6 上的伯醇羟基均排列在环的外侧，而疏水基 C—H 键则排列在圆筒内壁，使中间的空穴呈疏水性。因此环状糊精的环内侧在性质上相对地比外侧憎水，在溶液中同时有憎水和亲水物质时，憎水物质能优先被环内侧憎水基吸附。由于环状糊精具有这种特性，在食品工业中得以广泛应用。环状糊精与表面活性剂协同，起乳化剂作用；对挥发性芳香物质，有防止挥发的作用；对易氧化和易光解物质有保护作用；对食品的色、香、味也具有保护作用，同时也可除去一些食品中的苦味和异味。

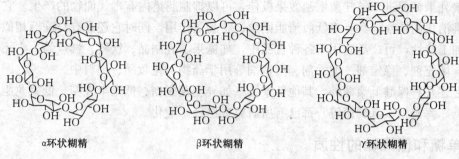

α环状糊精　　　　　β环状糊精　　　　　γ环状糊精

图 2-17　环状糊精的结构图

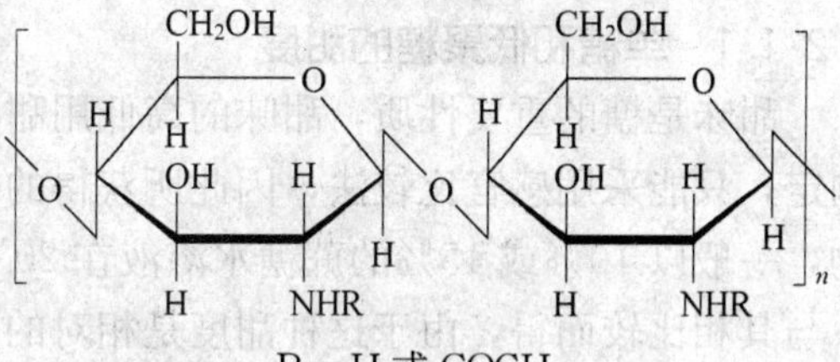

⑤ **低聚壳聚糖**　从广义上说，低聚壳聚糖（chitooligosaccharide）是指相对分子质量在 10 000 以下、水溶性好的壳聚糖；从狭义上说，低聚壳聚糖是指由 2～10 个以 β-1,4 糖苷键连接的 N-乙酰葡萄糖胺基（GlcNAc）构成的甲壳寡糖（chitin oligosaccharide）或由 2～10 个葡萄糖胺基（GlcN）和（或）N-乙

图 2-18　低聚壳聚糖的结构图

酰葡萄糖胺基以 β-1,4 糖苷键连接构成的壳寡糖（chitosan oligosaccharide）（图 2-18）。

低聚壳聚糖具有良好的水溶性、吸湿性和保湿性，如相对分子质量为 1 500 的低聚壳聚糖的水溶性高达 98.88%，而壳聚糖的水溶性仅为 6.84%。低聚壳聚糖还具有多种独特的生理活性，如增强免疫、抗肿瘤、抗感染、抗菌抑菌等活性，其中以 6～8 个聚合度的低聚壳聚糖生理活性最高。

低聚壳聚糖可利用酶法或化学法部分水解甲壳素或壳聚糖制备。利用酶法水解壳聚糖生产低聚壳聚糖的酶分为两类：一类是采用专一性酶水解几丁质或壳聚糖，专一性酶包括壳聚糖酶、甲壳素酶和溶菌酶；另一类是采用非专一性酶水解甲壳素或壳聚糖，现已发现有 30 多种非专一性酶可以降解壳聚糖。

低聚壳聚糖在食品、医药、化妆品及农业中都有广泛用途。低聚壳聚糖作为保健品，具有抑制肿瘤、降低血脂等功能；在化妆品中具有保湿和刺激细胞再生的功能，对延缓衰老有一定的意义。低聚壳聚糖还是一种新型绿色农药，具有杀虫、抑菌的功能，同时没有任何副作用，也不会残留。

⑥ **低聚乳果糖**　商品化的低聚乳果糖是一种包括低聚乳果糖、乳糖、葡萄糖以及其他游离低聚糖在内的混合物。纯净的低聚乳果糖是由半乳糖、葡萄糖、果糖残基组成，是以乳糖和蔗糖（1∶1）为原料，在节杆菌（*Arthrobacter*）产生的 β-呋喃果糖苷酶催化作用下，将蔗糖分解产生的果糖基转移至乳糖还原性末端的 C_1 位羟基上生成，结构式见图 2-19。

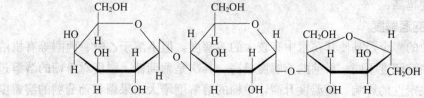

图 2-19　低聚乳果糖的结构式

低聚乳果糖促进双歧杆菌增殖效果极佳，可以抑制肠道内有毒代谢物的产生。它具有低热值、难消化的特性，具有降低血清胆固醇、整肠等作用，同时它还具有与蔗糖相似的甜味和食品加工特性，可广泛应用于各种食品中，如糖果、乳制品、饮料、糕点等。它还可作为甜味剂、填充剂、稳定剂、增香剂、增稠剂等用于药物、化妆品、饲料中。

除上述几种保健低聚糖外，其他低聚糖（如异麦芽酮糖、低聚半乳糖、低聚龙胆糖、低聚甘露糖、海藻糖、乳酮糖等）都已有所研究或已经工业化。

2.2 单糖和低聚糖的性质

2.2.1 单糖和低聚糖的物理性质

2.2.1.1 单糖和低聚糖的甜度

甜味是糖的重要性质，甜味的高低用甜度来表示。甜度目前还不能用一些理化方法定量测定，只能采用感官比较法，因此所获得的数值只是一个相对值。甜度通常是以蔗糖为基准物，一般以10%或15%的蔗糖水溶液在20℃时的甜度为1.0，其他糖的甜度为在同一条件下与其相比较而得，由于这种甜度是相对的，所以称为相对甜度。表2-1列出了一些单糖和糖醇的相对甜度。

表2-1 一些单糖和糖醇的相对甜度

糖类名称	相对甜度	糖类名称	相对甜度
蔗糖	1.0	α-D-甘露糖	0.6
β-D-果糖	1.75	α-D-半乳糖	0.3
α-D-葡萄糖	0.7	α-D-木糖	0.5
木糖醇	0.9	麦芽糖醇	0.68
山梨糖醇	0.63	乳糖醇	0.35
半乳糖醇	0.58		

甜味是由物质的分子结构所决定的，单糖都有甜味，绝大多数低聚糖也有甜味，多糖则无甜味。糖甜度的高低与糖的分子结构、分子质量、分子存在状态有关，也受到糖的溶解度、构型及外界因素的影响。优质糖应具备甜味纯正、甜度高低适当、甜感反应快、无不良风味等特点。常用的几种单糖基本符合这些要求，但稍有差别。蔗糖甜味纯正而独特，与之相比，果糖的甜感反应最快，甜度较高，持续时间短；而葡萄糖的甜感反应较慢，甜度较低。

低聚糖随着聚合度的增加，甜度降低。几种常见二糖的甜度顺序为：蔗糖（1.0）>麦芽糖（0.3）>乳糖（0.2）>海藻糖（0.1）。果葡糖浆的甜度因其果糖含量不同而异，果糖含量越高，甜度越高。

2.2.1.2 单糖的溶解度

单糖分子中的多个羟基使其在水中有较大的溶解度，但不溶于乙醚、丙酮等有机溶剂。

各种单糖的溶解度不同，果糖的溶解度最高，其次是葡萄糖。温度对单糖的溶解过程和溶解速度具有决定性的影响。随温度升高，单糖的溶解度增大。果糖和葡萄糖的溶解度见表2-2。蔗糖的溶解度介于果糖和葡萄糖之间，麦芽糖的溶解度较高，而乳糖的溶解度较小。

表 2-2　果糖和葡萄糖的溶解度

糖类	20℃		30℃		40℃		50℃	
	饱和溶液浓度（%）	溶解度（g/100g 水）	饱和溶液浓度（%）	溶解度（g/100g 水）	饱和溶液浓度（%）	溶解度（g/100g 水）	饱和溶液浓度（%）	溶解度（g/100g 水）
果糖	78.94	374.78	81.54	441.70	83.34	538.63	86.94	665.58
葡萄糖	46.71	87.67	54.64	120.46	61.89	162.38	70.91	243.76

糖的溶解度大小会改变其水溶液的渗透压，高浓度糖液可以抑制微生物的活性，达到延长食品保质期的目的。在糖制品中，糖浓度只有在70％以上才能抑制霉菌、酵母的生长。在20℃时，单独的果糖、蔗糖和葡萄糖最高浓度分别为79％、66％和50％，故只有果糖在此温度下具有较好的食品保存性，而单独使用蔗糖、葡萄糖均达不到防腐、保质的要求。

2.2.1.3　单糖的旋光性

旋光性是一种物质使直线偏振光的振动平面发生旋转的特性。旋光方向以符号表示：右旋为 D-或（＋），左旋为 L-或（－）。旋光性是鉴定糖的一个重要指标。除丙酮糖外，其余单糖分子结构中均含有手性碳原子，故都具有旋光性。

糖的比旋光度是指每毫升含有1g糖的溶液在其透光层为0.1m时使偏振光旋转的角度，通常用 $[\alpha]_D^t$ 表示。t 为测定时的温度；λ 为测定时的波长，一般采用钠光，用符号 D 表示。表 2-3 列出了几种单糖的比旋光度。

表 2-3　几种常见单糖在 20℃（钠光）时的比旋光度值 $[\alpha]_D^{20}$

糖类名称	比旋光度	糖类名称	比旋光度
D-葡萄糖	+52.2°	D-阿拉伯糖	-105.0°
D-果糖	-92.4°	D-木糖	+18.8°
D-半乳糖	+80.2°	L-阿拉伯糖	+104.5°
D-甘露糖	+14.2°		

当单糖溶解在水中的时候，由于开链结构和环状结构的互相转化，因此会出现变旋现象。故通过测定比旋光度确定单糖种类时，一定要注意静置一段时间（24h）。

2.2.1.4　单糖和低聚糖的吸湿性和保湿性

吸湿性是指糖在湿度较高的情况下吸收水分的性质，保湿性是指糖在空气湿度较低条件下保持水分的性质，这2种性质反映了单糖和低聚糖与水之间的关系。这2种性质对于保持食品的柔软性、弹性、贮存及加工都有重要意义。

各种糖的吸湿性不同，以果糖、果葡糖浆的吸湿性最强，葡萄糖、麦芽糖次之，蔗糖吸湿性最小。生产面包、糕点、软糖等食品时，宜选用吸湿性强、保湿性强的果糖、果葡糖浆等，而生产硬糖、酥糖及酥性饼干时，以用蔗糖为宜。低聚糖多数吸湿性较小，可作为糖衣材料，防止糖制品的吸湿回潮，或用于硬糖、酥性饼干的甜味剂。

2.2.1.5　单糖和低聚糖的结晶性

糖能形成晶体，糖溶液越纯越容易结晶。不同的单糖形成结晶的难易程度不同，如葡萄糖易结晶，但晶体细小；果糖、转化糖较难结晶。

蔗糖易结晶，晶体粗大。淀粉糖浆是葡萄糖、低聚糖和糊精的混合物，不能结晶，并可防止蔗糖结晶。在糖果生产中，要应用糖结晶性质上的差别。例如生产硬糖时不能单独使用蔗糖，否则会因蔗糖结晶破裂而使产品不透明、不坚韧。旧式生产硬糖时采用加酸水解法使一部分蔗糖变为转化糖，以防止蔗糖结晶。新式生产硬糖时采用添加适量淀粉糖浆（DE 值 42）的方法，可降低糖果的结晶性，同时能增加其黏性、韧性和强度，取得相当好的效果。生产蜜饯、果脯等高糖食品时，为防止单独使用蔗糖产生的结晶返砂现象，适当添加果糖或果葡糖浆替代蔗糖，可大大改善产品品质。

2.2.1.6 单糖和低聚糖的抗氧化性

由于氧气在糖溶液中的溶解度较在水溶液中低，如 20℃时，60%的蔗糖溶液中，氧气溶解度约为纯水的 1/6，因此糖溶液具有抗氧化性，有利于保持食品的色、香、味和营养成分。糖液可用于防止果蔬氧化，它可阻隔果蔬与大气中氧的接触，阻止果蔬氧化，同时可防止水果挥发性酯类的损失。糖液也可延缓糕饼中油脂的氧化酸败。另外，糖与氨基酸发生美拉德反应的中间产物也具有明显的抗氧化作用。

2.2.1.7 单糖和低聚糖的黏度

单糖的黏度一般比低聚糖低，通常糖的黏度随着温度的升高而下降。在食品生产中，可借助调节糖的黏度来改善食品的稠度和适口性。如清凉型产品选用蔗糖，果汁、糖浆则选用淀粉糖浆。

糖浆的黏度特性对食品加工具有现实的生产意义。蔗糖、麦芽糖的黏度比单糖高，聚合度大的低聚糖黏度更高，在一定黏度范围可使用具有可塑性的由糖浆熬煮而成的糖膏，以适合糖果工艺中的拉条和成型的需要。另外，糖浆的黏度有利于提高蛋白质的发泡性质。

2.2.1.8 单糖和低聚糖的发酵性

不同微生物对各种糖的利用能力和速度不同。霉菌在许多碳源上都能生长繁殖。酵母菌可使葡萄糖、麦芽糖、果糖、蔗糖、甘露糖等发酵生成酒精和二氧化碳。大多数酵母菌发酵糖速度的顺序为：葡萄糖＞果糖＞蔗糖＞麦芽糖。乳酸菌除可发酵上述糖类外，还可发酵乳糖产生乳酸。但大多数低聚糖不能被酵母菌和乳酸菌等直接发酵，要在水解产生单糖后才能被发酵。由于蔗糖、麦芽糖等具有发酵性，生产上可选用其他甜味剂代替，以避免微生物生长繁殖而使食品变质。

2.2.1.9 单糖和低聚糖的还原性

分子中含有自由醛（或酮）基或半缩醛（或酮）基的糖都具有还原性。单糖和部分低聚糖具有还原性，而糖醇和多糖则不具有还原性。有还原性的糖称为还原糖。还原性低聚糖的还原能力随着聚合度的增加而降低。食品中常见的二糖有海藻糖型和麦芽糖型两类。海藻糖型二糖分子中的两个单糖都是以还原性基团形成糖苷键，不具有还原性，不能还原费林试剂，不生成脲和肟，不发生变旋现象，主要有蔗糖、海藻糖等。麦芽糖型二糖分子中，一分子糖的还原性半缩醛羟基与另一个糖分子的非还原性羟基相结合成糖苷键，因此有一个糖分子的还原性基团是游离的，具有还原性，可以还原费林试剂，也可生成脲和肟，能发生变旋现象，麦芽糖、乳糖、异麦芽糖、龙胆二糖等属于此类。低聚糖有无还原性，对于它在食品加工和使用中的作用有重要影响。

2.2.1.10　单糖和低聚糖的其他物理性质

糖具有降低溶液冰点的特点。糖的浓度越高，溶液冰点下降幅度越大。相同浓度下对冰点降低的程度，葡萄糖＞蔗糖＞淀粉糖浆。生产糕点类冰冻食品时，混合使用淀粉糖浆和蔗糖，可节约用电（淀粉糖浆和蔗糖的混合物的冰点降低幅度较单独使用蔗糖小），利用低转化度的淀粉糖浆可以促进冰晶细腻、黏稠度高和甜味适中。

与单糖相比，低聚糖含有糖苷键，可以发生水解反应。糖苷键类似于醚键，在弱酸、中性和碱性条件下比较稳定，但在较强的酸溶液中易被水解。彻底水解产物是单糖。不同糖苷键受酸水解的难易不同，一般是 1,6 糖苷键较难水解。广泛分布于动、植物和微生物界的各种水解酶和转移酶，对催化低聚糖的水解和合成一些新的低聚糖具有重要意义。

与单糖相比，由于低聚糖的半缩醛（酮）基相对减少或消失，其氧化还原性、异构化等化学性质相对减弱或消失。还原性二糖的这种改性程度最小，它们在许多化学性质上与单糖一致。三糖以上的低聚糖和非还原二糖的这种改变程度就很明显。表 2-4 是麦芽低聚糖的一系列性质比较。

表 2-4　麦芽低聚糖的性质比较

性质	比较
水溶性	$G_2 \rightarrow \cdots \rightarrow G_{10}$（水溶性略下降）
吸湿性	$24℃ \ G_3 > G_4 > G_5 = G_7 > G_2$
	$35℃ \ G_3 > G_4 = G_5 > G_7 > G_8 > G_2$
甜度（以蔗糖为 1.0）	$G_2 = 0.44，G_3 = 0.32，G_4 = 0.20，G_5 = 0.17，G_6 = 0.10，G_7 = 0.05$
黏度	$G_2 \rightarrow \cdots \rightarrow G_{10}$（越来越高，$G_2$ 和 G_3 间差距最大）
保湿性	$G_3 > G_4 > G_5 = G_6 < G_7 > G_2$
溶液的水分活度	$G_2 < G_3 < G_4 \cdots \cdots$
还原性	$G_2 > G_3 > G_4 \cdots \cdots$

注：G 在本表中表示葡萄糖基。

表 2-4 中显示麦芽糖的性质有多处显得有些特别，虽然对其原因还未严格讨论，但从它和其他麦芽低聚糖的结构上看，麦芽糖中保留的半缩醛羟基比例最大、糖基之间的相互作用最小、构象自由度最大、分子质量最小，所以其性质有一定特别似乎也不难理解。

2.2.2　单糖和低聚糖的化学性质

单糖的结构都是由多羟基醛或多羟基酮组成的，因此具有醇羟基及羰基的性质。如具有醇羟基的成酯、成醚、成缩醛等反应和羰基的一些加成反应等，另外还有一些特殊的化学反应。这里主要介绍几种与食品有关而且比较重要的反应。

2.2.2.1　单糖和低聚糖的美拉德反应

美拉德反应（Maillard reaction）又称为羰氨反应，即羰基与氨基经缩合、聚合生成类黑色素的反应。由于此反应最初是由法国化学家美拉德（L. C. Maillard）于 1912 年发现的，故以他的名字命名。美拉德反应的产物是结构复杂的有色物质，使反应体系的颜色加深，所以该反应又称为褐变反应。这种褐变反应不是由酶引起的，所以属于非酶褐变。

几乎所有的食品或食品原料均含有羰基（来源于糖或油脂氧化酸败产生的醛和酮）和氨基（来源于蛋白质），因此都可能发生美拉德反应，故在食品加工中由美拉德反应引起食品颜色加深的现象比较普遍。例如焙烤面包产生的金黄色、烤肉所产生的棕红色、熏干产生的棕褐色、松花皮蛋蛋清的茶褐色、啤酒的黄褐色、酱油和陈醋的黑褐色等均与美拉德反应有关。

(1) 美拉德反应机理 美拉德反应是一个非常复杂的过程，需经历亲核加成、分子内重排、脱水、环化等复杂反应。美拉德反应过程可分为初期、中期和末期3个阶段，每个阶段又包括若干个反应。

① 初期阶段 初期阶段包括羰氨缩合和分子重排两种作用。

A. 羰氨缩合：羰氨反应的第一步是氨基化合物中的游离氨基与羰基化合物的游离羰基之间的缩合反应（图2-20），最初产物是一个不稳定的亚胺衍生物，称为薛夫碱（Schiff's base），此产物随即通过分子内环化转化成稳定的环状结构的产物——N-葡萄糖基胺。

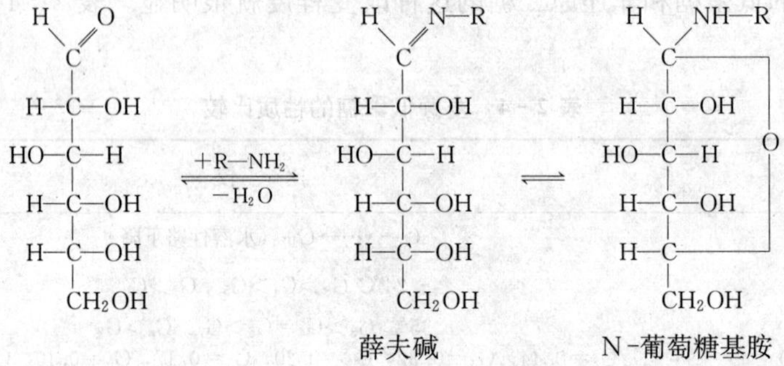

图2-20 羰氨缩合反应式

羰氨缩合反应是可逆的。在稀酸条件下，该反应产物极易水解。羰氨缩合反应过程中由于游离氨基的逐渐减少，使反应体系的pH下降，所以碱性条件有利于羰氨反应。

在反应体系中，如果有亚硫酸根的存在，亚硫酸根可与醛形成加成化合物，这个产物和R—NH₂缩合，但缩合产物不能再进一步生成薛夫碱和N-葡萄糖基胺（图2-21），因此亚硫酸根可以抑制美拉德反应。在食品加工过程中，在早期色素尚未形成前加入亚硫酸盐才能产生一些脱色的效果，如果在美拉德褐变的最后阶段加入亚硫酸盐，则已形成的色素不可能被除去。

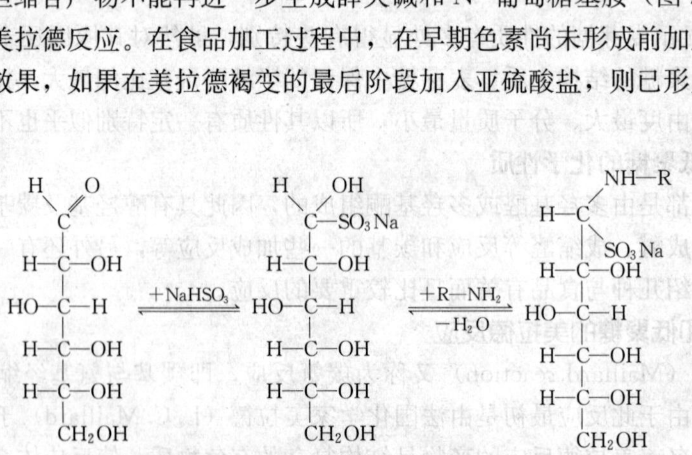

图2-21 亚硫酸根与醛的加成反应式

B. 分子重排：N-葡萄糖基胺在酸的催化下经过阿姆德瑞（Amadori）分子重排作用，生成1-氨基-1-脱氧-2-酮糖即单果糖胺（图2-22）。

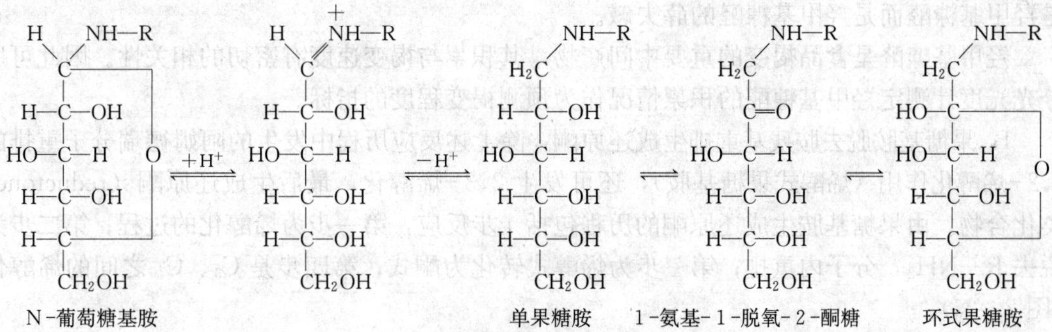

图 2-22　N-葡萄糖基胺的分子重排反应

此外，酮糖也可与氨基化合物生成酮糖基胺，而酮糖基胺可经过海因斯（Heyenes）分子重排作用异构成2-氨基-2脱氧葡萄糖（图 2-23）。

②中期阶段　重排产物果糖基胺通过多条途径进一步降解，生成各种羰基化合物，如羟甲基糠醛（hydroxymethylfural，HMF）、还原酮等，这些化合物还可进一步发生反应。

A. 果糖基胺脱水生成羟甲基糠醛：这个过程的总结果是糖衍生物的逐步脱水（有 3 步脱水、1 步加水，总的结果是脱去 2 分子的水），最后生成环状的产物（图 2-24）。

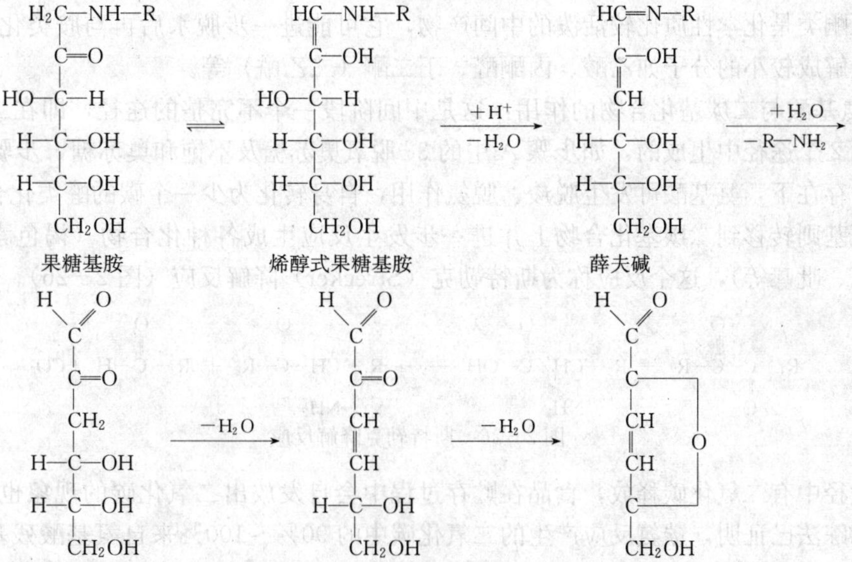

N-果糖胺　　2-氨基-2-脱氧葡萄糖

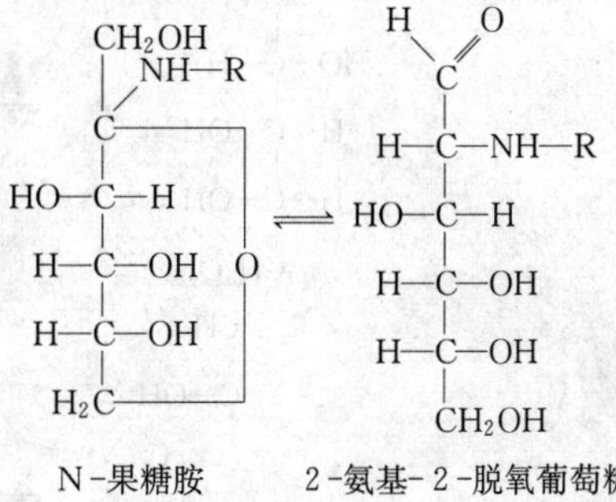

图 2-23　酮糖基胺的分子重排反应

图 2-24　果糖基胺脱水生成羟甲基糠醛的反应

在这个反应过程中，如果 R—NH₂ 被脱除得到的最终产物是羟甲基糠醛；如果 R—NH₂ 不被脱除，即其中含氮基团并不被消去，它可以保留在分子上，这时的最终产物就不是羟甲基糠醛而是羟甲基糠醛的薛夫碱。

羟甲基糠醛是食品褐变的重要中间产物，其积累与褐变速度有密切的相关性。因此可用分光光度计测定羟甲基糠醛的积累情况作为预测褐变程度的指标。

B. 果糖基胺脱去胺残基重排生成还原酮：除上述反应历程中发生的阿姆德瑞分子重排的 1,2-烯醇化作用（烯醇式果糖基胺），还可发生 2,3-烯醇化，最后生成还原酮（reductone）类化合物。由果糖基胺生成还原酮的历程包括 4 步反应，第一步为烯醇化的过程；第二步为脱去 $R—NH_2$，分子内重排；第三步为烯醇式转化为酮式；第四步是 C_3、C_4 之间的烯醇化（图 2-25）。

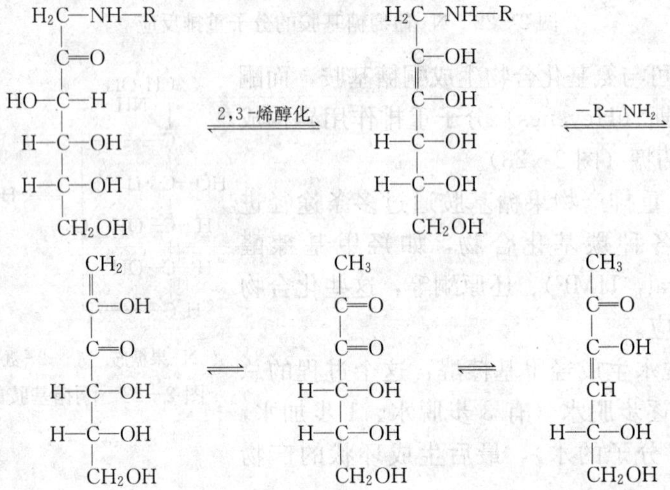

图 2-25　果糖基胺重排反应式

还原酮类是化学性质比较活泼的中间产物，它可能进一步脱水后再与胺类化合物缩合，也可能裂解成较小的分子如乙酸、丙酮醛、丁二酮（二乙酰）等。

C. 氨基酸与二羰基化合物的作用：这是中间阶段一个不完整的途径，即在二羰基化合物（前面 2 个途径中生成的，如步骤 A 中的 3-脱氧奥苏糖及不饱和奥苏糖，步骤 B 中的还原酮等）存在下，氨基酸可发生脱羧、脱氨作用，自身转化为少一个碳的醛类化合物和二氧化碳，氨基则转移到二羰基化合物上并进一步发生反应生成各种化合物（褐色素和风味成分，如醛、吡嗪等），这个反应称为斯特勒克（Strecker）降解反应（图 2-26）。

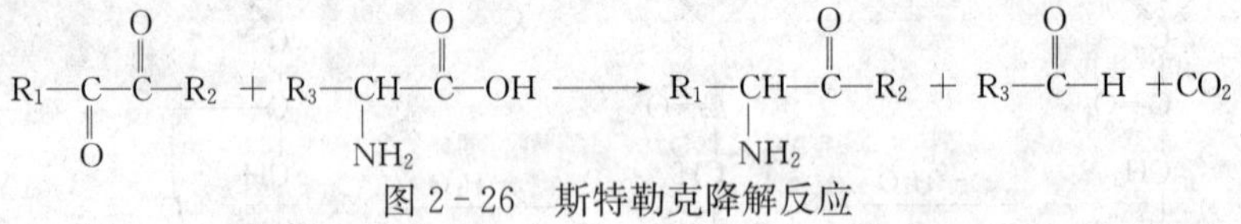

图 2-26　斯特勒克降解反应

此途径中有二氧化碳释放，食品在贮存过程中会自发放出二氧化碳的现象也早有报道。同位素示踪法已证明，羰氨反应产生的二氧化碳中的 $90\% \sim 100\%$ 来自氨基酸残基而不是来自糖残基部分。所以斯特勒克反应在褐变反应体系中即使不是唯一的，也是主要的产生二氧化碳的来源，因此可以通过检测食品中二氧化碳的释放来监测美拉德反应的发生。

③ 末期阶段　前两个阶段尤其是中间阶段得到的许多产物及中间产物，如糠醛衍生物、二羰基化合物、还原酮等，仍然具有高的反应活性。这些化合物一方面进行裂解反应，产生挥发性化合物；另一方面又进行缩合、聚合反应，产生褐黑色的类黑精物质（melanoidin），

从而完成整个美拉德反应。

A. 醇醛缩合：醇醛缩合是两分子醛的自相缩合作用，并进一步脱水生成不饱和醛的过程（图 2-27）。

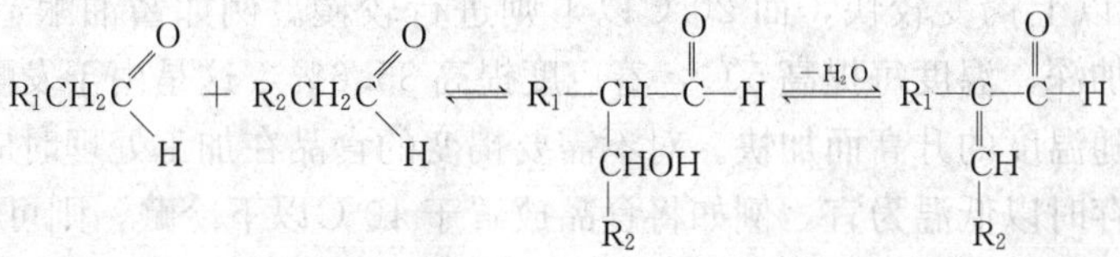

图 2-27　醇醛缩合反应

B. 生成黑色素的聚合反应：该反应是经过中期反应后，产物中有糠醛及其衍生物、二羰基化合物、还原酮类、由斯特勒克降解和糖裂解所产生的醛等，这些产物进一步缩合、聚合形成复杂的高分子色素。

总之，食品体系中发生羰氨反应的生成产物众多，对食品的风味、色泽等方面产生重要的影响。

(2) 影响美拉德反应的因素　美拉德反应的机制十分复杂，不仅与参与的糖类等羰基化合物及氨基酸等氨基化合物的种类有关，同时还受到温度、氧气、水分、金属离子等环境因素的影响。控制这些因素可促进或抑制褐变，这对食品加工具有实际意义。

① 羰基化合物的影响　首先需要指出的是，并不只是糖类物质才能发生美拉德反应，存在于食品中的其他羰基类化合物也可能导致该反应的发生。

在羰基类化合物中，最容易发生美拉德反应的是 α-不饱和醛类和 β-不饱和醛类，例如 2-己烯醛〔$CH_3(CH_2)_2CH=CHCHO$〕；其次是 α-双羰基化合物，酮的褐变速度最慢。

抗坏血酸因具有烯二醇结构，具有较强的还原能力，且在空气中也易被氧化成为 α-双羰基化合物，故抗坏血酸易褐变。

不同的还原糖的美拉德反应速度是不同的，五碳糖中为：核糖＞阿拉伯糖＞木糖，六碳糖中为：半乳糖＞甘露糖＞葡萄糖，并且五碳糖的褐变速度大约是六碳糖的 10 倍，醛糖＞酮糖，单糖＞二糖。二糖或含单糖更多的聚合糖由于分子质量增大，其反应活性迅速降低。蔗糖属于非还原二糖，美拉德反应的速度非常缓慢。

② 氨基化合物的影响　一般地，氨基酸、肽类、蛋白质、胺类均与褐变有关。胺类比氨基酸的褐变速度快。而就氨基酸来说，碱性氨基酸的反应活性要大于中性或酸性氨基酸；氨基在 ε 位或碳链末端的氨基酸的反应活性大于氨基处于 α 位的氨基酸，因此可以预测在美拉德反应中赖氨酸的损失较大。对于 α 氨基酸，碳链长度越短的 α 氨基酸，反应性越强。蛋白质的褐变速度则十分缓慢。

③ pH 的影响　美拉德反应在酸、碱环境中均可发生，但在 pH 3 以上时，其反应速度随 pH 的升高而加快，所以降低 pH 是控制褐变的较好方法。例如高酸食品（像泡菜）就不易褐变。蛋粉在干燥前，加酸降低 pH，在蛋粉复溶时，再加碳酸钠恢复 pH，这样可以有效抑制蛋粉的褐变。

④ 水分含量、反应物浓度及脂肪含量的影响　美拉德反应速度与反应物浓度成正比，但在完全干燥条件下，美拉德反应难以进行。水分含量在 10％～15％时，褐变易进行。

美拉德反应速度与脂肪有关，脂肪含量尤其是不饱和脂肪含量高的脂类化合物含量增加时，美拉德反应更易发生。此外，当水分含量超过 5%时，脂肪氧化速度加快，美拉德反应速度也加快。

⑤ 温度的影响　美拉德反应受温度的影响很大，温度相差 10℃，褐变速度相差 3～5 倍。一般在 30℃以上褐变较快，而 20℃以下则进行较慢。例如酱油酿造时，提高发酵温度，酱油颜色也加深，温度每提高 5℃，着色度提高 35.6%，这是由于发酵中氨基酸与糖发生的美拉德反应随温度的升高而加快。对不需要褐变的食品在加工处理时应尽量避免高温长时间处理，且贮存时以低温为宜，例如将食品放置于 10℃以下冷藏，则可较好地防止褐变。

⑥ 金属离子的影响　许多金属离子，特别是过渡金属离子（如铁离子和铜离子）能催化还原酮类的氧化，所以可以促进美拉德反应的发生。Fe^{3+} 比 Fe^{2+} 更为有效，故在食品加工处理过程中应避免这些金属离子的混入。钙离子可与氨基酸结合生成不溶性化合物，可抑制美拉德反应；Mn^{2+}、Sn^{2+} 等也可以抑制美拉德反应。Na^+ 对美拉德反应没有影响。

⑦ 空气的影响　空气的存在影响美拉德反应，真空或充入惰性气体，可降低脂肪等的氧化和羰基化合物的生成，也可减少它们与氨基酸的反应。此外，氧气被排除虽然不影响美拉德反应早期的羰氨反应，但是可影响反应后期的色素物质的形成。

美拉德反应在食品加工过程中的应用极为广泛。对于很多食品，为了增加色泽和香味，在加工处理时利用适当的褐变反应是十分必要的，例如茶叶的制作、可可豆和咖啡的烘焙、酱油的后期加热等。此外，美拉德反应还能产生良好的风味，当还原糖与牛乳蛋白质反应时，可产生乳脂糖、太妃糖及奶糖的风味；利用酵母抽提物、水解动植物蛋白等通过美拉德反应可生产咸味香精，不仅能增强某些肉类的风味，且具有良好的口感。

然而对于某些食品，由于美拉德反应可能会降低食品品质，则应设法控制美拉德反应的发生。例如乳制品、植物蛋白饮料的高温杀菌等可能引起其色泽变劣；脱水果蔬、柑橘类和果汁的单糖羰基和游离氨基酸发生美拉德反应，可使食品的货架期缩短。美拉德反应的另一个不利方面是会导致部分氨基酸的损失，特别是必需氨基酸 L-赖氨酸所受的影响最大。因此从营养学的角度来看，美拉德褐变会造成氨基酸等营养成分的损失。

如果不希望在食品体系中发生美拉德反应，可采用如下的方法：将水分含量降到很低；如果是流体食品，可通过稀释、降低 pH、降低温度或除去一种作用物（一般除去糖）减少褐变，如在加工干蛋制品时，在干燥前可加入 D-葡萄糖氧化酶以氧化 D-葡萄糖；亚硫酸盐或酸式亚硫酸盐可以抑制美拉德反应；钙可同氨基酸结合生成不溶性化合物而抑制褐变。

2.2.2.2　单糖和低聚糖的焦糖化反应

糖类尤其是单糖在没有氨基化合物存在的情况下，加热到熔点以上的高温（一般是 140～170℃以上）时，因糖发生脱水、降解等过程而发生褐变反应，这种反应称为焦糖化（caramelization）反应，又称为卡拉蜜尔作用。

焦糖化反应有两种反应方向，一类是糖的脱水产物，即焦糖或酱色（caramel）；另一类是裂解产物，即一些挥发性的醛类、酮类物质，它们再进一步缩合、聚合，最终形成深色物质。对于某些食品如焙烤、油炸食品，焦糖化作用得当，可使产品得到悦人的色泽与风味。另外，作为食品着色剂的焦糖色素，就是利用焦糖化反应制备的。

焦糖化反应在酸、碱条件下均可进行，但速度不同，pH 越大，焦糖化反应越快，如在 pH 8 时要比 pH 5.9 时快 10 倍。

各种单糖因熔点不同，其反应速度也各不一样，葡萄糖的熔点为 146℃，果糖的熔点为

95℃，麦芽糖的熔点为 103℃。由此可见，果糖引起的焦糖化反应最快。

(1) 焦糖的形成

① 焦糖的形成过程　糖类在无水条件下加热，或在高浓度时用稀酸处理，可发生焦糖化反应。不同的糖反应条件、过程及产物有所差别。由葡萄糖可生成右旋葡萄糖酐（1,2-脱水-α-D-葡萄糖）和左旋光性的葡萄糖酐（1,6-脱水-β-D-葡萄糖），前者的比旋光度为 +69°，后者的为 -67°，酵母菌只能发酵前者，两者很容易区别。在同样条件下果糖可形成果糖酐（2,3-脱水-β-D-呋喃果糖）。

由蔗糖形成焦糖（酱色）的过程可分为 3 个阶段。

开始阶段，蔗糖熔融，继续加热，当温度达到约 200℃ 时，经约 35 min 的起泡（foaming），蔗糖同时发生水解和脱水两种反应，并迅速进行脱水产物的二聚合作用（dimerization），产物是失去一分子水的蔗糖，叫做异蔗糖酐（isosaccharosan），其无甜味而具有温和的苦味，这是蔗糖焦糖化的初始反应（图 2-28）。

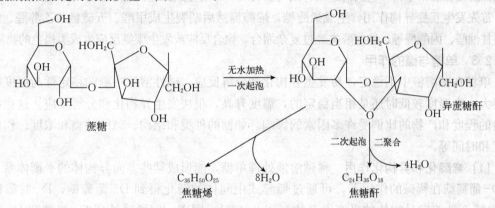

图 2-28 蔗糖的焦糖化反应

生成异蔗糖酐后，起泡暂时停止。而后又发生二次起泡现象，这就是形成焦糖的第二阶段，持续时间比第一阶段长，约为 55 min，在此期间失水量达 9%，形成的产物为焦糖酐。焦糖酐的熔点为 138℃，可溶于水及乙醇，味苦。

中间阶段起泡 55 min 后进入第三阶段，进一步脱水形成焦糖烯（caramelen）。焦糖烯的熔点为 154℃，可溶于水。

若再继续加热，则生成高分子质量的深色物质，称为焦糖素（caramelin），分子式为 $C_{125}H_{188}O_{80}$。这些复杂色素的结构目前尚不清楚，但具有下列的官能团：羰基、羧基、羟基、酚基等。

焦糖是一种胶态物质，等电点为 pH 3.0~6.9，甚至可低于 pH 3，随制造方法不同而异。焦糖在使用时应注意溶液的 pH，例如在一种 pH 4~5 的饮料中若使用了等电点为 pH 4.6 的焦糖，就会发生凝絮、浑浊乃至出现沉淀。

② 焦糖色素的生产　生产焦糖色素的原料一般为蔗糖、葡萄糖、麦芽糖或糖蜜，高温和弱碱性条件可提高焦糖化反应，催化剂可加速此反应，并可生产不同类型的焦糖色素。目前，市场上有 3 种商品化的焦糖色素，利用蔗糖焦糖化反应制备的。

A. 耐酸焦糖色素：耐酸焦糖色素是蔗糖在亚硫酸氢铵催化下加热形成的，其水溶液的 pH 为 2~4.5，含有带负电的胶体粒子，常用于可乐饮料、其他酸性饮料、烘焙食品、糖浆、糖果、调味料等产品的生产中。

B. 糖与铵盐加热所得焦糖色素：这种焦糖色素为红棕色，含有带正电荷的胶体粒子，其水溶液的 pH 为 4.2～4.8，主要用于烘焙食品、糖浆、布丁等的生产。

C. 蔗糖直接加热生产焦糖色素：这种焦糖色素为红棕色，含有略带负电荷的胶体粒子，其水溶液的 pH 为 3～4，应用于啤酒和其他含醇饮料的生产中。

磷酸盐、无机酸、碱、柠檬酸、延胡索酸、酒石酸、苹果酸等对焦糖的形成有催化作用。

(2) 糠醛和其他醛的形成　糖在强热下的另一类变化是裂解、脱水等，得到活性醛类化合物。随条件的变化，反应最终形成的产物也有差别（图 2 - 29）。

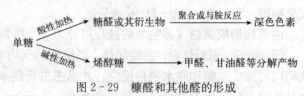

图 2 - 29　糠醛和其他醛的形成

例如单糖在酸性条件下加热，脱水形成糠醛或糠醛衍生物，它们再经聚合或与胺类反应，可生成深色的色素。单糖在碱性条件下加热，首先发生互变异构作用，生成烯醇糖，烯醇糖然后断裂生成甲醛、五碳糖、乙醇醛、四碳糖、甘油醛、丙酮醛等。这些醛类经过复杂缩合、聚合反应或发生羰氨反应生成黑褐色的物质。

2.2.2.3　单糖与碱的作用

单糖在碱溶液中不稳定，易发生异构化和分解反应。碱性溶液中糖的稳定性与温度的关系很大，在温度较低时还是相当稳定的，温度升高，很快发生异构化和分解反应。这些反应发生的程度和产物的比例受许多因素的影响，如糖的种类和结构、碱的种类和浓度、作用的温度和时间等。

(1) 烯醇化和异构化作用　稀碱溶液处理单糖，能形成某些差向异构体的平衡体系。例如 D-葡萄糖在稀碱的作用下，可通过烯醇式中间体的转化得到 D-葡萄糖、D-甘露糖和 D-果糖 3 种差向异构体的平衡混合物（图 2 - 30）。同理，用稀碱处理 D-果糖和 D-甘露糖，也可得到相同的平衡混合物。

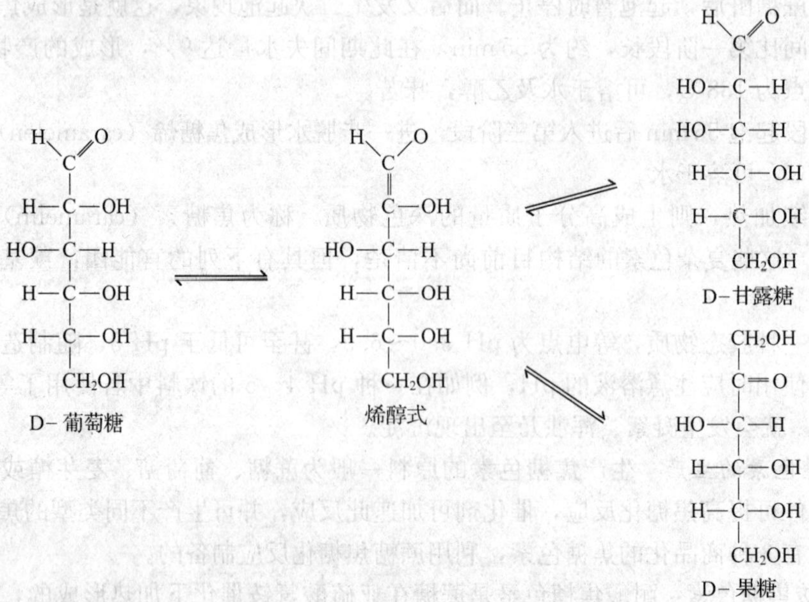

图 2 - 30　D-葡萄糖的烯醇化和异构化

(2) 分解反应　在浓碱的作用下，糖分解产生较小分子的糖、酸、醇、醛等分解产物。此分解反应因有无氧气或其他氧化剂的存在而各不相同。在有氧化剂存在时，己糖受碱作用，先发生连续烯醇化，然后在氧化剂作用下从双键处裂开，生成含 1 个、2 个、3 个、4 个和 5 个碳原子的分解产物。在没有氧化剂存在时，则碳链断裂的位置为距离双键的第二个单键上，如 1,2-烯二醇结构的分解方式见图 2-31。

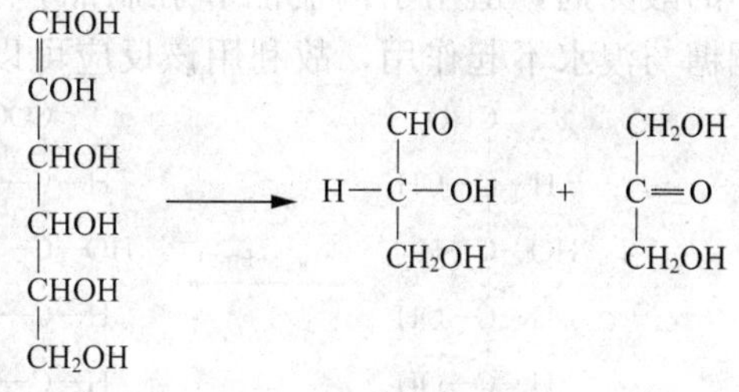

图 2-31　1,2-烯二醇的分解

(3) 糖精酸的生成　随着碱浓度的增大、加热或作用时间延长，糖便会发生分子内氧化与重排作用生成羧酸，此羧酸的组成与原来糖的组成没有差异，称为糖精酸类化合物。糖精酸有多种异构体，因碱浓度不同而不同。

2.2.2.4　单糖和低聚糖与酸的作用

酸对糖的作用，因酸的种类、浓度和温度的不同而不同。很微弱的酸度能促进 α 和 β 异构体的转化。在室温下，稀酸对糖的稳定性无影响；但在较高温度下，单糖会发生复合反应生成低聚糖，或发生脱水反应生成非糖类物质。

(1) 复合反应　受酸和热的作用，一个单糖分子的半缩醛羟基与另一个单糖分子的羟基缩合，失水生成二糖，这种反应称为复合反应。糖的浓度越高，复合反应进行的程度越大，若复合反应进行的程度高，还能生成三糖和其他低聚糖。复合反应可表示为

$$2C_6H_{12}O_6 \longrightarrow C_{12}H_{22}O_{11} + H_2O$$

复合反应可以形成的糖苷键类型较多，使复合反应的产物很复杂。不同种类的酸对糖的复合反应催化能力也是不相同的。例如对葡萄糖进行复合反应来说，盐酸催化能力最强，硫酸次之。

(2) 脱水反应　糖受强酸和热的作用，易发生脱水反应，生成环状结构体或双键化合物。例如戊糖脱水生成糠醛、己糖脱水生成 5-羟甲基糠醛，己酮糖较己醛糖更易发生此反应。糠醛比较稳定，而 5-羟甲基糠醛不稳定，进一步分解成甲酸、乙酰丙酸或聚合成有色物质。糖的脱水反应与 pH 有关，实验证明，在 pH 3.0 时，5-羟甲基糠醛的生成量和有色物质的生成量都低。同时，有色物质的生成量随反应时间和浓度的增加而增多。

2.2.2.5　单糖的氧化反应

单糖是多羟基醛或酮，含有游离的羰基。因此在不同的氧化条件下，糖类可被氧化成各种不同的氧化产物。单糖在弱氧化剂（如吐伦试剂、费林试剂）中可被氧化成糖酸，同时还原金属离子，反应式为

$$C_6H_{12}O_6 + 2[Ag(NH_3)_2]OH \xrightarrow{\triangle} C_6H_{11}O_7NH_4 + 2Ag\downarrow + 3NH_3 + H_2O$$

$$C_6H_{12}O_6 + 2Cu(OH)_2 \xrightarrow[\triangle]{NaOH} C_6H_{12}O_7 + Cu_2O\downarrow + H_2O$$
棕红色

醛糖中的醛基在溴水中可被氧化成羧基而生成糖酸，糖酸加热很容易失水而得到 γ-内酯和 δ-内酯。例如葡萄糖被溴水氧化生成 D-葡萄糖酸和 D-葡萄糖酸-δ-内酯（DGL）（图 2-32），前者可与钙离子生成葡萄糖酸钙，它可作为口服钙的补充剂；后者是一种温

和的酸味剂，适用于肉制品和乳制品，特别在焙烤食品中可以作为膨松剂的一个组分。酮糖与溴水不起作用，故利用该反应可以区别酮糖和醛糖。

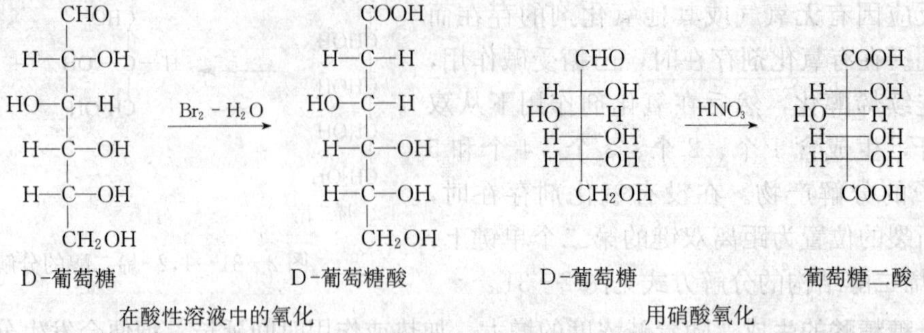

图 2-32 葡萄糖的氧化反应

醛糖用浓硝酸氧化时，它的醛基和伯醇基都被氧化，生成具有相同碳数的二元酸，例如半乳糖氧化后生成半乳糖二酸。半乳糖二酸不溶于酸性溶液，而其他己醛糖氧化后生成的二元酸都能溶于酸性溶液，利用这个反应可以区别半乳糖和其他己醛糖。酮糖用浓硝酸氧化时，在酮基处裂解，生成草酸和酒石酸。

在强氧化剂作用下，单糖能完全被氧化而生成二氧化碳和水。

2.2.2.6 单糖的还原反应

单糖分子中的醛基或酮基在一定条件下可加氢还原成羟基，产物为糖醇，常用的还原剂有镍、四氢硼钠（$NaBH_4$）。如葡萄糖可还原为山梨糖醇（sorbitol），果糖可还原为山梨糖醇和甘露糖醇的混合物，木糖被还原为木糖醇。

山梨糖醇、甘露糖醇等多元醇存在于植物中。山梨糖醇无毒，有轻微的甜味和吸湿性，相对甜度为 0.5～0.6，可作为糕点、糖果、调味品和化妆品的保湿剂，亦可用于制取抗坏血酸。木糖醇相对比甜度为 0.9～1.0，在糖果、口香糖、巧克力、医药品及其他产品中广泛应用。两种糖醇都可作为糖尿病患者的食糖替代品，食用后也不会引起牙齿的龋变。

2.3 多糖

2.3.1 多糖概述

多糖（polysaccharide）是指 10 个以上单糖分子通过糖苷键连接而成的高聚物。单糖的个数称为聚合度（DP），自然界多糖的聚合度多在 100 以上，大多数多糖的聚合度为 200～3000，纤维素的聚合度最大为 7000～15000。

多糖没有均一的聚合度，分子质量具有一个范围，常以混合物形式存在。根据多糖链的结构，可将其分为直链多糖和支链多糖。按其组分的繁简，多糖可分为同多糖和杂多糖两大类。同多糖是由同种类型的单糖所组成，例如淀粉、纤维素均由葡萄糖组成。杂多糖是两种以上的单糖或其衍生物所组成，其中有的还含有非糖物质，如果胶、卡拉胶、糖蛋白、糖脂等。

多糖的性质受到构成糖的种类、构成方式、分子质量大小等因素的影响，多糖与单糖、低聚糖在性质上有较大差别。多糖一般不溶于水，无甜味，不具有还原性。多糖经酸或酶水解时，可以分解为组成它的结构单糖，中间产物是低聚糖。它被氧化剂和碱分解时，反应一般是复杂的，但不能生成其结构单糖，而是生成各种衍生物和分解产物。

很多多糖具有某种特殊生理活性，如真菌多糖等。许多研究表明，存在于香菇、银耳、金针菇、灵芝、云芝、猪苓、茯苓、冬虫夏草、黑木耳、猴头菇等大型食用或药用真菌中的某些多糖组分，具有通过活化巨噬细胞来刺激抗体产生等而达到提高人体免疫能力的生理功能。这些多糖由于具备比从动物血液中提取的免疫球蛋白更大的适用性而日益受到人们的重视。此外，其中大部分还有很强烈的抗肿瘤活性，对癌细胞有很强的抑制力。一些多糖还具有抗衰老、促进核酸与蛋白质合成、降血糖和血脂、保肝、抗凝血等作用。因此真菌多糖是一种很重要的功能性食品基料，某些已被作为临床用药。

2.3.2 多糖的性质

2.3.2.1 多糖的溶解性

多糖具有大量羟基，因而具有较强的亲水性，除了高度有序、具有结晶的多糖不溶于水外，大部分多糖不能结晶，因而易于水合和溶解。在食品体系中，多糖具有控制水分移动的能力，同时水分也会影响多糖的物理性质与功能性，因此食品的许多功能性质和质构都同多糖和水分有关。

多糖是分子质量大的物质，不会显著降低水的冰点，是一种冷冻稳定剂（不是冷冻保护剂）。例如淀粉溶液冷冻时，形成两相体系，一相是结晶水相（即冰），另一相是由 70% 淀粉分子与 30% 非冷冻水组成的玻璃态物质。非冷冻水是高度浓缩的多糖溶液的组成部分，由于黏度很高，因而水分子的运动受到限制。当大多数多糖处于冷冻浓缩状态时，水分子的运动受到极大的限制，水分子不能移动到冰晶晶核或晶核长大的活性位置，因而多糖抑制了冰晶的长大，提供了冷冻稳定性，能有效地保护食品的结构与质构不受破坏，从而提高产品的质量与贮藏稳定性。

在食品工业和其他工业中，使用的水溶性多糖与改性多糖被称为胶或亲水胶体。

2.3.2.2 多糖溶液的黏度与稳定性

在食品体系中，多糖主要具有增稠和胶凝的功能，还能控制流体食品和饮料的流动性质与质构以及改变半流体食品的变形性等。在食品中，一般使用质量分数为 0.25%～0.5% 的多糖溶液，即能产生极大的黏度甚至形成凝胶。

(1) 多糖溶液的黏度 多糖溶液的黏度与其分子的大小、形态及其在溶剂中的构象有关。一般多糖分子在溶液中呈无序的无规线团状态（图 2-33）。

① 直链多糖与支链多糖的黏度 溶液中的直链多糖分子旋转时占有很大的空间（图 2-34），分子间彼此碰撞频率高，产生摩擦，因而具有很高的黏度。而高度支链化的多糖分子比具有相同相对分子质量的直链多糖分子占有的体积小得多，因而相互碰撞的频率也低，溶液的黏度也比较低。

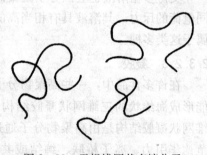

图 2-33 无规线团状多糖分子

② 带电荷多糖的黏度 对于带一种电荷的直链多糖，由于同种电荷产生静电斥力，引起链伸展，使链长增加，多糖分子的占有体积增大，因而溶液的黏度大大提高。

③ 温度对多糖黏度的影响 大多数的亲水胶体溶液的黏度随温度的升高而降低，这是因为温度升高导致水的流动性增加。但是黄原胶溶液除外，黄原胶溶液在 0～100 ℃ 内，黏度基本保持不变。因而可利用此性质，在高温下溶解较高含量的亲水胶体，溶液冷却下来后就能起到增稠的作用。

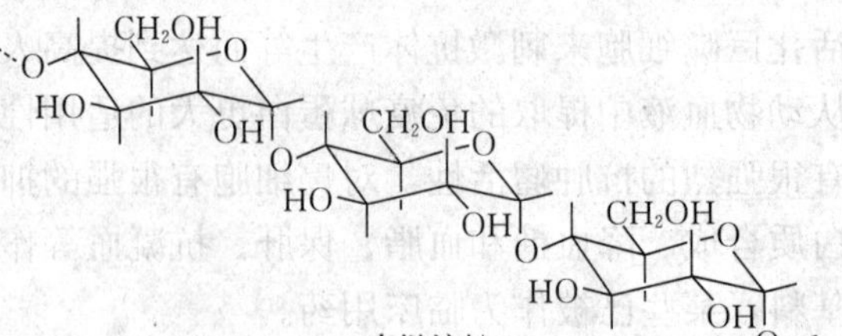

直链淀粉

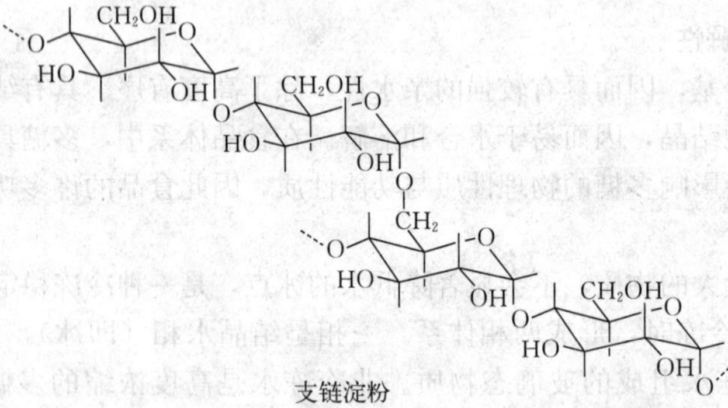

支链淀粉

图 2-34 直链多糖和支链多糖示意图

④ **多糖的假塑性和触变性** 多糖溶液一般具有两类流动性质：假塑性和触变性。直链多糖溶液一般是假塑性的。一般来说，相对分子质量越高的胶，假塑性越大。假塑性大的称为短流，其口感不黏；假塑性小的称为长流，其口感黏稠。

(2) 多糖溶液的稳定性 多糖溶液的稳定性与其分子结构有关。

一般情况下，不带电的直链均匀多糖溶液由于多糖分子链段相互碰撞易形成分子间氢键，因而倾向于缔合形成沉淀或部分结晶。例如直链淀粉在加热条件下溶于水，当溶液冷却时，分子立即聚集，产生沉淀，此过程即为淀粉的老化。

支链多糖溶液也会因分子凝聚而变得不稳定，但速度较慢。带电荷的多糖由于分子间相同电荷的斥力，其溶液具有相当高的稳定性。食品中常用的海藻酸钠、黄原胶、卡拉胶等即属于这类多糖。

2.3.2.3 凝胶

在许多食品中，一些高聚物分子（例如多糖或蛋白质）能形成海绵状的三维网状凝胶结构（图 2-35）。连续的三维网状凝胶结构是由高聚物分子通过氢键、疏水相互作用、范德华引力、离子桥联、缠结或共价键形成连接区，网孔中充满了液相，液相是由低分子质量的溶质和部分高聚物组成的水溶液。

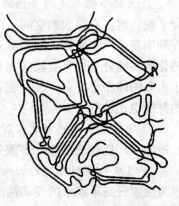

凝胶（gel）既具有固体性质，也具有液体性质，为具有黏弹性的半固体，显示部分弹性与部分黏性。虽然多糖凝胶只含有 1% 的高聚物，其余 99% 是水分，但能形成很强的凝胶，例如甜食凝胶、果冻、仿水果块等。

图 2-35 典型的三维网状凝胶
结构示意图

不同的胶具有不同的用途，其选择标准取决于所期望的黏度、凝胶强度、流变性质、体系的 pH、加工温度、与其他配料的相互作用、质构、价格等。此外，也必须考虑所期望的功能性质。

亲水胶体具有多功能用途，可作为增稠剂、结晶抑制剂、澄清剂、成膜剂、絮凝剂、泡沫稳定剂、悬浮稳定剂、乳浊液稳定剂、缓释剂、吸水膨胀剂、胶囊剂、脂肪代用品等，这些性质常作为用途的选择依据。

2.3.2.4 多糖的水解

在食品加工和贮藏过程中，多糖比蛋白质更容易水解。因此往往添加相对高浓度的亲水胶体，以免由于多糖的水解导致体系黏度的降低。

在酸或酶的催化下，低聚糖或多糖的水解，均会导致黏度的下降。水解程度取决于酸的强度或酶的活力、时间、温度以及多糖的结构。

2.3.2.5 多糖的风味结合功能

多糖是一类很好的风味固定剂，应用最普遍的是阿拉伯胶。阿拉伯胶能在风味物质颗粒的周围形成一层膜，从而可防止水分的吸收、蒸发和化学氧化造成的损失。阿拉伯胶和明胶的混合物用于微胶囊的壁材，这是食品风味成分固定方法的一大进展。

2.4 食品中的主要多糖

多糖广泛分布于自然界，食品中常见的多糖有淀粉、果胶、糖原、纤维素、半纤维素、植物胶、种子胶、改性多糖等。

2.4.1 淀粉

淀粉（starch）是大多数植物的主要贮备物，植物的种子、根部和块茎中含有丰富的淀粉。淀粉和淀粉产品是人类的主要膳食，为人类提供 70%～80% 的热量。淀粉和改性淀粉具有独特的化学性质和物理性质及功能特性，在食品中有广泛的应用，可作为黏着剂、黏合剂、成膜剂、保鲜剂、胶凝剂、上光剂、持水剂、稳定剂、增稠剂等，对食品的品质起着非常重要的作用。

2.4.1.1 淀粉的结构

（1）淀粉的分子结构 淀粉是由 D-葡萄糖通过 α-1,4 糖苷键和 α-1,6 糖苷键结合而成的高聚物，可分为直链淀粉（amylose）和支链淀粉（amylopectin）。在天然淀粉颗粒中，这两种淀粉同时存在，但二者在淀粉颗粒中如何排列尚不清楚。不同来源的淀粉颗粒中所含的直链淀粉和支链淀粉比例不同（表 2-5），即使同一品种，因生长条件不同，也会存在一定的差别。一般淀粉中支链淀粉的含量要明显高于直链淀粉的含量。

表 2-5 不同品质淀粉中直链淀粉的含量

淀粉种类	直链淀粉含量（%）	淀粉种类	直链淀粉含量（%）
大米	17	燕麦	24
糯米	0	光皮豌豆	30
普通玉米	26	皱皮豌豆	75
糯玉米	0	马铃薯	22
高直链玉米	70～80	甘薯	20
高粱	27	木薯	17
糯高粱	0	绿豆	30
小麦	24	蚕豆	32

① 直链淀粉的分子结构 直链淀粉是 D-吡喃葡萄糖通过 α-1,4 糖苷键连接起来的线状大分子，聚合度为 100～6 000，一般为 250～300，相对分子质量为 4 000～400 000。直链淀粉分子并不是完全伸直的线性分子，而是由分子内羟基间的氢键作用使整个链分子卷曲成螺旋结构，每个螺旋节距包含 6 个葡萄糖残基（图 2-36）。

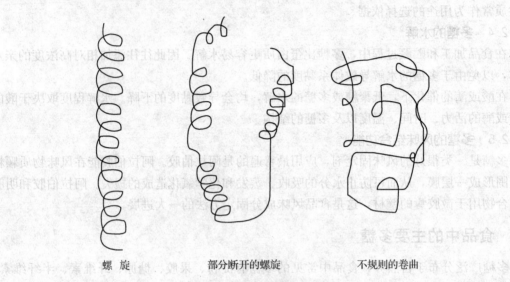

螺 旋   部分断开的螺旋   不规则的卷曲

图 2-36 直链淀粉的分子结构

② 支链淀粉的分子结构 支链淀粉是 D-吡喃葡萄糖通过 α-1,4 糖苷键和 α-1,6 糖苷键连接起来的带分支的复杂大分子（图 2-37），即每个支链淀粉分子由 1 条主链和若干条连接在主链上的侧链组成。一般将主链称为 C 链，将侧链分成 A 链和 B 链。A 链是外链，经 α-1,6 糖苷键与 B 链连接，B 链又经 α-1,6 糖苷键与 C 链连接，A 链和 B 链的数目大致相等，A 链、

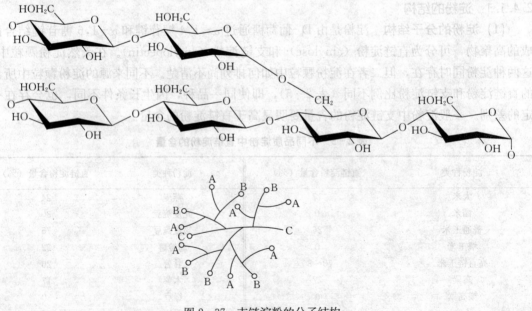

图 2-37 支链淀粉的分子结构

B 链和 C 链本身是由 α - 1，4 糖苷键连接而成的。每个分支平均含有 20～30 个葡萄糖残基，分支与分支之间相距 11～12 个葡萄糖残基，各分支也卷曲成螺旋结构，所以支链淀粉分子近似球形，并如"树枝"状的枝杈结构。支链淀粉分子的聚合度为 1200～3000000，一般在 6000 以上，比直链淀粉分子的聚合度大得多，相对分子质量为 $5×10^5～1×10^6$，是最大的天然化合物之一。

（2）淀粉颗粒的结构　淀粉颗粒是由直链淀粉和（或）支链淀粉分子径向排列而成的，具有结晶区与非结晶区交替层的结构。支链淀粉成簇的分支（B 链和 C 链）是以螺旋结构形式存在，这些螺旋结构堆积在一起形成许多小的结晶区（微晶束）（图 2 - 38），是靠分支侧链上葡萄糖残基以氢键缔合平行排列而形成，主要有 3 种结晶形态：A 型、B 型和 C 型（但当淀粉与有机化合物形成复合物后，将以 V 形结构存在）。这也说明淀粉颗粒不是以整个支链淀粉分子参与微晶束的形成，而是以其链的某个部分参与微晶束的构成，其中有一部分链不参与构成微晶束，成为淀粉颗粒的非结晶区（即无定形区）。同时，直链淀粉也主要是形成非结晶区。结晶区构成了淀粉颗粒的紧密层，无定形的非结晶区构成了淀粉颗粒的稀疏层，

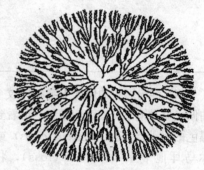

图 2 - 38　淀粉微晶束的结构

紧密层与稀疏层交替排列而形成淀粉颗粒。晶体结构在淀粉颗粒中只占小部分，大部分是非结晶体。

（3）淀粉颗粒的大小和形状　淀粉颗粒的大小与形状受植物的品种、种子生长条件、种子成熟度、胚乳结构、直链淀粉与支链淀粉的相对比例等因素的影响，这些因素对淀粉的性质也有很大影响。在显微镜下观察时，能根据这些特征识别不同植物品种的淀粉。

淀粉颗粒大致可分为圆形、椭圆形（卵圆形）和多角形 3 种（图 2 - 39）。例如马铃薯淀粉和甘薯淀粉的大粒为椭圆形，小粒为圆形；玉米淀粉颗粒大多为圆形和多角形；蚕豆淀粉为椭圆形且更接近肾形；绿豆淀粉和豌豆淀粉颗粒则主要是圆形和椭圆形；稻米淀粉颗粒为多角形。

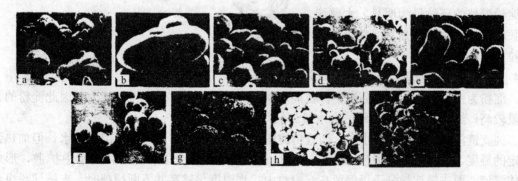

图 2 - 39　部分淀粉颗粒扫描电子显微镜图（放大 300 倍）
a、b. 小麦淀粉　c. 玉米淀粉　d. 高直链玉米淀粉　e. 马铃薯淀粉
f. 木薯淀粉　g. 稻米淀粉　h. 荞麦淀粉　i. 苋菜籽淀粉

不同淀粉颗粒的大小差别很大，同种淀粉的颗粒，大小也有很大差别（表 2 - 6），如在

常见的几种淀粉中，马铃薯淀粉颗粒最大，而稻米淀粉颗粒最小。

表 2 - 6 几种淀粉颗粒的大小

淀粉种类	颗粒大小（μm）	平均粒度（μm）
马铃薯	5～100	65
甘薯	5～40	17
稻米	3～8	5
玉米	5～30	15
小麦	2～10，25～35	20
绿豆	8～21	16
蚕豆	20～48	32

(4) 淀粉颗粒的偏光十字和轮纹

在偏光显微镜下观察淀粉颗粒，可看到黑色的偏光十字（polarizing cross）或称马耳他十字（Maltese cross），将淀粉颗粒分成 4 个白色的区域（图 2 - 40），偏光十字的交叉点位于淀粉颗粒的粒心（脐点），这种现象称为双折射性（birefringence），说明淀粉颗粒具有晶体结构，也说明淀粉颗粒中淀粉分子是径向排列和有序排列的。

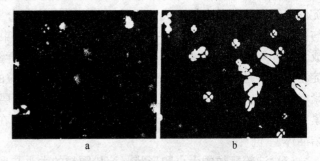

图 2 - 40 淀粉颗粒的偏光显微形态
a. 小麦淀粉 b. 马铃薯淀粉

淀粉颗粒在显微镜下观察时，可以发现围绕脐点的类似于树木年轮的环层细纹（称为轮纹，图 2 - 41），呈螺壳形，纹间密度的大小不同。马铃薯淀粉颗粒的环纹最为明显，木薯淀粉颗粒的环纹也很清楚，但粮食淀粉颗粒几乎没有环纹。

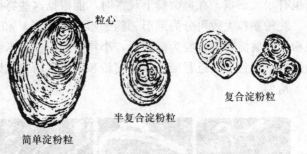

图 2 - 41 马铃薯淀粉颗粒的环纹结构

2.4.1.2 淀粉的物理性质

淀粉为白色粉末。淀粉分子中存在羟基而具有较强的吸水性和持水能力，因此淀粉的含水量较高，约为 12%，但淀粉的含水量高低与其来源有关。

纯支链淀粉易分散于冷水中，而直链淀粉则相反。天然淀粉完全不溶于冷水，但加热到一定的温度，天然淀粉将发生溶胀（swelling），直链淀粉分子从淀粉粒向水中扩散，形成胶体溶液，而支链淀粉分子仍保留在淀粉粒中。当温度足够高并不断搅拌时，支链淀粉也会吸水膨胀形成稳定的黏稠胶体溶液。当胶体溶液冷却后，直链淀粉重结晶而沉淀并不能再分散于热水中，而支链淀粉重结晶的程度则非常小。

淀粉与碘可以形成有颜色的复合物（非常灵敏）。直链淀粉与碘形成的复合物呈深蓝色，支链淀粉与碘的复合物则呈蓝紫色。糊精与碘呈现的颜色深度随糊精分子质量的增大而递减，由蓝色、紫红色、橙色直至无色。这种颜色反应与直链淀粉的分子大小有关，聚合度4～6的短直链淀粉与碘不显色，聚合度8～20的短直链淀粉与碘显红色，聚合度大于40的直链淀粉分子与碘呈深蓝色。支链淀粉分子的聚合度虽大，但其分支侧链部分的聚合度只有20～30，所以与碘呈现蓝紫色。

淀粉与碘的颜色反应并不是化学反应。在水溶液中，直链淀粉分子以螺旋结构存在。每个螺旋吸附1个碘分子，借助于范德华力连接在一起，形成一种复合物，从而改变碘原有的颜色。在直链淀粉与碘的复合物中，碘分子犹如一个轴贯穿于直链淀粉分子螺旋（图2-42），一旦螺旋伸展开来，结合着的碘分

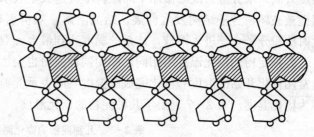

图 2-42　碘淀粉复合物

子就会游离出来。因此热淀粉溶液因螺旋结构伸展，遇碘不显深蓝色，冷却后，因直链淀粉又恢复螺旋结构而呈深蓝色。

纯净的直链淀粉能定量结合碘，每克直链淀粉可结合 200 mg 碘，这一性质通常被用于直链淀粉含量的测定。

直链淀粉除了可以与碘结合形成复合物外，还能与脂肪酸、醇类、表面活性剂等形成结构类似于碘淀粉复合物的复合物。

2.4.1.3　淀粉的糊化

(1) 淀粉糊化的概念　生淀粉分子靠分子间氢键结合而排列得很紧密，形成束状的胶束，彼此之间的间隙很小，即使水分子也难以渗透进去。具有胶束结构的生淀粉称为β淀粉。

β淀粉在水中经加热后，随着加热温度的升高，淀粉结晶区胶束中弱的氢键被破坏，一部分胶束被溶解而形成空隙，于是水分子进入内部，与一部分淀粉分子进行氢键结合，胶束逐渐被溶解，空隙逐渐扩大，淀粉粒因吸水而使体积膨胀数十倍，生淀粉的结晶区胶束即行消失，这种现象称为膨润现象。继续加热，结晶区胶束全部崩溃，发生不可逆溶胀，体系的黏度增加，双折射现象消失，最后得到半透明的黏稠体系，这种现象称为糊化（gelatinization）（图2-43）。处于糊化状态的淀粉称为α淀粉。导致淀粉颗粒溶胀、其内部结构破坏的温度称为淀粉的糊化温度。淀粉的糊化通常发生在一个较狭窄的温度范围内。糊化后的凝胶体系一般简单地称为

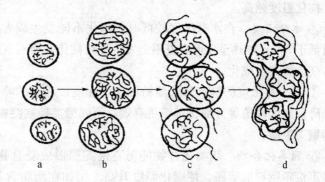

图 2-43　淀粉糊化示意图

a. 原料淀粉由直链淀粉和支链淀粉组成

b. 加入到水中后直链淀粉的结晶型被破坏，螺旋结构也被破坏

c. 加热导致淀粉更加溶胀，直链淀粉开始从淀粉粒中扩散出来

d. 此时的淀粉粒主要含有支链淀粉，破裂后被包容在直链淀粉形成的凝胶中

淀粉糊（paste）。淀粉糊中除含有被分散的直链淀粉、支链淀粉以外，还包括淀粉粒剩余物，冷却后淀粉糊因淀粉分子间的相互作用形成凝胶。

糊化作用可分为 3 个阶段：a. 可逆吸水阶段，此时水分进入淀粉粒的非晶质部分，淀粉体积略有膨胀，若此时冷却干燥，可以复原，双折射现象不变。b. 不可逆吸水阶段，随温度升高，水分进入淀粉微晶束间隙，不可逆大量吸水，颗粒的体积膨胀，淀粉分子之间的氢键被破坏，分子结构发生伸展，结晶溶解，双折射现象开始消失。c. 淀粉粒解体阶段，此时淀粉分子全部进入溶液，体系的黏度达到最大，双折射现象完全消失。

各种淀粉的糊化温度不相同，即使同种淀粉也会因颗粒大小不一而糊化温度也不一致，通常用糊化开始的温度和糊化完成的温度共同表示淀粉糊化温度，有时也把糊化的起始温度称为糊化温度。表 2-7 列出了几种淀粉的糊化温度。

表 2-7　几种淀粉的糊化温度（℃）

淀粉种类	开始糊化温度	完全糊化温度	淀粉种类	开始糊化温度	完全糊化温度
粳米淀粉	59	61	玉米淀粉	64	72
糯米淀粉	58	63	荞麦淀粉	69	71
大麦淀粉	58	63	马铃薯淀粉	59	67
小麦淀粉	65	68	甘薯淀粉	70	76

（2）影响淀粉糊化的主要因素　淀粉糊化、淀粉溶液黏度以及淀粉凝胶的性质不仅取决于淀粉的种类、加热的温度，还取决于共存的其他组分的种类和数量，如糖、蛋白质、脂类、有机酸、盐、水等物质。影响淀粉糊化的主要因素有以下几种。

① 淀粉晶体结构　淀粉分子间的结合程度、分子排列紧密程度、淀粉分子形成微晶区的大小等均影响淀粉分子的糊化难易程度。淀粉分子间的缔合程度越大、分子排列越紧密，破坏这些作用力和拆开微晶区所需要的能量越高，淀粉越难发生糊化。小颗粒淀粉的结构较紧密，糊化温度较高；反之，大颗粒的淀粉分子糊化较容易。

② 直链淀粉与支链淀粉的比例　直链淀粉分子间存在的作用力较大，直链淀粉含量越高，糊化温度越高。

③ 水分活度　在水分活度较低时，糊化不能发生或者糊化程度非常有限。干淀粉（含水量低于 3%）加热至 180℃也不会发生淀粉糊化，而对含水量为 60% 的淀粉乳浊液，70℃左右就能够完全糊化。

④ 糖　高浓度的糖能降低淀粉糊化的速度、黏度的峰值和凝胶的强度，二糖在推迟糊化和降低黏度峰值等方面比单糖更有效，不同糖类抑制淀粉糊化的能力大小依次为：蔗糖＞葡萄糖＞果糖。

⑤ 脂类化合物　脂类化合物能与直链淀粉形成复合物，脂肪酸部分碳链进入其螺旋，可推迟淀粉颗粒的溶胀，使糊化温度升高。例如在脂肪含量低的白面包中，通常 96% 的淀粉是完全糊化的；而在脂肪含量高、水分含量低的曲奇中，通常 95% 的淀粉是没有糊化的。

在已糊化的淀粉体系中加入脂肪，如果不存在乳化剂，则对其所能达到的最大黏度值无影响，但是会降低达到最大黏度的温度。如在玉米淀粉水悬浮液的糊化过程中，在 92℃ 达到最大黏度；如果存在 9%～12% 的脂肪，将在 82℃ 时达到最大黏度。

⑥ 盐 低浓度的盐对糊化或凝胶的形成影响很小，但含有一些磷酸盐基团的马铃薯支链淀粉和人工制造的离子化淀粉则受盐的影响。对于一些盐敏感性淀粉，依条件的不同，盐可增加或降低淀粉膨胀的速度。不同离子对淀粉糊化的促进作用大小顺序为：$Li^+>Na^+>K^+>Rb^+$；$OH^->$水杨酸$>SCN^->I^->Br^->Cl^->SO_4^{2-}$（大于 I^- 者，常温下可使淀粉糊化）。

另外，能够破坏氢键的化合物（如脲、胍盐、二甲亚砜等），在常温下也能使淀粉产生糊化，其中二甲亚砜在淀粉尚未发生溶胀前就产生溶解，所以可作为淀粉的溶剂。

⑦ pH 酸普遍存在于许多淀粉增稠的食品中，因此大多数食品的 pH 范围为 4～7，这样的酸浓度对淀粉溶胀或糊化影响很小。在 pH 10 时，淀粉溶胀的速度明显增加，但这个 pH 已超出食品的范围。在低 pH 时，淀粉糊的黏度峰值显著降低，并且烧煮时黏度快速下降，因为在低 pH 时，淀粉发生水解，产生了相对分子质量较小的糊精而降低其黏度。因此在食品加工中，为了避免淀粉的酸变稀现象而影响食品质地，在 pH 较低的体系中应使用性质稳定的交联淀粉。

⑧ 蛋白质 在许多食品中，淀粉和蛋白质间的相互作用对食品的质构产生重要的影响。例如小麦淀粉和面筋蛋白质在和面时，就发生了一定的作用，在有水存在的情况下加热，淀粉糊化而蛋白质变性，使焙烤食品具有一定的结构。但食品体系中淀粉和蛋白质间相互作用的本质，尚不清楚。

⑨ 淀粉的前处理过程 前处理过程对淀粉的糊化也有影响。将淀粉乳浊液在糊化温度以下的温度条件下保温一段时间，则会因为淀粉粒结构的重新组合而导致糊化温度的升高。淀粉在低水分含量下进行热处理，淀粉的结晶区会发生熔融，无定形的非结晶区则会进行重排，对淀粉结晶区产生稳定作用，使淀粉糊化温度提高。热处理能增大淀粉与水的结合能力，使淀粉更容易受淀粉酶的作用。

2.4.1.4 淀粉的老化

(1) 淀粉老化的概念 经过糊化的 α 淀粉在室温或低于室温下放置后，会变得不透明甚至凝结而沉淀，这种现象称为淀粉的老化（retrogradation）。这是由于糊化后的淀粉分子在低温下又自动排列成序，相邻分子间的氢键又逐步恢复形成致密、高度晶化的淀粉分子微束的缘故。所以从某种意义上看，老化过程可看作糊化的逆过程，但是老化不能使淀粉彻底复原到生淀粉（β 淀粉）的结构状态，它比生淀粉的晶化程度低。

老化后的淀粉与水失去亲和力，难以被淀粉酶水解，因而也不易被人体消化吸收，也严重影响加工食品的质构。例如面包的陈化（staling）失去新鲜感、米汤的黏度下降或产生沉淀，就是淀粉老化的结果。因此淀粉老化作用的控制在食品工业中有重要意义。

(2) 影响淀粉老化的主要因素

① 直链淀粉与支链淀粉的比例 不同来源的淀粉，老化难易程度并不相同。一般来说，直链淀粉较支链淀粉易于老化，直链淀粉越多，老化越快。支链淀粉几乎不发生老化，其原因是它的结构呈三维网状空间分布，妨碍了微晶束氢键的形成。

② 水分含量 淀粉含水量为 30%～60%时较易老化，含水量小于 10%或在大量水中则不易老化。

③ 贮藏温度 老化作用的最适温度为 2～4℃，高于 60℃或低于 -20℃都不发生老化。

④ pH 在偏酸（pH 4 以下）或偏碱的条件下也不易老化。

(3) 防止淀粉老化的方法 生产中可通过控制淀粉的含水量、贮存温度、pH、加工工艺条件等方法来防止淀粉的老化。

① 降低水分含量 将糊化后的 α 淀粉，在 80℃以上的高温迅速除去水分（水分含量最好达 10％以下）或降温至 0℃以下迅速脱水，成为固定的 α 淀粉。α 淀粉加水后，因无胶束结构，水易于进入因而将淀粉分子包围，不需加热，亦易糊化。这就是制备方便食品的原理，如方便米饭、方便面条、饼干、膨化食品等。

② 添加糖类化合物 糊化淀粉在有单糖、二糖和糖醇存在时，不易老化，这是因为它们能妨碍淀粉分子间缔合，并且本身吸水性强而夺取淀粉凝胶中的水，使溶胀的淀粉处于稳定状态。

③ 添加脂类物质 表面活性剂或具有表面活性的极性脂，由于直链淀粉与之形成包合物，可推迟淀粉的老化。

④ 其他 一些大分子物质（如蛋白质、半纤维素、植物胶等）对淀粉的老化也有减缓的作用。

2.4.1.5 淀粉的水解

淀粉在酶、酸、碱等条件下的水解在食品加工中具有重要意义。淀粉的水解产物因催化条件、淀粉的种类不同而有差别，但最终水解产物为葡萄糖。工业上利用淀粉水解可生产糊精、淀粉糖浆、麦芽糖浆、葡萄糖等产品。糊精一般为可溶性淀粉，是淀粉水解或高温裂解产生的多苷链断片。淀粉糖浆为葡萄糖、低聚糖和糊精的混合物，可分为高转化糖、中转化糖和低转化糖浆 3 大类。麦芽糖浆也称为饴糖，其主要成分为麦芽糖，也有麦芽三糖和少量葡萄糖。葡萄糖为淀粉水解的最终产物，结晶葡萄糖有含水 α-葡萄糖、无水 α-葡萄糖和无水 β-葡萄糖 3 种。淀粉水解法有酸水解法和酶水解法两种。

(1) 淀粉的酸法水解 淀粉的酸法水解是用无机酸作为催化剂使淀粉发生水解反应，转变成葡萄糖的方法。淀粉在酸和热的作用下，水解生成葡萄糖的同时，还有一部分葡萄糖发生复合反应和分解反应，进而降低葡萄糖的产出率。

不同来源的淀粉，其酸水解难易不同。一般马铃薯淀粉较玉米淀粉、小麦淀粉、高粱淀粉等谷类淀粉易水解，大米淀粉较难水解。支链淀粉较直链淀粉容易水解。糖苷键酸水解的难易顺序为 α-1,6 糖苷键＞α-1,4 糖苷键＞α-1,3 糖苷键＞α-1,2 糖苷键，α-1,4 糖苷键的水解速度较 β-1,4 糖苷键快。结晶区比非结晶区更难水解。

另外，淀粉的酸水解反应还与温度、底物浓度和无机酸种类有关。一般来讲，盐酸和硫酸的催化水解效率较高。

工业上，将盐酸喷射到混合均匀的淀粉中，或用氯化氢气体处理搅拌的含水淀粉；然后混合物加热得到所期望的水解度，接着将酸中和，回收产品、洗涤以及干燥。产品仍然是颗粒状，但非常容易破碎（烧煮），此淀粉称为酸改性或变稀淀粉（acid-modified or thin-boiling starch），此过程称为变稀（thinning）。酸改性淀粉形成的凝胶透明度得到改善，凝胶强度有所增加，而溶液的黏度有所下降。用酸对淀粉再进行深度改性则产生糊精，有紫色糊精、红色糊精、无色糊精等。

(2) 淀粉的酶法水解 淀粉的酶法水解在食品工业上称为糖化，所使用的淀粉酶也被称为糖化酶。淀粉的酶法水解一般要经过糊化、液化和糖化 3 道工序。淀粉酶水解所使用的淀粉酶主要有 α 淀粉酶（液化酶）、β 淀粉酶（转化酶）、葡萄糖淀粉酶（糖化酶）等。

α 淀粉酶是一种内切酶，它能将直链淀粉和支链淀粉两种分子从内部水解任意位置的 α-1,4 糖苷键，产物还原端葡萄糖残基为 α 构型，故称为 α 淀粉酶。α 淀粉酶不能催化水解 α-1,6 糖苷键，但能越过 α-1,6 糖苷键继续催化水解其余的 α-1,4 糖苷键。此外，α 淀粉酶也不能催化水解麦芽糖分子中的 α-1,4 糖苷键，所以其水解产物主要是 α-葡萄糖、α-麦芽糖和很小的糊精分子。

β 淀粉酶可以从淀粉分子的非还原性尾端开始催化 α-1,4 糖苷键水解，但不能催化 α-1,6 糖苷键水解，也不能越过 α-1,6 糖苷键继续催化水解剩余的 α-1,4 糖苷键。因此，β 淀粉酶是外切酶，水解产物是 β-麦芽糖和 β-界限糊精。

葡萄糖淀粉酶则是由淀粉分子的非还原性尾端开始催化淀粉分子的水解，反应可发生在 α-1,6 糖苷键、α-1,4 糖苷键和 α-1,3 糖苷键上，即能催化水解淀粉分子中的任何糖苷键。葡萄糖淀粉酶属于外切酶，最后产物全部是葡萄糖。

有一些脱支酶（如异淀粉酶和普鲁兰酶）专门催化水解支链淀粉的 1,6 连接键，产生许多低分子质量的直链分子。

2.4.1.6 抗消化淀粉

人们发现，有部分淀粉在人体小肠内无法消化吸收，因此一种新型的淀粉分类方法也就应运而生。目前公认的分类方法为 Englyst 和 Baghurst 等人的方法，他们依淀粉在小肠内的生物可利用性将淀粉分为 3 类：一类是快速消化淀粉（ready digestible starch，RDS），指那些能在小肠中迅速被消化吸收的淀粉分子，一般是 α 淀粉，如热米饭、煮红薯、粉丝等；另一类是缓慢消化淀粉（slowly digestible starch，SDS），指那些能在小肠中被完全消化吸收但速度较慢的淀粉，主要指一些生的未经糊化的淀粉，如生米、生面等；第三类是抗消化淀粉（resistant starch，RS）。这种分类方式是以单个淀粉分子为基础的，也就是说有的食物中可能同时含有上述 3 类或其中的 2 类。

抗消化淀粉也称为抗淀粉、抗性淀粉、抗酶淀粉、抗酶性淀粉等。欧洲抗消化淀粉协会（FURESTA）1992 年将其定义为：抗消化淀粉为不被健康正常人体小肠所消化吸收的淀粉及其降解产物的总称。目前国内外多数学者根据抗消化淀粉的形态及物理化学性质，又可将其分为 4 种：物理包埋淀粉（RS_1）、抗消化淀粉颗粒（RS_2）、老化淀粉（RS_3）和化学改性淀粉（RS_4）。

（1）物理包埋淀粉 物理包埋淀粉（RS_1）指淀粉颗粒因细胞壁的屏障作用或蛋白质等的隔离作用而难以与酶接触，因此不易被消化的淀粉。加工时的粉碎及碾磨，摄食时的咀嚼等物理动作可改变其含量。物理包埋淀粉常见于轻度碾磨的谷类、豆类等食品中。

（2）抗消化淀粉颗粒 抗消化淀粉颗粒（RS_2）为有一定粒度的淀粉，通常为生的薯类和香蕉。经物理和化学分析后认为抗消化淀粉颗粒具有特殊的构象或结晶结构（B 型或 C 型 X 衍射图谱），对酶具有高度抗性。

（3）老化淀粉 老化淀粉（RS_3）主要为糊化淀粉经冷却后形成的。凝沉的淀粉聚合物，常见于煮熟又放冷的米饭、面包、油炸马铃薯片等食品中。这类抗消化淀粉又分为 RS_{3a} 和 RS_{3b} 两部分，其中 RS_{3a} 为凝沉的支链淀粉，RS_{3b} 为凝沉的直接淀粉，RS_{3b} 的抗酶解性最强。

（4）化学改性淀粉 化学改性淀粉（RS_4）经基因改造或化学方法引起的分子结构变化以及一些化学官能团的引入而产生的抗酶解性，如乙酰基、羟丙基淀粉，热变性淀粉以及磷酸化淀粉等。

上述抗消化淀粉中，RS_1、RS_2 和 RS_{3a} 经过适当热加工后仍可被消化吸收；RS_3 是目前最重要也是最主要的抗消化淀粉，国外对此类淀粉研究也较多。

影响食物中抗消化淀粉（这里主要是指 RS_3）含量的应是主要包括原料中直链淀粉与支链淀粉的比率、淀粉颗粒的大小、淀粉分子的聚合度或链长、加工条件、处理方式、食物形态等。常见食物的直/支比与抗消化淀粉含量见表 2-8。

表 2-8 常见食物的直/支比与抗消化淀粉含量

食物名称	直/支比	抗消化淀粉含量（%）
直链玉米淀粉（Ⅰ）	70/30	21.3±0.3
直链玉米淀粉（Ⅱ）	53/47	17.8±0.2
普通玉米淀粉	25/74	7.0±0.1
蜡质玉米淀粉	<1/99	2.5±0.2
豌豆淀粉	33/67	10.5±0.1
小麦淀粉	25/75	7.8±0.2
马铃薯淀粉	20/80	4.4±0.2

2.4.1.7 淀粉的改性

为了拓展淀粉的应用范围，需将天然淀粉经物理、化学或酶处理，使淀粉原有的物理化学性质发生一定的改变，如水溶性、黏度、色泽、味道、流动性、耐酸性、抗剪切性、耐热性等发生改变，这种经过处理的淀粉总称为改性淀粉（modified starch）。目前，化学改性淀粉的种类较多，如可溶性淀粉、氧化淀粉、交联淀粉、酯化淀粉、醚化淀粉和接枝淀粉等。

（1）可溶性淀粉 可溶性淀粉（soluble starch）是经过轻度酸或碱处理的淀粉，其淀粉溶液热时有良好的流动性，冷凝时能形成坚柔的凝胶。α淀粉是由物理处理方法生成的可溶性淀粉。

生产可溶性淀粉的方法：一般在 25～35 ℃，用盐酸或硫酸作用于 40% 玉米淀粉乳，处理时间根据黏度需要来定，为 6～24 h，用碳酸钠（Na_2CO_3）或者稀氢氧化钠（NaOH）中和后再经过滤和干燥即得到可溶性淀粉。

可溶性淀粉可用于制造胶姆糖、冲剂和糖果。

（2）氧化淀粉 氧化淀粉（oxidized starch）是工业上应用次氯酸钠、过氧化氢等强氧化剂处理淀粉而制得，通过氧化反应可改变淀粉的胶凝特性。氧化淀粉糊的黏度较低，稳定性高，透明度较好，颜色较白，成膜性好。由于直链淀粉被氧化后，分子链成为扭曲状，因而不易发生老化。氧化淀粉在食品加工中可形成稳定溶液，适宜作分散剂或乳化剂。

高碘酸或其钠盐能氧化相邻的羟基成醛基，在研究糖类的结构中有应用。

（3）交联淀粉 具有多元官能团的试剂（如甲醛、环氧氯丙烷、三氯氧磷或三偏磷酸盐等）作用于淀粉颗粒，能将不同淀粉分子经交联键结合而生成的淀粉称为交联淀粉（crosslinked starch）。交联淀粉具有良好的机械性能，并且耐酸、耐热和耐碱，随交联程度增高，甚至高温受热也不糊化。例如羟丙基二淀粉硫酸酯，膨润性好，透明度高，糊液对温度、酸及剪切力的稳定性好；淀粉磷酸双酯，糊化温度较高，膨润性较低；羟丙基甘油双淀粉，分子亲水性强，吸水膨胀后保持好且黏度稳定；乙酰化二淀粉硫酸酯，溶解度、膨润性、透明度均高于原淀粉，糊液冷冻稳定性好。

在食品工业中，交联淀粉主要用作增稠剂和赋形剂。

(4) 酯化淀粉 淀粉的糖基单体含有 3 个游离羟基，能与酸或酸酐形成酯而成为酯化淀粉（esterized starch），其取代度能从 0 变化到最大值 3，常见的有淀粉醋酸酯、淀粉硝酸酯、淀粉磷酸酯等。

工业上用醋酸酐或乙酰氯在碱性条件下与淀粉乳作用来制备淀粉醋酸酯。低取代度的淀粉醋酸酯（取代度<0.2，乙酰基含量<5%）糊的凝沉性弱（抗老化的作用），稳定性高。三醋酸酯（高取代度）含乙酰基 44.8%，能溶于醋酸、氯仿和其他氯烷烃溶剂中，其氯仿溶液常用于测定黏度、渗透压力、旋光度等。

磷酸为三价酸，与淀粉作用可生成的酯衍生物有磷酸淀粉一酯、磷酸淀粉二酯和磷酸淀粉三酯。用正磷酸钠和三聚磷酸钠（$Na_5P_3O_{10}$）进行酯化，得磷酸淀粉一酯。磷酸淀粉一酯糊具有较高的黏度、透明度和胶黏性。用具有多官能基的磷化物如三氯氧磷（$POCl_3$）进行酯化时可得到磷酸淀粉一酯和交联的磷酸淀粉二酯、磷酸淀粉三酯混合物产品。磷酸淀粉二酯和磷酸淀粉三酯称为磷酸淀粉多酯，属于交联淀粉。因为淀粉分子的不同部分被羟酯键交联起来，淀粉颗粒的膨胀受到抑制，糊化困难，黏度和黏度稳定性均增高。酯化度低的磷酸淀粉可改善某些食品的抗冻结和解冻性能，降低冻结和解冻过程中水分的离析。

(5) 醚化淀粉 淀粉糖基单体上的游离羟基可被醚化而得到醚化淀粉（etherized starch）。甲基醚化法为研究淀粉结构的常用方法，即用二甲硫酸和 NaOH 或 AgI 和 Ag_2O 作用于淀粉，游离羟基被甲氧基取代，水解后根据所得甲基糖的结构，就可确定淀粉分子中葡萄糖单位间连接的糖苷键。工业生产一般用前法，特别是制备低取代度的甲基醚。制备高取代度的甲基醚则需要重复甲基化操作多次。

低取代度甲基淀粉醚具有较低的糊化温度、较高的水溶解度和较低的凝沉性。取代度 1.0 的甲基淀粉能溶于冷水，但不溶于氯仿。随取代度再提高，水溶解度降低，氯仿溶解度增高。

颗粒状或糊化淀粉在碱性条件下易与环氧乙烷或环氧丙烷反应，生成部分取代的羟乙基或羟丙基醚衍生物。低取代度的羟乙基淀粉具有较低的糊化温度，受热膨胀较快，糊的透明性和胶黏性较高，凝沉性较弱，干燥后形成透明、柔软的薄膜。醚键对于酸、碱、温度和氧化剂的作用都很稳定。

(6) 接枝淀粉 淀粉能与丙烯酸、丙烯氰、丙烯酸胺、甲基丙烯酸甲酯、丁二烯、苯乙烯和其他人工合成高分子的单体起接枝反应生成共聚物接枝淀粉（branched starch）。所得接枝淀粉有两类高分子（天然和人工合成）的性质，依接枝率、接枝频率和平均相对分子质量而定。接枝率为接枝高分子占共聚物的质量比例（%）。接枝频率为接枝链之间平均葡萄糖单位数目，由接枝比例（%）和共聚物平均相对分子质量计算而得。

淀粉链上连接合成高分子（$CH_2=CHX$）支链的结构不同，其性质亦有所不同。若 X 为—CO_2H、—$CONH_2$、—$CO(CH_2)_n$、—N^+R_3Cl 等，所得共聚物溶于水，能用作增稠剂、吸收剂、上浆料、胶黏剂、絮凝剂等。若 X 为—CN、—CO_2R 和苯基等，所得共聚物不溶于水，能用于树脂和塑料。

（7）酸变性淀粉　用酸在糊化温度以下处理改变其性质的淀粉产品称为酸变性淀粉（modified starch by acid）。在酸催化水解过程中，直链淀粉和支链淀粉分子变小，聚合度降低，产品流动性提高。酸变性淀粉仍基本保持原淀粉的颗粒形状，但在水中受热发生的变化与原淀粉有很大的差别。酸变性淀粉易被水分散，具有较低的热糊黏度和较高的冷糊黏度。酸变性淀粉黏度低，能配制高浓度糊液，含水分较少，干燥快，黏合快，胶黏力强，适合于成膜性及黏附性的工业，例如纸袋黏合、纸板制造等。

2.4.1.8　淀粉在食品加工中的应用

淀粉在糖果制造中用作填充剂，可作为制造淀粉软糖的原料，也是淀粉糖浆的主要原料。豆类淀粉和黏高粱淀粉则利用其胶凝特性来制造高粱饴类的软性糖果，具有很好的柔糯性。淀粉在冷饮食品中可作为雪糕和棒冰的增稠稳定剂。淀粉在某些罐头食品生产中可作增稠剂，如制造午餐肉罐头和碎肉、羊肉罐头时，使用淀粉可增强制品的黏结性和持水性。在制造饼干时，由于淀粉有稀释面筋浓度和调节面筋膨润度的作用，可使面团具有适合于工艺操作的物理性质，所以在使用面筋含量太高的面粉生产饼干时，可以添加适量的淀粉来解决饼干收缩变形的问题。

以淀粉为原料，通过水解反应生产的糖产品，总称为淀粉糖。淀粉糖可分为葡萄糖、果葡糖浆、麦芽糖浆和淀粉糖浆 4 大类。淀粉糖甜味纯正、柔和，具有一定的保湿性和防腐性，又利于胃肠的吸收，广泛用于果酱、蜜饯、糖果、罐头、果酒、果汁、碳酸饮料等食品和医疗保健品的生产中。

2.4.2　果胶

果胶（pectin）物质是植物细胞壁的成分之一，存在于相邻细胞壁间的胞间层，起着将细胞黏在一起的作用，使水果蔬菜具有较硬的质地。果胶物质广泛存在于植物中，尤其是水果、蔬菜中含量较多，例如苹果、橘皮、柚皮、向日葵花盘等均是提取果胶的重要原料。

2.4.2.1　果胶的化学结构与分类

（1）果胶的化学结构　果胶分子的主链是 $150 \sim 500$ 个 α-D-半乳糖醛酸基通过 α-1,4糖苷键连接而成的聚合物，其中半乳糖醛酸残基中部分羧基被甲酯化，剩余的羧基部分与钠、钾或铵离子形成盐（图 2-44）。

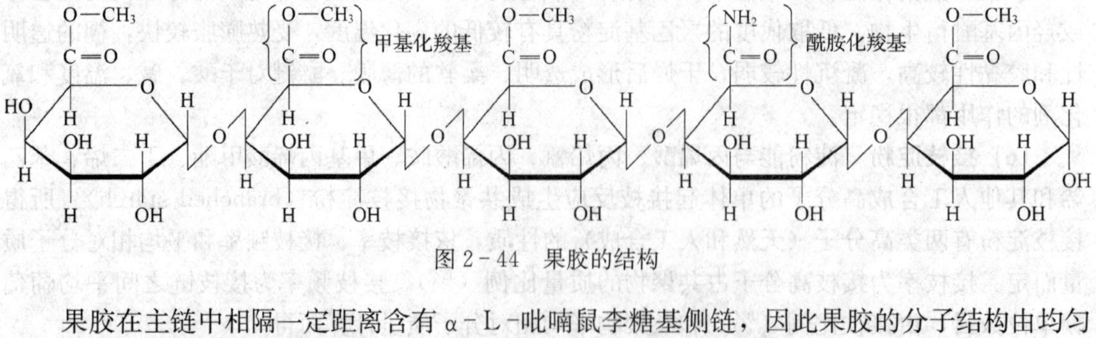

图 2-44　果胶的结构

果胶在主链中相隔一定距离含有 α-L-吡喃鼠李糖基侧链，因此果胶的分子结构由均匀区与毛发区组成（图 2-45）。均匀区是由 α-D-半乳糖醛酸基组成，毛发区是由高度支链化的 α-L-鼠李半乳糖醛酸组成。

天然果胶物质的甲酯化程度变化较大，酯化的半乳糖醛酸基与总半乳糖醛酸基的比值称为酯化度（degree of esterification，DE），也有用甲氧基含量来表示酯化度的。天然原料提

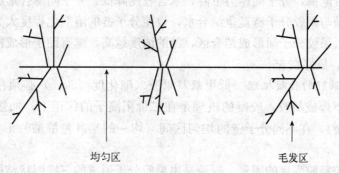

均匀区　　　　　　　　　　毛发区

图 2-45　果胶分子结构示意图

取的果胶最高酯化度为 75%，果胶产品的酯化度一般为 20%～70%。

（2）果胶的分类　根据果胶分子羧基酯化度的不同，天然果胶一般分为两类：a. 高甲氧基果胶（high-methoxyl pectin，HM），为酯化度大于 50% 的果胶；b. 低甲氧基果胶（low-methoxyl pectin，LM），为酯化度小于 50% 的果胶。

根据果蔬的成熟过程，果胶物质一般由 3 种形态：原果胶、果胶和果胶酸。

① 原果胶　原果胶与纤维素和半纤维素结合在一起的甲酯化半乳糖醛酸链，只存在于细胞壁中，不溶于水，水解后生成果胶。在未成熟的果蔬组织中，原果胶与纤维素和半纤维素黏结在一起形成较牢固的细胞壁，使整个组织比较坚固。

② 果胶　果胶是羧基不同程度甲酯化和阳离子中和的聚半乳糖醛酸链。随着果实成熟度的增加，原果胶水解成果胶，果蔬组织就变软而有弹性。果胶主要存在于植物细胞汁液中，成熟果蔬的细胞液内含量较多。

③ 果胶酸　果胶酸是完全未甲酯化的聚半乳糖醛酸链，在细胞汁液中与 Ca^{2+}、Mg^{2+}、K^+、Na^+ 等矿物质形成不溶于水或稍溶于水的果胶酸盐。当果实过熟时，果胶发生去酯化作用生成果胶酸，成熟变成软瘪状态。

2.4.2.2　果胶的性质

果胶在酸、碱或酶的作用下可发生水解，可使酯水解（去甲酯化）或糖苷键水解；在高温强酸条件下，糖醛酸残基发生脱羧作用。

果胶在水中的溶解度随聚合度的增加而减少，在一定程度上还随酯化度的增加而增加。果胶酸的溶解度较低（1%），但其衍生物（如甲醇酯和乙醇酯）溶解度较大。

果胶分散所形成的溶液是高黏度溶液，其黏度与链长呈正相关。果胶在一定条件下具有胶凝能力。

2.4.2.3　果胶凝胶形成的条件与机理

（1）果胶物质凝胶形成的条件　当果胶的酯化度＞50% 时，形成凝胶的条件是可溶性固形物含量（一般是糖）超过 55%、pH 2.0～3.5、果胶含量 0.3%～0.7%。

当果胶的酯化度≤50% 时，形成凝胶的条件是需要加入 Ca^{2+}、Mg^{2+} 等二价金属离子，可溶性固形物含量为 10%～20%、pH 2.5～6.5 时才能形成凝胶。

（2）果胶物质的胶凝机理　高甲氧基果胶与低甲氧基果胶的胶凝机理是不同的。

① 高甲氧基果胶的胶凝机理　高甲氧基果胶溶液必须在具有足够的糖和酸存在的条件下才能胶凝，又称为糖-酸-果胶凝胶。当果胶溶液 pH 足够低时，羧酸盐基团转化为羧酸基

团，因此分子不带电荷，分子间斥力下降，水合程度降低，分子间缔合形成凝胶。在果胶溶液中加入糖类，糖与果胶分子链竞争结合水，致使分子链的溶剂化程度大大下降，有利于分子链间相互作用，果胶分子间形成结合区，糖的浓度越高，越有助于形成接合区，一般糖的浓度至少在 55％，最好在 65％。

② 低甲氧基果胶的胶凝机理　低甲氧基果胶（酯化度≤50％）必须在二价阳离子（如 Ca^{2+}）存在情况下形成凝胶，胶凝的机理是在二价阳离子的作用下，加强果胶分子间的交联作用（形成盐桥），在不同分子链的均匀区间（均一的半乳糖醛酸）形成分子间接合区，从而形成凝胶。

(3) 影响果胶凝胶强度的因素　凝胶是由果胶分子形成的三维网状结构，同时水和溶质固定在网孔中。形成的凝胶具有一定的凝胶强度，有许多因素影响果胶凝胶的形成与凝胶强度。

① 果胶相对分子质量与凝胶强度　在相同条件下，相对分子质量越大，形成的凝胶越强，如果果胶分子链降解，则形成的凝胶强度就比较弱。果胶凝胶破裂强度除与平均相对分子质量具有非常好的相关性外，还与每个分子参与联结的点的数目有关。这是因为在果胶溶液转变成凝胶时，每 6～8 个半乳糖醛酸基形成一个结晶中心。

② 果胶酯化度与凝胶强度　果胶的凝胶强度随其酯化度的增加而增大，因为凝胶网络结构形成时的结晶中心位于酯基团之间。同时果胶的酯化度也直接影响胶凝速度，果胶的胶凝速度随酯化度增加而增大（表 2-9）。

表 2-9　果胶的酯化度与胶凝条件

果胶类型	酯化度（％）	胶凝条件	胶凝速度
高甲氧基果胶	74～77	Brix>55，pH<3.5	超快速
高甲氧基果胶	71～74	Brix>55，pH<3.5	快速
高甲氧基果胶	66～69	Brix>55，pH<3.5	中速
高甲氧基果胶	58～65	Brix>55，pH<3.5	慢速
低甲氧基果胶	40	Ca^{2+}	慢速
低甲氧基果胶	30	Ca^{2+}	快速

当酯化度为 100％时，称为全甲酯化聚半乳糖醛酸，只要有脱水剂存在就能形成凝胶。

当酯化度大于 70％时，称为速凝果胶，加糖、加酸（pH 3.0～3.4）后，可在较高温度下形成凝胶（稍冷即凝）。在蜜饯型果酱中，可防止果肉块的浮起或下沉。

当酯化度为 50％～70％时，称为慢凝果胶，加糖、加酸（pH 2.8～3.2）后，可在较低温度下形成凝胶（凝胶较慢），所需酸量也因果胶分子中游离羧基增多而增大。慢凝果胶用于果冻、果酱、点心等生产中，在汁液类食品中可用作增稠剂、乳化剂。

当酯化度小于 50％时，称为低甲氧基果胶，即使加糖、加酸的比例恰当，也难形成凝胶，但其羧基能与多价离子（常用 Ca^{2+}）产生作用而形成凝胶。Ca^{2+} 的存在对果胶凝胶的质地有硬化作用，这就是果蔬加工中首先用钙盐前处理的原因。这类果胶的胶凝能力受酯化度的影响大于受相对分子质量的影响。

③ pH　不同类型的果胶胶凝时，pH 不同。如低甲氧基果胶对 pH 变化的敏感性差，

能在 pH 2.5～6.5 范围内形成凝胶，而正常的果胶则仅在 pH 2.7～3.5 范围内形成凝胶。不适当的 pH，不但无助于果胶形成凝胶，反而会导致果胶水解，尤其是高甲氧基果胶和在碱性条件下。

凝胶形成的 pH 也和酯化度相关，快速胶凝的果胶在 pH 3.0～3.4 也可以胶凝，而慢速胶凝的果胶在 pH 2.8～3.2 可以胶凝。

④ 糖浓度　低甲氧基果胶在形成凝胶时，可以不加糖，但加入 10%～20% 蔗糖，凝胶的质地会更好。

⑤ 温度　当脱水剂（糖）的含量和 pH 适当时，在 0～50℃ 范围内，温度对果胶凝胶影响不大。但温度过高或加热时间过长，果胶将发生降解，蔗糖也发生转化，从而影响果胶的强度。

此外，凝胶形成的条件还受到可溶性固形物含量和 pH 的影响。固形物含量较高及 pH 较低，则可在较高温度下胶凝。因此在制造果酱和糖果时必须选择 Brix（固形物含量）、pH 以及适合类型的果胶才能达到所期望的胶凝温度。

但在 pH 3.5 时，低甲氧基果胶胶凝所需的 Ca^{2+} 量超过中性条件。

2.4.2.4　果胶在食品中的应用

果胶的主要用途是作为果酱与果冻的胶凝剂。果胶的类型很多，不同酯化度的果胶能满足不同的要求。慢胶凝高甲氧基果胶与低甲氧基果胶用于制造凝胶软糖。果胶的另一用途是在生产酸奶时作基质，低甲氧基果胶特别适合。果胶还可作为增稠剂和稳定剂。高甲氧基果胶可应用于乳制品，它在 pH 3.5～4.2 范围内能阻止加热时酪蛋白聚集，这适用于经巴氏杀菌或高温杀菌的酸奶、酸豆奶以及牛乳与果汁的混合物。高甲氧基果胶与低甲氧基果胶能应用于蛋黄酱、番茄酱、浑浊型果汁、饮料、冰激凌等，一般添加量<1%；但是凝胶软糖除外，它的添加量为 2%～5%。

2.4.3　纤维素和半纤维素

2.4.3.1　纤维素

纤维素（cellulose）是高等植物细胞壁的主要结构组分，通常与半纤维素、果胶和木质素结合在一起，其结合方式和程度在很大程度上影响植物性食品的质地。纤维素是由 β-D-吡喃葡萄糖基单位通过 β-1,4 糖苷键连接而成的均一直链高分子高聚物。其聚合度的大小取决于纤维素的来源，一般可以达到 1000～14 000。

用 X 射线衍射法研究纤维素的微观结构，发现纤维素是由 60 多条纤维素分子平行排列，并相互以氢键连接起来的束状物质。虽然氢键的键能较一般化学键的键能小得多，但由于纤维素微晶之间氢键很多，所以微晶束结合得很牢固，导致纤维素的化学性质非常稳定，如纤维素不溶于水、对稀酸和稀碱特别稳定、几乎不还原费林试剂、在一般食品加工条件下不被破坏。但是在高温、高压和酸（60%～70% 硫酸或 41% 盐酸）作用下，纤维素能分解为葡萄糖。

人体没有分解纤维素的消化酶，纤维素通过人的消化系统时不提供营养与热量，但却具有重要的生理功能。

纤维素可用于造纸、纺织品、化学合成物、炸药、胶卷、医药和食品包装、发酵（酒精）、饲料生产（酵母蛋白和脂肪）、吸附剂、澄清剂等。

2.4.3.2　半纤维素

半纤维素（hemicellulose）是含有 D-木糖的一类杂聚多糖，水解后能产生戊糖、葡萄糖醛酸和一些脱氧糖。半纤维素存在于所有陆地植物中，而且经常存在于植物的木质化部分。食品中最主要的半纤维素是由 1,4-β-D-吡喃木糖基单位组成的木聚糖为骨架，也是膳食纤维的一个来源。

粗制的半纤维素可分为一个中性组分（半纤维素 A）和一个酸性组分（半纤维素 B），半纤维素 B 在硬质木材中特别多。两种半纤维素都有 β-D-1,4 键结合成的木聚糖链。在半纤维素 A 中，主链上有许多由阿拉伯糖组成的短支链，还存在 D-葡萄糖、D-半乳糖和 D-甘露糖，从小麦、大麦和燕麦粉得到的阿拉伯木聚糖就是其典型例子。半纤维素 B 不含阿拉伯糖，它主要含有 4-甲氧基-D-葡萄糖醛酸，因此它具有酸性。水溶性小麦面粉戊聚糖的结构见图 2-46。

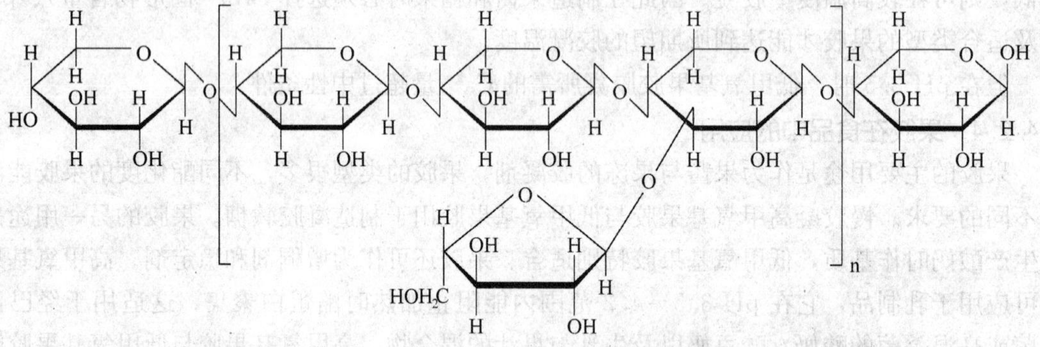

图 2-46　水溶性小麦面粉戊聚糖的位置

半纤维素在焙烤食品中的作用很大，它能提高面粉结合水的能力，改进面包面团混合物的质量，降低混合物热量，有助于蛋白质的进入和增大面包的体积，并能延缓面包的老化。

半纤维素对肠蠕动、粪便产生和粪便排泄具有有益的生理作用，能促进胆汁酸的消除，可降低血液中胆固醇的含量。事实表明，半纤维素可以减少心血管疾病、结肠紊乱，特别是可预防结肠癌。

2.4.3.3　甲基纤维素

在强碱性（氢氧化钠）条件下，经一氯甲烷处理纤维素引入甲基，即得到甲基纤维素（methylcellulose，MC），这种改性属于醚化。商品级甲基纤维素的取代度一般为 1.1～2.2，取代度为 1.69～1.92 的甲基纤维素在水中有最高的溶解度，而黏度主要取决于其分子的链长。

甲基纤维素除具有一般亲水性多糖胶的性质外，比较突出和特异之处有 3 点：a. 甲基纤维素的溶液在被加热时，最初黏度下降，与一般多糖胶相同，然后黏度很快上升并形成凝胶，凝胶冷却时又转变为溶液，即热凝胶。这是由于加热破坏了各个甲基纤维素分子外面的水合层而造成聚合物之间疏水键增加的缘故。电解质（如氯化钠）和非电解质（如蔗糖、山梨醇）均可降低形成凝胶的温度，也许是因为它们争夺水分子的缘故。b. 甲基纤维素本身是一种优良的乳化剂，而大多数多糖胶仅仅是乳化助剂或稳定剂。c. 甲基纤维素在一般的食用多糖中有最优良的成膜性。

甲基纤维素可增强食品对水的吸收和保持，使油炸食品减少油脂的吸收；在某些食品中可起脱水收缩抑制剂和填充剂的作用；在不含面筋的加工食品中作为质地和结构物质；在冷冻食品中用于抑制脱水收缩，特别是沙司、肉、水果、蔬菜以及在色拉调味汁中可作为增稠剂和稳定剂；还可用于各种食品的可食涂布料和代脂肪；不能被人体消化吸收，是无热量多糖。

2.4.3.4　羧甲基纤维素

羧甲基纤维素（carboxymethyl cellulose，CMC）是采用18％氢氧化钠处理纯木浆得到碱性纤维素，碱性纤维素与氯乙酸钠盐反应，生成的纤维素的羧甲基醚钠盐（纤维素-O-CH_2-$CO_2^-$$Na^+$，CMC-Na），一般产品的取代度为0.3～0.9，聚合度为500～2 000。作为食品配料和市场上销售量最大的羧甲基纤维素的取代度为0.7。

由于羧甲基纤维素是由带负电荷的、长的刚性分子链组成，在溶液中因静电斥力作用而具有高黏性和稳定性，并与取代度和聚合度有关。取代度为0.7～1.0的羧甲基纤维素易溶于水，形成非牛顿流体，其黏度随温度升高而降低。溶液在pH 5～10时稳定，在pH 7～9时有最高的稳定性，并且当pH 7时黏度最大，在pH 3以下时易生成游离酸沉淀。羧甲基纤维素溶液的耐盐性较差，当有二价金属离子存在时，其溶解度降低，并形成不透明的液体分散系；三价阳离子存在下能产生凝胶或沉淀。

羧甲基纤维素（CMC-Na）在食品工业中广泛应用。我国规定，用于速煮面和罐头，最大用量为5.0 g/kg；用于果汁牛乳，最大用量为1.2 g/kg；用于冰棍、雪糕、冰激凌、糕点、饼干、果冻和膨化食品，可按正常生产需要使用。

羧甲基纤维素能稳定蛋白质分散体系，特别是在接近蛋白质等电点的pH，如鸡蛋清可用羧甲基纤维素一起干燥或冷冻而得到稳定的产品。羧甲基纤维素也能提高乳制品稳定性以防止酪蛋白沉淀。在果酱、番茄酱中添加羧甲基纤维素，不仅增加黏度，增加固形物的含量，还可使其组织柔软细腻。在面包和蛋糕中添加羧甲基纤维素，可增加其保水作用，防止淀粉的老化。在方便面中加入羧甲基纤维素，较易控制水分，减少面饼的吸油量，并且还可增加面条的光泽，一般用量为0.36％。在酱油中添加羧甲基纤维素可调节其黏度，使酱油具有滑润口感。羧甲基纤维素对于冰激凌的作用类似于海藻酸钠，但羧甲基纤维素的价格低廉，溶解性好，保水作用也较强，所以羧甲基纤维素常与其他乳化剂并用以降低成本，而且羧甲基纤维素与海藻酸钠并用有协同作用。

2.4.3.5　微晶纤维素

食品工业中使用的微晶纤维素（microcrystalline cellulose，MCC）是一种纯化的不溶性纤维素，它是由纯木浆水解并从纤维素中分离出微晶组分而制得。纤维素分子是由约3 000个β-D-吡喃葡萄糖基单位组成的直链分子，非常容易缔合，具有长的接合区。但是长而窄的分子链不能完全排成一行，结晶区的末端是纤维素链的分叉，不再是有序排列，而是随机排列。当纯木浆用酸水解时，酸穿透密度较低的无定形区，使这些区域中分子链水解断裂，得到单个穗状结晶。由于构成穗状的分子链具有较大的运动自由度，因而分子可以定向，使结晶长得越来越大。

已制得的2种微晶纤维素都是耐热和耐酸的。第一种微晶纤维素为粉末，是喷雾干燥产品，主要用于风味载体、干酪的抗结块剂。第二种微晶纤维素为胶体，它能分散在水中，并具有与水溶性胶相似的功能性质。微晶纤维素胶体的主要功能为：在高温加工过程中，能稳

定泡沫和乳浊液，是低脂冰激凌和其他冷冻甜食产品的常用配料；形成似油膏质构的凝胶（形成水合微晶网状结构）；提高果胶和淀粉凝胶的耐热性；提高黏附力；替代脂肪和控制冰晶生长。

2.5 其他植物多糖

2.5.1 阿拉伯胶

阿拉伯胶（gum arabic）是阿拉伯胶树等金合欢属植物树皮切口中流出的分泌物。阿拉伯胶的成分很复杂，由 2 类成分组成，其中 70% 是由不含 N 或含少量 N 的多糖组成，另一类成分是具有高相对分子质量的蛋白质结构，多糖是以共价键与蛋白质肽链中的羟脯氨酸和丝氨酸相结合的，总蛋白质含量约为 2%，但是特殊品种可高达 25%。与蛋白质相连接的多糖是高度分支的酸性多糖，它主要含有 D-半乳糖 44%、L-阿拉伯糖 24%、D-葡萄糖醛酸 14.5%、L-鼠李糖 13%、4-O-甲基-D-葡萄糖醛酸 1.5%。在主链中，β-D-吡喃半乳糖是通过 1,3 糖苷键相连接，而侧链是通过 1,6 糖苷键相连接。

阿拉伯胶分子质量虽大，但易溶于水，最独特的性质是溶解度高，溶液黏度低，饱和液浓度甚至能达到 50%，此时体系有些像凝胶。阿拉伯胶既是一种好的乳化剂，又是一种好的乳浊液稳定剂，具有稳定乳浊液的作用，这是因为阿拉伯胶具有表面活性，能在油滴周围形成一层厚的、具有空间稳定性的大分子层，防止油滴聚集。如将香精油与阿拉伯胶制成乳浊液，然后进行喷雾干燥得到固体香精，可以避免香精的挥发与氧化；在使用时能快速分散与释放风味；也不会影响最终产品的黏度，从而用于固体饮料、布丁粉、蛋糕粉、汤粒粉等。

阿拉伯胶的另一特点是与高糖具有相容性，因此可广泛用于高糖含量和低水分含量糖果的生产中，如太妃糖、果胶软糖、软果糕等，它在糖果中的功能是组织蔗糖结晶和乳化与分散脂肪组分，防止脂肪从表面析出产生"白霜"。

2.5.2 魔芋胶

魔芋胶又称魔芋葡甘露聚糖（konjak glucomannan），它是由 D-甘露糖与 D-葡萄糖通过 β-1,4 糖苷键连接而成的多糖。D-甘露糖与 D-葡萄糖之比为 1:1.6。在主链的 D-甘露糖的 C_3 位上存在由被 β-1,3 糖苷键连接的支链，每 32 个糖基约有 3 个支链，支链由几个糖基组成。每 19 个糖基有一个乙酰基，乙酰基能增加分子的亲水性；每 20 个糖基含有 1 个葡萄糖醛酸（图 2-47）。

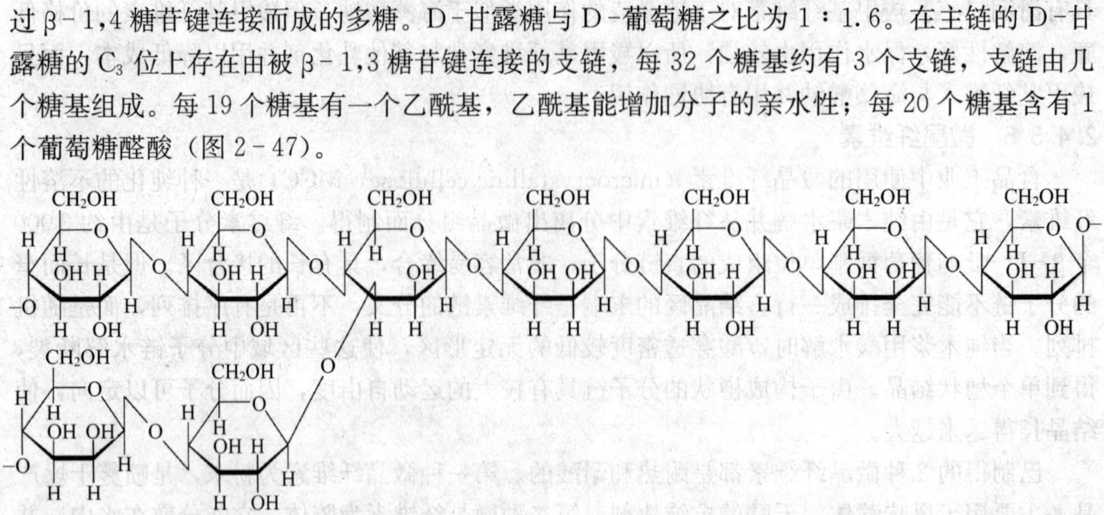

图 2-47 魔芋葡甘露聚糖最可能的分子结构

魔芋葡甘露聚糖能溶于水，形成高黏度的假塑性溶液。它经碱处理脱乙酰后形成弹性凝胶，是一种热不可逆凝胶。

当魔芋葡甘露聚糖与黄原胶混合时，能形成热可逆凝胶。黄原胶与魔芋葡甘露聚糖的比值为 1：1 时得到的凝胶强度最大；其凝胶的溶化温度为 60～63℃，且凝胶的熔点同两种胶的比值与聚合物总浓度无关，但其凝胶强度随聚合物浓度的增加而增大，并随盐浓度的增加而减小。黄原胶的螺旋结构与魔芋葡甘露聚糖链之间相互作用见图 2-48。

利用魔芋葡甘露聚糖能形成热不可逆凝胶的特性可制作多种食品，如魔芋糕、魔芋豆腐、魔芋粉丝、各种仿生食品（虾仁、腰花、肚片、蹄筋、海参、海蜇皮等）以及可食膜。

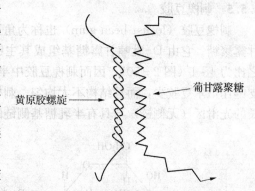

图 2-48　黄原胶的螺旋结构与魔芋葡甘露聚糖之间相互作用示意图

2.5.3　黄芪胶

黄芪胶（gum tragacanth）是豆科黄芪属植物的浸出物。黄芪胶的主链由 α-D-半乳糖醛酸单体组成，各种侧链含有由 β-1,3 糖苷键连接的 D-木糖、D-半乳糖、L-岩藻糖和 L-阿拉伯糖基。

黄芪胶溶液的黏度比阿拉伯胶大，在自然条件下可以形成微酸性的钾盐、钙盐和镁盐。由于黄芪胶的主链是由半乳糖醛酸组成，所以在较低 pH 时仍是稳定的。

2.5.4　瓜尔豆胶

瓜尔豆胶（guar gum）是豆科植物种子瓜尔豆种子中提取的多糖，它以半乳甘露糖为主要成分，主链由 β-D-吡喃甘露糖通过 1,4 糖苷键连接而成，在主链上每间隔 1 个单糖残基就以 1,6 糖苷键连接 1 个 α-D-吡喃半乳糖侧链（图 2-49），甘露糖与半乳糖的比为 1.6。瓜尔豆胶中半乳甘露聚糖均匀分布于主链中，在吡喃甘露聚糖主链中一半是含有 D-吡喃半乳糖基侧链。瓜尔豆胶的这种结构使其不能与黄原胶相互作用形成凝胶。

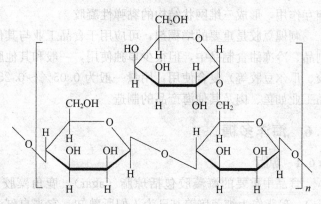

图 2-49　瓜尔豆胶中半乳甘露聚糖的重复单位结构

瓜尔豆胶是所有商品胶中黏度最高的一种胶，主要用作增稠剂，广泛应用于食品工业与其他工业。瓜尔豆胶在冷水中可快速水化，形成一种高黏性和触变的溶液。由于瓜尔豆胶能产生高黏度的溶液，所以在食品中使用浓度低于 1%。瓜尔豆胶的溶解性随温度上升而提高，但在很高的温度下，瓜尔豆胶胶会降解。pH 对瓜尔豆胶溶液的黏度影响不大。瓜尔豆胶能同大多数其他食品组分相容，盐对其黏度影响较小，但大量的蔗糖可以降低其黏度和推迟达到最大黏度的时间。

瓜尔豆胶常与其他食用胶（如羧甲基纤维素、卡拉胶、黄原胶）复合，应用于冰激凌中。

2.5.5 刺槐豆胶

刺槐豆胶（locust bean gum）也称为角豆胶，是豆科植物角豆树种子的提取物，为半乳甘露聚糖。它由 D-吡喃甘露糖基组成其主链，D-吡喃半乳糖基组成其侧链，这两种组分之比为 4:1（图 2-50），因而刺槐豆胶中半乳糖含量很低。刺槐豆胶的半乳甘露聚糖的支链比瓜尔豆胶少，而且结构不太均匀。刺槐豆胶分子中含有的半乳糖侧链很少，由具有长的光滑区（无侧链）与具有半乳糖基侧链的毛发区组成。

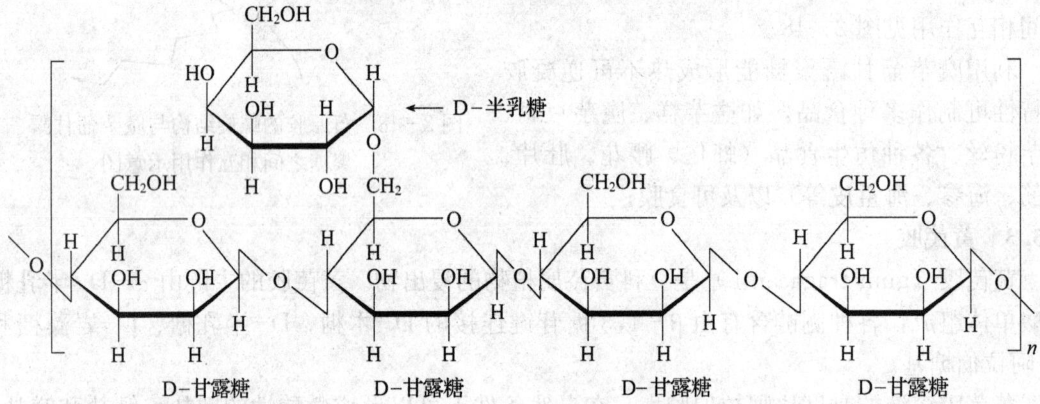

图 2-50　刺槐豆胶的分子结构

由于刺槐豆胶分子具有长的光滑区，因此能与其他多糖（如黄原胶、卡拉胶）的双螺旋相互作用，形成三维网状结构的黏弹性凝胶。

刺槐豆胶是重要的增稠剂，可应用于食品工业与其他工业中。刺槐豆胶产品可应用于乳制品、冷冻甜食制品中，但很少单独使用，一般和其他胶（如羧甲基纤维素、卡拉胶、黄原胶、瓜尔豆胶等）复合使用，用量一般为 0.05%～0.25%；还可以作为黏结剂应用于肉制品工业如鱼、肉及其他海产品的制造。

2.6　海洋多糖

2.6.1　琼脂

食品中重要的海藻胶包括琼脂（agar）、鹿角藻胶（chondnis crispus）和褐藻胶（algin）。琼脂作为细菌培养基已为人们所熟知，它来自红藻类（Rhodophyceae）的各种海藻，主产于日本海岸。琼脂可分离成为琼脂糖（agarose）和琼脂胶（agaropectin）两部分。琼脂糖的基本二糖重复单位是由 D-吡喃半乳糖通过 β-1,4 糖苷键或 β-1,3 糖苷键连接 3,6-脱水 α-L-吡喃半乳糖基单位构成的（图 2-51）。琼脂糖链的半乳糖参加约每 10 个有 1 个被硫酸酯化。

琼脂胶的重复单位与琼脂糖相似，但含 5%～10% 的硫酸酯，一部分 D-葡萄糖醛酸残基和丙酮酸以缩醛形式结合形成的酯。

琼脂凝胶最独特的性质是当温度大大超过胶凝起始温度时仍然保持稳定性。例如 1.5% 琼脂的水分散液在温度 30℃ 形成凝胶，熔点为 35℃。琼脂凝胶具有热可逆性，是一种最稳

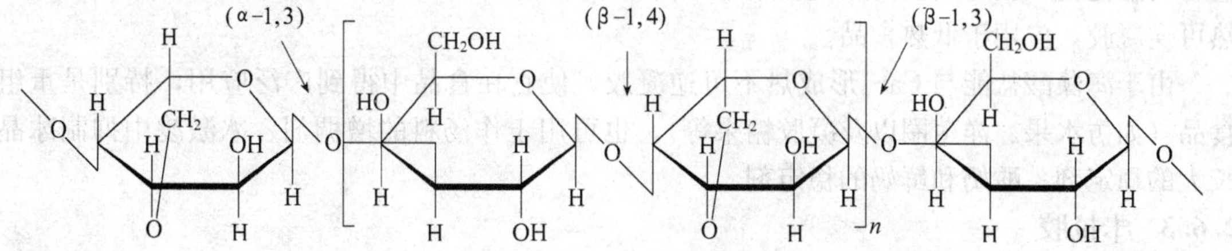

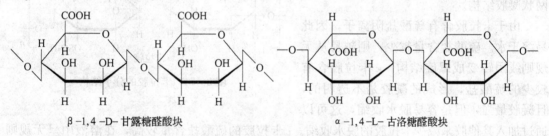

图2-51 琼脂糖的重复结构单位

定的凝胶。

琼脂在食品中的应用包括抑制冷冻食品脱水收缩和提供适宜的质地，在加工的干酪和奶油干酪中提供稳定性和需宜质地，在焙烤食品和糖衣中可控制水分活度和推迟陈化。此外，琼脂还用于肉制品罐头。琼脂通常可与其他高聚物如黄芪胶、刺槐豆胶或明胶合并使用。

2.6.2 海藻胶

海藻胶即海藻酸盐（alginate）或褐藻酸盐，是从褐藻（Phaeophyceae）中提取得到的，商品海藻胶大多是以海藻酸的钠盐形式存在。海藻酸是由 β-1,4-D-甘露糖醛酸（M）和 α-1,4-L-古洛糖醛酸（L）组成的线性高聚物（图2-52），商品海藻酸盐的聚合度为 100~1000。D-甘露糖醛酸（M）与L-古洛糖醛酸（G）的比例因来源不同而异，一般为 1.5：1，对海藻胶的性质影响较大，它们按下列次序排列：a. 甘露糖醛酸块-M-M-M-M-M-M-；b. 古洛糖醛酸块-G-G-G-G-G-G-；c. 交替块-M-G-M-G-M-G-。

β-1,4-D-甘露糖醛酸块

α-1,4-L-古洛糖醛酸块

图2-52 褐藻胶的分子结构

海藻酸盐分子链中L-古洛糖醛酸块很容易与Ca^{2+}作用，两条分子链L-古洛糖醛酸块间形成一个洞，结合Ca^{2+}形成"蛋盒"模型，如图2-53所示。海藻酸盐与Ca^{2+}形成的凝胶是热不可逆凝胶，凝胶强度同海藻酸盐分子中G块的含量以及Ca^{2+}浓度有关。海藻酸盐凝胶具有热稳定性，脱水收缩较少，因此可用于制造甜食凝胶。

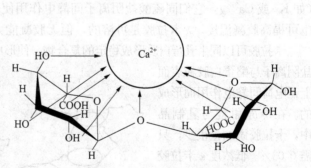

图2-53 海藻盐与Ca^{2+}相互作用形成"蛋盒"结构

海藻酸盐还可与食品中其他组分（如蛋白质、脂肪等）相互作用。例如海藻酸盐易与变性蛋白质中带正电的氨基酸相互作用，用于重组肉制品的制造。高含量古洛糖醛酸的海藻酸盐与高酯化度果胶之间协同胶凝应用于果酱、果冻等，所得到的凝胶结构与糖含量无关，是热可逆凝胶，应用于低热食品。

由于海藻酸盐能与 Ca^{2+} 形成热不可逆凝胶，使它在食品中得到广泛应用，特别是重组食品（如仿水果、洋葱圈以及凝胶糖果等），也可用于作汤料的增稠剂、冰激凌中抑制冰晶长大的稳定剂、酸奶和鲜奶的稳定剂。

2.6.3 卡拉胶

卡拉胶（carrageenan）又称为鹿角藻胶，是由红藻通过热碱分离提取制得的杂聚多糖，它是一种由硫酸基化或非硫酸基化的 D-半乳糖和 3,6-脱水半乳糖通过 α-1,3 糖苷键和 β-1,4 糖苷键交替连接而成。大多数糖单位有 1 个或 2 个硫酸酯基，多糖链中总硫酸酯基含量为 15%～40%，而且硫酸酯基数目与位置同卡拉胶的凝胶性密切相关。卡拉胶有 3 种类型：κ、ι 和 λ，κ 卡拉胶和 ι 卡拉胶通过双螺旋交联形成热可逆凝胶（图 2-54）。卡拉胶在溶液中呈无规则线团结构，当溶液冷却时，足够数量的交联区形成了连续的三维网状凝胶结构。

由于卡拉胶含有硫酸盐阴离子，因此易溶于水。硫酸盐含量越少，则越易从无规则线团转变成螺旋结构。κ 卡拉胶含有较少的硫酸盐，形成的凝胶是不透明的，且凝胶最强，但是容易脱水收缩，这可以

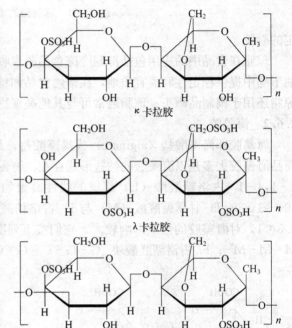

图 2-54 卡拉胶的分子结构

通过加入其他胶来减少卡拉胶的脱水收缩。ι 卡拉胶的硫酸盐含量较高，在溶液中呈无规则的线团结构，形成的凝胶是透明和富有弹性的。在 κ 卡拉胶或 ι 卡拉胶中分别加入阳离子（如 K^+ 或 Ca^{2+}），它们同硫酸盐阴离子间静电作用使分子间缔合进一步加强，阳离子的加入也可提高胶凝温度。λ 卡拉胶是可溶的，但无胶凝能力。

卡拉胶可以同牛乳蛋白质形成稳定的复合物，使形成的凝胶强度增强，这是由卡拉胶的硫酸盐阴离子与酪蛋白胶粒表面上正电荷间静电作用而形成的。在冷冻甜食与乳制品中，卡拉胶添加量很少，只需 0.03%。低浓度 κ 卡拉胶（0.01%～0.04%）与牛乳蛋白质中 κ 酪蛋白相互作用，形成弱的触变凝胶（图 2-55）。利用这个特

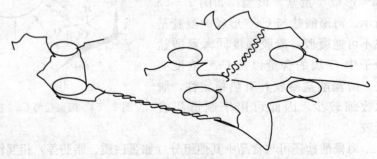

图 2-55 κ 卡拉胶与酪蛋白相互作用形成凝胶

殊性质，可以悬浮巧克力牛乳中的可可粒子，同样也可以应用于冰激凌、婴儿配方奶粉等。

卡拉胶具有熔点高的特点，但卡拉胶形成的凝胶比较硬，可以通过加入半乳甘露糖（刺槐豆胶）改变凝胶硬度，增加凝胶的弹性，代替明胶制成甜食凝胶，并能减少凝胶的脱水收缩（图 2-56）。例如卡拉胶应用于冰激凌中能提高产品的稳定性与持泡能力。为了软化凝胶结构，还可以加入一些瓜尔豆胶。卡拉胶还可与淀粉、

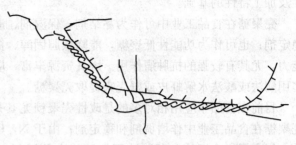

图 2-56 κ 卡拉胶与刺槐豆胶相互协同作用

半乳甘露聚糖或羧甲基纤维素复配应用于冰激凌中。如果加入 K^+ 或 Ca^{2+}，则促进卡拉胶凝胶的形成。在果汁饮料中添加 0.2% λ 卡拉胶或 κ 卡拉胶可以改进质构。κ 卡拉胶还可用于肉制品中，如将 κ 卡拉胶或 ι 卡拉胶添加到低脂肉糜制品中，可以改善口感。同时，卡拉胶也可以替代部分动物脂肪。所以卡拉胶是一种多功能的食品添加剂，起持水、持油、增稠、稳定并促进凝胶形成的作用。

卡拉胶在食品工业中的应用见表 2-10。

表 2-10 卡拉胶在食品工业中的应用

食品种类	食品产品	卡拉胶的作用
乳制品	冰激凌、奶酪	稳定剂与乳化剂
甜制品	即食布丁	稳定剂与乳化剂
饮料	甜食凝胶	胶凝剂
	低热果冻	胶凝剂
	巧克力牛乳	稳定剂与乳化剂
	咖啡中奶油的替代品	稳定剂与乳化剂
肉	低脂肉肠	胶凝剂

2.6.4 壳聚糖

壳聚糖（chitin）又称为几丁质、甲壳质、甲壳素，是一类由 N-乙酰-D-氨基葡萄糖或 D-氨基葡萄糖以 β-1,4 糖苷键连接起来的不分支的链状高分子聚合物，主要存在于甲壳类（虾、蟹等）动物的外骨骼中。在虾壳等软壳中含壳多糖 15%～30%，蟹壳等外壳中含壳多糖 15%～20%，一些霉菌细胞壁成分也含有壳多糖。其基本结构单位是壳二糖（chitobiose），如图 2-57 所示。

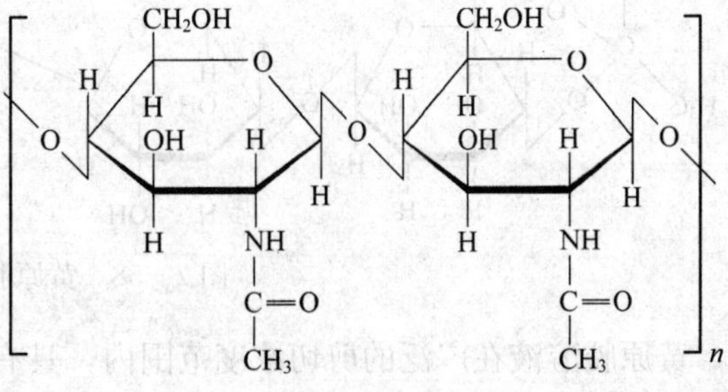

图 2-57 壳二糖的分子结构

壳多糖脱去分子中的乙酰基后，转变为壳聚糖，其溶解性增大，称为可溶性壳多糖。因其分子中带有游离氨基，在酸性溶液中易成盐，呈阳离子性质。壳聚糖随其分子中含氨基数

量的增多，其氨基特性越显著，这正是其独特性质所在，由此奠定了壳聚糖的许多生物学特性及加工特性的基础。

壳聚糖在食品工业中可作为黏结剂、保湿剂、澄清剂、填充剂、乳化剂、上光剂及增稠稳定剂；也可作为功能性低聚糖，能降低胆固醇，提高机体免疫力，增强机体的抗病抗感染能力，尤其有较强的抗肿瘤作用。因其资源丰富，应用价值高，已被大量开发使用。工业上多用酶法或酸法水解虾皮或蟹壳来提取壳聚糖。

目前在食品中应用相对多的是改性壳聚糖尤其是羧甲基化壳聚糖。其中 N，O-羧甲基壳聚糖在食品工业中作增稠剂和稳定剂；由于 N，O-羧甲基壳聚糖可与大部分有机离子及重金属离子络合沉淀，所以被用作纯化水的试剂；由于 N，O-羧甲基壳聚糖可溶于中性（pH 7）水中形成胶体溶液而具有良好的成膜性，因而被用于水果保鲜。

2.7 微生物多糖

2.7.1 黄原胶

黄原胶（xanthan gum）是一种微生物多糖，是应用较广的食品胶。它由纤维素主链和三糖侧链构成，分子结构中的重复单位是五糖，其中三糖侧链是由两个甘露糖与一个葡萄糖醛酸组成（图 2-58）。黄原胶的相对分子质量约为 $2×10^6$。黄原胶在溶液中三糖侧链与主链平行成一稳定的硬棒结构，当加热到 $100℃$ 以上时，才能转变成无规则线团结构，硬棒通过分子内缔合以螺旋形式存在并通过缠结形成网状结构。

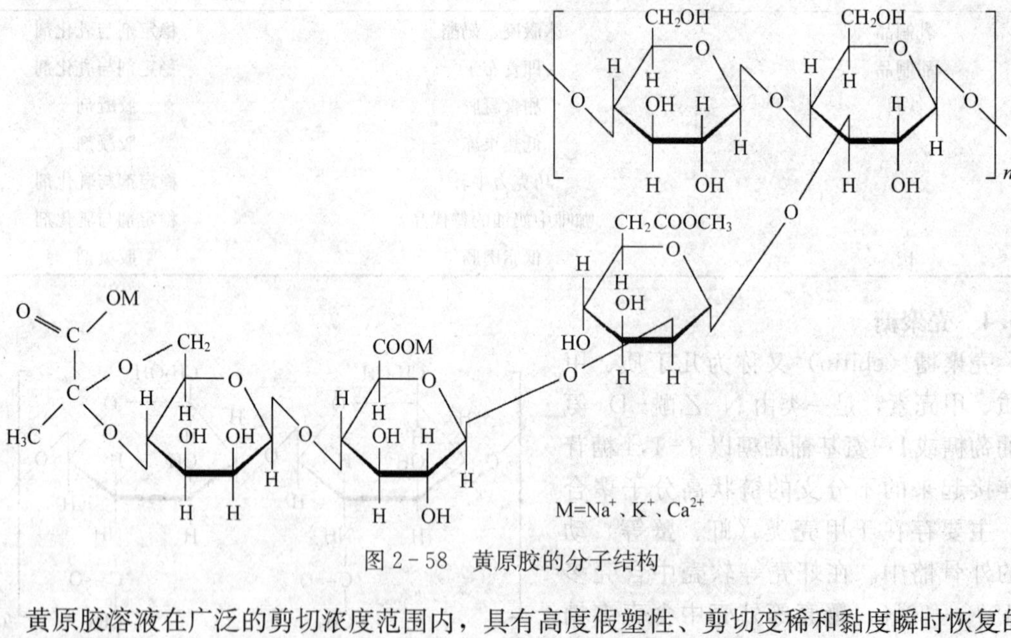

图 2-58 黄原胶的分子结构

黄原胶溶液在广泛的剪切浓度范围内，具有高度假塑性、剪切变稀和黏度瞬时恢复的特性。它独特的流动性质同其结构有关，黄原胶高聚物的天然构象是硬棒，硬棒聚集在一起，当剪切时聚集体立即分散，待剪切停止后，重新快速聚集。

黄原胶溶液在 0～100℃ 以及 pH 1～11 范围内黏度基本不变，与高盐具有相容性，这是因为黄原胶具有稳定的螺旋构象，三糖侧链具有保护主链糖苷键不产生断裂的作用，因此黄原胶的分子结构特别稳定。

黄原胶与瓜尔豆胶具有协同作用。黄原胶与刺槐豆胶相互作用形成热可逆凝胶，其胶凝机理与卡拉胶和刺槐豆胶的胶凝相同。

黄原胶在食品工业中应用广泛，这是因为它具有下列重要性质：能溶于冷水和热水；低浓度时具有高黏度；在宽广的温度范围内（0～100℃）溶液黏度基本不变；与盐有很好的相容性；在酸性食品中保持溶解与稳定；同其他胶具有协同作用，能稳定悬浊液和乳浊液；具有良好的冷冻与解冻稳定性。这些性质同其具有线性纤维素主链以及阴离子的三糖侧链的结构是分不开的。黄原胶能改善面糊与面团的加工与贮藏性能，在面糊与面团中添加黄原胶可以提高弹性与持气能力。

2.7.2 茁霉胶

茁霉胶又称为出芽短梗孢糖、茁霉多糖、普鲁兰糖（pullulan），是以麦芽三糖为重复单位，通过 α-1,6 糖苷键连接而成的多聚体。茁霉胶是由出芽短梗霉产生的一组胞外多糖，其结构见图 2-59。

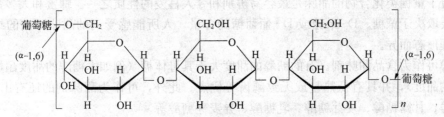

图 2-59 茁霉胶的分子结构

茁霉胶为白色粉末，无味，易溶于水，溶于水后形成黏性溶液，可作为食品增稠剂。茁霉胶酶能将它水解为麦芽三糖。用茁霉胶制成的薄膜为水溶性，不透氧气，对人体没有毒性，其强度近似尼龙，适合用于易氧化的食品和药物的包装。茁霉胶是人体利用率较低的多糖，在制备低能量食物及饮料时，可用它来代替淀粉。

2.8 食品中糖类的功能作用

2.8.1 单糖和低聚糖的功能

2.8.1.1 单糖和低聚糖的亲水功能

糖类化合物对水的亲和力是其基本的物理性质之一，因其含有许多亲水性羟基，羟基靠氢键键合与水分子相互作用，使糖及其聚合物发生溶剂化或者增溶。糖类化合物结构对水的结合速度和结合量有极大的影响（表 2-11）。

表 2-11 糖在 20℃时吸收潮湿空气中水分的含量（%）

糖	相对湿度和时间		
	60%，1h	60%，9d	100%，25d
D-葡萄糖	0.07	0.07	14.50
D-果糖	0.28	0.63	73.40
蔗糖	0.04	0.03	18.40
无水麦芽糖	0.80	7.00	18.40
无水乳糖	0.54	1.20	1.40

虽然 D-果糖和 D-葡萄糖的羟基数目相同，但 D-果糖的吸湿性比 D-葡萄糖要大得多。在 100% 相对湿度环境中，蔗糖和麦芽糖的吸收水量相同，而乳糖所能结合的水则很少。实际上，结晶很好的糖完全不吸湿，因为它们的大多数氢键键合位点已经形成了糖-糖氢键。不纯的糖或糖浆一般比纯糖吸收水分更多，速度更快，"杂质"是糖的异头物时也明显产生吸湿现象；有少量的低聚糖存在时吸湿更为明显，例如饴糖、淀粉糖浆中存在的麦芽低聚糖。杂质可干扰糖分子间的作用力，主要是妨碍糖分子间形成氢键，使糖的羟基更容易和周围的水分子发生氢键键合。

糖类化合物结合水的能力和控制食品中水的活性是最重要的功能性质之一，结合水的能力通常称为保湿性。根据这些性质可以确定不同种类食品是需要限制从外界吸入水分还是控制食品中水分的损失，如生产糖霜粉时需添加不易吸收水分的糖，生产蜜饯、焙烤食品时需添加吸湿性较强的淀粉糖浆、转化糖、糖醇等。

2.8.1.2 单糖和低聚糖的甜味

低分子量糖类化合物的甜味是最容易辨别和令人喜爱的性质之一。蜂蜜和大多数果实的甜味主要取决于蔗糖、D-果糖或 D-葡萄糖的含量。人所能感受到的甜味因糖的组成、构型和物理形态而异。

糖醇可作为食品甜味剂。有的糖醇的甜度大于其母体糖（例如木糖醇的甜度超过其母体糖木糖的甜度），并具有低热量或无致龋齿等优点。此外，可作为甜味剂的还有山梨糖醇、赤藓糖醇、甘露糖醇、麦芽糖醇、乳糖醇、异麦芽糖醇等。

自然界还存在少量有较高甜味的糖苷，如甜菊苷、甜菊双糖苷、甘草甜素等。一些多糖水解后的产物可作为甜味剂，如淀粉水解的产物淀粉糖浆、麦芽糖浆、果葡糖浆、葡萄糖等。

2.8.1.3 糖类褐变产物与食品风味

一些糖的非酶催化褐变反应除了产生深颜色类黑精色素外，还生成多种挥发性风味物，这些挥发性物质有些是需要的，有些则是不需要的，例如花生、咖啡豆在焙烤过程中产生的褐变风味。这些褐变产物除了能使食品产生风味外，它本身可能具有特殊的风味或者能增强其他风味，具有这种双重作用的焦糖化产物是麦芽酚和乙基麦芽酚。

糖类的褐变产物（如麦芽酚、异麦芽酚和 2-H-4-羟基-5-甲基-呋喃-3-酮）均具有特征的强烈焦糖气味，可以作为甜味增强剂。麦芽酚可以使蔗糖甜度的检出阈值浓度降低至正常值的一半。另外，麦芽酚还能改善食品质地并产生更可口的感觉。据报道，异麦芽酚增强甜味的效果为麦芽酚的 6 倍。

糖的热分解产物有吡喃酮、呋喃、呋喃酮、内酯、羰基化合物、酸、酯类等。这些化合物总的风味和香气特征使某些食品产生特有的香味。

羰氨褐变反应也可以形成挥发性香味剂，这些化合物主要是吡啶、吡嗪、咪唑和吡咯。葡萄糖和氨基酸的混合物（1∶1，质量比）加热至 100℃ 时，所产生的风味特征包括焦糖香味（甘氨酸）、黑麦面包香味（缬氨酸）和巧克力香味（谷氨酰胺）。胺-羰基褐变反应产生的特征香味随着温度改变而变化，如缬氨酸加热到 100℃ 时可以产生黑麦面包风味，而当温度升高至 180℃，则有巧克力风味。脯氨酸在 100℃ 时可产生烤焦的蛋白质香气，加热至 180℃ 则散发出令人有愉快感觉的烤面包香味。组氨酸在 100℃ 时无香味产生，加热至 180℃ 时则有如同玉米面包、奶油或类似焦糖的香味。含硫氨基酸和 D-葡萄糖一起加热可产生不同于其他氨基酸加热时形成的香味。例如甲硫氨酸和 D-葡萄糖在温度 100 ℃和 180 ℃反应可产生马铃薯香味，盐酸半胱氨酸和 D-葡萄糖反应形成类似肉、硫黄的香气，胱氨酸和 D-葡萄糖反应所产生的香味很像烤焦的火鸡皮的气味。褐变能产生风味物质，但是食品中产生的挥发性和刺激性产物的含量应限制在能为消费者所接受的水平，因为过度增加食品香味会使人产生厌恶感。

2.8.1.4 单糖和低聚糖的风味结合功能

很多食品，特别是喷雾或冷冻干燥脱水的食品，糖类在这些脱水过程中对于保持食品的色泽和挥发性风味成分起着重要作用，它可以使糖-水的相互作用转变成糖-风味剂的相互作用。

$$糖-水＋风味剂 \longrightarrow 糖-风味剂＋水$$

食品中的二糖比单糖能更有效地保留挥发性风味成分，这些风味成分包括多种羰基化合物（醛或酮）和羧酸衍生物（主要是酯类），二糖的分子质量较大的低聚糖是有效的风味结合剂。环状糊精（又名沙丁格糊精）因能形成包合结构，所以能有效地截留风味剂和其他小分子化合物。

大分子糖类化合物是一类很好的风味固定剂，应用最普遍和最广泛的是阿拉伯胶。阿拉伯胶在风味物颗粒的周围形成一层厚膜，从而可以防止水分的吸收、蒸发和化学氧化造成的损失。阿拉伯胶和明胶的混合物用于微胶囊技术，是食品风味固定方法的一项重大进展。阿拉伯胶还用作柠檬、甜橙、可乐等的乳浊液的风味乳化剂。

2.8.1.5 单糖和低聚糖的有益菌增殖作用

一些低聚糖，如低聚果糖、低聚木糖、大豆低聚糖、低聚异麦芽糖、低聚半乳糖等具有促进人体有益菌增殖的作用。人体试验表明，摄入低聚糖可促进双歧杆菌增殖，从而抑制有害细菌［如产气荚膜梭状芽孢杆菌（*Clostridium perfringens*）］的生长。每天摄入 2～10 g 低聚糖持续数周后，肠道内的双歧杆菌活菌数平均增加 7.5 倍，而产气荚膜梭状芽孢杆菌总数减少了 81%。

双歧杆菌发酵低聚糖产生短链脂肪酸和一些抗生素物质，从而可抑制外源致病菌和肠内固有腐败细菌的生长繁殖。双歧杆菌素（bifidin）是由两歧双歧杆菌产生的一种抗生素物质，它能非常有效地抑制志贺氏杆菌、沙门氏菌、金黄色葡萄球菌、大肠杆菌和其他一些微生物，进而改善了人体肠道的微生态平衡。

2.8.2 多糖的功能

2.8.2.1 多糖溶液的增稠与稳定作用

多糖（亲水胶体或胶）主要具有增稠和胶凝的功能，还能控制流体食品与饮料的流动性质与质构以及改变半固体食品的变形性等。在食品生产中，一般使用 0.25%～0.5%浓度的胶即能产生极大的黏度甚至形成凝胶。

高聚物溶液的黏度同分子的大小、形状及其在溶剂中的构象有关。在食品和饮料中，多糖的溶剂是含有其他溶质的水溶液。一般多糖分子在溶液中呈无序的无规线团状态，但是大多数多糖的状态与严格的无规线团存在偏差，它们形成紧密的线团；线团的性质同单糖的组成与连接有关，有些是紧密的，有些是松散的。

溶液中线性高聚物分子旋转时占有很大空间，分子间彼此碰撞频率高，产生摩擦，因而具有很高黏度。线性高聚物溶液黏度很高，甚至当浓度很低时，其溶液的黏度仍很高。黏度同高聚物的分子质量大小、溶剂化高聚物链的形状及柔顺性有关。高度支链的多糖分子比具有相同分子质量的直链多糖分子占有的体积小得多，因而相互碰撞频率也低，溶液的黏度也比较低。

对于带一种电荷的直链多糖（一般是带负电荷，它由羧基或硫酸半酯基电离而得），由于同种电荷相互排斥，使溶液的黏度大大提高。一般情况下，不带电的直链均匀多糖分子倾向于缔合和形成部分结晶。这是因为不带电的直链多糖分子通过加热溶于水中形成了不稳定的分子分散体系，它会非常快地出现沉淀或胶凝。此过程的主要机理是不带电的多糖分子链段相互碰撞形成分子间键，因而分子间产生缔合，在重力作用下产生沉淀或形成部分结晶。

亲水胶体溶液的流动性质同水合分子的大小、形状、柔顺性、所带电荷的多少有关。多糖溶液一般具有两类流动性质，一类是假塑性，一类是触变性。假塑性流体是剪切变稀，随剪切速率增高，黏度快速下降；流动越快，则黏度越小，流动速率随着外力增加而增加。黏度变化与时间无关。线性高聚物分子溶液一般是假塑性的。一般来说分子质量越高的胶，假塑性越大。假塑性大的称为短流，其口感是不黏的；假塑性小的称为长流，其口感是黏稠的。

触变性也是剪切变稀，随着流动速率增加，黏度降低不是瞬时发生的，在恒定的剪切速率下，黏度降低与时间有关。剪切停止后，需要一定的时间才能恢复到原有黏度，触变性溶液在静止时显示出弱凝胶结构。

2.8.2.2 多糖的胶凝作用

多糖亲水胶体具有多功能用途，除了可以作胶凝剂外，还可以作增稠剂、澄清剂、结晶抑制剂、成膜剂、絮凝剂、泡沫稳定剂、缓释剂、悬浮稳定剂、吸水膨胀剂、乳浊液稳定剂、胶囊剂等。

2.8.2.3 膳食纤维

膳食纤维（dietary fibre）是指不被人体消化吸收的多糖和木质素，并且通常将膳食中那些不被消化吸收的、含量较少的成分（如糖蛋白、角质、蜡、多酚酯等）也包括于膳食纤维范围内。膳食纤维的化学组成包括 3 大部分：a. 纤维状糖类——纤维素；b. 基料糖类——果胶、果胶类化合物和半纤维素等；c. 填充类化合物——木质素。

从具体组成成分上来看，膳食纤维包括阿拉伯半乳聚糖、阿拉伯聚糖、半乳聚糖、半乳聚糖醛酸、阿拉伯木聚糖、木糖葡聚糖、糖蛋白、纤维素、木质素等。其中部分成分能够溶解于水中，称为水溶性膳食纤维，其余的称为不溶性膳食纤维。各种不同来源的膳食纤维制品，其化学成分的组成与含量各不相同。

膳食纤维的物化特性主要为：a. 很高的持水力；b. 对阳离子有结合和交换能力；c. 对有机化合物有吸附螯合作用；d. 具有类似填充剂的容积；e. 可改善肠道系统中的微生物群组成。

膳食纤维的生理功能有：a. 预防结肠癌与便秘；b. 降低血清胆固醇，预防由冠状动脉硬化引起的心脏病；c. 改善末梢神经对胰岛素的感受性，调节糖尿病人的血糖水平；d. 改变食物消化过程，增加饱腹感；e. 预防肥胖症和胆结石，减少乳腺癌的发生率等。

国外业已研究开发的膳食纤维共 6 大类 30 余种，包括：a. 谷物纤维；b. 豆类种子与种皮纤维；c. 水果蔬菜纤维；d. 其他天然合成纤维；e. 微生物纤维；f. 合成、半合成纤维。

复习思考题

1. 简述单糖的结构和理化性质。
2. 阐述两种常见二糖的结构和性质。
3. 简述几种具有保健作用的低聚糖的结构特点和功能性。
4. 简述多糖的结构和功能的关系。
5. 比较单糖与多糖在性质上的异同点。
6. 阐述常见改性淀粉的种类和应用。
7. 阐述改性纤维素的种类及其在食品中的应用。
8. 阐述美拉德反应的机理及影响美拉德反应的因素。
9. 简述糖苷的结构和性质。
10. 简述果胶的性能及其凝胶形成的机理。
11. 阐述阿拉伯胶、瓜尔豆胶、海藻胶结构和性质的异同。
12. 阐述食品中糖类的功能。

第3章 脂 质

脂质（lipid）是一类含有醇酸酯化结构，溶于有机溶剂而不溶于水的天然有机化合物。分布于天然动植物体内的脂质主要为三酰基甘油酯（占 99% 左右），俗称为油脂或脂肪。一般室温下呈液态的称为油（oil），呈固态的称为脂（fat），油和脂在化学上没有本质区别。

在植物组织中脂质主要存在于种子或果仁中，在根、茎、叶中含量较少。动物体中的脂质主要存在于皮下组织、腹腔、肝和肌肉内的结缔组织中。许多微生物细胞中也能积累脂肪。目前，人类食用和工业用的脂质主要来源于植物和动物。

人类可食用的脂质，是食品的重要组成成分和人类的营养成分，是一类高热量化合物，每克油脂能产生 39.58kJ 的热量，该值远大于等量蛋白质或淀粉所产生的热量。油脂还能提供给人体必需的脂肪酸（亚油酸、亚麻酸和花生四烯酸）；是脂溶性维生素（A、D、K 和 E）的载体；并能溶解风味物质，赋予食品良好的风味和口感。但是过多摄入油脂对人体产生的不利影响，也是近几十年来争论的焦点。

食用油脂所具有的物理性质和化学性质，对食品的品质有十分重要的影响。油脂在食品加工时，如用作热媒介质（煎炸食品、干燥食品等）不仅可以脱水，还可产生特有的香气；如用作赋型剂可用于蛋糕、巧克力或其他食品的造型。但含油食品在贮存过程中极易氧化，为食品的贮藏带来诸多不利因素。

3.1 脂质的组成与分类

3.1.1 脂质的分类

脂质按其结构和组成可分为简单脂质（simple lipid）、复合脂质（complex lipid）和衍生脂质（derivative lipid）（表 3-1）。天然脂质中最丰富的一类是酰基甘油类，广泛分布于动植物的脂质组织中。

表 3-1 脂质的分类

主类	亚类	组成
简单脂质	酰基甘油	甘油＋脂肪酸
	蜡	长链脂肪醇＋长链脂肪酸
复合脂质	磷酸酰基甘油	甘油＋脂肪酸＋磷酸盐＋含氮基团
	鞘磷脂类	鞘氨醇＋脂肪酸＋磷酸盐＋胆碱
	脑苷脂类	鞘氨醇＋脂肪酸＋糖
	神经节苷脂类	鞘氨醇＋脂肪酸＋糖类
衍生脂质		类胡萝卜、类固醇、脂溶性维生素等

3.1.2 脂质的主要组成成分

3.1.2.1 甘油

甘油（图3-1）的又名丙三醇，是最简单的一种三元醇，它是多种脂类的固定构成成分。甘油的各种化学性质来自于它的3个醇羟基，按序称为①、②、③或 α、β、α' 位羟基。甘油与有机酸或无机酸发生酯化反应，构成多种脂类物质；同一种酸与不同位置的甘油羟基发生酯化反应形成的脂，其理化性质略有差别。

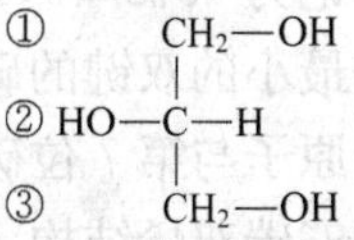

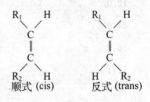

图3-1 甘油的结构

3.1.2.2 脂肪酸

(1) 脂肪酸的结构 脂肪酸按其碳链长短可分为长链脂肪酸（含碳14个以上）、中链脂肪酸（含6~12个碳）和短链（含碳5个以下）脂肪酸，按其饱和程度可分为饱和脂肪酸（saturated fatty acid，SFA）和不饱和脂肪酸（unsaturated fatty acid，USFA）。食物中的脂肪酸以链长18个碳的为主。脂肪酸的饱和程度越高，碳链越长，其熔点越高。动物脂肪中含饱和脂肪酸多，故常温下是固态；植物油脂中含不饱和脂肪酸较多，故常温下呈现液态。棕榈油和可可籽油虽然含饱和脂肪酸较多，但因碳链较短，故其熔点低于大多数动物脂肪。

① 饱和脂肪酸 脂肪酸属于羧酸类化合物，碳链中不含双键的为饱和脂肪酸。天然食用油脂中存在的饱和脂肪酸主要是长链（含碳数多于14）、直链、偶数碳原子的脂肪酸，含奇数碳原子链或具支链的极少，而短链脂肪酸在乳脂中有一定量的存在。

② 不饱和脂肪酸 天然食用油脂中存在的不饱和脂肪酸常含有一个或多个烯丙基（ $-CH=CH-CH_2-$ ）结构，两个双键之间夹有一个亚甲基。不饱和脂肪酸根据所含双键的多少又分为单不饱和脂肪酸（monounsaturated fatty acid，MUSFA），其碳链中只含1个不饱和双键；和多不饱和脂肪酸（polyunsaturated fatty acid，PUSFA），其碳链中含有2个以上双键。

不饱和脂肪酸由于双键两边碳原子上相连的原子或原子团在空间排列方式不同，有顺式脂肪酸（cis-fatty acid）和反式脂肪酸（trans-fatty acid）之分（图3-2），脂肪酸的顺式与反式异构体的物理性质与化学特性都有差别，如顺油酸的熔点为13.4℃，而反油酸的熔点为46.5℃。天然脂肪酸仅极少数为反式结构，而大多数都是顺式结构。在油脂加工和贮藏过程中，部分顺式脂肪酸会转变为反式脂肪酸。多不饱和脂肪酸有共轭和非共轭之分，天然脂肪中以非共轭脂肪酸为多，共轭的较少。

图3-2 脂肪酸的顺反结构

在天然脂肪酸中，还含有其他官能团的特殊脂肪酸，如羟基酸、酮基酸、环氧基酸、最近几年新发现的含杂环基团（呋喃环）的脂肪酸等，它们仅存在于个别油脂中。

(2) 脂肪酸的命名 脂肪酸的命名（nomenclature）主要有以下几种方法。

① 系统命名法 系统命名法选择含羧基和双键的最长碳链为主链，从羧基端开始编号，并标出不饱和键的位置，例如亚油酸 $CH_3(CH_2)_4CH=CHCH_2CH=CH(CH_2)_7COOH$ 的系统名称为9,12-十八碳二烯酸。

② 数字缩写命名法 数字缩写命名法的格式为"碳原子数：双键数（双键位）"，例如 $CH_3CH_2CH_2CH_2CH_2CH_2CH_2CH_2CH_2COOH$ 可缩写为10:0，$CH_3(CH_2)_4CH=CHCH_2CH=CH(CH_2)_7COOH$ 可缩写为18:2或18:2（9,12）。

双键位的标注有两种表示法，其一是从羧基端开始记数，例如9,12-十八碳二烯酸两个双键分别位于第9位碳原子与第10位碳原子之间和第12位碳原子与第13位碳原子之间，可记为18:2（9,12）；其二是从甲基端开始编号记作"n-数字"或"ω-数字"，该数字为编号最小的双键的碳原子位次，如9,12-十八碳二烯酸从甲基端开始数第一个双键位于第6位碳原子与第7位碳原子之间，可记为18:2（n-6）或18:2ω6。但此法仅用于顺式双键结构和五碳双烯结构，即具有非共轭双键结构，其他结构的脂肪酸不能用n法或ω法表示。因为非共轭双键结构的第一个双键定位后，其余双键的位置也随之而定，只需标出第一个双键碳原子的位置即可。有时还需标出双键的顺反结构及位置，c表示顺式，t表示反式，位置从羧基端编号，如5t,9c-18:2。

③ **俗名或普通名** 许多脂肪酸最初是从天然产物中得到的，故常常根据其来源命名，例如月桂酸（12:0）、肉豆蔻酸（14:0）、棕榈酸（16:0）等。

④ **英文缩写** 用英文缩写符号代表酸的名字，例如月桂酸为La、肉豆蔻酸为M、棕榈酸为P等。

一些常见脂肪酸的命名见表3-2。

表3-2 一些常见脂肪酸的名称和代号

数字缩写	系统名称	俗名或普通名	英文缩写
4:0	丁酸	酪酸（butyric acid）	B
6:0	己酸	己酸（caproic acid）	H
8:0	辛酸	辛酸（caprylic acid）	Oc
10:0	癸酸	癸酸（capric acid）	D
12:0	十二酸	月桂酸（lauric acid）	La
14:0	十四酸	肉豆蔻酸（myristic acid）	M
16:0	十六酸	棕榈酸（palmitic acid）	P
16:1	9-十六烯酸	棕榈油酸（palmitoleic acid）	Po
18:0	十八酸	硬脂酸（stearic acid）	St
18:1（n-9）	9-十八碳一烯酸	油酸（oleic acid）	O
18:2（n-6）	9,12-十八碳二烯酸	亚油酸（linoleic acid）	L
18:3（n-3）	9,12,15-十八碳三烯酸	α-亚麻酸（linolenic acid）	α-Ln,SA
18:3（n-6）	6,9,12-十八碳三烯酸	γ-亚麻酸（linolenic acid）	γ-Ln,GLA
20:0	二十酸	花生酸（arachidic acid）	Ad
20:3（n-6）	8,11,14-二十碳三烯酸	DH-γ-亚麻酸（linolenic acid）	DGLA
20:4（n-6）	5,8,11,14-二十碳四烯酸	花生四烯酸（arachidonic acid）	An
20:5（n-3）	5,8,11,14,17-二十碳五烯酸	EPA（eciosapentanoic acid）	EPA
22:1（n-9）	13-二十二烯酸	芥酸（erucic acid）	E
22:5（n-3）	7,10,13,16,19-二十二碳五烯酸	—	—
22:6（n-3）	4,7,10,13,16,19-二十二碳六烯酸	DHA（docosahexanoic acid）	DHA

3.1.3　三酰基甘油的结构和分类

天然脂肪是甘油与脂肪酸的一酯、二酯和三酯，分别称为一酰基甘油、二酰基甘油和三酰基甘油。食用油脂中最丰富的是三酰基甘油类，它是动物脂肪和植物油的主要组成。

3.1.3.1　酰基甘油的结构

中性的酰基甘油是由 1 分子甘油与 3 分子脂肪酸酯化而成（图 3-3）。

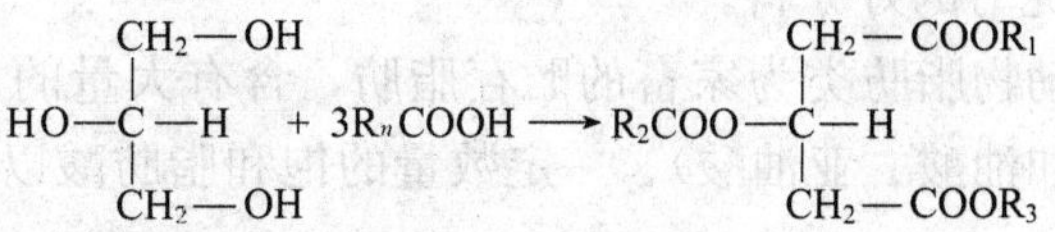

$$\begin{array}{ccc} CH_2\!-\!OH & & CH_2\!-\!COOR_1 \\ | & & | \\ HO\!-\!C\!-\!H \quad +\,3R_n COOH \longrightarrow & R_2 COO\!-\!C\!-\!H \\ | & & | \\ CH_2\!-\!OH & & CH_2\!-\!COOR_3 \end{array}$$

图 3-3　生成酰基甘油酯的反应

如果 R_1、R_2 和 R_3 相同则称为单纯甘油酯，橄榄油中有 70% 以上的三油酸甘油酯；当 R_n 不完全相同时，则称为混合甘油酯，天然油脂多为混合甘油酯。当 R_1 和 R_3 不同时，则 C_2 原子具有手性，且天然油脂多为 L 型。

3.1.3.2　三酰基甘油的命名

三酰基甘油的命名通常按赫尔斯曼（Hirschman）提出的立体有择位次编排命名法（stereospecific numbering，Sn）命名，规定甘油的费歇尔平面投影式第二个碳原子的羟基位于左边（图 3-4），并从上到下将甘油的 3 个羟基定位为 Sn-1、Sn-2 和 Sn-3。如图 3-5 的分子结构式，可命名为 Sn-甘油-1-硬脂酸-2-油酸-3-肉豆蔻酸酯，或采用脂肪酸的代号记为 Sn-StOM，或用脂肪酸的缩写法记为 Sn-18:0-18:1-14:0。

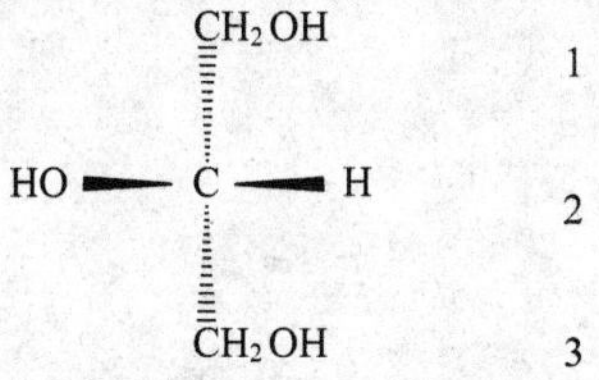

$$\begin{array}{cc} CH_2OH & \\ | & 1 \\ HO\!-\!C\!-\!H & 2 \\ | & \\ CH_2OH & 3 \end{array} \qquad\qquad \begin{array}{c} CH_2OOC(CH_2)_{16}CH_3 \\ | \\ CH_3(CH_2)_7 CH\!=\!CH(CH_2)_7 COO\!-\!C\!-\!H \\ | \\ CH_2OOC(CH_2)_{12}CH_3 \end{array}$$

图 3-4　甘油的费歇尔平面投影 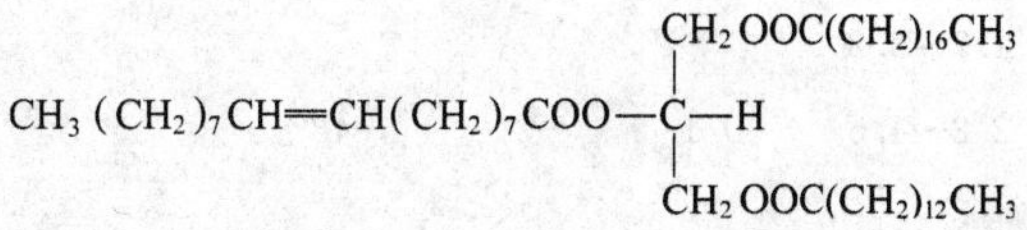　　　　　　图 3-5　一种三酰基甘油

采用 Sn 命名法，可把复杂的酰基甘油酯分子进行简单明了的记录，有益于油脂的科学研究，如对油脂旋光性研究，可很容易看出 Sn-StOM 与 Sn-MOSt 是一对 1 位上硬脂酸与 3 位上的肉豆蔻酸相互换位的旋光异构体，如果二者分子数相等，该对分子是相互消旋的，也叫外消旋，可记为 rac-StOM；相反如果二者分子数不相等，说明不能消旋，则记为 β-StOM。在油脂的组成与结构研究中还可采用很多基于 Sn 命名系统的简化方式，如 Sn-SSS、Sn-UUU 分别表示的是三饱和脂肪酸甘油酯与三不饱和脂肪酸甘油酯。

3.1.3.3　三酰基甘油的分类

根据三酰基甘油的来源和脂肪酸组成，常见油脂分为以下 7 类。

(1) 油酸-亚油酸类　这类油脂来自植物，含有大量的油酸和亚油酸，以及含量低于 20% 的饱和脂肪酸，如棉籽油、玉米油、花生油、向日葵油、红花油、橄榄油、棕榈油和麻油。

(2) 亚麻酸类　例如豆油、麦胚油、大麻籽油、紫苏籽油等，亚麻酸含量相对较高，由于亚麻酸易氧化，该类油不易贮藏。

(3) 月桂酸类 如椰子油和巴巴苏棕榈油,含有 $40\%\sim50\%$ 的月桂酸、中等含量的 C_6、C_8、C_{10} 脂肪酸,以及较低含量的不饱和脂肪酸。这类油脂熔点较低,多用于其他工业,很少食用。

(4) 植物脂类 植物脂类一般为热带植物种子油,饱和脂肪酸和不饱和脂肪酸的含量比约为 2:1,三酰基甘油中不存在三饱和脂肪酸酯。该类脂熔点较高,但熔点范围较窄($32\sim36$℃),是制取巧克力的好原料。

(5) 动物脂肪类 动物脂肪类为家畜的贮存脂肪,含有大量的 C_{16} 和 C_{18} 脂肪酸、中等含量的不饱和脂肪酸(如油酸、亚油酸)、一定数量的饱和脂肪酸以及少数的奇数酸。这类油脂熔点较高。

(6) 乳脂类 乳脂类含有大量的棕榈酸、油酸和硬脂酸,一定数量的 C_4 至 C_{12} 短链脂肪酸,少量的支链脂肪酸和奇数脂肪酸,该类脂具有较重的气味。

(7) 海生动物油类 海生动物油类含有大量的长链多不饱和脂肪酸,双键数目可多达 6,含有丰富的维生素 A 和维生素 D。由于它们的高度不饱和性,所以比其他动物脂肪和植物脂更易氧化。

常见食用油脂中脂肪酸的组成见表 3-3。

表 3-3 常见食用油脂中脂肪酸的组成（％）

	乳脂	猪脂	可可脂	椰子油	棕榈油	棉籽油	花生油	芝麻油	豆油	鳕鱼肝油
乳酸	2.8~4.0									
6:0	1.4~3.0									
8:0	0.5~1.7									
10:0	1.7~3.2									
12:0	2.2~4.5		0.1	48						
12:1										
14:0	5.4~14.6	1		17	0.5~6	0.5~1.5	0~1			2.4
14:1	0.6~1.6	0.3								
15:0		0.5								0.2
16:0	26~41	26~32	24	9	32~45	20~23	6~9	7~9	8	11.9
16:1	2.8~5.7	2~5				0~1.7				7.8
17:0										0.5
18:0	6.1~11.2	12~16	35	2	2~7	1~3	3~6	4~55	4	2.8
18:1	18.7~33.4	41~51	38	7	38~52	23~35	53~71	37~49	28	26.3
18:2	0.9~3.7	3~14	2.1		5~11	42~54	13~27	35~47	53	1.5
18:3		0~1							6	0.6
18:4										1.3
20:0						0.2~1.5	2~4			
20:1										10.9
20:2										

（续）

	乳脂	猪脂	可可脂	椰子油	棕榈油	棉籽油	花生油	芝麻油	豆油	鳕鱼肝油
20:4		0～1								1.5
20:5										6.2
22:0							1～3			
22:1										6.9
22:4										
22:5										1.4
22:6										12.4

3.1.4　具有保健作用的脂质

3.1.4.1　多不饱和脂肪酸

（1）多不饱和脂肪酸概述　多不饱和脂肪酸一般是指含两个或两个以上双键、碳链长度在 18 个碳原子以上的脂肪酸，目前认为营养上最具价值的脂肪酸有两类，它们是：a. n-6（或 ω6）系列不饱和脂肪酸，即从甲基端数，第一个双键在碳原子第 6 位和第 7 位碳原子之间的各种不饱和脂肪酸，主要包括亚油酸、γ-亚麻酸、DH-γ-亚麻酸、花生四烯酸。b. n-3（或 ω3）系列不饱和脂肪酸，即从甲基端数，第 1 个不饱和键在第 3 位碳原子和第 4 位碳原子之间的各种不饱和脂肪酸，主要包括 α-亚麻酸、二十二碳六烯酸（DHA）和二十碳五烯酸（EPA）。它们除了提供给人体必需脂肪酸外，还对人体具有重要的生理功能作用。

必需脂肪酸（essential fatty acid，EFA）是指人体不可缺少而自身又不能合成的一些脂肪酸，n-6 系列中的亚油酸和 n-3 系列中的 α-亚麻酸是人体必需的两种脂肪酸。事实上，n-6 和 n-3 系列中许多脂肪酸如花生四烯酸、二十二碳六烯酸（DHA）、二十碳五烯酸（EPA）等都是人体不可缺少的必需脂肪酸，虽然人体可以利用亚油酸和 α-亚麻酸来合成这些脂肪酸，图 3-6 和图 3-7 表示的即是以亚油酸和 α-亚麻酸在体内转化合成 n-6 系列和 n-3 系列脂肪酸的过程，但由于机体在利用这两种必需脂肪酸合成同系列的其他多不饱和脂肪酸时均使用相同的酶，故由于竞争抑制作用，使体内合成速度较为缓慢，因此直接从食物中获取这些脂肪酸是最有效的途径。

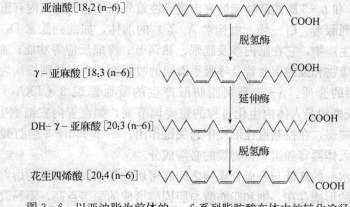

图 3-6　以亚油脂为前体的 n-6 系列脂肪酸在体内的转化途径

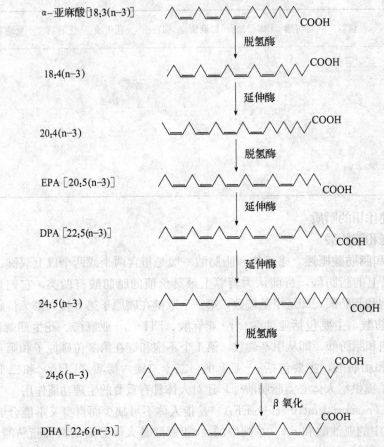

α-亚麻酸[18:3(n-3)]

↓ 脱氢酶

18:4(n-3)

↓ 延伸酶

20:4(n-3)

↓ 脱氢酶

EPA[20:5(n-3)]

↓ 延伸酶

DPA[22:5(n-3)]

↓ 延伸酶

24:5(n-3)

↓ 脱氢酶

24:6(n-3)

↓ β氧化

DHA[22:6(n-3)]

图 3-7 以 α-亚麻酸为前体的 n-3 系列脂肪酸在体内的转化途径

此外，值得注意的是，上述这些脂肪酸均是全顺式多烯酸，反式异构体起不到必需脂肪酸的生理作用。必需脂肪酸若缺乏，可引起生长迟缓、生殖障碍、皮肤损伤（出现皮疹等）以及肾脏、肝脏、神经和视觉方面的多种疾病。在临床上常使用血浆和组织中 20：3 (n-9)与 20：4 (n-6)的比值作为衡量必需脂肪酸是否缺乏，另外，当单烯脂肪酸/二烯脂肪酸比值超过 1.5 时也被认为是必需脂肪酸缺乏的标志。

目前认为 n-6 和 n-3 脂肪酸功能的突出重要性首先在于它们是体内有重要代谢功能的类二十烷酸（如前列腺素、白三烯、血栓素 A_2 等）的前体，如前列腺素 D_2 是花生四烯酸在脑中的主要代谢生产物，它在脑内涉及睡眠、热调节、疼痛反应等功能；血栓素 A_2 是一种强的促血小板聚集物和强的促血管及呼吸平滑肌的收缩剂；白三烯则被认为可能是炎性过程和免疫调节作用的介质。n-3 系列脂肪酸产生的凝血恶烷 3（TXA_3）、前列环素 3（PGI_3）等类二十烷酸也是人体内生化过程的重要调节剂，如血管内皮细胞生成的 PGI_3 可使血小板聚集作用减弱，在控制血栓形成中起关键作用。n-6 和 n-3 脂肪酸的另一突出重要性在于，它们是人体器官和组织生物膜的必需成分。

血清中胆固醇水平的高低与心血管疾病之间有密切的联系。胆固醇的熔点较高，在血清中主要以脂肪酸酯的形式存在。饱和脂肪酸与胆固醇形成的酯熔点高，不易乳化也不易在动脉血管中流动，因而较易形成沉淀物沉积在动脉血管壁上，久而久之就发展为动脉粥样硬化症。人体内存在的两类主要脂蛋白是低密度脂蛋白（low density lipoprotein，LDL）和高密度脂蛋白（high density lipoprotein，HDL）。业已证实，低密度脂蛋白是所有血浆脂蛋白中首要的致动脉硬化性脂蛋白，粥样斑块中的胆固醇来自血液循环中的低密度脂蛋白。而高密度脂蛋白则具有胆固醇逆转作用，即将组织中多余的胆固醇直接地或间接地转运给肝脏组织，再转化为胆汁酸或直接通过胆汁从肠道排出，所以高密度脂蛋白是一种抗动脉粥样硬化的血浆脂蛋白，俗称血管清道夫。像高密度脂蛋白一样具有降血脂作用的还包括 n−3 和 n−6 系列的其他多不饱和脂肪酸［如二十碳五烯酸（EPA）、二十二碳六烯酸（DHA）等］。这些脂肪酸与胆固醇形成的脂熔点较低，易于乳化、输送和代谢，因此不易在动脉血管壁上沉积。大量的研究证实，用富含多不饱和脂肪酸的油脂代替膳食中富含饱和脂肪酸的动物脂肪，可明显降低血清胆固醇水平。此外，这些多不饱和脂肪酸分子本身还在人体其他许多正常生理过程中起着特殊作用。

（2）n−6 系列脂肪酸

① 亚油酸　亚油酸是分布最广的一种多不饱和脂肪酸。常见植物油中亚油酸的含量为：红花籽油 75％、月见草油 70％、葵花籽油 60％、大豆油 50％、玉米胚芽油 50％、小麦胚芽油 50％、棉籽油 45％、芝麻油 45％、米糠油 35％、花生油 25％、辣椒籽油 72％。

亚油酸的重要性在于与其他 n−6 系列脂肪酸和 n−3 系列脂肪酸一样，有助于生长、发育及妊娠。特别是皮肤和肾的完整性只依赖于 n−6 脂肪酸，在此系列中以亚油酸最为有效。

亚油酸是合成前列腺素的前体。前列腺素（prostaglandin）存在于许多器官中，有多种多样的生理功能，如使血管扩张和收缩、传导神经刺激、作用于肾脏影响水的排泄，奶中的前列腺素可以防止婴儿消化道损伤等。

亚油酸还与胆固醇的代谢有关。体内大约 70％的胆固醇与脂肪酸成酯，亚油酸与胆固醇形成亚油酸胆固醇酯后即将胆固醇运往肝脏，然后代谢分解。

归纳起来，亚油酸的主要生理功能为：a. 降低血清胆固醇；b. 维持细胞膜功能；c. 作为某些生理调节物质（如前列腺素）的前体物；d. 保护皮肤免受射线损伤。

② 花生四烯酸和 DH−γ−亚麻酸

A. 花生四烯酸：花生四烯酸（arachidonic acid，ARA）主要存在于花生油中，在牛乳脂、猪脂肪、牛脂肪等动物中性脂肪及蛋黄、动物内脏中均有存在。它和亚油酸一样，除了是构成细胞膜结构脂质必需成分和类二十烷酸前体外，还是神经组织和脑中占绝对优势的多不饱和脂肪酸。从妊娠的第 3 个月到约 2 岁婴儿的生命成长发育中，花生四烯酸在大脑内快速积累，在细胞分裂和信号传递方面起着重要作用。在一些抗肿瘤动物试验中，已证明花生四烯酸在体外能显著杀灭肿瘤细胞。近来发现的 1−邻−烷基−花生四烯酰磷脂酰胆碱是血小板活化因子的前体，这就解释了动物缺乏花生四烯酸时表现出的血小板异常症状。此外，花生四烯酸和二十二碳六烯酸（DHA）一起对维持视网膜的正常功能起决定作用。

B. DH−γ−亚麻酸：DH−γ−亚麻酸是前列腺素 E_1（PGE_1）的前体，是最早被发现的类二十烷酸系列物质之一，它具有扩张血管的功能，这对血压的调节是很重要的。至于对它的其他生理功能的探讨，均归入 n−6 类多不饱和脂肪酸共性之列，并与亚油酸、γ−亚麻酸的一些功能联系在一起。

③ γ−亚麻酸　γ−亚麻酸是 α−亚麻酸的同分异构体，在月见草油中含 3％～15％，玻璃苣油中含 15％～25％，在黑加仑的种子中含量为 15％～20％。此外，母乳、螺旋藻中也含

有较多的 γ-亚麻酸。

γ-亚麻酸的主要生理功能为：a. γ-亚麻酸作为体内 n-6 系列脂肪酸代谢的中间产物，转换成花生四烯酸及 DH-γ-亚麻酸比亚油酸更快。b. γ-亚麻酸在体内转变成具有扩张血管作用的前列腺环素（PGI_2），保持与血栓素 A_2（TXA_2）平衡而防止血栓形成，从而起到防治心血管疾病的作用，而且临床上表明具有降血脂作用。c. γ-亚麻酸作为合成前列腺素的前体物质。γ-亚麻酸在增碳酶和脱氢酶的作用下，能合成前列腺素 E_1 和前列腺素 E_2，而前列腺素调控多种生理过程，例如扩张血管、抑制血液凝固、调节体内胆固醇的合成与代谢、增强免疫功能、降低血清胆固醇等。除前列腺素的降压作用外，γ-亚麻酸还具有升高高密度脂蛋白（HDL）、降低低密度脂蛋白（LDL）的作用，从而防止胆固醇在血管壁上的沉积。d. γ-亚麻酸还可刺激色脂肪组织中线粒体活性，使机体内过多热量得以释放以防止肥胖发生，并且可减轻机体内细胞膜脂质过氧化损害。e. 含 γ-亚麻酸的磷脂可增强流动性和细胞膜受体对胰岛素的敏感性，增强胰岛 β 细胞分泌胰岛素的作用，恢复糖尿，端正患者被损伤的神经细胞功能。f. γ-亚麻酸是细胞膜的重要化学组成之一。g. γ-亚麻酸可减轻过敏性皮炎的症状。

(3) n-3 系列脂肪酸

① α-亚麻酸　通常所说的亚麻酸指的就是 α-亚麻酸，其存在于许多植物油中，如亚麻籽油含 45%～60%，苏籽油含 63%，大麻籽油含 35%～40%。动物油脂中通常 α-亚麻酸含量低于 1%，只有马脂例外，高达 15% 左右。

α-亚麻酸最主要的生理功能，首先在于它是 n-3 系列多不饱和脂肪酸的母体，在体内代谢可生成二十碳五烯酸（EPA）、二十二碳六烯酸（DHA）；其次表现在对心血管疾病的防治上，α-亚麻酸能明显降低血清中总胆固醇和低密度脂蛋白胆固醇水平。α-亚麻酸的另一重要功能是：增强机体免疫效应。许多动物试验结果表明，α-亚麻酸对乳腺癌、肺癌有一定抑制作用。

② 二十二碳六烯酸和二十碳五烯酸　二十碳五烯酸主要存在于鳕鱼肝中，其他海水动物脂肪、淡水鱼油及甲壳类动物油脂中也有存在。而二十二碳六烯酸则主要存在于沙丁鱼、鳕鱼、跳鱼鱼肝油或鱼油中，其他鱼油中含量较少。

在神经系统方面，二十二碳六烯酸和二十碳五烯酸被证明具有改善记忆力、健脑和预防老年痴呆症的生理功能。最近研究又证明，油脂中的 α-亚麻酸和它的长链衍生物二十二碳六烯酸对人体，特别是幼年时期是必不可少的，在怀孕期的最后 3 个月和出生后的最初 3 个月中，二十二碳六烯酸和花生四烯酸会快速沉积在婴儿的脑膜上，在完全发育的大脑和视网膜上含有高含量的二十二碳六烯酸。这也是二十二碳六烯酸被誉为"脑黄金"的原因之一。在心血管系统方面，二十碳五烯酸和二十二碳六烯酸还具有降低血脂总胆固醇含量、低密度脂蛋白胆固醇含量、血液黏度和血小板凝聚力以及增加高密度脂蛋白胆固醇含量的生理功能，从而可降低心血管疾病发生的概率。此外，二十碳五烯酸和二十二碳六烯酸与低钠膳食结合，在降低血压上起协同作用。二十二碳六烯酸还能影响钙离子通道，降低心肌的收缩力，防止心率失常。流行病学研究还证明了二十二碳六烯酸和二十碳五烯酸具有提高人体免疫力和抑癌、抗癌的作用，此外，二十碳五烯酸和二十二碳六烯酸对药物导致的糖尿病有防治效果，并且在消炎、预防脂肪肝发生及治疗支气管哮喘方面发挥有益作用。

二十二碳六烯酸和二十碳五烯酸的营养功能区别目前还未做系统比较，但有研究表明，由于二十二碳六烯酸主要分布于神经组织中，因此在脑、视网膜等发育和相关功能中作用更强一些，而二十碳五烯酸在心血管系统的作用更为明显。

然而，尽管有很多事实证明多不饱和脂肪酸对人体有极其重要的生理功能，但过量摄入会带来某些副作用和可能的危害。例如机体内的多不饱和脂肪酸有可能氧化转变成脂褐质，引起或加速衰老进程。当提高膳食中多不饱和脂肪酸含量时，需增加维生素 E、微量元素硒之类自由基清除剂的摄入量以预防有毒过氧化物的形成。考虑到大量摄入多不饱和脂肪酸可能出现的危害，推荐膳食中多不饱和脂肪酸油脂提供的能量不超过总能量的 10%，且各种脂肪酸的摄入需平衡。据日本 2000 年修订脂质推荐量，饱和脂肪酸：单不饱和脂肪酸：多不饱和脂肪酸为 3：4：3，与过去的 1：1：1 已有所区别，而 n-6 脂肪酸与 n-3 脂肪酸的摄入比例为 4：1。

3.1.4.2 磷脂和胆碱

磷脂（phospholipid）普遍存在于生物体细胞质和细胞膜中，是含磷类脂的总称。按其分子结构可分为甘油醇磷脂和神经氨基醇磷脂两大类。甘油醇磷脂是磷脂酸（phosphatidic acid，PA）的衍生物，常见的主要有卵磷脂（phosphatidyl choline，PC）、脑磷脂（phosphatidyl ethanolamine，PE）、丝氨酸磷脂（phosphatidyl serine，PS）、肌醇磷脂（phosphatidyl inositol，PI）等。神经氨基醇磷脂的种类没有甘油醇磷脂多，其典型代表物是分布于细胞膜的神经鞘磷脂（sphingomyelin）。

在食品工业中甘油醇磷脂较重要。所有的甘油醇磷脂都含有极性头部（因此称为极性脂类）和 2 条烷烃尾巴。这些化合物的大小、形状以及它们极性头部含有醇的极性程度是互不同的，两个脂肪酸取代基也是不相同的，一般一个是饱和脂肪酸，另一个是不饱和脂肪酸，而且不饱和脂肪酸主要分布在 Sn-2 位上。

常见的甘油醇磷脂按磷脂酸的衍生物命名，如 Sn-3-磷脂酰胆碱。或者用系统命名，类似于三酰基甘油系统命名，按 Sn 命名法可表达为：Sn-（脂肪酸 1）（脂肪酸 2）（磷脂酰××），例如图 3-8 所示化合物命名为 Sn-1-硬脂酰-2-亚油酰-3-磷脂酰胆碱。

(1) 常见磷脂的结构与性能 磷脂的种类很多，常见磷脂的结构与主要性能介绍于下。

① 磷脂酰胆碱 磷脂酰胆碱俗称卵磷脂（lecithin），因为磷脂酰胆碱连接在甘油的 α 位上，故又称为 α-卵磷脂，其结构如图 3-8 所示。

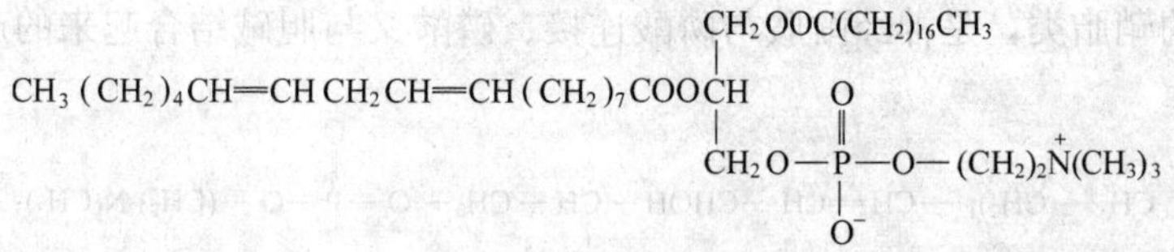

$$CH_3(CH_2)_4CH=CHCH_2CH=CH(CH_2)_7COOCH \quad \begin{array}{c} CH_2OOC(CH_2)_{16}CH_3 \\ | \\ | \\ CH_2O-\overset{\overset{\textstyle O}{\|}}{P}-O-(CH_2)_2\overset{+}{N}(CH_3)_3 \\ | \\ O^- \end{array}$$

图 3-8 一种磷脂酰胆碱（PC）的结构

卵磷脂广泛存在于动植物体内，在动物的脑、精液、肾上腺细胞中含量尤多，以禽卵卵黄中的含量最为丰富，达干物质总量的 8%～10%。纯净的卵磷脂为白色膏状物，极易吸湿，氧化稳定性差，氧化后呈棕色，有难闻的气味，可溶于甲醇、苯、乙酸及芳香烃、醚、氯仿、四氯化碳等，不溶于丙酮和乙酸乙酯。卵磷脂是双亲性物质，分子中 Sn-3 位为亲水性强的磷脂酰胆碱，而 Sn-1、Sn-2 位为亲油性强的脂肪酸，故在食品工业中广泛用作乳化剂。卵磷脂被蛇毒磷酸酶水解，失去一分子脂肪酸后，因其具有溶解红细胞的性质而被称为溶血卵磷脂。

② 磷脂酰乙醇胺 Sn-3-磷脂酰乙醇胺俗称脑磷脂。脑磷脂最早是从动物的脑组织和神经组织中提取的（故得名），在心、肝及其他组织中也有，常与卵磷脂共存于组织中，以脑组织含量最多，可占脑干物质量的 $4\%\sim6\%$。脑磷脂与卵磷脂结构相似，只是以氨基乙醇代替了胆碱（图3-9）。脑磷脂同样是双亲性物质，但由于数量较少，很少用作乳化剂。脑磷脂与血液凝固机制有关，可加速血液凝固。

③ 丝氨酸磷脂 丝氨酸磷脂是磷脂酸与丝氨酸构成的磷脂，是动物脑组织、细胞膜和红细胞中的重要类脂物之一，尤其存在于大脑细胞中。其功能主要是改善神经细胞功能，调节神经脉冲的传导，增进大脑记忆功能。同时它具有很强的亲脂性，能够迅速通过人体血脑屏障，在吸收后的几分钟之内便可进入大脑。在脑部它可以舒缓血管平滑肌细胞，增加脑部供血。

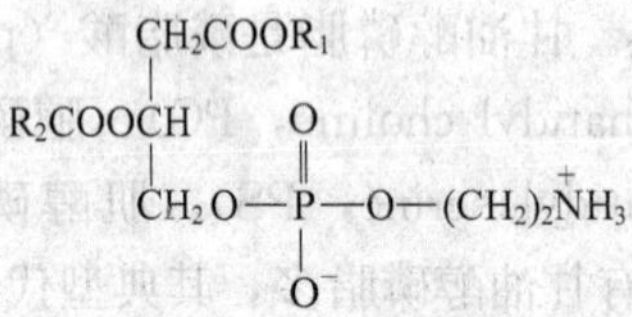

图 3-9 Sn-3-磷脂酰乙醇胺（PE）的结构 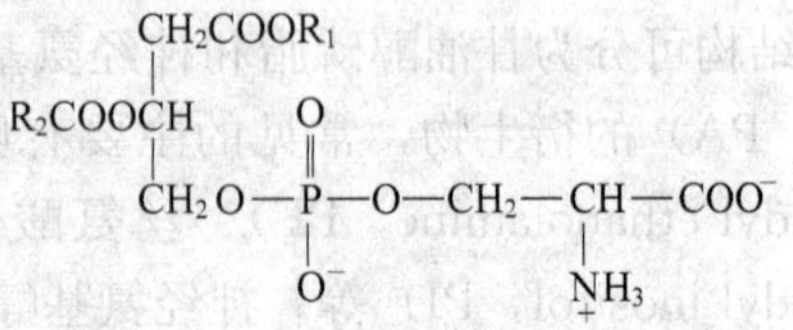   图 3-10 丝氨酸磷脂的结构

④ 肌醇磷脂 肌醇磷脂是磷脂酸与肌醇构成的磷脂（图3-11），存在于多种动物、植物组织中，常与脑磷脂混合在一起。

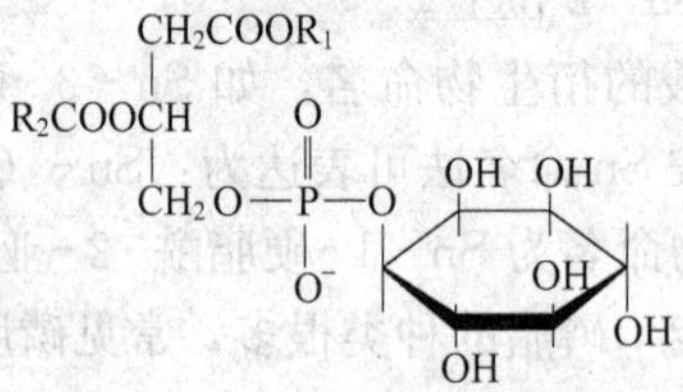

图 3-11 肌醇磷脂的结构

⑤ 神经鞘磷脂 神经鞘磷脂是一类非甘油磷脂，其结构见图3-12，它是高等动物组织中含量最丰富的鞘脂类，是神经酰胺与磷酸连接、磷酸又与胆碱结合起来的产物。

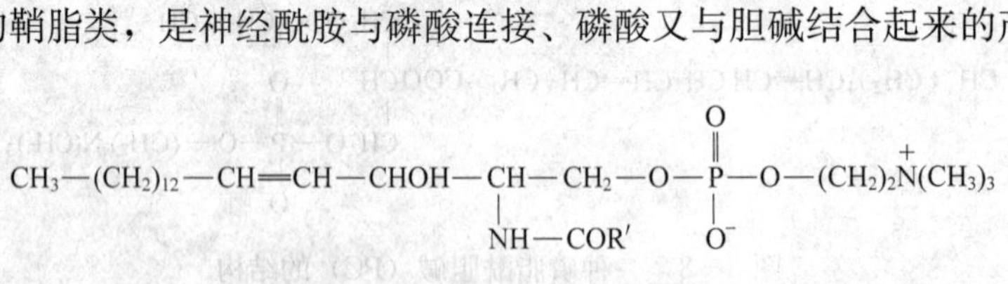

$$CH_3-(CH_2)_{12}-CH=CH-CHOH-CH-CH_2-O-\overset{\overset{\displaystyle O}{\|}}{\underset{\underset{\displaystyle O^-}{|}}{P}}-O-(CH_2)_2\overset{+}{N}(CH_3)_3$$
$$\underset{NH-COR'}{|}$$

图 3-12 神精鞘磷脂的结构

鞘脂类是所有的动物组织中重要的复杂脂质，但在植物与微生物中未发现。分子中的神经氨基醇，不仅有 C_{18} 的，也有 C_{20} 的，脂肪酸是 C_{16} 至 C_{26} 的饱和的和顺式一烯酸，个别的还有奇数碳 C_{23} 的，昆虫和淡水无脊椎动物中，存在着不是连接着胆碱而是氨基乙醇的鞘磷脂。

(2) 胆碱 胆碱（choline，结构见图3-13）是卵磷脂和鞘磷脂的组成部分，还是神经

传递物质乙酰胆碱的前体物质，对细胞的生命活动有重要的调节
作用。

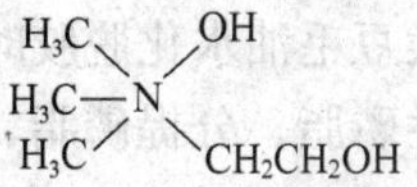

(3) 磷脂和胆碱的生理功能 磷脂是构成生物膜的重要组分，它
使膜具有独特的性质和功能。磷脂还能修复自由基对膜造成的损伤，
显示出抗衰老的作用。磷脂（特别是卵磷脂）有乳化性，能溶解血清胆固醇，清除血管壁上
的沉积物，可防止动脉硬化等心血管病的发生。磷脂还能降低血液黏度，促进血液循环，改
善血液供氧情况，延长红细胞的存活时间，加强造血功能，有利于减轻贫血症状。

图 3-13 胆碱的结构

各种神经细胞之间依靠乙酰胆碱来传递信息。食物中的磷脂被机体消化吸收后，释放出
胆碱，随血液循环送至大脑，与乙酸结合成乙酰胆碱。当大脑中乙酰胆碱含量增加时，大脑
细胞之间的信息传递加快，记忆和思维能力得到加强。胆碱对脂肪有亲和力，可促进脂肪以
磷脂形式由肝脏输送至血液，因而可预防脂肪肝、肝硬化、肝炎等疾病。胆碱含有 3 个甲
基，是体内甲基的一个重要来源，可促进体内的甲基代谢。

(4) 食物中的磷脂 成熟种子含磷脂最多。植物油料含甘油醇磷脂最多的是大豆，其次
是棉籽、菜籽、花生、葵花籽等（表 3-4）。据研究发现含蛋白质越丰富的油料，甘油醇磷
脂的含量也越高。

表 3-4 各种种子中甘油醇磷脂的含量（%，以干物质算）

种子	甘油醇磷脂含量	种子	甘油醇磷脂含量
大豆	1.6~2.5	菜籽	0.9~1.5
棉籽	1.8	花生	0.7
小麦	1.6~2.2	葵花籽	0.6
麦芽	1.3		

动物贮存脂肪中甘油醇磷脂含量极其稀少，而动物器官和肌肉脂肪中含磷脂甚多，蛋黄
中含有很多卵磷脂。表 3-5 是几种甘油醇磷脂中的磷脂酰胆碱（卵磷脂）与磷脂酰乙醇胺
（脑磷脂）的含量。

表 3-5 几种甘油醇磷脂中磷脂酰胆碱和磷脂酰乙醇胺的含量（%）

磷脂来源	磷脂酰胆碱含量	磷脂酰乙醇胺（包括磷脂酰肌醇）含量
大豆	35.0	65.0
花生	35.7	64.3
芝麻	52.2	47.8
棉籽	28.8	71.2
亚麻籽	36.2	63.8
葵花籽	38.5	61.5
鸡蛋黄	71.3	28.7
牛肝	49.0	51.0
牛肾	45.6	54.4

大豆磷脂（soybean phospholipid）是由卵磷脂、脑磷脂、肌醇磷脂和磷脂酸组成的、

大豆毛油水化脱胶时分离出的油脚经进一步精制处理，可制取包括浓缩磷脂、混合磷脂、改性磷脂、分提磷脂、脱油磷脂等不同品种的大豆磷脂产品，属公认安全产品。由于其具有乳化性、润湿性、胶体性质及生理性质而被广泛应用于食品工业、饲料工业、化妆品工业、医药工业、塑料工业和纺织工业作乳化剂、分散剂、润湿剂、抗氧化剂、渗透剂等。

蛋黄磷脂的主要成分为卵磷脂、脑磷脂、溶血卵磷脂、神经鞘磷脂等。与大豆磷脂相比，蛋黄磷脂的特点是卵磷脂含量高，可达 70%～80%。蛋黄磷脂除具有磷脂的一般生理功能外，还能改善肺功能，尤其是新生儿的肺功能。蛋黄磷脂可用乙醇等有机溶剂从蛋黄中提取。

3.1.5　其他脂质

其他脂质按其结构组成可分为简单脂质、复合脂质和衍生脂质（表 3-1）。

天然脂类物质很多这里介绍甾醇和蜡。

3.1.5.1　甾醇

甾醇又称为类固醇（steroid），是天然甾族化合物中的一大类，以环戊烷多氢菲为基本结构（图 3-14），环上有羟基的即甾醇。动物和植物组织中都有甾醇，甾醇对动物和植物的生命活动很重要。动物普遍含胆甾醇，习惯上称为胆固醇（cholesterol）或胆固醇脂肪酸酯，在生物化学中有重要的意义。植物很少含胆甾醇而含有豆甾醇（stigmasterol）、菜籽甾醇（brassicasterol）、菜油甾醇（campesterol）、谷甾醇（sitosterol）等。麦角甾醇（ergosterol）存在于菌类中。

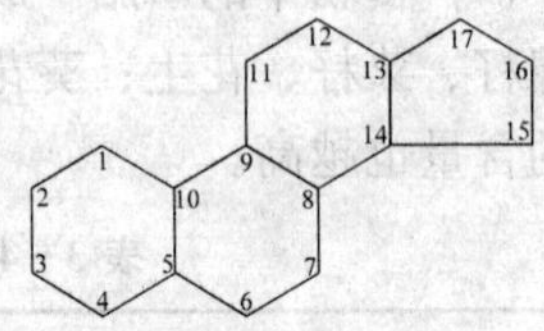

图 3-14　环戊烷多氢菲的结构

胆固醇（图 3-15）以游离形式或以脂肪酸酯的形式存在，存在于动物的血液、脂肪、脑、神经组织、肝、肾上腺、脾、细胞膜的脂质混合物和卵黄中。胆固醇能被动物吸收利用，动物自身也能合成，人体内胆固醇含量太高或太低都对人体健康不利。胆固醇的一个重要作用是合成胆酸和 7-脱氢胆固醇（产生维生素 D 的前体物质）以及甾体激素的前体物质。胆固醇对人体健康是不可或缺的，在营养不良的人群中，胆固醇过低与非血管硬化造成的死

图 3-15　胆固醇结构

亡率高有极大的相关性。然而胆固醇又是血中脂蛋白复合体的成分，过量的胆固醇会在胆道中沉积为胆结石，在血管壁上沉积引起动脉粥样硬化。目前普遍接受的导致动脉硬化发生的理论是"血管损伤及胆固醇氧化修饰理论"，即动脉硬化发生的起因主要是血管内皮细胞损伤及功能失常：a. 致使血管内皮的屏障和通透性改变，低密度脂蛋白胆固醇大量进入内皮细胞，在内皮损伤等情况下，低密度脂蛋白胆固醇渗透进入动脉内皮下时，由于血管内皮细胞的微孔过滤作用，使得大量内源性天然抗氧化物被阻挡在外，低密度脂蛋白胆固醇离开血液后就不再受血浆或细胞间液中抗氧化物质的保护，此时如果存在吸烟、药物、高血压、糖尿病等诱发因素，诱导内皮细胞、平滑肌细胞、单核细胞产生大量氧自由基，就会发生低密度脂蛋白胆固醇在内皮下的氧化修饰。b. 干扰内皮细胞的抗血栓性质。c. 影响内皮细胞释放血管活性物质，如内皮细胞放松因子（一氧化氮）。所有这些变化就导致了动脉硬化的发生。

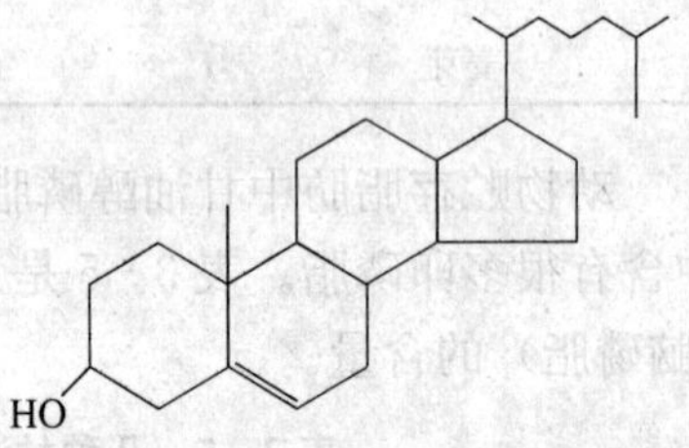

胆固醇不溶于水、稀酸及稀碱液中，不能皂化，在食品加工中几乎不受破坏。成人体内约 2/3 的胆固醇在肝脏内合成，约 1/3 源于食物。高含量血清胆固醇是引起心血管疾病的危险因素，所以在膳食中有必要限制高胆固醇食物的摄入量。

3.1.5.2 蜡

蜡（wax）是由高级脂肪醇与高级脂肪酸形成的酯，广泛分布于动植物组织内，在生理上有保护机体的作用。蜡在动植物油脂的加工过程中会溶入油脂中，如米糠毛油中含蜡量达到 2%～4%，对油脂的外观产生不良影响。由于不同动植物中脂肪醇与脂肪酸的分子大小的差异，不同来源的蜡其理化特性有明显差别，如蜂蜡的熔点为 60～70℃，大豆蜡为 78～79℃，葵花子蜡为 79～81℃，中国虫蜡为 82～86℃。

3.2 油脂的物理性质

3.2.1 油脂的气味和色泽

纯净的油脂是无色无味的，天然油脂中略带的黄绿色是其中含有一些脂溶性色素（如类胡萝卜素、叶绿素等）所致。食用油脂经精炼脱色后色泽变浅。多数食用油脂无挥发性，少数食用油脂含有短链脂肪酸，会有臭味，如乳脂。油脂的气味大多是由非脂成分引起的，如芝麻油的香气是由乙酰吡嗪引起的，椰子油的香气是由壬基甲酮引起的，而菜籽油受热时产生的刺激性气味则是由其中所含的黑芥子苷分解所致。

3.2.2 油脂的熔点和沸点

由于天然油脂是由各种酰基甘油组成的混合物，所以没有确定的熔点（melting point）和沸点（boiling point），仅有一定的熔点和沸点范围。另外油脂存在同质多晶现象，也是使油脂无确定的熔点和沸点的原因之一。游离脂肪酸、一酰基甘油、二酰基甘油、三酰基甘油的熔点依次降低，这是因为它们的极性依次降低，分子间的作用力依次减小的缘故。

油脂的熔点一般最高为 40～55℃，与脂肪酸的碳链长度、饱和度和双键的结构有关。一般而言，酰基甘油中脂肪酸的碳链越长，饱和度越高，熔点越高；反式结构脂肪酸熔点比顺式结构高；共轭双键结构脂肪酸的熔点比非共轭双键高。可可脂及陆产动物油脂相对于植物油而言，饱和脂肪酸含量较高，在室温下常呈固态；植物油的不饱和脂肪酸含量高，在室温下多呈液态。油脂的熔点与其消化率有关。一般油脂的熔点低于人体温度 37℃ 时，其消化率达 96% 以上；熔点高于 37℃ 时，则熔点越高越不易消化。

油脂的沸点一般为 180～220℃，也与脂肪酸的组成有关。沸点随脂肪酸碳链增长而增高，但碳链长度相同、饱和度不同的脂肪酸沸点变化不大。油脂在贮藏和使用过程中随着游离脂肪酸增多而变得易冒烟，此时烟点低于沸点。

3.2.3 油脂的烟点、闪点和着火点

油脂的烟点（smoking point）、闪点（flash point）和着火点（fire point），是油脂在接触空气并加热时的热稳定性指标。烟点是指在不通风的情况下加热观察到油脂出现稀薄蓝烟时的温度。闪点是指油脂挥发物能被点燃但不能维持燃烧的温度。着火点是指油脂挥发物能被点燃并能维持燃烧不少于 5 s 的温度。

油脂中含易挥发组分越多，烟点越低，因此烟点可用于评价油脂精炼的程度。油脂所含杂质越多，其烟点、闪点及着火点越低。未精炼的油脂，特别是游离脂肪酸含量高的油脂，其烟点、闪点和着火点都大大低于精炼的油脂。

3.2.4 油脂的晶体结构与固态脂特点

3.2.4.1 油脂的晶体结构

通过 X 射线衍射测定，当油脂固化时，三酰基甘油分子趋向于占据固定位置，形成一个重复的、高度有序的三维晶体（crystalloid）结构，称为空间晶格。如果把空间晶格点相连，就形成许多相互平行的晶胞，其中每一个晶胞含有所有的晶格要素。一个完整的晶体被认为是由晶胞在空间并排堆积而成。在图 3-16 所给出的简单空间晶格的例子中，在 18 个晶胞的每个晶胞中，每个角具有 1 个原子或 1 个分子。但是，由于每个角被 8 个相邻的其他晶胞所共享，因此每个晶胞中仅有 1 个原子（或分子），由此看出空间晶格中每个点类似于周围环境中所有其他点。轴向比 a：b：c 以及晶轴 OX、OY 以及 OZ 间角度是恒定的常数，用于区别不同的晶格排列。

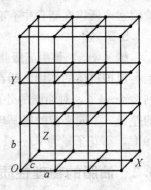

图 3-16 晶体晶格

3.2.4.2 油脂的同质多晶

同质多晶（polymorphism）指的是具有相同的化学组成，但具有不同的结晶晶型，在熔化时得到相同的液相的物质。某化合物结晶时，产生的同质多晶型物与纯度、温度、冷却速率、晶核的存在、溶剂的类型等因素有关。

对于长链化合物，同质多晶与烃链的不同的堆积排列或不同的倾斜角度有关，这种堆积方式可以用晶胞内沿着链轴的最小的空间重复单元——亚晶胞来描述。已经知道烃类亚晶胞有 7 种堆积类型，最常见的为图 3-17 所示的 3 种类型。三斜堆积（T//）常称为 β 型，其中两个亚甲基单位连在一起组成乙烯的重复单位，每个亚晶胞中有一个乙烯，所有的曲折平面都是相平行的。在正烷烃、脂肪酸以及三酰基甘油中均存在亚晶胞堆积，同质多晶型物中 β 型最为稳定。

三斜　　　　　　　普通正交　　　　　　六方形

图 3-17 烷烃亚晶胞晶格的一般类型

常见的正交堆积（O⊥）也称为 β′ 型，每个亚晶胞中有两个乙烯单位，交替平面与它们相邻平面互相垂直。正石蜡、脂肪酸以及脂肪酸酯都呈现正交堆积。β′ 型具有中等程度稳定性。

六方形堆积（H）一般称为 α 型，当烃类快速冷却到刚刚低于熔点以下时往往会形成六方形堆积。分子链随时定向，并绕着它们的长垂直轴而旋转。在烃类、醇类和乙酯类中观察到六方形堆积，同质多晶型物中 α 型是最不稳定的。

研究者对 β 型硬脂酸进行了详细的研究，发现晶胞是单斜的，含有 4 个分子，其轴向大

小为 $a = 0.554$ nm，$b = 0.738$ nm，$c = 4.884$ nm。其中 c 轴是倾斜的，与 a 轴的夹角为 $63°38'$，这样产生的长间隔为 4.376 nm（图 3-18）。

油酸是低熔点型，每个晶胞长度上有 2 个分子长，在分子平面内顺式双键两侧的烃链以相反方向倾斜（图 3-19）。

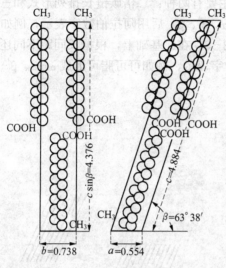

图 3-18　硬脂酸的晶胞

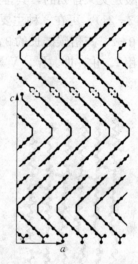

图 3-19　油酸的晶体结构

一般三酰基甘油的分子链相当长，具有许多烃类的特点，除了某些例子外，它们具有 3 种主要的同质多晶型物：α、β′ 及 β。其典型性质见表 3-6。

表 3-6　单酸三酰基甘油同质多晶型物的特征

特征	α 晶型	β′ 晶型	β 晶型
短间隔（nm）	0.42	0.42，0.38	0.46，0.39，0.37
特征红外吸收（cm^{-1}）	720	727，719	717
密度	最小	中间	最大
熔点	最低	中间	最高
链堆积	六方形	正交	三斜

如果一个单酸三酰基甘油如 StStSt 从熔化状态开始冷却，它首先结晶成密度最小和熔点最低的 α 型。α 型进一步冷却，分子链更紧密缔合逐步转变成 β 型。如果将 α 型加热到它的熔点，能快速转变成最稳定的 β 型。通过冷却熔化物和保持在 α 型熔点几度以上温度，也可直接得到 β′ 型，当 β′ 型加热到它的熔点，也可转变成稳定的 β 型。

在单酸三酰基甘油的晶格中，分子排列一般是双链长的变型音叉或椅式结构，如图 3-20 所示的三月桂酸甘油的分子排列那样，1 位和 3 位上的链与 2 位上的链的方向是相反的。

因为天然的三酰基甘油含有许多脂肪酸，与上面所述的简单的同质多晶型物有所不同，一般来说，含有不同脂肪酸的三酰基甘油的 β′ 型比 β 型熔点高，混合型的三酰基甘油的多晶型结构就更复杂。

3.2.4.3 天然三酰基甘油的晶体

天然油脂一般都是不同脂肪酸组成的三酰基甘油，其同质多晶性质很大程度上受到酰基甘油中脂肪酸组成及其位置分布的影响。由于碳链长度不一样，大多存在3～4种不同晶型，根据X射线衍射测定结果，三酰基甘油晶体中的晶胞的长间隔大于脂肪酸碳链的长度，因此认为脂肪酸是交叉排列的，其排列方式主要有两种：二倍碳链长排列形式和三倍碳链长排列形式（图3-21），可在3种主要晶型（α、β'、β）后用阿拉伯数字表示，例如两倍碳链长的β晶型为β-2，三倍碳链长的β晶型为β-3。在此基础上，根据长间距不同还可细分为多种类型，可用Ⅰ、Ⅱ、Ⅲ、Ⅳ、Ⅴ等罗马数字表示，例如可可脂可形成α-2、β'-2、β-3Ⅴ、β-3Ⅵ等晶型。

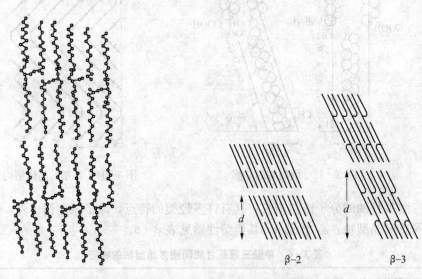

图3-20 月桂酸甘油酯晶体的排列方式   图3-21 三酰基甘油β晶型的两种排列形式

一般来说，同酸三酰基甘油易形成稳定的β结晶，而且是β-2排列；不同酸三酰基甘油由于碳链长度不同，易停留在β'型，而且是β'-3排列。天然油脂中倾向于结晶成β型的脂类有豆油、花生油、玉米油、橄榄油、椰子油、红花油、可可脂和猪油。棉籽油、棕榈油、菜籽油、牛乳脂肪、牛脂以及改性猪油倾向于形成β'型晶体，该晶体可以持续很长时间。在制备起酥油、人造奶油以及焙烤产品时，期望得到β'型晶体，因为它能使固化的油脂软硬适宜，有助于大量的空气以小的空气泡形式被搅入，从而形成具有良好塑性和奶油化性质的产品。

已知可可脂含有3种主要甘油酯POSt（40%）、StOSt（30%）和POP（15%）以及6种同质多晶型（Ⅰ～Ⅵ）。Ⅰ型最不稳定，熔点最低。Ⅴ型较稳定，能从熔化的脂肪中结晶出来，它是所期望的结构，因为能使巧克力的外表具有光泽。Ⅵ型比Ⅴ型熔点高，但不能从熔化的脂肪中结晶出来，它仅以很缓慢的速度从Ⅴ型转变而成。在巧克力贮存期间，Ⅴ-Ⅵ型转变特别重要，这是因为这种晶型转变同被称为巧克力起霜的外表缺陷的产生有关。这种缺陷一般使巧克力失去期望的光泽以及产生白色或灰色斑点的暗淡表面。

除了依据多晶型转变理论解释巧克力起霜的原因外，也有人认为，熔化的巧克力脂肪移动到表面，一旦冷却便产生重结晶，造成不期望的外表。由于可可脂的同质多晶性质在起霜中起了重要的作用,为了推迟外表起霜,采用适当的技术固化巧克力是必需的。这可通过下列调温过程完成:可可脂、糖和可可粉混合物加热至50℃,加入稳定的晶种,当温度下降到26~29℃时通过连续搅拌慢慢结晶,然后将它加热到32℃。如不加稳定的晶种,一开始就会形成不稳定的晶型,这些晶型很可能会熔化、移动并转变成较稳定晶型(起霜)。此外,乳化剂已成功地应用于推迟不期望的同质多晶晶型转变或熔化脂肪移动至表面的过程。

3.2.5 天然油脂中脂肪酸位置分布

脂肪酸在三酰基甘油中的分布,就是脂肪酸与甘油的3个羟基酯化的情况。研究者使用立体有择位分析技术,详细测定了许多油脂中三酰基甘油的每个位置上各个脂肪酸的分布,结果发现植物与动物油脂在脂肪酸分布模式上存在一定的差别。

3.2.5.1 动物三酰基甘油

在不同的动物之间与同一动物不同部位之间三酰基甘油的脂肪酸分布模式是各不相同的。贮存油脂随膳食脂肪的改变而改变。一般来说,在动物油脂中,Sn-2位的饱和脂肪酸含量高于植物油脂,并且Sn-1位与Sn-2位的组成也有较大的差别。在大多数的动物油脂中,16:0酸优先在Sn-1位进行酯化,而14:0则先在Sn-2位进行酯化。在乳脂肪中,短链酸是选择性地与Sn-3位结合,牛脂中三酰基甘油多数是饱和脂肪酸-不饱和脂肪酸-饱和脂肪酸(SUS)型的。

动物油脂肪中猪脂肪是非常特别的,16:0酸主要集中在Sn-2位上,18:0酸主要集中在Sn-1位,18:2集中在Sn-3位,大量油酸在Sn-3位和Sn-1位。猪脂肪中三酰基甘油的主要品种是Sn-StPSt、Sn-OPO以及Sn-POSt。

水产动物油脂中,不饱和脂肪酸的含量占绝大部分,种类也很多,饱和脂肪酸仅含少量。淡水鱼脂肪中C_{18}不饱和脂肪酸含量高,而海生动物油脂的特点是长链不饱和脂肪酸优先定位于Sn-2位,且C_{20}、C_{22}不饱和脂肪酸占优势。

3.2.5.2 植物三酰基甘油

一般含有常见脂肪酸的种子油脂优先把不饱和脂肪酸排列在Sn-2位,尤其亚油酸集中在这个位置上。饱和酸几乎只出现在Sn-1位和Sn-3位上。在大多数情况下,各个饱和脂肪酸或不饱和脂肪酸是近似等量的分布在Sn-1和Sn-3位。

饱和程度较高的植物油脂具有与上述不同的分布模式。可可脂中有80%左右的三酰基甘油是二饱和的,18:1集中在Sn-2位,饱和脂肪酸主要在Sn-1位和Sn-3位上(主要品种为β-POSt),Sn-1位的油酸约为Sn-2位的1.5倍。

椰子油中80%左右的三酰基甘油是三饱和的,月桂酸集中在Sn-2位,辛酸集中在Sn-3位,肉豆蔻酸和棕榈酸集中在Sn-1位。

含有芥酸的植物油,例如菜籽油,在脂肪酸的位置排列上具有极大的选择性,芥酸优先在Sn-1位和Sn-3位,但是在Sn-3位的量超过在Sn-1位的量。

3.2.5.3 天然油脂中脂肪酸位置分布与晶体特点

一般高级动植物油主要的脂肪酸仅4~8种,每种脂肪酸都有可能分布到甘油的Sn-1位、Sn-2位、Sn-3位上,如果油脂中有n种脂肪酸就可能有n^3种不同的三酰基甘油。但两种脂肪酸组成基本相同的油脂，其结晶的行为可能有很大的差异，如牛油与可可脂脂肪酸组成差不多（表3-7），但晶体特性相差却很大。可可脂晶体易碎，熔点为28～36℃；而牛油晶体有弹性，熔点为45℃左右，这种差异的产生，是脂肪酸在三酰基甘油中的分布不同所致（表3-8）。从表3-8中可看出牛油中三饱和甘油酯远高于可可脂，故其熔点远高于可可脂。由此可知，改变脂肪酸在三酰基甘油的分布，就可改变固态脂的特性。

表3-7　牛油与可可脂的脂肪酸组成

脂肪酸	在可可脂中的含量（%）	在牛油中的含量（%）
16:0	25	36
18:0	37	25
20:0	1	
18:1	34	37
18:2	3	2

表3-8　牛油与可可脂的脂肪酸分布类型

三酰基甘油类型	在可可脂中的含量（%）	在牛油中的含量（%）
Sn-SSS	2	29
Sn-SUS	81	33
Sn-SSU	1	16
Sn-SUU	15	18
Sn-USU		2
Sn-UUU	1	2

注：三酰甘油类型为简化表达方式，S为饱和脂肪酸，U为不饱和脂肪酸。

3.2.6　油脂熔融

天然的油脂没有确定的熔点，仅有一个熔点范围，称为熔程。这是因为：a. 天然油脂是混合三酰基甘油，各种三酰基甘油的熔点不同；b. 三酰基甘油是同质多晶型物质，从 α 晶型开始熔化到 β 晶型熔化终了需要一个温度阶段。

图3-22所示是简单三酰基甘油的稳定的 β 型和介稳的 α 型的熔化膨胀焓曲线示意图。固态油脂吸收适当的热量后转变为液态油脂，在此过程中，油脂的热焓（H）增大或比容增加，称为熔化膨胀，或者相变膨胀。固体熔化时吸收热量，曲线 ABC 代表了 β 型的热焓随温度的增加而增加。在熔化点时吸收热量，但温度保持不变（熔化热），直到固体全部转变成液体为止（B 点为最终熔点）。另一方面，从不稳定的同质多晶型物 α 型转变到稳定的同质多晶型物 β 型时（图3-22中从 E 点开始，并与 ABC 曲线相交）伴随有热的放出。

脂肪在熔化时体积膨胀，在同质多晶型物转变时体积收缩，因此将其比体积的改变（膨胀度）对温度作图可以得到与量热曲线非常相似的膨胀曲线，熔化膨胀度相当于比热容。由于膨胀测量的仪器很简单，所以它比量热法更为实用，膨胀计法已广泛用于测定脂肪的熔化性质。如果存在几种不同熔点的组分，那么熔化的温度范围很广，得到类似于图3-23所示的膨胀曲线或量热曲线。

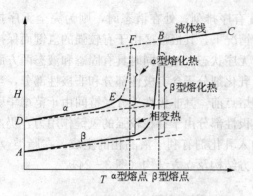
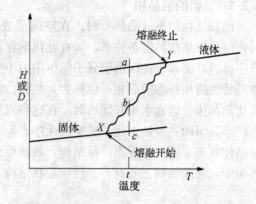

图 3-22　油脂的熔化膨胀曲线　　　　图 3-23　混合甘油酯的热焓或膨胀熔化曲线

　　图 3-23 中，随着温度的升高，固体脂的比容缓慢增加，至 X 点为单纯固体脂的热膨胀，即在 X 点以下体系完全是固体。X 点代表熔化开始，X 点以上发生了部分固体脂的相变膨胀。Y 点代表熔化的终点，在 Y 点以上，固体脂全部熔化为液体油。ac 长为脂肪的熔化膨胀值。曲线 XY 代表体系中固体组分逐步熔化过程。如果脂肪熔点范围很窄，熔化曲线的斜率是陡的。相反，如果熔化开始与终了的温度相差很大，则该脂肪具有大的塑性范围。于是，脂肪的塑性范围可以通过在脂肪中加入高熔点或低熔点组分进行调节。

　　由图 3-23 还可看出，在一定温度范围内（XY 区段）液体油和固体脂同时存在，这种固液共存的油脂经一定加工可制得塑性脂肪。油脂的塑性是指在一定压力下，脂肪具有抗变形的能力，这种能力的获得是许多细小的脂肪固体被脂肪的液体包围着，固体微粒的间隙很小，使液体油无法从固体脂肪中分离出来，导致固液两相均匀交织在一起而形成塑性脂肪。

　　塑性脂肪（plastic fat）具有良好的涂抹性（涂抹黄油等）和可塑性（用于蛋糕的裱花），用在焙烤食品中，则具有起酥作用。在面团揉制过程加入塑性脂肪，可形成较大面积的薄膜和细条，使面团的延展性增强，油膜的隔离作用使面筋粒彼此不能黏合成大块面筋，降低了面团的吸水率，使制品起酥。塑性脂肪的另一作用是在面团揉制时能包含和保持一定数量的气泡，使面团体积增加。在饼干、糕点、面包生产中专用的塑性脂肪称为起酥油（shortening），具有在 40℃不变软，在低温下不太硬，不易氧化的特性。另外，人造奶油、人造黄油均是典型的塑性脂肪，其涂抹性、软度等特性取决于油脂的塑性大小。

　　而油脂的塑性取决于一定温度下固液两相之比、脂肪的晶型、熔点范围、油脂的组成等因素。图 3-23 中，当温度为 t 时，ab/ac 代表固体部分，bc/ac 代表液体部分，固液比称为固体脂肪指数（SFI）。当油脂中固液比适当时，塑性好。而当固体脂过多时，则过硬，塑性不好；液体油过多时，则过软，易变形，塑性也不好。

　　用膨胀法测定固体脂肪指数比较精确，但比较费时，而且只适用于测定低于 50% 的固体脂肪指数。现已大量地采用宽线核磁共振（NMR）法代替膨胀法测定固体脂肪，该法能测定样品中固体的氢核（固体中 H 的衰减信号比液体中的 H 快）与总氢核数量比，即为核磁共振固体含量。现在，普遍使用自动的脉冲核磁共振比较合适，认为它比宽线核磁共振技术更为精确。近来提出使用超声技术代替脉冲核磁共振或者辅助脉冲核磁共振，它的依据是固体脂肪的超声速率大于液体脂肪。

3.2.7 油脂的液晶相

油脂处在固态（晶体）时，在空间形成高度有序排列；处在液态时，则为完全无序排列，但处于某些特定条件下，如有乳化剂存在的情况下，其极性区由于有较强的氢键而保持有序排列，而非极性区由于分子间作用力小变为无序状态，这种同时具有固态和液态两方面物理特性的相称为液晶相，也称为介晶相。由于乳化剂分子含有极性部分和非极性部分，当乳化剂晶体分散在水中并加热时，在达到真正的熔点前，其非极性部分烃链间由于范德华引力较小，因而先开始熔化，转变成无序态；而其极性部分由于存在较强的氢键作用力，仍然是晶体状态，因此呈现出液晶结构。故油脂中加入乳化剂有利于液晶相的生成。在脂类-水体系中，液晶结构主要有有3种：层状结构、六方结构及立方结构（图3-24）。

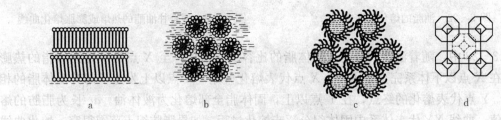

图3-24 脂肪的液晶结构

a. 层状 b. 六方型Ⅰ c. 六方型Ⅱ d. 立方

层状结构类似生物双层膜，排列有序的两层脂中夹一层水。当层状液晶加热时，可转变成立方或六方Ⅱ型液晶。在六方Ⅰ型结构中，非极性基团朝着六方柱内，极性基团朝外，水处在六方柱之间的空间中。而在六方Ⅱ型结构中，水被包裹在六方柱内部，油的极性端包围着水，非极性的烃区朝外。立方结构中也是如此。

在生物体系中，液晶态对于许多生理过程都是非常重要的，例如液晶会影响细胞膜的可渗透性，液晶对乳浊液的稳定性也起着重要的作用。

3.2.8 乳浊液与乳化剂

3.2.8.1 乳浊液

(1) 乳浊液的定义 乳浊液是互不相溶的两种液相组成的体系，其中一相以液滴形式分散在另一相中，液滴的直径为 $0.1\sim50\,\mu m$。以液滴形式存在的相称为内相或分散相，液滴以外的另一相就称为外相或连续相。

"相"通常被定义为被一个封闭表面所包围的区域，至少有一些性质（例如压力、折射率、密度、热容、化学组成等）在这个表面上发生突变。对于乳浊液（也包括其他分散体系），连续相的性质决定了体系的许多重要性质。例如什么类型的液体（包括水溶液或非极性溶剂）能与体系混合就取决于连续相的性质。食品中油水乳化体系最多见的是乳浊液，常用O/W型表示油分散在水中（水包油），W/O型表示水分散在油中（油包水）。

(2) 决定乳浊液性质的主要因素 决定乳浊液性质的因素中最为重要的包括下述几方面。

① 乳浊液的类型 除去对其他性质的影响，乳浊液的类型（即O/W型或者W/O型）决定了可以用哪一种液体来稀释该乳浊液。在食品类乳浊液中，O/W型是最普通的形式，包括牛乳及其制品、稀奶油、蛋黄酱、色拉调味料、冰激凌、汤料、调料、汤等。黄油和人造黄油、人造奶油属于W/O型乳浊液。

② 粒子的粒度分布　这个因素对体系的物理稳定性具有重要的影响。一般而言，粒子越小，乳浊液体系的稳定性越高。制造乳浊液所需要的能量以及乳化剂用量也取决于制成乳浊液的粒子的大小。典型的平均粒子直径是 $1\mu m$，但是体系中粒子的尺寸分布可能是从 $0.2\mu m$ 到若干微米。由于体系稳定性极大地依赖于粒子大小，所以粒度分布范围的宽窄也是非常重要的。

③ 分散相体积分数　在大多数食品体系中，分散相体积分数（φ）为 $0.01\sim0.4$。对蛋黄酱，分散相体积分数可以到 0.8，这个数值已经超过了刚性球体紧密填充的最大限度（大致为 0.7），这种情况意味着体系中的油滴在某种程度上发生了变型。

④ 包裹着粒子的表面层的组成和厚度　该因素决定了粒子的界面张力、粒子之间的胶体作用力等。表面活性剂吸附到粒子表面后可能极大地改变粒子之间的相互作用力，绝大多数情况下它是加强了排斥力，从而增强了体系的稳定性。

⑤ 连续相的组成　该因素决定了相对于表面活性剂的溶剂条件，并由此决定了粒子之间的相互作用。另外，连续相的黏度对体系聚集、聚结和分层具有显著的影响。任何一种能使乳浊液连续相黏度增大的因素都可以明显地推迟聚集、聚结和分层作用的发生。例如明胶和多种树胶，其中有的并不是表面活性物质，但由于它们能增大水相黏度，所以对于 O/W 型乳浊液保持稳定性是极为有利的。

3.2.8.2　乳浊液不稳定的类型及原因

(1) 乳浊液不稳定的类型　乳浊液在热力学上是不稳定的，如图 3-25 所示，乳浊液可以发生多种物理变化。

由于食品体系主要采用三酰基甘油制作乳浊液，而三酰基甘油不溶于水，所以食品 O/W 型乳浊液一般不会发生奥氏熟化。如果体系中使用了香精油（例如在柑橘汁中），因为有的香精油在水中溶解度相当大，所以较小的油滴会慢慢地消失。W/O 型乳浊液可能出现奥氏熟化。通过在水相中加入适当的溶质（即不溶于油的溶质）可以很容易地防止这种现象。加入少量的盐（如 NaCl）也很有效，一旦小粒子发生收缩，它的盐浓度以及渗透压就会上升，这样就产生了一个驱动力促使水分子朝着相反的方向迁移，结果保证了乳浊液粒子分布不变。

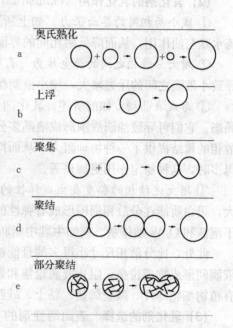

图 3-25　O/W 乳浊液体系不稳定类型示意图
（在 e 中，粒子内的短线段代表三酰基甘油晶体）

乳浊液的各种变化还会相互影响。粒子聚集会极大地促进上浮，上浮的结果又反过来促进聚集速度，如此相互促进。聚结发生的前提是分散相粒子必须紧紧地靠在一起，也就是说它只能发生在粒子聚集的状态下或者是发生在上浮的脂肪层中。

(2) 乳浊液不稳定的原因　乳浊液发生上述各种物理变化的原因主要有下述几方面。

a. 由于两相界面具有自由能，它会抵制界面积增加，导致液滴聚结而减少分散相界面积的倾向，从而最终导致两相分层（破乳）。因此需要外界施加能量才能产生新的表面（或界面）。液滴分散得越小，两液相间界面积就越大，需要外界施加的能量就越大。

b. 重力作用导致分层，即重力作用可导致密度不同的相上浮、沉降或分层。

c. 分散相液滴表面静电荷不足导致聚集。分散相液滴表面静电荷不足，则液滴与液滴之间的排斥力不足，液滴与液滴相互接近而聚集，但液滴的界面膜尚未破裂。

d. 两相间界面膜破裂导致聚结。两相间界面膜破裂，液滴与液滴结合，小液滴变为大液滴，严重时会完全分相。

3.2.8.3 乳化剂与乳化作用

(1) 乳化剂 由于界面张力是沿着界面的方向（即与界面相切）发生作用以阻止界面的增大，所以具有降低界面张力的物质会自动吸附到相界面上，因为这样能降低体系总的自由能，这类物质通称为表面活性剂（surfactant）。食品体系中可通过加入乳化剂（emulsifying agent）来稳定乳浊液。乳化剂绝大多数是表面活性剂，在结构特点上具有两亲性，即分子中既有亲油的基团，又有亲水的基团。它们中的绝大多数既不全溶于水，也不全溶于油，其部分结构处于亲水的环境（如水或某种亲水物质）中，而另一部分结构则处于疏水环境（如油、空气或某种疏水物质）中，即分子位于两相的界面，因此可降低两相间的界面张力，从而提高乳浊液的稳定性。

(2) 乳化剂的乳化作用（emulsification）

① 减小两相间的界面张力　如上所述，乳化剂浓集在水-油界面上，亲水基与水作用，疏水基与油作用，从而降低两相间的界面张力，使乳浊液稳定。

② 增大分散相之间的静电斥力　有些离子表面活性剂可在含油的水相中建立起双电层，导致小液滴之间的斥力增大，使小液滴保持稳定。这类乳化剂适用于 O/W 型体系。

③ 形成液晶相　如前所述，乳化剂分子由于含有极性部分和非极性部分，故易形成液晶态。它们可导致油滴周围形成液晶多分子层，这种作用使液滴间的范德华引力减弱，为分散相的聚结提供了一种物理阻力，从而抑制液滴的聚集和聚结。当液晶相黏度比水相黏度大得多时，这种稳定作用更加显著。

④ 增大连续相的黏度或生成弹性的厚膜　明胶和许多树胶能使乳浊液连续相的黏度增大，蛋白质能在分散相周围形成有弹性的厚膜，可抑制分散相聚集和聚结。这类乳化剂适用于泡沫和 O/W 型体系。例如牛乳中脂肪球外有一层酪蛋白膜起乳化作用。

此外，比分散相尺寸小得多的且能被两相润湿的固体粉末，在界面上吸附，会在分散相液滴间形成物理位垒，阻止液滴聚集和聚结，起到稳定乳浊液的作用。具有这种作用的物质有植物细胞碎片、碱金属盐、黏土、硅胶等。

(3) 乳化剂的选择 表面活性剂的一个重要特性是它们的亲水-亲油平衡值。（hydrophile-lipophile balance HLB）。一般情况下，疏水链越长，亲水-亲油平衡值就越低，表面活性剂在油中的溶解性就越好；亲水基团的极性越大（尤其是离子型的基团），或者是亲水基团越大，亲水-亲油平衡值就越高，则在水中的溶解性越高。当亲水-亲油平衡值为 7 时，意味着该物质在水中与在油中具有几乎相等的溶解性。表面活性剂的亲水-亲油平衡值在1～40 范围内。表面活性剂的亲水-亲油平衡值与溶解性之间的关系对表面活性剂自身是非常有用的，它还关系到一个表面活性剂是否适用于作为乳化剂。亲水-亲油平衡值＞7 时，表面活性剂一般适于制备 O/W 乳浊液；而亲水-亲油平衡值＜7 时，则适于制造 W/O 乳浊液。

在水溶液中，亲水-亲油平衡值高的表面活性剂适于做清洗剂。表 3 - 9 中列出了不同亲水-亲油平衡值及其适用性。

表 3 - 10 列出了一些常用的乳化剂。根据其亲水基团的性质，将它们划分为非离子型、阴离子型和阳离子型。同时，乳化剂也被分为天然的（如一酰基甘油和磷脂等）和合成的两大类。吐温（Tween）系列的乳化剂与其他乳化剂有点不同，原因在于这类物质的亲水基团含有 3～4 条聚氧乙烯链（其链长约为 5 个单体的长度）。

表 3 - 9　亲水-亲油平衡（HLB）值及其适用性

亲水-亲油平衡值	适用性	亲水-亲油平衡值	适用性
1.5～3	消泡剂	8～18	O/W 型乳化剂
3.5～6	W/O 型乳化剂	13～15	洗涤剂
7～9	湿润剂	15～18	溶化剂

表 3 - 10　一些常见食品乳化剂的亲水-亲油平衡（HLB）值

乳化剂类型	乳化剂实例	亲水-亲油平衡值
非离子型		
脂肪醇	十六醇	1.0
一酰基甘油	甘油单硬脂酸酯	3.8
	双甘油单硬脂酸酯	5.5
一酰基甘油类酯	丙醇酰甘油单棕榈酸酯	8.0
司盘类	失水山梨醇三硬脂酸酯（Span 15）	2.1
	失水山梨醇单月桂酸酯（Span 20）	8.6
	失水山梨醇单硬脂酸酯（Span 60）	4.7
	失水山梨醇单油酸酯（Span 80）	7.0
吐温类	聚氧乙烯失水山梨醇单棕榈酸酯（Tween 40）	15.6
	聚氧乙烯失水山梨醇单硬脂酸酯（Tween 60）	14.9
	聚氧乙烯失水山梨醇单油酸酯（Tween 80）	16.0
阴离子型		
肥皂	油酸钠	18.0
乳酸酯	硬脂酰-2-乳酸钠	21.0
磷脂	卵磷脂	比较大
阴离子去垢剂	十二烷基硫酸钠	40.0
阳离子型		大

注：阳离子型不能用于食品，常用于洗涤剂。

此外，乳化剂的亲水-亲油平衡值具有代数加和性，混合乳化剂的亲水-亲油平衡值可通过计算得到，但这不适合离子型乳化剂。通常混合乳化剂比具有相同亲水-亲油平衡值的单一乳化剂的乳化效果好。常见乳化剂的应用特性见第 11 章。

3.3 食用油脂的劣变反应

3.3.1 脂解反应

油脂在有水存在的条件下以及加热和脂酶的作用下可发生水解反应（hydrolysis），生成游离脂肪酸并使油脂酸化，反应过程为

$$三酰基甘油 \xrightarrow[\text{湿、热}]{\text{脂解酶}} 二酰基甘油 + 游离脂肪酸$$

$$\longrightarrow 单酰基甘油 + 游离脂肪酸$$

$$\longrightarrow 甘油 + 游离脂肪酸$$

在有生命的动物的脂肪中，不存在游离脂肪酸，但在动物宰后，通过酶的作用能生成游离脂肪酸，故在动物宰后尽快炼油就显得非常必要。与动物脂肪相反，在收获时成熟的油料种子中的油由于脂酶的作用，已有相当数量的水解，产生大量的游离脂肪酸，例如棕榈油由于脂酶的作用，产生的游离脂肪酸可高达75%。因此植物油在提炼时需要用碱中和，脱酸是植物油精炼过程的必要工序。鲜奶还可因脂解产生的短链脂肪酸导致哈喇味的产生（水解哈喇味）。此外，各种油中如果含水量偏高，就有利于微生物的生长繁殖，微生物产生的脂酶同样可加快脂解反应。

食品在油炸过程中，食物中的水进入到油中，导致油脂在湿热情况下发生脂解而产生大量的游离脂肪酸，使油炸用油不断酸化，一旦游离脂肪酸含量超过0.5%~1.0%时，水解速度更快。因此油脂水解速度往往与游离脂肪酸的含量成正比。如果游离脂肪酸的含量过高，油脂的发烟点和表面张力降低，从而影响油炸食品的风味。此外，游离脂肪酸比甘油脂肪酸酯更易氧化。

油脂脂解反应的程度一般用酸价来表示。油脂的酸价越大，说明脂解程度越大。例如某油酸价为4时，其游离脂肪酸（以油酸计）含量为2%；油的酸价为6时，其游离脂肪酸含量为3%。油脂脂解严重时可产生不正常的臭味，这种臭味主要来自游离的短链脂肪酸，如丁酸、己酸、辛酸具有特殊的汗臭气味和苦涩味。脂解反应游离出的长链脂肪酸虽无气味，但易造成油脂加工中不必要的乳化现象。

油脂在碱性条件下水解称为皂化反应，水解生成的脂肪酸盐称为肥皂，所以工业上用此反应生产肥皂。

在大多数情况下，人们采取工艺措施降低油脂的水解，在少数情况下则有意地增加脂解，例如为了产生某种典型的干酪风味特地加入微生物和乳脂酶，在制造面包和酸奶时也采用有控制和选择性的脂解反应以产生这些食品特有的风味。

酶催化脂解还被广泛地用来作为油脂研究中的一个分析工具，例如使用胰脂酶和蛇毒磷脂酶可测定脂肪酸在三酰基甘油分子中的分布。

3.3.2 脂质氧化

脂质氧化（oxidation）是食品变质的主要原因之一。脂质在食品加工和贮藏期间，由于空气中的氧、光照、微生物、酶和金属离子等的作用，产生不良风味和气味（氧化哈败），降低食品营养价值，甚至产生一些有毒性的化合物，使食品不能被消费者接受。因此，脂质氧化对于食品工业的影响是至关重大的。但在某些情况下（如陈化的干酪或一些油炸食品中），油脂的适度氧化对风味的形成是必需的。

脂质的氧化包括酶促氧化与非酶氧化。后者主要是指油脂在光、金属离子等环境因素的影响下，一种自发性的氧化反应，因此又称为自氧化反应（autoxidation），是这里重点介绍的内容。

3.3.2.1 脂质自氧化反应

(1) 脂质自氧化反应的特征 脂质自氧化反应是脂质与分子氧的反应，是脂质氧化变质的主要原因。研究表明，脂质自氧化反应遵循典型的自由基反应历程，其特征如下：a. 光和产生自由基的物质能催化脂质自氧化；b. 凡能干扰自由基反应的物质一般都抑制自氧化反应的速度；c. 当脂质为纯物质时，自氧化反应存在一较长的诱导期；d. 反应的初期产生大量的氢过氧化物；e. 由光引发的氧化反应量子产额超过 1。

(2) 脂质自氧化反应的主要过程 一般脂质自氧化主要包括：引发（诱导）期、链传递和终止期 3 个阶段。

① 引发（诱导）期 酰基甘油中的不饱和脂肪酸，受到光照、热、金属离子和其他因素的作用，在邻近双键的亚甲基（α-亚甲基）上脱氢，产生自由基（R·），如用 RH 表示酰基甘油，其中的 H 为亚甲基上的氢，R· 为烷基自由基，该反应过程一般表示为

$$RH \xrightarrow{h\upsilon} R \cdot + H \cdot$$

由于自由基的引发通常所需活化能较高，必须依靠催化才能生成，所以这一步反应较慢。有人认为光照、金属离子或氢过氧化物分解引发氧化的开始，但近来有人认为，组织中的色素（如叶绿素、肌红蛋白等）作为光敏化剂，单线态氧作为其中的催化活性物质从而引发氧化的开始。

② 链传递 R· 自由基与空气中的氧相结合，形成过氧化自由基（ROO·），而过氧化自由基又从其他脂肪酸分子的 α 亚甲基上夺取氢，形成氢过氧化物（ROOH），同时形成新的 R· 自由基，如此循环下去，重复连锁的攻击，使大量的不饱和脂肪酸氧化。由于链传递过程所需活化能较低，故此阶段反应进行很快，油脂氧化进入显著阶段，此时油脂吸氧速度很快，增重加快，并产生大量的氢过氧化物。

$$R \cdot + O_2 \longrightarrow ROO \cdot$$
$$ROO \cdot + RH \longrightarrow ROOH + R \cdot$$

$$ROOH \xrightarrow{\text{分解}} ROH、RCHO、RCOR'$$

③ 终止期 各种自由基和过氧化自由基互相聚合，形成环状或无环的二聚体或多聚体等非自由基产物，至此反应终止。

$$ROO \cdot + ROO \cdot \longrightarrow ROOR + O_2$$
$$ROO \cdot + R \cdot \longrightarrow ROOR$$
$$R \cdot + R \cdot \longrightarrow R\text{-}R$$

(3) 单线态氧的氧化作用

① 单线态氧与三线态氧 不饱和脂肪酸氧化的主要途径是通过自氧化反应，但引发自氧化反应所需的初始自由基的来源是什么？若是由稳定的三线态氧直接在脂肪酸（RH）双键上进攻产生引发是不可能的，这是因为 RH 和 ROOH 中的 C=C 键是单线态的，若是发

生此反应则不遵守自旋守恒定律。较为合理的解释是，引发反应的是光氧化反应中的活性物质——单线态氧。

由于电子是带电的，故像磁铁一样具有两种不同的自旋方向，自旋方向相同则为$+1$，自旋方向相反则为-1。原子中电子的总角动量为$2S+1$，S为总自旋。由于氧原子在外层轨道上具有2个未成对电子，所以它们的自旋方向可能相同或相反，当自旋方向相同时，则电子总角动量$=2(1/2+1/2)+1=3$，称为三线态氧（$^3O_2$）；当自旋方向相反时，则电子总角动量$=2(1/2-1/2)+1=1$，称为单线态氧（$^1O_2$）。

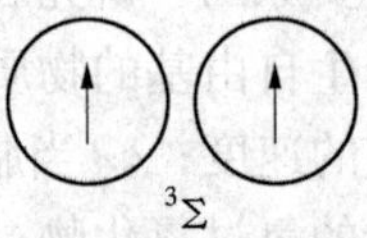

在三线态氧中，2个自旋方向相同的电子服从 Pauli 不相容原理而彼此分开分别填充在两个元素轨道中，所以静电排斥很小（图3-26）。其电子排布如图3-27所示。

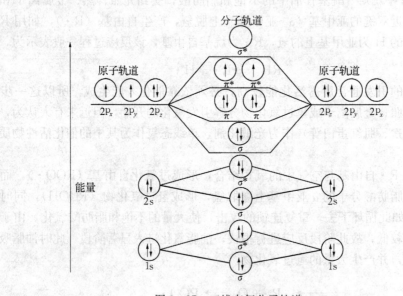

图3-26 三线态氧2个自旋方向相同的电子的排布

图3-27 三线态氧分子轨道

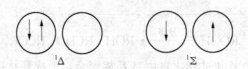

图3-28 单线态氧的两种能态

在单线态氧中，两个电子具相反的自旋方向，静电作用力很大，故产生激发态，单线态氧存在两种能态：$^1\Delta$在基态（三线态）以上，能量为 157 kJ（22 kcal）；$^1\Sigma$在基态以上，能量为 157 kJ（37 kcal）。其电子排布如图3-29所示。

单线态氧的亲电性比三线态氧强，它能快速地（比$^3O_2$快 1500 倍）与分子中具有高电子云密度分布的 C=C 键相互作用，而产生的氢过氧化物再裂解，从而引发常规的自由基链传递反应。

单线态氧可以由多种途径产生，其中最主要的是由食品中的天然色素经光敏氧化产生。

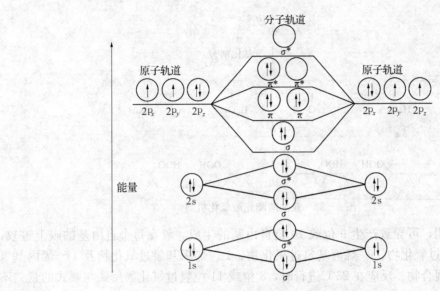

图 3-29 $^1\sum$ 单线态氧分子轨道

光敏氧化（photosensitized oxidation）有 2 条途径，第一条途径是光敏化剂（sensitizers，sens）吸收光后与作用物（A）形成中间产物，然后中间产物与基态（三线态）氧作用产生氧化产物。

$$光敏化剂 + A + h\upsilon \longrightarrow 中间物 I^* \quad （* 为激发态）$$

$$中间物 I^* + {}^3O_2 \longrightarrow 中间物 I^* + {}^1O_2 \longrightarrow 产物 + 光敏化剂$$

第二条途径是光敏化剂吸收光时与分子氧作用，而不是与作用物（A）相互作用。

$$光敏化剂 + {}^3O_2 + h\upsilon \longrightarrow 中间物 II （光敏化剂 + {}^1O_2）$$

$$中间物 II + A \longrightarrow 产品 + 光敏化剂$$

在食品存在的某些天然色素（如叶绿素 a、脱镁叶绿素 a）、血卟啉、肌红蛋白以及合成色素赤藓红都是很有效的光敏化剂。

与此相反，β胡萝卜素则是最有效的 $^1O_2$ 淬灭剂，生育酚也有一定的淬灭效果，合成物质丁基羟基茴香醚（butylated hydroxyanisole，BHA）和二丁基羟基甲苯（butylated hydroxytoluene，BHT）也是有效的 $^1O_2$ 淬灭剂。

② 光敏氧化 由于单线态氧生成氢过氧化物的机制最典型的是"烯"反应——高亲电性的单线态氧直接进攻高电子云密度的双键部位上的任一碳原子，形成六元环过渡态，氧加到双键末端，然后位移形成反式构型的氢过氧化物，生成的氢过氧化物种类数为 2 倍双键数。

以亚油酸酯为例子，其反应机制如图 3-30 所示。

（4）氢过氧化物的产生 如前所述，位于脂肪酸烃链上与双键相邻的亚甲基在一定条件下特别容易均裂而形成游离基，由于自由基受到双键的影响，具有不定位性，因而同一种脂肪酸在氧化过程中产生不同的氢过氧化物（ROOH）。下面分别以油酸酯、亚油酸酯和亚麻酸酯的模拟体系说明简单体系中的自氧化反应氢过氧化物生成机制。

① 油酸酯产生氢过氧化物 图 3-31 中只画出了油酸中包括双键在内的 4 个碳原子，氢的脱去先在 8 位或 11 位上，故先生成 8 位或 11 位两种烯丙基自由基中间物。由于双键和

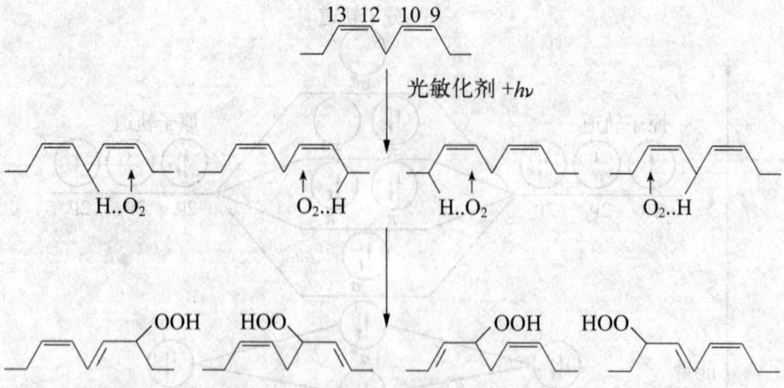

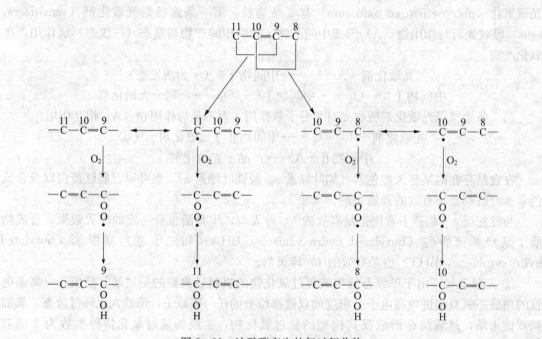

图 3-30　亚油酸酯光敏氧化机制

自由基的相互作用，可导致产生 9 位或 10 位自由基的生成。氧在每个自由基的碳上进攻，生成 8-烯丙基氢过氧化物、9-烯丙基氢过氧化物、10-烯丙基氢过氧化物及 11-烯丙基氢过氧化物的异构混合物。反应在 25℃进行时，8 位或 11 位氢过氧化物反式与顺式的量差不多，但 9 位与 10 位异构体主要是反式的。

图 3-31　油酸酯产生的氢过氧化物

②　亚油酸酯产生氢过氧化物　亚油酸酯的自氧化速度是油酸酯的 10～40 倍，这是因为亚油酸中 1，4-戊二烯结构使它们对氧化的敏感性远远超过油酸中的丙烯体系（约为 20 倍），两个双键中间（11 位）的亚甲基受到相邻的两个双键双重活化非常活泼，更容易形成自由基（图 3-32），因此油脂中油酸和亚油酸共存时，亚油酸可诱导油酸氧化，使油酸诱导期缩短。

在 11 位碳原子脱氢后产生戊二烯自由基中间物，它与分子氧反应生成等量的 9-共轭二烯氢过氧化物与 13-共轭二烯氢过氧化物的混合物。研究表明 9-顺式与 13-顺式、反式氢

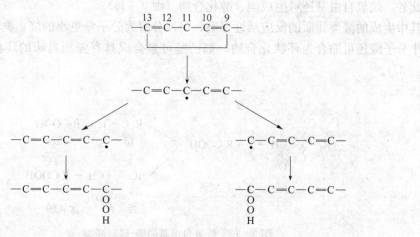

图 3 - 32 亚油酸酯产生的氢过氧化物

过氧化物通过互变以及一些几何异构化形成反式、反式异构物。这两种氢过氧化物（9 - 共轭二烯氢过氧化物与 13 - 共轭二烯氢过氧化物）都具顺式、反式以及反式、反式构型。

③ 亚麻酸酯产生氢过氧化物 亚麻酸中存在两个 1，4 - 戊二烯结构（图 3 - 33）。11 位碳和 14 位碳的两个活化的亚甲基脱氢后生成两个戊二烯自由基。

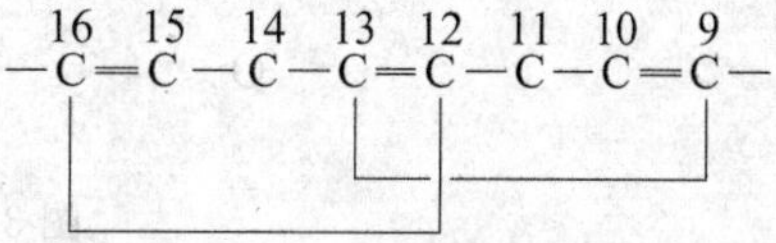

氧进攻每个戊二烯自由基的端基碳生成 9 - 氢过氧化物、12 - 氢过氧化物、13 - 氢过氧化物和 16 - 氢过氧化物的混合物，这 4 种氢过氧化物都存在几何异构体，

图 3 - 33 亚油酸中的两个戊二烯结构

每种具有共轭二烯，或是顺式、反式，或是反式、反式构型，隔离双键总是顺式的。生成的 9 - 氢过氧化物和 16 - 氢过氧化物的量大大超过 12 - 氢过氧化物和 13 - 氢过氧化物异构物，这是因为：第一，氧优先与 9 位碳和 16 位碳反应；第二，12 - 氢过氧化物和 13 - 氢过氧化物分解较快。

（5）氢过氧化物的分解及聚合 各种氧化途径产生的氢过氧化物只是一种反应中间体，非常不稳定，可裂解产生许多分解产物，其中产生的小分子醛、酮、酸等具有令人不愉快的气味即哈喇味，导致油脂酸败。

一般氢过氧化物的分解首先是在氧 - 氧键断裂，生成烷氧自由基和羟基自由基（图 3 - 34）。

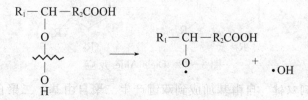

图 3 - 34 氢过氧化物的氧 - 氧键断裂

其次，烷氧自由基在与氧相连的碳原子两侧发生碳 - 碳键断裂（图 3 - 35），生成醛、酸、烃、含氧酸等化合物。

此外，烷氧自由基还可生成酮、醇化合物（图3-36）。

其中生成的醛类物质的反应活性很高，可再分解为分子量更小的醛，典型的产物是丙二醛，小分子醛还可缩合为环状化合物，如己醛可聚合成具有强烈臭味的环状三戊基三噁烷（图3-37）。

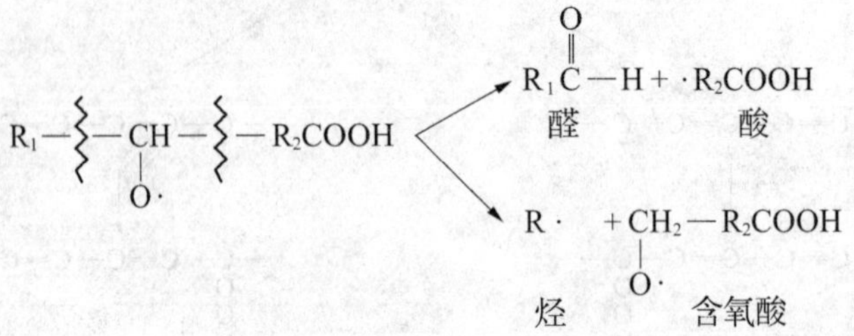

图3-35　烷氧自由基的碳-碳键断裂

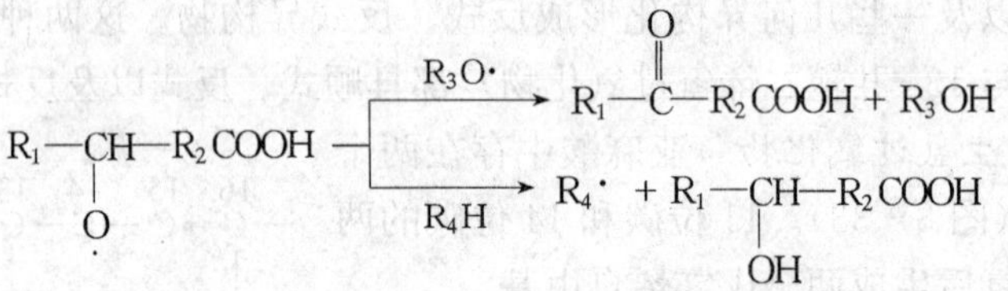

图3-36　烷氧自由基生成酮、醇

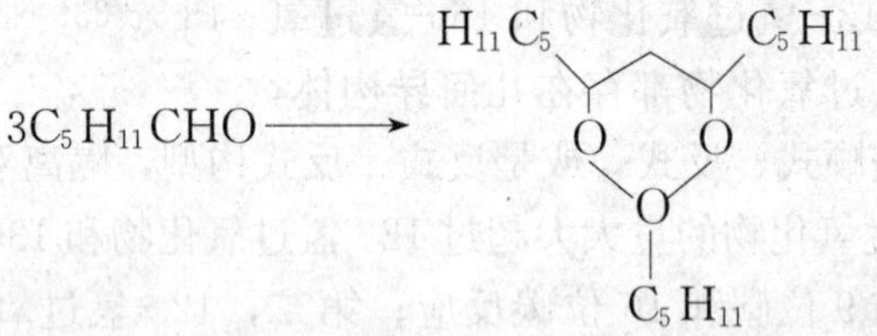

图3-37　己醛聚合成环状三戊基三噁烷

(6) 二聚物和多聚物的生成　二聚化和多聚化是脂类在加热或氧化时产生的主要反应，这种变化一般伴随着碘值的降低和相对分子质量、黏度以及折射率的增加，例如下述两个反应。

① Diels-Alder反应　双键与共轭二烯的Diels-Alder反应生成四代环己烯（图3-38）。

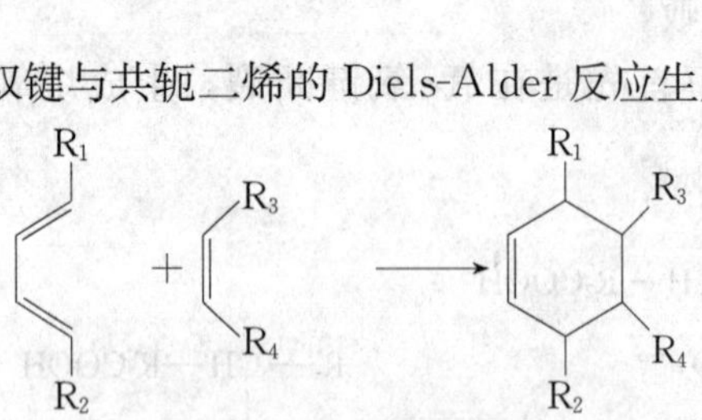

图3-38　Diels-Alder反应

② 自由基加成到双键　自由基加成到双键产生二聚自由基，二聚自由基可从另一个分子中取走氢或进攻其他双键生成无环或环状化合物。图3-39表示的是亚油酸的二聚化。不同的酰基甘油的酰基间也能发生类似的反应，生成二聚三酰基甘油和三聚三酰基甘油。

3.3.2.2　脂质酶促氧化

脂质在酶参与下所发生的氧化反应，称为酶促氧化（enzymic oxidation）。

脂肪氧合酶（lipoxygenase，Lox）专一性地作用于具有1,4-顺，顺-戊二烯结构的多不饱和脂肪酸（如 18∶2、18∶3、20∶4），在 1，4-戊二烯的中心亚甲基处（即 ω8 位）脱氢形成自由基，然后异构化使双键位置转移，同时转变成反式构型，形成具有共轭双键的 ω6 和 ω10 氢过氧化物（图3-40）。

此外，通常所称的酮型酸败也属于酶促氧化，是由某些微生物繁殖时所产生的酶（如脱氢酶、脱羧酶、水合酶）的作用引起的。该氧化反应多发生在饱和脂肪酸的 β 碳位上，因而又称为 β 氧化作用，且氧化产生的最终产物酮酸和甲基酮具有令人不愉快的气味，故称为酮型酸败。

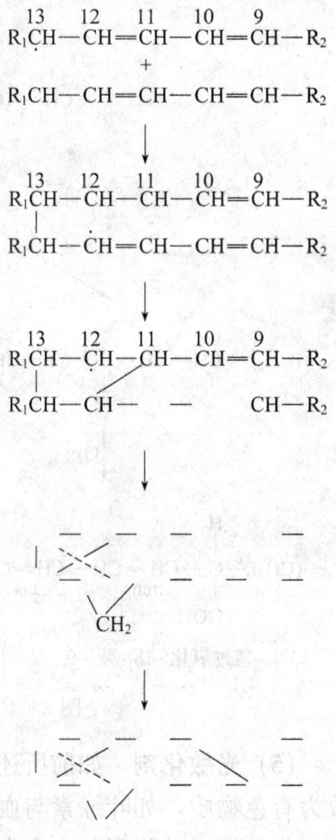

3.3.2.3 影响脂质氧化速率的因素

(1) 脂质的脂肪酸组成 脂质的饱和脂肪酸和不饱和脂肪酸都能发生氧化反应，但饱和脂肪酸的氧化必须在特殊条件下才能发生，即有霉菌的繁殖、或有酶存在、或有氢过氧化物存在的情况下，才能使饱和脂肪酸发生 β 氧化作用而形成酮酸和甲基酮。然而饱和脂肪酸的氧化速率往往只有不饱和脂肪酸的 1/10。而不饱和脂肪酸的氧化速率又与与本身双键的数量、双键的位置和几何形状有关。花生四烯酸、亚麻酸、亚油酸和油酸氧化的相对速度约为 40∶20∶10∶1。顺式酸比它们的反式酸易于氧化，而共轭双键比非共轭双键的活性强。游离脂肪酸比酯化脂肪酸，氧化速度高一些。

图 3-39 亚油酸的二聚化

(2) 水 纯净的油脂中要求含水量很低，以确保微生物不能在其中生长，否则会导致氧化。对各种含油食品来说，控制适当的水分活度能有效抑制自氧化反应，因为油脂氧化速度主要取决于水分活度。水分活度对脂质氧化作用的影响很复杂，在水分活度<0.1 的干燥食品中，脂质的氧化速度很快；当水分活度增加到 0.3 时，由于水的保护作用，阻止氧进入食品而使脂质氧化速度减慢，并往往达到一个最低速度；当水分活度在此基础上再增高时，可能是由于增加了氧的溶解度，因而提高了存在于体系中的催化剂的流动性和脂质分子的溶胀度而暴露出更多的反应位点，所以氧化速度加快。

(3) 氧气 在非常低的氧气压力下，氧化速度与氧分压近似成正比，如果氧的供给不受限制，那么氧化速度与氧分压无关。同时，氧化速度与脂质暴露于空气中的表面积呈正比，如膨松食品方便面中的油比纯净的油易氧化。因而可采取排除氧气的真空包装或充氮包装和使用透气性低的包装材料来防止含油脂食品的氧化变质。

(4) 金属离子 凡具有合适氧化还原电位的二价或多价过渡金属（如铝、铜、铁、锰与镍等）的离子都可促进自氧化反应，即使浓度低至 0.1mg/kg，它们仍能缩短诱导期和提高氧化速度。不同金属的离子对油脂氧化反应的催化作用的强弱是：铜＞铁＞铬、钴、锌、铅＞钙、镁＞铝、锡＞不锈钢＞银。

食品中的金属离子主要来源于加工、贮藏过程中所用的金属设备，因而在油的制取、精制与贮藏中，最好选用不锈钢材料或高品质塑料。

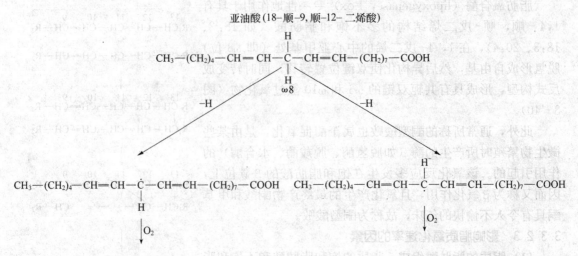

图 3-40　脂肪氧合酶作用于亚油酸产生的氢过氧化物

(5) 光敏化剂　如前所述，这是一类能够接受光能并把该能量转给分子氧的物质，大多数为有色物质，如叶绿素与血红素。与脂质共存的光敏化剂可使其周围产生过量的 $^1O_2$ 而导致氧化加快。动物脂肪中含有较多的血红素，所以促进氧化；植物油中因为含有叶绿素，同样也促进氧化。

(6) 温度　一般来说，氧化速度随温度的上升而加快。高温既能促进自由基的产生，也能促进自由基的消失，另外高温也促进氢过氧化物的分解与聚合。因此氧化速度与温度之间的关系曲线会有一个最高点。温度不仅影响自动氧化速度，而且也影响反应的机理。在常温下，氧化大多发生在与双键相邻的亚甲基上，生成氢过氧化物。但当温度超过 50℃时，氧化发生在不饱和脂肪酸的双键上，生成环状过氧化物。

(7) 光和射线　可见光线、不可见光线（紫外线和 γ 射线）是有效的氧化促进剂，这主要是由于光和射线不仅能够促进氢过氧化物分解，而且还能把未氧化的脂肪酸引发为自由基，其中以紫外线和 γ 射线辐照能最强，因此油脂和含油脂的食品宜用有色或遮光容器包装。

(8) 抗氧化剂　抗氧化剂能减慢和延缓油脂自氧化的速率，具体内容见下文。

3.3.2.4　抗氧化剂

(1) 抗氧化剂的作用机理　如上所述，凡能延缓或减慢脂质自氧化的物质均称为抗氧化剂。抗氧化剂种类繁多，其作用机理也不尽相同，可分为自由基清除剂（酶与非酶类）、单线态氧淬灭剂、金属螯合剂、氧清除剂、酶抑制剂、过氧化物分解剂、紫外线吸收剂等。

　　① 非酶类自由基清除剂　非酶类自由基清除剂主要包括天然成分维生素 E、维生素 C、β-胡萝卜素和还原型谷胱甘肽（GSH）以及合成的酚类抗氧化剂丁基羟基茴香醚（BHA）、二丁基羟基甲苯（BHT）、没食子酸丙酯（propyl gallate，PG）、特丁基对苯二酚（TBHQ）

等，它们均是优良的氢供体或电子供体。若以 AH 代表抗氧化剂，则它与脂类（RH）的自由基反应为

$$R \cdot + AH \longrightarrow RH + A \cdot$$
$$ROO \cdot + AH \longrightarrow ROOH + A \cdot$$
$$ROO \cdot + A \cdot \longrightarrow ROOA$$
$$A \cdot + A \cdot \longrightarrow A_2$$

由上述反应可知，此类抗氧化剂可以与脂类自氧化反应中产生的自由基反应，将之转变为更稳定的产物，而抗氧化剂自身生成较稳定的自由基中间产物（A·），并可进一步结合成稳定的二聚体（A_2）和其他产物（如 ROOA 等），导致自由基（R·）减少，使得脂类氧化链式反应被阻断，从而阻止脂类氧化。但须注意的是，将此类抗氧化剂加入到尚未严重氧化的油中是有效的，但将它们加入到已严重氧化的体系中则无效，因为高浓度的自由基掩盖了抗氧化剂的抑制作用。

② **酶类自由基清除剂**　酶类自由基清除剂主要有超氧化物歧化酶（superoxide dismutase，SOD）、过氧化氢酶（catalase，CAT）、谷胱甘肽过氧化物酶（GSH‑Px）等。

在生物体中各种自由基对脂类物质起氧化作用，超氧化物歧化酶（SOD）能清除由黄质氧化酶和过氧化物作用产生的超氧化物自由基 O_2^-，同时生成 H_2O_2 和 $^3O_2$，H_2O_2 又可以被过氧化氢酶（CAT）清除生成 H_2O 和 $^3O_2$。除过氧化氢酶外，谷胱甘肽过氧化物酶也可清除 H_2O_2，还可清除脂类过氧化自由基 ROO·和 ROOH，从而起到抗氧化作用，反应过程为

$$O_2^- + O_2^- + 2H^+ \xrightarrow{\text{SOD}} H_2O_2 + {}^3O_2$$
$$H_2O_2 \xrightarrow{\text{CAT}} H_2O + {}^3O_2$$
$$ROOH + 2GSH \xrightarrow{\text{GSH-Px}} GSSG + ROH + H_2O$$

上述反应式中，SGH 为还原型谷胱甘肽（glutathione），GSSG 为氧化型谷胱甘肽（oxidized form glutathione）。值得注意的是，谷胱甘肽过氧化物酶（GSH‑Px）在催化反应中需还原型谷胱甘肽（GSH）作氢供体。

③ **单线态氧淬灭剂**　单线态氧易与同属单线态的双键作用，转变成三线态氧，所以含有许多双键的类胡萝卜素是较好的单线态氧（$^1O_2$）淬灭剂。其作用机理是激发态的单线态氧将能量转移到类胡萝卜素上，使类胡萝卜素由基态（^{1} 类胡萝卜素）变为激发态（^{3} 类胡萝卜素），而后者可直接放出能量回复到基态。

$$^1O_2 + {}^1\text{类胡萝卜素} \longrightarrow {}^3O_2 + {}^3\text{类胡萝卜素}$$

此外，$^1O_2$ 淬灭剂还可使光敏化剂（Sen）由激发态（Sen*）回复到基态（^{1}Sen），即

$$^1\text{类胡萝卜素} + {}^3\text{Sen}^* \longrightarrow {}^3\text{类胡萝卜素} + {}^1\text{Sen}$$

④ **金属离子螯合剂**　食用油脂通常含有微量的金属离子、重金属，尤其是那些具有两价或更高价态的重金属可缩短自氧化反应诱导期的时间，加快脂类化合物氧化的速度。金属离子（M^{n+}）作为助氧化剂起作用，一是通过电子转移，二是通过诸如下列反应从脂肪酸或氢过氧化物中释放自由基。超氧化物自由基 O_2^- 也可以通过金属离子催化反应而生成，并由此经各种途径引起脂类化合物氧化。

$$ROOH + M^{(n+1)+} \longrightarrow M^{n+} + H^+ + ROO\cdot$$
$$ROOH + M^{n+} \longrightarrow RO\cdot + OH^- + M^{(n+1)+}$$
$$ROOH + M^{(n+1)+} \longrightarrow ROO\cdot + M^{n+} + H^+$$

柠檬酸、酒石酸、抗坏血酸（维生素 C）、乙二胺四乙酸（ethylenediamine tetraacetic acid，EDTA）和磷酸衍生物等物质对金属具螯合作用而使它们钝化，从而起到抗氧化的作用。

⑤ 氧清除剂　氧清除剂通过除去食品中的氧而延缓氧化反应的发生，可作为氧清除剂的化合物主要有抗坏血酸、抗坏血酸棕榈酸酯、异抗坏血酸、异抗坏血酸盐等。在清除罐头和瓶装食品的顶隙氧方面，抗坏血酸的活性强一些，而在含油食品中则以抗坏血酸棕榈酸酯的抗氧化活性更强，这是因为其在脂肪层的溶解度较大。此外，抗坏血酸与生育酚结合可以使抗氧化效果更佳，这是因为抗坏血酸能将脂质自氧化产生的氢过氧化物分解成非自由基产物。

⑥ 氢过氧化物分解剂　氢过氧化物是脂质氧化的初产物，有些化合物（如硫代二丙酸及其月桂酸、硬脂酸的酯）可将链反应生成的氢过氧化物转变为非活性物质，从而起到抑制脂质氧化的作用。

(2) 抗氧化剂的增效作用　在抗脂质氧化体系中，使用两种或两种以上抗氧化剂的混合物比单独一种所产生的抗氧化效果更大，这种协同效应称为增效作用（synergism）。其增效机制通常有以下两种。

① 由混合的自由基受体所产生的增效作用　两种自由基受体中，其中增效剂的作用是使主抗氧化剂再生，从而引起增效作用。Uri 曾提出一种假说，可解释两种混合自由基受体在体系中所起的作用。例如 AH 和 BH，假定 B-H 键的离解能小于 A-H 键，并且 BH 因为空间位阻只能与 $RO_2\cdot$ 缓慢地起反应，于是发生以下反应。

$$RO_2\cdot + AH \longrightarrow ROOH + A\cdot$$
$$A\cdot + BH \longrightarrow B\cdot + AH$$

因此 BH 在体系中可产生备用效应（sparing effect），因为它能使主抗氧化剂 AH 再生。此外，还使自由基 A·通过链反应而消失的趋势大为减弱。如同属酚类的抗氧剂丁基羟基茴香醚（BHA）和二丁基羟基甲苯（BHT），前者为主抗氧化剂，它将首先成为氢供体，而BHT 由于空间阻碍只能与 ROO·缓慢地反应，二丁基羟基甲苯的主要作用是使丁基羟基茴香醚再生。

② 金属螯合剂和自由基受体的联合作用，增效剂为金属螯合剂　例如以酚类抗氧化剂和抗坏血酸结合的体系为例，其中酚类是主抗氧化剂，抗坏血酸为增效剂。抗坏血酸既可以作为电子的供体，同时又是金属螯合剂、氧的清除剂，而且在体系中有利于形成具有抗氧化活性的褐变产物。此外抗坏血酸还能使酚类抗氧化剂再生，两者联合使用，抗氧化能力更强。

(3) 抗氧化剂的选择　抗氧化剂的选择是一个复杂的问题，因为各种抗氧化剂的分子结构不相同，它们在各种脂类或含油脂食品中以及在不同的加工、操作条件下作为抗氧化剂使用时，抗氧化效果表现出明显的差别。除在特殊应用中只强调抗氧化剂或其混合物的抗氧化效果外，一般情况下还需要考虑其他一些因素，如在食品中是否容易掺和、抗氧化剂的持续特性（carry-through characteristics）、对 pH 的敏感性、是否变色或产生异味、有效性、价格等。实际上，在选择最适合的抗氧化剂或合并使用几种抗氧化剂时，将会碰到很多具体问题。例如食品中是否已经存在或加工过程中产生了抗氧化物质或助氧化剂，以及添加的抗氧化剂将会怎样起作用等。

近年来，十分注意研究各种抗氧化剂的应用效果以及亲水-亲脂性的复杂关系。Porter提出两种不同类型的抗氧化剂具有不同的应用方式：一种是表面积/体积比小的体系，如在散装油脂（脂质-气体界面）中，用亲水-亲脂平衡值较大的抗氧化剂（如PG或TBHQ）最为有效。因为这类抗氧化剂集中于脂质的表面，而脂质与分子氧的反应主要在脂质表面发生。另一种是表面积/体积比大的体系，如具有极性脂膜、中性的胞内胶束和乳化油胶束的各类食品，脂质在这些高水浓度的多相体系中，往往处于中间相状态，因此用亲脂性较强的抗氧化剂最有效，例如丁基羟基茴香醚、二丁基羟基甲苯、高级烷基没食子酸酯和生育酚。

（4）一些常用的抗氧化剂性质

① 生育酚　生育酚是自然界分布最广的一种抗氧化剂，它是植物油的主抗氧化剂。动物脂肪中存在少量生育酚，它主要来源于动物膳食中植物组分。生育酚有8种结构，都是母生育酚（图3-41）甲基取代物。存在于植物油中生育酚主要有以下3种：5，7，8-三甲基母生育酚、7，8-二甲基母生育酚以及8-甲基母生育酚。

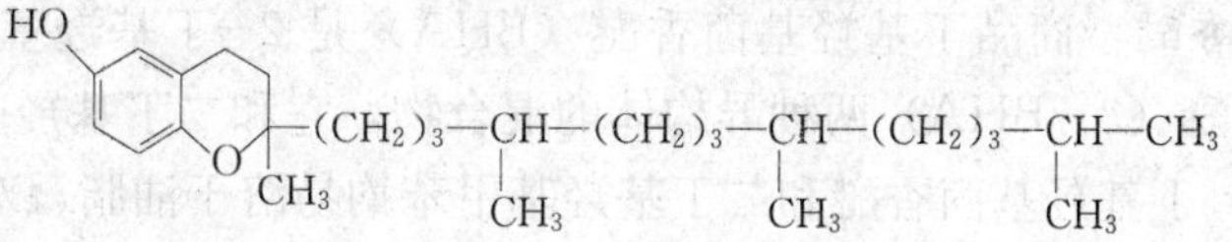

图3-41 母生育酚

在油脂加工中，粗植物油中相当部分的生育酚未遭破坏，因而在终产品中仍保留足够的数量以提供氧化稳定性。作为抗氧化剂，生育酚在较低的浓度，即相当于它在粗植物油中的浓度，就能产生很高的效力。但如果生育酚浓度过高，将会起到助氧化剂的作用。

同所有酚类化合物类似，生育酚与下列反应竞争而起到抗氧化作用。

$$ROO \cdot + RH \longrightarrow ROOH + R \cdot$$

生育酚（TH_2）与过氧化自由基相互作用，自身生成自由基，即

$$ROO \cdot + TH_2 \longrightarrow ROOH + TH \cdot$$

α-生育酚自由基（$TH \cdot$）比较稳定的原因是由于不成对电子非定域化，因此它不如过氧化自由基活泼，使 α-生育酚成为一种有效的抗氧化剂。α-生育酚可以淬灭过氧化自由基，因而产生甲基生育醌（T）（图3-42）。

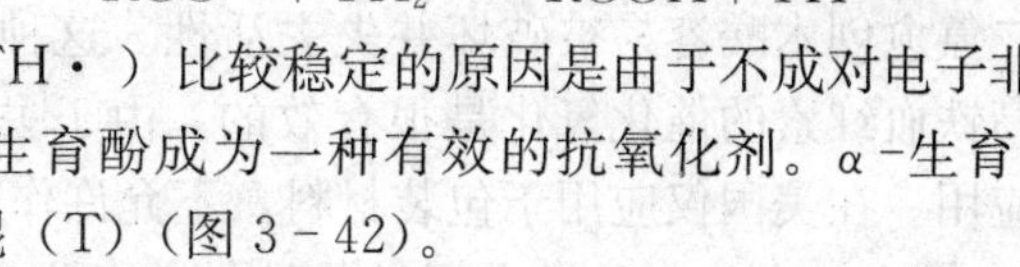

图3-42 生育酚自由基生成甲基生育醌

α-生育酚自由基也可与另一个 α-生育酚自由基作用得到甲基生育醌（T）和重新产生生育酚分子（TH_2），即

$$TH \cdot + TH \cdot \longrightarrow T + TH_2$$

一般来说，具有高维生素E活性的生育酚的抗氧化性不如具有低维生素E活性的生育

酚，抗氧化活性的大小次序为 δ＞γ＞β＞α，然而这些抗氧化剂的相对活性还受到温度和光的显著影响。

在某些条件下，生育酚是一种具有助氧化作用的助氧化剂。在通常情况下，脂质浓度大大超过生育酚浓度，它的逐步氧化导致生育酚逐渐减少，然而脂质相对于生育酚的减少仅很少变化，同时使 ROOH 积累，当 ROOH 积累的浓度较高时，反应向平衡的反方向进行，即

$$ROO \cdot + TH_2 \longrightarrow ROOH + TH \cdot$$

从而促进了链传递反应，即

$$RH + ROO \cdot \longrightarrow ROOH + R \cdot$$

当 α-生育酚浓度较高时，通过下列反应形成自由基产生助氧化作用。

$$ROOH + TH_2 \longrightarrow RO \cdot + TH \cdot + H_2O$$

故在食品生产过程中，宜将 α-生育酚的使用量控制在 50～500 mg/kg。

② 愈创树脂　它是一种热带木本植物分泌出的树脂。由于它含有相当多的酚酸，所以在动物脂肪中的抗氧化效果比在植物油中更显著。这种树脂带红棕色，在油中的溶解度很小，并产生异味。

③ 丁基羟基茴香醚　商品丁基羟基茴香醚（BHA）是 2-丁基羟基茴香醚（2-BHA）和 3-丁基羟基茴香醚（3-BHA）两种异构体的混合物，它和二丁基羟基甲苯（BHT），都广泛用于食品工业，丁基羟基茴香醚和二丁基羟基甲苯均易溶于油脂，对植物油的抗氧化活性弱，特别是在富含天然抗氧化剂的植物油中，如果将丁基羟基茴香醚、二丁基羟基甲苯和其他主要抗氧化剂混合一起使用，抗氧化效果可以提高。丁基羟基茴香醚具有典型的酚气味，当脂质在高温加热时这种气味特别明显。新近的动物实验结果表明，这两种抗氧化剂对人体健康有害。

④ 去甲二氢愈创木酸　去甲二氢愈创木酸（nordihydroguaiaretic acid，NDGA）是从沙漠地区的拉瑞阿属植物 *Larrea divaricata* 中提取的一种天然抗氧化剂，在油脂中溶解度为 0.5%～1%，当油脂加热时溶解度增大。在有铁存在或高温下储存时，去甲二氢愈创木酸抗氧化持久性很差，并且颜色略微变深。pH 对去甲二氢愈创木酸的抗氧化活性有明显的影响，强碱条件下去甲二氢愈创木酸容易被破坏并失去活性。这种抗氧化剂对防止脂质-水体系和某些肉制品中羟高铁血红素的催化氧化是很有效的。由于去甲二氢愈创木酸价格高，目前还不可能得到广泛应用。在美国仅应用于包装材料，不允许作为食品添加剂使用。

⑤ 没食子酸（棓酸）及其烷基酯　从没食子酸的酚结构可以看出这种酚酸及其烷基酯具有很强的抗氧化活性。没食子酸可溶于水，几乎不溶于脂质。没食子酸酯在脂质中的溶解度随烷基链长的增加而增大，没食子酸丙酯是我国允许使用的一种脂质抗氧化剂，能阻止亚油酸酯的脂肪氧合酶酶促氧化，其缺点是在碱性和有微量铁存在时产生蓝黑色，在食品焙烤或油炸过程中会迅速挥发。

⑥ 特丁基对苯二酚　特丁基对苯二酚（TBHQ）是 20 世纪 70 年代开始应用的一种抗氧化剂。美国食品药品管理局（FDA）于 1972 年对这种抗氧化剂进行过广泛实验。特丁基对苯二酚微溶于水，在脂质中的溶解性中等，很多情况下，对多不饱和原油和精炼油的抗氧化效果比其他普通抗氧化剂好，而且不发生变色或改变风味稳定性，在油炸食品中还具有很好的持续。大量动物饲养试验和生物学研究，按正常用量水平的 1 000～10 000 倍测定安全限度，证明特丁基对苯二酚是一种安全性高的抗氧化剂。

⑦ 2,4,5-羟基苯丁酮 在结构上，2,4,5-羟基苯丁酮（THBP）与没食子酸相似，并且抗氧化性质也类似。2,4,5-羟基苯丁酮目前尚未广泛应用。

⑧ 4-羟基-2,6-二叔丁基酚 4-羟基-2,6-二叔丁基酚是二丁基羟基甲苯（BHT）甲基上的一个氢原子被羟基取代后生成的产物，挥发性比二丁基羟基甲苯小，抗氧化性能与二丁基羟基甲苯相当。

某些抗氧化剂按 100 倍以上允许用量进行动物试验，结果证明目前允许使用的各种抗氧化剂是安全的。但也有报道二丁基羟基甲苯能引起动物组织增生。在对天然抗氧化剂的大量研究中，发现许多生物材料中存在着抗氧化物质，如香辣味植物、油料种子、柑橘果肉和皮、燕麦、茶叶、葡萄籽、莲藕、向日葵壳、可可壳、大豆、红豆，以及动物和微生物蛋白的水解液加热和非酶褐变的产物等。

（5）抗氧化剂分解

抗氧化剂在高温下会显著分解，但在食品中由于抗氧化剂的使用浓度很低，因而分解产物的含量也很少。

4 种酚类抗氧化剂在 185℃加热 1h，其稳定性秩序为特丁基对苯二酚（TBHQ）＜丁基羟基茴香醚（BHA）＜没食子酸丙酯（PG）＜二丁基羟基甲苯（BHT），这是根据它们在加热过程中的热稳定性或而有的则易挥发性评定的，在这 4 种抗氧化剂中没食子酸丙酯的挥发性最弱，而叔丁基羟基甲苯和特丁基对苯二酚的挥发性最强。

抗氧化剂是食品添加剂的一种，各国都有明确规定和要求，美国联邦食品、药物和化妆品法规对添加剂的使用限制严格，抗氧化剂同时还要受到肉类检验法规、家禽检验法规以及州法律的限制。

3.3.2.5 氧化脂质的安全性

脂质氧化是自由基链反应，而自由基的高反应活性，可导致机体损伤、细胞破坏、人体衰老等，而脂质氧化过程中产生的过氧化脂质几乎能和食品中的任何成分反应，能导致食品的外观、质地和营养质量的劣变，甚至会产生突变的物质。例如：

a. 脂质自氧化过程中产生的氢过氧化物及其降解产物可与蛋白质反应，导致蛋白质溶解度降低（蛋白发生交联），颜色变化（褐变），营养价值降低（必需氨基酸损失）。氢过氧化物的氧-氧键断裂产生的烷氧游离基，与蛋白质（Pr）作用，生成蛋白质游离基，蛋白质游离基再发生交联，即

$$RO\cdot + Pr \longrightarrow Pr\cdot + ROH$$
$$Pr\cdot + Pr\cdot \longrightarrow Pr - Pr + Pr\cdot \longrightarrow Pr - Pr - Pr + \cdots$$

b. 脂质自氧化过程中产生的氢过氧化物还可与人体内几乎所有分子或细胞反应，破坏 DNA 和细胞结构。例如酶分子中的—NH_2 与丙二醛发生交联反应而失去活性，蛋白质交联后丧失生物功能，这些破坏了的细胞成分被溶酶体吞噬后，又不能被水解酶消化，在体内积累产生老年色素（脂褐素）。

c. 脂质自氧化过程中产生的醛可与蛋白质中的氨基缩合，生成薛夫碱后继续进行醇醛缩合反应，生成褐色的聚合物和有强烈气味的醛，导致食品变色，并且改变食品风味。例如脂质过氧化物的分解产物丙二醛能与蛋白质中赖氨酸的 ε-NH_2 反应生薛夫碱，使大分子交联，这也是导致鱼蛋白在冷冻贮藏后溶解度降低，鱼肉质变老的原因之一。

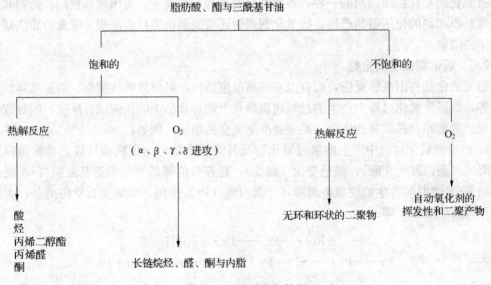

3.3.3 脂质热解

脂质在高温下的反应十分复杂，在不同的条件下会发生聚合、缩合、氧化和分解反应，使其黏度、酸价增高，碘值下降，折射率改变，还会产生刺激性气味，同时营养价值也有所下降。表 3-11 列出了棉籽油在 225℃ 加热时的质量参数的变化。

表 3-11　棉籽油在 225℃ 加热时的质量变化

质量参数	加热时间（h）		
	0	72	194
平均分子质量（u）	850	1080	1510
黏度（Et）	0.6	2.1	18.1
碘值	110	91	73
过氧化值	2.5	1.5	0

在高温条件下，脂质中的饱和脂肪酸与不饱和脂肪酸反应情况不一样，二者在有氧和无氧的条件下，大致反应情况如图 3-43 所示。

图 3-43　脂质热解简图

3.3.3.1　饱和脂质在无氧条件下的热解

一般来说，饱和脂肪酸酯必须在高温条件下加热才产生显著的非氧化反应。通过对同酸三酰基甘油酯在真空条件下加热的情况分析发现，分解产物中主要为 n 个碳（与原有脂肪酸相同碳数）的脂肪酸、$2n-1$ 个碳的对称酮和 n 个碳的脂肪酸羰基丙酯，另外还产生一些丙烯醛、CO 和 CO_2。由此可知无氧热解反应是从脱酸酐开始的，主要反应如图 3-44 所示。

3.3.3.2　饱和脂质在有氧条件下的热氧化反应

饱和脂肪酸酯在空气中加热到 150℃ 以上时会发生氧化反应，通过收集其分解产物进行

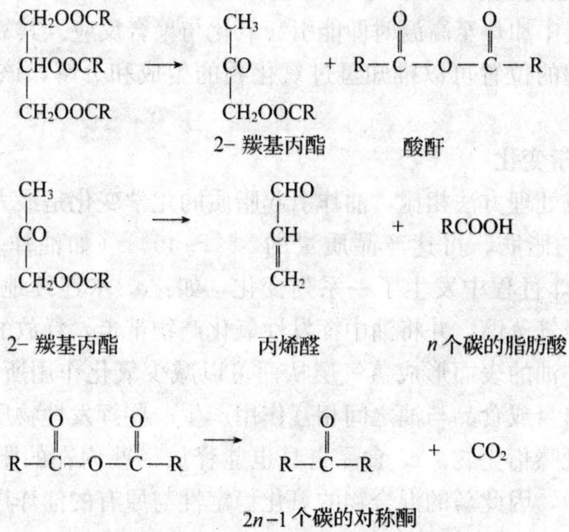

CH₂OOCR
CHOOCR
CH₂OOCR
CH₃
CO
CH₂OOCR
2-羰基丙酯
R—C—O—C—R
酸酐
CHO
CH
CH₂
RCOOH
丙烯醛
n个碳的脂肪酸
CO₂
2n-1个碳的对称酮

图 3-44 饱和油脂的无氧热解反应

分析，发现绝大多数的产物为不同分子质量的醛和甲基酮，也有一定量的烷烃与脂肪酸，少量的醇与γ-内酯。一般认为在这种条件下，氧优先进攻离羰基较近的α位碳原子、β位碳原子和γ位碳原子，形成氢过氧化物，然后再进一步分解。例如，当氧进攻β位碳原子时，生成的产物见图 3-45。

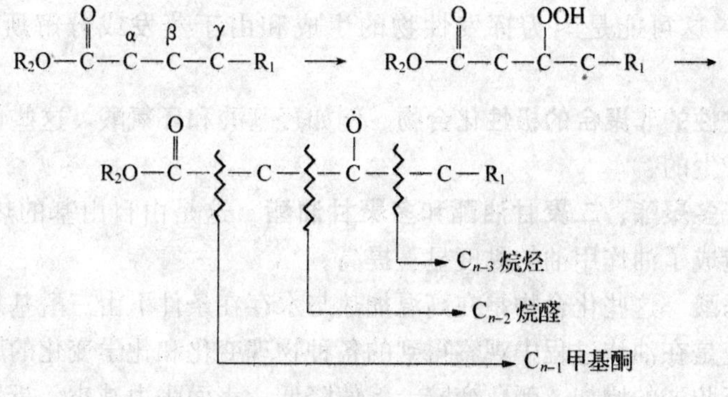

R₂O—C—C—C—C—R₁
α β γ
OOH
Cn-3 烷烃
Cn-2 烷醛
Cn-1 甲基酮

图 3-45 饱和油脂在β位碳的氧化热解

3.3.3.3 不饱和脂质在无氧条件下的热聚合

不饱和脂质在隔氧（如真空、二氧化碳或氮气）条件下加热至高温（低于 220℃），脂质在邻近烯键的亚甲基上脱氢，产生自由基，但是该自由基并不能形成氢过氧化物，而是进一步与邻近的双键作用，断开一个双键又生成新的自由基，反应不断进行下去，最终产生环套环的二聚体，如不饱和单环、不饱和二环、不饱和三环等化合物。热聚合可发生在一个酰基甘油分子中的两个酰基之间，形成分子内的环状聚合物，也可以发生在两个酰基甘油分子之间，类似于油脂在氧化反应中发生的聚合反应（图 3-39）。

不饱和脂质在高于 220℃的无氧条件，除了有聚合反应外，还会在烯键附近断开 C-C 键，产生低分子质量的物质。

3.4.3.4 不饱和脂质在有氧条件下的热氧化与聚合反应

不饱和脂质在空气中加热至高温时即能引起氧化与聚合反应。其氧化的主要途径与自氧化反应相同，根据双键的位置可以推知氢过氧化物的生成和分解，该条件下氧化速率非常高，反应速度更快。

3.3.4 油炸用油的化学变化

与其他食品加工或处理方法相比，油炸引起脂质的化学变化是最大的，而且在油炸过程中，食品吸收了大量的脂肪，可达产品质量的 5%～40%（如油炸马铃薯片的含油量为35%）。油炸用油在油炸过程中发生了一系列变化，如：a. 水连续地从食品中释放到热油中，这个过程相当于蒸气蒸馏，并将油中挥发性氧化产物带走，释放的水分也起到搅拌油和加速水解的作用，并在油的表面形成蒸气层从而可以减少氧化作用所需的氧气量。b. 在油炸过程中，由于食品自身或食品与油之间相互作用产生一些挥发性物质，例如马铃薯油炸过程中产生硫化合物和吡嗪衍生物。c. 食品自身也能释放一些内在的脂质（例如鸡、鸭的脂肪）进入到油炸用油中，因此新的混合物的氧化稳定性与原有的油炸用油就大不相同，食品的存在加速了油变暗的速度。

3.3.4.1 油炸用油的性质

在油炸过程中，可产生下列各类化合物。

(1) 挥发性物质　在油炸过程中，包括氢过氧化物的形成和分解的氧化反应，产生诸如饱和与不饱和醛类、酮类、内酯类、醇类、酸类以及酯类化合物。油在 180℃ 并有空气存在情况下加热 30min，由气相色谱可检测到主要的挥发性氧化产物。虽然所产生的挥发性产物的量随油的类型、食品类型以及热处理方法不同会有很大的不同，但它们一般会达到一个平衡值，这可能是因为挥发性物的生成和由于蒸发或分解所造成的损失达到了平衡。

(2) 中等挥发性的非聚合的极性化合物　例如羟基酸和环氧酸，这些化合物是由各种自由基的氧化途径产生的。

(3) 二聚酯、多聚酯、二聚甘油酯和多聚甘油酯　这是由自由基的热氧化和聚合产生的，这些化合物造成了油炸用油的黏度显著提高。

(4) 游离脂肪酸　这些化合物是在高温加热与水存在条件下由三酰基甘油水解生成的。

上述这些反应是在油炸过程中观察得到的各种物理变化和化学变化的原因。这些变化包括了黏度和游离脂肪酸的增加、颜色变暗、碘值降低、表面张力减小、折光率改变以及易形成泡沫。

3.3.4.2 油炸用油质量的评价

前面讨论的测定脂质氧化的一些方法通常也可用于监控油炸过程中油的热分解和氧化分解。此外，黏度、游离脂肪酸、感官质量、发烟点、聚合物生成以及特殊的降解产物等测定技术也不同程度地得到应用。另外，已研制了一些特别的方法评定使用过的油炸用油的化学性质，其中有些方法需要标准的实验仪器，而其他方法需要进行专门测定。

(1) 石油醚不溶物　德国研制了这个方法，后来由德国脂肪研究学会做了推荐。如果石油醚不溶物为 0.7%，发烟点＜170℃；或者石油醚不溶物含量≥1.0%，不管发烟点是多高，都可以认为油炸用油已变质了。由于氧化产物部分溶于石油醚，因此这个方法既花时间又不太准确。

(2) 极性化合物 经加热的脂质在硅胶柱上进行分级分离,使用石油醚-乙醚混合物洗脱非极性馏分,极性馏分的质量分数可从总量与非极性馏分的差值计算得到,可使用油的最大允许的极性组分量为27%。

(3) 二聚酯 这个技术是将油完全转化成相应的甲酯后采用气相色谱短柱进行分离和检测。可采用二聚酯的增加作为热分解作用的量度。

(4) 介电常数 采用食用油传感器仪器快速测定油的介电常数的变化。介电常数随着极性的增加而增加,极性增加意味着变质。介电常数的数值代表了油炸用油中产生的极性组分和非极性组分间的净平衡,一般以极性部分增加为主,但两种组分间的净差值取决于许多因素,其中有一些与油的质量无关(例如水分)。

3.3.4.3 油炸条件下的安全性

事实上,油炸过程中有些变化是需要的,它赋予油炸食品期望的感官质量。但另一方面,由于对油炸条件未进行合适的控制,过度的分解作用将会破坏油炸食品的感官质量与营养价值。摄食经加热和氧化的脂质而产生有害效应的可能性是一个极受关注的问题。动物试验表明,喂食因加热而高度氧化的脂质,在动物中会产生各种有害效应。有报道氧化聚合产生的极性二聚物是有毒的,而无氧热聚合生成的环状酯也是有毒的。用长时间加热的油炸油喂养大鼠,导致大鼠食欲降低、生长缓慢和肝脏肿大。经检验,长时间高温油炸薯条和鱼片的油和反复使用的油炸用油,可产生显著的致癌活性。

尽管目前已确定脂质经过高温加热和氧化能产生有毒物质,但是使用高质量的油和遵循推荐的加工方法,适度地食用油炸食品不会对健康造成明显的危险。

3.3.5 辐照

食品辐照(radiolysis)作为一种灭菌手段,其目的是消灭微生物和延长食品的货架寿命。辐照能对肉和肉制品杀菌(高剂量,如10~50 kGy),防止马铃薯和洋葱发芽,延迟水果成熟以及杀死调味料、谷物、豌豆和菜豆中的昆虫(低剂量,如低于3 kGy)。无论从食品的稳定性还是经济观点考虑,食品的辐照保藏对工业界有着日益增加的吸引力。

但其负面影响是,辐照会引起脂溶性维生素的破坏,对生育酚的破坏尤甚。此外,如同热处理一样,食品辐照也会导致化学变化。辐照剂量越大,影响越严重。在辐照食物的过程中,脂质分子吸收辐照能,形成自由基和激化分子,激化分子可进一步降解。以饱和脂肪酸酯为例,辐解首先在羰基附近 α、β、γ 位置处断裂,生成的辐解产物有烃、醛、酸、酯等。激化分子分解时可产生自由基,自由基之间可结合生成非自由基化合物。在有氧时,辐照还可加速脂质自氧化,同时使抗氧化剂遭到破坏。辐照和加热造成脂质降解,这两种途径生成的降解产物有些相似,只是后者生成更多的分解产物。但经几十年深入研究表明,食品在合适的条件下辐照杀菌是安全和卫生的。

在1980年11月,由联合国粮食与农业组织、世界卫生组织和国际原子能组织(FAO/WHO/IAEA)联合专家委员会对有关辐照食品的安全卫生做出决定:"食品辐照的总平均剂量为10 kGy时不会产生中毒危险,因此按此剂量处理的食品不需要毒理试验。"在1986年,美国食品和药物管理局批准,为了抑制生长和成熟,新鲜食品的最大辐照剂量为1 kGy,也批准了调味料杀菌的最大辐照剂量为30 kGy。1990年,美国食品和药物管理局批准了鲜肉的辐照以控制传染致病菌。1992年,美国农业部批准辐照鲜肉以控制沙门氏菌。

3.4 油脂品质鉴评

3.4.1 油脂的重要化学特征值

由于油脂的脂肪酸分析及三酰基甘油的分布类型的测定是比较复杂的，为了能简单快速的鉴别油脂的种类与品质，很多基本的理化分析值是很有参考价值的。

3.4.1.1 酸价

酸价（acid value，AV）是中和 1g 油脂中游离脂肪酸所需的氢氧化钾（KOH）的量（mg）。新鲜油脂的酸价很小，但随着贮藏期的延长和油脂的酸败，酸价增大。酸价的大小可直接说明油脂的新鲜度和质量好坏，所以酸价是检验油脂质量的重要指标。我国食品卫生标准规定，食用植物油的酸价不得超过 5。有关食用油脂的酸价标准见表 3-12。

表 3-12　我国食用油脂的酸价标准

油脂级别或种类	酸价
食用煎炸油、机制小磨麻油、二级菜籽油	≤5.0
食用亚麻籽油、大多数二级食用植物油	≤4.0
小磨芝麻香油	≤3.0
二级食用猪油	≤1.5
一级食用植物油和猪油、起酥油、人造奶油、食用氢化油	≤1.0
高级烹调油	≤0.5
色拉油	≤0.3
精制调和油	≤0.2
调和色拉油	≤0.15

注：①若调和油中配入芝麻油，则酸价标准为≤2.0；②若调和色拉油中配入有橄榄油，则酸价标准为≤0.4。

3.4.1.2 皂化值

1g 油脂完全皂化时所需氢氧化钾（KOH）的量（mg）称为皂化值（saponify value，SV）。皂化值的大小与油脂的平均分子质量成反比，皂化值高的油脂熔点较低，易消化，一般油脂的皂化值为 200 左右。制皂业根据油脂的皂化值的大小，可以确定合理的用碱量和配方。

3.4.1.3 碘值

100g 油脂吸收碘的量（g）称为碘值（iodine value，IV）。通过碘值可以判断油脂中脂肪酸的不饱和程度，油脂中双键越多，碘值越大，如油酸的碘值为 89，亚油酸的碘值为 181，亚麻酸的碘值达 273。各种油脂有特定的碘值，如猪油的碘值为 55~70。一般动物脂的碘值较小，植物油碘值较大。另外，根据碘值的大小可把油脂分为：干性油（碘值为 180~190）、半干性油（碘值为 100~120）和不干性油（碘值< 100）。表 3-13 是我国几种作为特征指标的食用油脂的皂化值和碘值国家标准。

表 3-13　几种食用油脂的皂化值和碘值国家标准

油脂	皂化值	碘值
葵花籽油	188~194	110~143
菜籽油	168~182	94~120
大豆油	188~195	123~142
花生油	187~196	80~106
棉籽油	189~198	99~123
米糠油	179~195	92~115

3.4.1.4　二烯值

二烯值（diene value，DV）是 100 g 油脂中所需顺式丁烯二酸酐换算成碘的克数。因为顺式丁烯二酸酐可与油脂中共轭双键进行 Diels-Alder 反应，所以二烯值是鉴定油脂不饱和脂肪酸中共轭体系的特征指标。天然存在的脂肪酸一般含非共轭双键，在食品加工与贮藏过程中，可能发生某些化学反应而生成无营养的含共轭双键的脂肪酸。

3.4.2　油脂氧化稳定性的测定

3.4.2.1　过氧化值

过氧化值（peroxidation value，POV）是指 1 kg 油脂中所含氢过氧化物的量（mmol）。氢过氧化物是油脂氧化的主要初级产物，在油脂氧化初期，过氧化值随氧化程度加深而增高。而当油脂深度氧化时，氢过氧化物的分解速度超过了氢过氧化物的生成速度，这时过氧化值会降低，所以过氧化值宜用于衡量油脂氧化初期的氧化程度。过氧化值常用碘量法测定，分成下述 2 步操作。

a. 将被测油脂与碘化钾反用生成游离碘，反应为

$$ROOH + 2KI \longrightarrow ROH + I_2 + K_2O$$

b. 生成的碘再用硫代硫酸钠（$Na_2S_2O_3$）标准溶液滴定，以消耗硫代硫酸钠的量（mmol）来确定氢过氧化物的量（mmol）。

$$I_2 + 2Na_2S_2O_3 \longrightarrow 2NaI + Na_2S_4O_6$$

一般新鲜的精制油过氧化值低于 1。过氧化值升高，表示油脂开始氧化。过氧化值达到一定量时，油脂产生明显异味，成为劣质油，该值一般定为 20，但不同的油有一些差别，如人造奶油为 60。故在检查油脂氧化变质的实验中，有的把变质的标准定为 20，有的定为 70。但一般过氧化值超过 70 时表明油脂已进入氧化显著阶段。

3.4.2.2　硫代巴比妥酸值

不饱和脂肪酸的氧化产物（丙二醛、其他较低分子质量的醛等）与硫代巴比妥酸（thiobarbituric acid，TBA）反应生成红色和黄色物质，其中与氧化产物丙二醛反应产生的物质为红色，在 530 nm 处有最大吸收；饱和醛、单烯醛、甘油醛等与硫代巴比妥酸反应产物为黄色，在 450 nm 处有最大的吸收。可同时在这两个最高吸收波长处测定油脂的氧化物的含量，以此来衡量油脂的氧化程度。硫代巴比妥酸值广泛用于评价油脂的氧化程度，但单糖、蛋白质、木材烟中的成分都可以干扰该反应，故该反应对不同体系的含油食品的氧化程度难以评价，而只能用于比较单一物质（如纯油脂）在不同氧化阶段的氧化程度的评价。

3.4.2.3 活性氧法

活性氧法（active oxygen method, AOM）是检验油脂是否耐氧化的重要方法，其基本做法是把被测油样置于 97.8℃ 的恒温条件下，并连续向其中通入 2.33 mL/s 的空气，定期测定在该条件下油脂的过氧化值（POV），记录油脂的过氧化值达到 70（植物油脂）或 20（动物油脂）所需要的时间，以小时为单位，AOM 值越大，说明油脂的抗氧化稳定性越好。一般油的 AOM 值仅 10 h 左右，但抗氧化性强的油脂可达到 100 h 以上。活性氧法也是评价不同抗氧化剂抗氧化性能的常规方法。

3.4.2.4 史卡尔（Schaal）温箱实验

把油脂置于 62.5～63.5℃ 温箱中，定期测定过氧化值达到 20 的时间，或感官检查出现酸败气味的时间，以天为单位。温箱实验的天数与 AOM 值有一定的相关性，如在棉籽油的实验中有如下关系。

$$AOM（小时数）＝2×（Schaal 温箱实验天数）-5$$

3.4.2.5 色谱法

已使用各种色谱技术（包括薄层色谱、高效液相色谱以及气相色谱）测定含油脂食品的氧化。这种方法基于分离和定量测定特殊组分，例如挥发性的、极性的或多聚物或者单个多组分如戊烷或己醛，这些都是自氧化过程中产生的典型产物。薄层色谱（TLC）常被用于油脂氧化产物的分离和鉴定。

3.4.2.6 光分析法

紫外吸收光谱（UV）被用于测定油脂氧化酸败的程度，通常测定 234 nm（共轭二烯）与 268 nm（共轭三烯）处吸光度。但是吸光度的大小与氧化程度相关性并不很好，仅在氧化早期阶段，两者有较好的相关性。

采用富里埃变换红外光谱（FTIR）测定在 2 840～2 860 cm^{-1} 和 2 915～2 935 cm^{-1} 处的吸收，可以反映油脂中脂肪酸—CH$_2$—链的对称和不对称伸缩振动，在 1 700～1 720 cm^{-1} 处的吸收为三酰基甘油羰基的伸缩振动，这些吸收峰的大小可以反映油脂中脂肪酸的含量及其氧化程度。

脂类氧化产生的羰基化合物与一些游离氨基相互作用产生荧光，荧光物质的数量可以反映油脂的氧化程度，荧光法具有较高的灵敏度。

在氧化的油脂中加入次氯酸钠，激发态的氧发射出强光，油脂氧化程度越高，发射光的强度越大，因而可以采用化学发光法测定含量较低的油脂过氧化物，该法具有快速、灵敏以及重现性好的特点。

3.4.2.7 总的和挥发性的羰基化合物

总羰基化合物的测定方法一般是以测量由醛或酮（氧化产品）与 2,4-二硝基苯肼作用产生腙为基础的。由于不稳定物质（如氢过氧化物）分解产生了羰基化合物，会干扰定量分析结果，为了减少这种干扰，可将氢过氧化物还原成非羰基化合物或在低温下进行。

由于氧化油脂中含有分子质量较高的羰基化合物，因此可以采用各种分离技术将其与低分子质量和易挥发的羰基化合物分离。具挥发性的低分子质量羰基化合物对风味有一定的影响。通过蒸馏或减压蒸馏回收易挥发的羰基化合物，馏出液与合适的试剂反应或采用色谱法测定羰基，常采用顶空分析定量测定己醛。

3.4.2.8　感官评定

感官评定是最终评定食品中氧化风味的方法。评价任何一种客观的化学方法或物理方法的价值很大程度上取决于它与感官评定相符合的程度。风味评定一般是受过训练的或经过培训的品尝小组采用非常特殊的方法进行的。

3.5　油脂加工化学

3.5.1　油脂的制取

油脂的制取有溶剂浸出法、压榨法、熬炼法、机械分离法等，但目前最常用的为压榨法和溶剂浸出法。压榨是油料破碎后，蒸炒，用螺旋式榨油机压榨。溶剂浸出法一般先预榨，再用己烷或 6 号溶剂油浸出残油。6 号溶剂油是由芳烃、环烷烃、正烷烃（含 5 碳、6 碳、7 碳）组成的混合物。用上述方法制取的油称为毛油或粗油。

3.5.2　油脂的精炼

油脂的精炼（refining）就是进一步采取理化措施以除去油中杂质。毛油中常含有各种杂质。这些杂质按亲水亲油性可分为 3 类：a. 亲水性物质，如蛋白质、各种糖、某些色素；b. 两亲性物质，如磷脂、脂肪酸盐；c. 亲油性物质，如三酰基甘油、脂肪酸、类脂、某些色素。按其能否皂化分为两类：a. 可皂化物，如三酰基甘油、脂肪酸、磷脂；b. 不可皂化物，如蛋白质、各种糖、色素、类脂等。油脂中的杂质可使油脂产生不良的风味和颜色、降低烟点等，所以需要除去。

油脂精炼的基本流程为：毛油→脱胶→静置分层→脱酸→水洗→干燥→脱色→过滤→脱臭→冷却→精制油。以上流程中脱胶、脱酸、脱色和脱臭是油脂精炼的核心工序，一般称为四脱，四脱的化学原理如下。

3.5.2.1　脱胶

将毛油中的胶溶性杂质脱除的工艺过程称为脱胶（degumming）。此过程主要脱除的是磷脂。如果油脂中磷脂含量高，加热时易起泡沫、冒烟且多有臭味，同时磷脂氧化可使油脂呈焦褐色，影响煎炸食品的风味。脱胶时常向油脂中加入 2%～3% 热水，在 50℃ 左右搅拌，或通入水蒸气，由于磷脂有亲水性，吸水后密度增大，通过沉降或离心分离除去水相即可除去磷脂和部分蛋白质。

3.5.2.2　脱酸

脱酸（deacidification）的主要目的是除去毛油中的游离脂肪酸。毛油中含有 5% 以上的游离脂肪酸，米糠油毛油中游离脂肪酸含量甚至高达 10%。游离脂肪酸对食用油的风味和稳定性具有很大的影响。

将适量的和一定浓度的苛性钠（用碱量通过酸价计算确定）与加热的脂肪（30～60℃）混合，并维持一段时间直到析出水相，可使游离脂肪酸皂化，生成水溶性的脂肪酸盐（称为油脚或皂脚），它分离出来后可用于制皂。此后，再用热水洗涤中性油，接着采用沉降或离心的方法除去中性油中残留的皂脚。此过程还能使磷脂和有色物质明显减少。

3.5.2.3　脱色

毛油中含有类胡萝卜素、叶绿素等色素，影响到油脂的外观甚至稳定性（叶绿素是光敏化剂），因此需要除去，即脱色（bleaching）。一般是将油加热到 85℃ 左右，并用吸附剂，如酸性白土（1%）、活性炭（0.3%）等处理，可将有色物质几乎完全地除去，其他物质

（如磷脂、皂化物和一些氧化产物）可与色素一起被吸附，然后通过过滤随吸附剂一起除去。

3.5.2.4 脱臭

各种植物油大部分都有其特殊的气味，可采用减压蒸馏法，通入一定压力的水蒸气，在一定真空度、油温（220～240℃）下保持几十分钟左右，即可将这些有气味的物质除去，即脱臭（deodorization）。在此过程中常常添加柠檬酸以螯合除去油中的痕量金属离子。

通过油脂精炼可提高油的氧化稳定性，并且明显改善油脂的色泽和风味，还能有效去除油脂中的一些有毒成分（例如花生油中的黄曲霉毒素和棉籽油中的棉酚），但同时也除去了油脂中存在的天然抗氧化剂——生育酚（即维生素 E）。

3.5.3 油脂的改性加工

3.5.3.1 油脂氢化

油脂中不饱和脂肪酸在催化剂（铂、镍、铜）的作用下，在不饱和链上加氢，使碳原子达到饱和或比较饱和，从而把在室温下呈液态的油变成固态的脂，这种过程称为油脂的氢化（hydrogenation）。氢化工艺在油脂工业中具有极大的重要性，因为它能达到以下几个主要目的：a. 能够提高油脂的熔点，使液态油转变为半固体或塑性脂肪，以满足特殊用途的需要，例如生产起酥油和人造奶油；b. 增强油脂的抗氧化能力；c. 在一定程度上改变油脂的风味。

(1) 油脂氢化的机理 油脂氢化是在油中加入适量催化剂，并向其中通入氢气，在140～225℃条件下反应 3～4 h，当油脂的碘值下降到一定值后反应终止（一般碘值控制在18）。油脂氢化的机理见图 3 - 47，首先金属催化剂在烯键的任一端形成碳-金属复合物（a），接着这个中间复合物再与催化剂所吸附的氢原子相互作用，形成不稳定的半氢化状态（b 或 c）。在半氢化状态时，烯键被打开，烯键两端的碳原子其中之一与催化剂相连，原来不可自由旋转的 C=C 键变为可自由旋转的 C—C 键。半氢化复合物（a）能加上一个氢原子生成饱和产品（d），也可失去一个氢原子，恢复双键，但再生的双键可以处在原来的位置，也可以是原有双键的几何异构体（e 和 f），且均有反式异构体生成。

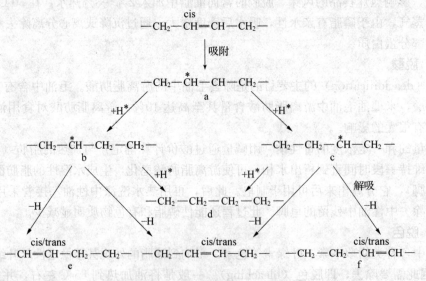

图 3-46 油脂氢化反应示意图

(2) 选择性 在氢化过程中，不仅一些双键被饱和，而且一些双键也可重新定位和（或）从通常的顺式构型转变成反式构型，所产生的异构物通常称为异酸。部分氢化可能产生一个较为复杂的反应产物的混合物，这取决于哪一个双键被氢化、异构化的类型和程度以及这些不同的反应的相对速率。油脂氢化的程度不一样，其产物不一样，如亚麻酸（18:3）的氢化产物按不断加氢的顺序如图 3-47 所示。

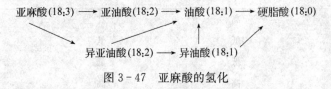

图 3-47 亚麻酸的氢化

天然脂肪的情况就更为复杂了，这是因为它们都是极复杂的混合物。

术语"选择性"是指不饱和程度较高的脂肪酸的氢化速率与不饱和程度较低的脂肪酸的氢化速率之比。由起始和终了的脂肪酸组成以及氢化时间计算出反应速率常数。例如豆油氢化反应中（图 3-48），亚油酸氢化成油酸的速率与油酸氢化成硬脂酸的速率之比（选择比，SR）为 $K_2/K_3 = 0.519/0.013 = 12.2$，这意味着亚油酸氢化比油酸氢化快 12.2 倍。

一般来说，吸附在催化剂上的氢浓度是决定选择性和异构物生成的因素。如果催化剂被氢饱和，大多数活化部位

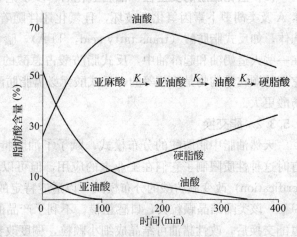

图 3-48 豆油氢化反应速率常数

持有氢原子，那么两个氢原子在合适的位置与任何靠近的双键反应的机会是很大的。因为接近这两个氢的任一个双键都存在饱和的倾向，因此产生了低选择性。另一方面，如果在催化剂上的氢原子不足，那么较可能的情况是只有一个氢原子与双键反应，导致半氢化-脱氢顺序以及产生异构化的可能性较大。

不同的催化剂具有不同选择性，铜催化剂比镍催化剂有较好的选择性，对孤立双键不起作用，其缺点是活性低、易中毒，残存的铜不易除去，从而降低了油脂的稳定性。铜-银催化剂作用温度低，选择性高。以离子交换树脂为载体的钯催化剂，具有较高的亚油酸选择性及低的异构化。

加工条件对选择性也有非常大的影响。不同加工条件（氢压、搅拌强度、温度以及催化剂的种类和浓度）通过它们对氢与催化剂活性比的影响而影响选择性。例如温度升高，提高了反应速度以及使氢较快地催化剂中除去，从而使选择性增加。如表 3-14 所示，高温、低压、高催化剂浓度以及低的搅拌强度产生较大的速率比，表中还指出了加工条件对氢化速率和反式酸生成的影响。

通过改变加工条件来改变速率比，这样能使加工者在很大程度上控制最终油的性质。例如选择性较高的氢化能使亚油酸减少，并提高了稳定性，同时可使完全饱和化合物的生成降

低到最少和避免过度硬化。另一方面，反应的选择性越高，反式异构物的生成就越多，这从营养的观点来讲是非常不利的。许多年来，食品脂肪制造者设计了不少氢化方法以尽量使异构化降到最低，同时又避免生成过量的完全饱和的物质。

表 3-14　加工参数对选择性和氢化速率的影响

加工参数	速率比	反式酸	速率
高温	高	高	高
高压	低	低	高
高强度搅拌	低	低	高
高催化剂浓度	高	高	高

（3）氢化脂肪的安全性　油脂氢化后，多不饱和脂肪酸含量下降，脂溶性维生素和维生素 A 及类胡萝卜素因氢化而破坏，且氢化还伴随着双键的位移，生成位置异构体和几何异构体，如反式脂肪酸（trans fatty acid，TFA），膳食中 80% 的反式脂肪酸来源于氢化油脂。在一些人造奶油和起酥油中，反式脂肪酸占总酸的 20%～40%。反式脂肪酸在生物学上与它们的顺式异构物是不相等的，反式酸无必需脂肪酸的活性，而且其对人体的危害比饱和脂肪酸更大。

3.5.3.2　酯交换

天然油脂中脂肪酸的分布模式，赋予了油脂特定的物理性质（如结晶特性、熔点等）。有时这种性质限制了它们在工业上的应用，但可以采用化学改性的方法如酯交换（interesterification）改变脂肪酸的分布模式，以适应特定的需要。例如猪油的三酰基甘油多为 Sn-SUS，该类酯结晶颗粒大，口感粗糙，不利于产品的稠度，也不利于用在糕点制品上，但经过酯交换后，改性猪油可结晶成细小颗粒，稠度改善，熔点和黏度降低，适合于作为人造奶油和糖果用油。酯交换就是指三酰基甘油上的脂肪酸酯与脂肪酸、醇、自身或其他酯类作用而进行的酯基交换或分子重排的过程。通过酯交换，可以改变油脂的甘油酯组成、结构和性质，生产出天然没有的、具有全新结构的油脂，或人们希望得到的某种天然油脂，以适应某种需要。也可生产单酰基甘油、双酰基甘油以及三酰基甘油外的其他甘油三酯类。目前酯交换已被广泛应用于表面活性剂、乳化剂、植物燃料油、食用油脂等各个生产领域。酯交换可在高温下发生，也可在催化剂甲醇钠或碱金属及其合金等的作用下在较温和的条件下进行。酯交换一般采用甲醇钠催化，通常只需在 50～70℃下进行，不太长的时间内就能完成。

（1）酯交换反应机理　以 S_3、U_3 分别表示三饱和甘油酯和三不饱和甘油酯。首先是甲醇钠与三酰基甘油反应，生成二脂酰甘油酸盐中间产物。

$$U_3 + NaOCH_3 \longrightarrow U_2ONa + U-CH_3$$

这个中间产物再与另一分子三酰基甘油分子发生酯交换，反应如此不断继续下去，直到所有脂肪酸酰基改变其位置，并随机化趋于完全为止。

（2）随机酯交换　当酯交换反应在高于油脂熔点时进行时，脂肪酸的重排是随机的，产物很多，这种酯交换称为随机酯交换。随机酯交换可随机地改组三酰基甘油，最后达到各种排列组合的平衡状态。例如将 Sn-SSS、Sn-SUS 为主体的脂变为 Sn-SSS、Sn-SUS、Sn-SSU、Sn-SUU、Sn-USU 和 Sn-UUU 6 种酰基甘油的混合物。如 50% 的三棕榈酸酯和

50%的三油酸酯发生随机酯交换反应，可得

$$\text{PPP}（50\%）+\text{OOO}（50\%）$$

$$\downarrow \text{NaOCH}_3$$

PPP(12.5%) POP(12.5%) OPP(25%) POO(25%) OPO(12.5%) OOO(12.5%)

油脂的随机酯交换可用来改变油脂的结晶性和稠度，如猪油的随机酯交换增强了油脂的塑性，在焙烤食品可作起酥油用。

（3）定向酯交换 定向酯交换是将反应体系的温度控制在熔点以下，因反应中形成的高饱和度、高熔点的三酰基甘油结晶析出，并从反应体系中不断移走，导致反应产生更多的被移去产物。从理论上讲，该反应可使所有的饱和脂肪酸都生成为三饱和酰基甘油，从而实现定向酯交换为止。混合甘油酯经定向酯交换后，生成高熔点的 S_3 产物和低熔点的 U_3 产物，如

$$\text{OPO} \xrightarrow{\text{NaOCH}_3} \text{PPP}(33.3\%) + \text{OOO}(66.7\%)$$

近年来以酶作为催化剂进行酯交换的研究，已取得可喜进步。以无选择性的脂水解酶进行的酯交换是随机反应，但以选择性脂水解酶作催化剂，则反应是有方向性的，如以Sn-1,3位的脂水解酶进行脂合成也只能与 Sn-1,3 位交换，而 Sn-2 位不变。这个反应很重要，此种酯交换可以得到天然油脂中所缺少的三酰基甘油酯组分。例如棕榈油中存在大量的 POP 组分，但加入硬脂酸或三硬脂酰甘油以 1,3 脂水解酶作交换催化剂其反应见图3-49。

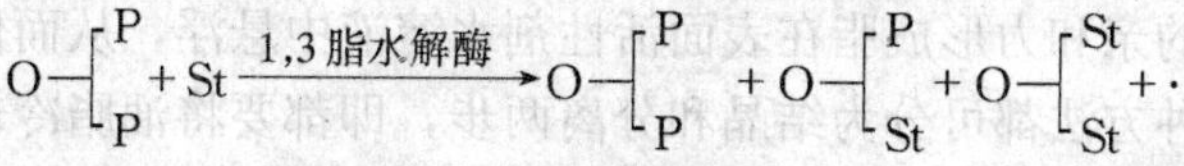

图 3-49 POP 的酯交换

其中 Sn-POSt 和 Sn-StOSt 为可可脂的主要组分，这是人工合成可可脂的方法。这种可控重排适用于含饱和脂肪酸的液态油（如棉籽油、花生油）的熔点的提高和稠度的改善，因此无需氢化或向油中加入硬化脂肪，即可转变为具有起酥油稠度的产品。

目前酯交换的最大用途是生产起酥油。由于天然猪油中含有高比例的二饱和三酰基甘油（其中 Sn-2 位是棕榈酸），导致制成的起酥油产生粗大的结晶，因此烘焙性能较差。而经酯交换后的猪油由于在高温下具有较高的固体含量，从而增加了其塑性范围，使它成为一种较好的起酥油。除此之外，酯交换还广泛应用于代可可脂和稳定性高的人造奶油以及具有理想熔化质量的硬奶油生产中，浊点较低的色拉油也是棕榈油经定向酯交换后分级制得的产品。

3.5.3.3 油脂分提

天然油脂主要是多种三酰基甘油所组成的混合物。由于组成三酰基甘油的脂肪酸的碳链长短、不饱和程度、双链的构型和位置及三酰基甘油中脂肪酸的分布不同，构成了各种三酰基甘油组分在物理及化学性质上的差异。在一定温度下利用构成油脂的各种三酰基甘油的熔点差异及溶解度的不同，而将不同三酰基甘油组分分离的过程称为分提。在低温下以分离固态脂、提高液态油清亮度为宗旨的工艺过程称为冬化（也称为脱脂）。冬化属于分提的范畴，但它只是分提的一种。

油脂分提是油脂改性的重要手段之一，其目的主要有两个，一是充分开发、利用固体脂肪，生产起酥油、人造奶油、代可可脂等；二是提高液态油的品质，改善其低温贮藏的性

能，生产色拉油等。

目前工业分提还只局限于与冬化相同的方法，即干法分提、溶剂分提法、液-液萃取法、界面活性剂分提法等。

干法分提是指在无有机溶剂存在的情况下，将处于溶解状态的油脂慢慢冷却到一定程度，过滤分离结晶，析出固体脂的方法。包括冬化、脱蜡、液压、分级等方法。冬化时要求冷却速度慢，并不断轻轻搅拌以保证产生体积大、易分离的 β′ 型晶体和 β 型晶体。油脂置于10℃左右冷却，使其中的蜡结晶析出，这种方法称为油脂脱蜡。

压榨法是一种古老的分提方法，用来除去固体脂（如猪油、牛油等）中少量的液态油。

溶剂分提法易形成便于过滤的稳定结晶，提高分离效果，尤其适用于组成脂肪酸的碳链长、黏度大的油脂分提。油脂分提所用的溶剂主要有丙酮、己烷、甲乙酮、2-硝基丙烷等。己烷对脂溶解度大，结晶析出温度低，结晶生成速度慢。甲乙酮分离性能优越，冷却时能耗低，但其成本高。丙酮分离性能好，但低温时对油脂的溶解能力差，并且丙酮易吸水，从而使油脂的溶解度急剧变化，改变其分离性能。为克服使用单一溶剂的缺点，常使用混合溶剂（如丙酮-己烷）分提。

液-液萃取法是基于油脂中不同的三酰基甘油组分在某一溶剂中具有选择性溶解的物理特性，经萃取将分子质量低、不饱和程度高的组分与其他组分分离，然后进行溶剂蒸脱，从而达到分提目的的一种工艺。

表面活性剂分提法是在油脂冷却结晶后，添加表面活性剂，改善油与脂的界面张力，借助脂与表面活性剂间的亲和力形成脂在表面活性剂水溶液中悬浮，从而促进晶液分离。

然而无论是哪一种方法都可分为结晶和分离两步，即都要将油脂冷却，以析出结晶为第一步，至关重要的是析出容易与液态油分离的结晶形态，然后进行晶液分离，从而得到优质的固态脂与液态油，只不过不同的方法呈现不同的特征而已。但分提的原理都是基于不同类型的三酰基甘油的熔点差异或不同温度下其互溶度不同，或是在一定温度下其对某种溶剂的溶解度不同，应用冷却结晶或液-液萃取法而达到分提目的。

3.5.3.4 油脂微胶囊化

微胶囊技术是利用天然或合成高分子材料（壁材），将固体、液体或气体（芯材）经包囊形成一种具有半透性或密封囊膜的微型胶囊，并在一定条件下能控制芯材释放的技术。其大小通常为 $1\sim1000\,\mu m$，形状有球形、米粒形、针形、方形、不规则形等。

粉末油脂是以植物油、玉米糖浆、优质蛋白质、稳定剂、乳化剂和其他辅料，采用微胶囊技术加工成的水包油型（O/W）制品。由于油脂微粒被包囊壁材包埋，赋予了产品许多新的特性。与普通油脂相比，粉末油脂便于计量使用和运输，使用时散落性十分优良；它既不像液态油那样油腻，又不像塑性脂肪那样外形或质构会受到环境温度的变化而改变；并且，微胶囊化后的油脂可防止氧气、热、光、及化学物质破坏，具有不易酸败的稳定性，长时间贮存后质量与风味不变。经特定配方设计和微胶囊化的各种专用油脂产品可以具有各种特色功能。例如在微胶囊化油脂的同时可以包埋易挥发油溶性香味物质，从而达到留香的目的；同时也可包埋如 β 胡萝卜素这类易氧化褪色的油溶性色素，来达到改善食品色泽的目的。引人注目的是，若在粉末油脂中添加油溶性表面活性剂，可使原来难以分散于食品配料中的油脂在食品配料中分散得更均匀。另外，微胶囊化后的油脂营养成分以微胶囊形式存在，生物消化率、吸收率、生物效价大大提高。

目前粉末油脂的生产方法主要有 3 种：冷却固化法、吸附法和喷雾干燥法。前两种方法实用性较差，不常使用。喷雾干燥法因其包埋率和稳定性较好，使用较多。喷雾干燥法是在油脂中添加适当的包埋剂和乳化剂，形成乳浊液，经喷雾干燥成粉末状产品。

粉末油脂产品具备多种功能，可用于乳品（婴幼儿、中老年、孕妇、产妇配方奶粉、含乳饮料等）、婴儿食品（婴幼儿米粉、米糊）、糕点、冷食、饮品、面食、糖果、肉制品等的加工中。如在速冻食品及方便食品中添加 5%～8% 的粉末油脂，可使面食更加柔软可口，使汤料味醇厚、肉馅汁多。在各种汤料中加入芝麻油或大蒜油型粉末油脂，汤料有扑鼻的芝麻香或大蒜香。近年来，一些大型饲料业开始应用粉末油脂替代液体油脂加入配合饲料中。

3.6 脂质与健康

3.6.1 脂肪酸的生物活性

膳食脂质是人体的必需营养素之一，是人体重要的能量来源，对维持人体能量平衡起着重要的作用。膳食脂质来源以及脂肪酸的不平衡将对人的健康产生不良影响。肥胖和许多疾病（如心脏病、糖尿病等）与膳食脂质关系密切，这在于脂质的高的热量密度（37.66 kJ/g）。一些特殊的膳食脂肪由于能够提高血液中低密度脂蛋白胆固醇（LDL - C）水平，被认为与增加心脏病的风险有关，如饱和脂肪酸能够提高低密度脂蛋白胆固醇水平，而不饱和脂肪酸能够降低低密度脂蛋白胆固醇水平。当膳食中饱和脂肪酸摄入量低于总热量值的 7%、胆固醇低于 200mg/d、膳食纤维的摄入量达 10～25g/d 时，被认为能够降低低密度脂蛋白胆固醇水平。

3.6.1.1 反式脂肪酸

反式脂肪酸（trans fatty acid，TFA）和顺式异构体存在几何差别，在脂质新陈代谢中酶的交叉反应也不同。反式脂肪酸作为饱和脂肪酸的替代品曾一度风行，然而近年研究发现实际上其危害比饱和脂肪酸更大。反式脂肪酸由于在人体内容易发生簇集，能够提高低密度脂蛋白胆固醇水平和降低高密度脂蛋白胆固醇水平，从而引起患冠心病（coronary heart disease，CHD）、癌症、Ⅱ 型糖尿病、黄斑变性的风险，同时也影响女性和儿童的健康。实验表明，反式脂肪酸的摄入量达到总能量的 6% 时，人的全血凝集程度比反式脂肪酸摄入量为 2% 时高，因而容易使人产生血栓。反式脂肪酸进入细胞膜，改变膜脂分布，直接改变膜的流动性、通透性，影响膜蛋白结构和离子通道，这也可能是反式脂肪酸导致心肌梗死等疾病发病率增高的重要原因。此外，动物来源的反式脂肪酸和氢化油中的反式脂肪酸对心血管疾病的影响尚存在争议。有人发现，增加动物来源的反式脂肪酸摄入，患冠心病的风险表现出不同程度的降低，或至少没有增加。有研究证实，11tC18:1 在人体内经 $\Delta 9$ 脱氢酶作用可转化为能降低动物体内脂肪含量的共轭亚油酸 9c11tC18:2，使其含量增加。因此并非所有反式脂肪酸都是有害的。反式脂肪酸对人血清脂质的不良作用也可能是特定异构体的作用，尚待进一步证实。

目前，反式脂肪酸已经得到了世界各国的普遍关注。尽管在一些问题上还没有达成共识，但许多国家都颁布了关于反式脂肪酸的法律法规。在 1993 年针对反式脂肪酸影响人体健康的一些报告发表后，联合国粮食与农业组织（FAO）和世界卫生组织（WHO）就建议政府应限制食品加工者在反式脂肪酸高的食品中标示"低饱和脂肪酸"的声明；联合国粮食与农业组织和世界卫生组织（WHO/FAO）于 2003 年发表的"膳食、营养与慢性病预防"

的专家委员会报告中指出，为增进心血管健康，应尽量控制饮食中的反式脂肪酸，最大摄取量最好不超过总能量的 1%。2003 年 6 月，丹麦对反式脂肪酸制定了严格的规定，成为世界上第一个对食品工业生产中反式脂肪酸设立法规进行限制的国家。2003 年 1 月 1 日，加拿大采用新的强制性的食品标签系统，要求在食品营养标签中标示反式脂肪酸含量。2003 年 7 月，美国食品和药物管理局（Food and Drug Administration，FDA）公布的规章指出：自 2006 年 1 月 1 日起，除脂肪含量低于 0.5g/100g 的食品外，其余食品都要求在食品营养标签中必须标注产品的饱和脂肪酸含量及反式脂肪酸的含量。荷兰、瑞典等国拟将油脂食品中的反式脂肪酸含量定在 5% 以下。日本也修订人造奶油中的反式脂肪酸含量标准，并提醒消费者减少摄取含饱和脂肪酸与反式脂肪酸的油脂食品。

尽管越来越多的研究致力于研究膳食脂质对健康的不利影响，但研究结果表明，n-3 脂肪酸、植物甾醇、类胡萝卜素、共轭亚油酸等膳食脂质能够降低某些疾病的风险。

3.6.1.2　n-3 脂肪酸

由于农业的发展，西方国家膳食脂质形式也发生了很大的变化，我们的祖先所摄入的脂质中，n-6∶n-3 接近于 1∶1，而现代农业的发展增加了精炼油脂（特别是植物油）的摄入量，因此 n-6∶n-3 超过了 7∶1。膳食中 n-3 脂肪酸的水平在改变生物膜的流动性、细胞信号转导、基因表达、类二十烷酸（类花生酸）代谢等方面发挥着重要作用。因此 n-3 脂肪酸的摄入对促进和维持健康极其重要，尤其对于怀孕和哺乳期的妇女以及冠心病、糖尿病、免疫系统紊乱的患者。现有证据表明，目前人们对 n-3 脂肪酸的摄入量严重不足。因此很多食品公司正致力于通过直接添加或给家畜饲喂 n-3 脂肪酸来增加产品中活性脂质的含量，但这些强化食品在加工和贮藏期间经常引起 n-3 脂肪酸的氧化变质。富含 n-3 脂肪酸的鱼类食品（如青鱼、大马哈鱼、大西洋鲑、金枪鱼等），富含 n-3 脂肪酸尤其是亚麻酸的植物油包括大豆油、菜籽油和亚麻籽油。

3.6.1.3　共轭亚油酸

亚油酸分子中两个双键通常被两个单键隔开，但由于异构化作用，亚油酸的双键会变成共轭形式，这种异构化通常发生在氢化过程，而在瘤胃微生物氢化中更容易产生。共轭亚油酸（conjugated linoleic acid，CLA）因其具有降低血液胆固醇、抗癌、预防糖尿病、减肥等功效而备受重视。共轭亚油酸有两种异构体，具有不同的生物活性，其中 10-反,12-顺亚油酸能够抑制体内脂肪的集聚，9-反,11-顺亚油酸异构体在乳及牛肉制品中较常见。生物活性的分子机理在于共轭亚油酸能够调节类二十烷酸形成及相关基因表达。一些临床研究已经证实了共轭亚油酸对人体健康有重要作用。

3.6.1.4　植物甾醇

食品中主要的植物甾醇（phytosterol）有谷甾醇、菜籽甾醇、菜油甾醇和豆甾醇，广泛存在于米糠油、菜籽油、大豆油和玉米油中。植物甾醇在胃肠道中不能被吸收，其主要生物活性在于它们能够调节血脂，抑制膳食及胆汁中胆固醇的吸收，尤其对于富含胆固醇的膳食，从而具有预防和治疗冠状动脉硬化、预防血栓形成的作用。每天摄入 1.5g 左右植物甾醇可使低密度脂蛋白胆固醇水平降低 8%～15%。植物甾醇具有很高的熔点，并在室温下以结晶形式存在。通常将不饱和脂肪酸酯化来增加植物甾醇在油脂中的溶解度以减少其结晶。

3.6.1.5 类胡萝卜素

类胡萝卜素（约有 600 多种）是一类脂溶性的多烯化合物，颜色由黄至红。维生素 A 是由 β-胡萝卜素衍生出来的必需营养成分。其他类胡萝卜素的生物活性，特别是抗氧化性活性，已经成为一个备受重视的研究领域。但临床研究表明，β-胡萝卜素能够提高自由基损伤患者（如吸烟者）肺癌的发生率，而对于非吸烟者的影响是否如此尚不清楚。研究表明，其他类胡萝卜素具有有益于人体健康的生物活性，如叶黄素和玉米黄质能够提高视觉灵敏度和促进健康。流行病学研究表明，摄食番茄可降低前列腺癌的发生率，这与番茄中的胡萝卜素和番茄红素含量有关。而且熟番茄具有更高的营养价值，可能是由于热加工导致全反式番茄红素向顺式构型转变，顺式异构体番茄红素具有更高的生物活性和生物可利用性。

3.6.2 脂肪替代品

脂肪是人体必不可少的营养素，但摄入过多会导致肥胖和引起某些心血管疾病。脂肪替代品（oil and fat substitute）是脂肪酸的酯化衍生物，因为其本身是油脂，故具有与日常食用油脂类似的物理性质，但由于其酯键能抵抗人体内脂肪酶的酯解，故不能参与能量代谢。第一个商业化生产的无热量脂质是蔗糖酯，这种化合物之所以是无热量的，是因为脂肪酸与蔗糖的酯化反应使脂肪酶不能水解酯键，抑制了游离脂肪酸释放并进入血液。蔗糖酯的非消化吸收特性，使它能够通过肠道最终以粪便形式排出体外，而这种不消化性可引起腹泻等问题。低热量的结构脂质也是脂肪替代品，常在食品工业中应用，这些产品 Sn-2 位上通常连接的是短链脂肪酸（碳键长度不长于 6 个碳），而 Sn-1 位和 Sn-3 位是长链饱和脂肪酸（碳链长度不小于 16 个碳），当被胰脂肪酶水解时，三酰基甘油的 Sn-1 位和 Sn-3 位上释放出的游离脂肪酸可与二价阳离子结合生成无生物活性的不溶性肥皂。而生成的 Sn-2 单酰基甘油可被肠内皮细胞吸收，最终通过肝脏代谢，其产生出的热量比长链脂肪酸低，这类三酰基甘油的热量仅为 21～29 J/g。

复习思考题

1. 脂肪如何分类？如何命名脂肪酸和甘油酯？

2. 在营养学上较重要的多不饱和脂肪酸有哪些？它们的主要生理功能是什么？

3. 什么叫同质多晶？常见同质多晶型有哪些？各有何特性？

4. 脂质的塑性受哪些因素影响？如何通过化学改性获得塑性脂肪？

5. 脂质自氧化的历程是怎样的？影响油脂氧化的因素有哪些？如何评价油脂氧化的程度和安全性？

6. 脂质发生脂解的原因是什么？脂解对其品质造成什么影响？如何评价脂质脂解的程度？

7. 高温、长时间加热的油主要发生哪些化学变化？其安全性如何？

8. 什么叫乳浊液？决定乳浊液性质的因素有哪些？乳化剂稳定乳浊液的机理如何？如何根据亲水-亲油平衡值（HLB）选择乳化剂？

9. 抗氧化剂的抗氧化原理是什么？

10. 油脂精炼的步骤和原理是什么？

11. 油脂改性的工艺有哪些？各达到什么目的？

第4章 蛋 白 质

蛋白质（protein）是生物体细胞的重要组成成分，在生物体系中起着核心作用；蛋白质提供人体所需的必需氨基酸，同时也是一种重要的产能营养素；蛋白质还对食品的质构、风味和加工产生重大影响。

蛋白质是由多种不同的 α 氨基酸通过肽链相互连接而成的，具有多种多样的二级结构、三级结构甚至四级结构。不同的蛋白质具有不同的氨基酸组成，因此也具有不同的理化特性。蛋白质具有多种生物功能，可归类如下：酶催化、结构蛋白、收缩蛋白（肌球蛋白、肌动蛋白、微管蛋白）、激素（胰岛素、生长激素）、传递蛋白（血清蛋白、铁传递蛋白、血红蛋白）、抗体蛋白（免疫球蛋白）、贮藏蛋白（蛋清蛋白、种子蛋白）和保护蛋白（毒素和过敏素）等。

为了满足人类对于蛋白质的需要，不仅要寻找新的蛋白质资源和开发蛋白质利用的新技术，更要充分利用现有的蛋白质资源。因此了解和掌握蛋白质的物理性质、化学性质和生物学性质以及加工贮藏处理对这些蛋白质的影响等是十分重要的。

4.1 蛋白质概述

4.1.1 蛋白质的化学组成

一般蛋白质的相对分子质量在 1 万至几百万之间。根据元素分析，蛋白质主要含有 C、H、O、N 等元素，有些蛋白质还含有 P、S 等，少数蛋白质含有 Fe、Zn、Mg、Mn、Co、Cu 等。多数蛋白质的元素组成，C 为 50%～56%，H 为 6%～7%，O 为 20%～30%，N 为 14%～19%（平均含量为 16%），S 为 0.2%～3%，P 为 0%～3%。

4.1.2 组成蛋白质的基本单位氨基酸

蛋白质在酸、碱或酶的作用下，完全水解的最终产物是性质各不相同的氨基酸。天然氨基酸（amino acid）中，除脯氨酸外，所有的氨基酸分子都至少含有一个羧基、一个氨基和一个侧链 R 基团，且为 L 构型（某些微生物中有 D 型氨基酸存在），这是人类可以利用的氨基酸形式。由于氨基酸的氨基是在 α 碳原子上，所以一般称为 L-α 氨基酸。L-α 氨基酸是组成蛋白质的基本单位，其通式见图 4-1。

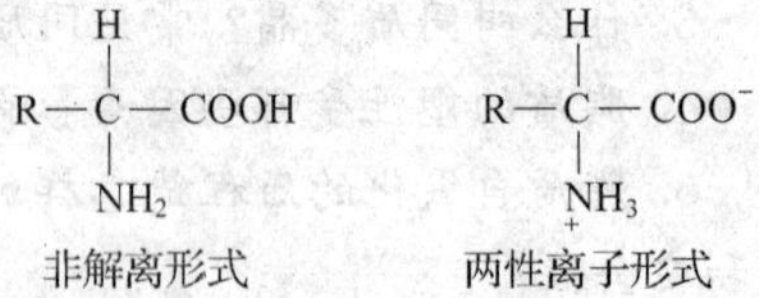

$$R-\overset{\overset{\displaystyle H}{|}}{\underset{\underset{\displaystyle NH_2}{|}}{C}}-COOH \qquad R-\overset{\overset{\displaystyle H}{|}}{\underset{\underset{\displaystyle NH_3^+}{|}}{C}}-COO^-$$

非解离形式　　　　两性离子形式

图 4-1　L-α 氨基酸

4.2 氨基酸和蛋白质的分类和结构

4.2.1 氨基酸的分类和结构

自然界氨基酸种类很多，但组成蛋白质的氨基酸仅 20 种。根据氨基酸通式中 R 基团极性的不同，可将氨基酸分为 3 类：a. 侧链非极性或疏水性的氨基酸，这类氨基酸水溶性低于后两类，其疏水性随着 R 侧链的碳数增加而增加；b. 侧链含极性但不带电荷的氨基酸，它们能和水分子形成氢键，其中半胱氨酸和酪氨酸侧链的极性最高，甘氨酸的最小；c. 侧链在 pH 接近 7 时带有电荷。随着 pH 变化这些侧链电荷可以通过质子的得失而得失，这是蛋白质具有两性和等电点的基础（表 4-1）。表 4-1 中由于脯氨酸的结构不符合通式，所以给出了它的全结构式。

表 4-1 组成蛋白质的主要氨基酸

分类	名称	常用缩写符号		R 基结构
		三字符号	单字符号	
R 非极性	丙氨酸	Ala	A	$-CH_3$
	缬氨酸	Val	V	$-CH{\displaystyle \langle}^{CH_3}_{CH_3}$
	亮氨酸	Leu	L	$-CH_2-CH{\displaystyle \langle}^{CH_3}_{CH_3}$
	异亮氨酸	Ile	I	$-CH{\displaystyle \langle}^{CH_3}-CH_2-CH_3$
	蛋氨酸	Met	M	$-CH_2-CH_2-S-CH_3$
	脯氨酸	Pro	P	（环结构）$*COO^-$，$\overset{|}{N}H$
	苯丙氨酸	Phe	F	$-CH_2-\bigcirc$
	色氨酸	Trp	W	（吲哚环）$\overset{|}{N}H$
R 不带电荷 具极性	甘氨酸	Gly	G	$-H$
	丝氨酸	Ser	S	$-CH_2-OH$
	苏氨酸	Thr	T	$-\overset{\overset{OH}{|}}{CH}-CH_3$
	半胱氨酸	Cys	C	$-CH_2-SH$
	酪氨酸	Try	Y	$-CH_2-\bigcirc-OH$
	天冬酰胺	Asn	N	$-CH_2-CO-NH_2$
	谷氨酰胺	Gln	Q	$-CH_2-CH_2-CO-NH_2$
介质近中性 时 R 带电荷	赖氨酸	Lys	K	$-CH_2-CH_2-CH_2-CH_2-NH_3^+$
	精氨酸	Arg	R	$-CH_2-CH_2-CH_2-NH-\overset{\overset{NH_2^+}{\|}}{C}-NH_2$
	组氨酸	His	H	（咪唑环）$-CH_2$，$H-N \quad NH^+$
	天冬氨酸	Asp	D	$-CH_2-COO^-$
	谷氨酸	Glu	E	$-CH_2-CH_2-COO^-$

4.2.2 蛋白质的分类和结构

4.2.2.1 按化学组成分类

按照化学组成，蛋白质通常可以分为简单蛋白质和结合蛋白质。简单蛋白质是水解后只产生氨基酸的蛋白质。结合蛋白质是水解后不仅产生氨基酸，还产生其他有机化合物或无机化合物（如糖类、脂质、核酸、金属离子等）的蛋白质。结合蛋白质的非氨基酸部分称为辅基。

(1) 简单蛋白质 简单蛋白质（simple protein）可分为下述几类。

① 清蛋白 清蛋白（albumin）溶于水及稀盐、稀酸或稀碱溶液，能被饱和硫酸铵所沉淀，加热可凝固；广泛存在于生物体内，如血清蛋白、乳清蛋白、蛋清蛋白等。

② 球蛋白 球蛋白（globulin）不溶于水而溶于稀盐、稀酸和稀碱溶液，能被半饱和硫酸铵所沉淀；普遍存在于生物体内，如血清球蛋白、肌球蛋白、植物种子球蛋白等。

③ 谷蛋白 谷蛋白（glutelin）不溶于水、乙醇及中性盐溶液，但易溶于稀酸或稀碱，如米谷蛋白、麦谷蛋白等。

④ 醇溶谷蛋白 醇溶谷蛋白（prolamine）不溶于水及无水乙醇，但溶于70%～80%乙醇、稀酸和稀碱。分子中脯氨酸和酰胺较多，非极性侧链远较极性侧链多。这类蛋白质主要存在于谷物种子中，如玉米醇溶蛋白、麦醇溶蛋白等。

⑤ 组蛋白 组蛋白（histone）溶于水及稀酸，但为稀氨水所沉淀。分子中组氨酸、赖氨酸较多，分子呈碱性，如小牛胸腺组蛋白等。

⑥ 鱼精蛋白 鱼精蛋白（protamine）溶于水及稀酸，不溶于氨水。分子中碱性氨基酸（精氨酸和赖氨酸）特别多，因此呈碱性，如鲑精蛋白等。

⑦ 硬蛋白 硬蛋白（scleroprotein）不溶于水、盐、稀酸或稀碱。这类蛋白质是动物体内作为结缔组织及保护功能的蛋白质，如角蛋白、胶原、网硬蛋白、弹性蛋白等。

(2) 结合蛋白质 根据辅基的不同，结合蛋白质（conjugated protein）可分为下述几类。

① 核蛋白 核蛋白（nucleoprotein）的辅基是核酸，如脱氧核糖核蛋白、核糖体、烟草花叶病毒等。

② 脂蛋白 脂蛋白（lipoprotein）是与脂质结合的蛋白质。脂质成分有磷脂、固醇和中性脂等，如血液中的 β_1 脂蛋白、卵黄球蛋白等。

③ 黏蛋白 黏蛋白（glycoprotein）的辅基成分为半乳糖、甘露糖、己糖胺、己糖醛酸、唾液酸、硫酸或磷酸等中的一种或多种。黏蛋白可溶于碱性溶液中，如卵清蛋白、γ球蛋白、血清类黏蛋白等。

④ 磷蛋白 磷蛋白（phosphoprotein）的磷酸基通过酯键与蛋白质中的丝氨酸或苏氨酸残基侧链的羟基相连，如酪蛋白、胃蛋白酶等。

⑤ 血红素蛋白 血红蛋白（hemoprotein）的辅基为血红素，含铁的有血红蛋白、细胞色素 c 等，含镁的有叶绿蛋白等，含铜的有血蓝蛋白等。

⑥ 黄素蛋白 黄素蛋白（flavoprotein）的辅基为黄素腺嘌呤二核苷酸，如琥珀酸脱氢酶、D-氨基酸氧化酶等。

⑦ 金属蛋白 金属蛋白（metalloprotein）是与金属直接结合的蛋白质，如铁蛋白含铁，乙醇脱氢酶含锌，黄嘌呤氧化酶含钼和铁等。

4.2.2.2 蛋白质的其他分类方法

(1) 按分子形状分 蛋白质按其分子形状分为球状蛋白质和纤维状蛋白质两大类。

① 球状蛋白质 球状蛋白质分子对称性佳,外形接近球状或椭球状,溶解度较好,能结晶,大多数蛋白质属于这一类。

② 纤维状蛋白质 纤维状蛋白质对称性差,分子类似细棒或纤维,它又可分成可溶性纤维状蛋白质(如肌球蛋白、血纤维蛋白原等)和不溶性纤维状蛋白质(包括胶原、弹性蛋白、角蛋白、丝心蛋白等)。

(2) 按生物功能分 蛋白质按其生物功能分为酶、运输蛋白质、营养和贮存蛋白质、收缩蛋白质或运动蛋白质、结构蛋白质和防御蛋白质。

所有的由生物生产的蛋白质在理论上都可以作为食品蛋白质而加以利用,而实际上食品蛋白质是那些易于消化、无毒、富有营养、在食品中具有一定功能性质和来源丰富的蛋白质。乳、肉、水产品、蛋、谷物、豆类和油料种子都是食品蛋白质的主要来源。

4.2.3 维持蛋白质各级结构的作用力

蛋白质的天然构象是一种热力学状态,在此状态下各种有利的相互作用达到最大,而不利的相互作用降到最小,于是蛋白质分子的整个自由能具有最低值。

由于蛋白质是以氨基酸为单元构成的大分子化合物,分子中每个化学键在空间的旋转状态不同就会导致蛋白质分子的构象不同,所以蛋白质的空间结构非常复杂,有一级、二级、三级、四级不同的结构水平。

影响蛋白质折叠的作用力包括两类:a. 蛋白质分子固有的作用力所形成的相互作用;b. 受周围溶剂影响的相互作用。范德华力和空间相互作用属于前者,而氢键、静电相互作用和疏水基相互作用属于后者。蛋白质二级结构的构象主要是由不同基团之间所形成的氢键维持,三级结构、四级结构的构象则主要是由氢键、静电作用、疏水相互作用、范德华力等诸作用力来维持(图4-2)。

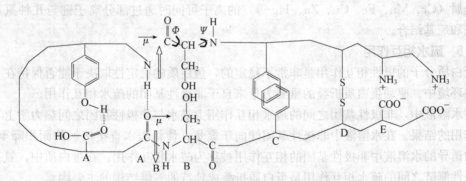

图4-2 维持蛋白质结构的作用力

A. 氢键 B. 空间相互作用 C. 疏水相互作用 D. 二硫键 E. 静电作用

4.2.3.1 空间相互作用

虽然图4-2中 Φ 和 Ψ 角在理论上具有360°的转动自由度,实际上由于氨基酸残基侧链原子的空间位阻使它们的转动受到很大的限制。因此多肽链的片段仅能采取有限形式的构象。

4.2.3.2 范德华力

蛋白质分子内原子间存在范德华力。另外,相互作用力的方式(吸引或排斥)与原子间的距离有关。就蛋白质而论，这种相互作用力同样与 α 碳原子周围转角有关。距离大时不存在相互作用力，当距离小时则可产生吸引力，距离更小时则产生排斥力。原子间存在的范德华力包括偶极-诱导偶极和诱导偶极-诱导偶极的相互作用和色散力。

范德华力是很弱的，随原子间距离增加而迅速减小，当该距离超过 0.6 nm 时可忽略不计。各种原子对范德华相互作用能量的范围为 0.17～0.8 kJ/mol。在蛋白质中，由于有许多原子对参与范德华力，因此它对于蛋白质的折叠和稳定性的贡献是很显著的。

4.2.3.3 氢键

氢键是指以共价与一个电负性原子（例如 N、O 或 S）相结合的氢原子同另一个电负性原子之间的相互作用。在蛋白质中，一个肽键的羰基与另一个肽键的 N—H 的氢可以形成氢键。氢键（O…H）距离约为 0.175 nm，键能量为 8～40 kJ/mol。

氢键对于稳定 α 螺旋和 β 折叠的二级结构和三级结构起着主要作用。氨基酸的极性基团位于蛋白质分子表面，可以和水分子形成许多个氢键，因此氢键有利于某些蛋白质的结构保持稳定和溶解度增加。

4.2.3.4 静电作用

蛋白质可以看成是多聚电解质，因为氨基酸的侧链（如天冬氨酸、谷氨酸、酪氨酸、赖氨酸、组氨酸、精氨酸、半胱氨酸）以及碳和氮末端氨基酸的可解离基团参与酸碱平衡，肽键中的 α 氨基和 α 羧基在蛋白质的离子性中只占很小的一部分。可解离的基团能产生使二级结构或三级结构稳定的吸引力或排斥力，例如天冬氨酸的 β 羧基、谷氨酸的 γ 羧基、C 末端氨基酸和羧基通常带有负电荷；赖氨酸的 ε 氨基和 N 末端氨基酸的 α 氨基、精氨酸的胍基、组氨酸的咪唑基等带有正电荷。静电作用能量范围为 42～84 kJ/mol。

某些离子与蛋白质的相互作用有利于蛋白质四级结构的稳定，蛋白质-Ca^{2+}-蛋白质型的静电作用对维持酪蛋白胶束的稳定性起着重要作用。在某些情况下，离子-蛋白质的复合物还可产生生物活性，像铁的运载或酶活性。通常，离子在蛋白质分子一定的位点上结合，过渡金属（Cr、Mn、Fe、Cu、Zn、Hg 等）的离子可同时通过部分离子键与几种氨基酸的咪唑基和巯基结合。

4.2.3.5 疏水相互作用

蛋白质分子的极性相互作用是非常不稳定的，蛋白质的稳定性取决于能否保持在一个非极性的环境中。驱动蛋白质折叠的重要力量来自于非极性基团的疏水相互作用。

在水溶液中，非极性基团之间的疏水相互作用力是水与非极性基团之间热力学上不利的相互作用的结果。在水溶液中非极性基团倾向于聚集，使得与水直接接触的面积降至最低。水结构诱导的水溶液中非极性基团的相互作用被称为疏水相互作用。在蛋白质中，氨基酸残基非极性侧链之间的疏水相互作用是蛋白质折叠成独特的三维结构的主要因素。

4.2.3.6 二硫键

二硫键是天然存在于蛋白质中唯一的共价侧链交联，它们既能存在于分子内，也能存在于分子间。在单体蛋白质中，二硫键的形成是蛋白质折叠的结果。当两个半胱氨酸（Cys）残基接近并适当定向时，在分子氧的氧化作用下形成二硫键。二硫键的形成能帮助稳定蛋白质的折叠结构。

某些蛋白质含有半胱氨酸和胱氨酸残基，能够发生巯基和二硫键的交换反应。

总之，一个独特的三维蛋白质结构的形成是各种排斥和吸引的非共价相互作用以及几个共价二硫键作用的结果。

4.3 蛋白质在食品加工中的功能性质

蛋白质的功能性质（functional property of proteins）是指在食品加工、贮藏和销售过程中蛋白质对食品需宜特征做出贡献的物理性质和化学性质，可分为下述4个主要方面。

(1) 水合性质　蛋白质的水合性质取决于蛋白质与水的相互作用，包括水的吸收与保留、湿润性、溶胀、黏着性、分散性、溶解度、黏度等。

(2) 结构性质　蛋白质的结构性质即蛋白质与蛋白质相互作用有关的性质，如沉淀、胶凝作用、弹性、质构化、面团的形成等。

(3) 表面性质　蛋白质的表面性质指与蛋白质表面张力、乳化作用、起泡特性有关的性质。

(4) 感官品质　蛋白质在食品感官品质方面也具有一些作用，例如蛋白质在食品中所产生的混浊度、色泽、风味结合、咀嚼性、爽滑感等。

上述几类性质并不是完全独立的，而是相互间存在一定的内在联系。例如胶凝作用不仅包括蛋白质与蛋白质相互作用，而且还有蛋白质与水相互作用；黏度和溶解度是蛋白质与水相互作用和蛋白质与蛋白质的相互作用的共同结果。

蛋白质的功能性质在食品中得到了极其广泛的应用，其意义十分重大。例如制造蛋糕时就充分地利用了卵蛋白的乳化性、搅打起泡性和热凝聚作用。蛋白质的功能性质是在食品加工实践、模型体系实验、蛋白质结构特征和功能关系分析研究等多重基础上逐步探明的。系统地测定各种食品蛋白质（包括新开发的食品蛋白质产品）的功能性质有助于在食品加工业中正确地利用这些蛋白质资源，而探明、解释、把握和改进食品蛋白质的功能性质就可研究一种新的食品配方和新的加工工艺。

4.3.1 蛋白质的水合性质

蛋白质的水合性质（hydration-property）也称为蛋白质的水合作用（hydration），是蛋白质的肽键和氨基酸的侧链与水分子间发生反应的特性。

蛋白质在溶液中的构象很大程度上与它的水合特性有关。蛋白质的水合作用是一个逐步的过程，即首先形成化合水和邻近水，再形成多分子层水，如若条件允许，蛋白质将进一步水化，这时表现为：a. 蛋白质吸水充分膨胀而不溶解，这种水化性质通常称为膨润性。b. 蛋白质在继续水化中被水分散而逐渐变为胶体溶液，具有这种水化特点的蛋白质称为可溶性蛋白。大多数食品为水合的固态体系。食品蛋白质及其他成分的物理化学性质和流变学性质，不仅强烈地受到体系中水的影响，而且还受水分活度的影响。干的浓缩蛋白质或离析物在应用时必须水合，因此食品蛋白质的水合和复水性质具有重要的实际意义。

蛋白质与水结合的能力对各类食品（尤其是肉制品和面团等）的质地起着重要的作用，蛋白质的其他功能性质（如胶凝、乳化作用）也与蛋白质的水合性质有十分重要的关系。在食品实际加工中，对于蛋白质的水合性质，通常以持水力（water holding capacity）或者是保水性（water retention capacity）来衡量。

4.3.1.1 蛋白质水合性质的测定方法

蛋白质成分的吸水性和持水容量的测定通常有以下4种方法。

(1) 相对湿度法（或平衡水分含量法）　此法测定一定水分活度时所吸收或丢失的水量。此法用于评价蛋白粉的吸湿性和结块现象。

（2）溶胀法 这种方法将蛋白质粉末置于下端连有刻度毛细管的沙蕊玻璃过滤器上，让其自发地吸收过滤器下面毛细管中的水，即可测定水合作用的速度和程度，这种装置称为Baumann 仪。

（3）过量水法 这种方法使蛋白质样品同超过蛋白质所能结合的过量水接触，随后通过过滤、低速离心或挤压，使过剩水分离。这种方法只适用于溶解度低的蛋白质，对于含有可溶性蛋白质的样品必须进行校正。

（4）水饱和法 这种方法测定蛋白质饱和溶液所需要的水量，如用离心法测定对水的最大保留性。

上述 4 种方法中，后 3 种方法可用来测定结合水、不可冻结的水以及蛋白质分子间借助于物理作用保持的毛细管水。

几种不同的蛋白质的吸水量见图 4-3。

通常情况下，蛋白质的溶解度数据对于确定从天然来源提取和纯化蛋白质的最佳条件以及分离蛋白质的各个部分是非常有用的。溶解度也为蛋白质的食用功能性提供了一个很好的指标。蛋白质能够溶解，意味着它能极高程度地水合。测定蛋白质的溶解度时应注意，多数情况下，蛋白质的平衡溶解度的到达是缓慢的。

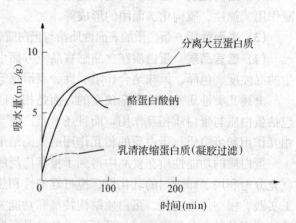

图 4-3 几种不同的蛋白质的吸水曲线

4.3.1.2 影响蛋白质水合性质的环境因素

环境因素对水合性质有一定的影响，例如蛋白质的浓度、pH、温度、水合时间、离子强度和其他组分的存在都是影响蛋白质水合特性的主要因素。蛋白质的总水吸附率随蛋白质浓度的增加而增加。

pH 的改变会影响蛋白质分子的解离和带电性，从而改变蛋白质的水合性质。在等电点下，蛋白质荷电量净值为零，蛋白质间的相互作用最强，呈现最低水化和膨胀。例如在宰后僵直期的生牛肉中，当 pH 从 6.5 下降至 5.0（等电点）时，其持水力显著下降，并导致生牛肉的多汁性和嫩度下降。高于或低于等电点 pH 时，由于净电荷和排斥力的增加使蛋白质膨胀并结合较多的水。

温度在 0～40℃或 50℃，蛋白质的水合特性随温度的提高而提高，更高温度下蛋白质高级结构破坏，常导致变性聚集。结合水的含量虽受温度的影响不大，但氢键结合水和表面结合水随温度升高一般下降，可溶性也可能下降。另一方面，结构很紧密和原来难溶的蛋白质被加热处理时，可能导致内部疏水基团暴露而改变水合特性。对于某些蛋白质，加热时形成不可逆凝胶，干燥后网络结构保持，产生的毛细管作用力会提高蛋白质的吸水能力。

离子的种类和浓度对蛋白质吸水性、膨胀和溶解度也有很大的影响。盐类和氨基酸侧链基团通常同水发生竞争性结合，在低盐浓度时，离子同蛋白质荷电基团相互作用而降低相邻分子的相反电荷间的静电吸引，从而有助于蛋白质水化和提高其溶解度，这称为盐溶效应。当盐浓度更高时，由于离子的水化作用争夺了水，导致蛋白质"脱水"，从而降低其溶解度，这称为盐析效应。在食品中用于提高蛋白质水化能力的中性盐主要是 NaCl，但也常用

$(NH_4)_2SO_4$ 和 NaCl 来沉淀蛋白质。食品中也常用磷酸盐改变蛋白质的水化性质，其作用机制与前两种盐不同，它是与蛋白质中结合或络合的 Ca^{2+}、Mg^{2+} 等离子结合而使蛋白质的侧链羧基转为 Na^+、K^+、NH_4^+ 盐基或游离负离子的形式，从而提高蛋白质的水化能力，例如在肉制品中添加 0.2％左右的聚磷酸盐可增强其持水力。

蛋白质吸附和保持水的能力对各种食品的质地和性质起着重要的作用，尤其是对碎肉和面团。如果蛋白质不溶解，则因吸水性会导致膨胀，这会影响它的质构、黏度、黏着力等特性。

4.3.1.3　蛋白质的水合性质与其食用功能的关系

不同食品对蛋白质水合特性的要求不同。

在制作蛋白饮料时，要求溶液透明、澄清或为稳定的乳浊液，还要求黏度低。这就要求蛋白质溶解度高，pH、离子强度和温度必须在较大范围内稳定，在此范围内蛋白质的水合性质应相对稳定而不聚集沉淀。

当向肉制品、面包、干酪等食品中添加大豆蛋白时，蛋白质的吸水性便成为一个重要问题。应通过改变 pH 或加入中性盐及控制添加量以确保制品即使受热也能保持充足水分，因为只有保持肉汁，肉制品才能有良好的口感和风味。

乳清蛋白、酪蛋白和其他蛋白质必须具有相当高的最初溶解度才能在乳浊液、泡沫和凝胶中表现出良好的功能性质。正因为如此，工业上生产等电点干酪素虽然容易，但这种产品用途有限，应将其转化为酪蛋白的钠盐或钾盐并在低温下浓缩干燥，这样生产的产品才具有更好的水分散性和较好的乳化性质。初始溶解性高的主要优点是在水中分散快，形成良好的和分散的胶体体系，并具有均一的宏观结构和润滑的质构。此外，初始溶解性有助于蛋白质扩散到气水界面和油水界面，提高它的表面活性。

4.3.2　蛋白质的溶解度

蛋白质的溶解度（solubility）是蛋白质与蛋白质和蛋白质与溶剂相互作用达到平衡的热力学表现形式。Bigelow 认为，蛋白质的溶解度与氨基酸残基的疏水性有关，疏水性越小蛋白质的溶解度越大。蛋白质的溶解性，可用水溶性蛋白质（water soluble protein，WSP）、蛋白质分散性指数（protein dispersibility index，PDI）、氮溶解性指数（nitrogen soluble index，NSI）来评价；其中蛋白质分散指数和氮溶解性指数已是美国油脂化学家协会采纳的法定评价方法。

蛋白质的溶解度大小还与 pH、离子强度、温度和蛋白质浓度有关。大多数食品蛋白质的溶解度与 pH 的关系曲线是一条 U 形曲线，最低溶解度出现在蛋白质的等电点附近。在低于和高于等电点 pH 时，蛋白质分别带有净的正电荷和净的负电荷，带电的氨基酸残基的静电推斥和水合作用促进蛋白质的溶解。但 β 乳球蛋白（pI 5.2）和牛血清白蛋白（pI 4.8）即使在它们的等电点时，仍然是高度溶解的，这是因为其分子中表面亲水性残基的数量远高于疏水性残基数量。由于大多数蛋白质在碱性 pH 8～9 是高度溶解的，因此总是在此 pH 范围从植物资源中提取蛋白质，然后在 pH 4.5～4.8 处采用等电点沉淀法从提取液中回收蛋白质。

蛋白质在盐溶液中的溶解度一般遵循下列关系。

$$\lg (S/S_0) = \beta - K_s c_s$$

式中，S 和 S_0 分别为蛋白质在盐溶液和水中的溶解；K_s 为盐析常数（对盐析类盐是正值，而对盐溶类盐是负值）；c_s 为盐的浓度（mol/L）；β 是常数。

在低离子强度（<0.5mol/L）溶液中，盐的离子中和蛋白质表面的电荷，从而产生电荷屏蔽效应，如果蛋白质含有高比例的非极性区域，那么此电荷屏蔽效应使它的溶解度下降；反之，溶解度提高。当离子强度>1.0mol/L时，盐对蛋白质溶解度具有特异的离子效应，硫酸盐和氟化物（盐）逐渐降低蛋白质的溶解度（即盐析 salting out），硫氰酸盐和过氯酸盐逐渐提高蛋白质的溶解度（即盐溶 salting in）。在相同的离子强度时，各种离子对蛋白质溶解度的相对影响遵循 Hofmeister 系列规律，阴离子提高蛋白质溶解度的能力为：$SO_4^{2-} < F^- < Cl^- < Br^- < I^- < ClO_4^- < SCN^-$，阳离子降低蛋白质溶解度的能力为：$NH_4^+ < K^+ < Na^+ < Li^+ < Mg^{2+} < Ca^{2+}$，离子的这个性能类似于盐对蛋白质热变性温度的影响。

在恒定的 pH 和离子强度下，大多数蛋白质的溶解度在 0～40℃范围内随温度的升高而提高，而一些高疏水性蛋白质，如 β 酪蛋白和一些谷类蛋白质的溶解度却与温度呈负相关。当温度超过 40℃时，由于热导致蛋白质结构的展开（变性），促进了聚集和沉淀作用，使蛋白质的溶解度下降。

加入能与水互溶的有机溶剂（如乙醇和丙酮）可降低水介质的介电常数，从而提高蛋白质分子内和分子间的静电作用力（排斥和吸引），导致蛋白质分子结构的展开；在此展开状态下，介电常数的降低又能促进暴露的肽基团之间氢键的形成和带相反电荷的基团之间的静电相互吸引作用，这些相互作用均导致蛋白质在有机溶剂-水体系中溶解度减少甚至沉淀。有机溶剂-水体系中的疏水相互作用对蛋白质沉淀所起的作用是最低的，这是因为有机溶剂对非极性残基具有增溶的效果。

由于蛋白质的溶解度与它们的结构状态紧密相关，因此在蛋白质的提取、分离和纯化过程中，它常被用来衡量蛋白质的变性程度。它还是判断蛋白质潜在的应用价值的一个指标。

4.3.3 蛋白质的黏度

液体的黏度（viscosity）反映它对流动的阻力。蛋白质流体的黏度主要由蛋白质粒子在其中的表观直径决定（表观直径越大，黏度越大）。表观直径又依下列参数而变：a. 蛋白质分子的固有特性（如浓度、大小、体积、结构、电荷等）；b. 蛋白质和溶剂间的相互作用，这种作用会影响膨胀、溶解度和水合作用；c. 蛋白质和蛋白质之间的相互作用会影响凝集体的大小。

当大多数亲水性溶液的分散体系（匀浆或悬浊液）、乳浊液、糊状物或凝胶（包括蛋白质）的流速增大时，它的黏度系数降低，这种现象称为剪切稀释（shear thinning）。剪切稀释可以用下面的现象来解释：a. 分子朝着流动方向逐步取向一致，从而使分子排列整齐，使得液体流动时所产生的摩擦阻力下降；b. 蛋白质水化球在流动方向变形；c. 氢键和其他弱键的断裂导致蛋白质聚集体或网络结构的解体。这些情况下，蛋白质分子或粒子在流动方向的表观直径减小，因而其黏度系数也减小。当剪切处理停止时，断裂的氢键和其他次级键若重新生成而产生同前的聚集体，那么黏度又重新恢复，这样的体系称为触变（thixotropic）体系。例如大豆分离蛋白和乳清蛋白的分散体系就是触变体系。

黏度与蛋白质的溶解度无直接关系，但与蛋白质的吸水膨润性关系很大。一般情况下，蛋白质吸水膨润性越大，分散体系的黏度也越大。

蛋白质体系的黏度和稠度是流体食品（如饮料、肉汤、汤汁、沙司和奶油）的主要功能性质。蛋白质分散体的主要功能性质对于最适加工过程也同样具有实际意义，例如在输送、混合、加热、冷却和喷雾干燥中都包括质量或热的传递。

4.3.4　蛋白质的胶凝作用

蛋白质的胶凝作用（gelation）同蛋白质的缔合、凝集、聚合、沉淀、絮凝、凝结等分散性的降低是不同的。蛋白质的缔合（association）一般是指亚基或分子水平上发生的变化；聚合或聚集（polymerization）一般是指较大复合物的形成；沉淀作用（precipitation）指由于溶解度全部或部分丧失引起的一切凝集反应；絮凝（flocculation）是指没有变性时的无序凝集反应，这种现象常常是因为链间静电排斥力的降低引起的；凝结作用（coagulation）是指发生变性的无规则聚集反应和蛋白质与蛋白质的相互作用大于蛋白质与溶剂的相互作用引起的聚集反应。变性的蛋白质分子聚集并形成有序的蛋白质网络结构的过程称为胶凝作用。

食品蛋白凝胶可大致可分为以下几类：a. 加热后冷却产生的凝胶，这种凝胶多为热可逆凝胶，例如明胶溶液加热后冷却形成的凝胶；b. 加热状态下产生凝胶，这种凝胶很多不透明而且是非可逆凝胶；例如蛋清蛋白在煮蛋中形成的凝胶；c. 由钙盐等二价金属盐形成的凝胶，例如大豆蛋白质形成豆腐；d. 不加热而经部分水解或 pH 调整到等电点而产生凝胶，例如凝乳酶制作干酪、乳酸发酵制作酸奶、皮蛋等生产中的碱对蛋清蛋白的部分水解等。

大多数情况下，热处理是胶凝作用所必需的条件，然后必须冷却，略微酸化也是有利的。增加盐类，尤其是钙离子也可以提高胶凝速率和胶凝强度（大豆蛋白、乳清蛋白和血清蛋白）。但是某些蛋白质不加热也可胶凝，而仅仅需经适当的酶解（酪蛋白胶束、卵白和血纤维蛋白），或者只是单纯地加入钙离子（酪蛋白胶束），或者在碱化后使其恢复到中性或等电点 pH（大豆蛋白）。虽然许多凝胶是由蛋白质溶液形成的（鸡卵清蛋白、其他卵清蛋白等），但不溶或难溶性的蛋白质水溶液或盐水分散液也可以形成凝胶（胶原蛋白、肌原纤维蛋白）。因此蛋白质的溶解性并不是胶凝作用必需的条件。

一般认为蛋白质凝胶网络的形成是由于蛋白质与蛋白质相互作用、蛋白质与溶剂（水）相互作用，邻近肽链之间的吸引力和排斥力达到平衡时引起的。疏水作用力、静电相互作用、氢键合、二硫键等对凝胶形成的相对贡献随蛋白质的性质、环境条件和胶凝过程中步骤的不同而异。静电排斥力和蛋白质与水之间的相互作用有利于肽链的分离。蛋白质浓度高时，因分子间接触的概率增大，更容易产生蛋白质分子间的吸引力和胶凝作用。蛋白质溶液浓度高时即使环境条件对凝集作用并不十分有利（如不加热、pH 与等电点相差很大时），也仍然可以发生胶凝作用。共价二硫交联键的形成通常会导致热不可逆凝胶的生成，如卵清蛋白和 β 乳球蛋白凝胶。而明胶则主要通过氢键的形成而保持稳定，加热时（约 30℃）熔融，并且这种凝结与熔融可反复循环多次而不失去胶凝特性。

将种类不同的蛋白质放在一起加热可产生共凝胶作用而形成凝胶，而且蛋白质还能与多糖胶凝剂相互作用而形成凝胶，带正电荷的明胶与带负电荷的海藻酸盐或果胶酸盐之间通过非特异性离子间的相互作用能生成高熔点（80℃）的凝胶。同样，在介质 pH 与牛乳 pH 相同时，酪蛋白胶束能够存在于卡拉胶的凝胶中。

许多凝胶以一种高度膨胀（敞开）和水合结构的形式存在。每克蛋白质可含水 10 g 以上，而且食品中的其他成分可被截留在蛋白质的网络之中。有些蛋白质凝胶甚至可含 98% 的水，这是一种物理截留水，不易被挤压出来。曾有人对凝胶具有很大持水容量的能力做假设，认为这可能是二级结构在热变性后，肽链上未被掩盖的肽链的—CO和—NH基的各自成为负的和正的极化中心，因而可能建立一个广泛的渗层水体系。冷却时，这种蛋白质通过重新形成的氢键而相互作用，并提供固定自由水所必需的结构。也可能是蛋白质网络的微孔通过毛细管作用来保持水分。

凝胶的生成是否均匀，这和凝胶生成的速度有关。如果条件控制不当，使蛋白质在局部相互结合过快，凝胶就较粗糙不匀。凝胶的透明度与形成凝胶的蛋白质颗粒的大小有关，如果蛋白颗粒或分子的表观分子质量大，形成的凝胶就较不透明。同时蛋白质凝胶强度的平方根与蛋白质相对分子质量之间呈线性关系。

4.3.5 蛋白质的质构化

蛋白质的质构化（texturization）又称为组织形成性，是在开发利用植物蛋白和新蛋白质重要的一种的功能性质。这是因为这些蛋白质本身不具有像畜肉那样的组织结构和咀嚼性，经过质构化后可使它们变为具有咀嚼性和持水性良好的片状或纤维状产品，从而制造出仿造食品或代用品。另外，质构化加工方法还可用于动物蛋白质的重质构化（retexturization）或重整，如牛肉或禽肉的重整。

现将蛋白质质构化的方法和原理介绍于下。

4.3.5.1 热凝结和形成薄膜

浓缩的大豆蛋白溶液能在滚筒干燥机等同类型机械的金属表面热凝结，产生薄而水化的蛋白质膜，能被折叠压缩在一起后切割。豆乳在 95℃下保持几小时，表面水分蒸发，热凝结而形成一层薄的蛋白质-脂类膜，将这层膜被揭除后，又形成一层膜，然后又能重新反复几次再产生同样的膜，这就是我国加工腐竹（豆腐衣）的传统方法。

4.3.5.2 纤维的形成

大豆蛋白和乳蛋白液都可喷丝而组织化，就像人造纺织纤维一样，这种蛋白质的功能特性就称为蛋白质的纤维形成作用。利用这种功能特性，将植物蛋白或乳蛋白浓溶液喷丝、缔合、成型、调味后，可制成各种风味的人造肉。其工艺过程为：在 pH 10 以上制备 10%～40% 的蛋白质浓溶液，经脱气、澄清（防止喷丝时发生纤维断裂）后，在压力下通过一块含有 1000 目/cm^2 以上小孔（直径为 50～150 μm）的模板，产生的细丝进入酸性 NaCl 溶液中，由于等电点 pH 和盐析效应致使蛋白质凝结，再通过滚筒取出。滚筒转动速度应与纤维拉直、多肽链的定位以及紧密结合相匹配，以便形成更多的分子间的键，这种局部结晶作用可增加纤维的机械阻力和咀嚼性，并降低其持水容量。再将纤维置于滚筒之间压延和加热使之除去一部分水，以提高黏着力和增加韧性。加热前可添加黏结剂如明胶、卵清、谷蛋白（面筋）或胶凝多糖，或其他食品添加剂如增香剂或脂类。凝结和调味后的蛋白质细丝，经过切割、成型、压缩等处理，便加工形成与火腿、禽肉或鱼肌肉相似的人造肉制品。

4.3.5.3 热塑性挤压

目前用于植物蛋白质构化的主要方法是热塑性挤压，采用这种方法可以得到干燥的纤维状多孔颗粒或小块，当复水时具有咀嚼性质地。进行这种加工的原料不需用蛋白质离析物，可用价格低廉的蛋白质浓缩物或粉状物（含 45%～70% 蛋白质）即可，其中酪蛋白或明胶既能作为蛋白质添加物又可直接质构化，若添加少量淀粉或直链淀粉就可改进产品的质地，但脂类含量不应超过 5%～10%，氯化钠或钙盐添加量应低于 3%，否则将使产品质地变硬。

热塑性挤压方法如下：含水（10%～30%）的蛋白质与多糖混合物通过一个圆筒，在高压（10～20 MPa）下的剪切力和高温作用下（在 20～150 s 时间内，混合料的温度升高到 150～200℃）转变成黏稠状态，然后快速地挤压通过一个模板进入正常的大气压环境，膨胀形成的水蒸气使内部的水闪蒸，冷却后，蛋白质与多糖混合物便具有高度膨胀、干燥的结构。

热塑性挤压可产生良好的质构化，但要求蛋白质具有适宜的起始溶解度、大的分子质量以及蛋白质与多糖混合料在管芯内能产生适宜的可塑性和黏稠性。含水量较高的蛋白质同样也可以在挤压机内因热凝固而质构化，这将导致水合、非膨胀薄膜或凝胶的形成，添加交联剂戊二醛可以增大最终产物的硬度。这种技术还可用于血液、机械去骨的鱼、肉及其他动物副产品的质构化。

4.3.6 面团的形成

小麦胚乳面筋蛋白质于室温下与水混合、揉搓，能够形成黏稠、有弹性和可塑性的面团，这种作用就称为面团的形成。黑麦、燕麦、大麦的面粉也有这种特性，但是较小麦面粉差。小麦面粉中除含有面筋蛋白（麦醇溶蛋白和麦谷蛋白）外，还含有淀粉粒、戊聚糖、极性脂质、非极性脂质及可溶性蛋白质，所有这些成分都有助于面团网络和面团质地的形成。麦醇溶蛋白和麦谷蛋白的组成及大分子体积使面筋具有很多特性。由于它们可解离氨基酸含量低，使面筋蛋白质不溶于中性水溶液。面筋蛋白富含谷氨酰胺（超过 33%）、脯氨酸（15%～20%）、丝氨酸及苏氨酸，它们倾向于形成氢键，这在很大程度上解释了面筋蛋白的吸水能力（面筋吸水量为干蛋白质的 180%～200%）和黏着性质。面筋中还含有较多的非极性氨基酸，这与水化面筋蛋白质的聚集作用、黏弹性和与脂肪的有效结合有关。面筋蛋白质中还含有众多的二硫键，这是面团物质产生坚韧性的原因。

麦醇溶蛋白（70%乙醇中溶解）和麦谷蛋白构成面筋蛋白。麦谷蛋白分子质量比麦醇溶蛋白分子质量大，前者相对分子质量可达数百万，既含有链内二硫键，又含有大量链间二硫键；麦醇溶蛋白仅含有链内二硫键，相对分子质量为 35 000～75 000。麦谷蛋白决定着面团的弹性、黏合性和抗张强度，而麦醇溶蛋白促进面团的流动性、伸展性和膨胀性。在制作面包的面团时，两类蛋白质的适当平衡是很重要的。过度黏结（麦谷蛋白过多）的面团会抑制发酵期间所截留的 CO_2 气泡的膨胀，抑制面团发起和成品面包中的空气泡，加入还原剂半胱氨酸、偏亚硫酸氢盐可打断部分二硫键而降低面团的黏弹性。过度延展（麦醇溶蛋白过多）的面团产生的气泡膜是易破裂的和可渗透的，不能很好地保留 CO_2，从而使面团和面包塌陷，加入溴酸盐、脱氢抗坏血酸氧化剂可使二硫键形成而提高面团的硬度和黏弹性。面团揉搓不足时因网络还来不及形成而使"强度"不足，但过多揉搓时可能由于二硫键断裂使"强度"降低。面粉中存在的氢醌类、超氧离子和易被氧化的脂类也被认为是促进二硫键形成的天然因素。

焙烤不会引起面筋蛋白大的再变性，因为麦醇溶蛋白和麦谷蛋白在面粉中已经部分伸展，在捏揉面团时更加被伸展，而在正常温度下焙烤面包时面筋蛋白质不会再进一步伸展。当焙烤温度高于 70～80℃时，面筋蛋白释放出的水分能被部分糊化的淀粉粒所吸收，因此即使在焙烤时，面筋蛋白也仍然能使面包柔软和保持水分（含 40%～50%水），但焙烤能使面粉中可溶性蛋白质（清蛋白和球蛋白）变性和凝集，这种部分的胶凝作用有利于面包心的形成。

4.3.7 蛋白质的乳化性质

许多传统食品（像牛乳、蛋黄酱、冰激凌、奶油和蛋糕面糊等）是乳浊液，许多新的加工食品（像咖啡增白剂等）则是含乳浊液的多相体系。天然乳浊液靠脂肪球"膜"来稳定，这种"膜"由三酰基甘油、磷脂、不溶性脂蛋白和可溶性蛋白的连续吸附层所构成。

蛋白质既能同水相互作用，又能同脂相互作用，因此蛋白质是天然的两亲物质，从而具有乳化性质（emulsifying property），在油-水体系中，蛋白质能自发地迁移至油水界面和气水界面，到达界面上以后，疏水基定向到油相和气相而亲水基定向到水相并广泛展开和散布，在界面形成一个蛋白质吸附层，从而起到稳定乳浊液的作用。

4.3.7.1 影响蛋白质乳化性质的因素

很多因素影响蛋白质的乳化性质，包括内在因素（如 pH、离子强度、温度、低分子质量的表面活性剂、糖、油相体积分数、蛋白质类型、使用的油的熔点等）、外在因素（如制备乳浊液的设备类型和几何形状，能量输入的强度和剪切速度）这里仅讨论内在的影响因素。

一般来说，蛋白质疏水性越强，在界面吸附的蛋白质浓度越高，界面张力越低，乳浊液越稳定。

蛋白质的溶解度与其乳化容量或乳浊液稳定性之间通常存在正相关，不溶性蛋白质对乳化作用的贡献很小，但不溶性蛋白质颗粒常常能够在已经形成的乳浊液中起到加强稳定作用。

pH 影响蛋白质稳定的乳浊液的形成和稳定，在等电点溶解度高的蛋白质（如血清白蛋白、明胶和蛋清蛋白），具有最佳乳化性质。由于大多数食品蛋白质（酪蛋白、商品乳清蛋白、肉蛋白、大豆蛋白）在它们的等电点 pH 时是微溶和缺乏静电推斥力的，因此在此 pH 时它们一般不具有良好的乳化性质。

加入低分子质量的表面活性剂，由于降低了蛋白质膜的硬度及蛋白质保留在界面上的作用力，因此通常有损于依赖蛋白质稳定的乳浊液的稳定性。

加热处理常可降低吸附在界面上的蛋白质膜的黏度和硬度，因而降低了乳浊液的稳定性。加入小分子表面活性剂，如磷脂和单酰基甘油等，它们与蛋白质竞争地吸附在界面上，从而降低了蛋白质膜的硬度和削弱了使蛋白质保留在界面上的作用力，也使蛋白质的乳化性能下降。

由于蛋白质从水相向界面缓慢扩散和被油滴吸附，将使水相中蛋白质的浓度降低，因此只有蛋白质的起始浓度较高时才能形成具有适宜厚度和流变学性质的蛋白质膜。

4.3.7.2 蛋白质乳化性质的测定方法

测定蛋白质乳化性质的方法常见的有乳化能力、乳化活性指数和乳浊液稳定性 3 种。

(1) 乳化能力 乳化能力（emulsifying capacity，EC）又称为乳化容量，是指在乳浊液相转变前每克蛋白质所能乳化的油的体积（mL）。测定方法为：将一定量蛋白质配成水溶液，在不断搅拌下以不变的速度连续加入油或溶化的脂肪，在黏度的突然变化，颜色的变化（特别当存在油溶性染料时）或电阻的突然增加时测定相转变到来时加入油的体积（mL）。乳化能力随蛋白质浓度的增加而降低，因此测定时需要固定蛋白质溶液的浓度。

(2) 乳化活性指数 活化性指数是由混浊度通过计算得到的。乳浊液形成后，用以下方法测定其混浊度。取 1 mL 乳浊液，用 0.1% 十二烷基硫酸钠（sodium dodecyl sulfate，SDS）水溶液稀释 1 000～5 000 倍（这一处理会使乳浊液中的分散相微滴稳定地和彼此分离地分散在十二烷基硫酸钠水溶液中），然后用 1 cm 的比色杯于 500 nm 下测定吸光度（A），并以下式计算混浊度（T）。

$$T = 2.303A$$

这里的混浊度吸光是由于乳微滴的界面散射造成的，由于在上述测定条件下分散在十二烷基硫酸钠中的微乳滴界面面积正比于混浊度（T），所以乳浊液的界面积正比于 T。乳化活性指数（EAI）被定义为

$$EAI = 2T/\Phi c$$

式中，EAI 的单位是 m^2/g；Φ 是乳浊液中油相的体积分数 [Φ ＝油体积/（油体积＋蛋白质水溶液体积）]；c 是单位体积蛋白质水溶液中蛋白质的质量（g/mL）。

乳化活性指数反映的是蛋白质乳化活性的大小。

(3) 乳浊液稳定性 乳浊液形成后，测量乳浊液的最初体积，然后在低速离心或静置状态下放几小时后再测定乳浊液中水未分离的最终体积，则乳浊液稳定性（ES）为

乳浊液稳定性＝乳浊液的最终体积/乳浊液的最初体积×100%

乳化能力和乳浊液稳定性反映了蛋白质的两种功能：a. 通过降低界面张力帮助形成乳浊液；b. 通过在界面上形成物理障碍而帮助稳定乳浊液。

4.3.8 蛋白质的发泡作用

4.3.8.1 食品泡沫的形成与破坏

泡沫通常是指气泡分散在含有表面活性剂的连续液相或半固相中的分散体。泡沫的基本单位是液膜所包围的气泡，气泡的直径从 1 μm 到数厘米不等，液膜和气泡间的界面上吸附着表面活性剂，起着降低表面张力和稳定气泡的作用。

食品中产生泡沫是常见现象，加工过程中起泡通常是不利的。但另一方面，食品中存在着许多诱人的泡沫食品，例如搅打发泡的加糖蛋白、棉花糖、冰激凌、起泡奶油、啤酒泡沫和蛋糕。食品泡沫中的表面活性剂称为泡沫剂，一般是蛋白质、配糖体、纤维素衍生物和添加剂中的食用表面活性剂。

蛋白质能作为发泡剂主要决定于蛋白质的表面活性和成膜性，例如鸡蛋清中的水溶性蛋白质在鸡蛋液搅打时可被吸附到气泡表面来降低表面张力，又因为搅打过程中的变性，逐渐凝固在气液界面间形成有一定刚性和弹性的薄膜，从而使泡沫稳定。

典型的食品泡沫应：a. 含有大量的气体（低密度）；b. 在气相和连续液相之间要有较大的表面积；c. 溶质的浓度在表面较高；d. 有能胀大、具刚性或半刚性并有弹性的膜或壁；e. 有可反射的光，所以看起来不透明。

形成泡沫通常采用 3 种方法：a. 将气体通过一个多孔分配器鼓入低浓度的蛋白质溶液中产生泡沫；b. 在有大量气体存在的条件下，通过打擦或振荡蛋白质溶液而产生泡沫；c. 将一个预先被加压的气体溶于要生成泡沫的蛋白质溶液中，突然减压，系统中的气体则会膨胀而形成泡沫。

由于泡沫具有很大的界面面积（气液界面可达 1 m²/mL 液体），因而是不稳定的。a. 在重力、气泡内外压力差（由表面张力引起）和蒸发的作用下液膜排水。如果泡沫密度大、界面张力小和气泡平均直径大，则气泡内外的压力差较小，另外，如果连续相黏度大，吸附层蛋白质的表观黏度大，液膜中的水就较稳定。b. 气体从小泡向大泡扩散，这是使泡沫总表面能降低的自发变化。如果连续相黏度大、气体在其中溶解和扩散速度小，泡沫就较稳定。c. 在液膜不

断排水变薄时，受机械剪切力、气泡碰撞力和超声波振荡的作用，气泡液膜也会破裂。

如果液膜本身具有较大的刚性或蛋白质吸附层有一定强度和弹性时，液膜就不易破裂。另外，如在液膜上粘有无孔隙的微细固体粉末并且未被完全润湿时，有防止液膜破裂的作用，但在有多孔杂质或消泡性表面活性剂存在时破裂将加剧。

4.3.8.2 蛋白质发泡性质的评价

评价蛋白质发泡性质的方法有多种，评价指标主要有：泡沫密度、泡沫强度、气泡平均直径和直径分布、蛋白质的发泡能力和泡沫的稳定性，实际中最常用的是蛋白质的发泡力和泡沫的稳定性两个指标。

(1) 测定发泡力的方法　将一定浓度和体积的蛋白质溶液加入带有刻度的容器内（图 4-4），按前述起泡机制起泡后，测定泡沫的最大体积，然后分别计算泡沫膨胀率（over-run）和发泡力（foaming power，FP）。

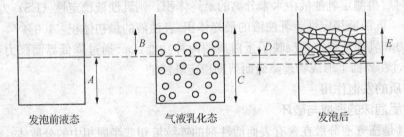

发泡前液态　　　　　气液乳化态　　　　　发泡后

图 4-4　蛋白质发泡能力的评价方法

A. 发泡前液体体积　*B*. 泡沫中气体的体积　*C*. 气液总体积　*D*. 泡沫中液体的体积　*E*. 泡沫体积

$$泡沫膨胀率＝（气液总体积－发泡前液体体积）/发泡前液体体积×100＝100\ B/A$$

$$发泡力＝泡沫中气体的体积/泡沫中液体的体积×100＝100\ B/D$$

由于发泡力一般随原体系中蛋白质浓度的增加而增加，所以在比较不同蛋白质的发泡力时需要比较最高发泡力和相应于 1/2 最高发泡力的蛋白质浓度等多项指标（表 4-2）。

表 4-2　几种蛋白质发泡力比较

蛋白质	蛋白质浓度 2%～3% 时最大发泡力	1/2 最大发泡力时蛋白质浓度	蛋白质浓度 1% 时发泡力
明胶	228	0.04	221
酪蛋白钠	213	0.10	198
分离大豆蛋白	203	0.29	154

注：蛋白质浓度均为质量体积比（m/V）。

(2) 测定泡沫稳定性的方法　泡沫稳定性测定的第一个方法是在起泡完成后，迅速测定泡沫体积，然后在一定条件下放置一段时间（通常 30 min）后又测定泡沫体积，从而计算泡沫稳定性（foam stability）。

泡沫稳定性测定的第二个方法是测定液膜完全排水或 1/2 排水所需的时间。如果是鼓泡形成泡沫，就可在刻度玻璃仪器中直接起泡，然后观察排水过程和测量 1/2 排水所需时间。如果是搅打起泡，测定应在特制的不锈钢仪器中进行，该仪器有专门的下水装置收集排水，可连续测量排水过程和时间。

显然，泡沫稳定性也随蛋白质浓度而变化，因此也应像测定发泡力时那样定浓度。

4.3.8.3 影响泡沫形成和稳定性的因素

(1) 有关成分对发泡的影响

① 蛋白质本身的性质 泡沫的形成和泡沫的稳定需要的蛋白质的性质不同。泡沫形成要求蛋白质迅速扩散到气水界面上，并在那里很快地展开、浓缩和散布，以降低表面张力。因此需要水溶性好并有一定表面疏水区的蛋白质。泡沫稳定要求蛋白质能在每个气泡周围形成一定厚度、刚性、黏性和弹性的连续的且气体不能渗透的吸附膜。因此要求分子质量较大，分子间较易发生相互结合或黏合。

具有良好发泡性的蛋白质包括蛋清蛋白、血红蛋白和部分球蛋白、牛血清蛋白、明胶、乳清蛋白、酪蛋白胶束、β 酪蛋白、小麦蛋白质（特别是谷蛋白）、大豆蛋白质和一些水解蛋白质（低水解度）。对于蛋清，泡沫能快速形成，然而泡沫密度、稳定性和耐热性低。

② 蛋白质的浓度 蛋白质的浓度与发泡性相关。当起始液中蛋白质的浓度在 2%～8% 范围内时，随着浓度的增加发泡性有所增加。当蛋白质浓度增加到 10% 时则会使气泡变小，泡沫变硬。这是由于蛋白质在高浓度下溶解度变小的缘故。

③ pH pH 影响蛋白质的荷电状态，因而可改变其溶解度、相互作用力和持水力，也就改变了蛋白质的发泡性质和泡沫的稳定性。当蛋白质处于或接近等电点 pH 时，有利于界面上蛋白质与蛋白质的相互作用和形成黏稠的膜，被吸附至界面的蛋白质的数量也将增加，这两个因素均提高了蛋白质的发泡能力和泡沫稳定性。

④ 盐类 盐类影响蛋白质的溶解度、黏度、伸展和聚集，因而改变其发泡性。这取决于盐的种类、浓度和蛋白质的性质，如氯化钠通常能增大泡沫膨胀率和降低泡沫稳定性，而钙离子由于能与蛋白质的羧基形成桥键而使泡沫稳定性提高。在低浓度时盐可提高蛋白质的溶解度，在高浓度时产生盐析效应，这两种效应都会影响蛋白质的发泡性和泡沫稳定性。一般来说，在指定的盐溶液中蛋白质被盐析时则显示较好的发泡性，被盐溶时则显示较差的发泡性。

⑤ 糖类 由于糖类能提高整体黏度，因此能抑制泡沫的膨胀，但却改进了泡沫的稳定性。所以在加工蛋白甜饼、蛋奶酥、蛋糕等含糖泡沫型甜食产品时，如在搅打后加入糖，能使蛋白质吸附、展开和形成稳定的膜，从而提高泡沫的稳定性。

⑥ 脂类 脂类使泡沫稳定性下降，这是由于脂类物质，尤其是磷脂，具有比蛋白质更大的表面活性，它将以竞争方式在界面上取代蛋白质，于是减少了膜的厚度和黏合性。

(2) 发泡方法的影响 为了形成足够的泡沫，搅拌、搅打时间和强度必须足够，使蛋白质充分地展开和吸附，然而过度激烈搅打也会导致泡沫稳定性降低，因为剪切力使吸附膜及泡沫破坏和破裂。搅打鸡蛋清如超过 6～8 min，将引起气水界面上的蛋白质部分凝结，使得泡沫稳定性下降。

在产生泡沫前，适当加热处理可提高大豆蛋白（70～80℃）、乳清蛋白（40～60℃）、卵清蛋白（卵清蛋白和溶菌酶）、血清白蛋白等蛋白质的发泡性能，但过度的热处理则会损害发泡能力。将已形成的泡沫进行加热，个别情况下可能会使得蛋白质吸附膜因胶凝作用而产生足够的刚性从而稳定气泡，但大多数情况下会导致空气膨胀、黏性降低、气泡破裂和泡沫崩溃。

4.3.9 蛋白质与风味物质的结合

风味物质能够部分被吸附或结合在食品的蛋白质中，与豆腥味、酸败味和苦涩味物质等不良风味物质结合常会降低蛋白质的食用性质，而与肉的风味物质和其他需宜风味物质的可逆结合可使食品在保藏和加工过程中保持其风味。

蛋白质与风味物质的结合包括物理吸附和化学吸附。前者主要通过范德华力和毛细管作用吸附，后者包括静电吸附、氢键结合和共价结合。

蛋白质中有的部位与极性风味物质结合，例如乙醇可与极性氨基酸残基形成氢键；有的部位则与弱极性风味物质结合，如中等链长的醇、醛和杂环风味物可能在蛋白质的疏水区发生结合；还有的部位能与醛、酮、胺等挥发物发生较强的结合，如赖氨酸的 ε 氨基可与风味物的醛和酮基形成薛夫碱（Schiff's base），而谷氨酸和天冬氨酸的游离羧基可与风味物的氨基结合成酰胺。

当风味物与蛋白质相结合时，蛋白质的构象实际上发生了变化。如风味物扩散至蛋白质分子的内部则打断了蛋白质链段之间的疏水基相互作用，使蛋白质的结构失去稳定性；含活性基团的风味物，像醛类化合物，能共价地与赖氨基酸残基的 ε 氨基相结合，改变蛋白质的净电荷，导致蛋白质分子展开，更有利于风味物的结合。因此任何能改变蛋白质构象的因素都能影响其与风味物的结合。

水能促进蛋白质与极性挥发物的结合而对蛋白质与非极性化合物的结合没有影响。在干燥的蛋白质中挥发物的扩散是有限的，加水就能提高极性挥发物的扩散速度和与结合部位结合的机会。但脱水处理，即使是冷冻干燥也使最初被蛋白质结合的挥发物质降低 50% 以上。

pH 的影响一般与 pH 诱导的蛋白质构象变化有关，通常在碱性条件下比在酸性条件下更有利于与风味物的结合，这是由于蛋白质在碱性条件下比在酸性条件下发生了更广泛的变性。

热变性蛋白质显示较高结合风味物的能力，如 10% 的大豆蛋白离析物水溶液在有正己醛存在时于 90℃ 加热 1h 和 24h，然后冷冻干燥，发现其对正己醛的结合量分别比未加热的对照组大 3 倍和 6 倍。

化学改性会改变蛋白质与风味物质结合的性质。例如蛋白质分子中的二硫键被亚硫酸盐裂开引起蛋白质结构的展开，这通常会提高蛋白质与风味物结合的能力；蛋白质经酶催化水解后，原先分子结构中的疏水区被打破，疏水区的数量也减少，这会降低蛋白质与风味物的结合能力。因此蛋白质经水解后可减轻大豆蛋白的豆腥味。除此之外，蛋白质还能通过弱相作用或共价键结合很多其他物质，如色素、合成染料和致突变及致敏等其他生物活性物质，这些物质的结合可导致毒性增强或解毒，同时蛋白质的营养价值也受到了影响。

4.3.10 蛋白质的其他功能性质

4.3.10.1 蛋白质的亲油性

亲油性也称为吸油性，是指蛋白质吸油，特别是在加热条件下吸油，并产生与油脂均匀结合的功能性质。吸油性高的蛋白质在制作香肠时，可使制品在热烹调时不发生油脂的过多流失。吸油性低的蛋白质用于油炸食品的制作可以减少对油的吸留量。

不溶性和疏水性的蛋白质亲油性较高，小颗粒、低密度的蛋白质粉吸油量大，在有水时乳化性高的蛋白质和外加乳化剂时吸油量较大。

4.3.10.2 蛋白质的成膜性

利用蛋白质可以制备可食膜或进行涂层。把蛋白质溶在水中，然后将此溶液用浸涂、喷涂等方法制成薄膜。这种膜可食、透明并有一定阻气性，还可作为特殊成分的载体，在食品保鲜、造型和提高附加值等方面发挥作用。

有较大溶解度和能够在成膜过程中较充分展成线性状态的蛋白质成膜性高。成膜作用是蛋白质与蛋白质间在膜干燥过程中逐渐靠近、产生次级键合作用和重叠交织作用而产生的。

4.4 食品加工对蛋白质功能和营养价值的影响

在蛋白质分离和含蛋白食品的加工和贮藏中，常涉及加热、冷却、干燥、化学试剂处理、发酵、辐照或其他各种处理，在这些处理中不可避免地引起蛋白质的物理性质、化学性质和营养成分的变化，了解这些变化有利于科学地选择食品加工和贮藏的条件。

4.4.1 热处理对蛋白质功能和营养价值的影响

热处理是对蛋白质质量影响较大的处理方法，影响的程度取决于热处理的时间、温度、湿度、有无其他物质存在等因素。

从有利方面看，绝大多数蛋白质加热后营养价值得到提高，因为在适宜的加热条件下，蛋白质发生变性以后，肽链因受热而造成副键断裂，使蛋白质原来折叠部分的肽链松散，容易受到消化酶的作用，从而提高消化率和必需氨基酸的生物有效性。热烫或蒸煮能使酶失活，例如脂酶、脂肪氧合酶、蛋白酶、多酚氧化酶和酵解酶类，酶失活能防止食品产生不应有的颜色，也可防止风味、质地变化和维生素的损失。例如菜籽经过热处理可使黑芥子硫苷酸酶（myrosinase）失活，因而阻止内源硫葡萄糖苷形成致甲状腺肿大的化合物 5-乙烯基-二硫噁唑烷酮。食品中天然存在的大多数蛋白质毒素或抗营养因子均可通过加热而变性和钝化，例如大豆中的胰蛋白酶抑制剂和胰凝乳蛋白酶抑制剂，在一定条件下加热，可消除其毒性。

赖氨酸、精氨酸、色氨酸、苏氨酸、组氨酸等，在热处理中很容易与还原糖（如葡萄糖、果糖、乳糖）发生羰氨反应，使产品带有金黄色以至棕褐色，如小麦面粉中虽然清蛋白仅占 6%～12%，但由于清蛋白中色氨酸含量较高，它对面粉焙烤呈色起较大的作用。

但是，不适当的热处理对食品质量产生很多不利的影响，涉及的化学反应有：氨基酸分解、蛋白质分解、蛋白质交联等。

4.4.1.1 单纯热处理对蛋白质功能和营养价值的影响

对食品进行单纯热处理，即不添加任何其他物质的条件下加热，食品中的蛋白质有可能发生各种不利的化学反应。最典型的是导致蛋白质中的氨基酸残基脱硫、脱氨、异构化及产生其他中间分解产物。

热处理温度高于 100℃就能使部分氨基酸残基脱氨，释放的氨主要来自谷氨酰胺残基和天冬酰胺残基，这类反应不损失蛋白质的营养，但是由于氨基脱除后，在蛋白质侧链间会形成新的共价键，一般会导致等蛋白质电点和功能特性的改变。

食品杀菌的温度大多在 115℃以上，在此温度下半胱氨酸及胱氨酸会发生部分不可逆的分解，产生硫化氢、二甲基硫化物、磺基丙氨酸等物质。如加工动物源性食品时，烧烤的肉类风味就是由氨基酸的分解的硫化氢及其他挥发性成分组成。这种分解反应一方面有利于食品特征风味的形成，另一方面严重损失含硫氨基酸，色氨酸残基在有氧的条件下加热，也会部分结构破坏。

高温（200℃）处理可导致氨基酸残基的异构化（图 4-5），在这类反应中首先是 β 消去反应形成负碳离子，然后负碳离子的平衡混合物再质子化，在这一反应过程中部分 L 构型氨基酸转化为 D 构型氨基酸，最终产物是内消旋氨基酸残基混合物，即 D 构型氨基酸和

L构型氨基酸各占1/2，由于 D 构型氨基酸基本无营养价值，并且其肽键难水解，因此导致蛋白质的消化性和蛋白质的营养价值显著降低。此外，某些 D 构型氨基酸被人体吸收后还有一定毒性。因此在确保安全的前提下，食品蛋白质应尽可能避免高温加工。

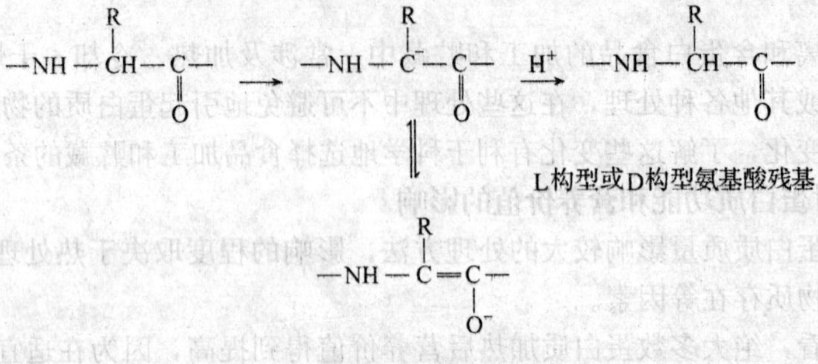

图 4-5 氨基酸残基的异构化反应

色氨酸是一种不稳定的氨基酸，高于 200 ℃处理时，会产生强致突变作用的物质咔啉（carboline）。从热解的色氨酸中可分离出 α咔啉（$R_1=NH_2$，$R_2=H$ 或 CH_3）、β咔啉（$R_3=H$ 或 CH_3）、γ咔啉（$R_3=H$ 或 CH_3，$R_5=NH_2$，$R_6=CH_3$）（图 4-6）。

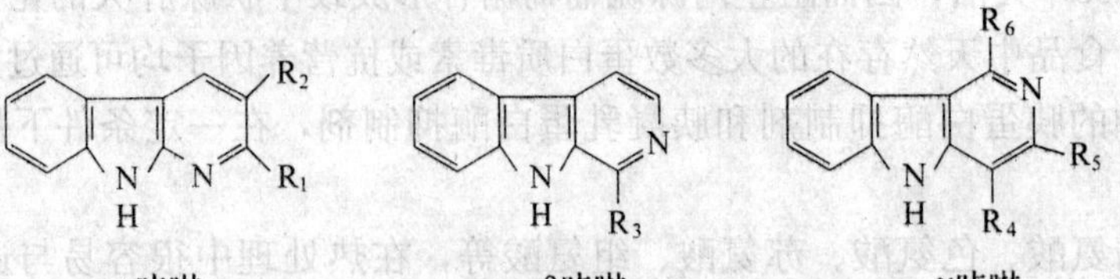

α咔啉　　　　　　β咔啉　　　　　　γ咔啉

图 4-6 色氨酸的热解产物

高温处理蛋白质含量高而糖含量低的食品（如畜肉、鱼肉等），会形成蛋白质之间的异肽键交联。异肽键是指由蛋白质侧链的自由氨基和自由羧基形成的肽键，蛋白质分子中提供自由氨基的氨基酸有赖氨酸残基、精氨酸残基等，提供自由羧基的氨基酸有谷氨酸残基、天冬氨酸残基等（图 4-7）。从营养学角度考虑，形成的这类交联，不利于蛋白质的消化吸收，也使食品中的必需氨基酸损失，明显降低蛋白质的营养价值。

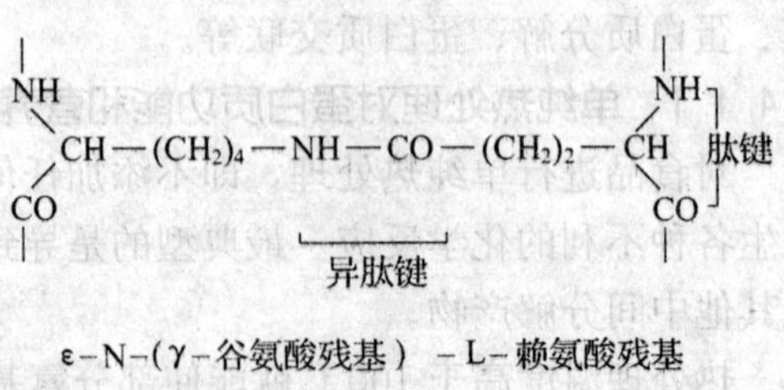

ε－N－（γ－谷氨酸残基）－L－赖氨酸残基

图 4-7 蛋白质分子中形成的异肽键

4.4.1.2 碱性条件下的热处理对蛋白质功能和营养价值的影响

食品加工中碱处理常常与加热同时进行。蛋白质在碱性条件下处理，一般是为了植物蛋白的增溶、制备酪蛋白盐、油料种子除去黄曲霉毒素、煮玉米等。如若改变蛋白质的功能特性，使其具有或增强某种特殊功能（如起泡、乳化）或使溶液中的蛋白质连成纤维状，也要靠碱处理。

碱性条件下处理食品，典型的反应是蛋白质的分子内及分子间的共价交联。这种交联的产生首先是由于半胱氨酸和磷酸丝氨酸残基通过 β 消去反应形成脱氢丙氨酸残基（dehydroalanine，DHA），见图 4-8。

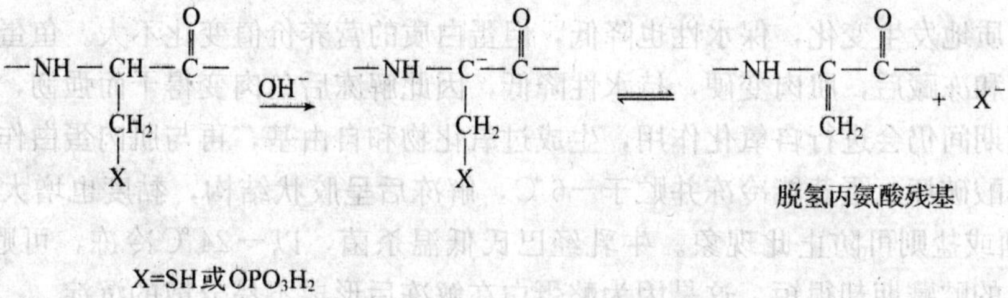

X=SH或OPO₃H₂

图 4-8 脱氢丙氨酸的产生

脱氢丙氨酸残基的反应活性很高，易与赖氨酸、半胱氨酸、鸟氨酸、精氨酸、酪氨酸、色氨酸、丝氨酸等形成共价键，导致蛋白质交联，如产生的赖丙氨酸残基、鸟丙氨酸残基、羊毛硫氨酸残基见图 4-9。

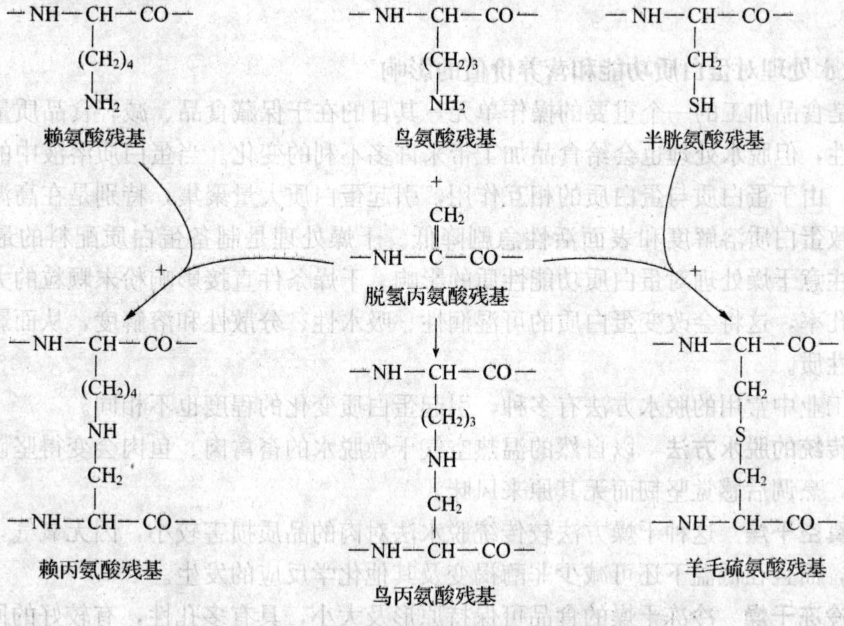

图 4-9 脱氢丙氨酸残基与几种氨基酸残基形成的交联

这类交联反应对食品营养价值的损坏也较严重，不仅会降低蛋白质的消化吸收率，降低含硫氨基酸与赖氨酸含量，而且有些产物还危害人体健康。一项研究指出，小鼠摄入含赖丙氨酸残基的蛋白质，出现腹泻、胰腺增生、脱毛等现象。制备大豆分离蛋白时，若以 pH 12.2、40℃处理4h，就会产生赖丙氨酸残基，温度越高，时间越长，生成的赖丙氨酸残基就越多。

4.4.2 低温处理对蛋白质功能和营养价值的影响

食品的低温贮藏可延缓或阻止微生物的生长并抑制酶的活性及化学变化。低温处理有冷却和冷冻两种。冷却又称为冷藏，即将温度控制在稍高于冻结温度之上，此时蛋白质较稳定，微生物生长也受到抑制。冷冻又称为冻藏，即将温度控制在低于冻结温度之下（一般为－18℃），这样对食品的风味有些损害，但若控制得好，蛋白质的营养价值不会降低。

肉类食品经冷冻、解冻，细胞及细胞膜被破坏，酶被释放出来，随着温度的升高酶活性增强致使蛋白质降解，而且蛋白质与蛋白质间的不可逆结合，代替了水和蛋白质间的结合，使蛋白质的质地发生变化，保水性也降低，但蛋白质的营养价值变化不大。鱼蛋白质很不稳定，经冷冻和冻藏后，肌肉变硬，持水性降低，因此解冻后鱼肉变得干而强韧，而且鱼中的脂肪在冻藏期间仍会进行自氧化作用，生成过氧化物和自由基，再与肌肉蛋白作用，使蛋白聚合，氨基酸破坏。蛋黄能冷冻并贮于-6℃，解冻后呈胶状结构，黏度也增大，若在冷冻前加10%糖或盐则可防止此现象。牛乳经巴氏低温杀菌，以-24℃冷冻，可贮藏4个月，但加糖炼乳的贮藏期却很短，这是因为酪蛋白在解冻后形成不易分散的沉淀。

至于冷冻使蛋白质变性的原因，主要是由于蛋白质质点分散密度的变化而引起的。由于温度下降，冰晶逐渐形成，使蛋白质分子中的水化膜减弱甚至消失，蛋白质侧链暴露出来，同时加上冰晶的挤压，使蛋白质质点互相靠近而结合，致使蛋白质质点凝集沉淀。这种作用主要与冻结速度有关，冻结速度越快，冰晶越小，挤压作用也越小，变性程度就越小。食品工业根据这个原理常采用快速冷冻法以避免蛋白质变性，保持食品原有的风味。

4.4.3　脱水处理对蛋白质功能和营养价值的影响

脱水是食品加工的一个重要的操作单元，其目的在于保藏食品、减轻食品质量及增加食品的稳定性，但脱水处理也会给食品加工带来许多不利的变化。当蛋白质溶液中的水分被全部除去时，由于蛋白质与蛋白质的相互作用，引起蛋白质大量聚集，特别是在高温下除去水分时可导致蛋白质溶解度和表面活性急剧降低。干燥处理是制备蛋白质配料的最后一道工序，应该注意干燥处理对蛋白质功能性质的影响。干燥条件直接影响粉末颗粒的大小以及内部和表面孔率，这将会改变蛋白质的可湿润性、吸水性、分散性和溶解度，从而影响这类食品的功能性质。

食品工业中常用的脱水方法有多种，引起蛋白质变化的程度也不相同。

(1) 传统的脱水方法　以自然的温热空气干燥脱水的畜禽肉、鱼肉会变得坚硬、萎缩且回复性差，烹调后感觉坚韧而无其原来风味。

(2) 真空干燥　这种干燥方法较传统脱水法对肉的品质损害较小，因无氧气，所以氧化反应较慢，而且在低温下还可减少非酶褐变及其他化学反应的发生。

(3) 冷冻干燥　冷冻干燥的食品可保持原形及大小，具有多孔性，有较好的回复性，是肉类脱水的最好方法。但会使部分蛋白质变性，肉质坚韧、保水性下降。与通常的干燥方法相比，冷冻干燥肉类的必需氨基酸含量及消化率与新鲜肉类差异不大，冷冻干燥是最好的保持食品营养成分的方法。

(4) 喷雾干燥　蛋乳的脱水常用此法。喷雾干燥对蛋白质损害较小。

4.4.4　氧化剂对蛋白质功能和营养价值的影响

在食品加工过程中常使用一些氧化剂，如过氧化氢、过氧化苯甲酰、次氯酸钠等。过氧化氢在乳品工业中用于牛乳冷灭菌，还可以用来改善鱼蛋白质浓缩物、谷物面粉、麦片、油料种子蛋白质离折物等产品的色泽，也可用于含黄曲霉毒素的面粉、豆类和麦片脱毒以及种子去皮。过氧化苯甲酰原用于面粉的漂白，我国从2011年5月起禁用，在某些情况下也可用作乳清粉的漂白剂。次氯酸钠具有杀菌作用，在食品工业上应用也非常广泛，例如肉品的喷雾法杀菌、黄曲霉毒素污染的花生粉脱毒等。

很多食品体系中也会产生各种具有氧化性的物质，如脂类氧化产生的过氧化物及其降解产物，它们通常是引起食品蛋白质成分发生交联的原因。很多植物中存在多酚类物质，在氧存在时的中性或碱性条件下容易被氧化成醌类化合物，这种反应生成的过氧化物属于强氧化剂。

蛋白质中一些氨基酸残基有可能被各种氧化剂所氧化，其反应机理一般都很复杂，对氧化最敏感的氨基酸残基是含硫氨基酸和芳香族氨基酸，易氧化的程度可排列为：蛋氨酸＞半胱氨酸＞胱氨酸＞色氨酸，其氧化反应见图4-10。

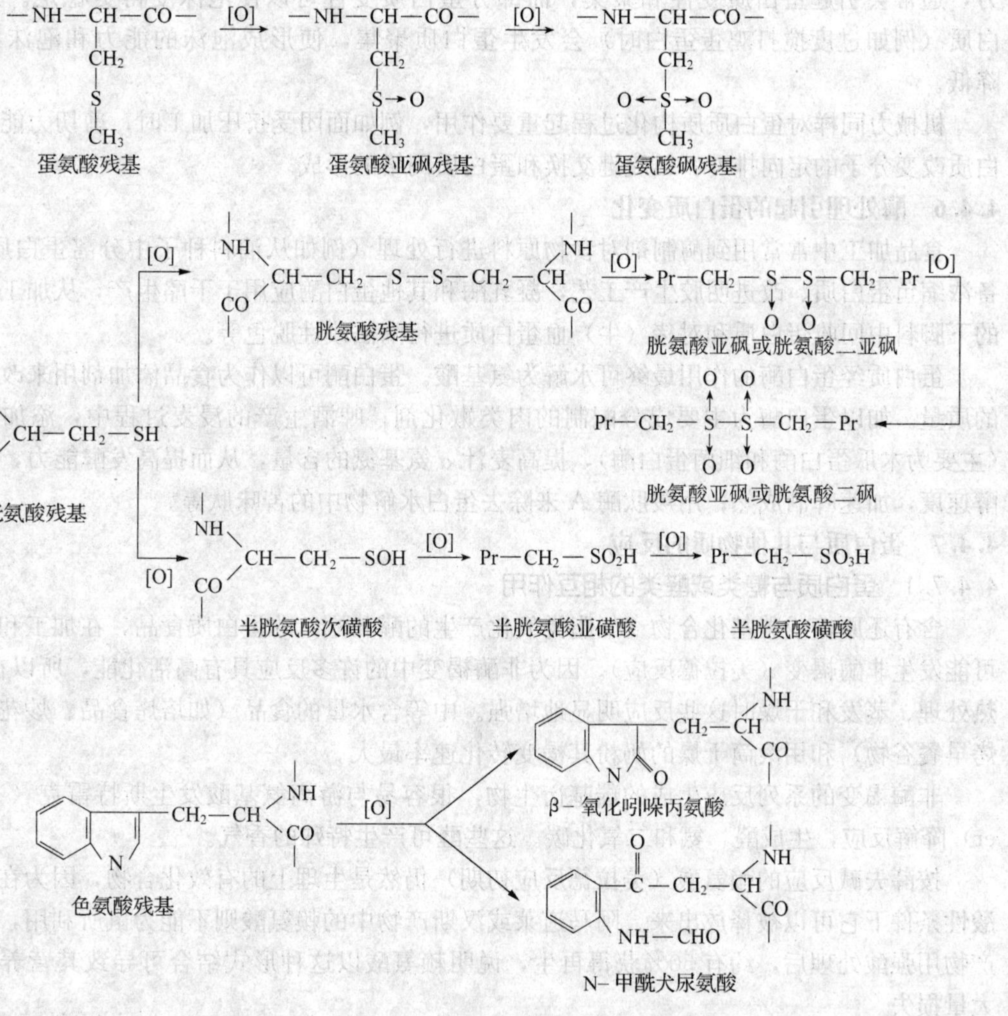

图4-10 蛋白质中几种氨基酸残基的氧化反应

蛋氨酸氧化的主要产物为亚砜、砜，亚砜在人体内还可以还原被利用，但砜不能被利用。半胱氨酸的氧化产物按氧化程度从小到大依次为半胱氨酸次磺酸、半胱氨酸亚磺酸和半胱氨酸磺酸，以上产物中半胱氨酸次磺酸还可以部分还原被人体所利用，而后两者则不能被利用。胱氨酸的氧化产物亦为砜类化合物。色氨酸的氧化产物由于氧化剂的不同而不同，其中已发现的氧化产物之一，甲酰犬尿氨酸是一种致癌物。氨基酸残基的氧化明显地改变蛋白质的结构与风味，损失蛋白质营养，形成有毒物质，因此显著氧化了的蛋白质不宜食用。

4.4.5 机械处理对蛋白质功能和营养价值的影响

机械处理对食品中的蛋白质有较大的影响，如充分干磨的蛋白质粉或浓缩物可形成小的颗粒和大的表面积，与未磨细的对应物相比，它提高了吸水性、蛋白质溶解度、脂肪的吸收和起泡性。

蛋白质悬浊液或溶液体系在强剪切力的作用下（例如牛乳均质）可使蛋白质聚集体（胶束）碎裂成亚单位，这种处理一般可提高蛋白质的乳化能力。在空气水界面施加剪切力，通常会引起蛋白质变性和聚集，而部分蛋白质变性可以使泡沫变得更稳定。某些蛋白质（例如过度搅打鸡蛋蛋白时）会发生蛋白质聚集，使形成泡沫的能力和泡沫稳定性降低。

机械力同样对蛋白质质构化过程起重要作用，例如面团受挤压加工时，剪切力能促使蛋白质改变分子的定向排列、二硫键交换和蛋白质网络的形成。

4.4.6 酶处理引起的蛋白质变化

食品加工中常常用到酶制剂对食物原料进行处理（例如从油料种子中分离蛋白质）、制备浓缩鱼蛋白质、改进明胶生产工艺，凝乳酶和其他蛋白酶应用于干酪生产，从加工肉制品的下脚料中回收蛋白质和对猪（牛）血蛋白质进行酶法改性脱色等。

蛋白质经蛋白酶的作用最终可水解为氨基酸。蛋白酶可以作为食品添加剂用来改善食品的质量。如以蛋白酶为主要成分配制的肉类嫩化剂；啤酒生产的浸麦过程中，添加蛋白酶（主要为木瓜蛋白酶和细菌蛋白酶），提高麦汁 α 氨基氮的含量，从而提高发酵能力，加快发酵速度，加速啤酒成熟；用羧肽酶 A 来除去蛋白水解物中的苦味肽等。

4.4.7 蛋白质与其他物质的反应

4.4.7.1 蛋白质与糖类或醛类的相互作用

含有还原糖或羰基化合物（如脂类氧化产生的醛和酮）的蛋白质食品，在加工和贮藏中可能发生非酶褐变（美拉德反应）。因为非酶褐变中的许多反应具有高活化能，所以在蒸煮、热处理、蒸发和干燥时这些反应明显地增强。中等含水量的食品（如焙烤食品、炒花生、焙烤早餐谷物）和用滚筒干燥的奶粉其褐变转化速率最大。

非酶褐变的系列反应生成的羰基衍生物，很容易与游离氨基酸发生斯特雷克（Strecker）降解反应，生成醛、氨和二氧化碳。这些醛可产生特殊的香气。

按薛夫碱反应的赖氨酸（美拉德反应初期）仍然是生理上的有效化合物，因为在胃内的酸性条件下它可以被释放出来。阿马道莱或汉斯产物中的赖氨酸则不能为鼠所利用，但这种产物用强酸处理后，约有 50％获得再生，说明赖氨酸以这种形式结合可导致其营养价值的大量损失。

此外，阿马道莱产物对营养的影响还不完全了解，有人认为这类产物可能抑制必需氨基酸在肠道内的吸收。

美拉德反应后期，类黑精分子间或分子内形成共价键，能明显地损害其蛋白质部分的可消化性，加热某些蛋白质-糖类模拟体系所产生的类黑精还有致突变作用，它的效力取决于美拉德反应程度。类黑精是不溶于水的物质，肠壁仅能微弱地吸收，因此生理效应危险性减小，但是低分子质量类黑精前体较容易吸收，它对动物产生的作用仍在研究之中。

各种醛（如棉酚、戊二醛）均可用来防止蛋白质饲料在反刍动物胃中发生的脱氨反应，由脂类氧化形成的丙二醛和木屑熏烟产生的醛类，通过形成共价键与蛋白质发生反应，已成为鞣革或固相酶载体的研究对象，至今尚未完全阐明其复杂的反应机理。蛋白质结合的赖氨酸 ε 氨基能与甲醛发生缩合反应，生成二羟甲基衍生物（图 4 - 11）。

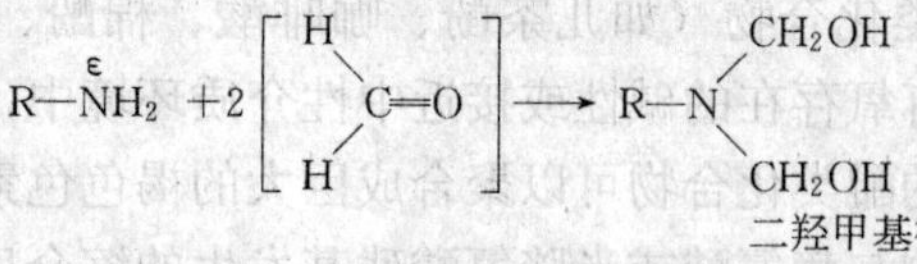

$$R-NH_2 + 2 \left[\begin{array}{c} H \\ C=O \\ H \end{array} \right] \longrightarrow R-N \begin{array}{c} CH_2OH \\ CH_2OH \end{array}$$

二羟甲基衍生物

图 4 - 11　蛋白质的赖氨酸残基与甲醛缩合

鱼体表面的细菌繁殖可产生甲醛，甲醛和蛋白质反应被认为是鱼肌肉在冷藏中变硬的原因。

丙二醛可以与各种肽链的游离氨基反应，生成 1-氨基 3-亚氨基丙烯共价键（图4 - 12），从而改变蛋白质的某些功能性质，如溶解度或持水量。经丙二醛变性的酪蛋白不易被蛋白酶水解。

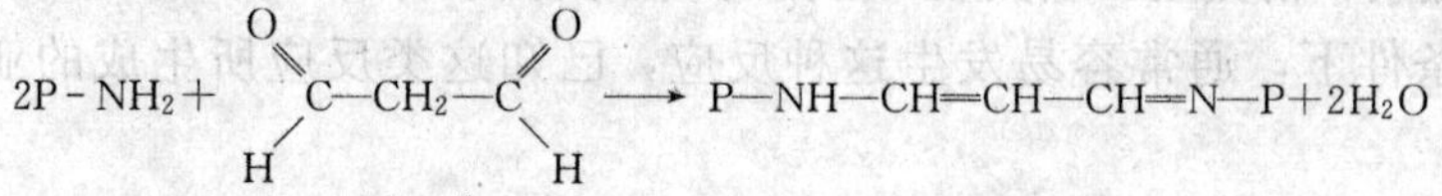

$$2P-NH_2 + \begin{array}{c} O \\ \parallel \\ C-CH_2-C \\ H \qquad\qquad H \end{array} \begin{array}{c} O \\ \parallel \\ \end{array} \longrightarrow P-NH-CH=CH-CH=N-P + 2H_2O$$

丙二醛

图 4 - 12　丙二醛与游离氨基反应

4.4.7.2　蛋白质与脂类的反应

脂蛋白是由蛋白质和脂类组成的非共价复合物，广泛存在于活体组织中。它影响食品的物理性质和功能性质。在多数情况下，脂类成分经溶剂萃取分离，不致影响蛋白质成分的营养价值。脂类氧化产物与蛋白质之间可生成共价键结合，某些食品和饲料的脂类在氧化后，发生蛋白质与脂类的共价相互作用，如冷冻或干制鱼、鱼粉和油料种子。脂类的过氧与蛋白质的共价结合和脂类诱导的蛋白质聚合反应包括以下两种机理。

(1) 自由基反应　脂类氧化生成的自由基 LO·、LOO·和蛋白质分子发生反应生成脂类-蛋白质自由基，即

$$LO· + PH \longrightarrow LOP·$$
$$LOO· + PH \longrightarrow LOOP·$$

此反应系多种脂类自由基引起的包含蛋白质链交联的聚合反应，即

$$·LOOP + O_2 \longrightarrow OOLOOP·$$
$$·OOLOOP + PH \longrightarrow POOLOOP$$

脂类自由基与蛋白质反应，同样可生成蛋白质自由基，即

$$LOO· + PH \longrightarrow LOOH + P·$$
$$LO· + PH \longrightarrow LOH + P·$$

在半胱氨酸残基的 α 碳原子和硫原子上可形成蛋白质自由基，蛋白质链同自由基发生直接聚合反应，即

$$P· + PH \longrightarrow P-P·　（二聚物）$$
$$P-P· + PH \longrightarrow P-P-P·　（三聚物）$$

(2) 羰氨反应　不饱和脂肪酸氧化生成醛衍生物，经薛夫碱反应与蛋白质的氨基酸结合，如丙二醛与蛋白质反应形成共价交联键。

脂类与蛋白质作用是有害的反应，酪蛋白与氧化亚油酸乙酯反应，不仅使几种氨基酸的有效性降低，而且降低其消化率、蛋白质功效比和生理价值。

4.4.7.3　蛋白质与多酚类化合物反应

许多植物中的天然多酚类化合物（如儿茶酚、咖啡酸、棉酚、鞣质、花青素、原花色素）和黄酮类化合物等，在有氧存在的碱性或接近中性介质环境中，由于多酚氧化酶的作用而被氧化成对应的醌。生成的醌类化合物可以聚合成巨大的褐色色素分子，或者与某些氨基酸残基反应。例如醌类化合物与赖氨酸或半胱氨酸残基发生的缩合反应，或与蛋氨酸、半胱氨酸及色氨酸残基发生的氧化反应，结果引起氨基酸的损失。

在以富含多酚的植物原料（如苜蓿叶、向日葵种子）制备蛋白质离析物时，多酚的氧化物和蛋白质相互作用可以使有效赖氨酸含量降低。

4.4.7.4　蛋白质与亚硝酸盐反应

亚硝酸盐与二级和三级胺的反应，生成 N-亚硝酸胺，某些氨基酸如脯氨酸、色氨酸、酪氨酸、半胱氨酸、精氨酸、组氨酸（游离的或蛋白质结合的）构成反应底物。蛋白质食品在烹调或胃酸条件下，通常容易发生这种反应，已知这类反应所生成的亚硝酸胺是强致癌物。

4.4.8　蛋白质的专一化学改性

改变天然动植物蛋白质的物理化学性质和功能性质，以满足食品加工和食品营养性的需要，已成为食品科学家研究的课题。目前，用于蛋白质改性的方法大致有如下几种：a. 选择合适的酶水解蛋白质为肽化合物；b. 用醋酸酐或琥珀酸酐进行酰基化反应；c. 增加蛋白质分子中亲水性基团。

4.4.8.1　蛋白质有限水解处理

水解蛋白质为肽化合物有 3 条途径：酸水解、碱水解和酶水解。3 种方法相比，酶水解蛋白质具有水解时间短、产物颜色浅、容易控制水解产物分子大小等优点。常用于水解蛋白质的酶有木瓜蛋白酶、胰蛋白酶和胃蛋白酶。从食品角度考虑，蛋白质水解产物不要求生成氨基酸，只要水解为平均相对分子质量 900 的低聚肽即可。

为了提高果汁饮料的营养价值，常常添加牛乳水解蛋白。牛乳水解蛋白与原料奶相比，营养价值略有下降，但其在中性或酸性介质中都是 100% 溶解的。因此用它制成的果汁饮料仍是透明清澈的。牛乳水解蛋白还可以作为胃和食道疾病严重的病人的疗效食品，牛乳本身营养价值较高，水解后成为极易消化和吸收的食物，非常适合于上述病人使用。

4.4.8.2　蛋白质的酰基化反应

蛋白质的酰基化反应是在碱性介质中，用醋酸酐或琥珀酸酐完成的，此时中性的乙酰基或阴离子型的琥珀酰基结合在蛋白质分子中亲核的残基（如 δ 氨基、巯基、酚基、咪唑基等）上。引入大体积的乙酰基或琥珀酸根后，由于蛋白质的净负电荷增加、分子伸展，离解为亚单位的趋势增加，所以溶解度、乳化力和脂肪吸收容量都能获得改善。如燕麦蛋白质经酰基化后，功能性大为改善，结果见表 4-3。

燕麦蛋白酰基化后，乳化活性指数和乳液稳定性都比没有酰基化者大，其中琥珀酰化的又比乙酰化者大。酰基化能提高蛋白质的持水性和脂肪结合力，这是由于所接上去的羰基与邻近原存在的羰基之间产生了静电排斥作用，引起蛋白质分子伸展，增加与水结合的机会。类似情况，在酰基化的豌豆蛋白质中也同样观察到。

表 4-3 酰基化的燕麦蛋白质功能性比较

样品	乳化活性指数（m²/g）	乳液稳定性（%）	持水能力	脂肪结合力	堆积密度（g/mL）
燕麦蛋白	32.3	24.6	1.8～2.0	127.2	0.45
乙酰化燕麦蛋白	40.2	31.0	2.0～2.2	166.4	0.50
琥珀酰化燕麦蛋白	44.2	33.9	3.2～3.4	141.9	0.52
乳清蛋白	52.2	17.8	0.8～1.0	113.3	—

酰基化燕麦蛋白质的溶解度一般比未酰基化者大，但在 pH 3.0 的介质中，接入酰基量多的样品溶解度低于酰基化前的样品。另外琥珀酰化时无论加入酰基试剂多少，此时溶解度比原始样的低。

蛋白质酰基化反应还能除去一些抗营养因子，如豆类食物中的植酸，主要是因为蛋白质接入酰基试剂后对蛋白质与植酸的结合产生了较大位阻，植酸-蛋白质-矿物质三元结合物的稳定性遭到破坏，其离解为可溶性的蛋白质盐和不溶性的植酸钙。

蛋白质酰基化处理的方法：取豆类蛋白质分离物加水调成 10%（m/V）分散体系，加入琥珀酸酐（0.0183～0.186 g/g 蛋白质）或乙酰酐（0.0183～0.186 g/g 蛋白质），用氢氧化钠调整 pH 至 8.5，室温下进行酰基化反应 1 h，离心。取上清液，用盐酸调整 pH 至 3.0～3.5，搅拌 15 min，使蛋白质析出。然后于 1000 r/min 下离心 25 min，弃去上清液，沉淀用去离子水洗涤两次，离心，弃去洗涤水。沉淀物用冷冻干燥或真空干燥，粉碎成能通过 100 目的粉末即为植酸含量低且功能性得到改善的豆类蛋白质。

4.4.8.3 蛋白质分子中添加亲水性基团

在蛋白质分子中增加亲水性基团的方法有两种：一是在蛋白质本身分子中脱去氨基，如将谷氨酰胺和天冬酰胺基转化为谷氨酰基和天冬酰基；二是在蛋白质分子中接入亲水性氨基酸残基、糖基或磷酸根。

在小麦和谷类食物的蛋白质分子中谷氨酰基可占总氨基酸量的很大比例，有的多到 1/3。它对蛋白质性质有很大影响。在高温下，保持 pH 8～9，可完成天冬酰胺的脱氨作用。

蛋白质的磷酸化也可用于改善蛋白质功能性质。大豆分离蛋白用 3% 三磷酸钠于 35℃ 下保温 3.5 h 处理后，大豆蛋白的等电点由 pH 4.5 变化为 pH 3.9，大豆蛋白的功能特性（如水溶性、乳化能力、发泡能力和持水能力）也有了很大的改善。

4.5 常见食品蛋白质

4.5.1 肉类蛋白质

肉类是食物蛋白质的主要来源。肉类蛋白质主要存在于肌肉组织中，以牛、羊、鸡、鸭肉等最为重要，肌肉组织中蛋白质含量为 20% 左右。肉类蛋白质可分为肌原纤维蛋白、肌浆蛋白和基质蛋白。这 3 类蛋白质在溶解性质上存在着显著的差别，采用水或低离子强度的缓冲液（0.15 mol/L 或更低浓度）能将肌浆蛋白提取出来，提取肌原纤维蛋白则需要采用更高浓度的盐溶液，而基质蛋白则是不溶解的。

肌浆蛋白主要有肌溶蛋白和球蛋白 X 两大类,占肌肉蛋白质总量的 20%～30%。肌溶蛋白溶于水,在 55～65℃变性凝固。球蛋白 X 溶于盐溶液,在 50℃时变性凝固。此外,肌浆蛋白中还包括有少量的使肌肉呈现红色的肌红蛋白。

肌原纤维蛋白(亦称为肌肉的结构蛋白),包括肌球蛋白(即肌凝蛋白)、肌动蛋白(即肌纤蛋白)、肌动球蛋白(即肌纤凝蛋白)、肌原球蛋白等,这些蛋白质占肌肉蛋白质总量的 51%～53%。其中,肌球蛋白溶于盐溶液,其变性开始温度是 30℃,肌球蛋白占肌原纤维蛋白的 55%,是肉中含量最多的一种蛋白质。在屠宰以后的成熟过程中,肌球蛋白与肌动蛋白结合成肌动球蛋白,肌动球蛋白溶于盐溶液中,其变性凝固的温度是 45～50℃。由于肌原纤维蛋白溶于一定浓度的盐溶液,所以也称为盐溶性肌肉蛋白。

基质蛋白主要有胶原蛋白和弹性蛋白,都属于硬蛋白类,不溶于水和盐溶液。

4.5.2 胶原和明胶

胶原蛋白(collagen)分布于动物的筋、腱、皮、血管、软骨和肌肉中,一般占动物蛋白质的 1/3 强,在肉蛋白的功能性质中起着重要作用。胶原蛋白含氮量较高,不含色氨酸、胱氨酸和半胱氨酸,酪氨酸和蛋氨酸含量也比较少,但含有丰富的羟脯氨酸(10%)和脯氨酸,甘氨酸含量更丰富(约 33%),还含有羟赖氨酸。因此胶原属于不完全蛋白质。这种特殊的氨基酸组成是胶原蛋白特殊结构的重要基础,现已发现,Ⅰ 型胶原(一种胶原蛋白亚基)中 96% 的肽段都是由 Gly‐X‐Y 三联体重复顺序组成,其中 X 常为脯氨酸(Pro),而 Y 常为羟脯氨酸(Hyp)。

胶原蛋白可以链间和链内共价交联,从而改变肉的坚韧性,陆生动物比鱼类的肌肉坚韧,老动物肉比小动物肉坚韧就是其交联度提高造成的。在胶原蛋白肽链间的交联过程中,首先是胶原蛋白肽链末端非螺旋区的赖氨酸和羟赖氨酸残基的 ε 氨基在赖氨酸氧化酶作用下氧化脱氨形成醛基,醛基赖氨酸和醛基羟赖氨酸残基再与其他赖氨酸残基反应并经重排而产生脱氢赖氨酰正亮氨酸和赖氨酰‐5‐酮正亮氨酸,而赖氨酰‐5‐酮正亮氨酸还可以继续缩合和环化形成三条链间的吡啶交联。这些交联作用的结果形成了具有高抗张强度的三维胶原蛋白纤维,从而使肌腱、韧带、软骨、血管和肌肉的强韧性提高。

天然胶原蛋白不溶于水、稀酸和稀碱,蛋白酶对它的作用也很弱。它在水中膨胀,可使质量增加 0.5～1 倍。胶原蛋白在水中加热时,由于氢键断裂和蛋白质空间结构的破坏,胶原变性(三股螺旋分离),变成水溶性物质——明胶(glutin)。明胶应用于食品工业作胶凝剂、赋形剂、增稠剂,用于啤酒作澄清剂,是食品工业广泛应用的添加剂。

4.5.3 乳蛋白质

乳是哺乳动物的乳腺分泌物,其蛋白质组成因动物种类而异。牛乳由 3 个不同的相组成:连续的水溶液(乳清)、分散的脂肪球和以酪蛋白为主的固体胶粒。乳蛋白同时存在于各相中。

4.5.3.1 酪蛋白

酪蛋白(casein)以固体微胶粒的形式分散于乳清中,是乳中含量最多的蛋白质,占乳蛋白总量的 80%～82%。酪蛋白属于结合蛋白质,是典型的磷蛋白。酪蛋白虽然是一种两性电解质,但是具有明显的酸性,所以在化学上常把酪蛋白看成是一种酸性物质。酪蛋白含有 4 种蛋白亚基:α_{s1} 酪蛋白、α_{s2} 酪蛋白、β 酪蛋白和 κ 酪蛋白,它们的比例约为 3∶1∶3∶1,随遗传类型不同而略有变化。

α_{s1}酪蛋白和α_{s2}酪蛋白的相对分子质量相似，约为 23 500，等电点也都是 pH 5.1，α_{s2}酪蛋白仅略为更亲水一些，二者共占总酪蛋白的 48%。从一级结构看，它们含有均衡分布的亲水残基和非极性残基，很少含半胱氨酸和脯氨酸，成簇的磷酸丝氨酸残基分布在第 40～80 位氨基酸残基，C 末端部分相当疏水。这种结构特点使其形成较多 α螺旋和 β折叠片二级结构，并且易和二价金属钙发生结合，钙离子浓度高时不溶解。

β酪蛋白的相对分子质量约为 24 000，它占酪蛋白的 30%～35%，等电点为 pH 5.3。β酪蛋白高度疏水，但它的 N 末端含有较多亲水基，因此它的两亲性使其可作为一个乳化剂。在中性条件下加热，β酪蛋白会形成线团状的聚集体。

κ酪蛋白占酪蛋白的 15%，相对分子质量为 19 000，等电点为 pH 3.7～4.2。它含有半胱氨酸并可通过二硫键形成多聚体，虽然它只含有一个磷酸化残基，但它含有糖类成分，所以有较强的亲水性。

酪蛋白与钙结合形成酪蛋白酸钙，再与磷酸钙构成酪蛋白酸钙-磷酸钙复合体，复合体与水形成悬浊状胶体（酪蛋白胶团）存在于鲜乳（pH 6.7）中。酪蛋白胶团在牛乳中比较稳定，但经冻结或加热等处理，也会发生凝胶现象。130℃加热经数分钟，酪蛋白变性而凝固沉淀。添加酸或凝乳酶，酪蛋白胶粒的稳定性被破坏而凝固，干酪就是利用凝乳酶对酪蛋白的凝固作用而制成的。

4.5.3.2 乳清蛋白

牛乳中酪蛋白凝固以后，从中分离出的清液即为乳清（whey）。存在于乳清中的蛋白质称为乳清蛋白，乳清蛋白有许多组分，其中最主要的是 β乳球蛋白和 α乳清蛋白。

(1) β乳球蛋白 β乳球蛋白约占乳清蛋白质的 50%，仅存在于 pH 3.5 以下和 7.5 以上的乳清中，在 pH 3.5～7.5 时则以二聚体形式存在。β乳球蛋白是一种简单蛋白质，含有游离的巯基，牛乳加热产生气味可能与它有关。加热、增加钙离子浓度或 pH 超过 8.6 等都能使它变性。

(2) α乳清蛋白 α乳清蛋白在乳清蛋白中占 25%，比较稳定。分子中含有 4 个二硫键，但不含游离巯基。

(3) 其他乳清蛋白 乳清中还有血清白蛋白、免疫球蛋白、酶等其他蛋白质。血清白蛋白是大分子球形蛋白质，相对分子质量为 66 000，含有 17 个二硫键和 1 个半胱氨酸残基。血清白蛋白结合着一些脂类和风味物，而这些物质有利于其耐变性力的提高。免疫球蛋白相对分子质量达到 150 000～950 000，是热不稳定球蛋白，对乳清蛋白的功能性质有一定影响。

4.5.3.3 脂肪球膜蛋白质

乳脂肪球周围的薄膜是由蛋白质、磷脂、高熔点三酰基甘油、甾醇、维生素、金属、酶类、结合水等构成，其中起主导作用均是卵磷脂-蛋白质络合物。这层膜控制着牛乳中脂肪-水分散体系的稳定性。

4.5.4 卵蛋白质

4.5.4.1 卵蛋白质的组成

鸡蛋可以作为卵类的代表，全蛋中蛋白质约占 9%，蛋清中蛋白质约占 10.6%，蛋黄中蛋白质约占 16.6%，蛋清、蛋黄中蛋白质组成见表 4-4 和表 4-5。

表 4 - 4　鸡蛋清蛋白质组成

组　成	占总固体的比例（%）	等电点	特　性
卵清蛋白（ovalbumin）	54	4.6	易变性，含巯基
伴清蛋白（conalbumin）	13	6.0	与铁复合，能抗微生物
卵类黏蛋白（ovomucoid）	11	4.3	能抑制胰蛋白酶
溶菌酶（lysozyme）	3.5	10.7	为分解多糖的酶，抗微生物
卵黏蛋白（ovomucin）	1.5		具黏性，含唾液酸，能与病毒作用
黄素蛋白-脱辅基蛋白 （flavoprotein-apoprotein）	0.8	4.1	与核黄素结合
蛋白酶抑制剂 （proteinase inhibitor）	0.1	5.2	抑制细菌蛋白酶
抗生物素蛋白（avidin）	0.05	9.5	与生物素结合，抗微生物
未确定的蛋白质成分 （unidentified protein）	8	5.5，7.5	主要为球蛋白
非蛋白质氮（nonprotein）	8	8.0，9.0	其中一半为糖和盐（性质不明确）

表 4 - 5　鸡蛋黄蛋白质组成

组　成	占卵黄固体的比例（%）	特　性
卵黄蛋白	5	含有酶，性质不明
卵黄高磷蛋白	7	含 10% 的磷
卵黄脂蛋白	21	乳化剂

4.5.4.2　卵蛋白质的功能性质

从鸡蛋蛋白质的组成可以看出，鸡蛋清蛋白质中有些具有独特的功能性质，如鸡蛋清中由于存在溶菌酶、抗生物素蛋白、免疫球蛋白、蛋白酶抑制剂等，能抑制微生物生长，这对鸡蛋的贮藏是十分有利的，因为它们将易受微生物侵染的蛋黄保护起来。我国中医外科常用蛋清调制药物用于贴疮的膏药，正是这种功能的应用实例之一。

鸡蛋清中的卵清蛋白、伴清蛋白和卵类黏蛋白都是易热变性蛋白质，这些蛋白质的存在使鸡蛋清在受热后产生半固体的胶状，但由于这种半固体胶体不耐冷冻，因此不宜将煮制的蛋放在冷冻条件下贮存。

鸡蛋清中的卵黏蛋白和球蛋白是分子质量很大的蛋白质，它们具有良好的搅打发泡性，食品中常用鲜蛋或鲜蛋清来形成泡沫。在焙烤过程中还发现，仅由卵黏蛋白形成的泡沫在焙烤过程中易破裂，而加入少量溶菌酶后却对形成的泡沫有保护作用。

皮蛋的加工，利用了碱对卵蛋白质的部分变性和水解，产生黑褐色并透明的蛋清凝胶，蛋黄这时也变成黑色稠糊或半塑状。

蛋黄中的蛋白质也具有凝胶性质，这在煮蛋和煎蛋中最重要，但蛋黄蛋白质更重要的性质是它们的乳化性，这对保持焙烤食品的网络结构具有重要意义。蛋黄蛋白质作乳化剂的另一个典型例子是生产蛋黄酱，蛋黄酱是色拉油、少量水、少量芥末、蛋黄及盐等调味品的均匀混合物，在制作过程中通过搅拌，蛋黄蛋白质就发挥其乳化作用而使混合物变为均匀乳化的乳状体系。

4.5.4.3　卵蛋白质在加工中的变化

蛋清在巴氏杀菌中，如果温度超过 60℃，会造成热变性而降低其搅打发泡力。在 pH 7 时卵白蛋白、卵类黏蛋白、卵黏蛋白和溶菌酶对 60℃ 以下加热是稳定的，最不耐热的伴清蛋白此时也基本稳定，因此蛋清的巴氏杀菌温度应控制在 60℃ 以下。另外，外加六偏磷酸钠（2%）可提高伴清蛋白的热稳定性。

蛋黄也不耐高温，在 60℃ 或更高温下，蛋黄中的蛋白质和脂蛋白就产生显著变化。在利用喷雾干燥工艺制作全蛋粉时，由于蛋清和蛋黄中的部分蛋白质受热变性，造成蛋白质的分散度、溶解度、发泡力等功能性质下降，产品颜色和风味也变劣。为了防止这种不利变化，在喷雾干燥前向全蛋糊中加入少量蔗糖或玉米糖浆，可以部分减缓蛋白质受热变性。

蛋黄制品不应在 −6℃ 以下冻藏。否则解冻后的产品黏度增大，其原因是过渡冷冻造成了蛋黄中蛋白质发生凝胶作用。一旦发生这种作用，蛋白质的功能性质就会下降。例如用这种蛋黄制作蛋糕时，产品网络结构失常，蛋糕体积变小。对于这种变化，可通过向预冷蛋黄中加入蔗糖、葡萄糖或半乳糖来抑制，也可应用胶体磨处理而使胶凝作用减轻。加入 NaCl，产品黏度会增加，但远不是促进胶凝作用而引起，实际上的效果正好相反，能阻止胶凝作用。

鲜蛋在贮存中质量会不断下降。应当强调下列变化的作用：贮藏中蛋内的蛋白质会受天然存在的蛋白酶的作用而造成蛋清部分稀化，蛋内的 CO_2 和水分会通过气孔向外散失，结果蛋清 pH 从 7.6 升至最大值 9.7，蛋黄 pH 从 6 升至 6.4 左右，稠厚蛋清的凝胶结构部分破坏，蛋黄向外膨胀扩散，气室变大。

卵黏蛋白的糖苷键受某种作用而部分被切开是蛋清变稀的最合理解释，蛋清胶态结构的破坏应与 pH 变化有关，蛋黄膨胀的一个原因可能是蛋清水分向蛋黄转移所致。糖蛋白的糖苷键究竟因何断裂？是否主要是因 pH 上升时发生 β 消去反应而引起？这些问题还有待深入研究。

4.5.5　鱼肉中的蛋白质

鱼肉中蛋白质的含量因鱼的种类及年龄不同而异，一般为 10%～21%。鱼肉中蛋白质与畜禽肉类中的蛋白质一样，可分为 3 类：肌浆蛋白、肌原纤维蛋白和基质蛋白。

鱼的骨骼肌是一种短纤维，它们排列在结缔组织（基质蛋白）的片层之中，但鱼肉中结缔组织的含量要比畜禽肉少，而且纤维也较短，因而鱼肉更为嫩软。鱼肉的肌原纤维与畜禽肉类中相似，为细条纹状，并且所含的蛋白质（如肌球蛋白、肌动蛋白、肌动球蛋白等）也很相似，但鱼肉中的肌动球蛋白十分不稳定，在加工和贮存过程中很容易发生变化，即使在冷冻保存中，肌动球蛋白也会逐渐变成不溶性的而增加鱼肉的硬度。肌动球蛋白当贮存在稀的中性溶液中时很快发生变性并可逐步凝聚而形成不同浓度的二聚体、三聚体或更高的聚合体，但大部分是部分凝聚，而只有少部分是全部凝聚，这可能是引起鱼肉不稳定的主要因素之一。

4.5.6　谷物类蛋白质

成熟、干燥的谷粒，其蛋白质含量依种类不同，一般为 6%～20%。谷类又因去胚、麸及研磨而损失少量蛋白质。种核外面往往包着一层保护组织，不易为人消化，而要将其中的蛋白质分离出来也很困难，故仅宜用作饲料，而内胚乳蛋白常被用作人类食品。

4.5.6.1 小麦蛋白质

面粉主要成分是小麦的内胚乳，其淀粉粒包埋在蛋白质基质中。麦醇溶蛋白（gliadin）和麦谷蛋白（glutenin）占蛋白质总量的 80%～85%，二者比例约为 1：1，它们与水混合后就能形成具有黏性和弹性的面筋蛋白（gluten），它能使面包中的其他成分（如淀粉、气泡）粘在一起，是形成面包空隙结构的基础。非面筋的清蛋白和球蛋白占面粉蛋白质总量的 15%～20%，它们能溶于水，具凝聚性和发泡性。小麦蛋白质缺乏赖氨酸，所以与玉米一样，不是一种理想的蛋白质来源。但若能配以牛乳或其他蛋白质，就可补其不足。

小麦面筋中的二硫键在多肽链的交联中起重要的作用。

4.5.6.2 玉米蛋白质

玉米胚乳蛋白主要是基质蛋白和存在于基质中的颗粒蛋白体两种，玉米醇溶蛋白（zein）就在蛋白体中，占蛋白质总量的 15%～20%，它缺乏赖氨酸和色氨酸两种必需氨基酸。

4.5.6.3 稻米蛋白质

稻米蛋白主要存在于内胚乳的蛋白体中，在碾米过程中几乎全部保存，其中 80% 为碱溶性蛋白——谷蛋白。稻米是唯一具有高含量谷蛋白和低含量醇溶谷蛋白（5%）的谷类，其赖氨酸的含量也比较高。

4.5.7 大豆蛋白质

4.5.7.1 大豆蛋白质的分类和组分

大豆蛋白可分为两类：清蛋白和球蛋白。清蛋白一般占大豆蛋白的 5%（以粗蛋白计）左右，球蛋白约占 90%。大豆球蛋白可溶于水、碱或食盐溶液，加酸调 pH 至等电点 4.5 或加硫酸铵至饱和，则沉淀析出，故又称为酸沉蛋白。而清蛋白无此特性，故称为非酸沉蛋白。

按照溶液在离心机中沉降速度来分，大豆蛋白质可分为 4 个组分，即 2S、7S、11S 和 15S（S 为沉降系数，$1 S=1×10^{-13} s=1$ Svedberg 单位）。其中 7S 组分和 11S 组分最为重要，7S 组分占总蛋白的 37%，而 11S 组分占总蛋白的 31%（表 4-6）。

表 4-6 大豆蛋白的组分

组分沉降系数	占总蛋白的比例（%）	已知的组分	相对分子质量
2S	22	胰蛋白酶抑制剂	8 000～21 500
		细胞色素 c	12 000
7S	37	血细胞凝集素	110 000
		脂肪氧合酶	102 000
		β 淀粉酶	61 700
		7S 球蛋白	180 000～210 000
11S	31	11S 球蛋白	350 000
15S	10	—	600 000

4.5.7.2 大豆蛋白质的溶解度

大豆蛋白质在溶解状态下才发挥出功能特性。其溶解度受 pH 和离子强度影响很大。在 pH4.5～4.8 时溶解度最小。加盐可使酸沉蛋白溶解度增大，但在酸性 pH 2.0 时低离子强度下溶解度很大。在中性（pH 6.8）条件下，溶解度随离子强度变化不大。在碱性条件下溶解度增大。

4.5.7.3　大豆蛋白质的功能特性

7S 球蛋白是一种糖蛋白，含糖量约为 5.0％，其中甘露糖为 3.8％，氨基葡萄糖为 1.2％，7S 多肽是紧密折叠的，其中 α 螺旋结构、β 折叠结构和不规则结构分别占 5％、35％和 60％。11S 球蛋白含有较多的谷氨酸和天冬酰胺。与 11S 球蛋白相比，7S 球蛋白中色氨酸、蛋氨酸和胱氨酸含量略低，而赖氨酸含量则较高，因此 7S 球蛋白更能代表大豆蛋白质的氨基酸组成。

7S 组分与大豆蛋白质的加工性能密切相关，7S 组分含量高的大豆制得的豆腐比较细嫩。11S 组分具有冷沉性，脱脂大豆的水浸出蛋白液在 0～2℃水中放置后，约有 86％的 11S 组分沉淀出来，利用这一特征可以分离浓缩 11S 组分。11S 组分和 7S 组分在食品加工中性质不同，由 11S 组分形成的钙胶冻比由 7S 组分形成的坚实得多，这是因为 11S 组分和 7S 组分同钙反应上的不同所致。

不同的大豆蛋白质组分，乳化特性也不一样，7S 组分与 11S 组分的乳化稳定性稍好，在实际应用中，不同的大豆蛋白质制品具有不同的乳化效果，如大豆浓缩蛋白质的溶解度低，作为加工香肠用乳化剂不理想，而用分离大豆蛋白质其效果则好得多。

大豆蛋白质制品的吸油性与蛋白质含量有密切关系，大豆粉、浓缩蛋白质和分离蛋白质的吸油率分别为 84％、133％和 150％，组织化大豆蛋白质的吸油率为 60％～130％，最大吸油量发生在 15～20 min 内，而且颗粒愈细吸油率愈高。

大豆蛋白质沿着它的肽链骨架，含有许多极性基团，在与水分子接触时，很容易发生水化作用。当向肉制品、面包、糕点等食品添加大豆蛋白质时，其吸水性和保水性平衡非常重要，因为添加大豆蛋白质之后，若不了解大豆蛋白质的吸水性和保水性以及不相应地调节工艺，就可能会因为大豆蛋白质从其他成分中夺取水分而影响面团的工艺性能和产品质量。相反，若给予适当的工艺处理，则对改善食品质量非常有益，不但可以增加面包产量、改进面包的加工特性，而且可以减少糕点的收缩、延长面包和糕点的货架期。

大豆蛋白质分散于水中形成胶体。这种胶体在一定条件（包括蛋白质的浓度、加热温度和时间、pH、盐类、疏基化合物等）下可转变为凝胶，其中大豆蛋白质的浓度及其组成是凝胶能否形成的决定性因素，大豆蛋白质浓度愈高，凝胶强度愈大。在浓度相同的情况下，大豆蛋白质的组成不同，其凝胶性也不同，在大豆蛋白质中，只有 7S 组分和 11S 组分才有胶凝性，而且 11S 组分形成凝胶的硬度和组织性高于 7S 组分凝胶。

大豆蛋白质制品在食品加工中的调色作用表现在两个方面，一是漂白，二是增色。例如在面包加工过程中添加活性大豆粉后，一方面大豆粉中的脂肪氧合酶能氧化多种不饱和脂肪酸，产生氧化脂质，氧化脂质对小麦粉中的类胡萝卜素有漂白作用，使之由黄变白，形成内瓤很白的面包；另一方面大豆蛋白质又与面粉中的糖类发生美拉德反应，可以增强其表面的颜色。

4.6　蛋白质新资源

由于世界人口不断增加，不少地区的人民有营养不良现象，故如何在经济的原则下产生大量可食性蛋白质，如单细胞藻类、酵母、叶蛋白、细菌蛋白等是目前研究发展的主要方向。

4.6.1 单细胞蛋白质

单细胞蛋白质泛指微生物菌体蛋白质。微生物具有生长速率快、生产条件易控制、产量高等优点，是蛋白质良好的来源。

4.6.1.1 酵母

产朊假丝酵母（*Candida utilis*）及酵母菌属的 *Saccharomyces carlesbergensis* 早被人们作为食品。前者以木材水解液或亚硫酸废液即可培养，后者是啤酒发酵的副产物，回收干燥后即可成为营养添加物。产朊假丝酵母中蛋白质含量约为 53%（以干物质计），但缺含硫氨基酸，若能添加 0.3%半胱氨酸，生物价会超过 90。但食用过量会造成生理上的异常。

4.6.1.2 细菌

细菌可利用纤维质底物（农业或其他副产品）作为碳源，土壤丝菌属（*Nocardia*）、杆菌属（*Bacillus*）、细球菌属（*Micrococcus*）和假单胞菌属（*Pseudomonas*）等均已被研究来生产蛋白质。

4.6.1.3 藻类

藻类多年来一直被认为是可利用的蛋白质资源，尤以小球藻（*Chlorella scenedesmus*）和螺旋藻（*Spirulina*）在食用方面的研究很多。其蛋白质含量各为 50%及 60%（以干物质计）。藻类蛋白含必需氨基酸丰富，尤以酪氨酸及丝氨酸较多，但含硫氨酸较少。以藻类作为人类蛋白质食品来源有以下两个缺点：a. 日食量超过 100 g 时有恶心、呕吐、腹痛等现象。b. 细胞壁不易破坏，影响消化率（仅 60%～70%）。若能除去其中色素成分，并以干燥或酶解法破坏其细胞壁，则可提高其消化率。

4.6.1.4 真菌

蘑菇是人类食用最广的一种真菌，但其蛋白质仅占鲜物质量的 4%，干物质量也不超过 27%。最需培养的洋菇（*Agaricus bisporus*）所含蛋白质是不完全蛋白。常用的霉菌如娄地青霉（*Penicillium roque forti*）、干酪青霉（*Penicillium camemberti*）等主要利用于发酵食品，使产品具有特殊的质地及风味，其他如（*Aspergillus oryzae*）、酱油曲霉（*Aspergillus soyae*）、*Rhizopus oligosporus* 等则为大豆、米、麦、花生、鱼等的发酵菌种，能产生蛋白质丰富的营养食品。

4.6.2 叶蛋白质

植物的叶片是进行光合作用和合成蛋白质的场所，为一种取之不尽的蛋白质资源。许多禾谷类及豆类（如谷物、大豆、苜蓿、甘蔗）作物的绿色部分含 80%的水和 2%～4%的蛋白质。取新鲜叶片切碎，研磨和压榨后所得绿色汁液中约含 10%的固形物，固形物中 40%～60%为粗蛋白，而且不含纤维素；其纤维素部分（即压榨中所剩的渣）由于压榨而部分脱水，可作为反刍动物优良的饲料。汁液部分含与叶绿体连接的不溶性蛋白质和可溶性蛋白质等。设法除去其中低分子质量的生长抑制因素，将汁液加热到 90 ℃，即可形成蛋白凝块，经冲洗及干燥后的凝块约含 60%的蛋白质、10%脂类、10%矿物质以及各种色素与维生素。由于叶蛋白适口性不佳，往往不为一般人接受。若作为添加剂将叶蛋白加于谷物食品中，将会提高人们对叶蛋白的接受性，且补充谷物中赖氨酸的不足。

4.6.3 动物浓缩蛋白质

鱼蛋白不仅可作为食品，也可作为饲料。先将生鱼磨粉，再以有机溶剂抽提，除去脂肪与水分，以蒸气赶走有机溶剂，剩下的即为蛋白质粗粉，再磨成适当的颗粒即成无臭、无味的浓缩鱼蛋白。其蛋白质含量可达 75％以上。而去骨、去内脏的鱼做成的浓缩鱼蛋白称去内脏浓缩鱼蛋白，含蛋白质 93％以上。浓缩鱼蛋白的氨基酸组成与鸡蛋、酪蛋白相似。这种蛋白质的营养价值虽高，但其溶解度、分散性、吸湿性等不适于食品加工，故它在食品工业上的用途还有待于研究开发。

复习思考题

1. 名词解释

氨基酸的疏水性　肽键和肽链　异肽键　蛋白质的一级结构　蛋白质的二级结构　蛋白质的三级　蛋白质的四级结构　蛋白质的絮凝作用　蛋白质的胶凝作用

2. 试比较甘氨酸（Gly）、脯氨酸（Pro）与其他常见蛋白质氨基酸结构的异同，它们对多肽链二级结构的形成有何影响？

3. 蛋白质如何分类？

4. 蛋白质的功能性质有哪些？简述蛋白质功能性质产生的机理和影响因素。举例说明蛋白质功能性质在食品工业中的应用。

5. 食品中蛋白质与氧化剂反应，对食品有哪些不利影响？

6. 食物蛋白质在碱性条件下热处理，会产生哪些理化反应？

7. 蛋白质在加工和贮藏中会发生哪些物理变化、化学变化和营养变化？说明在食品加工和贮藏中如何利用和防止这些变化。

8. 说明肉和乳蛋白质的特点。

第5章 维 生 素

5.1 维生素概述

5.1.1 维生素的概念和特点

维生素（vitamin）是一类维持生物正常生命活动所必需的微量有机物质。维生素与糖类、脂肪和蛋白质不同，不能作为碳源、氮源、能源或结构物质，其主要生理功能是作为辅酶或辅基的组成成分调节机体代谢。人体对维生素的需要量很小，每日需要量仅以毫克或微克计算，但当机体长期缺乏维生素时，物质代谢产生障碍，导致相应疾病即维生素缺乏症的发生。

维生素除具有重要的生理作用外，有些维生素还可作为自由基的清除剂、风味物质的前体、还原剂以及参与褐变反应，从而影响食品的某些属性。

人体所需的维生素大多数在体内不能合成，或即使能合成但合成的速度很慢，不能满足需要，加之维生素本身也在不断地代谢，所以必须由食物供给。食物中的维生素含量较低，许多维生素稳定性差，在食品加工、贮藏过程中常常损失较大。因此要尽可能最大限度地保存食品中的维生素，避免其损失或与食品中其他组分发生反应。

5.1.2 维生素的研究历史

Wagnerhe 和 Flokers（1964）将维生素的研究大致分为以下 3 个历史阶段。

（1）第一阶段，用特定食物治疗某些疾病　例如古希腊、古罗马和古代阿拉伯人发现，在膳食中添加动物肝脏可治疗夜盲症（night blindness）。16 世纪和 18 世纪，人们发现橘子和柠檬可治疗坏血病。1882 年日本的 Takaki 将军观察到许多船员发生的脚气病（beriberi）与摄食大米有关。当在膳食中添加肉、面包和蔬菜后，发病人数大大减少。

（2）第二阶段，用动物诱发缺乏病　1887 年，荷兰医生 Eijikman 观察到给小鸡饲喂精米会出现类似于人的脚气病的多发性神经炎；若补充糙米或米糠可预防这种疾病。Boas 发现饲喂卵白的大鼠发生一种严重皮炎、脱毛和神经肌肉机能异常的综合征，饲喂肝脏可治疗这种病。1907 年，Holst 和 Frohlich 报道了实验诱发的豚鼠坏血病。

（3）第三阶段，人和动物必需营养因子的发现　1881 年，Lunin 研究发现含有乳蛋白、糖类、脂类、食盐和水分的高纯合饲粮不能满足动物需要，认为可能与某些未知成分有关。1912 年，Hopkins 报道人和动物需要某些必需营养因子才能维持正常的生命活动，若缺乏会导致疾病。同年，波兰化学家 C. Funk 发现糙米中存在能够防治脚气病的物质（维生素 B_1）是一种胺（一类含氮化合物）。因此 Funk 提议将这种化合物称为 vitamine，源自 vital amine，意为"生命的胺"，说明它的重要性。然而随后发现，许多其他维生素并不含有胺结构，但是由于 Funk 的叫法已经广泛采用，所以一直沿用，而仅仅将词义为胺的 amine 的最后一个 e 去掉，成为了 vitamin（维生素）。1929 年，Eijikman 和 Hopkins 因在维生素研究领域的重大贡献而获诺贝尔医学奖。Hodgkin 用 X 射线晶体学阐明了维生素 B_{12} 的化学结构而获 1964 年诺贝尔化学奖。表 5-1 列举了维生素研究的主要历史事件。

表 5 - 1 维生素研究的主要历史年代

维生素	首次分离来源	发现	分离	阐明化学结构	合成
维生素 A	鱼肝油	1909	1931	1931	1947
胡萝卜素	胡萝卜、棕榈油	1831	1930	1950	
维生素 D	鱼肝油、酵母	1918	1932	1936	1959
维生素 E	小麦胚芽油	1922	1936	1938	1938
维生素 K	苜蓿	1929	1939	1939	1939
维生素 B$_1$	米糠	1897	1926	1936	1936
维生素 B$_2$	鸡蛋卵白	1920	1933	1935	1935
维生素 B$_6$	米糠	1934	1938	1938	1939
维生素 B$_{12}$	肝脏、发酵产物	1926	1948	1956	1972
烟酸	肝脏	1936 (1894)	1935 (1911)	1937	1984
泛酸	肝脏	1931	1938	1940	1940
生物素	肝脏	1931	1935	1942	1943
叶酸	肝脏	1941	1941	1946	1946
维生素 C	肾上腺皮质、柠檬	1912	1928	1933	1933
胆碱	猪胆汁	1929	1849	1867	1867

5.1.3 维生素的分类与命名

在维生素发现早期，因对它们了解甚少，一般按其先后顺序命名如 A、B、C、D、E 等；或根据其生理功能特征或化学结构特点等命名，例如维生素 C 称为抗坏血病维生素，维生素 B$_1$ 因分子结构中含有硫和氨基，称为硫胺素。后来人们根据维生素在脂类溶剂或水中溶解性特征将其分为两大类：脂溶性维生素（fat - soluble vitamin）和水溶性维生素（water - soluble vitamin）。前者包括维生素 A、维生素 D、维生素 E 和维生素 K，后者包括维生素 B 族和维生素 C。

5.2 脂溶性维生素

5.2.1 维生素 A

维生素 A 是一类具有活性的不饱和碳氢化合物，有多种形式（图 5-1）。其羟基可被酯化或转化为醛或酸，也能以游离醇的状态存在。主要有维生素 A$_1$（视黄醇，retinol）及其衍生物（醛、酸、酯）、维生素 A$_2$（脱氢视黄醇，dehydroretinol）。

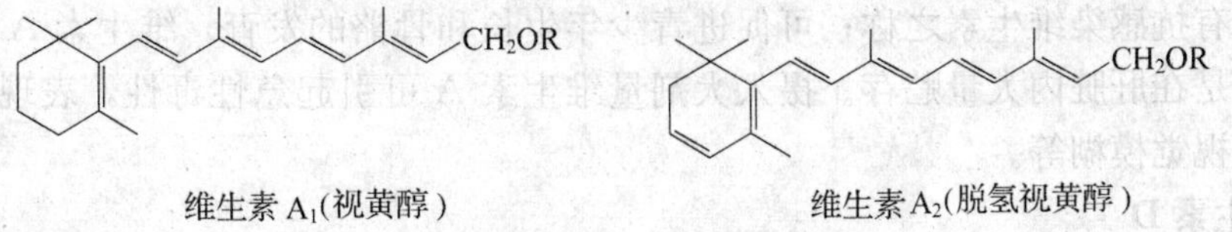

维生素 A$_1$(视黄醇)   维生素 A$_2$(脱氢视黄醇)

图 5-1 维生素 A 的化学结构

[R＝H 或 COCH$_3$ 醋酸酯或 CO (CH$_2$)$_{14}$CH$_3$ 棕榈酸酯]

维生素 A₁ 结构中存在共轭双键（异戊二烯类），有多种顺反立体异构体。食物中的维生素 A₁ 主要是全反式结构，生物效价最高。维生素 A₂ 的生物效价只有维生素 A₁ 的 40%，而 1,3-顺异构体（新维生素 A）的生物效价是维生素 A₁ 的 75%。新维生素 A 在天然维生素 A 中约占 1/3 左右，而在人工合成的维生素 A 中很少。维生素 A₁ 主要存在于动物的肝脏和血液中，维生素 A₂ 主要存在于淡水鱼中。蔬菜中没有维生素 A，但含有的胡萝卜素进入体内后可转化为维生素 A₁，通常称之为维生素 A 原或维生素 A 前体，其中以 β 胡萝卜素转化效率最高，1 分子的 β 胡萝卜素可转化为 2 个分子的维生素 A（图 5-2）

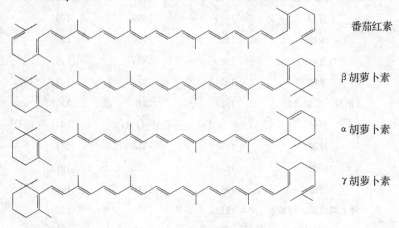

番茄红素

β胡萝卜素

α胡萝卜素

γ胡萝卜素

图 5-2 几种胡萝卜素的结构式

维生素 A 的含量可用国际单位（international unit，IU）或美国药典单位（United States Pharmacopeia unit，USP）表示，两个单位相等。1 IU＝0.344 μg 维生素醋酸酯＝0.549 μg 棕榈酸酯＝0.600 μg β 胡萝卜素。国际组织新近采用了生物当量单位来表示维生素 A 的含量，即 1 μg 视黄醇＝1 标准维生素 A 视黄醇当量（retinol equivalent，RE）。

食品在加工和贮藏中，维生素 A 对光、氧和氧化剂敏感，高温和金属离子可加速其分解，在碱性和冷冻环境中较稳定，贮藏中的损失主要取决于脱水的方法和避光情况。β 胡萝卜素降解过程及产物见图 5-3。

无氧条件下，β 胡萝卜素通过顺反异构作用转变为新 β 胡萝卜素，例如蔬菜的烹调和罐装。有氧时，β 胡萝卜素先氧化生成 5,6-环氧化物，然后异构为 5,8-环氧化物。光、酶及脂质过氧化物的共同氧化作用导致 β 胡萝卜素的大量损失。光氧化的产物主要是 5,8-环氧化物。高温时 β 胡萝卜素分解形成一系列芳香化合物，其中最重要的是紫罗烯（ionene），它与食品风味的形成有关。

人和动物感受暗光的物质是视紫红质（rhodopsin），它的形成与生理功能的发挥与维生素 A 有关。当体内缺乏维生素 A 时引起表皮细胞角质、夜盲症等。维生素 A 能提高机体免疫功能，故有抗感染维生素之称；可促进青少年生长和骨骼的发育。维生素 A 吸收后可在体内，特别是在肝脏内大量贮存。摄入大剂量维生素 A 可引起急性毒性，表现为恶心、呕吐、头痛、视觉模糊等。

5.2.2 维生素 D

维生素 D 是一类固醇衍生物。天然的维生素 D 主要有维生素 D₂（麦角钙化醇，gerocalciferol）和维生素 D₃（胆钙化醇，cholecalciferol），二者的结构式见图 5-4。

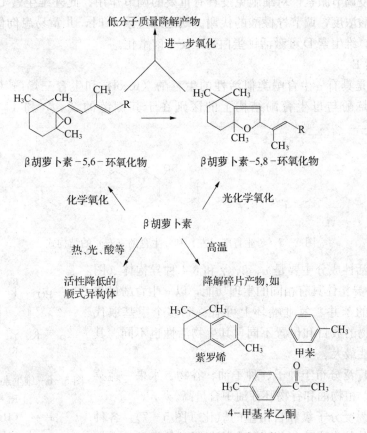

图 5-3　β 胡萝卜素降解的途径与产物

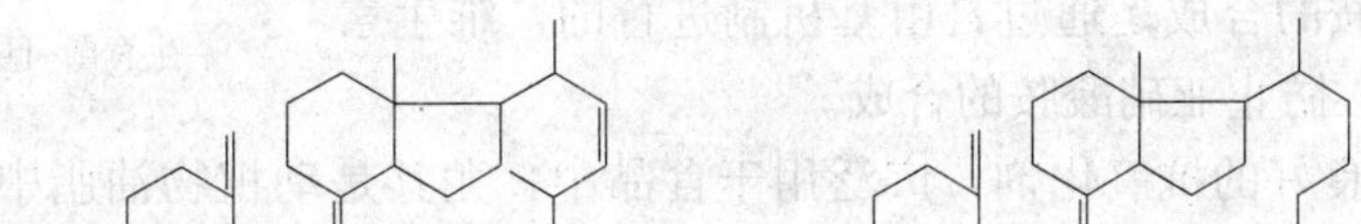

图 5-4　维生素 D 的化学结构

植物及酵母中的麦角固醇经紫外线照射后转化为维生素 D_2，鱼肝油中也含有少量的维生素 D_2。人和动物皮肤中的 7-脱氢胆固醇经紫外线照射后可转化为维生素 D_3。维生素 D_3 广泛存在于动物性食品中，以鱼肝油中含量最高，鸡蛋、牛乳、黄油、干酪中含量较少。维生素 D 的生物活性形式为 1,25-二羟基胆钙化醇，$1\mu g$ 的维生素 D 相当于 40 IU。维生素 D 十分稳定，消毒、煮沸及高压灭菌对其活性无影响；冷冻贮存对牛乳和黄油中维生素 D 的影响不大。维生素 D 的损失主要与光照和氧化有关。其光解机制可能是直接光化学反应或由光引发的脂肪自氧化间接涉及反应。维生素 D 易发生氧化主要因为分子中含有不饱和键。

维生素 D 的重要生理功能为调节机体钙、磷的代谢，特别是促进肠道黏膜上皮细胞内钙结合蛋白的形成，促进肠道对钙、磷的吸收和骨骼、牙齿的钙化。维生素 D 是一种新的神经内分泌免疫调节激素，对细胞免疫具有重要的调节作用。此外维生素 D 还可维持血液中正常的氨基酸浓度，调节柠檬酸的代谢。缺乏维生素 D 时，儿童易患佝偻病，成人可引起骨质疏松症。维生素 D 可激活钙蛋白酶，使牛肉嫩化。

5.2.3 维生素 E

维生素 E 是具有 α 生育酚类似活性的生育酚（tocol）和生育三烯酚（tocotrienol）的总称。生育三烯酚与母生育酚结构上的区别在于其侧链的 3′、7′ 和 11′ 处有双键（图 5-5）。

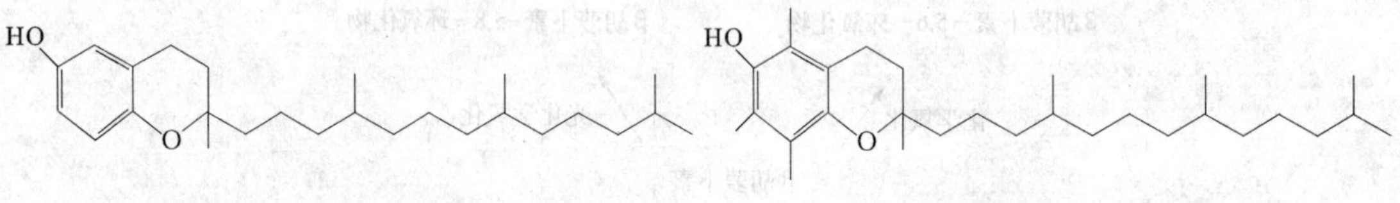

图 5-5 母生育酚（左）和 α 生育酚（右）的结构式

维生素 E 活性成分主要是 α、β、γ 和 δ 4 种异构体（图 5-6）。这几种异构体具有相同的生理功能，以 α 生育酚最重要。母生育酚的苯并二氢吡喃环上可有一到多个甲基取代物。甲基取代物的数目和位置不同，其生物活性也不同。其中 α 生育酚活性最大。

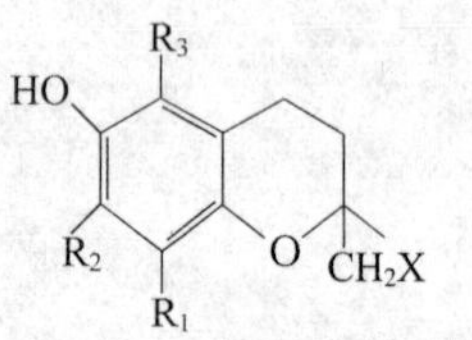

维生素 E 广泛分布于种子、种子油、谷物、水果、蔬菜和动物产品中。植物油和谷物胚芽油中含量高。

图 5-6 维生素 E 异构体的结构

	R_1	R_2	R_3
α	CH_3	CH_3	CH_3
β	CH_3	H	CH_3
γ	H	CH_3	CH_3
δ	H	H	CH_3
生育酚	H	H	H

维生素 E 易受分子氧和自由基的氧化（图 5-7）。各种维生素 E 的异构体在未酯化前均具有抗氧化剂的活性。它们通过贡献一个酚基氢和一个电子来淬灭自由基。在肉类腌制过程中，亚硝酸胺的合成是通过自由基机制进行的，维生素 E 可清除自由基，防止亚硝酸胺的合成。

维生素 E 是良好的抗氧化剂，广泛用于食品中，尤其是动植物油脂中。它主要通过淬灭单线态氧而保护食品中其他成分（图 5-8）。在维生素 E 的几种异构体中，与单线态氧反应的活性大小依次为 α＞β＞γ＞δ，而抗氧化能力大小顺序为 δ＞γ＞β＞α。维生素 E 和维生素 D_3 共同作用可获得牛肉最佳的色泽-嫩度。

食品在加工贮藏中常常会造成维生素 E 的大量损失。例如谷物机械加工去胚时，维生素 E 大约损失 80%；油脂精炼也会导致维生素 E 的损失；脱水可使鸡肉和牛肉中维生素 E 损失 36%～45%；肉和蔬菜罐头制作中维生素 E 损失 41%～65%；油炸马铃薯在 23℃ 下贮存 1 个月维生素 E 损失 71%，贮存 2 个月损失 77%。此外，氧、氧化剂和碱对维生素 E 也有破坏作用，某些金属离子（如 Fe^{2+} 等）可促进维生素 E 的氧化。

维生素 E 能促进过氧化氢分解，清除体内过多自由基，阻断生物膜脂质过氧化反应，稳定细胞膜结构，保护膜功能；抑制磷脂酶活性，增加膜的流动性；可清除心、脑、肝、神经等细胞中脂质过氧化物与蛋白质结合形成脂褐质，调节蛋白质和糖类化合物代谢，预防多种疾病发生。维生素 E 具有保持血红细胞的完整并促进血红细胞的生物合成作用。

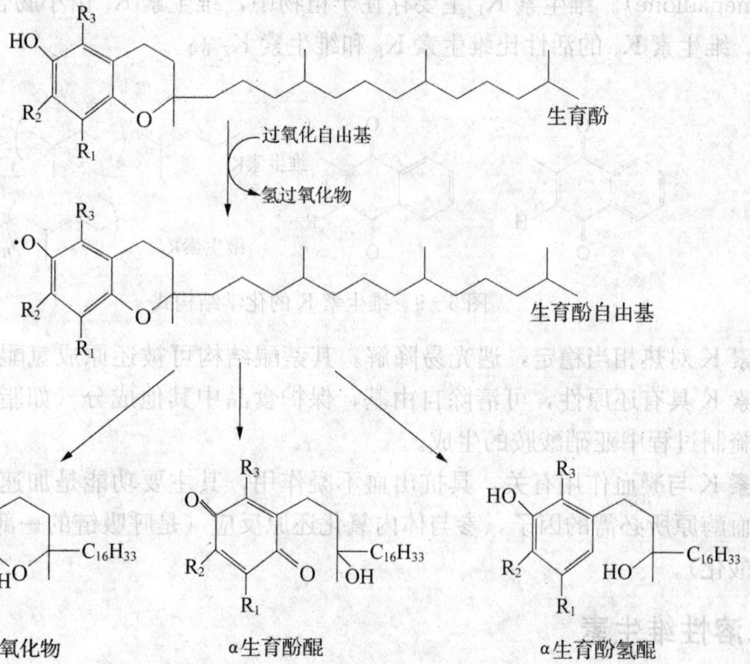

loquinone）等生素 K。（四类分以醌基甲基（phylloquinone）和维生素 K，（甲 2-甲基
1，4 萘醌 menadione）。维生素 K，主要存于植物中，维生素 K，的源合成，维生素 K 由
人工合成。维生素 K，的生理作生 K，约为 K，的四倍 K，的二

图 5-7 α生育酚的氧化降解途径

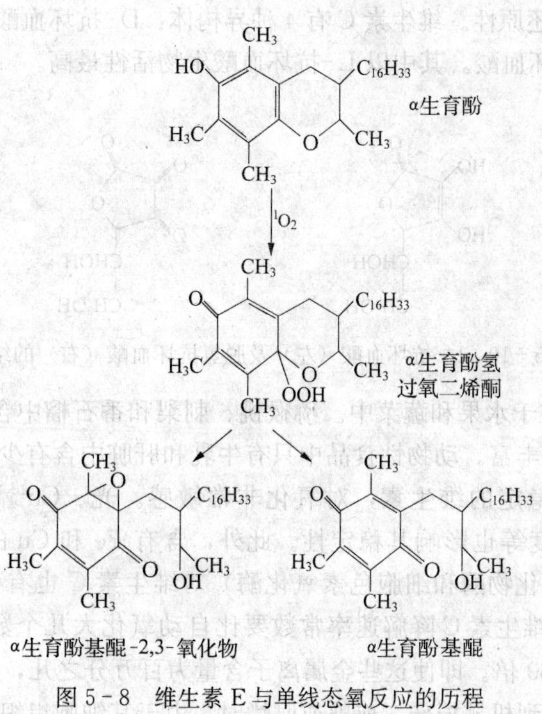

图 5-8 维生素 E 与单线态氧反应的历程

5.2.4 维生素 K

维生素 K 是由一系列萘醌类物质组成（图 5-9）。常见的有维生素 K_1（即叶绿醌 phylloquinone)、维生素 K_2（即聚异戊烯基甲基萘醌 menaquinone）和维生素 K_3（即 2-甲基-1,4 萘醌 menadione）。维生素 K_1 主要存在于植物中，维生素 K_2 由小肠合成，维生素 K_3 由人工合成。维生素 K_3 的活性比维生素 K_1 和维生素 K_2 高。

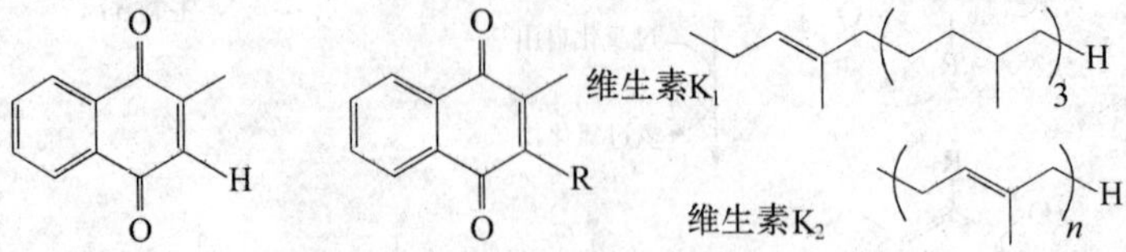

图 5-9 维生素 K 的化学结构式

维生素 K 对热相当稳定，遇光易降解。其萘醌结构可被还原成氢醌，但仍具有生物活性。维生素 K 具有还原性，可清除自由基，保护食品中其他成分（如脂类）不被氧化，并减少肉品腌制过程中亚硝酸胺的生成。

维生素 K 与凝血作用有关，具抗出血不凝作用，其主要功能是加速血液凝固，促进肝脏合成凝血酶原所必需的因子，参与体内氧化还原反应（是呼吸链的一部分，参与电子传递和氧化磷酸化）。

5.3 水溶性维生素

5.3.1 维生素 C

维生素 C 又名抗坏血酸（ascorbic acid，AA），是一个羟基羧酸的内酯，具烯二醇结构（图 5-10），有较强的还原性。维生素 C 有 4 种异构体：D-抗坏血酸、D-异抗坏血酸、L-抗坏血酸和 L-脱氢抗坏血酸。其中以 L-抗坏血酸生物活性最高。

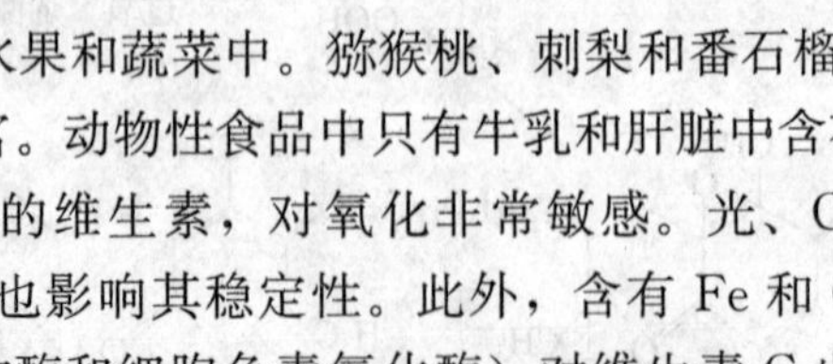

图 5-10 L-抗坏血酸（左）及脱氢抗坏血酸（右）的结构

维生素 C 主要存在于水果和蔬菜中。猕猴桃、刺梨和番石榴中含量高，柑橘类、番茄、辣椒及某些浆果中也较丰富。动物性食品中只有牛乳和肝脏中含有少量维生素 C。

维生素 C 是最不稳定的维生素，对氧化非常敏感。光、Cu^{2+}、Fe^{2+} 等加速其氧化；pH、氧浓度和水分活度等也影响其稳定性。此外，含有 Fe 和 Cu 的酶（如抗坏血酸氧化酶、多酚氧化酶、过氧化物酶和细胞色素氧化酶）对维生素 C 也有破坏作用。当金属催化剂为 Cu^{2+} 或 Fe^{3+} 时，维生素 C 降解速率常数要比自动氧化大几个数量级。其中 Cu^{2+} 的催化反应速率比 Fe^{3+} 大 80 倍。即使这些金属离子含量为百万分之几，也会引起食品中维生素 C 的严重损失。水果受到机械损伤、成熟或腐烂时，由于其细胞组织被破坏，导致酶促反应的发生，使维生素 C 降解。某些金属离子螯合物对维生素 C 有保护作用；亚硫酸盐对维生素 C 具有保护作用。维生素 C 的降解过程如图 5-11 所示。

维生素 C 降解最终阶段中的许多物质参与风味物质的形成或非酶褐变。降解过程中生成的 L-脱氢抗坏血酸和二羰基化合物与氨基酸共同作用生成糖胺类物质，形成二聚体、三聚体和四聚体。维生素 C 降解形成风味物质和褐色物质的主要原因是二羰基化合物及其他降解产物按糖类非酶褐变的方式转化为风味物和类黑素。

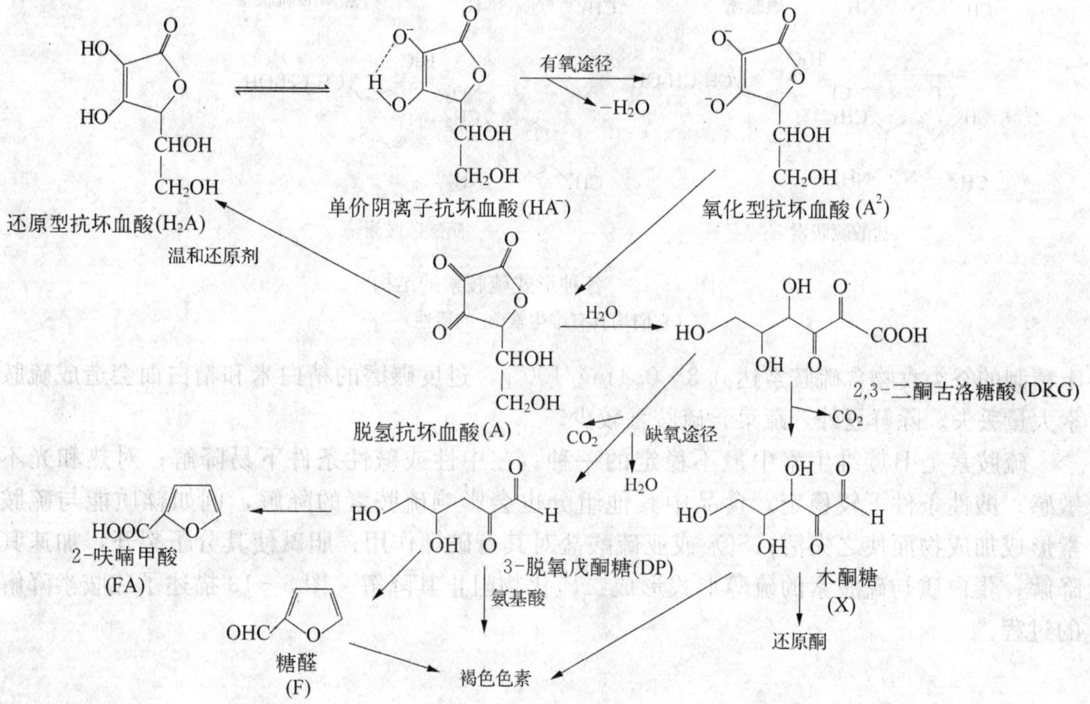

图 5-11　维生素 C 的降解反应

维生素 C 是一种必需维生素，它的主要生理功能为：a. 维持细胞的正常代谢，保护酶的活性；b. 对铅化物、砷化物、苯、细菌毒素等具有解毒作用；c. 使三价铁还原成二价铁，有利于铁的吸收，并参与铁蛋白的合成；d. 参与胶原蛋白中合成羟脯氨酸的过程，防止毛细血管脆性增加，有利于组织创伤的愈合；e. 促进心肌利用葡萄糖和心肌糖原的合成，有扩张冠状动脉的效应；f. 是体内良好的自由基清除剂。

维生素 C 广泛用于食品中。它可保护食品中其他成分不被氧化；可有效地抑制酶促褐变和脱色；在腌制肉品中促进发色并抑制亚硝酸胺的形成；在啤酒工业中作为抗氧化剂；在焙烤工业中作面团改良剂；对维生素 E 或其他酚类抗氧化剂有良好的增效作用；能捕获单线态氧和自由基，抑制脂类氧化。

5.3.2　维生素 B₁

维生素 B_1 又称为硫胺素（thiamin），是取代的嘧啶环和噻唑环并由亚甲基相连的一类化合物（图 5-12）。各种结构的硫胺素均具有维生素 B_1 的活性。硫胺素分子中有两个碱基氮原子，一个在初级氨基基团中，另一个在具有强碱性质的四级胺中。因此硫胺素能与酸类反应形成相应的盐。

硫胺素广泛分布于动植物食品中，其中在动物内脏（肝、肾、心）、瘦肉、鸡蛋、马铃薯、全谷、豆类及核果中含量较丰富。目前，谷物仍为我国传统膳食中硫胺素的主要来源。

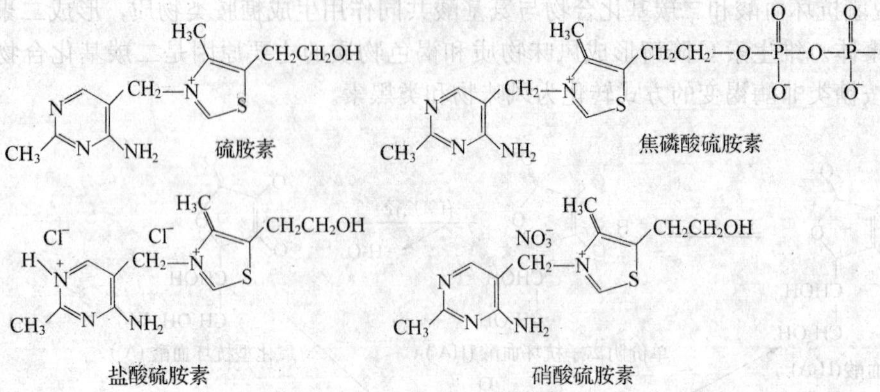

图 5-12　各种形式硫胺素的结构
（它们均具有维生素 B_1 的活性）

未精制的谷类食物含硫胺素达 $0.3\sim0.4\,mg/100\,g$，过度碾磨的精白米和精白面会造成硫胺素大量丢失。除鲜豆外，蔬菜含硫胺素较少。

硫胺素是 B 族维生素中最不稳定的一种。在中性或碱性条件下易降解；对热和光不敏感；酸性条件下较稳定。食品中其他组分也会影响硫胺素的降解，例如鞣质能与硫胺素形成加成物而使之失活；SO_2 或亚硫酸盐对其有破坏作用；胆碱使其分子裂开，加速其降解；蛋白质与硫胺素的硫醇形式形成二硫化物阻止其降解。图 5-13 描述了硫胺素降解的过程。

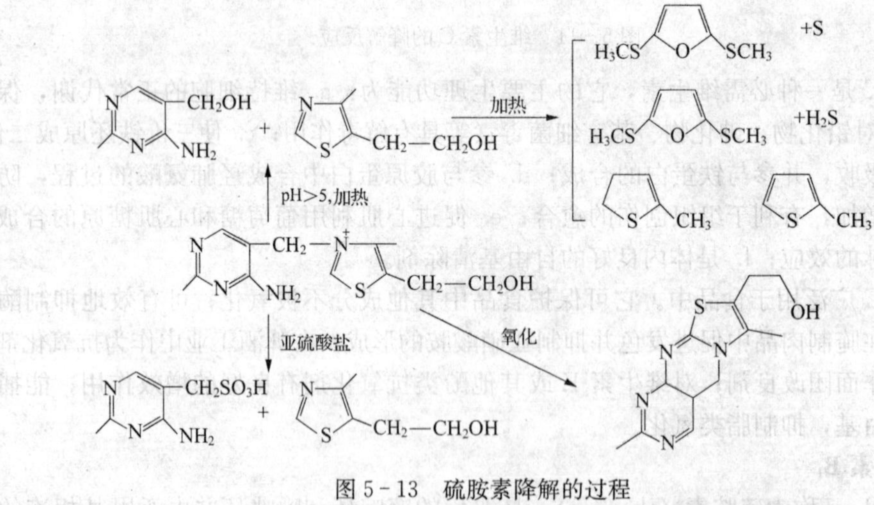

图 5-13　硫胺素降解的过程

食品在加工和贮藏中硫胺素也有不同程度的损失。例如面包焙烤破坏 20% 的硫胺素，牛乳巴式消毒损失 3%～20%，高温消毒损失 30%～50%，喷雾干燥损失 10%，滚筒干燥损失 20%～30%。部分食品在加工后硫胺素损失见表 5-2。

硫胺素在低水分活度和室温下贮藏表现良好的稳定性，而在高水分活度和高温下长期贮藏损失较大（图 5-14）。

表 5-2　食品加工后硫胺素的存留率

食品	加工方法	硫胺素的存留率（%）
谷物	膨化	48～90
马铃薯	浸没水中 16 h 后炒制	55～60
	浸没亚硫酸盐中 16 h 后炒制	19～24
大豆	水中浸泡后在水中或碳酸盐中煮沸	23～52
蔬菜	各种热处理	80～95
肉	各种热处理	83～94
冷冻鱼	各种热处理	77～100

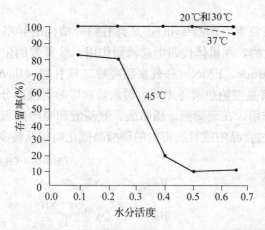

图 5-14　水分活度与温度对模拟早餐食品中硫胺素的存留情况的影响

当水分活度为 0.1～0.65 及 37 ℃以下时，硫胺素几乎没有损失；温度上升到 45 ℃且水分活度高于 0.4 时，硫胺素损失加快，尤其水分活度为 0.5～0.65 时；当水分活度高于 0.65 时硫胺素的损失又降低。因此贮藏中温度是影响硫胺素稳定性的一个重要因素，温度越高，硫胺素的损失越大（表 5-3）。

表 5-3　食品贮藏中硫胺素的存留率

食品	贮藏 12 个月后的存留率（%）	
	38 ℃	1.5 ℃
杏	35	72
青豆	8	76
利马豆	48	92
番茄汁	60	100
豌豆	68	100
橙汁	78	100

硫胺素在一些鱼类和甲壳动物类中不稳定，过去认为是因为硫胺素酶的作用，但现在认为至少应部分归因于含血红素的蛋白质对硫胺素降解的非酶催化作用。在降解过程中，硫胺素的分子未裂开，可能发生了分子修饰。现已证实，热变性后的含血红素的蛋白质参与了金

枪鱼、猪肉和牛肉贮藏加工中硫胺素的降解。

硫胺素的热降解通常包括分子中亚甲基桥的断裂，其降解速率和机制受 pH 和反应介质影响较大。当 pH 小于 6 时，硫胺素热降解速度缓慢，亚甲基桥断裂释放出较完整的嘧啶和噻唑组分；pH 为 6～7 时硫胺素的降解速度加快，噻唑环碎裂程度增加；在 pH 8 时降解产物中几乎没有完整的噻唑环，而是许多种含硫化合物等。因此硫胺素热分解产生肉香味可能与噻唑环释放出来后进一步形成硫、硫化氢、呋喃、噻唑和二氢噻吩有关。

硫胺素在肝脏被磷酸化成为焦磷酸硫胺素，并以此构成重要的辅酶参与机体代谢。硫胺素在体内参与 α 酮酸的氧化脱羧反应，对糖代谢十分重要。另一方面，硫胺素还作为转酮酶的辅酶参与磷酸戊糖途径的转酮反应，这是唯一能产生核糖以供合成 RNA 的途径。硫胺素在体内贮存量极少，若摄入不足可引起硫胺素缺乏症，即脚气病（beriberi）。

5.3.3 维生素 B₂

维生素 B_2 又称为核黄素（riboflavin），是具有糖醇结构的异咯嗪衍生物。自然状态下维生素 B_2 常常是磷酸化的，在机体代谢中起辅酶作用。核黄素的生物活性形式是黄素单核苷酸（flavin mononucleotide，FMN）和黄素腺嘌呤二核苷酸（flavin adenine dinucleotide，FAD）（图 5-15），二者是细胞色素还原酶、黄素蛋白等的组成部分。黄素腺嘌呤二核苷酸（FAD）起电子载体的作用，在葡萄糖、脂肪酸、氨基酸和嘌呤的氧化中起重要作用。上述两种活性形式之间可通过食品中或胃肠道内的磷酸酶催化而相互转变。

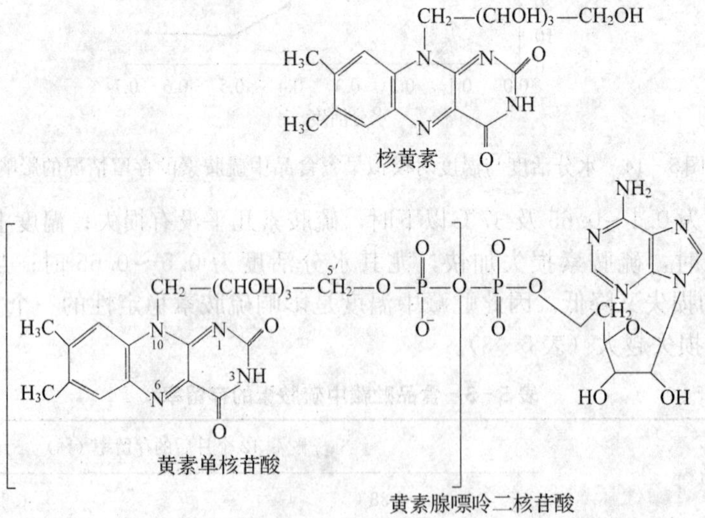

图 5-15 核黄素、黄素单核苷酸及黄素腺嘌呤二核苷酸结构

食品中核黄素与硫酸和蛋白质结合形成复合物。动物性食品富含核黄素，尤其是肝、肾和心脏；奶类和蛋类中含量较丰富；豆类和绿色蔬菜中也有一定量的核黄素。

核黄素在酸性条件下最稳定，中性下稳定性降低，在碱性介质中不稳定；对热稳定，在食品加工、脱水和烹调中损失不大。引起核黄素降解的主要因素是光，光降解反应分为两个阶段：第一阶段是在光辐照表面的迅速破坏阶段；第二阶段为一级反应，系慢速阶段。光的强度是决定整个反应速度的因素。酸性条件下，核黄素光解为光色素（lumichrome），碱性或中性下光解生成光黄素（lumiflavin）（图 5-16）。光黄素是一种强氧化剂，对其他维生素尤其是抗坏血酸有破坏作用。核黄素的光氧化与食品中多种光敏氧化反应关系密切。例如牛奶在日光下存放 2 h 后核黄素损失 50% 以上；放在透明玻璃器皿中也会产生日光臭味，导致营养价值降低。若改用不透明容器存放就可避免这种现象的发生。

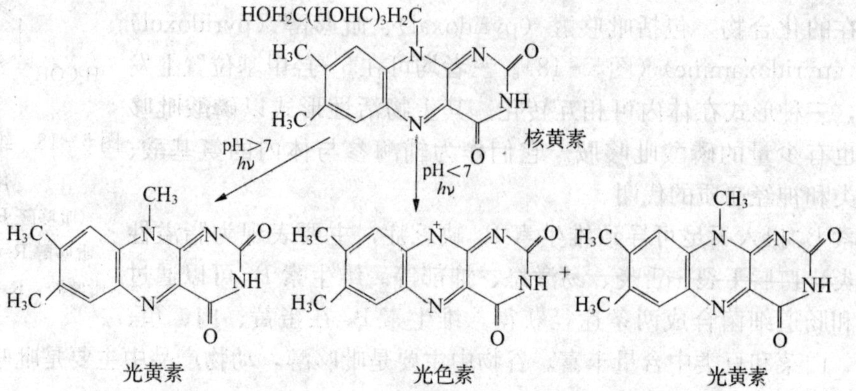

图 5-16　核黄素光辐照时的降解

核黄素参与机体内许多氧化还原反应，一旦缺乏将影响机体呼吸和代谢，出现溢出性皮脂炎、口角炎、角膜炎等病症。

5.3.4　烟酸

烟酸又称为维生素 B_5 或维生素 PP，包括尼克酸（niacin）和尼克酰胺。它们的天然形式均有相同的烟酸活性。在生物体内其活性形式是烟酰胺腺嘌呤二核苷酸（nicotinamide adenine dinucleotide, NAD）和烟酰胺腺嘌呤二核苷酸磷酸（nicotinamide adenine dinucleotide phosphate，NADP）（图 5-17）。它们是许多脱氢酶的辅酶，在糖酵解、脂肪合成及呼吸作用中发挥重要的生理功能。烟酸广泛存在于动植物体内，酵母、肝脏、瘦肉、牛乳、花生、黄豆中含量丰富，谷物皮层和胚芽中含量也较高。

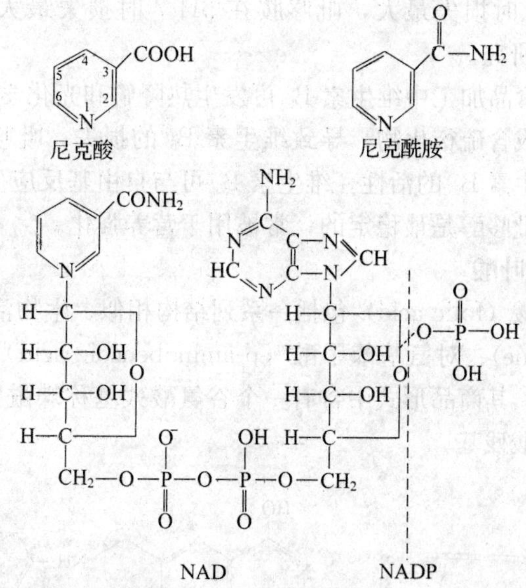

烟酸是最稳定的维生素，对

图 5-17　尼克酸、尼克酰胺、烟酰胺腺嘌呤二核苷酸（NAD）和烟酰胺腺嘌呤二核苷酸磷酸（NADP）的化学结构

光和热不敏感，在酸性或碱性条件下加热可使烟酰胺转变为烟酸，其生物活性不受影响。烟酸的损失主要与加工中原料的清洗、烫漂和修整等有关。

烟酸具有抗癞皮病的作用，当缺乏时会出现癞皮病，临床表现为"三 D 症"，即皮炎（dermatitis）、腹泻（diarrhea）和痴呆（dementia）。这种情况常发生在以玉米为主食的地区，因为玉米中的烟酸与糖形成复合物，阻碍了在人体内的吸收和利用，碱处理可以使烟酸游离出来。

5.3.5 维生素 B$_6$

维生素 B$_6$ 是指在性质上紧密相关、具有潜在维生素 B$_6$ 活性的 3 种天然存在的化合物，包括吡哆醛（pyridoxal）、吡哆醇（pyridoxol）和吡哆胺（pyridoxamine）（图 5-18）。三者均可在 5′-羟甲基位置上发生磷酸化，三种形式在体内可相互转化。其生物活性形式以磷酸吡哆醛为主，也有少量的磷酸吡哆胺。它们作为辅酶参与体内的氨基酸、糖类、脂类和神经递质的代谢。

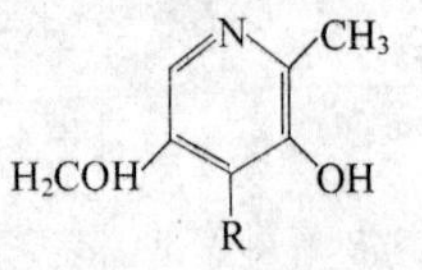

图 5-18 维生素 B$_6$ 的化学结构
（吡哆醛 R＝CHO，吡哆醇 R＝CH$_2$OH，吡哆胺：R＝CH$_2$NH$_2$）

维生素 B$_6$ 摄入不足可导致维生素 B$_6$ 缺乏症，主要表现为脂溢性皮炎、口炎、口唇干裂、舌炎、易激怒、抑郁等。维生素 B$_6$ 可以通过食物摄入和肠道细菌合成两条途径获得。维生素 B$_6$ 在蛋黄、肉、鱼、奶、全谷、白菜和豆类中含量丰富。谷物中主要是吡哆醇，动物产品中主要是吡哆醛和吡哆胺，牛乳中主要是吡哆醛。

维生素 B$_6$ 的各种形式对光敏感，光降解最终产物是 4-吡哆酸或 4-吡哆酸-5′-磷酸。这种降解可能是自由基介导的光化学氧化反应，但并不需要氧的直接参与，氧化速度与氧的存在关系不大。维生素 B$_6$ 的非光化学降解速度与 pH、温度和其他食品成分关系密切。在避光和低 pH 下，维生素 B$_6$ 的三种形式均表现良好的稳定性，吡哆醛在 pH 5 时损失最大，吡哆胺在 pH 7 时损失最大。其降解动力学和热力学机制仍需深入进行研究。

在食品加工中维生素 B$_6$ 可发生热降解和光化学降解。吡哆醛可能与蛋白质中的氨基酸反应生成含硫衍生物，导致维生素 B$_6$ 的损失；吡哆醛与赖氨酸的 ε 氨基反应生成薛夫碱，降低维生素 B$_6$ 的活性。维生素 B$_6$ 可与自由基反应生成无活性的产物。在维生素 B$_6$ 三种形式中，吡哆醇是最稳定的，常被用于营养强化。

5.3.6 叶酸

叶酸（folic acid）包括一系列结构相似、生物活性相同的化合物，分子结构中含有蝶呤（pteridine）、对氨基苯甲酸（p-aminobenzoic acid）和谷氨酸（glutamic acid）3 部分（图 5-19）。其商品形式中含有一个谷氨酸残基称蝶酰谷氨酸，天然存在的蝶酰谷氨酸有 3~7 个谷氨酸残基。

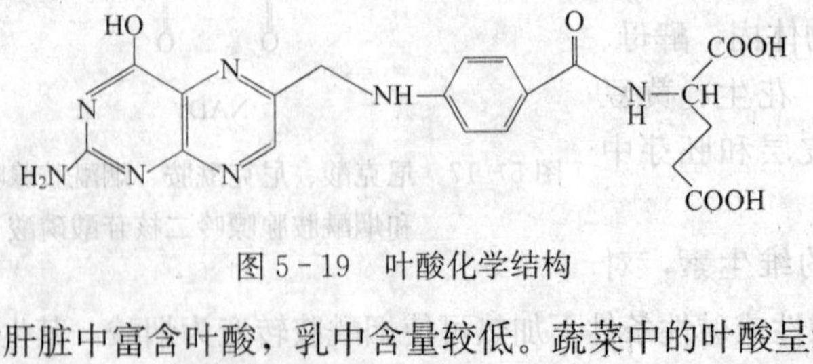

图 5-19 叶酸化学结构

绿色蔬菜和动物肝脏中富含叶酸，乳中含量较低。蔬菜中的叶酸呈结合型，而肝中的叶酸呈游离态。人体肠道中可合成部分叶酸。

叶酸对热、酸较稳定，但在中性和碱性条件下很快被破坏，光照更易分解。各种叶酸的衍生物以叶酸最稳定，四氢叶酸最不稳定，当被氧化后失去活性（图 5-20）。亚硫酸盐使叶酸还原裂解，硝酸盐可与叶酸作用生成 N-10-硝基衍生物，对小鼠有致癌作用。Cu^{2+} 和

Fe^{3+} 催化叶酸氧化，且 Cu^{2+} 作用大于 Fe^{3+}；柠檬酸等螯合剂可抑制金属离子的催化作用；维生素 C、硫醇等还原性物质对叶酸具有稳定作用。

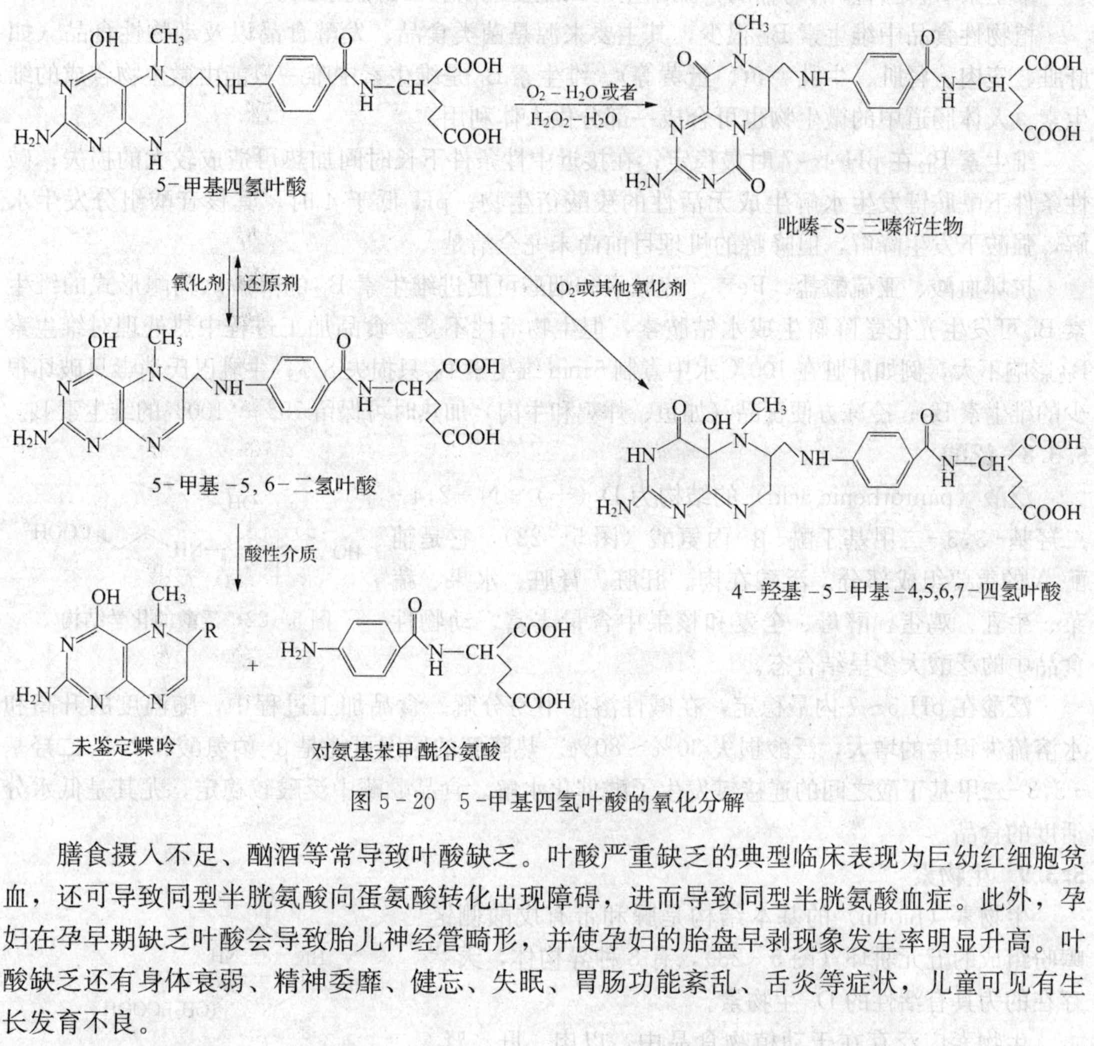

图 5-20　5-甲基四氢叶酸的氧化分解

膳食摄入不足、酗酒等常导致叶酸缺乏。叶酸严重缺乏的典型临床表现为巨幼红细胞贫血，还可导致同型半胱氨酸向蛋氨酸转化出现障碍，进而导致同型半胱氨酸血症。此外，孕妇在孕早期缺乏叶酸会导致胎儿神经管畸形，并使孕妇的胎盘早剥现象发生率明显升高。叶酸缺乏还有身体衰弱、精神委靡、健忘、失眠、胃肠功能紊乱、舌炎等症状，儿童可见有生长发育不良。

5.3.7　维生素 B_{12}

维生素 B_{12} 由几种密切相关的具有相似活性的化合物组成，这些化合物都含有钴，故又称为钴胺素（cobalamin），是一种红色的结晶物质。维生素 B_{12} 是一个共轭复合体，中心为三价的钴原子。分子结构中主要包括两部分：一部分是与铁卟啉很相似的复合环式结构，另一部分是与核苷酸相似的 5，6-二甲基-1-（α-D-核糖呋喃酰）苯并咪唑-3′磷酸酯（图5-21）。其中心卟啉环体系中的

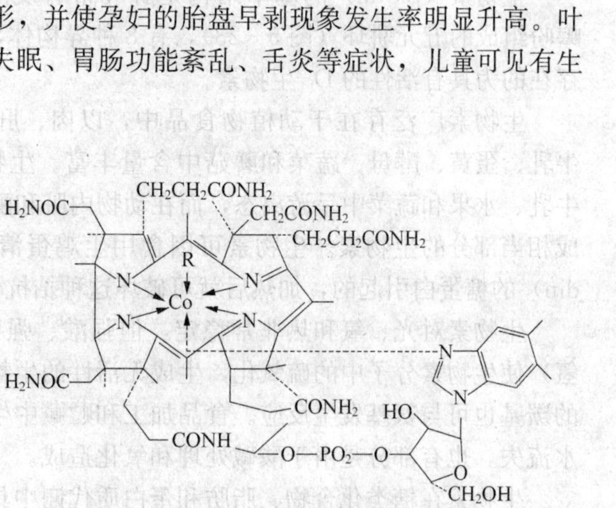

图 5-21　维生素 B_{12} 的化学结构
（R=CN、CH_3、H_2O、OH、NO_2 或其他配基）

钴原子与卟啉环中 4 个内氮原子配位，二价钴原子的第六个配位位置被氰化物取代，生成氰钴胺素（cyanocobalamine）。

维生素 B_{12} 是许多酶的辅酶，如甲基丙二酰变位酶和二醇脱水酶。

植物性食品中维生素 B_{12} 很少，其主要来源是菌类食品、发酵食品以及动物性食品（如肝脏、瘦肉、肾脏、牛乳、鱼、蛋黄等）。维生素 B_{12} 是维生素中唯一只能由微生物合成的维生素。人体肠道中的微生物也可合成一部分供人体利用。

维生素 B_{12} 在 pH 4～7 时最稳定；在接近中性条件下长时间加热可造成较大的损失；碱性条件下酰胺键发生水解生成无活性的羧酸衍生物；pH 低于 4 时，其核苷酸组分发生水解，强酸下发生降解，但降解的机理目前尚未完全清楚。

抗坏血酸、亚硫酸盐、Fe^{2+}、硫胺素和烟酸可促进维生素 B_{12} 的降解。辅酶形式的维生素 B_{12} 可发生光化学降解生成水钴胺素，但生物活性不变。食品加工过程中热处理对维生素 B_{12} 影响不大，例如肝脏在 100 ℃水中煮制 5 min 维生素 B_{12} 只损失 8%；牛乳巴氏消毒只破坏很少的维生素 B_{12}；冷冻方便食品（如鱼、炸鸡和牛肉）加热时可保留 79%～100%的维生素 B_{12}。

5.3.8 泛酸

泛酸（pantothenic acid）的结构为 D（＋）- N - 2,4 - 二羟基 - 3,3 - 二甲基丁酰 - β - 丙氨酸（图 5 - 22），它是辅酶 A 的重要组成部分。泛酸在肉、肝脏、肾脏、水果、蔬菜、牛乳、鸡蛋、酵母、全麦和核果中含量丰富，动物性食品中的泛酸大多呈结合态。

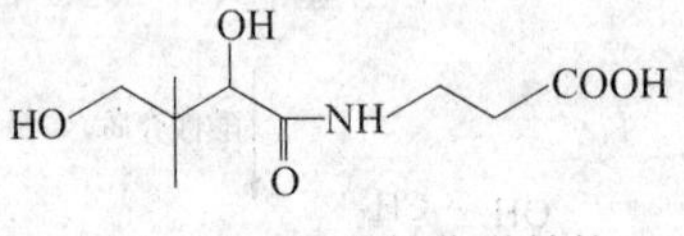

图 5 - 22　泛酸的化学结构

泛酸在 pH 5～7 内最稳定，在碱性溶液中易分解。食品加工过程中，随温度的升高和水溶流失程度的增大，泛酸损失 30%～80%。热降解的原因可能是 β - 丙氨酸和 2,4 - 二羟基 - 3,3 - 二甲基丁酸之间的连接键发生了酸催化水解。食品贮藏中泛酸较稳定，尤其是低水分活度的食品。

5.3.9 生物素

生物素（biotin）的基本结构是脲和带有戊酸侧链噻吩组成的五元骈环（图 5 - 23），有 8 种异构体，天然存在的为具有活性的 D - 生物素。

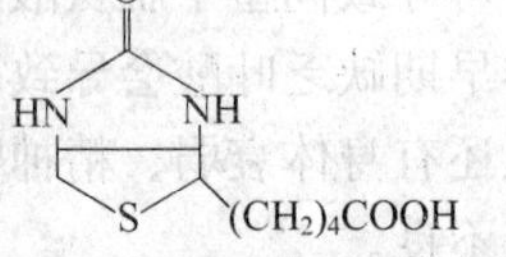

生物素广泛存在于动植物食品中，以肉、肝、肾、牛乳、蛋黄、酵母、蔬菜和蘑菇中含量丰富。生物素在

图 5 - 23　生物素分子的化学结构

牛乳、水果和蔬菜中呈游离态，而在动物内脏和酵母等中与蛋白质结合。人体肠道细菌可合成相当部分的生物素。生物素可因食用生鸡蛋清而失活，这是由一种称为抗生物素（avidin）的糖蛋白引起的，加热后就可破坏这种拮抗作用。

生物素对光、氧和热非常稳定，但强酸、强碱会导致其降解。某些氧化剂（如过氧化氢）使生物素分子中的硫氧化，生成无活性的生物素或生物素硫氧化物。此外，生物素环上的羰基也可与氨基发生反应。食品加工和贮藏中生物素的损失较小，所引起的损失主要是溶水流失，也有部分是由于酸碱处理和氧化造成。

生物素在糖类化合物、脂肪和蛋白质代谢中具有重要的作用。生物素的主要功能是作为羧基化反应和羧基转移反应以及在脱氨作用中的辅酶。以生物素为辅酶的酶，是用赖氨酸残基的 ε 氨基与生物素的羧基通过酰胺键连接的。

5.4 维生素类似物

除前面介绍的维生素外，还有一些物质从目前的研究材料还不能完全证明它们是维生素，但不同程度上具有维生素的属性，人们将这类物质称为维生素类似物（vitamin - like substance），主要有以下几种。

5.4.1 胆碱

胆碱（choline）又称为维生素 B_4，是 β-羟基乙酸三甲基胺羟化物（图 5-24），为无色、黏滞状具强碱性的液体，易吸潮，溶于水。胆碱非常稳定，在食品加工和贮藏中损失不大。

$(CH_3)_3N(OH)CH_2CH_2OH$

图 5-24 胆碱的化学结构式

胆碱首次由 Streker 在 1894 年从猪胆汁中分离出来，1962 年被正式命名为胆碱，现已成为人类食品中常用的添加剂。美国的《联邦法典》将胆碱列为"一般认为安全"（generally recognized as safe）的产品；欧洲联盟 1991 年颁布的法规将胆碱列为允许添加于婴儿食品的产品。

胆碱分布广，以动物性食品（如肝脏、蛋黄、鱼和脑）中含量最高，一般以乙酰胆碱和卵磷脂形式存在；绿色植物、酵母、谷物幼芽、豆科籽实、油料作物籽实是丰富的植物性食品来源。表 5-4 列出了一些食品中胆碱的含量。

表 5-4　部分食品中胆碱含量

食品	含量（mg/kg）	食品	含量（mg/kg）
玉米	620	高粱	678
黄玉米	442	糙米	992~1014
小麦	1022	肉粉	2077
大麦	930~1157	玉米蛋白粉	330

5.4.2 肉碱

肉碱（carnitine）又称为肉毒碱，于 1905 年由两位俄国科学家 Gulewitsch 和 Krimberg 在肌肉抽提物中发现。1927 年 Tomita 和 Sendju 确定了其分子结构。1948 年 Fraenkel 发现大黄粉虫的生长需要一种生长因子并将之命名为维生素 B_T；1952 年 Carter 等人确认维生素 B_T 即为左旋肉碱；1953 年美国《化学文摘》将左旋肉碱列在 vitamin B_T 的索引栏目下。肉碱有 D 型和 L 型两种形式，其中 L 型具有生物活性，而 D 型是竞争性抑制剂。L-肉碱的化学名称 L-β-羟基-γ-三甲氨基丁酸（L-β-hydroxy-γ-trimethyl amino butyrate），化学结构式见图 5-25。其官能团和组合键具有较好的吸水性和溶水性。L-肉碱呈白色粉末状，易吸潮，耐高温，稳定性好，在 pH 3~6 下贮存 1 年以上几乎无损失。

$(CH_3)_3NCH_2CH(OH)CH_2COO^-$

图 5-25 肉碱的化学结构式

自然界只存在 L-肉碱，它是动物、植物和微生物的基本成分之一。大多数动物可以合成 L-肉碱。膳食中的 L-肉碱主要来源于动物性食品。部分食物中 L-肉碱含量见表 5-5。

表 5-5　部分食物中 L-肉碱的含量

食物	含量 (mg/kg)	食物	含量 (mg/kg)
山羊肉	2100	大麦	10~38
羔羊肉	780	小麦	3~12
牛肉	640	玉米	5~10
猪肉	300	花生	1
兔肉	85~145	高粱	15
鱼肉	75	油菜籽	10
鸡肉	26	面包	6
羊肝	20	花椰菜	1
		甘蓝、菠菜叶、橙汁	0

自 1958 年 Fritz 发现左旋肉碱能加速脂肪代谢的速率,确立了其对脂肪酸氧化的重要作用。左旋肉碱的主要功能是作为载体参与机体脂肪酸的代谢,提供能量,降低血清胆固醇;对脂溶性维生素及 Ca、P 的吸收也具有一定的促进作用;调节线粒体内酰基比例;参加支链氨基酸代谢产物的运输;排出体内过量或非理性酰基,消除机体因酰基积累而造成的代谢中毒;促进乙酰乙酸的氧化,在酮体的消除和利用中起作用;防止体内过量氨产生的毒性;作为抗氧化剂清除自由基,保持细胞膜的完整性;提高机体的免疫力和抗病能力;间接参加糖异生和调节生酮过程;有效降低运动后血液中乳酸的浓度;参与精子的成熟过程等。1984年美国食品与药物管理局(FDA)确定 L-肉碱是一种重要的食品营养强化剂,我国卫生部于 1994 年将 L-肉碱列入食品营养强化剂范畴。

5.4.3　肌醇

肌醇(inositol)是有 6 个羟基的六碳环状物。它有 9 种立体构型,但只有肌型肌醇具有生物活性(图 5-26)。

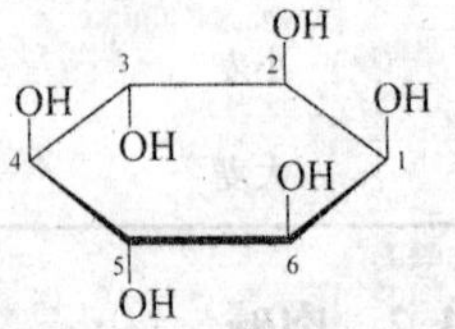

肌醇主要来源于心、肝、肾、脑、酵母、柑橘类水果中,谷物中的肌醇一般以植酸或植酸盐的形式存在,影响人体对矿物元素的吸收和利用。肌醇很稳定,一般在食品加工和贮藏中损失很少。

图 5-26　肌醇的化学结构
(以 1,4 为轴,内消旋)

肌醇对肝硬化、血管硬化、脂肪肝、胆固醇过高等有明显疗效,还可用于治疗 CCl_4 中毒、脱发症等。此外,肌醇还是磷酸肌醇的前体。肌醇中的三磷酸肌醇(inositol triphosphate,IP_3)具有良好的清除自由基的功能,对心脑血管疾病、糖尿病和关节炎具有良好的预防和治疗效果。其中以肌醇-1,2,6-三磷酸即 I(1,2,6)P_3 最重要。除具有上述功能外,肌醇还是一种新型的非肽类神经肽 Y(non-peptide Y,NPY)受体拮抗剂。

5.4.4　其他维生素类似物

5.4.4.1　黄酮类化合物

黄酮类化合物是一类具有 $C_6-C_3-C_6$ 基本结构的化合物,其两个苯环(A 环和 B 环)通过中央三碳链相互连接(图 5-27),主要有黄酮醇、黄酮、黄烷酮、儿茶酚、花色苷、异黄酮、二氢黄酮醇、查耳酮等。其母核结构如图 5-28 所示。

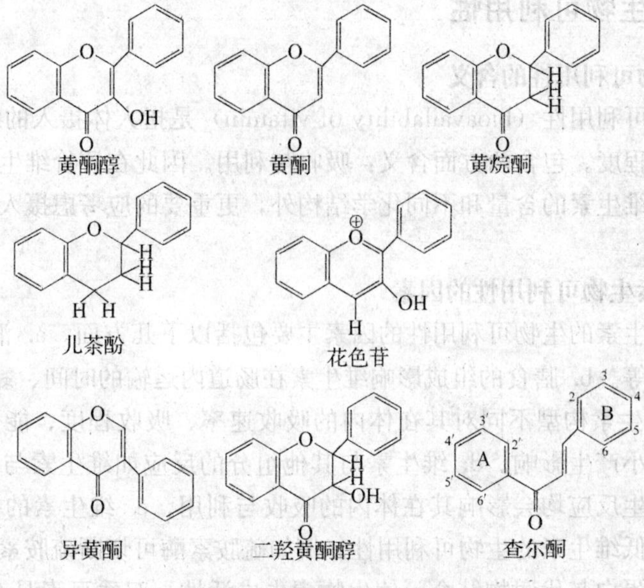

图 5-27　黄酮类化合物的基本结构

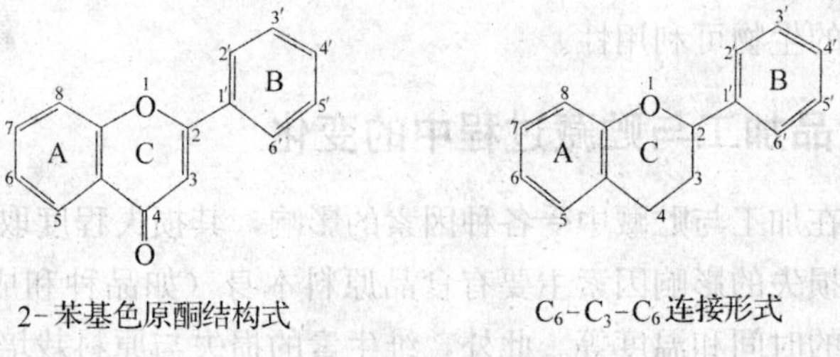

图 5-28　黄酮母核结构式

　　黄酮类化合物广泛存在于植物中，大豆、葛根、柑橘、黑米、黑芝麻、黑豆、葡萄、橄榄等含量丰富。

　　黄酮类化合物具有抗氧化作用，三种结构基团对它的抗氧化性起重要作用（图 5-29）。其抗氧化作用主要通过淬灭单线态氧、清除过氧化物、消除羟自由基活性等来体现。

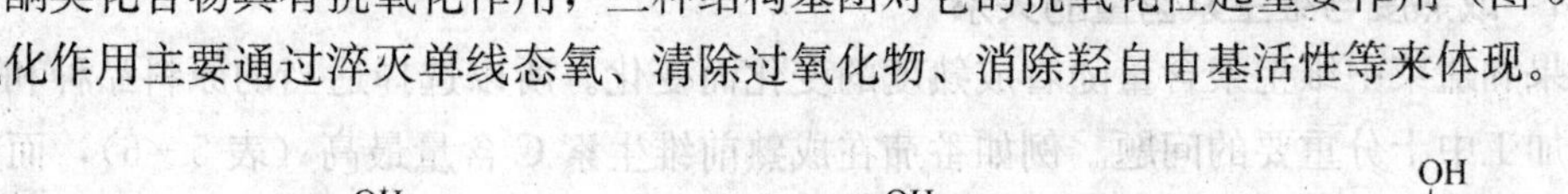

图 5-29　黄酮类化合物的功能性基团结构（高抗氧化性所必需）

5.4.4.2　葡糖糖耐受因子

　　葡糖糖耐受因子（glucose tolerance factor，GTF）是天然存在的铬-烟酸低分子质量的有机复合物。其基本结构包括铬、烟酸、甘氨酸、谷氨酸和半胱氨酸等，具有较强的生物活性，主要调节人体内糖类、脂类、蛋白质和核酸的代谢。

5.5 维生素的生物可利用性

5.5.1 维生素生物可利用性的含义

维生素的生物可利用性（bioavailability of vitamin）是指人体摄入的维生素经肠道吸收并在体内被利用的程度。包含两方面含义：吸收与利用。因此在评价维生素营养完全性时除考虑摄入的食品中维生素的含量和不同化学结构外，更重要的应考虑摄入食品中维生素的生物可利用性。

5.5.2 影响维生素生物可利用性的因素

影响食品中维生素的生物可利用性的因素主要包括以下几方面。a. 消费者本身的年龄、健康以及生理状况等。b. 膳食的组成影响维生素在肠道内运输的时间、黏度、pH 及乳化特性等。c. 同一种维生素构型不同对其在体内的吸收速率、吸收程度、能否转变成活性形式以及生理作用的大小产生影响。d. 维生素与其他组分的反应如维生素与蛋白质、淀粉、膳食纤维、脂肪等发生反应均会影响其在体内的吸收与利用。e. 维生素的拮抗物也影响维生素的活性，从而降低维生素的生物可利用性。例如硫胺素酶可切断硫胺素代谢分子，使其丧失活性；抗生物素蛋白与代谢物结合，使生物素失去活性；双香豆素具有与维生素 K 相似的结构，可占据维生素 K 代谢物的作用位点而降低维生素 K 的生物可利用性。f. 食品加工和贮存也影响维生素的生物可利用性。

5.6 维生素在食品加工与贮藏过程中的变化

食品中的维生素在加工与贮藏中受各种因素的影响，其损失程度取决于维生素自身的稳定性。食品中维生素损失的影响因素主要有食品原料本身（如品种和成熟度）、加工前预处理、加工方式、贮藏的时间和温度等。此外，维生素的损失与原料栽培的环境、植物采后或动物宰后的生理也有一定的关系。因此在食品加工与贮藏过程中应最大限度地减少维生素的损失，并提高产品的安全性。

5.6.1 食品原料本身对维生素的影响

5.6.1.1 成熟度与维生素含量的关系

水果和蔬菜中维生素含量随着成熟度的变化而变化。所以选择适当的原料品种和成熟度是果蔬加工中十分重要的问题。例如番茄在成熟前维生素 C 含量最高（表 5-6），而辣椒成熟期时维生素 C 含量最高。

表 5-6 番茄不同成熟期维生素 C 的含量

开花期后时间（周）	平均质量（g）	色泽	维生素 C 含量（mg/100g）
2	33.4	绿	10.7
3	57.2	绿	7.6
4	102	黄至绿	10.9
5	146	红至绿	20.7
6	160	红	14.6
7	168	红	10.1

5.6.1.2　不同组织部位的维生素含量

植物不同组织部位维生素含量有一定的差异。一般而言，维生素含量的次序为叶片＞果实、茎＞根；对于水果则表皮维生素含量最高而核中最低。

5.6.1.3　采后或宰后维生素含量的变化

食品中维生素含量的变化是从收获时开始的。动植物食品原料采后或宰后，其体内的变化以分解代谢为主。由于酶的作用使某些维生素的存在形式发生了变化，例如从辅酶状态转变为游离态。脂肪氧合酶和维生素 C 氧化酶的作用直接导致维生素的损失，例如豌豆从收获、运输到加工厂 30 min 后维生素 C 含量有所降低；新鲜蔬菜在室温贮存 24 h 后维生素 C 的含量下降 1/3 以上。因此加工时应尽可能选用新鲜原料或将原料及时冷藏处理以减少维生素的损失。

5.6.2　食品加工前预处理对维生素的影响

加工前的预处理与维生素的损失程度关系很大。水果和蔬菜的去皮、整理常会造成浓集于表皮或老叶中的维生素的大量流失。据报道，苹果皮中维生素 C 的含量比果肉高 3～10 倍；柑橘皮中的维生素 C 比汁液高；莴苣和菠菜外层叶中维生素 B 族和维生素 C 比内层叶中高。水果和蔬菜在清洗时，一般维生素的损失很少，但要注意避免挤压和碰撞；也尽量避免切后清洗造成水溶性维生素的大量流失。对于化学性质较稳定的水溶性维生素（如泛酸、烟酸、叶酸、核黄素等），溶水流失是最主要的损失途径。

5.6.3　食品加工过程对维生素的影响

5.6.3.1　碾磨对维生素的影响

碾磨是谷物所特有的加工方式。谷物在磨碎后其中的维生素比完整的谷粒中含量有所降低，并且与种子的胚乳和胚、种皮的分离程度有关。因此粉碎对各种谷物种子中维生素的影响不一样。此外，不同的加工方式对维生素损失的影响也有差异，谷物精制程度越高，维生素损失越严重。例如小麦在碾磨成面粉时，出粉率不同，维生素的存留也不同（图 5 - 30）。

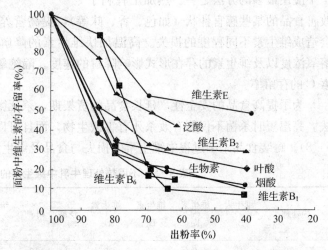

图 5 - 30　小麦出粉率与维生素存留率之间的关系

5.6.3.2　热处理对维生素的影响

（1）烫漂对维生素的影响　烫漂是水果和蔬菜加工中不可缺少的处理方法。通过这种处理可以钝化影响产品品质的酶类、减少微生物污染及除去空气，有利于食品贮存期间保持维生素的稳定（表 5 - 7）。但烫漂往往造成水溶性维生素大量流失（图 5 - 31）。其损失程度与 pH、烫漂的时间和温度、含水量、切口表面积、烫漂类型及成熟度有关。通常，短时间高温烫漂维生素损失较少。烫漂时间越长，维生素损失越大。产品成熟度越高，烫漂时维生素 C 和维生素 B_1 损失越少；食品切分越细，单位质量表面积越大，维生素损失越多。不同烫漂类型对维生素影响的顺序为沸水＞蒸汽＞微波。

表 5-7 青豆烫漂后贮存维生素的损失率（%）

处理方式	维生素 C	维生素 B$_1$	维生素 B$_2$
烫漂	90	70	40
未烫漂	50	20	30

　　（2）干燥对维生素的影响　脱水干燥是保藏食品的主要方法之一。具体方法有日光干燥、烘房干燥、隧道式干燥、滚筒干燥、喷雾干燥和冷冻干燥。维生素 C 对热不稳定，干燥损失为 10%～15%，但冷冻干燥对其影响很小。喷雾干燥和滚筒干燥时乳中硫胺素的损失分别为 10% 和 15%，而维生素 A 和维生素 D 几乎没有损失。蔬菜烫漂后空气干燥时硫胺素的损失平均为：豆类 5%、马铃薯 25%、胡萝卜 29%。

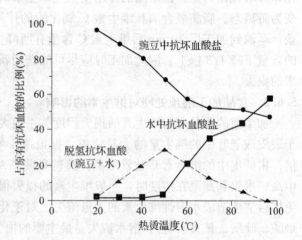

图 5-31　豌豆在不同温度水中的热烫 10 min
后抗坏血酸（维生素 C）的变化

　　（3）加热对维生素的影响　加热是延长食品保藏期最重要的方法，也是食品加工中应用最多的方法之一。热加工有利于改善食品的某些感官性状（如色、香、味等），提高营养素在体内的消化和吸收，但热处理会造成维生素不同程度的损失。高温加快维生素的降解，pH、金属离子、反应活性物质、溶氧浓度以及维生素的存在形式影响降解的速度。隔绝氧气、除去某些金属离子可提高维生素 C 的存留率。

　　为了提高食品的安全性，延长食品的货架期，杀死微生物，食品加工中还常采用灭菌方法。高温短时杀菌不仅能有效杀死有害微生物，而且可以较大程度地减少维生素的损失（表 5-8）。罐装食品杀菌过程中维生素的损失与食品及维生素的种类有关（表 5-9）。

表 5-8 不同热处理牛乳中维生素的损失率（%）

热处理	维生素 B$_1$	维生素 B$_2$	维生素 B$_6$	维生素 B$_5$	泛酸	叶酸	维生素 H	维生素 B$_{12}$	维生素 C	维生素 A	维生素 D
63℃，30 min	10	0	20	0	0	10	0	10	20	0	0
72℃，15 s	10	0	0	0	0	10	0	10	10	0	0
超高温杀菌	10	10	20	0	?	<10	0	20	10	0	0
瓶装杀菌	35	0	*	?	?	50	0	90	50	0	0
浓缩	40	0	*	?	?	?	10	90	60	0	0
加糖浓缩	10	0	0	?	?	?	0	30	15	0	0
滚筒干燥	15	0	0	?	?	?	10	30	30	0	0
喷雾干燥	10	0	0	?	?	?	10	20	20	0	0

表 5 - 9　罐装食品加工时维生素的损失率（%）

食品	生物素	叶酸	维生素 B_6	泛酸	维生素 A	维生素 B_1	维生素 B_2	尼克酸	维生素 C
芦笋	0	75	64	—	43	67	55	47	54
青豆	—	57	50	60	52	62	64	40	79
甜菜	—	80	9	33	50	67	60	75	70
胡萝卜	40	59	80	54	9	67	60	33	75
玉米	63	72	0	59	32	80	58	47	58
蘑菇	54	84	—	54		80	46	52	33
青豌豆	78	59	69	80	30	74	64	69	67
菠菜	67	35	75	78	32	80	50	50	72
番茄	55	54	—	30	0	17	25		26

5.6.3.3　冷却或冷冻对维生素的影响

热处理后的冷却方式不同对食品中维生素的影响不同。空气冷却比水冷却维生素的损失少，主要是因为水冷却时会造成大量水溶性维生素的流失。

冷冻通常认为是保持食品的感官性状、营养及长期保藏的最好方法。冷冻一般包括预冻结、冻结、冻藏和解冻。预冻结前的烫漂会造成水溶性维生素的损失；预冻结期间只要食品原料在冻结前贮存时间不长，维生素的损失就小。冷冻对维生素的影响因食品原料和冷冻方式而异。冻藏期间维生素损失较多（表 5 - 10），损失量取决于原料、预冻结处理、包装类型、包装材料、贮藏条件等。冻藏温度对维生素 C 的影响很大。据报道，温度在 $-7 \sim$ $-18℃$ 之间，温度上升 10℃ 可引起蔬菜（如青豆、菠菜等）维生素 C 以 $6 \sim 20$ 倍的因数加速降解；水果（如桃、草莓等）维生素 C 以 $30 \sim 70$ 倍因数快速降解。动物性食品（如猪肉）在冻藏期间维生素损失大，其原因有待于进一步研究。解冻对维生素的影响主要表现在水溶性维生素，动物性食品损失的主要是 B 族维生素。

总之，冷冻对食品中维生素的影响通常较小，但水溶性维生素由于冻前的烫漂或肉类解冻时汁液的流失可损失 $10\% \sim 14\%$。

表 5 - 10　蔬菜冻藏期间维生素 C 的损失

食品	鲜样中含量（mg/100g）	$-18℃$ 贮存 $6 \sim 12$ 个月的损失率（%）
芦笋	33	12（12~13）
青豆	19	45（30~68）
青豌豆	27	43（32~67）
菜豆	29	51（39~64）
嫩茎花椰菜	113	49（35~68）
花椰菜	78	50（40~60）
菠菜	51	65（54~80）

注：损失率数据，括号外为平均值，括号内为变动范围。

5.6.3.4　辐照对维生素的影响

辐照是利用高能射线对食品原料及其制品进行灭菌、杀虫、抑制发芽、延期后熟等处理以延长食品的保存期，尽量减少食品中营养的损失。

辐照对维生素有一定的影响。水溶性维生素对辐照的敏感性主要取决于它们是处在水溶液中还是食品中或是否受到其他组分的保护等。维生素 C 对辐照很敏感，其损失随辐照剂量的增大而增加（表 5-11），这主要是辐照后产生自由基破坏的结果。B 族维生素中维生素 B_1 最易受到辐照的破坏，其破坏程度与热加工相当，大约为 63%。辐照对烟酸的破坏较小，经过辐照的面粉烤制面包时烟酸的含量有所增高，这可能是因为面粉经辐照加热后烟酸从结合型转变成游离型造成的。脂溶性维生素对辐照的敏感程度依次为维生素 E＞胡萝卜素＞维生素 A＞维生素 D＞维生素 K。

表 5-11 不同辐照剂量对维生素 C 和烟酸的影响

维生素	辐照剂量（kGy）	维生素浓度（μg/mL）	留存率（%）
维生素 C	0.1	100	98
	0.25	100	85.6
	0.5	100	68.7
	1.5	100	19.8
	2.0	100	3.5
烟酸	2.0	50	100
	4.0	10	72.0
维生素 C＋烟酸	4.0	10	14.0（烟酸）、71.8（维生素 C）

5.6.3.5 添加剂对维生素的影响

在食品加工中为防止食品腐败变质及提高其感官性状，通常加入一些添加剂，其中有些对维生素有一定的破坏作用。例如维生素 A、维生素 C 和维生素 E 易被氧化剂破坏，因此在面粉中使用漂白剂会降低这些维生素的含量或使它们失去活性；SO_2 或亚硫酸盐等还原剂对维生素 C 有保护作用，但因其亲核性会导致维生素 B_1 的失活；亚硝酸盐常用于肉类的发色与保藏，但它作为氧化剂引起类胡萝卜素、维生素 C、维生素 B_1 和叶酸的损失；果蔬加工中添加的有机酸可减少维生素 C 和硫胺素的损失；碱性物质会增加维生素 C、硫胺素和叶酸等的损失。

不同维生素间也相互影响。例如辐照时烟酸对活化水分子的竞争、破坏增大，保护了维生素 C。此外，维生素 C 对维生素 B_2 也有保护作用。食品中添加维生素 C 和维生素 E 可降低胡萝卜素的损失。

5.6.4 贮藏过程对维生素的影响

食品在贮藏期间，维生素的损失与贮藏温度关系密切。罐头食品冷藏保存 1 年后，维生素 B_1 的损失低于室温保存。包装材料对贮存食品维生素的含量有一定的影响。例如透明包装的乳制品在贮藏期间会发生维生素 B_2 和维生素 D 的损失。

食品中脂类的氧化作用产生的氢过氧化物、过氧化物和环过氧化物会引起胡萝卜素、维生素 E、维生素 C 等的氧化，也能破坏叶酸、生物素、维生素 B_{12}、维生素 D 等；过氧化物与活化的羰基反应导致维生素 B_1、维生素 B_6、泛酸等的破坏；糖类非酶褐变产生的高度活化的羰基对维生素同样有破坏作用。

复习思考题

1. 何谓维生素？有哪些共同特点？
2. 维生素按其溶解性分为哪几类？
3. 比较几种胡萝卜素的结构，并确定哪些具有维生素 A 的活性。
4. 维生素 C 在食品工业中的作用如何？
5. 维生素 E 的稳定性以及在食品工业中的作用如何？
6. 为何牛乳不宜存放在透明的容器中？
7. 简述维生素 C 的降解途径及其影响因素。
8. 简述影响维生素损失的因素。
9. 为何粗粮比细粮营养价值高？
10. 食品加工中应如何降低维生素的损失？

第6章 矿物质

6.1 矿物质概述

所谓矿物质（mineral）是指食品中各种无机化合物，大多数相当于食品灰化后剩余的成分，故又称为粗灰分（crude ash，CA）。矿物质和维生素一样，是人体必需的物质，矿物质无法自身产生、合成，每天矿物质的摄取量也是基本确定的，但随年龄、性别、身体状况、环境、工作状况等因素有所不同。人体内有50多种矿物质，虽然它们在人体内仅占身体质量的4%，但却是生物体的必需组成部分。矿物质在食品中的含量较少，但具有重要的营养生理功能，有些对人体具有一定的毒性。因此研究食品中的矿物质，目的在于提供建立合理膳食结构的依据，保证适量有益矿物质，减少有毒矿物质，维持生命体系处于最佳平衡状态。

食品中矿物质含量的变化主要取决于环境因素，如植物可以从土壤中获得矿物质并贮存于根、茎、叶、果实中，动物通过摄食饲料而获得。食物中的矿物质的损失最初是通过水溶性物质的浸出以及植物非食用部分的剔除而损失的。目前，随着食品精加工步骤的增加，食品中矿物质的损失愈来愈严重了。

食品中的矿物质可以离子状态、可溶性盐和不溶性盐的形式存在，有些矿物质在食品中往往以螯合物或复合物的形式存在。

6.1.1 矿物质的功能

(1) 构成机体组织的重要成分　食品中许多矿物质是构成机体必不可少的部分，例如钙、磷、镁、氟和硅都是构成牙齿和骨骼的主要成分，磷和硫存在于肌肉和蛋白质中，铁为血红蛋白的重要组成成分。

(2) 维持机体内环境的稳定　作为体内的主要调节物质，矿物质不仅可以调节渗透压，保持渗透压的恒定以维持组织细胞的正常功能和形态，而且可以维持体内的酸碱平衡和神经肌肉的兴奋性。

(3) 具有某些特殊功能　某些矿物质在体内作为酶的构成成分或激活剂。在这些酶中，特定的金属与酶蛋白分子牢固地结合，使整个酶系具有一定的活性，例如血红蛋白和细胞色素酶系中的铁、谷胱甘肽过氧化物酶中的硒等。有些矿物质是构成激素或维生素的成分，例如碘是甲状腺素不可缺少的元素，钴是维生素 B_{12} 的组成成分等。

(4) 改善食品的品质　许多矿物质是非常重要的食品添加剂，它们可有效地改善食品的品质。例如，Ca^{2+} 是豆腐的凝固剂，还可保持食品的质构；磷酸盐有利于增加肉制品的持水性和结着性；食盐是典型的风味改良剂等。

6.1.2 矿物质的分类

食品中的矿物质若按在体内含量的多少可分为常量元素（macro-element）和微量元素（micro-element）两类。常量元素是指其在人体内含量在0.01%以上的元素，有钙、磷、镁、钾、钠、硫、磷7种，它们占人体总灰分的60%～80%；其他元素在人体内含量低于身体质量的0.01%，被称为微量元素。1990年联合国粮食与农业组织（FAO）、国际原子能机构（IAEA）和世界卫生组织（WHO）3个国际组织的专家委员会重新界定必需微量元素的定义并按其生物学的作用将其分为3类：a. 人体必需微量元素，共8种，包括碘、锌、硒、铜、钼、铬、钴及铁；b. 人体可能必需的元素，共5种，包括锰、硅、硼、钒及镍；c. 具有潜在的毒性，但在低剂量时，可能具有人体必需功能的元素，包括氟、铅、镉、汞、砷、铝及锡，共7种。

人体中的必需微量元素存在于血液中。如果缺少了这些微量元素，人就会患病，甚至导致死亡。例如缺铁导致贫血，缺硒出现白肌病，缺碘易患甲状腺肿等。但必需元素摄入过多也会对人体造成危害，引起中毒。

6.1.3 动物性食品中的矿物质

6.1.3.1 牛乳中的矿物质

牛乳中的矿物质含量约为0.7%，其中钠、钾、钙、磷、硫、氯等含量较高，铁、铜、锌等含量较低。牛乳因富含钙常作为人体钙的主要来源。乳清中的钙占总钙的30%且以溶解态存在；剩余的钙大部分与酪蛋白结合，以磷酸钙胶体形式存在；少量的钙与α乳清蛋白和β乳球蛋白结合而存在。牛乳中的主要矿物质含量见表6-1。

表 6-1　牛乳中主要矿物质含量（mg/100g）

矿物质	范围	平均值	溶解相所占比例（%）	胶体相所占比例（%）
总钙	110.9~120.3	117.7	33	67
离子钙	10.5~12.8	11.4	100	0
镁	11.4~13.0	12.1	67	33
钠	47~77	58	94	6
钾	113~171	140	93	7
磷	79.8~101.7	95.1	45	55
氯	89.8~127.0	104.5	100	0

6.1.3.2 肉中的矿物质

肉类是矿物质的良好来源（表6-2）。其中钾、钠和磷含量相当高，铁、铜、锰和锌含量也较多。肉中的矿物质有的呈溶解状态，有的呈不溶解状态。不溶解的矿物元素与蛋白质结合在一起。肉在解冻时由于汁液流出发生钠的大量损失，而钙、磷、钾损失较小。

表 6-2　牛肉中的矿物质含量（mg/100g）

矿物质	含量	矿物质	含量
全钙	86	可溶性无机盐	95.2
可溶性钙	38	钠	168.0
全磷	24.2	钾	244.0
可溶性磷	17.7	氯	48.0
全无机磷	233.0		

6.1.3.3 蛋中的矿物质

蛋中的钙主要存在于蛋壳中，其他矿物质主要存在于蛋黄中。蛋黄中富含铁，但由于卵黄磷蛋白（vitellin）的存在大大影响了铁在人体内的生物利用率。此外，鸡蛋中的伴清蛋白（conalbumin）可与金属离子结合，影响了在体内的吸收与利用。鸡蛋中的伴清蛋白与金属离子亲和性大小顺序为 $Fe^{3+} > Cu^{2+} > Mn^{2+} > Zn^{2+}$。

6.1.4 植物性食品中的矿物质

植物性食品中的矿物质分布不均匀，其钾的含量比钠高。谷类食品中的矿物质主要集中在麸皮或米糠中，胚乳中含量很低（表6-3）。当谷物精加工时会造成矿物质的大量损失。豆类食品钾和磷含量较高（表6-4），但大豆中的磷 70%～80% 与植酸结合，影响了人体对其他矿物质如钙、锌等的吸收。

表6-3 小麦不同部位中矿物质含量

部位	磷含量（%）	钾含量（%）	钠含量（%）	钙含量（%）	镁含量（%）	锰含量（mg/kg）	铁含量（mg/kg）	铜含量（mg/kg）
全胚乳	0.10	0.13	0.0029	0.017	0.016	24	13	8
全麦麸	0.38	0.35	0.0067	0.032	0.11	32	31	11
中心部分	0.35	0.34	0.0051	0.025	0.086	29	40	7
胚尖	0.55	0.52	0.0036	0.051	0.13	77	81	8
残余部分	0.41	0.41	0.0057	0.036	0.13	44	46	12
整麦粒	0.44	0.42	0.0064	0.037	0.11	49	54	8

表6-4 大豆（干物质）中矿物质含量（%）

矿物质	范围	平均值
灰分	3.30～6.35	4.60
钾	0.81～2.39	1.83
钙	0.19～0.30	0.24
镁	0.24～0.34	0.31
磷	0.50～1.08	0.78
硫	0.10～0.45	0.24
氯	0.03～0.04	0.035
钠	0.14～0.61	0.24

蔬菜中的矿物质以钾最高（表6-5），而水果中的矿物质含量低于蔬菜（表6-5和表6-6）。不同品种、产地的蔬菜和水果中矿物质含量有差异，主要是与植物富集矿物质的能力有关。虽然蔬菜和水果中水分含量高，矿物质含量低，但它们仍然是膳食中矿物质的一个重要来源。

表6-5 部分蔬菜中矿物质含量（mg/100g）

蔬菜种类	钙含量	磷含量	铁含量	钾含量
菠菜	72	53	1.8	502
莴笋	7	31	2.0	318
茭白	4	43	0.3	284

（续）

蔬菜种类	钙含量	磷含量	铁含量	钾含量
苋菜（青）	180	46	3.4	577
苋菜（红）	200	46	4.8	473
芹菜（茎）	160	61	8.5	163
韭菜	48	46	1.7	290
毛豆	100	219	6.4	579

表 6 - 6　部分水果中矿物质含量（mg/100 g）

水果种类	镁含量	磷含量	钾含量
橘子	10.2	15.8	175
苹果	3.6	5.4	96
葡萄	5.8	12.8	200
樱桃	16.2	13.3	250
梨	6.5	9.3	129
香蕉	25.4	16.4	373
菠萝	3.9	3.0	142

6.2 矿物质的理化性质

6.2.1 矿物质的溶解性

在所有的生物体系中都含有水，大多数矿物质元素的传递和代谢都是在水溶液中进行的。因此矿物质的生物利用率和活性在很大程度上与它们在水中的溶解性有直接的相关性。镁、钙和钡是同族元素，仅以 +2 价氧化态存在，虽然这一族的卤化物都是可溶性的，但是其重要的盐，包括碳酸盐、磷酸盐、硫酸盐、草酸盐和植酸盐都极难溶解。食品在受到某些细菌分解后，其中的镁能形成极难溶的络合物 $NH_4MgPO_4 \cdot 6H_2O$，俗称鸟粪石。铜以 +1 或 +2 价氧化态存在并形成络离子，它的卤化物和硫酸盐是可溶性的。各种价态的矿物质在水中有可能与生命体中的有机物质（如蛋白质、氨基酸、有机酸、核酸、核苷酸、肽和糖等）形成不同类型的化合物，这有利于矿物质的稳定和在器官间的输送。此外，元素的化学形式同样影响其利用率和作用，如三价的铁离子很难被人体吸收利用，但二价的铁离子却较容易被吸收利用；三价的铬离子是人体必需的营养元素，而六价的铬离子则是有毒的。

6.2.2 矿物质的酸碱性

任何矿物质都有阳离子和阴离子。但从营养学的角度看，只有氟化物、碘化物和磷酸盐的阴离子才是重要的。水中的氟化物成分比食品中更常见，所以氟化物的摄入量极大地依赖于地理环境。碘以碘化物（I^-）或碘酸盐（IO_3^-）的形式存在。磷酸盐以多种不同的形式存在，如磷酸盐（PO_4^{3-}）、磷酸氢盐（HPO_4^{2-}）、磷酸二氢盐（$H_2PO_4^-$）或者是磷酸（H_3PO_4），它们的电离常数分别为：$k_1 = 7.5 \times 10^{-3}$，$k_2 = 6.2 \times 10^{-8}$，$k_3 = 1.0 \times 10^{-12}$。各种微量元素参与的复杂生物过程，可以利用路易斯的酸碱理论解释，由于不同价态的同一元素，可以通过形成多种复合物参与不同的生化过程，因而显示不同的营养价值。

6.2.3 矿物质的氧化还原性

碘化物和碘酸盐与食品中其他重要的无机阴离子（如磷酸根、硫酸根和碘酸根）相比，是比较强的氧化剂。阳离子比阴离子种类多，结构也更复杂，它们的一般化学性质可以通过它们所在的元素周期表中的族来反映。有些金属离子从营养学的观点来说是重要的，而有些则是非常有害的毒性污染物，甚至产生致癌作用。碳酸盐和磷酸盐则比较难溶解。其他一些金属元素具有多种氧化态，如锡和铅（+2和+4）、汞（+1和+2）、铁（+2和+3）、铬（+3和+6）、锰（+2、+3、+4、+6和+7）。因此这些金属元素中有许多能形成两性离子，既可作为氧化剂，又可作为还原剂。如钼和铁最为重要的性质是能催化抗坏血酸和不饱和脂质的氧化。微量元素的这些价态变化和相互转换的平衡反应，都将影响组织和器官中的环境特性，如pH、配位体组成、电效应等，从而影响其生理功能。

6.2.4 微量元素的浓度

微量元素的浓度和存在状态，会影响各种生化反应。许多原因不明的疾病（例如癌症和地方病）都与微量元素相关，但实际上对必需微量元素的确认绝非易事，因为矿物元素的价态和浓度不同，乃至排列的有序性和状态不同，对生物的生命活动都会产生不同的作用。

6.2.5 矿物质的螯合效应

许多金属离子可作为有机分子的配位体或螯合剂，如血红素中的铁、细胞色素中的铜，叶绿素中的镁以及维生素 B_{12} 中的钴。具有生物活性结构的铬称为葡萄糖耐受因子（glucose tolerance factor，GTF），它是三价铬的一种有机络合物形式。在葡萄糖耐量生物检测中，它比无机 Cr^{3+} 离子的效能高50倍。葡萄糖耐受因子除含有约65%的铬外，还含有烟酸、半胱氨酸、甘氨酸和谷氨酸，精确的结构还不清楚。Cr^{6+} 有毒性。金属离子的螯合效应与螯合物的稳定性受其本身结构和环境因素的影响。一般五元环螯合物和六元环螯合物比其他更大或更小的环稳定。金属离子的路易斯碱性也会影响其稳定性，一般碱性越强越稳定。带电荷的配位体有利于形成稳定的螯合物。不同的电子供给体所形成的配位键强度不同，对氧来说是 $H_2O > ROH > R_2O$，对氮来说是 $H_3N > RNH_2 > R_3N$，而对硫来说是 $R_2S > RSH > H_2S$。此外，分子中的共轭结构和立体位阻有利于螯合物的稳定。

6.3 食品中主要的矿物质

6.3.1 食品中的常量元素

6.3.1.1 钠和钾

钠（sodium，Na）和钾（potassium，K）的作用与功能关系密切，二者均是人体的必需营养素。钠作为血浆和其他细胞外液的主要阳离子，在保持体液的酸碱平衡、渗透压和水的平衡方面起重要作用；并和细胞内的主要阳离子钾共同维持细胞内外的渗透平衡，参与细胞的生物电活动，在机体内循环稳定的控制机制中起重要作用；在肾小管中参与氢离子交换和再吸收；参与细胞的新陈代谢。机体一般很少出现钠、钾缺乏症，但研究显示膳食中钠摄入过多与高血压有着密切关系。表6-7列出了动物性食品中的钠和钾含量。

在食品工业中钠可激活某些酶（如淀粉酶）；诱发食品中典型咸味；降低食品的水分活度，抑制微生物生长，起到防腐的作用；作为膨松剂改善食品的质构。钾可作为食盐的替代品及膨松剂。

表6-7 动物性食品中钠和钾的含量（mg/100g）

食物名称	钾含量	钠含量
猪肉（后腿）	330	11.0
猪肝	230	20.0
牛肉（后腿）	330	11.0
牛乳	157	49.0
鸡肉	340	12.0
鸡蛋	60	73.0
鸭蛋	60	82.0
带鱼	220	112.0
鲤	359	44.0
黄鳝	325	47.0
对虾	150	20.0

钠的主要来源是食盐和味精，钾的主要食物来源是水果、蔬菜和肉类。

6.3.1.2 钙和磷

钙（calcium，Ca）和磷（phosphorus，P）也是人体必需的营养素之一。体内99%的钙和80%的磷以羟磷灰石的形式存在于骨骼和牙齿中。钙对血液凝固、神经肌肉的兴奋性、细胞的黏着、神经冲动的传递、细胞膜功能的维持、酶反应的激活以及激素的分泌都起着决定性的作用。磷作为核酸、磷脂、辅酶的组成部分，参与糖类和脂肪的吸收与代谢。人体缺钙时，幼年易患佝偻病，成年或老年易患骨质疏松症。机体一般很少出现磷缺乏症。

由于钙能与带负电荷的大分子形成凝胶（如低甲氧基果胶、大豆蛋白、酪蛋白等），加入罐用配汤可提高罐装蔬菜的坚硬性，因此在食品工业中广泛用作质构改良剂。磷酸盐已被大量用于乳制品、肉制品、面制品和饮料等中，用作品质改良剂，如三聚磷酸钠有助于改善肉的持水性，在剁碎肉和加工奶酪时使用磷可起到乳化助剂的作用。

钙的主要食物来源有乳及其制品、绿色蔬菜、豆腐、鱼、骨等，磷则主要来源于动物性食品。植物性食品中含有大量的磷，但大多数以植酸磷的形式存在（表6-8），难以被人体消化与吸收。人们可通过发酵或浸泡方式将其水解，释放出游离的磷酸盐，从而提高磷的生物利用率。

表6-8 食品中植酸磷的含量（g/kg，以干物质计）

食品	总磷含量	植酸磷含量	食品	总磷含量	植酸磷含量
大米	3.5	2.4	豌豆	3.8	1.7
小米	3.5	1.91	大豆	7.1	3.8
小麦	3.3	2.2	马铃薯	1.0	0
玉米	2.8	1.9	燕麦	3.6	2.1
高粱	2.7	1.9	大麦	3.7	2.2

6.3.1.3 镁

镁（magnesium，Mg）是人体细胞内的主要阳离子之一，与钙、钾和钠一起与相应的阴离子协同，维持体内的酸碱平衡和神经肌肉的应激性。细胞内大多数镁集中于线粒体中作为辅基参与体内的各种磷酸化反应；通过对核糖体的聚合作用，参与蛋白质的合成，使mRNA 与 70S 核糖体连接；参与 DNA 的合成与分解，维持核酸结构的稳定。镁在人类生理活动、病理失衡及其临床治疗中都占有重要地位。

食品工业中镁主要用作颜色改良剂。在蔬菜加工中常因叶绿素中的镁被脱去而生成脱镁叶绿素，使色泽变暗。膳食中的镁来源于全谷、坚果、豆类和绿色蔬菜中，且机体肾脏有良好的保镁功能，所以膳食镁摄入不足者较少。

6.3.1.4 硫

硫（sulphur，S）对机体的生命活动起非常重要的作用，在体内主要作为合成含硫氨基酸（如胱氨酸、半胱氨酸和甲硫氨酸）的原料。食品工业中常利用 SO_2 和亚硫酸盐作为褐变反应的抑制剂；在制酒工业中广泛用于防止和控制微生物生长。硫分布广，富含含硫氨基酸的动植物食品是硫的主要膳食来源。

6.3.2 食品中的微量元素

6.3.2.1 锌

锌（zinc，Zn）主要通过体内某些酶类直接发挥作用来调节生命活动，例如 Cu/Zn 超氧化物歧化酶、RNA 聚合酶（Ⅰ、Ⅱ、Ⅲ）等。锌作为负责调节基因表达的反式作用因子的刺激物，参与 DNA、RNA 和蛋白质的代谢。锌能维持正常的味觉功能及食欲，促进正常的性发育。锌具有提高机体免疫力的功能，与人的视力及暗适应能力关系密切。此外，锌可能是细胞凋亡的一种调节剂。已知锌与 200 多种酶的活性有关，当锌缺乏时会影响酶的活性，进而影响整个机体的代谢。儿童缺锌会出现异食癖，严重者会导致伊朗侏儒症。

一般动物性食品中锌的含量较高，肉中锌的含量为 20～60 mg/kg，而且肉中的锌与肌球蛋白紧密连接在一起，提高肉的持水性。除谷类的胚芽外，植物性食品中锌含量较低，例如小麦含 20～30 mg/kg，且大多与植酸结合，不易被吸收与利用。水果和蔬菜中含锌量很低，大约为 2 mg/kg。有机锌的生物利用率高于无机锌。

6.3.2.2 铁

铁（iron，Fe）是人体必需的微量元素，也是体内含量最多的微量元素。机体内的铁都以结合态存在（表 6 - 9）。铁是血红素的组成成分之一（图 6 - 1），参与血红蛋白和肌红蛋白的构成；参与细胞色素氧化酶、过氧化物酶的合成；维持其他酶类（如乙酰辅酶 A、黄嘌呤氧化酶等）活性以保持体内三羧酸循环顺利进行；在机体氧的运输、交换与组织呼吸中发挥重要作用。

表 6 - 9　人体内铁的分布

名称	总量（g）	含铁量（mg）	含铁所占比例（%）
血红蛋白	900	3 100	73
肌红蛋白	40	140	3.3
细胞色素	0.8	3.4	0.08
过氧化氢酶	5.0	4.5	0.11
铁传递蛋白	7.5	3.0	0.07
铁蛋白和血铁黄素	3.0	690	16.4
未鉴定成分		300	7.1

铁还影响体内蛋白质的合成，提高机体的免疫力。此外，铁在隔室封闭破坏（descompartmentalized）及自由基（free radical）致病理论中占有重要地位。铁失去隔室封闭可能是许多严重疾病（如风湿热、恶性肿瘤、多发性坏死、先天性畸形）及分子水平的发病机制。

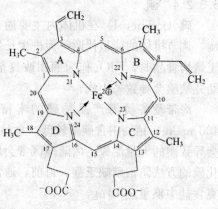

图 6-1 血细素的结构

食品工业中铁主要有以下几方面的作用：a. 通过 Fe^{2+} 与 Fe^{3+} 催化食品中的脂质过氧化；b. 作为改变剂颜色，与多酚类形成绿色、蓝色或黑色复合物，在罐头食品中与 S^{2-} 形成黑色的 FeS；在肌肉中以其价态不同呈现不同的色泽如 Fe^{2+} 呈红色，而 Fe^{3+} 呈褐色；c. 作为营养强化剂，不同化学形式的铁，其强化后的生物可利用性也不同（表 6-10）。

表 6-10　不同化学形式铁的生物有效性（%）

化学形式	相对生物有效性
硫酸亚铁	100
柠檬酸铁铵	107
硫酸铁铵	99
葡萄糖酸亚铁	97
柠檬酸铁	73
焦磷酸铁	45
还原铁	37
氧化铁	4
碳酸亚铁	2

动物性食品的肝脏、肌肉、蛋黄中富含铁；植物性食品的豆类、菠菜、苋菜等中含铁量稍高，其他含铁较低，且大多数与植酸结合难以被吸收与利用。

6.3.2.3　铜

人体中的铜（copper，Cu）大多数以结合状态存在，如血浆中大约有 90% 的铜以铜蓝蛋白的形式存在。铜通过影响铁的吸收、释放、运送和利用来参与造血过程。铜能加速血红蛋白及卟啉的合成，促使幼红细胞成熟并释放。铜是体内许多酶的组成成分，如超氧化物歧化酶（superoxide dismutase，SOD）；对结缔组织的形成和功能具有重要作用；与毛发的生长和色素的沉着有关；促进体内释放许多激素，如促甲状腺激素、促黄体激素、促肾上腺皮质激素和垂体释放生长激素等；影响肾上腺皮质类固醇和儿茶酚胺的合成，并与机体的免疫有关。

食品加工中铜可催化脂质过氧化、抗坏血酸氧化和非酶氧化褐变；作为多酚氧化酶的组成成分催化酶促褐变，影响食品的色泽。但在蛋白质加工中，铜可改善蛋白质的功能特性，稳定蛋白质的起泡性。绿色蔬菜、鱼类和动物肝脏中含铜丰富，牛乳、肉、面包中含量较低。食品中锌过量时会影响铜的利用。

6.3.2.4 碘

碘（iodine，I）在机体内主要通过构成甲状腺素而发挥各种生理作用。它活化体内的酶，调节机体的能量代谢，促进生长发育，参与 RNA 的诱导作用及蛋白质的合成。面粉加工焙烤食品时，KIO_3 作为面团改良剂，能改善焙烤食品质量。机体缺碘会产生甲状腺肿，幼儿缺碘会导致呆小病。

海带及各类海产品是碘的丰富来源（表 6-11）。乳及乳制品中含碘量为 200～400μg/kg，植物中含碘量较低。食品加工中一些含碘食品（如海带）长时间的淋洗和浸泡会导致碘的大量流失。内陆地区常会出现缺碘症状，沿海地区很少缺碘。一般可通过营养强化碘的方法防治碘缺乏症。目前，通常使用强化碘盐，即在食盐中添加碘化钾或碘酸钾使每克食盐中碘量达 70μg。

表 6-11 部分食品中碘的含量（μg/kg）

食品	碘含量	食品	碘含量
海带（干）	240 000	蛏干	1900
紫菜（干）	18 000	干贝	1200
发菜（干）	11 000	淡菜	1200
鱼肝（干）	480	海参（干）	6000
蚶（干）	2400	海蜇（干）	1320
蛤（干）	2400	龙虾（干）	600

6.3.2.5 硒

硒（selenium，Se）是 1817 年由瑞典科学家 Berzelius 发现的第一种非金属元素。长期以来，人们一直认为它是有毒物质，直到 1957 年研究发现硒是机体重要的必需微量元素。硒参与谷胱甘肽过氧化物酶（glutathione peroxidase，GSH-Px）的合成，发挥抗氧化作用，保护细胞膜结构的完整性和正常功能的发挥。硒的抗氧化功能是通过谷胱甘肽过氧化物酶来实现的。谷胱甘肽过氧化物酶催化还原型谷胱甘肽转变成氧化型谷胱甘肽，将脂肪酸氧化产生的氢过氧化物（ROOH，H_2O_2）还原成羟基脂肪酸，并使 H_2O_2 分解。其反应模式如图 6-2 所示。

$$ROOH + 2GSH \xrightarrow{GSH-Px} ROH + GSSG + H_2O$$

$$ROOH + 2GSH \xrightarrow{GSH-Px} GSSG + 2H_2O$$

图 6-2 谷胱甘肽过氧化物酶（GSH-Px）抗氧化反应

硒能加强维生素 E 的抗氧化作用，但维生素 E 主要防止不饱和脂肪酸（unsaturated fatty acid，UFA）氧化生成氢过氧化物（ROOH），而硒使氢过氧化物（ROOH）迅速分解成醇和水。硒还具有促进免疫球蛋白生成和保护吞噬细胞完整的作用。硒可能通过诱发神经细胞凋亡而降低细胞存活率。

硒的生物利用率与硒化合物的形态有关（表 6-12），最活泼的是亚硒酸盐，但它的化学性质最不稳定。许多硒化合物有挥发性，在加工中有损失。例如脱脂乳粉干燥时大约损失 5% 的硒。硒的食物来源主要是动物内脏，其次是海产品、淡水鱼、肉类；蔬菜和水果中含量最低。

表 6 – 12　无机化合物中硒的生物利用率（％）

化合物	硒的价态	生物利用率
硒化钠	−2	44
硒	0	3
亚硒酸钠	4	100
硒酸钠	6	74

硒缺乏与中毒与地理环境有关。我国黑龙江克山县一带是严重缺硒地区，土壤中的含硒量仅为 0.06 mg/kg，这些地区的人易患白肌病（white muscle disease，WMD）或大骨节病；而陕西的紫阳和湖北的恩施部分地区为高硒区，硒的含量为 0.08～45.5 mg/kg，平均为 9.7 mg/kg，会出现硒中毒现象。

6.3.2.6　铬

自 1957 年 Schwarz 和 Mertz 首次提出并证实啤酒酵母中含有葡萄糖耐受因子（glucose tolerance factor，GTF）的假设，并于 1959 年进一步证实了葡萄糖耐受因子中具有重要生物活性的结构部分是 Cr^{3+} 后，铬（chromium，Cr）的生物学功能引起了人们的广泛关注。现已证明，铬是人和动物必需的微量元素，在体内具有重要的生理功能。铬通过协同和增强胰岛素的作用，影响糖类、脂类、蛋白质及核酸的代谢。目前尚未完全清楚葡萄糖耐受因子的化学结构，普遍认为它是一种铬的烟酸盐，含有 Cr^{3+}、烟酸和另外 3 种氨基酸（谷氨酸、半胱氨酸和甘氨酸）（图 6 – 3）。

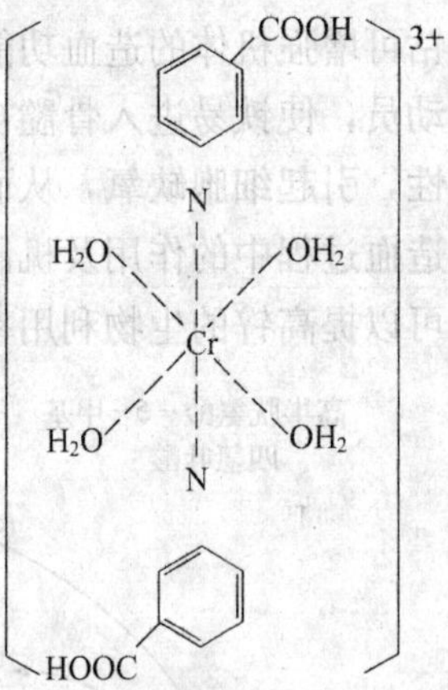

图 6 – 3　葡萄糖耐受因子（GTF）的化学结构

Cr^{3+} 在磷酸葡萄糖变位酶中起关键性的作用。铬作用于细胞上的胰岛素敏感部位，增加细胞表面胰岛素受体的数量或激活胰岛素与膜受体之间二硫键的活性，加强胰岛素与其受体位点的结合，刺激外周组织对葡萄糖的利用，维持体内血糖的正常水平。铬可增强脂蛋白脂酶和卵磷脂胆固醇酰基转移酶的活性，促进高密度脂蛋白（high density lipoprotein，HDL）的生成。铬可促进氨基酸进入细胞，影响核蛋白、RNA 和核酸的合成，保护 RNA 免受热变性，维持核酸结构的完整性。Cr^{3+} 可能具有改变和调节基因的功能。铬与 DNA 作用的色谱学研究表明，Cr^{3+} 催化三磷酸核苷分子脱去焦磷酸，并且通过 DNA - DNA 交联而促进 DNA 的聚合。

膳食中缺铬时导致一系列的代谢紊乱。例如缺铬时血清胆固醇及血糖均升高，产生动脉粥样硬化，这主要与内皮细胞通透性增高有关。铬的最好来源有整粒的谷类、豆类、肉和乳制品。铬的最丰富来源是啤酒酵母；动物肝脏、胡萝卜、红辣椒等中含铬较多，且为有机铬，易被吸收。表 6 – 13 列举了部分食物中铬的含量。

表 6 - 13　部分食物中铬的含量（ng/kg）

食物	铬含量	食物	铬含量
麦麸	2.18	粗红糖	0.24～0.35
粗面粉	2.19	精白糖	0.02～0.13
全小麦	1.75	糖浆	0.75
细面粉	0.60	玉米糖浆	0.15
精面粉	0.23	葡萄糖	0.03
黑面包	0.40	蜂蜜	0.29
白面包	0.14		

6.3.2.7　钴

钴（cobalt，Co）是早期发现的人和动物体内必需的微量元素之一。1879 年 Azary 指出钴对机体造血有利；1933 年 Filmer 首次报道了缺钴动物可产生严重贫血；1935 年钴被正式认定为人和动物营养中必需的微量元素。

钴可增强机体的造血功能，可能的途径有：a. 直接刺激作用，钴促进铁的吸收和贮存铁的动员，使铁易进入骨髓被利用；b. 间接刺激作用，钴能抑制细胞内许多重要的呼吸酶的活性，引起细胞缺氧，从而促使红细胞生成素的合成量增加，产生代偿性造血机能亢进。钴在造血过程中的作用及机制见图 6 - 4。钴通过维生素 B_{12} 参与体内甲基的转移和糖代谢，钴还可以提高锌的生物利用率。

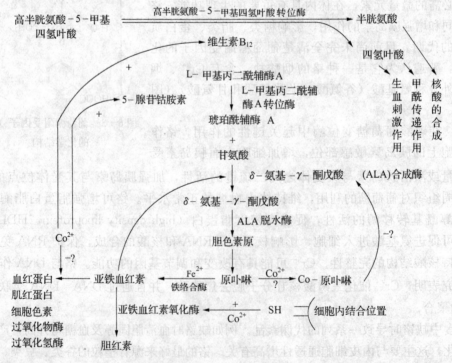

图 6-4　钴在造血过程中的作用机制

－代表抑制作用　＋代表刺激促进作用　? 代表尚无定论或不清楚　→代表作用方向及环节

食物中钴的含量变化较大。豆类中含量稍高，大约为 1.0 mg/kg；玉米和其他谷物中含量很低，大约为 0.1 mg/kg。

6.3.2.8 其他微量元素

(1) 锰 1931 年人们发现缺锰会引起啮齿动物的生长不良和生殖功能障碍，从而确定了它是一种必需的元素。现已证明，锰（manganese，Mn）是体内精氨酸酶、丙酮酸羧化酶、MnSOD 等的组成成分，以及转葡萄糖苷酶、磷酸烯醇式丙酮酸羧激酶、谷氨酰胺合成酶等的激活剂。锰参与体内蛋白质代谢，清除体内过多的 O_2^-，与黏多糖中硫酸软骨素的合成有关；参与凝血酶原的合成以及抑制恶性肿瘤等作用。茶叶和咖啡中锰含量最高，可达 $300\sim600\,\mu g/mL$；谷物、坚果、干果等含锰丰富，大约为 $20\,\mu g/g$；肉和鱼中含量较低，为 $0.2\,\mu g/g$；蔬菜中含量为 $0.5\sim2\,\mu g/kg$。锰在糖代谢中的作用如图 6-5 所示。

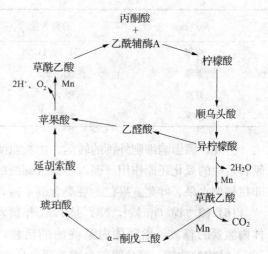

图 6-5 锰在糖代谢过程中的作用

(2) 氟 氟（fluorine，F）是人体必需的微量元素，对牙齿和骨骼的形成和结构有重要作用，是唯一能降低儿童和成人龋齿患病率或减轻龋齿病情的营养素。适量的氟可促进铁的吸收，有利于体内钙和磷的利用，增强钙和磷在骨中的沉积，加强骨骼的形成，增强骨骼的硬度。此外，适量的氟能被牙釉质中的羟磷灰石吸附，形成坚硬致密的氟磷灰石表面保护层，具防龋齿作用。海鱼中氟的含量高达 $5\sim10$ mg/kg，干旱地区茶叶中含氟量为 100 mg/kg。过量的氟会损害牙齿和骨骼，典型症状为牙氟中毒。

(3) 钼 钼（molybdenum，Mo）发现于 1778 年。1953 年因发现黄嘌呤氧化酶是含钼的金属酶而首次确定了它是一种必需的微量元素。钼在体内作为黄嘌呤氧化酶、醛氧化酶和亚硫酸氧化酶的组成成分。其中黄嘌呤氧化酶、醛氧化酶参与细胞内电子传递，加速细胞色素 c 的还原作用；黄嘌呤氧化酶在核酸代谢中具有关键作用，主要催化体内的嘌呤化合物的氧化代谢，催化肝内的铁蛋白释放铁，加速铁进入血浆的过程，使 Fe^{2+} 很快氧化成 Fe^{3+}，并迅速与 β_1 球蛋白结合形成运铁蛋白运送至肝脏、骨髓以及其他细胞利用。钼还具有一定的防龋齿作用。一般谷物种子、豆类、乳及其制品、动物肝脏、肾脏富含钼，水果中含量很低。

(4) 砷 一直以来，人们认为砷（arsenic，As）是有毒物质，但砷制剂作为治疗厌食、营养障碍、梅毒、神经痛、风湿病、哮喘、糖尿病、疟疾、结核病、皮肤病和各种血液学疾病的特效药，已被人们广泛接受。砷影响机体内蛋氨酸、精氨酸形成的各种代谢物；影响不稳定甲基的代谢和某些酶的活性，使未致敏和植物血凝素刺激的人淋巴细胞 DNA 合成增加。此外，砷可能调节基因表达。亚砷酸盐可诱导细胞内产生某些蛋白质（如热休克蛋白与应激反应蛋白）。谷类、豆类、蔬菜一般含砷在 0.1 mg/kg 以下，但海产品含砷量较高（表 6-14）。

(5) 硼 1923 年 Warrington 提出硼（boron，B）是植物的必需元素。现已证明硼也是包括人在内的高等动物必需的营养素。硼的生物学功能尚未完全清楚，目前有两种假说。一种假说是，硼是一种代谢调节因子，通过竞争性抑制一些关键酶的反应来控制许多代谢途径。另一种假设是，硼具有维持细胞膜功能稳定的作用，因而它可以通过调整调节性阴离子或阳离子的跨膜信号或运动来影响膜对激素和其他调节物质的反应。

表 6-14　几种海产品中含砷量（mg/kg，以干物质计）

海产品	总砷含量	有机砷含量	无机砷含量
海带	51.2±14.92	0.8±0.47	43.6±13.8
紫菜	30.4±9.5	0.5±0.48	28.8±15.32
虾皮	30.9±15.3	0.1	30.8±15.32
淡菜	9.25±11.3	0.2	9.1±1.33

另外，硼影响细胞外钙的转运、由凝血酶激活大鼠血小板在细胞内释放钙以及植物细胞膜转运中的氧化还原作用。硼以硼砂或硼酸的形式在食品中常用作防腐剂。植物性食品中以非柑橘类水果、叶菜、果仁、豆类含硼丰富，肉、鱼、奶类含硼较少。

（6）镍　镍（nickel，Ni）是 1751 年被发现的。研究发现镍能促进红细胞的再生，调节体内激素的释放，增强体内某些酶的活性，影响体内矿物质的代谢，具有稳定 DNA 和 RNA 结构的功能。富含镍的食物主要有巧克力、果仁、干豆和谷类。

（7）硅　硅（silicon，Si）主要通过影响软骨成分及最终的软骨钙化来影响骨的形成。硅缺乏时主要表现骨代谢异常。硅的最丰富来源是含高纤维的未精制的谷类及其制品、根茎类蔬菜。

（8）钒　钒（vanadium，V）在元素周期表中位于第 23 位，是一种白色的过渡性金属，性质极活泼。钒对造血有影响，参与蛋氨酸和体内甲基化的代谢过程，抑制胆固醇的合成，促进骨骼和牙齿的钙化。

（9）铝　铝（aluminum，Al）在地壳中含量很丰富，仅次于氧和硅。在体内铝对于各种元素的平衡和相互间的作用意义重大。铝可阻碍磷的吸收。有人提出铝与人的衰老有关，对此方面还需进行深入研究。

（10）锗　研究表明，锗（germanium，Ge）的最突出生理功能是有机锗的抗肿瘤活性。其丰富来源有麦麸、蔬菜及豆科种子等。

（11）锡　锡（stannum，Sn）对人体进行各种生理活动和维护人体的健康有重要影响，它主要影响血红素氧化酶的活性，与胸腺免疫及体内稳态平衡功能有关。人体内缺乏锡的症状很少，据目前所知，人体内缺乏锡会导致蛋白质和核酸的代谢异常，阻碍生长发育，尤其是儿童，严重者会患上侏儒症。但是人们食入或者吸入过多的锡，就有可能出现头晕、腹泻、恶心、胸闷、呼吸急促、口干等症状，并且导致血清中钙含量降低，严重时还有可能引发肠胃炎。

微量元素锡含量比较丰富的食物有鸡胸肉、牛肉、羊排、黑麦、龙虾、玉米、黑豌豆、蘑菇、甜菜、甘蓝、咖啡、糖蜜、花生、牛乳、香蕉、大蒜等。另外，罐头食品沙丁鱼、菠菜、芦笋、桃子、胡萝卜等也含有较为丰富的微量元素锡，但过多食用罐头食品对身体可能有不良影响，故应注意。

（12）锶　食品中的锶（strontium，Sr）进入人体后，作为骨骼和牙齿的正常组成成分参与骨骼的形成；锶与神经和肌肉的兴奋性有关。

（13）钛　钛（titanium，Ti）在自然界分布很广，在地壳中含量仅次于铝和铁。钛主要影响糖类、脂类和蛋白质的代谢，抑制体内酪氨酸酶的活性。

(14) 镉 微量元素镉（cadmium，Cd）是 1817 年冶金学家 F. Stromyer 在提炼氧化锌中发现的一种重金属元素。世界卫生组织（WHO）确定镉为优先研究的食品污染物，联合国环境规划署提出 12 种具有全球性意义的危险化学物质，镉被列为首位。镉与铜、铁、锌具有拮抗作用，镉降低小肠对铁的吸收，抑制前运铁蛋白转化为铁蛋白，镉严重中毒时，其普遍明显症状是贫血。虽然镉具有毒性作用，但在生理剂量内仍发挥一定的生物学功能。例如镉是体内某些酶的激活剂和抑制剂、可降低和消除黄曲霉素的毒害作用等。

(15) 汞 汞（mercury，Hg）是一种白色液状金属，在室温下能蒸发。常见的有机汞主要用于农业杀菌剂。鱼是最能富集汞的生物，环境中某些微生物能将无机汞化合物转化成甲基汞化合物。甲基汞的毒性比无机汞大，当水源被汞污染后，水中微生物能将汞甲基化再转给鱼类，并通过食物链造成对人的危害。日本发生的两起严重的水俣病就是由环境汞污染所引起的（表6－15）。硒酸盐和亚硒酸盐能缓解汞的毒性。被汞污染的粮食，无论用碾磨还是不同烹调方法都不能将所含的汞除净；鱼体内的甲基汞，用冻干、油炸、干燥等方法均不能除净。所以长期食用被汞污染的食物容易发生中毒。

表6－15　1958—1960 年日本水俣湾鱼贝类含汞量（mg/kg）

鱼贝类	汞含量	鱼贝类	汞含量
黄花鱼	14.9	海螺	10.9
鲈	16.6	蛤仔	20.6
黑鲷	24.1	蟹	14.0

(16) 铅 铅（lead，Pb）是一种有毒的金属元素，它常常通过污染的食物和饮水进入体内。在大剂量下引起慢性中毒，导致神经系统、造血系统和血管的病变，而且还抑制血红蛋白的合成代谢以及一定程度的溶血，造成贫血。

6.4 矿物质生物可利用性

6.4.1 矿物质生物可利用性的概念

矿物质生物可利用性是指食品中的矿物质实际被机体吸收和利用的程度。机体对食品中矿物质的吸收与利用，依赖于食品提供的矿物质总量以及可吸收程度，并与机体的机能状态等有关。因此矿物质的生物可利用性受许多因素的影响。

6.4.2 食品中矿物质利用率的测定

测定特定食品或膳食中一种矿物元素的总量，仅能提供有限的营养价值，而测定为人体所利用的食品中这种矿物元素的含量却具有更大的实用意义。例如食品中铁和铁盐的利用率不仅取决于它们的存在形式，而且还取决于影响它们吸收或利用的各种条件。测定矿物质生物利用率的方法有化学平衡法、生物测定法、体外试验和同位素示踪法。这些方法已广泛应用于测定家畜饲料中矿物质的消化率。

放射性同位素示踪法是一种理想的检测人体对矿物质利用的方法。这种方法是在生长植物的介质中加入放射性铁，或在动物屠宰以前注射放射性示踪物质（^{55}Fe 和 ^{59}Fe）；通过生物合成制成标记食品，标记食品被食用后，再测定放射性示踪物质的吸收，这称为内标法。也可用外标法研究食品中铁和锌的吸收，即将放射性元素加入到食品中。

6.4.3 影响矿物质生物可利用性的因素

矿物质的生物利用率与很多因素有关，主要包括以下几方面。

(1) 矿物质在水中的溶解性和存在状态 矿物质的水溶性越好，越有利于肌体的吸收利用。另外，矿物质的存在形式也同样影响元素的利用率。

(2) 矿物质之间的相互作用 机体对矿物质的吸收有时会发生拮抗作用，这可能与它们的竞争载体有关，如过多铁的吸收将会影响锌、锰等矿物质元素的吸收。

(3) 螯合效应 金属离子可以与不同的配位体作用，形成相应的配合物或螯合物。食品体系中的螯合物，不仅可以提高或降低矿物质的生物利用率，而且还可以发挥其他作用，如防止铁、铜离子的助氧化作用。矿物质形成螯合物的能力与其本身的特性有关。

(4) 其他营养素摄入量的影响 蛋白质、维生素、脂肪等的摄入会影响机体对矿物质的吸收利用，如维生素 C 的摄入水平与铁的吸收有关，维生素 D 对钙的吸收的影响更加明显，蛋白质摄入量不足会造成钙的吸收水平下降，而脂肪过度摄入则会影响钙质的吸收。食物中含有过多的植酸盐、草酸盐、磷酸盐等也会降低人体对矿物质的生物利用率。

(5) 人体的生理状态 人体对矿物质的吸收具有调节能力，以达到维持机体环境的相对稳定，如在食品中缺乏某种矿物质时，它的吸收率会提高；在食品中供应充足时，吸收率会降低。此外，机体的状态（如疾病、年龄、个体差异等）均会造成机体对矿物质利用率的变化。例如在缺铁者或缺铁性贫血病人群中，对铁的吸收率提高；妇女对铁的吸收比男人高；儿童随着年龄的增大，铁的吸收减少。锌的利用率同样受到各种饮食和个体因素的影响。

(6) 食物的营养组成 食物的营养组成也会影响人体对矿物质的吸收，如肉类食品中矿物质的吸收率较高，而谷物中矿物质的吸收率较低。

铁的价态影响吸收，二价铁盐比三价铁盐易于利用；铁微粒的大小以及食品的类型也影响铁的吸收。人体对动物食品矿物质的利用率最高，而谷物食品则最低。另外，维生素能增强铁的吸收，磷酸盐在钙含量很低的情况下，将降低铁的吸收；蛋白质、氨基酸和糖类都影响铁的利用率。又如，钙盐摄入的条件、钙盐的种类、膳食中的其他成分（如磷酸、植酸、鞣质、膳食纤维）等会影响人体对钙的吸收；相反，维生素 D、乳糖、乳酸、寡聚糖等有益于钙的吸收。L-乳酸钙的钙吸收率远高于磷酸钙，也高于碳酸钙和柠檬酸钙、苹果酸钙。

6.5 矿物质在食品加工和贮藏过程中的变化

6.5.1 遗传因素和环境因素对食品中矿物质的影响

食品中矿物质在很大程度上受遗传因素和环境因素的影响。有些植物具有富集特定元素的能力；植物生长的环境（如水、土壤、肥料、农药等）也会影响食品中的矿物质。内地与沿海地区比较，内地食品中碘的含量低。动物种类不同，其矿物质组成有差异，例如牛肉中铁含量比鸡肉中的高。同一品种不同部位矿物质含量也不同，如动物肝脏比其他器官和组织更易富集矿物质。

6.5.2 食品加工中矿物质的变化

食品中矿物质的损失与维生素不同。矿物质在食品加工过程中不会因光、热、氧等因素分解，而是通过物理作用除去或形成另外一种不易被人体吸收与利用的形式。

6.5.2.1 预加工矿物质的变化

食品加工最初的整理和清洗会直接带来矿物质的大量损失、如水果的去皮、蔬菜的去叶等。

6.5.2.2 精制过程矿物质的变化

精制是造成谷物中矿物质损失的主要因素，因为谷物中的矿物质主要分布在糊粉层和胚组织中，碾磨时使矿物质含量减少。碾磨越精，损失越大（表6-16）。需要指出的是，由于某些谷物（如小麦）外层所含的抗营养因子在一定程度上妨碍矿物质在体内的吸收，因此需要适当进行加工，以提高矿物质的生物可利用性。

表6-16 碾磨对小麦矿物质含量的影响

矿物质	含量（mg/kg）				平均相对损失率（%）
	全麦	面粉	麦胚	麦麸	
铁	43	10.5	67	47～78	76
锌	35	8	101	54～130	77
锰	46	6.5	137	64～119	86
铜	5	2	7	7～17	60
硒	0.6	0.5	1.1	0.5～0.8	16

6.5.2.3 烹调过程中食物间的搭配对矿物质的影响

溶水流失是矿物质在加工过程中的主要损失途径。食品在烫漂、蒸煮等烹调过程中，会引起矿物质的流失，其损失多少与矿物质的溶解度有关（表6-17）。烹调方式不同，对于同一种矿物质的损失影响也不同（表6-18）。

烹调中食物间的搭配对矿物质也有一定的影响。若搭配不当时会降低矿物质的生物可利用性。例如含钙丰富的食物与含草酸盐较高的食物共同煮制，就会使形成螯合物，大大降低钙在人体中的利用率。

表6-17 菠菜烫漂后矿物质的损失

矿物质	含量（g/100g）		损失率（%）
	未烫漂	烫漂	
钾	6.9	3.0	56
钠	0.5	0.3	40
钙	2.2	2.3	0
镁	0.3	0.2	33
磷	0.6	0.4	33
硝酸盐	2.5	0.8	68

表6-18 不同烹调方式对马铃薯中铜含量的影响

烹调方式	含量（mg/100g，以鲜物质计）
生鲜	0.21±0.10
煮熟	0.10
烤熟	0.18
油炸薄片	0.29
马铃薯泥	0.10
法式油炸	0.27

6.5.2.4　加工设备和包装材料对矿物质的影响

食品加工中设备、用水和包装都会影响食品中的矿物质。例如牛乳中镍含量很低，但经过不锈钢设备处理后镍的含量明显上升；罐头食品中的酸与金属器壁反应，生产氢气和金属盐，则食品中的铁和锡离子的浓度明显上升，但这类反应严重时会产生胀罐和出现硫化黑斑。

6.6　矿物质营养强化

6.6.1　矿物质营养强化概况

理想食品应具有良好的品质属性，主要包括安全性、功能性、营养、色泽、风味和质地。其中营养是一重要的衡量指标。但是没有一种天然食物含有人体需要的各种营养素，其中也包括矿物质。此外，食品在加工和贮藏过程中往往造成矿物质的损失。因此为了维护人体健康，提高食品的营养价值，有必要根据需要进行营养强化。根据不同人群的营养需要，向食物中添加一种或多种营养素或某些天然食物成分的食品添加剂，以提高食品营养价值的过程称为食品营养强化，或简称食品强化。这种经过强化处理的食品称为营养强化食品。所添加的营养素（包括天然的和合成的）称为食品强化剂。常见的营养强化剂有维生素、矿物质、氨基酸等。目前，我国批准使用的营养强化剂有 100 多种。各地也不断生产出一些用维生素、矿物质和氨基酸强化的食品，如核黄素面包、高钙饼干、人乳化配方奶粉等。对此，我国有关部门专门制定了食品矿物质营养强化剂使用标准，见本章后附录。

根据矿物质营养强化的目的不同，食品矿物质营养强化主要有 3 种形式：a. 矿物质的恢复（restoration），即添加矿物质使其在食品中的含量恢复到加工前的水平；b. 矿物质的强化（fortification），即添加某种矿物质，使该食品成为该种矿物质的丰富来源；c. 矿物质的增补（enrichment），即选择性地添加某种矿物质，使其达到规定的营养标准要求。

6.6.2　矿物质营养强化的意义

人们由于饮食习惯和居住环境等不同，往往会出现各种矿物质的摄入不足，导致各种矿物质缺乏症。例如缺硒地区人们易患白肌病和大骨节病。因此有针对性地进行矿物质强化对提高食品营养价值和保护人体健康具有十分重要的作用。通过强化，可补充食品在加工与贮藏中矿物质的损失；满足不同人群生理和职业的要求；方便摄食以及预防和减少矿物质缺乏症。

6.6.3　食品矿物质营养强化的原则

食品进行矿物质营养强化必须遵循一定的原则，即从营养、卫生、经济效益、实际需要等方面全面考虑。

6.6.3.1　结合实际，有明确的针对性

在对食品进行矿物营养强化时必须结合当地的实际，要对当地的食物种类进行全面的分析，同时对人们的营养状况做全面细致的调查和研究，尤其要注意地区性矿物质缺乏症，然后科学地选择需要强化的食品、矿物质强化的种类和数量。制订合理的、有效的食品强化计划，需要有关食物来源和膳食中矿物质利用率的完整资料，这些资料在评价替代食品和类似食品的营养性质时也是重要的。

6.6.3.2　选择生物利用性较高的矿物质

在进行食品矿物质营养强化时，最好选择生物利用性较高的矿物质。例如钙强化剂有氯

化钙、碳酸钙、磷酸钙、硫酸钙、柠檬酸钙、葡萄糖酸钙、乳酸钙等，其中人体对乳酸钙的生物利用率最好。强化时应尽量避免使用那些难溶解、难吸收的矿物质，如植酸钙、草酸钙等。另外，还可使用某些含钙的天然物质如骨粉及蛋壳粉，因为骨粉含钙 30% 左右，其钙的生物可利用性为 83%；蛋壳粉含钙 38%，其生物可利用性为 82%。

6.6.3.3 应保持矿物质和其他营养素间的平衡

食品进行矿物质营养强化时，除考虑选择的矿物质具有较高的可利用性外，还应保持矿物质与其他营养素间的平衡。若强化不当会造成食品各营养素间新的不平衡，影响矿物质以及其他营养素在体内的吸收与利用。

6.6.3.4 符合安全卫生和质量标准

食品中使用的矿物质营养强化剂要符合有关的卫生和质量标准，同时还要注意使用剂量。一般来说，生理剂量是健康人所需的剂量或用于预防矿物质缺乏症的剂量；药理剂量是指用于治疗缺乏症的剂量，通常是生理剂量的 10 倍；而中毒剂量是可引起不良反应或中毒症状的剂量，通常是生理剂量的 100 倍。

6.6.3.5 不影响食品原来的品质属性

食品大多具有美好的色、香、味等感官性状，在进行矿物质强化时不应损害食品原有的感官性状而致使消费不能接受。根据不同矿物质强化剂的特点，选择被强化的食品与之配合，这样不但不会产生不良反应，而且还可提高食品的感官性状和商品价值。例如铁盐色黑，当用于酱或酱油强化时，因这些食品本身具有一定的颜色和味道，在合适的强化剂量范围内，可以完全不使人们产生不快的感觉。

6.6.3.6 经济合理，有利于推广

食品矿物质营养强化的目的主要是提高食品的营养和保持人们的健康。一般情况下，食品的矿物质营养强化需要增加一定的成本。因此在进行食品矿物质营养强化时应注意成本和经济效益，否则不利于推广，达不到应有的目的。

复习思考题

1. 简述矿物质的生理作用。
2. 解释肉在腌制中添加食盐的作用。
3. 肉制品中添加三聚磷酸钠有何作用？
4. 为什么面粉发酵后可提高矿物质的利用率？
5. 简述铁的生理功能及在食品中的应用。
6. 简述碘的生理功能、缺乏症以及预防方法。
7. 简述硒的生理功能及缺乏症。
8. 简述矿物质在食品加工中的损失途径。
9. 简述矿物质的生物利用性及其影响因素。
10. 简述铬的生理功能以及食物来源。
11. 简述矿物质营养强化的 3 种方式。
12. 矿物质营养强化应注意哪些问题？

附录　食品矿物质营养强化剂使用标准（GB 14880—2012）

附表1　食品矿物质营养强化剂的允许使用品种、使用范围及使用量

营养强化剂	食品分类号	食品类别（名称）	使用量
铁	01.01.03	调制乳	10～20 mg/kg
	01.03.02	调制乳粉（儿童用乳粉和孕产妇用乳粉除外）	60～200 mg/kg
		调制乳粉（仅限儿童用乳粉）	25～135 mg/kg
		调制乳粉（仅限孕产妇用乳粉）	50～280 mg/kg
	04.04.01.07	豆粉、豆浆粉	46～80 mg/kg
	05.02.02	除胶基糖果以外的其他糖果	600～1 200 mg/kg
	06.02	大米及其制品	14～26 mg/kg
	06.03	小麦粉及其制品	14～26 mg/kg
	06.04	杂粮粉及其制品	14～26 mg/kg
	06.06	即食谷物，包括辗轧燕麦（片）	35～80 mg/kg
	07.01	面包	14～26 mg/kg
	07.02.02	西式糕点	40～60 mg/kg
	07.03	饼干	40～80 mg/kg
	07.05	其他焙烤食品	50～200 mg/kg
	12.04	酱油	180～260 mg/kg
	14.0	饮料类（14.01及14.06涉及品种除外）	10～20 mg/kg
	14.06	固体饮料类	95～220 mg/kg
	16.01	果冻	10～20 mg/kg
钙	01.01.03	调制乳	250～1 000 mg/kg
	01.03.02	调制乳粉（儿童用乳粉除外）	3 000～7 200 mg/kg
		调制乳粉（仅限儿童用乳粉）	3 000～6 000 mg/kg
	01.06	干酪和再制干酪	2 500～10 000 mg/kg
	03.01	冰激凌类、雪糕类	2 400～3 000 mg/kg
	04.04.01.07	豆粉、豆浆粉	1 600～8 000 mg/kg
	06.02	大米及其制品	1 600～3 200 mg/kg
	06.03	小麦粉及其制品	1 600～3 200 mg/kg
	06.04	杂粮粉及其制品	1 600～3 200 mg/kg
	06.05.02.03	藕粉	2 400～3 200 mg/kg
	06.06	即食谷物，包括辗轧燕麦（片）	2 000～7 000 mg/kg
	07.01	面包	1 600～3 200 mg/kg
	07.02.02	西式糕点	2 670～5 330 mg/kg
	07.03	饼干	2 670～5 330 mg/kg
	07.05	其他焙烤食品	3 000～15 000 mg/kg
	08.03.05	肉灌肠类	850～1 700 mg/kg

（续）

营养强化剂	食品分类号	食品类别（名称）	使用量
钙	08.03.07.01	肉松类	2 500～5 000 mg/kg
	08.03.07.02	肉干类	1 700～2 550 mg/kg
	10.03.01	脱水蛋制品	190～650 mg/kg
	12.03	醋	6 000～8 000 mg/kg
	14.0	饮料类（14.01、14.02及14.06涉及品种除外）	160～1 350 mg/kg
	14.02.03	果蔬汁（肉）饮料（包括发酵型产品等）	1 000～1 800 mg/kg
	14.06	固体饮料类	2 500～10 000 mg/kg
	16.01	果冻	390～800 mg/kg
锌	01.01.03	调制乳	5～10 mg/kg
	01.03.02	调制乳粉（儿童用乳粉和孕产妇用乳粉除外）	30～60 mg/kg
		调制乳粉（仅限儿童用乳粉）	50～175 mg/kg
		调制乳粉（仅限孕产妇用乳粉）	30～140 mg/kg
	04.04.01.07	豆粉、豆浆粉	29～55.5 mg/kg
	06.02	大米及其制品	10～40 mg/kg
	06.03	小麦粉及其制品	10～40 mg/kg
	06.04	杂粮粉及其制品	10～40 mg/kg
	06.06	即食谷物，包括辗轧燕麦（片）	37.5～112.5 mg/kg
	07.01	面包	10～40 mg/kg
	07.02.02	西式糕点	45～80 mg/kg
	07.03	饼干	45～80 mg/kg
	14.0	饮料类（14.01及14.06涉及品种除外）	3～20 mg/kg
	14.06	固体饮料类	60～180 mg/kg
	16.01	果冻	10～20 mg/kg
硒	01.03.02	调制乳粉（儿童用乳粉除外）	140～280 μg/kg
		调制乳粉（仅限儿童用乳粉）	60～130 μg/kg
	06.02	大米及其制品	140～280 μg/kg
	06.03	小麦粉及其制品	140～280 μg/kg
	06.04	杂粮粉及其制品	140～280 μg/kg
	07.01	面包	140～280 μg/kg
	07.03	饼干	30～110 μg/kg
	14.03.01	含乳饮料	50～200 μg/kg
镁	01.03.02	调制乳粉（儿童用乳粉和孕产妇用乳粉除外）	300～1 100 mg/kg
		调制乳粉（仅限儿童用乳粉）	300～2 800 mg/kg
		调制乳粉（仅限孕产妇用乳粉）	300～2 300 mg/kg
	14.0	饮料类（14.01及14.06涉及品种除外）	30～60 mg/kg
	14.06	固体饮料类	1 300～2 100 mg/kg

（续）

营养强化剂	食品分类号	食品类别（名称）	使用量
铜	01.03.02	调制乳粉（儿童用乳粉和孕产妇用乳粉除外）	3～7.5 mg/kg
		调制乳粉（仅限儿童用乳粉）	2～12 mg/kg
		调制乳粉（仅限孕产妇用乳粉）	4～23 mg/kg
锰	01.03.02	调制乳粉（儿童用乳粉和孕产妇用乳粉除外）	0.3～4.3 mg/kg
		调制乳粉（仅限儿童用乳粉）	7～15 mg/kg
		调制乳粉（仅限孕产妇用乳粉）	11～26 mg/kg
钾	01.03.02	调制乳粉（仅限孕产妇用乳粉）	7 000～14 100 mg/kg
磷	04.04.01.07	豆粉、豆浆粉	1 600～3 700 mg/kg
	14.06	固体饮料类	1 960～7 040 mg/kg
乳铁蛋白	01.01.03	调制乳	≤1.0 g/kg
	01.02.02	风味发酵乳	≤1.0 g/kg
	14.03.01	含乳饮料	≤1.0 g/kg
酪蛋白钙肽	06.0	粮食和粮食制品，包括大米、面粉、杂粮、淀粉等（06.01及07.0涉及品种除外）	≤1.6 g/kg
	14.0	饮料类（14.01涉及品种除外）	≤1.6 g/kg（固体饮料按冲调倍数增加使用量）
酪蛋白磷酸肽	01.01.03	调制乳	≤1.6 g/kg
	01.02.02	风味发酵乳	≤1.6 g/kg
	06.0	粮食和粮食制品，包括大米、面粉、杂粮、淀粉等（06.01及07.0涉及品种除外）	≤1.6 g/kg
	14.0	饮料类（14.01涉及品种除外）	≤1.6 g/kg（固体饮料按冲调倍数增加使用量）

注：在附表1中使用范围以食品分类号和食品类别（名称）表示。

附表2 允许使用的矿物质营养强化剂化合物来源名单

营养强化剂	化合物来源
铁	硫酸亚铁、葡萄糖酸亚铁、柠檬酸铁铵、富马酸亚铁、柠檬酸铁、乳酸亚铁、氯化高铁血红素、焦磷酸铁、铁卟啉、甘氨酸亚铁、还原铁、乙二胺四乙酸铁钠、羰基铁粉、碳酸亚铁、柠檬酸亚铁、延胡索酸亚铁、琥珀酸亚铁、血红素铁、电解铁
钙	碳酸钙、葡萄糖酸钙、柠檬酸钙、乳酸钙、L-乳酸钙、磷酸氢钙、L-苏糖酸钙、甘氨酸钙、天冬氨酸钙、柠檬酸苹果酸钙、醋酸钙（乙酸钙）、氯化钙、磷酸三钙（磷酸钙）、维生素E、琥珀酸钙、甘油磷酸钙、氧化钙、硫酸钙、骨粉（超细鲜骨粉）
锌	硫酸锌、葡萄糖酸锌、甘氨酸锌、氧化锌、乳酸锌、柠檬酸锌、氯化锌、乙酸锌、碳酸锌

（续）

营养强化剂	化合物来源
硒	亚硒酸钠、硒酸钠、硒蛋白、富硒食用菌粉、L-硒-甲基硒代半胱氨酸、硒化卡拉胶（仅限用于 14.03.01 含乳饮料）、富硒酵母（仅限用于 14.03.01 含乳饮料）
镁	硫酸镁、氯化镁、氧化镁、碳酸镁、磷酸氢镁、葡萄糖酸镁
铜	硫酸铜、葡萄糖酸铜、柠檬酸铜、碳酸铜
锰	硫酸锰、氯化锰、碳酸锰、柠檬酸锰、葡萄糖酸锰
钾	葡萄糖酸钾、柠檬酸钾、磷酸二氢钾、磷酸氢二钾、氯化钾
磷	磷酸三钙（磷酸钙）、磷酸氢钙
乳铁蛋白	乳铁蛋白
酪蛋白钙肽	酪蛋白钙肽
酪蛋白磷酸肽	酪蛋白磷酸肽

附表3　仅允许用于部分特殊膳食用食品的其他营养成分及使用量

营养强化剂	食品分类号	食品类别（名称）	使用量
乳铁蛋白	13.01	婴幼儿配方食品	≤1.0g/kg
酪蛋白钙肽	13.01	婴幼儿配方食品	≤3.0g/kg
	13.02	婴幼儿辅助食品	≤3.0g/kg
酪蛋白磷酸肽	13.01	婴幼儿配方食品	≤3.0g/kg
	13.02	婴幼儿辅助食品	≤3.0g/kg

注：使用量仅限于粉状产品，在液态产品中使用需按相应的稀释倍数折算。

第7章 酶

7.1 酶概述

酶（enzyme）又称为酵素，一般情况下是指一类具有催化功能的蛋白质。人类对酶的认识过程如同其他学科一样都起源于生产实践。人类利用酶的催化作用，已有很悠久的历史，考古发现，早在公元前4000—公元前2000年，人类就懂得了制曲酿酒的方法，只是当时还没有酶这个名词，更不知道就是酶这种物质在谷物转化为酒精的过程中起了关键的作用。直到1878年德国科学家库恩（Kuhne）才第一次正式提出酶这个名称。以后随着化学、生物化学的不断发展，酶的本质得到了深入的了解。酶在食品中的应用不仅是酿酒，制糖、肉加工、粮食加工、食品品质改良等很多领域都要用到相关的酶。毫无疑问，食品酶学将对促进食品工业的发展产生深远的影响。

7.1.1 酶在食品科学中的重要性

在生物体内酶控制着所有的生物大分子（蛋白质、糖类、脂类、核酸）和小分子（氨基酸、糖、脂肪和维生素）的合成和分解，因此在处理食品原料的过程中，要考虑种类繁多的酶对食品质量的影响。有些酶在原料贮藏期改变食物的质量，有些酶在食品加工过程中参与各类反应，有些酶在食品加工过程完成后仍然具有活性。酶对食品的作用有的是有益的，例如牛乳中的蛋白酶，能催化酪蛋白水解而赋予奶酪以特殊风味；而有的是有害的，例如番茄中的果胶酶能催化果胶物质的降解而使番茄酱产品的黏度下降。一般食品原料自身存在的酶称为内源酶，内源酶在正常生理条件下，对促进果蔬的成熟及正常食用品质的形成至关重要，但在非正常生理条件下，却是导致果蔬衰老、腐败的要因。另外，为食品加工和保藏的需要加入从另一种生物体得到的酶，该酶称为外源酶，制备和使用外源酶是最重要的食品生物技术之一，有力地促进了食品工业的进步。可以说，没有酶的应用，就没有现代啤酒工业，就没有现代制糖业。

7.1.2 酶在生物材料中的分布

目前的科学技术水平，人类还不能利用化学手段来合成酶。因此目前所有应用的酶都来自生物材料，包括动物、植物、微生物等。了解酶在生物材料中的分布是利用酶的基础。所有动植物的组织和器官中都含有一定量的酶，这些酶对于动植物的生长、发育和代谢来说具有十分重要的作用。生物体中大部分酶与细胞膜或细胞器的膜结合在一起，只有在不正常的环境条件下，酶才会从生物膜溶解出来。在利用生物体细胞制取酶制剂时，常常将酶分为胞内酶和胞外酶。胞内酶在细胞膜未破坏的情况下，不会游离到细胞外，而在细胞内起催化作用，这些酶在细胞内与颗粒体结合并有着一定的分布。如线粒体上分布着三羧酸循环酶系和氧化磷酸化酶系，而蛋白质合成的酶系则分布在内质网的核糖体上。胞外酶通常在细胞内合成而在细胞外起作用，包括位于细胞外表面或细胞外质空间的酶。在培养微生物时，胞外酶指能释放到培养基中的酶。如人和动物的消化液中以及某些细菌所分泌的水解淀粉、脂肪和蛋白质的酶等为胞外酶。不同的酶存在于不同的细胞器中，表7-1中给出了动物细胞中不同细胞器酶的分布。

(1) 内质网-核糖体　至少有 100 多种酶附着在内质网上。农作物收获后促进成熟的酶在完整的内质网内合成，若细胞破碎，内质网不完整则无法进行成熟。与内质网-核糖体上的脂蛋白紧密结合的细胞色素能催化脂质氧化，产生不良气味。

(2) 细胞膜　细胞膜上有许多需要金属离子（Zn^{2+}、Mg^{2+}、Na^+、K^+）的磷酸酯酶，如 ATP 酶等。

(3) 线粒体　线粒体中的酶对食品品质影响很大，例如果蔬成熟过程中及合成所需的能量来源都是由线粒体内进行的氧化磷酸化作用产生的 ATP 供给。线粒体受损后释放水解酶分解组织内的成分，使食物变软并产生风味。线粒体中的细胞色素能促使脂蛋白膜的脂肪进行氧化作用。

(4) 叶绿体　叶绿体是植物进行光合作用的场所。叶绿体在光合作用过程中能合成叶绿素和类胡萝卜素，后者是维生素 A 源，因此是重要的着色剂。叶绿体在食品加工过程中易被破坏。所含的多酚氧化酶和叶绿素酶能使颜色产生变化，需热烫才能防止这种变化。叶绿体中还含细胞色素系统，催化脂质的光氧化作用，形成过氧化物并产生不良气味。

(5) 过氧化物体　过氧化物体内含氧化酶及过氧化氢酶，当过氧化物体破裂时，酶游离出来会使食品氧化变质。

(6) 溶酶体　它是与食品品质变化最密切的细胞器。其中含有许多水解酶，这些水解酶能水解核酸、脂质、蛋白质、糖类、磷酸盐等，都能水解几乎所有大小分子，而且水解得很彻底。食品中自溶作用的酶都来自溶酶体，如组织蛋白酶是肉熟化与动物组织自溶作用的最大因素。溶酶体在食品加工过程中受到伤害（如冰冻时产生结晶，体积变大，细胞膜被胀破，解冻时则流出）时酶就游离出来。

(7) 细胞质　细胞质中有多种酶，其中与食品加工关系最密切的是糖酵解酶系，如肌肉在屠宰后能在无氧条件下进行糖酵解作用。

表 7-1　动物细胞中不同部位所含的酶
（引自 Whitaker，1994）

部　位	酶
细胞核	DNA 依赖性 RNA 聚合酶、多聚腺嘌呤合成酶
线粒体	琥珀酸脱氢酶、细胞色素氧化酶、谷氨酸脱氢酶、苹果酸脱氢酶、α-酮戊二酸脱氢盐、丙酮酸脱羧酶
溶酶体	组织蛋白酶 A、B、C、D、E，胶原酶、酸性核糖核酸酶、酸性磷酸酶、β 乳糖酶、唾液酸酶、三酰基甘油脂肪酶
过氧化物体	过氧化氢酶、尿酸过氧化酶、D-氨基酸氧化酶
内质网-高尔基复合体	6-磷酸葡萄糖酶、核苷二磷酸化酶、核苷磷酸化酶
细胞质	乳酸脱氢酶、磷酸果糖激酶、6-磷酸葡萄糖脱氢酶、转酮醇酶
胰腺酶原颗粒	胰凝乳蛋白酶原、脂肪酶、淀粉酶、核糖核酸酶

此外，生物体中无处不存在酶，其体液、种子、果实等酶的分布也不尽相同。甚至随生长期不同也会有所差异。例如牛乳中有 20 多种酶，鸡蛋蛋白中约含 3.5%（以干物质计）

的溶菌酶，麦粒中含有 55 种酶。麦粒中不同部位酶的组成不一样，外层酶较少；糊粉层则含有多种酶，浓度也很高；胚乳中酶的浓度较低，但因其占麦粒总量的 82%，故其总酶量最多。

7.2 酶的化学本质与分类

7.2.1 酶的化学本质

从古至今，酿酒业都是用酒曲来酿酒，也就是说利用酵母菌的活细胞与糖料作用产生酒精。1897 年，E. Buchner 在蔗糖溶液中加入不含活细胞的酵母汁，发现糖转化成了酒精，根据该现象他提出了发酵与活细胞无关，而与细胞液中一种未知物有关。1926 年，J. Sumner 第一次从刀豆中纯化出结晶脲酶，证明酶是具有催化活性的蛋白质。20 世纪 30 年代，Northrop 又分离出结晶的胃蛋白酶、胰蛋白酶及胰凝乳蛋白酶，同时证实了这些酶也是蛋白质，从而肯定了 J. Sumner 的结论，J. Sumner 也因此荣获 1964 年的诺贝尔化学奖。在此后的几十年中，人们发现了几千种酶，并确认了这些酶都是蛋白质。因此在 20 世纪 80 年代之前，一致认为酶（enzyme）是由活生命机体产生的具有催化活性的蛋白质，只要不是处于变性状态，无论是在细胞内还是在细胞外，酶都可发挥其催化作用。

20 世纪 80 年代，酶学领域的最大突破之一是 1982 年 Cech 在研究四膜虫 26S rRNA 时，发现了一种具有催化功能的 RNA 分子，即通常所说的核酶（ribozyme），近年来又陆续发现了不少 RNA 具有催化活性，还发现了一些与其催化活性相关的结构，如锤头结构。至此，人们对酶的本质又有了新的认识，酶的本质也发生变化，即酶是由活生命机体产生的具有催化活性的生物大分子物质。1995 年，Cuenoud 等还发现有些 DNA 分子亦具有催化活性。Cuenoud 等在体外筛选到一些 DNA 序列，它们可以将自身 5′ 羟基与寡聚脱氧核苷酸的活化的 3′ 磷酸咪唑基团相连接。但是，以现有的认知水平，在生物体内除少数几种酶为核酸分子外，大多数的酶类都是蛋白质。

7.2.2 酶的催化特性

1913 年，生物化学家 Michaelic 和 Menten 提出了酶中间产物理论。他们认为酶能催化相关反应的原因是酶能降低反应的活化能，酶能与底物反应形成酶-底物复合物（enzyme - substrate complex）。这个中间产物不但容易生成（只要较少的活化能就可生成），而且容易分解出产物，释放出原来的酶，这样就把原来能阈较高的一步反应变成了能阈较低的两步反应。由于活化能降低，活化分子大大增加，反应速度因此迅速提高。如，以 E 表示酶，S 表示底物，ES 表示中间产物，P 表示反应终产物，其反应过程可表示为

$$S+E \Longleftrightarrow ES \longrightarrow E+P$$

事实上，中间产物理论已经被许多实验所证实，中间产物确实存在。

酶的催化活性是酶的最重要特性，酶和一般化学催化剂相比较，具有下列的共性和特点。

7.2.2.1 酶与一般催化剂的共性

（1）具有很高的催化效率　酶与一般催化剂一样，用量少，催化效率高。

（2）不改变化学反应的平衡常数　酶对一个正向反应和其逆向反应速度的影响是相同的，即反应的平衡常数在有酶和无酶的情况下是相同的，酶的作用仅是缩短反应达到平衡所需的时间。

（3）降低反应的活化能　酶作为催化剂和化学催化剂一样，能降低反应所需的活化能，增加反应中活化分子数，促进由反应物到产物的转变，从而加快反应速度。

7.2.2.2　酶不同于一般催化剂的特点

酶作为生物催化剂，与化学催化剂的不同之处如下。

（1）专一性　专一性（specificity）即酶只能催化一种化学反应或一类相似的化学反应，酶对底物有严格的选择。根据专一程度的不同可分为下述 4 种类型。

① 键专一性　具有键专一性（bond specificity）的酶只要求底物分子上有合适的化学键就可以起催化作用，而对键两端的基团结构要求不严。

② 基团专一性　具有基团专一性（group specificity）的酶除了要求有合适的化学键外，而且对作用键两端的基团也具有不同专一性要求，如胰蛋白酶仅对精氨酸或赖氨酸的羧基形成的肽键起作用。

③ 绝对专一性　具有绝对专一性（absolute specificity）的酶只能对一种底物起催化作用，例如脲酶只能作用于底物——尿素。大多数酶属于这一类。

④ 立体化学专一性　具有立体化学专一性（stereochemical specificity）的酶只对某种特殊的旋光或立体异构物起催化作用，而对其对映体则完全没有作用。例如 D-氨基酸氧化酶与 dl-氨基酸作用时，只有一半的底物（D 型）被分解，因此可以此法来分离消旋化合物。

利用酶的专一性还能进行食品分析。酶的专一性在食品分析与加工上极为重要。

（2）活性容易丧失　大多数酶的本质是蛋白质。但是蛋白质的结构与功能随其所处的化学环境而发生变化，例如温度、pH 都严重影响酶的活性。酶的作用条件一般比较温和，如中性、常温和常压下活性高，强酸、强碱、高温等条件都能使酶的活性部分或全部丧失。

（3）酶的催化活性可调控　基于酶反应的专一性，调控的方式包括反馈抑制、别构调节、共价修饰调节、使用激活剂和抑制剂等。

7.2.3　酶催化专一性的两种学说

7.2.3.1　锁-钥学说

1984 年 Emil Fischer 提出锁-钥模型（lock-and-key model）。该模型认为，底物的形状和酶的活性部位被认为是彼此相适合，像钥匙插入锁孔中（图 7 - 1a），认为两种形状是刚性的（rigid）和固定的（fixed），当正确组合在一起时，正好互相补充。葡萄糖氧化酶（glucose oxidase，EC 1.1.3.4）催化葡萄糖转化为葡萄糖酸，该酶对葡萄糖的专一性是很容易证实的，这是因为当采用结构上类似于葡萄糖的物质作为该底物时酶的活力显著下降。例如以 2-脱氧-D-葡萄糖为底物时，葡萄糖氧化酶的活力仅为原来的 25%，以 6-甲基-D-葡萄糖为底物时活力仅为 2%，以木糖、半乳糖和纤维二糖为底物时活力低于 1%。

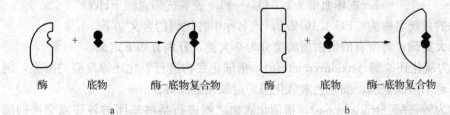

酶　　　底物　　　酶-底物复合物　　　　酶　　　底物　　　酶-底物复合物

a　　　　　　　　　　　　　　　　　b

图 7 - 1　底物与酶结合

a. 锁-钥模型　b. 诱导契合模型

7.2.3.2 诱导契合学说

根据锁-钥理论，后来许多化学家发现，许多酶的催化反应并不符合该理论。1958 年 Daniel E. Koshland Jr. 提出了诱导契合模型（induced-fit model），底物的结合在酶的活性部位诱导出构象的变化（图 7-1b）。该模型的要点是：当底物与酶的活性部位结合时，酶蛋白的几何形状有相当大的改变；催化基团的精确定向对于底物转变成产物是必需的；底物诱导酶蛋白几何形状的改变使得催化基团能精确地定向结合到酶的活性部位上去。

酶的专一性或特异性也可扩展到键的类型上。例如 α 淀粉酶（α-amylase，EC 3.2.1.1）选择性地作用于淀粉中连接葡萄糖基的 $\alpha-1,4$ 糖苷键，而纤维素酶（cellulase，EC 3.2.1.4）选择性作用于纤维素分子中连接于葡萄糖基的 $\beta-1,4$ 糖苷键。这两种酶作用于不同类型的键，然而，键所连接的糖基都是葡萄糖。

并非所有的酶分子都具有上述的高度专一性。例如在食品工业中使用的某些蛋白酶虽然选择性地作用于蛋白质，然而对于被水解的肽键都显示相对较低的专一性。当然，也有一些蛋白酶显示较高的专一性，例如胰凝乳蛋白酶（chymotrypsin，EC 3.4.4.5）优先选择水解含有芳香族氨基酸残基的肽键。

7.2.4 酶的命名与分类

酶的结构相对复杂，酶的种类繁多，因此很难以化学结构为基础来命名。长期以来在利用酶的实践中，自然形了习惯命名法。为了使酶的命名科学化、系统化，国际酶协会于 1978 年正式确定了酶的系统命名的规则。

7.2.4.1 习惯命名法

多年来普遍使用的酶的习惯名称一般由"底物名＋酶"或"底物名＋反应类型＋酶"构成，如淀粉酶、乳酸脱氢酶等。有时再冠以表示酶来源的词，如胃蛋白酶、木瓜蛋白酶。习惯命名法简单，应用历史长，但缺乏系统性，有时出现一酶数名或一名数酶的现象。同一种酶往往有几种不同的名称，如 α 淀粉酶、液化酶、糊精淀粉酶、淀粉 $\alpha-1,4$ 糊精酶实际上都是同一种酶。另一方面，不同的酶有时有相同的名称，如 L-乳酸：NAD 氧化还原酶与 L-乳酸：细胞色素 b_2 氧化还原酶都称为乳酸脱氢酶。

7.2.4.2 系统命名法

鉴于新酶的不断发现和过去文献中对酶命名的混乱，1978 年由国际理论和应用化学联合会（International Union of Pure and Applied Chemistry，IUPAC）以及国际生物化学联合会共同倡导采用酶的系统命名法。系统命名法以 4 个阿拉伯数字来代表一种酶。以习惯名为"抗坏血酸氧化酶"为例，介绍如下（图 7-2）。

"抗坏血酸氧化酶"催化以下反应。

$$L-\text{抗坏血酸}+1/2 \, O_2 \longrightarrow L-\text{脱氢抗坏血酸}+H_2O$$

该酶的系统名称为：EC 1.10.3.3，该名称中各代码的含义如下。

（1）大类码 将所有的蛋白质酶类分为 6 大类，分别有如下定义。

"1"为氧化还原酶（oxidoreductase），指催化底物进行氧化还原反应的酶类，例如乳酸脱氢酶、琥珀酸脱氢酶、细胞色素氧化酶、过氧化氢酶等。

"2"为转移酶（transferase），指催化底物之间进行某些基团的转移或交换的酶类，例如转甲基酶、转氨酸、己糖激酶、磷酸化酶等。

"3"为水解酶（hydrolase），指催化底物发生水解反应的酶类，例如淀粉酶、蛋白酶、

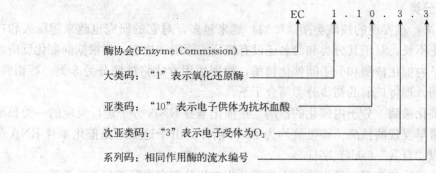

图 7 - 2 抗坏血酸氧化酶系统名的代码内涵

脂肪酶、磷酸酶等。

"4" 为裂解酶类 (lyase)，指催化一个底物分解为两个化合物，催化 C—C、C—O、C—N 的裂解或消去某个小的原子团形成双键，或加入某原子团而消去双键的反应，例如半乳糖醛酸裂解酶、天冬氨酸酶等。

"5" 为异构酶 (isomerase)，指催化各种同分异构体之间相互转化的酶类，例如催化醛糖与酮糖的互换、木糖异构酶将葡萄糖转化为果糖。

"6" 为连接酶 (ligase)，指催化两分子底物合成为一分子化合物，同时还必须偶联有 ATP 的磷酸键断裂的酶类，例如，谷氨酰胺合成酶、氨基酸 tRNA 连接酶等。

(2) 亚类码 在每个大类的酶中，根据反应特点分为若干个亚类，亚类以具体的反应、具体的基团为分类基础，因此每类酶的亚类数量很多。如氧化还原酶是按不同的电子供体，如：CH—OH、CHO 等分类 (表 7 - 2)；转移酶则按所转移的官能团分类：如 PO_4^{3+}、NH_2 等；水解酶按断开的键型分类，如酯键、糖苷键、肽键等。

(3) 次亚类码 在每个亚类下，根据反应特点又分为若干次亚类，如氧化还原酶是按不同的电子受体 (如 NAD、O_2) 等作为次亚类，转移酶则按官能团的受体 (如 HO—、N— 等) 作为次亚类，水解酶按水解出来的官能团 (如，脂肪酸、糖类、肽等) 作为次亚类。

表 7 - 2 氧化还原酶的亚类与次亚类

亚类	作用方式	次亚类数量
EC1	氧化还原酶	多达 50 种
EC1.1	CH—OH 为电子供体	多达 50 种
EC1.2	醛基、羰基为电子供体	多达 50 种
EC1.3	CH—CH 为电子供体	多达 50 种
EC1.4	CH—NH_2 为电子供体	多达 50 种
EC1.5	CH—NH 为电子供体	多达 50 种
EC1.6	NADH 或 NADPH 为质子供体	多达 50 种
EC1.7	其他类含氮化合物为电子供体	多达 50 种
EC1.8	含硫化合物为电子供体	多达 50 种
EC1.9	血红素为电子供体	多达 50 种
EC1.10	双酚或相关的物质为电子供体	多达 50 种
⋮		

7.2.4.3 核酶的分类

自1982年以来，被发现的核酸类酶（R酶）越来越多，对它的研究也越来越深入和广泛。但是由于历史不长，对于其分类和命名还没有统一的原则和规定。但根据酶催化反应的类型，区分为分子内催化核酶和分子间催化核酶，根据作用方式将核酶分为3类：剪切酶、剪接酶和多功能酶。现将核酶的初步分类简介于下。

(1) 分子内催化核酶 分子内催化的核酶是指催化本身RNA分子进行反应的一类核酸类酶。这类酶是最早发现的核酶。该类酶均为RNA前体。由于这类酶是催化本身RNA分子反应，所以冠以"自我"（self）字样。

根据酶所催化的反应类型，可以将该大类酶分为自我剪切和自我剪接两个亚类。

① 自我剪切酶 自我剪切酶（self-cleavage ribozyme）是指催化本身RNA进行剪切反应的核酶。具有自我剪切功能的核酶是RNA的前体。它可以在一定条件下催化本身RNA进行剪切反应，使RNA前体生成成熟的RNA分子和另一个RNA片段。

② 自我剪接酶 自我剪接酶（self-splicing ribozyme）是在一定条件下催化本身RNA分子同时进行剪切和连接反应的核酶。自我剪接酶都是RNA前体。它可以同时催化RNA前体本身的剪切和连接两种类型的反应。根据其结构特点和催化特性的不同，该亚类可分为两个小类，即含Ⅰ型间隔序列（intervening sequence，IVS）的核酶和含Ⅱ型间隔序列的核酶。

(2) 分子间催化核酶 分子间催化核酶是催化其他分子进行反应的核酸类酶。根据所作用的底物分子的不同，可以分为若干亚类。

① 作用于其他RNA分子的核酶 该亚类的酶可催化其他RNA分子进行反应。根据反应的类型不同，可以分为若干小类，如RNA剪切酶、多功能核酶等。其中多功能核酶是指能够催化其他RNA分子进行多种反应的核酸类酶。例如1986年，切克等人发现四膜虫26S RNA前体通过自我剪接作用，切下的间隔序列（IVS）经过自身环化作用，最后得到一个在其5′末端失去19个核苷酸的线状RNA分子，称为L-19 IVS。它是一种多功能核酶，能够催化其他RNA分子进行多种类型的反应。

② 作用于DNA的核酶 该亚类的酶是催化DNA分子进行反应的核酶。1990年，发现核酸类酶除了以RNA为底物外，有些核酶还可以DNA为底物，在一定条件下催化DNA分子进行剪切反应。据目前所知的资料，该亚类核酶只有DNA剪切酶一个小类。

③ 作用于多糖的核酶 该亚类的酶是能够催化多糖分子进行反应的核酸类酶。兔肌1,4-α-D-葡聚糖分支酶［EC 2.4.1.18］是一种催化直链葡聚糖转化为支链葡聚糖的糖链转移酶，分子中含有蛋白质和RNA。其RNA组分由31个核苷酸组成，单独具有分支酶的催化功能，即该RNA可以催化糖链的剪切和连接反应，属于多糖剪接酶。

④ 作用于氨基酸酯的核酶 1992年，发现了以催化氨基酸酯为底物的核酸类酶。该酶同时具有氨基酸酯的剪切作用、氨酰基tRNA的连接作用、多肽的剪接作用等功能。

由于蛋白类酶和核酸类酶的组成和结构不同，命名和分类原则有所区别。为了便于区分两大类别的酶，有时催化的反应相同，在蛋白类酶和核酸类酶中的命名却有所不同。例如催化大分子水解生成较小分子的酶，在核酸类酶中的称为剪切酶，在蛋白类酶中则称为水解酶；在核酸类酶中的剪接酶，与蛋白类酶中的转移酶亦催化相似的反应等。

7.2.5 酶的辅助因子

从酶的组成来看，有些酶仅由蛋白质或核糖核酸组成，这种酶称为单成分酶。而有些酶除了蛋白质或核糖核酸以外，还需要有其他非生物大分子成分，这种酶称为双成分酶。蛋白类酶中的纯蛋白质部分称为酶蛋白。核酸类酶中的核糖核酸部分称为酶 RNA。其他非生物大分子部分称为酶的辅助因子。

双成分酶需要有辅助因子存在才具有催化功能。单纯的酶蛋白或酶 RNA 不呈现酶活力，单纯的辅助因子也不呈现酶活力，只有两者结合在一起形成全酶（holoenzyme）才能显示出酶活力。

$$全酶＝酶蛋白（或酶 RNA）＋辅助因子$$

辅助因子可以是无机金属离子，也可以是小分子有机化合物。

7.2.5.1 无机辅助因子

无机辅助因子主要是指各种金属离子，尤其是各种二价金属离子。

(1) 镁离子 镁离子是多种酶的辅助因子，在酶的催化中起重要作用。例如各种激酶、柠檬酸裂合酶、异柠檬酸脱氢酶、碱性磷酸酶、酸性磷酸酶、各种自我剪接的核酸类酶等都需要镁离子作为辅助因子。

(2) 锌离子 锌离子是各种金属蛋白酶（如木瓜蛋白酶、菠萝蛋白酶、中性蛋白酶等）的辅助因子，也是铜锌-超氧化物歧化酶（Cu，Zn - SOD）、碳酸酐酶、羧肽酶、醇脱氢酶、胶原酶等的辅助因子。

(3) 铁离子 铁离子与卟啉环结合成铁卟啉，是过氧化物酶、过氧化氢酶、色氨酸双加氧酶、细胞色素 b 等的辅助因子。铁离子也是铁-超氧化物歧化酶（Fe-SOD）、固氮酶、黄嘌呤氧化酶、琥珀酸脱氢酶、脯氨酸羧化酶的辅助因子。

(4) 铜离子 铜离子是铜锌-超氧化物歧化酶、抗坏血酸氧化酶、细胞色素氧化酶、赖氨酸氧化酶、酪氨酸酶等的辅助因子。

(5) 锰离子 锰离子是锰-超氧化物歧化酶（Mn-SOD）、丙酮酸羧化酶、精氨酸酶等的辅助因子。

(6) 钙离子 钙离子是 α 淀粉酶、脂肪酶、胰蛋白酶、胰凝乳蛋白酶等的辅助因子。

7.2.5.2 有机辅助因子

有机辅助因子是指双成分酶中分子质量较小的有机化合物。它们在酶催化过程中起着传递电子、原子或基团的作用。

(1) 烟酰胺核苷酸（NAD$^+$ 和 NADP$^+$） 烟酰胺是 B 族维生素的一员，烟酰胺核苷酸是许多脱氢酶的辅助因子，如乳酸脱氢酶、醇脱氢酶、谷氨酸脱氢酶、异柠檬酸脱氢酶等。起辅助因子作用的烟酰胺核苷酸主要有烟酰胺腺嘌呤二核苷酸（NAD$^+$，辅酶Ⅰ）和烟酰胺腺嘌呤二核苷酸磷酸（NADP$^+$，辅酶Ⅱ）。

NAD$^+$ 和 NADP$^+$ 在脱氢酶的催化过程中参与传递氢（$2H^+ + 2e$）的作用。例如醇脱氢酶催化伯醇脱氢生成醛，需要 NAD$^+$ 参与氢的传递。

$$R—CH_2CHOH + NAD^+ \longrightarrow R—CHO + NADH + H^+$$

NAD$^+$ 和 NADP$^+$ 属于氧化型，NADH 和 NADPH 属于还原型。其氧化还原作用体现在烟酰胺第 4 位碳原子上的加氢和脱氢。

(2) 黄素核苷酸（FMN 和 FAD） 黄素核苷酸为维生素 B$_2$（核黄素）的衍生物，是各种黄素酶（氨基酸氧化酶、琥珀酸脱氢酶等）的辅助因子，主要有黄素单核苷酸（FMN）和黄素腺嘌呤二核苷酸（FAD）。

在酶的催化过程中，FMN 和 FAD 的主要作用是传递氢。其氧化还原体系主要体现在异咯嗪基团的第 1 位和第 10 位氮原子的加氢和脱氢。

(3) 铁卟啉 铁卟啉是一些氧化酶（如过氧化氢酶、过氧化物酶等）的辅助因子，它通过共价键与酶蛋白牢固结合。

(4) 硫辛酸 硫辛酸全称为 6，8-二硫辛酸。它在氧化还原酶的催化作用过程中，通过氧化型和还原型的互相转变，起传递氢的作用。此外，硫辛酸在酮酸的氧化脱羧反应中，也作为辅酶起酰基传递作用。

(5) 核苷三磷酸（NTP） 核苷三磷酸主要包括腺（嘌呤核）苷三磷酸（ATP）、鸟苷三磷酸（GTP）、胞苷三磷酸（CTP）、尿苷三磷酸（UTP）等。它们是磷酸转移酶的辅助因子。

在酶的催化过程中，核苷三磷酸的磷酸基或焦磷酸被转移到底物分子上，同时生成核苷二磷酸（NDP）或核苷酸（NMP）。

(6) 鸟苷 鸟苷是含 I 型间隔序列（IVS）的自我剪接酶（核酶）的辅助因子。

(7) 辅酶 Q 辅酶 Q 是一些氧化还原酶的辅助因子，于 1955 年被发现。辅酶 Q 是一系列苯醌衍生物。分子中含有的侧链由若干个异戊烯单位组成（6~10 个），其中短侧链的辅酶 Q 主要存在于微生物中，而长侧链的辅酶 Q 则存在于哺乳动物中。

(8) 谷胱甘肽（GSH） 谷胱甘肽是由 L-谷氨酸、半胱氨酸和甘氨酸组成的三肽，是 L-谷氨酰-L-半胱氨酸-甘氨酸的简称。

(9) 辅酶 A 辅酶 A 是各种酰基化酶的辅酶，于 1948 年被发现。辅酶 A 由 1 分子腺苷二磷酸、1 分子泛酸和 1 分子巯基乙胺组成。

(10) 生物素 生物素是维生素 B 的一种，又称为维生素 H，生物素是羧化酶的辅助因子，在酶催化反应中，起 CO_2 的掺入作用。

(11) 焦磷酸硫胺素 硫胺素又称为维生素 B_1，于 1931 年被发现。焦磷酸硫胺素（TPP）于 1937 年被发现，是酮酸脱羧酶的辅助因子。

(12) 磷酸吡哆醛和磷酸吡哆胺 磷酸吡哆醛和磷酸吡哆胺又称为维生素 B_6，于 1934 年被发现，是各种转氨酶的辅助因子。在酶催化氨基酸和酮酸的转氨过程中，维生素 B_6 通过磷酸吡哆醛和磷酸吡哆胺的互相转变，起氨基转移作用。

7.2.6 酶的纯化与活力测定

在酶学和酶工程的生产和研究中，经常需要进行酶活力的测定，以确定酶量的多少以及变化情况。酶活力测定是在一定条件下测定酶所催化的反应速度。在外界条件相同的情况下，反应速度越大，意味着酶的活力越高。

7.2.6.1 酶活力测定的方法

酶活力测定的方法很多，如化学测定法、光学测定法、气体测定法等。酶活力测定均包括两个阶段：首先是在一定条件下，酶与底物反应一段时间，然后再测定反应体系中底物或产物的变化量。一般经过以下几个步骤。

a. 根据酶催化的专一性，选择适宜的底物，并配制成一定浓度的底物溶液。所用的底物必须均匀一致，达到酶催化反应所要求的纯度。

b. 根据酶的动力学性质，确定酶催化反应的 pH、温度、底物浓度、激活剂浓度等反应

条件，底物浓度应该大于 $5K_m$（K_m 见本章 7.3.1.1）

c. 在一定条件下，将一定量的酶液和底物溶液混合均匀，适时记录反应开始的时间。

d. 反应到一定的时间，取出适量的反应液，运用各种检测技术，测定产物的生成量或底物的减少量。

7.2.6.2 酶的活力单位

酶活力的高低，是以酶活力的单位数来表示。

(1) 国际单位 1961 年国际生物化学与分子生物学联合会规定：在特定条件下（温度可采用 25℃ 或其他选用的温度，pH 等条件均采用最适条件），1min 催化 1μmol 的底物转化为产物的酶量定义为 1 个酶活力国际单位（IU）。

(2) 比活力 比活力是酶纯度的一个指标，是指在特定的条件下，每毫克蛋白或 RNA 所具有的酶活力单位数，即

$$酶比活力＝酶活力（IU）/蛋白或 RNA 量（mg）$$

(3) 酶的转换数与催化周期 酶的转换数 K_{cat} 是指每个酶分子每分钟催化底物转化的分子数，即 1mol 酶每分钟催化底物转变为产物的量（mol），是酶的一个指标。一般酶的转换数为 $10^3 min^{-1}$。转换数的倒数称为酶的催化周期。催化周期是指酶进行一次催化所需的时间，单位为毫秒（ms）或微秒（μs）。

$$K_{cat}＝\frac{底物转变量（mol）}{酶量（mol）×时间（min）}＝\frac{酶活力单位（IU）}{酶量（\mu mol）}$$

7.2.6.3 酶的纯化

在食品加工过程中使用的酶的纯度主要取决酶制剂是否含有其他酶或组分。一种食品级酶制剂必须符合食品法规，但不要求是纯酶，它可以含有其他杂酶，当然还含有各种非酶的组分。这些杂酶和非酶组分对于食品加工可能会带来有益的或有害的作用。例如用于澄清果汁的果胶酶往往是从霉菌粗提取物制备的，除了聚半乳糖醛酸酶外，它还含有几种别的水解酶，在这种酶反应体系中，其他酶种，特别是果胶酯酶（pectinesterase，EC 3.1.1.11）实际上对加工工艺是有益的。在另外一些情况下，酶制剂中的杂酶或许会有害于加工工艺，例如在脂酶（lipase，EC 3.1.1.3）制剂中含有脂肪氧合酶（lipoxygenase，EC 1.13.11.12），即使活力很低，也会造成脂肪氧化和产生不良的风味。但由于经济上的原因总是尽可能地避免将酶纯化，因为从微生物和其他来源得到的粗酶提取物中含有许多不同的酶，将它们完全分离是非常困难和代价昂贵的。

在酶纯化中采用的分离技术包括：使用高浓度盐或有机溶剂的选择性沉淀技术，根据分子大小（凝胶过滤层析）、电荷密度（离子交换层析）和酶对一个特定的化合物或基团的亲和力（亲和层析）所设计的层析技术以及膜分离技术。并非所有这些技术都适合于在工业化规模上应用。至于酶分离和纯化的有关内容，请参阅有关酶学书籍。

7.3 酶催化反应动力学

7.3.1 影响酶催化反应速度的因素

许多因素影响酶的活力，这些因素除了酶和底物的本质以及它们的浓度外，还包括一系列环境条件。控制这些因素对于在食品加工和保藏过程中控制酶的活力是非常重要的。下面将讨论影响酶活力的因素，它们包括底物的浓度、酶的浓度、pH、温度、水分活度、抑制

剂和其他重要的环境条件。

7.3.1.1 底物浓度对反应速度的影响

所有的酶催化反应，如果其他条件恒定，则反应速度取决于酶浓度和底物浓度；如果酶的浓度保持不变，当底物浓度增加时，反应速度随着增加，并以双曲线形式达到最大速度，见图 7 - 3。

从图 7 - 3 可以看出，随着底物浓度的增加，酶反应速度并不是直线增加，而是在高浓度时达到一个极限速度。这时所有的酶分子已被底物所饱和，即酶分子与底物结合的部位已被占据，速度不再增加。这可以用 Machaelis 与 Menten 于 1913 年提出的学说来解释。

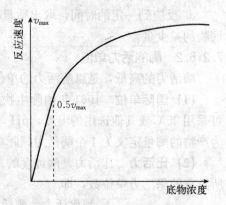

图 7 - 3 反应速度-底物浓度关系曲线

Machaelis-Menten 学说假设有酶-底物中间产物的形成，并假设反应中底物转变成产物的速度取决于酶-底物复合物转变成反应产物和酶的速度，其关系式如下：

$$E+S \underset{K_{-1}}{\overset{K_1}{\rightleftharpoons}} ES \overset{K_2}{\longrightarrow} E+P$$

酶 底物　酶-底物复合物　　　酶 产物

式中 K_1、K_{-1} 和 K_2 为 3 个假设反应的速度常数。若生成 ES 的速度为 v_f，则

$$v_f = K_1([E_t]-[ES])[S]$$

式中，$[E_t]$ 为酶的初始总浓度，$[S]$ 为底物浓度，$[E_t]-[ES]$ 为未结合的酶的浓度。可见，ES 生成的速度与未结合的酶浓度及底物浓度成正比。

若 ES 消失的速度为 v_d，则

$$v_d = K_{-1}[ES] + K_2[ES]$$

此时产物的生成速度 v 为 $K_2[ES]$。

当酶促反应达到平衡时，ES 的生成速度与消失速度相等。此时 $v_f = v_d$，则

$$K_1([E_t]-[ES])[S] = K_{-1}[ES] + K_2[ES]$$

经数学推导得

$$v = \frac{K_2[E_t][S]}{[S] + \dfrac{K_{-1}+K_2}{K_1}}$$

设 $K_m = \dfrac{K_{-1}+K_2}{K_1}$，$v_{max} = K_2[E_t]$，则

$$v = \frac{v_{max}[S]}{K_m + [S]}$$

这就是 Michaelis - Menten 方程，K_m 为米氏常数（Michaelis constant），它是酶的一个重要参数。

当 $v = v_{max}/2$ 时，则上式可写为

$$\frac{v_{max}}{2} = \frac{v_{max}[S]}{K_m + [S]}$$

由上式可得：$[S] + K_m = 2[S]$，即 $K_m = [S]$。

所以米氏常数 K_m 为反应速度达到最大反应速度一半时的底物浓度（mol/L）。

测定米氏常数值有许多方法，最常用的是 Lineweaver-Burk 的双倒数作图法。取 Michaelis-Menten 方程的倒数，可得下式。

$$\frac{1}{v} = \frac{K_m}{v_{max}} \frac{1}{[S]} + \frac{1}{v_{max}}$$

以 $1/v$ 为纵坐标，$1/[S]$ 为横坐标作图，则得一直线，其斜率为 K_m/v_{max}，将直线延长，在 $1/[S]$ 及 $1/v$ 的截距为 $-1/K_m$ 及 $1/v_{max}$，这样，K_m 就可以从直线的截距上计算出来（图 7-4）。

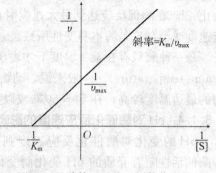

图 7-4 计算 K_m 的双倒数作图法

酶的 K_m 值范围很广，大多数酶的 K_m 为 $10^{-6} \sim 10^{-1}$ mol/L，对大多数酶来说，K_m 可表示酶与底物的亲和力，K_m 大表示亲和力小，K_m 小表示亲和力大。

表 7-3　一些酶的 K_m

酶	底　物	K_m
溶菌酶	6-N-乙酰葡糖胺	6×10^{-6}
β-半乳糖苷酶	半乳糖	5×10^{-3}
碳酸酐酶	CO_2	8×10^{-3}
丙酮酸脱羧酶	丙酮酸	4×10^{-4}

7.3.1.2 酶浓度对反应速度的影响

对大多数的酶促催化反应来说，在适宜的温度、pH 和底物浓度一定的条件下，反应速度至少在初始阶段与酶的浓度成正比，这个关系是测定未知试样中酶浓度的基础。图 7-5 表明乳脂中脂肪酸的形成速度是乳脂酶浓度的函数。如果令反应继续下去，则速度将下降。图 7-6 所示用霉菌脂酶水解橄榄油时，在 40h 的反应过程中底物的转变率与时间的关系。随着反应的进行，反应速度下降的原因可能很多，其中最重要的是底物浓度下降和终产物对酶的抑制。

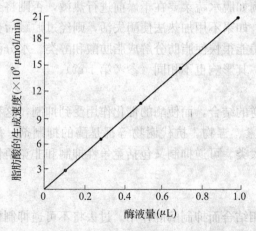

图 7-5　乳脂水解速度与酶浓度的函数关系

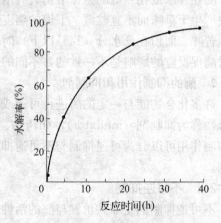

图 7-6　橄榄油被霉菌脂酶水解的量与时间的函数关系

7.3.1.3 温度对酶催化反应速度的影响

温度对酶反应的影响是双重的：a. 随着温度的上升，反应速度也增大，直至最大速度为止。b. 在酶促反应达到最大速度时再升温，反应速度随温度的增高而减小，高温时酶反应速度减小，这是酶本身变性所致。

每一种酶只有在某一温度下才表现出最大的活力，这个温度称为该酶的最适温度（optimum temperature）。一般来说，动物细胞的酶的最适温度通常为 37～50℃，而植物细胞的酶的最适温度较高，在 50～60℃或以上。

7.3.1.4 pH 对酶催化反应速度的影响

pH 的变化对酶催化反应速度则影响较大，即酶的活性随着介质的 pH 变化而变化。每一种酶只能在一定 pH 范围内表现出它的活性。使酶的活性达到最高时的 pH 称为最适 pH（optimum pH）。在最适 pH 的两侧酶活性都骤然下降，所以一般酶促反应速度的 pH 曲线呈钟形（图 7-7）。

所以在酶的研究和使用时，必须先了解其最适 pH 范围，酶促反应混合液必须用缓冲液来控制 pH 的稳定。不同酶的最适 pH 有较大差异，有些酶的最大活性是在极端的 pH 处，如胃蛋白酶的最适 pH 为 1.5～3，精氨酸酶的最适 pH 为

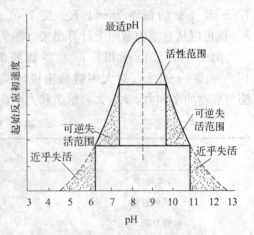

图 7-7 pH 对酶促反应速度的影响

10.6。由于食品中成分多且复杂，在食品的加工与贮藏过程中，对 pH 的控制很重要。如果某种酶的作用是必需的，则可将 pH 调节至该酶的最适 pH 处，使其活性达到最高；反之，如果要避免某种酶的作用，也可以改变 pH 而抑制此酶的活性。例如酚酶能产生酶褐变，其最适 pH 为 6.5，若将 pH 降低到 3.0 时就可防止褐变产生。故在水果加工时常添加酸化剂（acidulant），如柠檬酸、苹果酸和磷酸等防止褐变，就是基于上述原理。

7.3.1.5 水分活度对酶催化反应速度的影响

酶在含水量相当低的条件下仍具有活性。例如脱水蔬菜要在干燥前进行热烫，否则将会很快产生干草味而不宜贮藏。干燥的燕麦食品，如果不用加热法使酶失活，则经过贮藏后会产生苦味。面粉在低水分（14%以下）时，脂酶能很快使脂肪分解成脂肪酸和醇类。水分活度对酶促反应的影响是不一致的，不同的反应，其影响也不相同（参考第 1 章）。

7.3.2 酶的抑制作用和抑制剂

许多化合物能与一定的酶进行可逆或不可逆的结合，而使酶的催化作用受到抑制，这种化合物称为抑制剂（inhibitor），如药物、抗生素、毒物、抗代谢物等都是酶的抑制剂。酶的抑制作用可以分为可逆抑制与不可逆抑制两大类。可逆抑制又包括竞争性抑制和非竞争性抑制。

7.3.2.1 不可逆抑制

不可逆抑制剂是靠共价键与酶的活性部位相结合而抑制酶的作用。过去将不可逆抑制作用归入非竞争性抑制作用，现在认为它是抑制作用的不同类型。有机磷化合物是活性中心含有丝氨酸残基的酶的不可逆抑制剂，例如二异丙基氟磷酸（diisopropyl fluophosphate,

DIFP）能抑制乙酰胆碱酯酶。

　　酶的不可逆抑制反应，常常造成对生物体的损害，譬如有机磷化合物对乙酰胆碱酯酶的抑制作用。乙酰胆碱是动物神经系统传导冲动刺激的一种化学物质，正常机体当神经兴奋时，神经末梢放出乙酰胆碱，进行刺激传导，然后被体内的乙酰胆碱酯酶分解而失去作用。但当有机磷物质进入动物体后，即与体内的乙酰胆碱酯酶结合生成磷酸化胆碱酯酶，从而抑制酶的活性，使乙酰胆碱不能分解，在体内大量积累，使神经处于过度兴奋状态，引起功能失调而中毒。

7.3.2.2　可逆抑制

　　(1) 竞争性抑制　有些化合物特别是那些在结构上与底物相似的化合物可以与酶的活性中心可逆地结合，所以在反应中抑制剂可与底物竞争同一部位。在酶反应中，酶与底物形成酶底物复合物 ES，再由 ES 分解生成产物与酶。

$$E+S\Longleftrightarrow ES\longrightarrow E+P$$

抑制剂则与酶结合成酶-抑制剂复合物，即

$$E+I\Longleftrightarrow EI$$

式中 I 为抑制剂，EI 为酶-抑制剂复合物。酶—抑制剂复合物不能与底物反应生成 EIS，因为 EI 的形成是可逆的，并且底物和抑制剂不断竞争酶分子上的活性中心，这种情况称为竞争性抑制作用（competitive inhibition）。竞争性抑制作用的典型例子为琥珀酸脱氢酶（succinate dehydrogenase）的催化作用。当有适当的氢受体（A）时，此酶催化下列反应。

$$琥珀酸+受体\Longleftrightarrow 反丁烯二酸+还原性受体$$

　　许多结构与琥珀酸结构相似的化合物都能与琥珀酸脱氢酶结合，但不脱氢，这些化合物阻塞了酶的活性中心，因而抑制正常反应的进行。抑制琥珀脱氢酶的化合物有乙二酸、丙二酸、戊二酸等，其中最强的是丙二酸，当抑制剂和底物的浓度比为 1∶50 时，酶被抑制 50%。

　　正常条件下米氏方程为

$$v=\frac{v_{\max}[S]}{K_m+[S]}$$

可以推导出一个有抑制剂浓度 [I] 和抑制剂-酶复合物解离常数 K_i 的米氏方程，即

$$\bar{v}=\frac{\bar{v}_{\max}[S]}{\overline{K}_m(1+[I]/K_i)+[S]}$$

取上式的倒数并重排，即得

$$\frac{1}{v}=\frac{\overline{K}_m}{v_{\max}}(1+[I]/K_i)\frac{1}{[S]}+\frac{1}{v_{\max}}$$

以 $\frac{1}{v}$ 对 1/[S] 作图，所得直线即竞争性抑制作用，在纵坐标上的截距为 $1/v_{\max}$，与无抑制剂时的相同，但直线的斜率变成 $\frac{\overline{K}_m}{v_{\max}}(1+[I]/K_i)$，增加了 1 个因子 $(1+[I]/K_i)$。

　　(2) 非竞争性抑制　有些化合物既能与酶结合，也能与酶-底物复合物结合，称为非竞争性抑制剂。非竞争性抑制剂与竞争性抑制剂不同之处在于非竞争性抑制剂能与酶-底物复合物（ES）结合，而底物（S）又能与酶-抑制剂复合物（EI）结合，都形成酶-抑制剂-底物复合物（EIS）。高浓度的底物不能使这种类型的抑制作用完全逆转，因为底物并不能阻

止抑制剂与酶相结合，这是由于该种抑制剂和酶的结合部位与酶的活性部位不同，酶-抑制剂复合物（EI）的形成发生在酶分子的不被底物作用的部位。

许多酶能被重金属离子（如 Ag^+、Hg^{2+}、Pb^{2+} 等）抑制，这些都是非竞争性抑制的例子。例如脲酶对这些离子极为敏感，微量重金属离子即起抑制作用。

重金属离子与酶的巯基（—SH）形成硫醇盐，即

$$E—SH+Ag^+ \Longleftrightarrow E—S—Ag+H^+$$

因为巯基对酶的活性是必需的，故形成硫醇盐后即失去酶的活性。由于硫醇盐形成的可逆性，这种抑制作用可以用加适当的巯基化合物（如半胱氨酸、谷胱甘肽）的办法去掉重金属而得到解除。通常用碘代乙酸胺检查酶分子的巯基，即

$$RSH+ICH_2CONH_2 \longrightarrow RS—CH_2CONH_2+HI$$

各种有机汞化合物、各种砷化合物以及 N-乙基顺丁烯二酸亚胺也可以和巯基进行反应，抑制酶的作用。

(3) 反竞争性抑制 反竞争性抑制剂不能与酶直接结合，而只能与酶-底物复合物（ES）可逆结合成酶-抑制剂-底物复合物（EIS），其抑制原因是由于酶-抑制剂-底物复合物（EIS）不能分解成产物。反竞争抑制剂对酶促反应的抑制程度随底物浓度的增加而增加。反竞争抑制剂不是一种完全意义上的抑制剂，它之所以造成对酶促反应的抑制作用，完全是因为它使 v_{max} 降低而引起。当酶促反应为一级反应，则抑制剂对 v_{max} 的影响几乎完全被对 K_m 的相反影响所抵消，这时几乎看不到抑制作用。

表 7-4 为竞争性抑制作用、非竞争性抑制作用及无抑制的酶促反应的比较。

表 7-4 竞争性抑制、非竞争性抑制及正常酶反应的比较

抑制类型	方程式 反应速度	v_{max}	K_m
无抑制	$v=\dfrac{v_{max}[S]}{K_m+[S]}$		
竞争性抑制	$\bar{v}=\dfrac{\bar{v}_{max}[S]}{K_m(1+[I]/K_i)+[S]}$	不变	增加
非竞争性抑制	$v=\dfrac{v_{max}[S]}{(K_m+[S])(1+[I]/K_i)}$	减小	不变
反竞争抑制	$v=\dfrac{\dfrac{v_{max}[S]}{1+[I]/K_i}}{\dfrac{K_m}{1+[K]K_i}+[S]}$	减小	减小

7.4　固定化酶

固定化酶是 20 世纪 50 年代开始发展起来的一项新技术，最初是将水溶性酶与不溶性载体结合起来，成为不溶于水的酶的衍生物，所以曾称为水不溶酶（water insoluble enzyme）和固相酶（solid phase enzyme）。但是后来发现，也可以将酶包埋在凝胶内或置于超滤装置中，高分子底物与酶在超滤膜一边，而反应产物可以透过膜逸出，在这种情况下，酶本身仍处于溶解状态，只不过被固定在一个有限的空间内不能再自由流动。因此用水不溶酶或固相

酶的名称就不恰当了。在 1971 年第一届国际酶工程会议上，正式建议采用固定化酶（immobilized enzyme）的名称。

所谓固定化酶，是指在一定空间内呈闭锁状态存在的酶，能连续地进行反应，反应后的酶可以回收重复使用。因此不管用何种方法制备的固定化酶，都应该满足上述固定化酶的条件。例如将一种不能透过高分子化合物的半透膜置入容器内，并加入酶及高分子底物，使之进行酶反应，低分子生成物就会连续不断地透过滤膜，而酶因其不能透过滤膜而被回收再用，这种酶实质也是一种固定化酶。

固定化酶与游离酶相比，具有下列优点：a. 极易将固定化酶与底物、产物分开；b. 可以在较长时间内进行反复分批反应和装柱连续反应；c. 在大多数情况下，能够提高酶的稳定性；d. 酶反应过程能够加以严格控制；e. 产物溶液中没有酶的残留，简化了提纯工艺；f. 较游离酶更适合于多酶反应；g. 可以增加产物的收率，提高产物的质量；h. 酶的使用效率提高，成本降低。

与此同时，固定化酶也存在一些缺点：a. 许多酶在固定化时，需利用有毒的化学试剂使酶与支持物结合，这些试剂若残留于食品中对人类健康有很大的影响；b. 连续操作时，反应体系中常滋生一些微生物，后者利用食品的养分进行生长代谢，污染食品；c. 固定化时，酶活力有损失；d. 增加了生产的成本，工厂初始投资大；e. 只能用于可溶性底物，而且较适用于小分子底物，对大分子底物不适宜；f. 与完整菌体相比不适宜于多酶反应，特别是需要辅助因子的反应；g. 胞内酶必须经过酶的分离手续。表 7－5 为食品加工中已应用的和有发展潜力的固定化酶。

表 7－5　食品加工已应用的和有发展潜力的固定化酶

酶	在加工中的作用
葡萄糖氧化酶	除去食品中的氧气；除去蛋白中的糖
过氧化氢酶	牛乳的巴氏杀菌
脂肪酶	乳脂产生风味
α 淀粉酶	淀粉液化
β 淀粉酶	高麦芽糖浆
葡萄糖淀粉酶	由淀粉产生葡萄糖；淀粉去支链
β 半乳糖苷酶	水解乳制品中的乳糖
转化酶	水解蔗糖生成转化糖
橘皮苷酶	除去柑橘汁的苦味
蛋白酶	牛乳的凝聚；改善啤酒的澄清度；制造蛋白质水解液
氨基酰化酶	分离左旋氨基酸与右旋氨基酸
葡萄糖异构酶	由葡萄糖制果糖

1971 年首届国际酶工程会议提出了酶的分类。酶可粗分为天然酶和修饰酶，固定化酶属于修饰酶。修饰酶中，除固定化酶外尚有经过化学修饰的酶和用分子生物学方法在分子水平上改良的酶等。

7.4.1　固定化酶及其制备原则

已发现的酶有数千种。固定化酶的应用目的、应用环境各不相同，而且可用于固定化制备的物理、化学手段、材料等多种多样。制备固定化酶要根据不同情况（不同酶、不同应用目的和应用环境）来选择不同的方法，但是无论如何选择，确定什么样的方法，都要遵循几个基本原则。

a. 必须注意维持酶的催化活性及专一性。酶蛋白的活性中心是酶的催化功能所必需的，酶蛋白的空间构象与酶活力密切相关。因此在酶的固定化过程中，必须注意酶活性中心的氨基酸残基不发生变化，也就是酶与载体的结合部位不应当是酶的活性部位，而且要尽量避免那些可能导致酶蛋白高级结构破坏的条件。由于酶蛋白的高级结构是凭借氢键、疏水键、离子键等弱键维持，所以固定化时要采取尽量温和的条件，尽可能保护好酶蛋白的活性基团。

b. 固定化应该有利于生产自动化、连续化。为此，用于固定化的载体必须有一定的机械强度，不能因机械搅拌而破碎或脱落。

c. 固定化酶应有最小的空间位阻，尽可能不妨碍酶与底物的接近，以提高产品的产量。

d. 酶与载体必须结合牢固，从而使固定化酶能回收贮藏，便于反复使用。

e. 固定化酶应有最大的稳定性，所选载体不与废物、产物或反应液发生化学反应。

f. 固定化酶成本要低，以利于工业使用。

7.4.2 酶固定化的方法

酶的固定化方法很多，但对任何酶都适用的方法是没有的。酶的固定化方法通常按照用于结合的化学反应的类型进行分类（表 7-6）。

表 7-6 酶固定化方法

固定化方法	分 类	固定化方法	分 类
非共价结合法	结晶法	化学结合法	交联法
	分散法		共价结合法
	物理吸附法	包埋法	微囊法
	离子结合法		网格法

传统的酶的固定方法一般有如下几类。

7.4.2.1 吸附法

该法是最早出现的酶固定化方法，包括物理吸附和离子交换吸附。人们利用磷灰石、树脂、硅藻土等载体，通过吸附作用力固定了溶菌酶、脂肪酶、青霉素酰化酶等多种酶。虽然该法操作简便、载体价廉易得、对酶的催化活性影响少而且可反复使用。但酶和载体之间结合力弱，在不适 pH、高盐浓度、高温等条件下，酶易从载体脱落并污染催化反应产物等，因此在实际应用中受到限制。

7.4.2.2 包埋法

该法的基本原理是载体与酶溶液混合后，借助引发剂进行聚合反应，通过物理作用将酶限定在载体的网格中，从而实现酶固定化的方法。可利用凝胶包埋蛋白酶；利用离子凝胶法制备壳聚糖颗粒，用于固定中性蛋白酶，该法不涉及酶的构象及酶分子的化学变化，反应条件温和，因而酶活力回收率较高。但是包埋法固定化酶易漏失，常存在扩散限制等问题，催化反应受传质阻力的影响，不宜催化大分子底物的反应。

7.4.2.3 交联法

该法是利用双功能或多功能交联剂，在酶分子和交联剂之间形成共价键的一种酶固定方法。如利用几丁聚糖、壳聚糖等为载体，在戊二醛、乙二醛等多功能交联剂交联半乳糖苷酶、胃蛋白酶、脲酶等多种酶。此法反应条件比较剧烈，固定化酶活性有一定损失。由于交联法制备的固定化酶颗粒较细，因此不宜单独使用，可以吸附法和包埋法联合使用。

7.4.2.4　共价结合法

该法是指酶分子的非必需基团与载体表面的活性功能基团通过形成化学共价键实现不可逆结合的酶固定方法，故又称为共价结合法。如利用硅藻土偶联固定脂肪酶，利用重氮法固定葡萄糖淀粉酶。载体偶联法所得的固定化酶与载体连接牢固，有良好的稳定性及重复使用性，成为目前研究最为活跃的一类酶固定化方法。但该法较其他固定方法反应剧烈，操作工艺复杂，固定化酶活性损失更加严重。

各种酶的固定方法有其各自的优缺点，见表 7-7。

表 7-7　酶固定化方法的优缺点

特　性	物理吸附法	离子结合法	包埋法	共价结合法	交联法
制　备	易	易	易	难	难
结合力	中	弱	强	强	强
酶活力	高	高	高	中	中
底物专一性	无变化	无变化	无变化	有变化	有变化
再生	可能	可能	不可能	不可能	不可能
固定化费用	低	低	中	中	高

固定化酶可以用于两种基本的反应系统中，第一种是将固定化酶与底物溶液一起置于反应槽中搅拌，当反应结束后合固定化酶与产物分开；第二种是利用柱层析方法，将固定有酶蛋白的惰性载体装在柱中或类似装置中，当底物液流经时，酶即催化底物发生反应。

7.5　内源酶对食品质量的影响

酶的作用对于食品质量的影响是非常重要的。实际上，没有酶或许就没有食品。对于任何一个生物体，酶参与机体生长发育的每一个过程。食品原料的生长和成熟依赖于酶的作用，而在生物生长期间的环境条件影响着植物性食品原料的成分，其中也包括酶。

农产品的收获、贮藏和加工条件也影响食品原料中各类酶催化的反应，产生两类不同的结果，既可加快食品变质的速度，又可提高食品的质量。除了存在于食品原料的内源酶外，因微生物污染而引入的酶也参与催化食品原料中的反应。因此控制酶的活力对于提高食品质量是至关重要的。这里将讨论影响食品颜色、质地、风味和营养质量的酶。

7.5.1　内源酶对食品颜色的影响

食品被消费者接受程度的如何，首先取决于食品的颜色，这是因为食品的内在质量在一般情况下很难判断。众所周知，新鲜瘦肉的颜色必须是红色的，而不是褐色或紫色的。这种红色是由于其中的氧合肌红蛋白所致。当氧合肌红蛋白转变成肌红蛋白时瘦肉就呈紫色。当氧合肌红蛋白和肌红蛋白中的 Fe^{2+} 被氧化成 Fe^{3+} 时，生成高铁肌红蛋白时，瘦肉呈褐色。在肉中酶催化的反应与其他反应竞争氧，这些反应的化合物能改变肉组织的氧化还原状态和水分含量，因而影响肉的颜色。

绿色是许多新鲜蔬菜和水果的质量指标。有些水果当成熟时绿色减少而代之以红色、橘色、黄色和黑色。随着成熟度的提高，青刀豆和其他一些蔬菜中的叶绿素的含量下降。上述食品材料颜色的变化都与酶的作用有关。导致水果和蔬菜中色素变化的 3 个关键性的酶是脂肪氧合酶、叶绿素酶和多酚氧化酶。

7.5.1.1　脂肪氧合酶对食品颜色的影响

脂肪氧合酶对于食品有 6 个方面的功能，它们中有的是有益的，有的是有害的。2 个有益的是：小麦粉和大豆粉中的漂白；在制作面团中形成二硫键。4 个有害的是：破坏叶绿素和胡萝卜素；产生氧化性的不良风味，它们具有特殊的青草味；使食品中的维生素和蛋白质类化合物遭受氧化性破坏；使食品中的必需脂肪酸（如亚油酸、亚麻酸和花生四烯酸）遭受氧化性破坏。这 6 个方面的功能都与脂肪氧合酶作用于不饱和脂肪酸时产生的自由基有关。

7.5.1.2　叶绿素酶对食品颜色的影响

叶绿素酶存在于植物和含叶绿素的微生物。它水解叶绿素产生植醇和脱植醇基叶绿素；尽管将果蔬失去绿色归于这个反应，然而由于脱植醇基叶绿素呈绿色，因此没有证据支持该观点。相反，有证据显示脱植醇基叶绿素在保持绿色的稳定性上优于叶绿素。

7.5.1.3　多酚氧化酶对食品颜色的影响

多酚氧化酶又称为酪氨酸酶、多酚酶、酚酶、儿茶酚氧化酶、甲酚酶和儿茶酚酶。它主要存在于植物、动物和一些微生物（主要是霉菌）中，它催化食品的褐变反应。

7.5.2　内源酶对食品风味的影响

对食品的风味作出贡献的化合物不计其数，风味成分的分析也是有难度的。正确地鉴定哪些酶在食品风味物质的生物合成和不良风味物质的形成中起重要作用，同样是非常困难的。

在食品保藏期间酶的作用会导致不良风味的形成。例如有些食品材料，像青刀豆、豌豆、玉米、冬季花椰菜和花椰菜因热烫处理的条件不适当，在随后的保藏期间会形成显著的不良风味。

在讨论脂肪氧合酶对食品颜色的影响时也提到它能产生氧化性的不良风味。脂肪氧合酶的作用是青刀豆和玉米产生不良风味的主要原因，而胱氨酸裂解酶（cystinelyase）的作用是冬季花椰菜和花椰菜产生不良风味的主要原因。下面介绍几种影响食品风味的酶。

7.5.2.1　硫代葡萄糖苷酶对食品风味的影响

在芥菜和辣根中存在着芥子苷（glucosinolate）。在这类硫代葡萄糖苷中，葡萄糖基与糖苷配基之间有一个硫原子；配基部分有一个烷基，称为 R 基，R 基为烯丙基、3-丁烯基、4-戊烯基、苯基或其他有机基团；烯丙基芥子苷（allylglucosinolate）最为重要。硫代葡萄糖苷在天然存在的硫代葡萄糖苷酶（glucosinolase）作用下，进行糖苷配基的裂解和分子重排。生成的产物中异硫氰酸酯是含硫的挥发性化合物，它与葱的风味有关。人们熟悉的芥子油即为异硫氰酸烯丙酯，它是由烯丙基芥子苷经硫代葡萄糖苷酶的作用而产生的。

7.5.2.2　过氧化物酶对食品风味的影响

过氧化物酶普遍地存在于植物和动物组织中。在植物的过氧化物酶中，对辣根的过氧化物酶（horseradish peroxidase, EC 1.11.1.7）研究得最为彻底。如果不采取适当的措施使食品原料（例如蔬菜）中的过氧化物酶失活，那么在随后的加工和保藏过程中，过氧化物酶的活力会损害食品的质量。未经热烫的冷冻蔬菜所具有的不良风味被认为是与酶的活力有关，这些酶包括过氧化物酶、脂肪氧合酶、过氧化氢酶、α 氧化酶（α‐oxidase）和十六烷酸辅酶 A 脱氢酶。然而，从线性回归分析未能发现上述酶中任何两种酶活力之间的关系或任何一种酶活力与抗坏血酸浓度之间的关系。

各种不同来源的过氧化物酶通常含有一个血色素（铁卟啉Ⅸ）作为辅基。过氧化物酶催化下列反应。

$$ROOH + AH_2 \longrightarrow H_2O + ROH + A$$

反应物中的过氧化物（ROOH）可以是过氧化氢或一种有机过氧化物，例如过氧化甲基（CH_3OOH）或过氧化乙基（CH_3CH_2OOH）。在反应中过氧化物被还原，而一种电子给予体（AH_2）被氧化。电子给予体可以是抗坏血酸、酚、胺或其他有机化合物。在过氧化物酶催化下，电子给予体被氧化成有色化合物，根据反应的这个特点可以设计分光光度法测定过氧化物酶的活力。

目前对过氧化物酶导致食品不良风味形成的机制还不十分清楚。Whitaker 认为应采用导致食品不良风味形成的主要酶作为判断食品热处理是否充分的指标。例如，脂肪氧合酶被认为是导致青刀豆和玉米不良风味形成的主要酶，而胱氨酸裂解酶是导致冬花椰菜和花椰菜不良风味形成的主要酶。然而由于过氧化物酶普遍存在于植物中，并且可以采用简便的方法较准确地测定它的活力，尤其是热处理后果蔬中残存的过氧化物酶的活力，因此它仍然广泛地被采用为果蔬热处理是否充分的指标。

过氧化物酶在生物原料中的作用可能还包括下列几方面：a. 作为过氧化氢的去除剂；b. 参与木质素的生物合成；c. 参与乙烯的生物合成；d. 作为成熟的促进剂。虽然上述酶的作用如何影响食品质量还不十分清楚，但是过氧化物酶活力的变化与一些果蔬的成熟和衰老有关已经得到证实。

过氧化物酶是一个非常耐热的酶，特别是在非酸性蔬菜中的过氧化物酶具有比其他酶更高的耐热性，并且过氧化物酶在大多数蔬菜中具有易于检测的较高水平的酶活力，因此常利用它作为热处理条件的指标。然而为了使蔬菜中过氧化物酶的耐热部分完全失活，并且防止在随后的加工和保藏中活力的再生，需要施加的热处理量是很高的，这往往会对产品的质量特别是质构产生不良的影响。因此在确定蔬菜热烫条件时，允许多少过氧化物酶活力残存而不至于影响冷冻或干制（脱水）蔬菜的质量是一个值得探讨的问题。

7.5.3　内源酶对食品质构的影响

质构是决定食品质量的一个非常重要的指标。水果和蔬菜的质地主要取决于所含有的一些复杂的糖类：果胶物质、纤维素、半纤维素、淀粉和木质素。自然界存在着能作用于这些糖类的酶，酶的作用显然会影响果蔬的质构。对于动物组织和高蛋白质植物性食品，蛋白酶作用会导致质构的软化。

7.5.3.1　果胶酶对食品质构的影响

果胶酶对食品质构的影响，见本章 7.6.2.4 果胶酶在食品科学领域的应用。

7.5.3.2　纤维素酶对食品质构的影响

水果和蔬菜中含有少量纤维素，它们的存在影响着细胞的结构。纤维素酶是否在植物性食品原料（例如青刀豆）软化过程中起重要作用仍然有着争议。在微生物纤维素酶方面已做了很多的研究工作，这显然是由于它在转化不溶性纤维素成葡萄糖方面有潜在的重要性。

7.5.3.3　戊聚糖酶对食品质构的影响

半纤维素是木糖、阿拉伯糖或木糖和阿拉伯糖（还含有少量其他戊糖和己糖）的聚合物，它存在于高等植物中。戊聚糖酶存在于微生物和一些高等植物中，它水解多种戊聚糖（如木聚糖、阿拉伯聚糖和阿拉伯木聚糖），产生分子质量较低的化合物，对改善食品的柔软性、持水力等有明显作用。

小麦中存在着浓度很低的戊聚糖酶，然而对它的性质了解甚少。目前在微生物戊聚糖酶方面做了较多的研究工作，已能提供商品微生物戊聚糖酶制剂。

7.5.3.4　淀粉酶对食品质构的影响

淀粉酶对食品质构的影响，见本章 7.6.2.2 淀粉酶在食品科学领域的应用。

7.5.3.5　蛋白酶对食品质构的影响

对于动物性食品原料，决定其质构的生物大分子主要是蛋白质。蛋白质在天然存在的蛋白酶作用下所产生的结构上的改变会导致这些食品原料质构上的变化；如果这些变化是适度的，食品会具有理想的质构。

(1) 组织蛋白酶对食品质构的影响　组织蛋白酶（cathepsin）存在于动物组织的细胞内，在酸性条件下具有活性。这类酶位于细胞的溶菌体内，不同于由细胞分泌出来的蛋白酶（胰蛋白酶和胰凝乳蛋白酶），已经发现 5 种组织蛋白酶，它们分别用字母 A、B、C、D 和 E 表示。此外，还分离出一种组织羧肽酶（catheptic carboxypeptidase）。

组织蛋白酶参与肉成熟期间的变化。当动物组织的 pH 在宰后下降时，这些酶从肌肉细胞的溶菌体粒子中释放出来。据推测，这些蛋白酶透过组织，导致肌肉细胞中的肌原纤维以及细胞外结缔组织（例如胶原）分解；它们在 pH 2.5～4.5 范围内具有最高的活力。

(2) 钙活化中性蛋白酶对食品质构的影响　钙活化中性蛋白酶（calsium-activated neutral proteinase，CANP）或许是已被鉴定的最重要的蛋白酶。已经证实存在着两种钙活化中性蛋白酶：CANP I 和 CANP II，它们都是二聚体。两种酶含有相同的较小的亚基，相对分子质量约为 30 000，而含有各不同的较大的亚基，相对分子质量约为 80 000，在免疫特性方面有所不同，它们在结构上相符的程度约 50%。尽管钙离子对于酶的作用是必需的，然而酶的活性部位中含有半胱氨酸残基的巯基，因此它归属于半胱氨酸（巯基）蛋白酶。

50～100pmol/L Ca^{2+} 可使纯的 CANP I 完全激活，而 CANP II 的激活需要 1～2mmol/L Ca^{2+}，在 CANP I 被完全激活的条件下，CANP II 实际上是处在失活的状态。肌肉钙活化中性蛋白以低浓度存在，它在 pH 低至约 6 时还具有作用。肌肉钙活化中性蛋白可能通过分裂特定的肌原纤维蛋白而影响肉的嫩化。这些酶很有可能是在宰后的肌肉组织中被激活，在肌肉改变成肉的过程中同溶菌体蛋白酶协同作用。

与其他组织相比，肌肉组织中蛋白酶的活力是很低的，兔的心脏、肺、肝和胃组织蛋白酶活力分别是腰肌的 13 倍、60 倍、64 倍和 76 倍。正是由于肌肉组织中的低蛋白酶活力才会导致死后僵直体肌肉以缓慢地有节制和有控制的方式松弛，这样产生的肉具有良好的质构。如果在成熟期间肌肉中存在激烈的蛋白酶作用，那么不可能产生理想的肉的质构。

(3) 乳蛋白酶对食品质构的影响　牛乳中主要的蛋白酶是一种碱性丝氨酸蛋白酶，它的专一性类似于胰蛋白酶。此酶水解 β 酪蛋白产生疏水性更强的 γ 酪蛋白，也能水解 $α_s$ 酪蛋白，但不能水解 κ 酪蛋白。在奶酪成熟过程中，乳蛋白酶参与蛋白质的水解作用。由于乳蛋白酶对热较稳定，因此它的作用对于经超高温处理的乳的胶凝作用也有贡献。乳蛋白酶将 β

酪蛋白转变成 γ 酪蛋白的过程对于各种食品中乳蛋白质的物理性质有重要的影响。

在牛乳中还存在着一种最适 pH 在 4 左右的酸性蛋白酶，然而此酶较易热失活。

7.5.4　内源酶对食品营养的影响

有关酶对食品营养质量的影响的研究结果的报道相对来说少见。前面已提及的脂肪氧合酶氧化不饱和脂肪酸确实会导致食品中亚油酸、亚麻酸和花生四烯酸这些必需脂肪酸含量的下降。脂肪氧合酶催化多不饱和脂肪酸氧化过程中产生的自由基能降低类胡萝卜素（维生素 A 的前体）、生育酚（维生素 E）、维生素 C 和叶酸在食品中的含量。自由基也会破坏蛋白质中半胱氨酸、酪氨酸、色氨酸和组氨酸残基。在一些蔬菜中抗坏血酸氧化酶会导致抗坏血酸的破坏。硫胺素酶会破坏硫胺素，后者是氨基酸代谢中必需的辅助因子。存在于一些维生素中的核黄素水解酶能降解核黄素。多酚氧化酶引起褐变的同时也降低蛋白质中有效的赖氨酸量。

7.6　食品科学领域常用的酶

在食品加工中加入酶的目的通常是为了：a. 提高食品品质；b. 制造合成食品；c. 增加提取食品成分的速度与产量；d. 改良风味；e. 稳定食品品质；f. 增加副产品的利用率。食品加工业中所利用的酶比起标准的生化试剂来说相当粗糙。大部分酶制剂中仍含有许多杂质，而且还含有其他酶，食品加工中所用的酶制剂是由可食用的或无毒的动植物原料和非致病、非毒性的微生物中提取的。用微生物制备酶有许多优点：a. 微生物的用途广泛，理论上利用微生物可以生产任何酶；b. 可以通过变异或遗传工程改变微生物而生产较高产的酶或其本身没有的酶；c. 大多数微生物酶为胞外酶，所以回收酶非常容易；d. 培养微生物用的培养基来源容易；e. 微生物的生长速率和酶的产率都是非常高的。

因为酶催化反应的专一性与高效性，在食品加工中酶的应用相当广泛，表 7 - 8 列出食品工业中正在利用或将来很有发展前途的酶。从表 7 - 8 可以看出，用在食品加工中的酶的总数相对于已发现的酶的种类与数量来说还是相当少的。用得最多的是水解酶，其中主要是糖类水解酶，其次是蛋白酶和脂肪酶，少量的氧化还原酶类在食品加工中也有应用。目前，食品加工中只有少数几种异构酶得到应用。

表 7 - 8　酶在食品加工中的应用

酶	食品	目的与反应
淀粉酶	焙烤食品	增加酵母发酵过程中的糖含量
	酿造	在发酵过程中使淀粉转化为麦芽糖，除去淀粉造成的混浊
	各类食品	将淀粉转化为糊精、糖，增加吸收水分能力
	巧克力	将淀粉转化成流动状
	糖果	从糖果碎屑中回收糖
	果汁	除去淀粉以增加起泡性
	果冻	除去淀粉，增加光泽
	果胶	作为苹果皮制备果胶时的辅剂
	糖浆和糖	将淀粉转化为低分子质量的糊精（玉米糖浆）
	蔬菜	在豌豆软化过程中将淀粉水解

（续）

酶	食品	目的与反应
转化酶	人造蜂蜜	将蔗糖转化为葡萄糖和果糖
	糖果	生产转化糖供制糖果点心用
葡聚糖-蔗糖酶	糖浆	使糖浆增稠
	冰激凌	使葡聚糖量增加，起增稠剂作用
乳糖酶	冰激凌	阻止乳糖结晶引起的颗粒和砂粒结构
	饲料	使乳糖转化成半乳糖和葡萄糖
	牛乳	除去牛乳中的乳糖以稳定冰冻牛乳中的蛋白质
纤维素酶	酿造	水解细胞壁中复杂的糖类
	咖啡	咖啡豆干燥过程中将纤维素水解
	水果	除去梨中的粒状物，加速杏及番茄的去皮
半纤维素	咖啡	降低浓缩咖啡的黏度
果胶酶（可利用方面）	可可豆	增加可可豆发酵时的水解活动
	咖啡	增加可可豆发酵时明胶状种衣的水解
	果汁	增加压汁的产量，防止絮结，改善浓缩过程
	水果	软化
	橄榄	增加油的提取
	酒类	澄清
果胶酶（不利方面）	橘汁	破坏和分离果汁中的果胶物质
	面粉	若酶活性太高会影响空隙的体积和质地
脂肪酶（可利用方面）	干酪	加速熟化和成熟，并增加风味
	油脂	使脂肪转化成甘油和脂肪酸
	牛乳	使牛乳巧克力具特殊风味
脂肪酶（不利方面）	谷物食品	使黑麦蛋糕过分褐变
	牛乳及乳制品	水解性酸败
	油类	水解性酸败
磷酸酯酶	婴儿食品	增加有效性磷酸盐
	啤酒发酵	使磷酸化合物水解
	牛乳	检查巴氏消毒的效果
核糖核酸酶	风味增加剂	增加 5′核苷酸与核苷
过氧化物酶（可利用方面）	蔬菜	检查热烫
	葡萄糖的测定	与葡萄糖氧化酶综合利用测定葡萄糖
过氧化物酶（不利方面）	蔬菜	产生异味
	水果	加强褐变反应
葡萄糖氧化酶	各种食品	除去食品中的氧气或葡萄糖，常与过氧化氢酶结合使用
脂氧合酶	面包	改良面包质地和风味，并进行漂白
双乙醛还原酶	啤酒	降低啤酒中双乙醛的浓度

（续）

酶	食品	目的与反应
过氧化氢酶	牛乳	在巴氏消毒中破坏 H_2O_2
多酚氧化酶（可利用方面）	茶叶、咖啡、烟草	使其在熟化、成熟和发酵过程中产生褐变
多酚氧化酶（不利方面）	水果、蔬菜	产生褐变、异味及破坏维生素 C

7.6.1　氧化还原酶在食品科学领域的应用

7.6.1.1　葡萄糖氧化酶在食品科学领域的应用

葡萄糖氧化酶（glucose oxidase，GOD）的系统命名为 β-D-葡萄糖氧化还原酶（EC 1.1.3.4），其作用是高度专一性地催化葡萄糖脱氢，氧化生成葡萄糖酸，同时产生过氧化氢，后者被共存的过氧化氢酶催化分解为水和氧，一分子葡萄糖氧化酶 1 min 内可催化 34 000 个葡萄糖分子氧化脱氢。该酶广泛分布于动物、植物及微生物体内，工业上主要利用黑曲霉和青霉属菌株进行发酵生产。由于葡萄糖氧化酶具有去葡萄糖、脱氧、杀菌等特性，而且安全无毒副作用，因此在食品的加工保鲜、医学等上都有广泛的应用。1999 年，农业部将它定为 12 种允许使用的饲料酶制剂添加剂之一。

葡萄糖氧化酶可除去果汁、饮料、罐头食品和干燥果蔬制品中的氧气，防止食品氧化变质，防止微生物生长，以延长食品保存期。如果食品本身不含葡萄糖则可将葡萄糖和葡萄糖氧化酶一起加入，利用酶的作用使葡萄糖氧化为葡萄糖酸，同时将食品中残存的氧除去。水果冷冻保藏时，由于果实自身的酶作用容易导致发酵变质，也可用葡萄糖氧化酶保鲜。

葡萄糖氧化酶在蛋品加工中的一项重要用途是去除禽蛋中的微量葡萄糖。葡萄糖的醛基具有活泼的化学反应性，容易同蛋白质、氨基酸等的氨基发生褐变反应（即美拉德反应 Maillard reaction），使蛋白质在干燥及贮藏过程中发生褐变，损害外观和风味。干蛋白是食品工业常用的发泡剂，当蛋白质发生褐变时，溶解度减小，发泡力和泡沫稳定性下降。为了防止这种劣变，必须将葡萄糖除去。过去用酵母或自然发酵法除糖，但时间长，品质不易保证。用葡萄糖氧化酶处理，除糖效率高，周期短，产品质量与效率高并改善环境卫生。

7.6.1.2　脂肪氧化酶在食品科学领域的应用

脂肪氧化酶（lipoxidase）也称为脂肪氧合酶，是一种含铁的氧化还原酶，动植物组织中均存在，豆科植物（如大豆、青豆）中存在较多的脂肪氧化酶。它能催化多不饱和脂肪酸的氧化，也可破坏必需脂肪酸，或产生不良风味，由于氢过氧化物的生成，还会引起其他食品成分的变化，不经热烫的豌豆在冷冻贮藏中，该酶活性仍较强而导致脂肪氧化产生异味。

脂肪氧化酶对底物具有高度的特异性，它作用的底物脂肪，在其脂肪酸残基上必须含有一个顺，顺-戊二烯 [1,4] 单位（—CH＝CH—CH₂—CH＝CH—）。必需脂肪酸的亚油酸、亚麻酸和花生四烯酸都含有这种单位，所以必需脂肪酸都能被脂肪氧化酶所氧化，特别是亚麻酸更是脂氧合酶的良好底物。

美国和加拿大制造白面包时，广泛使用脂肪氧化酶。以脱脂豆粉为酶源，按 0.5% 掺入面粉制造面包，在脂肪氧化酶的作用下，使面粉中不饱和脂肪酸氧化同胡萝卜素等发生共轭氧化作用而将面粉漂白。此外这种酶由于氧化面粉中的不饱和脂肪酸，生成芳香的羰基化合物而增加面包风味，也可促进蛋白中的—SH 氧化成—S—S—，强化面筋蛋白质的三维网状结构，从而改善面团结构。

然而，脂肪氧化酶对亚油酸的催化氧化则可能产生一些负面影响：破坏叶绿素和胡萝卜素（氢过氧化物等使维生素 A 及维生素 A 原破坏），从而使色素降解而发生褪色；或者产生具有青草味的不良异味；破坏食品中的维生素和蛋白质类化合物（氧化后的羰基产物与蛋白质中必需氨基酸结合）；食品中的必需脂肪酸（例如亚油酸、亚麻酸和花生四烯酸）遭受氧化破坏。

7.6.1.3 醛脱氢酶在食品科学领域的应用

醛脱氢酶（aldehyde dehydrogenase）是一类在氢受体和水存在时将醛氧化成相应的酸的酶，以 NAD^+ 为受体时，编号为 EC 1.2.1.3；以 $NADP^+$ 为受体时，编号为 EC 1.2.1.4；以 NAD^+ 或 $NADP^+$ 为受体时，编号为 EC 1.2.1.5；以其他化合物为受体的编号为 EC 1.2.99.3 和 EC 1.2.99.6。大豆加工时发生不饱和脂肪酸的酶促氧化反应，其挥发性降解产物己醛等带有豆腥气。产生的醛经醛脱氢酶促氧化反应，可转变为羧酸，可以清除豆腥气。由于这些酸的风味阈值很高，所以不会干扰风味的改善。

7.6.2 水解酶在食品科学领域的应用

水解酶（hydrolase）是食品工业中应用较多的酶之一。通常是利用产水解酶活性高的植物、动物或微生物为原料制得粗酶或精制酶，并将其加入到相应的加工原料中，控制酶反应的条件，使之产生目标产物。食品中常用的水解酶如下。

7.6.2.1 蛋白酶在食品科学领域的应用

食品工业中使用的蛋白酶（protease）主要有中性蛋白酶和酸性蛋白酶。这些酶包括木瓜蛋白酶、菠萝蛋白酶、无花果蛋白酶、胰蛋白酶、凝乳酶、枯草杆菌蛋白酶等。蛋白酶催化蛋白质水解后生产小肽和氨基酸，有利于人体的消化和吸收。蛋白质水解后溶解度增加，其他功能特性（如乳化能力和发泡性）也随之改变。

生产焙烤食品时向小麦面粉中加入蛋白酶可以改变生面团的流变学性质，从而改变制成品的硬度。蛋白酶在生面团的处理过程中，硬的面筋被部分水解后成为软的面筋。蛋白酶可促进面筋软化，缩短揉面时间，改善发酵效果。

木瓜蛋白酶可用于水解动植物蛋白、制作嫩肉粉、水解羊胎素、水解大豆，可作饼干松化剂、面条稳定剂、啤酒饮料澄清剂、酱油酿造及酒类发酵剂等，可有效提高蛋白质的转化率和食品营养价值，并可降低成本。

啤酒的冷后浑浊与蛋白质沉淀有关。可以用木瓜蛋白酶、菠萝蛋白酶或霉菌酸性蛋白酶水解蛋白质，防止啤酒浑浊，延长啤酒的货架期。

工业上蛋白酶应用的另一个例子是生产蛋白质完全或部分水解产物，例如用于鱼蛋白的液化从而制造具有良好风味的物质。

生物活性肽是指那些有特殊生理活性的肽类。按它们的主要来源，可分为天然存在的活性肽和蛋白质酶解的活性肽。利用蛋白酶的水解可制备出多种不同功能的活性肽。乳蛋白经蛋白酶水解可分离得到大量具有免疫调节功能的活性肽；α 玉米醇溶蛋白和 γ 玉米醇溶蛋白的酶解产物都有抗高血压作用。种类繁多的海洋蛋白质中，潜藏着许多具有生理活性的氨基酸序列，用特异的蛋白酶水解，就释放出有活性的肽段。许多水产品加工的废弃物被直接丢弃而未被利用，会严重污染环境。有的水产品加工的废弃物蛋白质含量很高，可运用蛋白酶将其部分转换成优质鱼浓缩蛋白和活性肽，将具有良好的前景。

7.6.2.2　淀粉酶在食品科学领域的应用

水解淀粉的淀粉酶（amylase）存在于动物、高等植物和微生物中。由于淀粉是决定食品的风味、黏度和质构的主要成分之一，因此在食品保藏和加工期间淀粉酶的活性会在不同程度上改变其性状。淀粉酶包括 3 个主要类型：α 淀粉酶、β 淀粉酶、葡萄糖淀粉酶（又称为脱支酶）。

α 淀粉酶存在于所有的生物，它从淀粉（包括直链淀粉和支链淀粉）、糖原和环糊精分子的内部水解 α - 1,4 糖苷键，水解产物中异头碳的构型保持不变。由于 α 淀粉酶是内切酶，因此它能显著地影响含淀粉食品的黏度，这些食品包括布丁、米粥等。唾液和胰中的 α 淀粉酶对于消化食品中的淀粉是非常重要的。某些微生物含有高浓度的 α 淀粉酶。有些微生物 α 淀粉酶在高温下才会失活，它们对于以淀粉为基料的食品的稳定性会产生不良的影响。

β 淀粉酶存在于高等植物，它从淀粉分子的非还原性末端水解 α - 1,4 糖苷键，产生 β 麦芽糖。由于 β 淀粉酶是端解酶，因此仅当淀粉中许多糖苷键被水解时，淀粉糊的黏度才会发生显著的改变。β 淀粉酶作用于支链淀粉时不能越过所遭遇的第一个 α - 1,6 糖苷键，而作用于直链淀粉时能将它完全水解。如果直链淀粉分子含偶数葡萄糖基，产物中都是麦芽糖；如果淀粉分子含奇数葡萄糖基，产物中除麦芽糖外，还含有葡萄糖。因此 β 淀粉酶单独作用于支链淀粉时，它被水解的程度是有限的。聚合度 10 左右的麦芽糖浆在食品工业中是一种很重要的配料。在麦芽中，β 淀粉酶常通过二硫键以共价方式连接至其他巯基上，因此用一种巯基化合物（例如半胱氨酸）处理麦芽能提高它所含的 β 淀粉酶的活力。

葡萄糖淀粉酶主要由微生物的根霉、曲霉等生产，相对分子质量为 7 000 左右。葡萄糖淀粉酶最适 pH 为 4～5，最适温度为 50～60℃。葡萄糖淀粉酶是一种外切酶，它不仅能水解淀粉分子的 α - 1,4 糖苷键，而且能水解淀粉分子的 α - 1,6 糖苷键和 α - 1,3 糖苷键，只是水解后两种键的速度很慢。葡萄糖淀粉酶水解淀粉时，是从非还原端开始逐次切下一个个葡萄糖单位，并将切下的 α-葡萄糖转为 β-葡萄糖。当作用到淀粉支点时，速度下降，但可切割支点。因此葡萄糖淀粉酶作用于直链淀粉和支链淀粉时，终产物均是葡萄糖。工业上大量用葡萄糖淀粉酶作淀粉的糖化剂，并习惯地称之为糖化酶。葡萄糖淀粉酶单独作用于支链淀粉时，水解 α - 1,6 糖苷键的速度只有水解 α - 1,4 糖苷键速度的 4%～10%，很难将支链淀粉完全水解，只有当 α 淀粉酶存在时，葡萄糖淀粉酶才可将支链淀粉较快地完全水解。所以工业上糖化淀粉时常添加 α 淀粉酶。

脱支酶在许多动植物和微生物中都有分布，是水解淀粉和糖原分子中 α - 1,6 糖苷键，将支链剪下的一类酶的总称。根据所催化底物性质的不同，它可分为直接脱支酶和间接脱支酶两类。直接脱支酶又有支链淀粉酶和异淀粉酶之分，它们都能催化水解未改性支链淀粉和糖原中 α - 1,6 糖苷键。间接脱支酶只能催化水解已经被其他酶改性的限制糊精。

降解淀粉的酶较多，特性各异，见表 7 - 9。

表 7 - 9　一些降解淀粉的酶

酶的名称	作用的键	酶解主产物
内切酶（保持构象不变）		
α 淀粉酶（EC 3.2.1.1）	α - 1,4	初期产物以糊精为主、后期是麦芽糖和麦芽三糖
异淀粉酶（EC 3.2.1.68）	α - 1,6	产物是线性糊精

（续）

酶的名称	作用的键	酶解主产物
异麦芽糖酶（EC 3.2.1.10）	α-1,6	作用于α淀粉酶水解支链淀粉的产物
环麦芽糊精酶（EC 3.2.1.54）	α-1,4	作用于环状或线性糊精，生成麦芽糖和麦芽三糖
支链淀粉酶（EC 3.2.1.41）	α-1,6	作用于支链淀粉，生成麦芽三糖和线性糊精
异支链淀粉酶（EC 3.2.1.57）	α-1,4	作用于支链淀粉生成异潘糖，作用于淀粉生成麦芽糖
新支链淀粉酶	α-1,4	作用于支链淀粉生成异潘糖，作用于淀粉生成麦芽糖
淀粉支链淀粉酶	α-1,4 和 α-1,6	作用于支链淀粉生成麦芽三糖，作用于淀粉生成聚合度分为2～4的产物
外切酶（非还原端）		
β 淀粉酶（EC 3.2.1.2）	α-1,4	产物为β-麦芽糖
α 淀粉酶	α-1,4	产物为α-麦芽糖，对于专一外切α淀粉酶的产物是麦芽三糖、麦芽四糖、麦芽五糖和麦芽六糖，并保持构象不变
葡糖糖化酶（EC 3.2.1.3）	α-1,6	产物为β-葡萄糖
α葡萄糖苷酶（EC 3.2.1.20）	α-1,4	产物是α-葡萄糖

7.6.2.3 糖苷酶在食品科学领域的应用

糖苷酶（glycosidase）的种类很多，一般用于改善食品的食用品质。

(1) α-D-半乳糖苷酶　α-D-半乳糖苷酶（α-D-galactosidase）水解双糖、寡糖和多糖的非还原性末端并释放出末端的单糖。豆科植物中的水苏糖能在胃和肠道内生成气体，这是因为肠道中有一些嫌气性微生物能利用水苏糖，将其水解生成 CO_2、CH_4 和 H_2。但当上述水苏糖被 α-D-半乳糖苷酶水解就会消除肠胃中的胀气。

(2) β-D-半乳糖苷酶　β-D-半乳糖苷酶（β-D-galactosidase）为乳糖分解酶，分布广泛，在高等动物、植物、细菌和酵母中均存在，在人体的小肠黏膜细胞中也存在，特别是婴儿小肠中分布较多，随人的年龄增大该酶逐渐减少。新鲜牛乳中乳糖含量4％左右，有些人（一般为年龄大的人）体内缺乏乳糖酶，就不能消化牛乳，产生喝牛乳过敏、腹胀等症状，称为乳糖不耐症。所以对乳糖不耐人群在饮用牛乳的同时应供给 β-D-半乳糖苷酶制剂，可以改善对牛乳的吸收。此外乳糖的溶解度很低，在脱脂奶粉或冰激凌的生产时会形成结晶，产生砂粒感觉，利用这种酶制剂可以部分将乳糖水解使上述食品的加工品质得以改善。

(3) β-D-果糖呋喃糖苷酶　β-D-果糖呋喃糖苷酶（fructosidase）是从特殊酵母菌株中分离出来的一种酶制剂，在制糖或糖果工业上常用来水解蔗糖而生成转化糖。转化糖比蔗糖更易溶解，而且由于含有游离的果糖，故甜度也比蔗糖高。

7.6.2.4 果胶酶在食品科学领域的应用

果胶中最主要的成分是半乳糖醛酸通过 α-1,4 糖苷键连接而成，半乳糖醛酸中约有2/3的羧基和甲醇进行了酯化反应。

(1) 果胶酶的类型　果胶酶（pectic enzyme）可分为果胶酯酶、多聚半乳糖醛酸酶和果胶裂解酶3种类型。

① 果胶酯酶　果胶酯酶（pectin esterase）存在于细菌、真菌和高等植物中，在柑橘和

番茄中含量非常丰富，它对半乳糖醛酸酯具有专一性。该酶水解除去果胶上的甲氧基基团。

　　② 多聚半乳糖醛酸酶　多聚半乳糖醛酸酶（polygalacturonase，PG）在有水环境下促进聚半乳糖醛酸链水解，应用最为广泛。根据水解作用机理不同，它可以分为内切多聚半乳糖醛酸酶（EC 3.2.1.15）和外切多聚半乳糖醛酸酶（EC 3.2.1.67）。外切酶又可以划分两种类型，一种是真菌外切多聚半乳糖醛酸酶，它的终产物是单体半乳糖醛酸；另一种是细菌外切多聚半乳糖醛酸酶，它的终产物是二聚体的半乳糖醛酸。多聚半乳糖醛酸酶水解组成果胶的 D-半乳糖醛酸 α-1,4 糖苷键，在食品工业特别是果汁澄清中有重要意义。多聚半乳糖醛酸酶除在高等植物、霉菌和细菌中存在，也存在于蜗牛的消化液中。多聚半乳糖醛酸酶参与果胶的降解，使细胞壁结构解体，导致果实软化。此外，多聚半乳糖醛酸酶还与细胞伸展、发育和木质化有关。因此多聚半乳糖醛酸酶一直是人们研究植物发育和果实成熟衰老的热点。

　　③ 果胶裂解酶　果胶裂解酶（pectin lyase）又称为果胶转消酶（pectin transeliminase），是通过反式消去作用裂解果胶聚合体的一种果胶酶，裂解酶在 C_4 位置上断开糖苷键，同时从 C_5 处消去一个 H 原子从而产生一个不饱和产物。根据其作用机理以及作用底物的不同，裂解酶可以划分为下述 4 种：a. 内切多聚半乳糖醛酸裂解酶（endo-PGL，EC 4.2.2.2）；b. 外切多聚半乳糖醛酸裂解酶（exo-PGL，EC 4.2.2.9）；c. 内切多聚甲基半乳糖醛酸裂解酶（endo-PMGL，EC 4.2.2.10）；d. 外切多聚甲基半乳糖醛酸裂解酶（exo-PMGL）。

　　（2）果胶酶在食品工业上的应用　果胶酶在食品工业中具有重要作用，尤其在果汁的提取和澄清中应用最广。为了保持混浊果汁的稳定性，常用高温短时杀菌（HTST）或巴氏消毒法使其中的果胶酶失活，因果胶是一种保护性胶体，有助于维持悬浮溶液中的不溶性颗粒而保持果汁混浊。在番茄汁和番茄酱的生产中，用热打浆法可以很快破坏果胶酯酶的活性。大多数水果在压榨果汁时，果胶多则水分不易挤出，且榨汁混浊，如以果胶酶处理，则可提高榨汁率。例如在苹果汁的提取中，应用果胶酶处理方法生产的汁液具有澄清和淡棕色外观，如用直接压榨法生产的苹果汁不经果胶酶处理，则表现为浑浊，感官性状差，商品价值受到较大影响。经果胶酶处理生产葡萄汁，不但感官质量好，而且能大大提高葡萄的出汁率。柑橘汁的色泽和风味依赖于果汁中的混浊成分，混浊是由果胶、蛋白质构成的胶态不沉降的微小粒子，若橘汁中果胶酶不失活，其作用结果会导致柑橘汁中的果胶分解，橘汁沉淀、分层，从而成为不受欢迎的饮料，因此柑橘汁加工时必须经热处理，使果胶酶失活。加工水果罐头时应先热烫使果胶酶失活，以防止罐头贮存时果肉过软。许多真菌和细菌产生的果胶酶能使植物细胞间隙的果胶层降解，导致细胞的降解和分离，使植物组织软化腐烂，在果蔬中称为软腐病（soft rot）。另外，在提取植物蛋白时常使用果胶酶处理原料以提高蛋白质的得率。

7.6.2.5　溶菌酶在食品科学领域的应用

　　溶菌酶（lysozyme）是一种低分子质量（14 700 u）、不耐热的碱性蛋白质，其中富含精氨酸，又称为胞壁质酶（muramidase）或 N-乙酰胞壁质聚糖水解酶（N-acetylmuramide glycanohydrolase），是一种能水解致病菌中黏多糖的碱性酶，主要通过破坏细胞壁中的 N-乙酰胞壁酸和 N-乙酰氨基葡糖之间的 β-1,4 糖苷键，使细胞壁不溶性黏多糖分解成可溶性糖肽，导致细胞壁破裂内容物逸出使细菌溶解。溶菌酶还可与带负电荷的病毒蛋白直接结合，与 DNA、RNA、脱辅基蛋白形成复盐，使病毒失活。因此该酶具有抗菌、消炎、抗病毒等作用。

溶菌酶在食品工业中可作为防腐剂使用，它的主要功用是水解细菌细胞壁，在细胞内，则对吞噬后的病原菌起破坏作用。该酶对革兰氏阳性菌中的枯草芽孢杆菌、耐辐射微球菌有分解作用，对大肠杆菌、普通变形菌和副溶血性弧菌等革兰氏阴性菌也有一定程度溶解作用，其最有效浓度为 0.05%。溶菌酶与植酸、聚合磷酸盐、甘氨酸等配合使用，可提高其防腐效果。溶菌酶对人体完全无毒、无副作用，是一种天然的防腐剂。另外，该酶还能杀死肠道腐败球菌，增强肠道抗感染力，同时还能促进婴儿肠道双歧乳酸杆菌增殖，促进乳酪蛋白凝乳而有利于消化，所以又是婴儿食品、饮料的良好添加剂。若在鲜乳或乳粉中加入一定量的溶菌酶，不但有防腐保鲜的作用，而且可以达到强化婴儿乳品营养的目的，有利于婴儿的健康。

溶菌酶现已广泛用于干酪、水产品、酿造酒、乳制品、肉制品、豆制品、新鲜果蔬、糕点、面条、饮料等的防腐保鲜。

7.6.3 应用于食品工业的其他酶简介

7.6.3.1 异构酶

异构酶（isomerase）为六大酶类之一。其中葡萄糖异构酶（glucose isomerase，EC 5.3.1.5）在食品工业上应用较多。该酶催化 D-葡萄糖向 D-果糖异构化反应，用于生产高果糖浆或异构糖浆。葡萄糖异构酶也能将 D-木糖、D-核糖等醛糖转化为相应的酮糖，因此木糖异构酶同时具有葡糖异构酶活性，故二者为同一编号。

7.6.3.2 转移酶

转移酶（transferase）为六大酶类之一。其中在食品工业应用较多的是谷氨酰胺转氨酶（transglutaminase，TG 酶），这是一种催化酰基转移反应的酶，它可以催化在蛋白质以及肽键中谷氨酰胺残基的 γ 羧酰胺基和伯胺之间的酰胺基转移反应，利用该反应可以将赖氨酸引入蛋白质从而改善蛋白质的营养特性。当蛋白质中的赖氨酸残基的 γ 氨基作为酰基受体时，蛋白质在分子内或分子间形成 ε-（γ-glutamyl）lys［ε-（γ-谷氨酰）赖氨酸］共价键，通过该反应蛋白质分子发生交联，从而赋予产品特有的黏合性能。如，利用剔骨肉、碎肉加工培根类肉制品，在其中添加一定的谷氨酰胺转氨酶，能将碎肉黏合在一块，形成造型美观的整块肉。酪蛋白是谷氨酰胺转氨酶的良好底物，在乳酪生产中，经谷氨酰胺转氨酶处理后，乳清蛋白与酪蛋白交联在一起，可以提高乳酪的产量。在酸奶生产中，使用谷氨酰胺转氨酶可以生产高品质的酸奶。

7.6.4 酶在食品工业中的应用实例

生物技术在食品工业中应用的典型技术就是酶的应用。目前已有几十种酶成功地用于食品工业。提供世界食品用酶的 60% 的某公司，其 60% 的酶是基因改组的微生物生产的。例如 Novo Myl 是淀粉酶的制品，常用于保持面包的品质。应用该酶，就可以少加防止面包变硬的化学添加剂。也有其他一些基因工程化的食品用酶制剂，如淀粉酶、葡萄糖淀粉酶、普鲁兰酶。葡萄糖异构酶、葡萄糖氧化酶、酸性蛋白酶等有希望被用于食品工业。在乳酪生产中，某公司用大肠杆菌工程菌生产的凝乳酶 Chymax，其价格比小牛胃中分离的凝乳酶降低一半。该酶的使用对 17 个国家 1.5×10^{10} t 的乳酪生产有积极贡献。

7.6.4.1 酶在制糖工业中的应用案例

(1) 酶法生产葡萄糖　以前惯用酸水解法生产葡萄糖浆，但酸水解法在右旋糖当量值

$\left(DE=\dfrac{葡萄糖含量}{固形物含量 \times 相对密度}\right)$ 高于 55 时产生异味。20 世纪 50 年代末，日本成功地应用酶法水解淀粉制葡萄糖，从此葡萄糖的生产大都采用酶法。酶法生产葡萄糖是以淀粉为原材料，先经 α 淀粉酶液化成糊精，再用糖化酶水解为葡萄糖。淀粉酶是最早实现工业生产的酶，也是迄今为止用途最广的酶。

利用淀粉加工葡萄糖的工艺过程如图 7-8 所示。

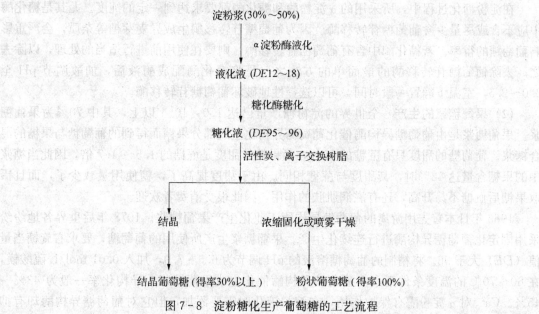

图 7-8　淀粉糖化生产葡萄糖的工艺流程

制造葡萄糖的第一步是淀粉的液化。应用加热淀粉浆的方法使淀粉颗粒破裂，分散并糊化。淀粉先加水配制成浓度为 30%～40% 的淀粉浆，pH 一般调至 6.0～6.5，添加一定量的 α 淀粉酶之后，在 80～90℃ 的温度下保温 45 min 左右，使淀粉液化成糊精。由于一般细菌 α 淀粉酶最适温度仅为 70℃，在 80℃ 时不稳定，所以需要向淀粉乳液中添加 Ca^{2+} 和 NaCl。自 1973 年使用最适温度为 90℃ 的地衣芽孢杆菌 α 淀粉酶后，液化温度可提高到 105～115℃。高温淀粉酶的发现和应用极大地缩短了淀粉液化时间，提高了液化效率。淀粉的液化程度以控制淀粉液的右旋糖当量值（DE）在 15～20 范围内为宜，太高或太低都对糖化酶的进一步作用不利。

随着酶固定化技术的发展，固定化的淀粉酶也有应用。将枯草芽孢杆菌 α 淀粉酶固定在溴化氢活化的羧甲基纤维素上，在搅拌反应器中水解小麦淀粉。虽然固定化酶的反应活力比可溶酶的低，但因为可溶酶在加热的条件下易失活，发生钝化现象，因而从总的反应效果上看，固定化酶的产率较高。固定化的 α 淀粉酶不存在外部扩散限制，可用于多次连续批式反应。

液化完成后，将液化淀粉液冷却至 55～60℃，pH 调至 4.5～5.0 后，加入适量的糖化酶。保温糖化 48 h 左右，糊精就基本上转化为葡萄糖。

糖化酶在食品和酿造工业上有着广泛用途，是酶制剂工业的重要品种。糖化酶的生产几乎全部是霉菌，如黑曲霉、盛泡曲霉、臭曲霉、雪白根霉、龚氏根霉、杭州根霉、爪哇根霉、拟内孢酶等。国内生产糖化酶的菌种主要是黑曲霉和根霉。黑曲霉糖化酶的最适温度为55℃左右，如果能提高糖化酶的最适反应温度，则淀粉液化和糖化过程就可以在同一个反应器中进行，既节省设备费用，降低冷却过程的能量消耗，也避免了微生物的污染。因此对耐热性糖化酶的研制得到了极大的关注，最近从嗜热菌 *Thermococcus litoralis* 中分离得到淀粉糖化酶，最适反应温度可以达到 95℃。该酶如果能够大量生产，将给淀粉糖化工业带来一场革命。

在淀粉糖化过程中，所采用的 α 淀粉酶和糖化酶都要求达到一定的纯度。尤其是糖化酶中应不含或尽量少含葡萄糖苷转移酶。因为葡萄糖苷转移酶生成异麦芽糖等杂质，会严重影响葡萄糖的得率。若糖化酶中含有葡萄糖苷转移酶，则要在使用前进行适当的处理，以除去之。去除葡萄糖苷转移酶的最简单的方法之一是将糖化酶配成酶液后，加酸调节 pH 至 2.0～2.5，室温下静置一段时间，可以选择性地破坏葡萄糖苷转移酶。

(2) 果葡糖浆的生产 全世界的淀粉糖产量已达 1.0×10^7 t 以上，其中 70% 为果葡糖浆。果葡糖浆是由葡萄糖异构酶催化葡萄糖异构化生成部分果糖而得到的葡萄糖与果糖的混合糖浆。葡萄糖的甜度只有蔗糖的 70%，而果糖的甜度是蔗糖的 1.5～1.7 倍，因此当糖浆中的果糖含量达 42% 时，其甜度与蔗糖相同。由于甜度提高了，糖使用量减少了，而且摄取果糖后血糖不易升高，还有滋润肌肤的作用，因此很受消费者欢迎。

1966 年日本首先用游离的葡萄糖异构酶工业化生产果葡糖浆。1973 年后世界各地纷纷采用固定化葡萄糖异构酶进行连续化生产。果葡糖浆生产所使用的葡萄糖，要求右旋糖当量值（*DE*）大于 96。将精制的葡萄糖溶液的 pH 调节为 6.5～7.0，加入 0.01 mol/L 硫酸镁，在 60～70℃ 的温度条件下，由葡萄糖异构酶催化生成果葡糖浆。异构化率一般为 42%～45%。Ca^{2+} 对 α 淀粉酶有保护作用，在淀粉液化时需要添加，但它对葡萄糖异构酶却有抑制作用，所以葡萄糖溶液需用层析等方法精制，以除去其中所含的 Ca^{2+}。葡萄糖异构酶的最适 pH，依其来源不同而有所差别。一般放线菌产生的葡萄糖异构酶，其最适 pH 为 6.5～8.5。但在碱性范围内，葡萄糖容易分解而使糖浆的色泽加深，为此，生产时 pH 一般控制在 6.5～7.0。

葡萄糖转化为果糖的异构化反应是吸热反应。随着反应温度的升高，反应平衡向有利于生成果糖的方向变化。异构化反应的温度越高，平衡时混合糖液中果糖的含量也越高（表 7-10）。但当温度超过 70℃ 时葡萄糖异构酶容易变性失活。所以异构化反应的温度以 60～70℃ 为宜。在此温度下，异构化反应平衡时，果糖可占 53.5%～56.5%。

表 7-10 不同温度下反应平衡时果葡糖浆的组成

反应温度（℃）	葡萄糖所占比例（%）	果糖所占比例（%）	反应温度（℃）	葡萄糖所占比例（%）	果糖所占比例（%）
25	57.5	42.5	70	43.5	56.5
40	52.1	47.9	80	41.2	58.8
60	46.5	53.5			

由表 7-10 可见，提高温度将促进果糖的生成，因此得到耐高温的异构酶是非常重要

的。目前已从嗜热的 *Thermotogo* 中分离出一种超级嗜热的木糖异构酶，其最适温度接近100℃，这种酶能把葡萄糖转化为果糖，这样就能在高温条件下提高果糖的产量。

异构化完成后，混合糖液经脱色、精制、浓缩，至固形物含量达71%左右，即为果葡糖浆。其中含果糖42%左右，含葡萄糖52%左右，另外6%左右为低聚糖。

若将异构化后混合糖液中的葡萄糖与果糖分离，再将分离出的葡萄糖进行异构化，如此反复进行，可使更多的葡萄糖转化为果糖。由此可得到果糖含量达70%、90%甚至更高的糖浆，即高果糖浆。

通常葡萄糖异构酶是以固定化形式存在的，不同的公司应用不同来源的葡萄糖异构酶和不同的固定化载体制备了各种固定化酶。固定化的葡萄糖异构酶占固定化酶整体市场的份额最大，每年有数百万吨产品（表7-11）。

表7-11 用于工业化生产的葡萄糖异构酶的固定化方法

公 司	固定化方法
Novo Industry	凝结芽孢杆菌细胞，自溶，用戊二醛交联并造粒
Gist-Brocades	放线菌细胞包埋进明胶中，用戊二醛交联并造粒
Cliton Corn Processing Co.	酶提取物，吸附到离子交换树脂上
Miles Labs. Inc.	用戊二醛交联细胞并造粒
CPC Int. Inc.	酶提取物，吸附到粒状陶瓷载体上
Sanmatsu	酶提取物，吸附到离子交换树脂上
Snam Progetti	细胞，包埋到乙酸纤维素中

（3）饴糖、麦芽糖和高麦芽糖浆的生产 饴糖在我国已有2000多年的历史，是用米饭同谷芽一起加热保温做成。发芽的谷子内含丰富的α淀粉酶和β淀粉酶，米淀粉在这两种酶的作用下被水解成麦芽糖、糊精、低聚糖等。近年来国内饴糖已改用碎米粉等为原料，先用细菌淀粉酶液化，再加少量麦芽浆糖化，这种新工艺使麦芽用量由10%减到1%，而且生产也可以实现机械化和管道化，大大提高了效率，节约了粮食。β淀粉酶作用淀粉时，是从淀粉分子的非还原性末端水解α-1,4糖苷键切下麦芽糖单位，在遇到支链淀粉α-1,6糖苷键时作用停止而留下β极限糊精，因此用麦芽粉酶水解淀粉时麦芽糖的含量通常低于40%~50%，从不超过60%。如果淀粉酶与脱支酶相配合作用于淀粉，则因后者切开支链淀粉α-1,6糖苷键，而得到只含α-1,4糖苷键的直链淀粉。由于麦芽糖在缺少胰岛素的情况下也可被肝脏所吸收，不致引起血糖水平的升高，所以可适当供糖尿病患者食用。

麦芽糖的制法：将淀粉用α淀粉酶轻度液化（右旋糖当量值在2以下），加热使α淀粉酶失活，再加入β淀粉酶与脱支酶，在pH 5.0~6.0、40~60℃下反应24~48h，淀粉几乎完全水解。当浓缩到90%以上时，可析出纯度98%以上的结晶麦芽糖，此时残留在母液中的还含有其他低聚糖，干燥后也可供食用。若将麦芽糖加氢还原便可制成麦芽糖醇，这时甜度为蔗糖的90%，是一种发热量低的甜味剂，可供糖尿病、高血压、肥胖病人食用。制造麦芽糖时，淀粉液化的右旋糖当量值（DE）以低为宜，以免大量生成聚合度为奇数的糊精，导致葡萄糖生成量增加和使麦芽糖的得率降低，因此一般以右旋糖当量值以2为宜，但这样低的右旋糖当量值，淀粉浆黏度较高，为此宜用10%~20%的淀粉乳进行生产。

工业生产的脱支酶主要来自肺炎克氏杆菌（*Klebsiella pneumoniae*）、蜡状芽孢杆菌变异株（*Bacillus cereus* var. *mycoides*）、或酸解普鲁兰糖芽孢杆菌（*Bacillus acidopullulyticus*），该酶以水解茁霉多糖——聚麦芽糖的 α-1,6 键，故又称为茁霉多糖酶。淀粉酶主要来自大豆（大豆蛋白质生产时综合利用的产物）及麦芽，微生物也生产 β 淀粉酶（主要为多黏芽孢杆菌、蜡状芽孢杆菌等），因这类微生物还同时生产脱支酶，故用微生物淀粉酶水解淀粉时麦芽糖得率可达 90%～95%，但这类微生物耐热性不是很理想。

高麦芽糖浆是含麦芽糖为主的淀粉糖浆，仅含少量葡萄糖，由于麦芽糖不易吸湿，因此国外糖果工业常用它代替酸水解淀粉糖浆。其制法是：以含固形物 35%、右旋糖当量值为 10 左右的淀粉乳，加入霉菌 α 淀粉酶（fungamyl 800 L）0.5%～0.8%，于 pH 5.5、55℃ 下水解 48h，再加以脱色精制浓缩，其右旋糖当量值为 40～50，含麦芽糖 45%～60%、葡萄糖 2%～7% 以及麦芽三糖等。日本用大豆 β 淀粉酶水解低右旋糖当量值液化淀粉来生产麦芽糖浆。麦芽糖浆的组成因所采用的原料和酶的不同而异，不同组成的糖浆风味也不一样。

(4) 麦芽糊精的生产 麦芽糊精是一种聚合度大，右旋糖当量值低（20 以下）的淀粉水解物，国外大量用于食品工业，以改善食品风味，因其无臭、无味、无色、吸湿性低、溶解时分散性好，糖果工业用它调节甜度并阻止蔗糖析晶和吸湿，饮料中用它作为增稠剂和泡沫稳定剂，还用于粉末饮料制造，以加速干燥；因不易吸湿结块，制造固体酱油、汤粉时用它增稠并延长保质期，还用于奶粉制造等；在酶制剂工业中也可用来作为填料。市售麦芽糊精是由分子质量不均一的寡糖所组成，依右旋糖当量值（*DE*）分为 *DE* 5～8、*DE* 9～13 和 *DE* 14～18 3 种规格，右旋糖当量值不同的麦芽糊精性质不同，用途也不同，右旋糖当量值低、黏度大的适合于增加食品的骨体，稳定泡沫，防止砂糖结晶析出；而右旋糖当量值高则水溶性大，易吸湿，加热容易褐变。

麦芽糊精的制法：以淀粉为原料，加 α 淀粉酶高温液化，脱色过滤、离子交换处理后喷雾干燥而成。用酸水解因长链淀粉易析出形成白色浑浊而影响产品外观。由于所用 α 淀粉酶的来源不同，液化方式应不同，所得麦芽糊精组成成分也不一样，麦芽糊精的主要成分组成为 G_8 以下的 G_3、G_6、G_7 低聚糖为主。

(5) 偶联糖的生产 软化芽孢杆菌和蜡状芽孢杆菌生产的一种环糊精葡萄糖基转移酶（CGTase）可水解 α-1,4 糖苷键而形成由 6～8 个葡萄糖残基所构成的环状糊精。在发生这种水解时，若有适当的糖类作为受体，就发生分子间的转移反应，先将环糊精裂开，然后转移到受体分子 C_4 而形成新的 α-1,4 糖苷键，这称为偶联反应。在蔗糖与淀粉共存下，经环糊精葡萄糖基转移酶的作用便生成一种具有果糖末端的甜味糊精，称为偶联糖，其甜度虽只及蔗糖的 40%，但用于食品中不易引起蛀牙（不生成右旋糖酐）。

环糊精分子呈中空筒状，可以包接各种物质，在工业上有很大用处，如作为食品添加剂用于乳化、稳定发泡、保香脱苦等，医药上用它来改善药品苦味异味、防止氧化、作为缓释剂、作为稳定剂等，化学工业上用作农药缓释剂、稳定剂等。

(6) 酶在制糖工业中的其他应用 酶还可以用于分解棉籽糖、清洗甘蔗糖设备与降低蔗汁黏度，还用于菊芋淀粉水解生成果糖以及由葡萄糖直接变为果糖等。

① 分解棉籽糖 甜菜中常含有 0.05%～0.15% 的棉籽糖（相当于蔗糖的 1%），妨碍蔗糖结晶，在废糖蜜中往往残留大量蔗糖不能回收。利用蜜二糖酶（α-半乳糖苷酶）可将棉籽糖分解成蔗糖与半乳糖，可提高蔗糖的得率，改善结晶浓缩条件，节约燃料和辅料。蜜二糖酶是胞内酶，主要由紫红被孢霉或梨头霉所生产，将这种微生物在特定条件下培养后，收

集细胞，装入反应柱中，在 45～50℃ 下通过糖蜜（pH 5.2），于是 65% 的棉籽糖转变为蔗糖。为了防止蔗糖分解，选用菌株应不产生蔗糖酶。

② 清洁糖厂设备 在甘蔗制糖厂的糖液中常因肠膜状明串珠菌存在而将蔗糖转变成大分子的葡聚糖，堵塞管路，妨碍设备清洗及蔗糖的结晶。将糖液在石灰汁处理前用青霉所产生的右旋糖酐酶（内切 α-1,6 葡聚糖酶）处理，可使右旋糖酐分解为异麦芽糖与异麦芽三糖，黏度迅速下降，生产时间大为缩短。此外使用 α 淀粉酶也同样有效。

③ 生产果糖 纯果糖因甜度高而成为近年来最为畅销的食糖之一，它是以含 42% 果糖的果葡糖浆，用模拟流动床将葡萄糖同果糖分开而成，而果糖也可以通过葡萄糖在一种担子菌钝头多孔菌所产的吡喃糖 α 氧化酶和钯催化下生成果糖，得率为 100%，此法已开发成功，但是由于成本高，缺乏价格上的竞争力而未投产。

果糖也可以用菊芋粉（系果糖的聚合物）经克勒酵母、青霉等的菊芋粉酶水解而生成。

④ 分解蔗汁淀粉 甘蔗中生成的少量淀粉，对制糖生产不利，可用耐热 α 淀粉酶分解去除。

7.6.4.2 酶在啤酒发酵中的应用实例

在啤酒酿造过程中（图 7-9），制浆和调理两个阶段是要使用酶制剂的。

在浸泡麦芽浆时，温度约 65℃，浓的麦芽浆可以稳定酶。在煎浆过程中温度逐渐升高，有利于使蛋白酶、α 淀粉酶、β 葡聚糖酶发挥作用，使麦芽中的多糖及蛋白类物质降解为酵母可利用的合适的营养物质。

在加啤酒花前，应煮沸麦芽汁使上述酶失活。在发酵完毕后，啤酒需要加一些酶处理，以使其口味和外观更易于为消费者所接受。木瓜蛋白酶、菠萝蛋白酶和霉菌酸性蛋白酶都可以降解使啤酒浑浊的蛋白质组分，防止啤酒的冷浑浊，延长啤酒的贮存期。应用糖化酶能够降解啤酒中的残留糊精，这一方面保证了啤酒中最高的乙醇含量，另一方面不必添加浓糖液来增加啤酒的糖度。这种低糖度的啤酒糖尿病患者也可以饮用。

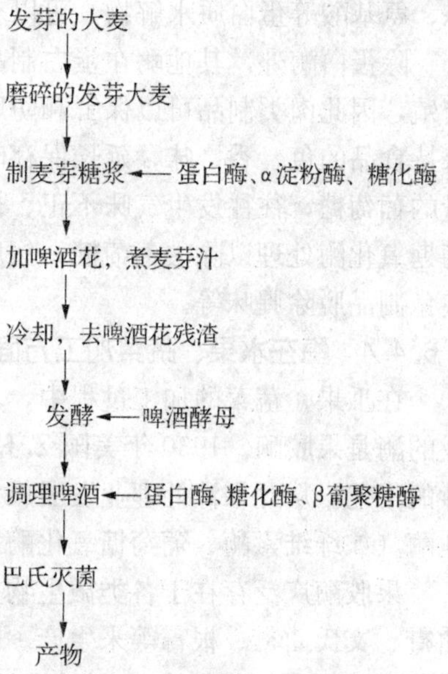

酸性蛋白酶、淀粉酶、果胶酶也用于果酒酿造，用于消除浑浊或改善溃碎果实压汁操作。

糖化酶代替麸曲用于白酒、乙醇生产可提高出酒率（2%～7%），节约粮食，简化设备，节省厂房场地。

发芽的大麦
↓
磨碎的发芽大麦
↓
制麦芽糖浆 ←── 蛋白酶、α 淀粉酶、糖化酶
↓
加啤酒花，煮麦芽汁
↓
冷却，去啤酒花残渣
↓
发酵 ←── 啤酒酵母
↓
调理啤酒 ←── 蛋白酶、糖化酶、β 葡聚糖酶
↓
巴氏灭菌
↓
产物

图 7-9 啤酒酿造的工艺流程

7.6.4.3 酶在蛋白制品加工方面的应用实例

蛋白质是食品中的主要营养成分之一。以蛋白质为主要成分的制品称为蛋白制品，如蛋制品、鱼制品和乳制品等。酶在蛋白制品加工中的主要用途是改善组织，嫩化肉类，转化废弃蛋白质成为供人类食用或作为饲料的蛋白质浓缩液，因而可以增加蛋白质的价值和可利用性。

不同来源的蛋白酶在反应条件和底物专一性上有很大差别。在食品工业中应用的主要有

中性蛋白酶和酸性蛋白酶。动植物来源的蛋白酶在食品工业上应用很广泛，这些蛋白酶包括木瓜蛋白酶、无花果蛋白酶、菠萝蛋白酶以及动物来源的胰蛋白酶、胃蛋白酶和粗凝乳酶。但是越来越多的微生物来源的蛋白酶被用于食品工业。中性蛋白酶的生产菌有枯草芽孢杆菌（*Bacillus subtilis*）和地衣形芽孢杆菌（*Bacillus licheniformis*），酸性蛋白酶产生菌有 *Streptomyces griseus*，米曲霉（*Aspergillus oryzae*）、黑曲霉（*Aspergillus niger*）、*Aspergillus melleus* 等。蛋白酶作用后产生小肽和氨基酸，使食品易于消化和吸收。但是不同来源的蛋白酶对食品作用后产生的效果不同。如来源于枯草芽孢杆菌（*Bacillus subtilis*）蛋白酶所作用的蛋白质水解物有很浓的苦味，但是来自于 *Streptomyces griseus* 和米曲霉（*Aspergillus oryzae*）的蛋白酶所作用的水解物苦味很小。这主要是因为不同的蛋白酶水解蛋白质的位点不同，因而产生的小肽结构不同，导致调味剂的味道不同。中性蛋白酶及酸性蛋白酶可用于肉类的软化、调味料、水产加工、制酒、制面包及奶酪生产。目前可得的制品有 a. 用木瓜蛋白水解酶制成嫩肉粉，使肉食嫩滑可口；b. 用蛋白酶生成明胶；c. 香肠加工等；d. 加工不宜食用的蛋白质，制造蛋白水解物。皮革厂的边料和碎皮、鱼品加工厂的杂鱼、屠宰场的下脚料等都含有大量的蛋白质，利用蛋白酶来分解这些废料，制造各种蛋白胨、氨基酸等蛋白质水解物，可以获得医药、饲料、科研所需的产品，用途十分广阔。

除蛋白酶外，其他酶在蛋白制品的加工中也有作用。用溶菌酶处理肉类，则微生物不能繁殖，因此肉类制品可以保鲜和防腐等。葡萄糖氧化酶在食品工业上主要用来去糖和脱氧，保持食品的色、香、味，延长保存时间。由于蛋白粉、蛋黄粉、蛋白片的蛋白质中总含有少量的葡萄糖，往往发生气味不正、褐变反应等异常现象，影响产品质量，如果蛋白质先用葡萄糖氧化酶处理以除去葡萄糖，然后进行干燥，可明显提高食品质量。用三甲基胺氧化酶可使鱼制品脱除腥味等。

7.6.4.4　酶在水果、蔬菜加工方面的应用实例

在瓜果、蔬菜的加工过程中，其鲜味及果汁的口感非常重要。第一个应用在果汁处理工业的酶是果胶酶。1930 年美国 Z. J. Kertesz 和德国 A. Mehlitz 同时建立了用果胶酶澄清苹果汁的工艺。从此果汁处理业发展成为一个高技术含量的工业。果胶酶的功能更加专业化，其他酶（如纤维素酶、葡萄糖氧化酶等）也成为饮料工业的重要用酶。

果胶酶广泛存在于各类微生物中。各种微生物产生的果胶酶的组成不同，工业上使用黑曲霉、文氏曲霉、根霉等来生产。因为这是一种诱导酶，培养基中须添加含果胶的物质（如甜菜渣、橘皮、果皮等）。果胶酶可用固体培养或液体深层培养法来生产。由于曲霉培养菌丝体、孢子梗或孢子等不同器官所产酶不同，故固体培养法生产的酶被认为更适合于工业应用。果胶酶的用途是澄清果汁，使悬浊果胶类物质失去保护胶体而沉降。脱果胶的果汁即使在酸、糖共存下也不致形成果冻，因此可用来制造高度浓缩的果汁或粉末果汁。

葡萄糖氧化酶在果蔬加工中的利用，已在前文介绍，请参见相关内容。

酶在橘子罐头加工中有着很广泛的用处，黑曲霉所产生的半纤维素酶、果胶酶和纤维素酶的混合物可用于橘瓣去除囊衣，以代替耗水量大而费工费时的碱处理。橘子中的柠檬苦素（limonin）是引起橘汁产生苦味的原因，利用球形节杆菌（*Arthrobacter globiformis*）固定化细胞的柠碱酶处理可消除苦味。

未成熟橘子含较多柚苷（柚配质-7-芸香糖苷），当其含量达 0.50 mg/mL 时即有苦味，如将柚苷分子中鼠李糖水解除去，即成为不苦而略带涩味的普鲁宁，将普鲁宁分子中葡萄糖

去除就成为无味的柚配质。

黑曲霉生产的一种诱导酶有脱苦作用，称为柚苷酶，由 β-鼠李糖苷酶与 β-葡萄糖苷酶所组成，将这种酶加于橘汁，经 30～40℃ 作用 1h，便能脱苦，也可选用耐热性酶加入罐头中，在 60℃ 巴氏杀菌后，在罐头中继续发挥脱苦作用。

橘子罐头的橘片上常产生白点，这是一种由橘肉带来的橙皮苷（橙皮素-7-芸香糖苷）所造成的，生产柚苷酶的黑曲霉也可以在底物诱导下产生橙皮苷酶，这种酶可相继将橙皮苷分子中的鼠李糖与葡萄糖切下成为水溶性橙皮素，从而消除白点。柚苷酶和橙皮苷酶均可受到培养基中的鼠李糖的诱导。

花青素是一种糖苷，是果实色素的主要来源。桃子含有红色花青色素，罐藏时同金属作用呈紫褐色，以致罐藏桃子仅限于白桃、黄桃等色素少的品种，红桃产量虽多，却不能用于加工。从黑曲霉中提取的花青色素酶，可水解花青色素引起自发的开环变为无色物质。用花青色素酶处理桃酱、葡萄汁可使之脱色而提高经济价值。但是由于酶不易渗入果肉内，它的应用尚待解决。

7.6.4.5 酶在改善食品的品质、风味和颜色方面的应用实例

食品工业的一个重要方面是使食品或饮料改变风味和增色。酶在改善食品的品质和风味方面大有用场。

风味物质占世界添加剂市场的 10%～15%，占市场价值的 25% 左右。有些是用有机化学方法合成的，但是越来越多的风味物质是用生物法合成的。风味酶的发现和应用，在食品风味的再现、强化和改变方面有广阔的应用前景。例如用奶油风味酶作用于含乳脂的巧克力、冰激凌、人造奶油等食品，可使这些食品增强奶油的风味。一些食品在加工或保藏过程中，可能会使原有的风味减弱或失去，若在这些食品中添加各自特有的风味酶，则对使它们恢复甚至强化原来的天然风味。

天然调味料的制造分为两大类：分解型和抽出型。分解型调味剂是由蛋白质分解得到的，氨基酸和多肽为其主要成分，原料是鱼肉、鸡肉等动物蛋白质水解物（HAP）以及由大豆等来源的植物蛋白质水解物（HVP），以前是应用盐酸分解法制备，近年来，正在考虑应用蛋白酶方法来制备。另一方面，在应用抽出型方法来得到鱼、肉、野菜中的风味成分时，用蛋白酶处理时会提高抽提率，降低油脂分解。

在面包制造过程中，在面团中添加适量的 α 淀粉酶和蛋白酶，可以缩短面团发酵时间，使制成的面包更加松软可口，色香味俱佳，同时可防止面包老化，延长保鲜期。较浓风味的奶酪是用蛋白酶及脂肪酶处理得到的。将酶加入到煮沸过的凝乳中，在 10～25℃ 下保温 1～2 个月，酯酶对脂肪酶的比例越高，产物的风味效果越好。酯酶主要水解短链的水溶性脂肪酸，而脂肪酶则是水解长链的水不溶性的脂肪酸。应用酶复合物处理奶酪，能提高风味 5～10 倍。细菌中性蛋白酶用于水解蛋白质成为风味肽。

在酱油或豆瓣酱的生产中，利用蛋白酶催化大豆蛋白质水解，可以大大缩短生产周期，提高蛋白质的利用率。还可以生产出优质低盐酱油或无盐酱油，酱油的风味得以极大改善。

从 *Leuconostoc meseteriodes* 生产 β-果糖呋喃糖苷酶，它可以将糖多聚物水解成为寡糖形式，这种形式的糖比右旋糖酐的热稳定性好，黏度低。与乳化剂一起使用时，食品中的含胶量降低。

色素在食品添加剂中占 0.5%～0.8% 的消耗量，占食品添加剂价值的 5%。目前应用酶

提取色素还不广泛，但是该技术在研究和开发水平上受到很大重视。目前比较成功的技术是用纤维素酶和果胶酶处理果皮以提取色素。纤维素酶能加快水果的色素抽提和植物组织的液化过程。红醋栗的颜色是有价值的成分，但是它位于表皮细胞中，难于与富含果汁的成分分离。抽提过程为细胞壁和膜的难溶性所阻碍。用纤维素酶在 60 ℃左右来改变细胞膜的通透性，则色素容易被抽提出来。

7.6.4.6 酶在乳品工业中的应用实例

在乳品工业中所用的酶主要有：a. 凝乳酶，用于制造干酪；b. 过氧化氢酶，用于牛乳消毒；c. 溶菌酶，用于添加在婴儿奶粉；d. 乳糖酶，用于分解乳糖；e. 脂肪酶：用于黄油增香。其中以干酪生产与分解乳糖最为重要。全世界干酪生产所耗牛乳超过 1.0×10^8 t，占牛乳总产量的 1/4。干酪生产的第一步是将牛乳用乳酸菌发酵制成酸奶，再加凝乳酶水解 κ 酪蛋白，在酸性环境下，Ca^{2+} 使酪蛋白凝固，再经切块加热压榨熟化而成。凝乳酶取自小牛，全世界一年宰杀小牛多达到 4 000 万头，自 20 多年前发现了微生物凝乳酶，现在 85％的动物酶已由微生物酶所代替，凝乳酶已成为仅次于淀粉酶的大商品。但凝乳酶本质实为酸性蛋白酶，只是凝乳作用强而蛋白分解作用弱而已，还多少会使酪蛋白分解，形成苦味。现在用基因工程将牛凝乳酶原生产基因植入大肠杆菌，已经表达成功，用发酵法已经可以生产真正凝乳酶。

乳糖酶可水解乳糖成为半乳糖与葡萄糖。牛乳中含 4.5％乳糖，这是缺乏甜味而溶解度很低的双糖，有些人饮奶后常发生腹泻、腹痛等病。由于乳糖难溶于水，常在炼乳、冰激凌中呈砂样结晶析出，影响风味。如将牛乳用乳糖酶处理，上述问题得以解决。一种利用固定化黑曲霉乳糖酶处理牛乳生产脱乳糖牛乳的工艺已在西欧投产。

乳清是干酪生产的副产品，年产量达 90000 t 以上（其含脂肪 0.2％、蛋白质 0.7％、乳糖 4％～4.5％和盐 0.45％）。因乳糖难于消化，历来随废水排放，严重污染环境。如用乳糖酶处理，当乳糖水解率达 80％时，其甜度可同右旋糖当量值（DE）为 40 的葡萄糖浆相当而可供食用或作为饲料，如再用葡萄糖异构酶处理，使部分葡萄糖转化为果糖则甜度可进一步增加。某公司用固定于多孔玻璃的黑曲霉乳糖酶分解乳清中的乳糖，用其生产面包酵母，年处理量达 5000 t。

乳制品的特有香味主要是加工时所产生的挥发性物质（如脂肪酸、醇、醛、酮、酯、胺类等），乳品加工时添加适量脂肪酶可增加干酪和黄油的香味，将增香黄油用于奶糖、糕点等食品制造可节约用量，使用增香黄油时充分调匀使香味均衡是非常重要的。

过氧化氢是一种有效的杀菌剂，牛乳保藏在缺乏巴氏杀菌设备或冷藏的条件下可用过氧化氢杀菌，其优点是不会大量损害牛乳中的酶和有益细菌，过剩的过氧化氢还可用来自肝脏或黑曲霉的过氧化氢酶分解。

7.6.4.7 酶在肉类和鱼类加工中的应用实例

酶在肉类和鱼类加工中的两个用途是改善组织、嫩化肉类，以及转化废弃蛋白质使其作为饲料的蛋白质浓缩物或其他用途。

用酶嫩化牛肉，过去使用木瓜酶和菠萝蛋白酶，最近美国批准使用米曲酶等微生物蛋白酶，并将嫩化肉类品种扩大到家禽与猪肉。蛋白酶软化肉类的主要作用是分解肌肉结缔组织的胶原蛋白。胶原蛋白是纤维蛋白，由次级键连接成为具有很强机械强度的组成，这种交联键可分为耐热和不耐热的两种，幼动物中的胶原蛋白不耐热交联键多，一经加热即行破裂，肉就软化；因老动物的耐热交联键多，烹煮时软化较难，用蛋白酶可水解胶原，促进嫩化。但一般蛋白酶专一性低，在水解胶原时不可避免地水解其他蛋白质（如肌肉收缩蛋白等），以致造成软化过度，为此正研究选择仅对胶原有专一性的、符合安全的胶原酶。工业上软化肉的方法有两种：一种是将酶涂抹肉的表面或用酶液浸肉；另一种较好的方法为动物宰前用酶肌内注射，酶的软化作用发生在贮罐特别是烹煮加热时。

利用废弃蛋白质（如杂鱼、动物血、碎肉等），将其用酶水解，抽提其中蛋白质作为饲料，是增加蛋白质资源的有效措施。其中以杂鱼及鱼厂废弃物的利用最为注目。海洋中许多鱼类或因色泽、外观、味道欠佳而不作捕捞对象，而这类水产动物却占海洋水产动物的80%左右，用蛋白酶或自溶方法，使其中部分蛋白质溶解，经浓缩干燥制成含氮量高，富含各种水溶性维生素的产品，是一类高质量饲料。

生产食用可溶性鱼蛋白质的关键是产品的脱腥和苦味的防止。苦味是酶水解蛋白质时产生的一种肽——苦味肽所引起，当蛋白质水解程度不高时，苦味尚难察觉，但随着水解的深入，苦味就显著增强。使用羧肽酶或不生成苦味肽的蛋白酶，或用几种蛋白酶共同水解，使苦味肽进一步分解，可去除苦味。

为了降低成本，挪威还采用自溶法，利用鱼体自身的蛋白酶活力，使鱼肉消化。为了防止微生物腐败，自溶时需降低 pH，这种工艺很有发展前途。

蛋白酶还用于生产牛肉汁、鸡汁等来提高产品得率。此外将酸性蛋白酶在中性条件下处理解冻鱼类，可以脱腥。

利用微生物酸性蛋白酶处理鱼鳞碎片，抽提其胶原，成为可溶性胶原，这种可溶性胶原纤维遇盐或洗衣粉时便再生析出，可制人造肠衣。利用碱性蛋白酶水解动物血脱色来制造无色血粉作为廉价而安全的补充蛋白质资源，这项技术已经研究成功并正在进行工业化开发。

7.6.4.8 酶在蛋品加工中的应用实例

用葡萄糖氧化酶可去除禽蛋中的微量葡萄糖，防止蛋制品发生褐变。有关内容已在前文介绍，请参见有关部分内容。

7.6.4.9 酶在面包烤焙与食品制造中的应用实例

酵母在面团中，依靠面粉本身淀粉酶和蛋白酶的作用生成麦芽糖和氨基酸来进行繁殖和发酵。使用酶活力不足或陈久的面粉，发酵力差，烤制的面包体积小、色泽差，即使向面粉中补充葡萄糖或蔗糖，效果也不理想，用酶活力高的面粉发酵制成的面包气孔细而分布均匀，体积大，弹性好，色泽佳，因此欧美各国都把淀粉酶活力作为面粉质量指标之一。为了保证面团的质量，添加酶进行强化。

面粉中添加 α 淀粉酶，可调节麦芽糖生成量，使二氧化碳产生和面团气体保持力相平衡。蛋白酶可促进面筋软化，增强延伸性，减少揉面时间与动力消耗，改善发酵效果。用于软化面粉的酶，以霉菌的酶为佳，因耐热性低，在烤焙温度下迅速失活而不致过度水解。用 β 淀粉酶作用于面粉可防止糕点老化。用蛋白酶处理的面粉制通心面条，延伸性好，风味佳。糕点馅心常用淀粉为填料，添加 β 淀粉酶可改善馅心风味。糕点制造加入转化酶，使蔗糖水解为转化糖，防止糖浆中蔗糖析晶。

脂肪氧化酶在面包工业中的应用，已在前文介绍，请参见相关内容。

7.6.4.10 酶在食品保藏中的应用实例

包装食品在贮藏中变质的主要原因是氧化和褐变，许多食品的变质都与氧有关。褐变现象除食品中糖分的醛基同蛋白质的氨基发生反应外,果蔬中含有酚氧化酶,在氧存在下也可使许多食物组成发生褐变,去氧还可减少因微生物的繁殖而导致的腐败,是保藏食品的重要措施。用葡萄糖氧化酶除氧方法是将葡萄糖氧化酶、过氧化氢酶、葡萄糖、琼脂等制成凝胶,封入聚乙烯膜小袋,放入包装中以吸除容器中的残氧,防止油脂及香味成分的氧化或保持冷冻水产和家禽的鲜度;将酶、糖等混合涂于包装纸内层,可以防止黄油等产品的酸败;将酶加在瓶装饮料(果汁、啤酒、水果罐头等)中,可除去瓶颈空隙残氧而延长保藏期。

为了减少保藏中因微生物作用而发生的变质,可使用鸡卵白溶菌酶来保存食品,这种酶对革兰氏阳性细菌有溶菌作用,用于肉制品、干酪、水产品、清酒的保藏。由于溶菌酶对革兰氏阴性菌无杀菌作用,人们正在研究溶解革兰氏阴性菌及真菌细胞壁的微生物酶。

7.6.4.11 酶在食品工业中应用的其他实例

(1) 酶用于生产海藻糖 海藻糖是一种重要的寡糖,它的主要作用是作蛋白质保护剂。海藻糖的还原末端与蛋白质作用,使蛋白质保持水分,防止蛋白质变性。因此在食品、保鲜剂及医药工业的市场有很大应用前景。海藻糖合成酶也得到了重视。最近,日本发现一种转移酶能够将直链淀粉末端以 $\alpha-1,4$ 糖苷键连接的葡萄糖转换为 $\alpha-1,1$ 糖苷键结合形式。用这种新型淀粉酶制备海藻糖的成本很低。

(2) 酶用于食用油的开发 日本某公司生产的含中链脂肪酸的油脂对人类健康很有益的,故称为健康油。生产方法是应用脂肪酶水解食用油,得到富含中链脂肪酸的油脂,该制品能为身体提供平衡的油脂。

(3) 纤维素酶的开发 纤维素酶可以减少食品中的纤维素含量,改善风味,更加适合于老年和儿童食用。在制造速溶咖啡、速溶茶的加工过程中,经纤维素酶除去纤维素后,咖啡或茶叶的有效成分可以不必用开水煮泡,能够很快溶于温水中,大大方便饮用。

7.6.5 酶在食品分析中的作用

酶已经越来越多地用于食品分析,分析过程高度专一,并能快速进行。

在现代酶分析方面,光吸收试验极为普遍,因为反应底物与产物的光吸收变化很容易进行测定。这些试验基于某些脱氢酶的作用,例如 6-磷酸葡萄糖脱氢酶、乳酸脱氢酶、醇脱氢酶等,因为它们的辅因子 NADH 在 340 nm 处的特征光谱吸收可以进行测量,所以这些变化都能进行定量计算。

7.6.5.1 酶分析的分类

一般来说,酶的分析可以分为以下两类。

(1) 酶活力的测定 在食品分析中,酶活力测定最为常见,酶活力由这种酶与过量的适宜底物的反应速度来确定。酶可以作为食品状态的一种指标,例如预处理(消毒、灭菌、热烫)情况、新鲜程度、是否已受微生物的作用(败坏)等。此外,酶也和食品其他组分一样,受抑制剂、防腐剂、抗生素、植物保护剂、杀虫剂等各种环境因素的影响。

在鉴定反应中,使用某些酶可以证实食品中某些酶抑制剂或激活剂的存在,即进行效应剂分析。其原理就是测定抑制剂或激活剂等效应剂对酶促反应的影响,利用校准曲线可以从受抑制或激活的程度得出这些物质的浓度。效应剂分析对于一些植物保护剂(杀虫剂)和防腐剂的定性测定和定量测定是有用的,例如利用有机磷农药对碳酸酐酶的抑制作用可以定量测定一些有机磷农药的残留量;水、牛乳等中氟的测定就是利用氟离子对胆碱酯酶的灵敏抑制作用而进行的。表 7-12 是常见的某些酶活力的测定。

表 7 - 12 食物中的酶活力测定

酶	食物
二酚氧化酶	谷物、面粉、牛乳、蔬菜
黄嘌呤-氧-氧化还原酶	牛乳
脂肪氧合酶	大豆、面粉
淀粉酶	蜂蜜、面粉、麦芽、牛乳、面包、淀粉
过氧化氢酶	乳、乳品
脂肪酶	乳、乳品、谷类粉
磷酸酯酶	乳、乳品
过氧化物酶	谷物、面粉、牛乳、蔬菜
脲酶	大豆粉、大豆制品
肌酸酶	肉提取液、肉汤

(2) 用酶测定化合物的含量 在食品分析中可以利用一些物质作为酶反应的底物,采用酶法分析该物质的含量。一般在这些酶反应体系中,酶总是过量的,相应的辅因子(如辅酶、ATP、NAD^+、$NADP^+$)也必须存在。表 7 - 13 列出了一些可采用酶法分析的化合物。

表 7 - 13 能用酶测定的一些化合物

化合物类别	代表化合物
醇	乙醇、甘油
醛	乙醛、乙醇醛
酸及其盐	乙酸盐、乳酸盐、甲酸盐、苹果酸盐、琥珀酸盐、柠檬酸盐、异柠檬酸盐、丙酮酸盐
单糖和类似化合物	葡萄糖、果糖、半乳糖、戊糖、山梨醇、肌醇
二糖和低聚糖	蔗糖、乳糖、蜜三糖、麦芽糖
多聚糖	淀粉、纤维素、半纤维素
L 型氨基酸	谷氨酸、精氨酸
类脂	胆固醇

前已述及,使用简单的光吸收法,样品不需经过任何处理,就可准确地进行定量测定,例如测定果汁、苹果酒和葡萄酒中的乙醇、乙醇醛、乳酸盐、苹果酸盐和谷氨酸盐等物的含量。

7.6.5.2 酶分析注意事项

在酶法分析工作中,必须注意如下问题。

(1) 酶对待测物必须具有很好的专一性 在使用己糖激酶、醇脱氢酶等进行测定时,必须注意样品中除待测物以外,是否夹杂能作为它们底物的其他物质。当有杂质存在,可以采用偶联酶反应系统,通过偶联酶的专一性,对待测底物加以区别并进行定量测定。例如利用己糖激酶为工具酶测定葡萄糖时,它可以将果糖转变成 6-磷酸果糖,也可以偶联 6-磷酸葡萄糖脱氢酶最后测定 6-磷酸葡萄糖醛酸而加以区别。

(2) 注意反应液中的酶量　为了进行正确定量，反应必须进行到基本完成（底物转化99%以上），因此在测定时，应预先估算要使反应完成达99%以上所需的酶量。就终点法而言，酶用量高才能保证反应尽快达到终点；在试验中究竟应加多少酶量，大多数情况下必须通过试验求出。就工具酶而言，一般较贵，所以要统筹考虑使用的酶量和作用时间。

(3) 注意待测样品浓度　待测样品浓度应十分小，并控制反应处于一级反应水平。因一级反应可使反应迅速平衡，防止过多产物生成，避免逆反应，减少工具酶用量。如被测物是辅酶，则可将辅酶看作双底物之一，使另一底物浓度足够高，而且被测辅酶浓度控制在小于 $0.01 K_m$ 的水平，这样反应速度就仅取决于待测辅酶浓度。

(4) 方法简易可行性　反应中底物减少，产物生成，辅酶改变等可以借助某种简便方法测定（光吸收、荧光、气体产生及吸收、pH 变化、放射性等）。在能满足上述条件情况下，最好采用单酶反应进行定量测定。在许多情况下，单酶反应的底物和产物的理化性质不易区别，可再借助另一种酶反应来测定产物，即两种酶的偶联反应，从而使测定方法简便进行。

(5) 注意标准曲线制作　无论动力学法还是终点法，对酶法分析来说，在建立了适宜的反应和测定系统后，还必须制作一条酶反应速度或底物、产量变化量相对于被测物浓度的标准曲线。在制作标准曲线时应注意所用反应测定体系与测定未知样品时所采用的系统完全相同，而且待测样品的浓度还应控制在标准曲线范围以内。

7.7　酶促褐变

褐变作用按其发生机制分为酶促褐变（生化褐变）及非酶褐变（非生化褐变）两大类。酶促褐变发生在水果、蔬菜等新鲜植物性食物中。水果和蔬菜在采后，组织中仍在进行活跃的代谢活动。在正常情况下，完整的水果和蔬菜组织中氧化还原反应是偶联进行的，但当发生机械性的损伤（如削皮、切开、压伤、虫咬、磨浆等）及处于异常的环境条件下（如受冻、受热等）便会影响氧化还原作用的平衡，发生氧化产物的积累，造成变色。这类变色作用非常迅速，并需要和氧接触，由酶所催化，称为酶促褐变（enzyme browning）。在大多数情况下，酶促褐变是一种不希望出现于食物中的变化，例如香蕉、苹果、梨、茄子、马铃薯等都很容易在削皮切开后褐变，应尽可能避免。但像茶叶、可可豆等食品，适当的褐变则是形成良好的风味与色泽所必需的。

7.7.1　酶促褐变的机理

植物组织中含有酚类物质，在完整的细胞中作为呼吸传递物质，在酚与醌之间保持着动态平衡。当细胞破坏以后，氧就大量侵入，造成醌的形成和还原之间的不平衡，于是发生了醌的积累，醌再进一步氧化聚合形成褐色色素。

酚酶的系统命名是邻二酚：氧-氧化还原酶（EC 1.10.3.1）。此酶以铜为辅基，必须以氧为受氢体，是一种末端氧化酶。

酚酶可以用一元酚或二元酚作为底物。有些人认为酚酶是兼能作用于一元酚及二元酚的一种酶；但有的人则认为是两种酚酶的复合体，一种是酚羟化酶（phenolhydroxylase），又称为甲酚酶（cresolase）；另一种是多元酚氧化酶（polyphenoloxidase），又称为儿茶酚酶（catecholase）。

现以马铃薯切开后的褐变为例来说明酚酶的作用。酚酶作用的底物是马铃薯中最丰富的酚类化合物酪氨酸（图 7-10）。

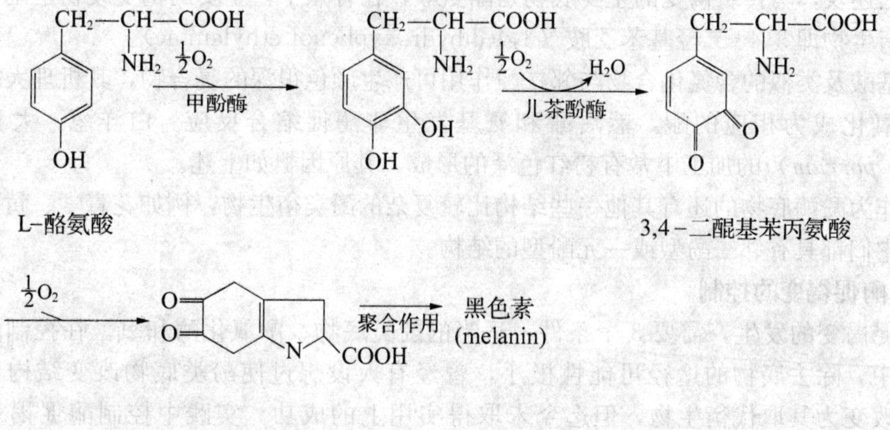

L-酪氨酸　　　　　　　　　　　　　　　　　　　　3,4-二醌基苯丙氨酸

多巴色素(dopachrome)

5,6-二醌基吲哚-2-羧酸

图 7-10　以酪氨酸为底物的酶促褐变

图 7-10 所示的反应机制也是动物皮肤、毛发中黑色素形成的机制。

在水果中，儿茶酚是分布非常广泛的酚类，在儿茶酚酶的作用下，较容易氧化成醌。

醌的形成需要氧气和酶催化，但醌一旦形成以后，进一步形成羟醌的反应则是非酶促的自动反应，羟醌进行聚合，依聚合程度增大而由红变褐最后成褐黑色的黑色素物质。

酚酶的最适 pH 接近 7，比较耐热，依来源不同，在 100 ℃下钝化需 2～8 min 之久。

水果蔬菜中的酚酶底物以邻二酚类（图 7-11）及一元酚类最丰富。一般说来，酚酶对邻羟基酚型结构的作用快于一元酚，对位二酚也可被利用，但邻二酚的取代衍生物不能为酚酶所催化，例如愈创木酚（guaiacol）及阿魏酸（ferulic acid）。间位二酚则不能作为底物，甚至还对酚酶有抑制作用。

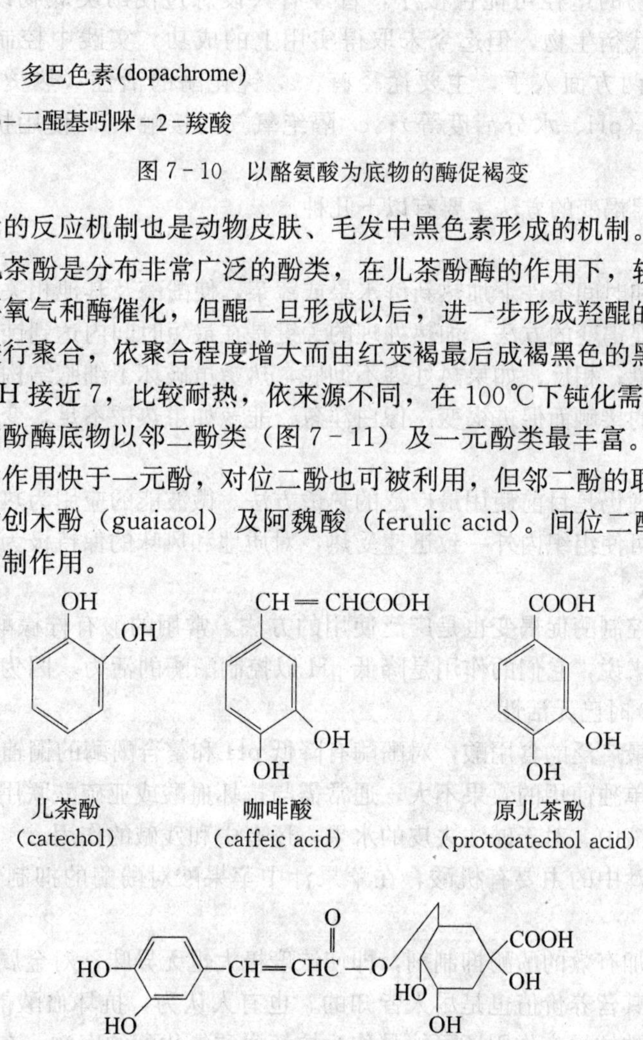

儿茶酚　　　　　　　咖啡酸　　　　　　　原儿茶酚
（catechol）　　　　（caffeic acid）　　　（protocatechol acid）

绿原酸
(chlorogenic acid)

图 7-11　几种典型的酚酶底物

绿原酸（chlorogenic acid）是许多水果特别是桃、苹果等褐变的关键物质。

前已述及，马铃薯褐变的主要底物是酪氨酸，在香蕉中，主要的褐变废物也是一种含氮的酚类衍生物即 3,4-二羟基苯乙胺（3,4-dihydroxyphenol ethylamine）。

氨基酸及类似的含氮化合物与邻二酚作用可产生颜色很深的复合物，其机理大概是酚先经酶促氧化成为相应的醌，然后醌和氨基发生非酶促缩合反应。白洋葱、大蒜、韭葱（*Allium porrum*）的加工中常有粉红色泽的形成，其原因概如上述。

可作为酚酶底物的还有其他一些结构比较复杂的酚类衍生物，例如花青素、黄酮类、鞣质等，它们都具有邻二酚型或一元酚型的结构。

7.7.2　酶促褐变的控制

酶促褐变的发生，需要 3 个条件：适当的酚类底物、酚氧化酶和氧。在控制酶促褐变的实践中，除去底物的途径可能性极小，曾经有人设想过使酚类底物改变结构，例如将邻二酚改变为其取代衍生物，但迄今未取得实用上的成功。实践中控制酶促褐变的方法主要从控制酶和氧两方面入手，主要途径有：a. 钝化酶的活性（热烫、抑制剂等）；b. 改变酶作用的条件（pH、水分活度等）；c. 隔绝氧气的接触；d. 使用抗氧化剂（抗坏血酸、SO_2 等）。

常用的控制酶促褐变的方法主要有以下几种。

7.7.2.1　热处理法

在适当的温度和时间条件下加热新鲜水果或蔬菜，使酚酶及其他相关的酶都失活，是最广泛使用的控制酶促褐变的方法。加热处理的关键是在最短时间内达到钝化酶的目的，否则过度加热会影响质量；相反，如果热处理不彻底，热烫虽破坏了细胞结构，但未钝化酶，反而会加强酶和底物的接触而促进褐变。像白洋葱、韭葱如果热烫不足，变粉红色的程度比未热烫的还要重。

水煮和蒸汽处理仍是目前使用最广泛的热烫方法。微波能的应用为热力钝化酶活性提供了新的有力手段，可使组织内外一致迅速受热，对质地和风味的保持极为有利。

7.7.2.2　酸处理法

利用酸的作用控制酶促褐变也是广泛使用的方法。常用的酸有柠檬酸、苹果酸、磷酸、抗坏血酸等。一般来说，它们的作用是降低 pH 以控制酚酶的活力，因为酚酶的最适 pH 为 6～7，低于 pH 3.0 时已无活性。

柠檬酸是使用最广泛的食用酸，对酚酶有降低 pH 和螯合酚酶的铜辅基的作用，但作为褐变抑制剂来说，单独使用的效果不大，通常需与抗坏血酸或亚硫酸联用，切开后的水果常浸在这类酸的稀溶液中。对于碱法去皮的水果，还有中和残碱的作用。

苹果酸是苹果汁中的主要有机酸，在苹果汁中苹果酸对酚酶的抑制作用要比柠檬酸强得多。

抗坏血酸是更加有效的酚酶抑制剂，即使浓度极大也无异味，对金属无腐蚀作用，而且作为一种维生素，其营养价值也是尽人皆知的。也有人认为，抗坏血酸能使酚酶本身失活。抗坏血酸在果汁中的抗褐变作用还可能是作为抗坏血酸氧化酶的底物，在酶的催化下把溶解在果汁中的氧消耗掉了。据报道，在每千克水果制品中，加入 660 mg 抗坏血酸，即可有效控制褐变并减少苹果罐头顶隙中的含氧量。

7.7.2.3　二氧化硫及亚硫酸盐处理

二氧化硫及常用的亚硫酸盐［如亚硫酸钠（Na_2SO_3）、亚硫酸氢钠（$NaHSO_3$）、焦亚硫酸钠（$Na_2S_2O_5$）、连二亚硫酸钠即低亚硫酸钠（$Na_2S_2O_4$）等〕都是广泛使用于食品工业中的酚酶抑制剂，在蘑菇、马铃薯、桃、苹果等加工中已应用。

用直接燃烧硫黄的方法产生 SO_2 气体处理水果蔬菜，SO_2 渗入组织较快，但亚硫酸盐溶液的优点是使用方便。不管采取什么形式，只有游离的 SO_2 才能起作用。SO_2 及亚硫酸盐溶液在微偏酸性（pH 6）的条件下对酚酶抑制的效果最好。

实验条件下，$10\,mg/kg$ SO_2 即可几乎完全抑制酚酶，但在实践中因有挥发损失和与其他物质（如醛类）反应等原因，实际使用量较大，常达 $300\sim600\,mg/kg$。1974 年我国食品添加剂协会规定使用量以 SO_2 计不得超过 $300\,mg/kg$，成品食品中最大残留量不得超过 $20\,mg/kg$。SO_2 对酶促褐变的控制机制现在尚无定论，有的学者认为是抑制了酶活性，有人则认为是由于 SO_2 把醌还原为酚，还有人认为是 SO_2 和醌加合而防止了醌的聚合作用，很可能这 3 种机制都是存在的。

二氧化硫法的优点是使用方便、效力可靠、成本低、有利于维生素 C 的保存、残存的 SO_2 可用抽真空、炊煮或使用 H_2O_2 等方法除去。其缺点是使食品失去原色而被漂白（花青素破坏），腐蚀铁罐的内壁，有不愉快的嗅感与味感，残留浓度超过 0.064% 即可感觉出来，并且破坏维生素 B_1。

7.7.2.4 驱除或隔绝氧气

具体除氧措施有：a. 将去皮切开的水果蔬菜浸没在清水、糖水或盐水中。b. 浸涂抗坏血酸液，使在表面上生成一层氧化态抗坏血酸隔离层。c. 用真空渗入法把糖水或盐水渗入组织内部，驱出空气。苹果、梨等果肉组织间隙中具有较多气体的水果最适宜用此法。一般在 $1.028\times10^5\,Pa$ 真空度下保持 $5\sim15\,min$，突然破除真空，即可将汤汁强行渗入组织内部，从而驱出细胞间隙中的气体。

7.7.2.5 加酚酶底物类似物

用酚酶底物类似物，如肉桂酸、对位香豆酸及阿魏酸（图 7-12）等酚酸可以有效地控制苹果汁的酶促褐变。在这 3 种同系物中，以肉桂酸的效率最高，浓度大于 $0.5\,mmol/L$ 时即可有效控制处于大气中的苹果汁的褐变达 7h 之久。

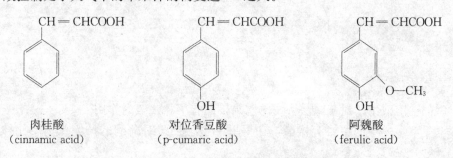

图 7-12 几种酚酶底物类似物

由于这 3 种酸都是水果蔬菜中天然存在的芳香族有机酸，在安全上无多大问题。肉桂酸钠盐的溶解性好，售价也便宜，控制褐变的时间长。

复习思考题

1. 简述核酶的分类。

2. 简述并图示酶诱导契合学说和锁-钥匙学说的内容及两者的不同点。

3. 简述酶与一般化学催化剂的共同点和不同点。

4. 简述不同酶活力单位的概念。

5. 请说明温度、底物浓度对酶促反应速度的影响。

6. 简述纤维素酶对食品质地的影响。

7. 简述固定化酶的制备原则。

8. 请从酶促反应动力学角度解释竞争性抑制作用、非竞争性抑制作用、反竞争性抑制作用及 K_m 及 v_{max} 的变化规律。

9. 举例说明固定化酶在食品中的应用及其优缺点。

10. 请说明酶促褐变机理及其控制措施。

11. 在糖果的生产中会应用到哪些酶类？它们的作用分别是什么？

12. 举例说明酶在食品加工中的应用。

第8章 食品风味物质

8.1 风味物质概述

食品风味（flavour）是构成食品诱惑力最重要的因素。广义的食品风味是指摄入口腔的食品刺激人的各种感觉受体，使人产生短时的综合的生理感觉，该种感觉的好坏，受人的生理、心理和习惯的支配，不同的人群、不同的个人有不同的标准。一般将食品的感觉效果分为3类：a. 食品的心理感觉，主要指食品的色泽、形状和品种对人的心理感受，饮食文化在该领域内有更深的相关研究；b. 食品的物理感觉，主要指由食品组成和食品工艺特点决定的一些食品特征，如食品的质构特征，食品工艺学在该领域有很多的研究；c. 食品的化学感觉，指各种化学物质直接产生的感官效果。

8.1.1 食品的感官反应

摄入口腔的食品，刺激人的各种感觉受体，使人产生的感官感觉一般称为食品对人的感官反应，主要包括味觉、嗅觉、触觉、视觉等（表 8-1）。

表 8-1 食品的感官反应分类

感官反应	分类
味觉：甜、苦、酸、咸、辣、鲜、涩……	化学感觉
嗅觉：香、臭……	
触觉：硬、黏、热、凉……	物理感觉
运动感觉：滑、干……	
视觉：色、形状……	心理感觉
听觉：声音	

在上述感官反应中，味觉和嗅觉是本章讨论的重点。食品风味尽管在不同程度上受到心理和物理因素的影响，但主导因素还是食品的化学组成，就"风味"一词而言，"风"指的是飘逸的，挥发性物质，一般引起嗅觉反应；"味"指的是水溶性或油溶性物质，在口腔内引起味觉的反应。嗅觉（smell）俗称气味，是各种挥发性成分对鼻腔嗅感细胞产生的刺激作用，通常有香、腥、臭之分。食品引起的人的嗅觉反应类型繁多，香气就可描述为果香、花香、焦香、树脂香、药香、肉香等若干种。

味觉（taste）俗称滋味，是食物成分在人的口腔内对味觉细胞群味蕾产生的刺激作用，食品引起的人的味觉相对简单，目前认为只有少数的几种基本味，如酸、甜、苦、咸、涩、辛辣、热、清凉味等。少数食物成分可作用于神经细胞和普通细胞，例如辣椒、二氧化碳等引起的热辣反应和刺激性反应，称为化学刺激，由于该类物质是正常食物成分，也常常放在食品风味物质中讨论。食物化学感觉分类见图 8-1。

8.1.2 食品风味物质的特点

食品风味物质是符合食品安全要求，且能赋予食品特征风味的各类化合物的总称，它们

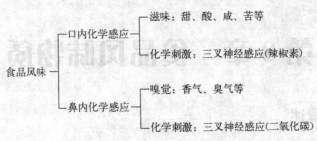

图 8-1 食物的化学感觉分类

具有以下特点。

(1) 食品风味物质种类繁多 如目前已分离鉴定茶叶中的香气成分达 500 多种，咖啡中的风味物质有 600 多种，白酒中的风味物质也有 300 多种。一般食品中风味物质越多，食品的风味越好。

(2) 食品风味物质作用浓度很低 除少数几种（盐、糖）味感物质作用浓度较高以外，大多数风味物质作用浓度都很低。例如很多嗅感物质的作用浓度在 10^{-6}、10^{-9} 甚至 10^{-12} 数量级。因此很少量的风味物质就能对人的食欲产生极大作用，这就是食品工业广泛使用香精香料原因。

(3) 食品风味物质的化学稳定性和物理稳定性很差 很多能产生嗅觉的物质易挥发，易热解，易与其他物质发生作用，因而在食品加工中，即使是工艺过程很微小的差别，也会导致食品风味很大的变化。食品贮藏期的长短对食品风味也有极显著的影响。

(4) 食品风味物质的结构特点不一致 同一类风味有多种不同的物质，且这些物质的化学结构特点也不尽相同。有相同风味相同结构特点，也有相同风味不同结构特点的，例如酸味物质、咸味物质都具有某些相同的结构特点，但一些香味物质可能香气相同或近似，但其化学结构完全不同。

(5) 呈味物质之间的相互作用对食品风味产生不同的影响 呈味物质主要指引起口腔内化学感应的物质，该类物质单独食用和复合食用时会产生不同的感觉，有如下几种现象。

① 对比现象 两种或两种以上的呈味物质适当调配，使其中一种呈味物质的味觉变得更突出，口感更协调的现象称为对比现象。例如 10% 的蔗糖水溶液中加入 1.5% 的食盐，使蔗糖的甜味更甜爽；味精中加入少量的食盐，使鲜味更饱满。

② 相乘现象 两种具有相同味感的物质共同作用，其味感强度数倍于两者分别使用时的味感强度，这种现象称为相乘现象，这种作用称为相乘作用，也称为协同作用。例如味精与 $5'$-肌苷酸（$5'$-IMP）共同使用时鲜味强度是两者单独使用时的 $5\sim7$ 倍；甘草苷本身的甜度仅为蔗糖的 50 倍，但与蔗糖共同使用时，其甜度可达蔗糖的 100 倍。

③ 消杀现象 一种呈味物质能抑制或减弱另一种物质的味感的现象称为消杀现象。例如蔗糖、柠檬酸、食盐和奎宁之间，将其中的任何两种物质以适当比例混合时，都会使其中的一种味感比单独存在时减弱。例如蔗糖与硫酸奎宁之间的相互作用，蔗糖是典型的甜味物质，硫酸奎宁是苦味物质，两者以适当比例调配时，蔗糖不显得那么甜，硫酸奎宁的苦味也明显降低。

④ 变调现象 两种呈味物质相互影响而导致其味感发生改变的现象称为变调现象。例如刚吃过中药，接着喝白开水，感到水有些甜；先吃甜食，接着饮酒，感觉酒苦味重。所

以宴席在安排菜肴的顺序上，总是先清淡，再味道稍重，最后安排甜食，使人能充分感受美味佳肴的味道。

8.1.3 研究食品风味的重要性

人对某种食品风味的可接受性是一种生理适应性的表现，只要是长期适应了的风味，不管是何种风味，人们都能接受。例如苦瓜很苦，却有很多人喜欢食用；臭鳜鱼有明显臭味，但喜食臭鳜鱼的人不少。当食品的风味与人的习惯口味相一致时，就可使人感到舒服和愉悦，相反，不习惯的风味会使人产生厌恶和拒绝情绪。食品的风味决定了人们对食品的可接受性。一项调查指出，消费者在对食品的价格、品牌、便利性、营养、包装、风味等几方面确定首选项时，80％以上的消费者注重食品的风味。因此研究物质的呈味特点，掌握人们对食品风味的需求，是食品风味研究的重点。

8.2 味觉和味感物质

8.2.1 味觉生理

人的味觉感受器是位于舌面上的味蕾（taste bud），或称为味器（gustatory organ），主要分布于舌的上表面和边缘的丝状乳头和轮廓乳头中，少数散布于软腭、会厌、咽等部位的上皮内。味蕾是具有味觉功能的细胞群，由一些非敏感性细胞包合 $30 \sim 100$ 个变长的味细胞而成，味蕾中含有味细胞、支持细胞和基底细胞。味蕾深度为 $50 \sim 60 \mu m$，宽为 $30 \sim 70 \mu m$，嵌入舌面的丝状乳和轮廓乳头中，顶部有味孔，味细胞顶端的味毛由味蕾表面的味孔伸出，是味觉感受的关键部位，味细胞连接着味觉神经。人的味觉过程为：呈味物质刺激味细胞产生兴奋作用，由味觉神经传入神经中枢，进入大脑皮质，产生味觉，味觉传导一般在 $1.5 \sim 4.0 ms$ 内完成。人的味蕾结构见图 8-2。

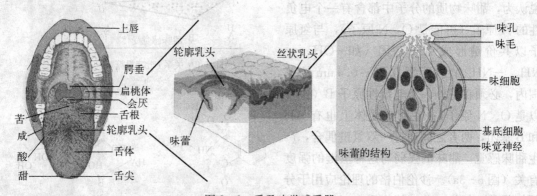

图 8-2 舌及味觉感受器

一般人的舌部有味蕾 $2000 \sim 3000$ 个。人的味蕾越多，味觉越灵敏，儿童味蕾比成人多，老年人因器官局部萎缩而味蕾逐渐减少，因此人的品尝食品风味的功能随着年龄增大而减弱。另外，舌部的不同部位味蕾分布密度和结构有差异，因此不同部位对不同物质的味感的灵敏度不同，舌尖和边缘对咸味较为敏感，而靠腮两边对酸敏感，舌根部则对苦味最敏感（图 8-2）。除上述情况外，人的味觉还有很多影响因素。俗言云"饥不择食"，当人处于饥饿状态时，无论吃什么都感到格外香，生理因素在起作用；当情绪欠佳时，无论吃什么都感到没有味道，这是心理因素在起作用。经常吃鸡鸭鱼肉，即使山珍海味，美味佳肴也不感觉新鲜，这是味觉疲劳现象。

不同的物质呈味强度不一样，不同的人对呈味物质的感觉灵敏度也不一样。通常把人能感受到某种物质的最低浓度称为阈值。表8-2列出几种基本味感物质的阈值。物质的阈值越小，表示其敏感性越强。如果按照表8-2中几种物质的阈值浓度配制品尝液，能够正确辨别咸、甜、酸、苦味的人，就是味觉器官发育很好，品味功能很强的人，可以作为专职的感官品尝技术人员。

表8-2　几种基本味感物质的阈值

物质	食盐	砂糖	柠檬酸	奎宁
味道	咸	甜	酸	苦
阈值（%）	0.08	0.5	0.0012	0.00005

8.2.2　甜味和甜味物质

甜味（sweet）是人们最喜欢的基本味感，甜味物质常作为饮料、糕点、饼干等焙烤食品的原料，用于改进食品的可口性。

8.2.2.1　甜味理论

早期人类对甜味的认识有很大的局限性，认为糖分子中含有多个羟基则可产生甜味，但有很多的物质中并不含羟基，也具有甜味，例如糖精、某些氨基酸甚至氯仿分子也具有甜味。1967年，沙伦伯格（Shallenberger）提出的甜味学说被广泛接受。该学说认为，甜味物质的分子中都含有一个电负性的A原子（可能是O、N原子），与氢原子以共价键形成AH基团（如—OH、═NH、—NH₂）；在距氢0.25～0.4 nm的范围内，必须有另外一个电负性原子B（也可以是O、N原子）；在甜味受体上也有AH和B基团，两者之间通过一双氢键偶合，产生甜味感觉。甜味的强弱与这种氢键的强度有关（图8-3a）。沙伦伯格的理论应用于分析氨基酸、氯仿、单糖等物质上，能说明该类物质具有甜味的道理（图8-3b）。

沙伦伯格理论不能解释具有相同AH-B结构的糖或D-氨基酸为什么它们的甜度相差数千倍。后来克伊尔（Kier）又对沙伦伯格理论进行了补充。他认为在距A基团0.35 nm和B基团0.55 nm处，若有疏水基团γ存在，能增强甜度。因为此疏水基易与甜味感受器的疏水部位结合，加强了甜味物

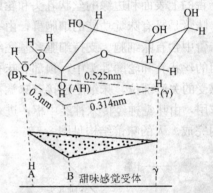

AH/B和γ关系（吡喃果糖）

a

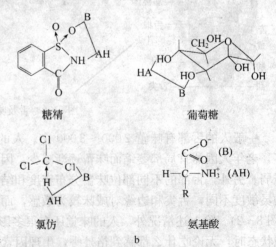

糖精　　　　　　　　　葡萄糖

氯仿　　　　　　　　　氨基酸

b

图8-3　Shallenberger 甜味学说
a. 甜味 AH/B 模型　b. 几种甜味物质的 AH/B 位点

质与感受器的结合。甜味理论为寻找新的甜味物质提供了方向和依据。

8.2.2.2 影响甜味剂甜度的因素

甜味的强弱称为甜度（sweetness）。甜度只能靠人的感官品尝进行评定，一般是以蔗糖溶液作为甜度的参比标准，将一定浓度的蔗糖溶液的甜度定为 1（或 100），其他甜味物质的甜度与它比较，根据浓度关系来确定甜度，这样得到的甜度称为相对甜度（relative sweetness，RS）。评定甜度的方法有极限法和相对法。前者是品尝出各种物质的阈值浓度，与蔗糖的阈值浓度相比较，得出相对甜度；后者是选择蔗糖的适当浓度（10%），品尝出其他甜味剂在该相同的甜味下的浓度，根据浓度大小求出相对甜度。常见的甜味物质的相对甜度见本书第 2 章和第 11 章。

(1) 糖的结构对甜度的影响

① 聚合度对甜度的影响　单糖和低聚糖都具有甜味，其甜度顺序是：葡萄糖＞麦芽糖＞麦芽三糖，而淀粉和纤维素虽然基本构成单位都是葡萄糖，但都无甜味。

② 糖异构体对甜度的影响　异构体之间的甜度不同，例如 α-D-葡萄糖＞β-D-葡萄糖。

③ 糖环大小对甜度的影响　例如结晶的 β-D-吡喃果糖（五元环）的甜度是蔗糖的 2 倍，溶于水后，向 β-D-呋喃果糖（六元环）转化，甜度降低。

④ 糖苷键对甜度的影响　例如麦芽糖是由两个葡萄糖通过 α-1,4 糖苷键形成的，有甜味；同样由两个葡萄糖组成而以 β-1,6 糖苷键形成的龙胆二糖，不但无甜味，而且还有苦味。

(2) 结晶颗粒对甜度的影响　商品蔗糖结晶颗粒大小不同，可分成细砂糖和粗砂糖，还有绵白糖。一般认为绵白糖的甜度比白砂糖甜，细砂糖又比粗砂糖甜，实际上这些糖的化学组成相同。产生甜度的差异是结晶颗粒大小对溶解速度的影响造成的。糖与唾液接触，晶体越小，表面积越大，与舌的接触面积越大，溶解速度越快，能很快达到甜度高峰。

(3) 温度对甜度的影响　在较低的温度范围内，温度对大多数糖的甜度影响不大，尤其对蔗糖和葡萄糖影响很小。但果糖的甜度随温度的变化较大，当温度低于 40℃时，果糖的甜度比蔗糖大，而在温度高于 50℃时，其甜度反比蔗糖小。这主要是由于高甜味的果糖分子向低甜味异构体转化的结果。甜度受温度变化而变化，一般温度越高，甜度越低。

(4) 浓度对甜度的影响　糖类的甜度一般随着糖浓度的增加，各种糖的甜度都增加。在相等的甜度下，几种糖的浓度从小到大的顺序是：果糖、蔗糖、葡萄糖、乳糖、麦芽糖。

各种糖类混合使用时，表现有相乘现象。例如由 26.7% 的蔗糖溶液和 13.3% 的右旋糖当量值 42 的淀粉糖浆组成的混合糖溶液，尽管糖浆的甜度远低于相同浓度的蔗糖溶液，但混合糖溶液的甜度与 40% 的蔗糖溶液相当。

8.2.2.3 甜味物质

甜味物质的种类很多，按来源分成天然的和人工合成的。按种类可分成糖类甜味剂、非糖天然甜味剂、天然衍生物甜味剂和人工合成甜味剂。

(1) 糖类甜味剂　糖类甜味剂包括糖、糖浆和糖醇。该类物质是否甜，取决于分子中碳原子数与羟基数之比，碳原子数与羟基数的比值小于 2 时为甜味，2～7 时产生苦味或甜而苦，大于 7 时则味淡。常见的糖类甜味剂见第 2 章和第 11 章。

(2) 非糖天然甜味剂　这是一类天然的、化学结构差别很大的甜味物质，主要有甘草苷

(glycyrrhizin，相对甜度为 100～300)、甜叶菊苷 (stevioside，相对甜度为 200～300) (图 8-4)、苷茶素 (相对甜度为 400)。以上几种甜味剂中甜叶菊苷的甜味最接近蔗糖。

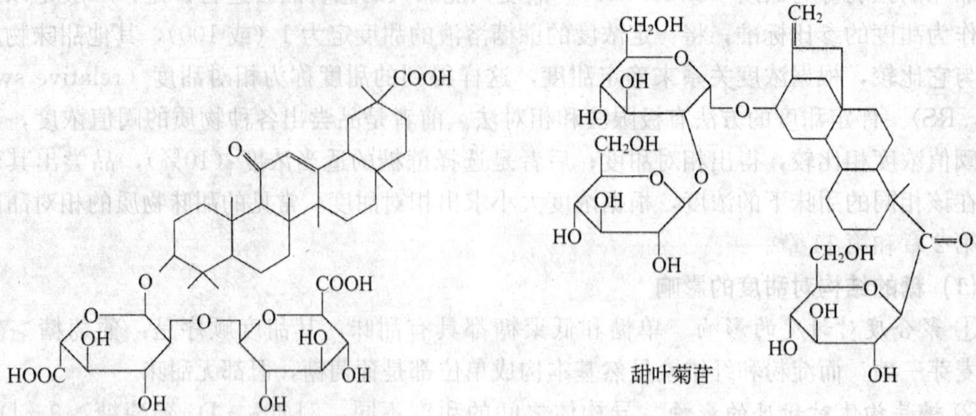

图 8-4　甘草苷与甜叶菊苷

(3) 天然衍生物甜味剂　该类甜味剂是指本来不甜的天然物质，通过改性加工而成的安全甜味剂，主要有氨基酸衍生物 (6-甲基-D-色氨酸，相对甜度为 1000)、二肽衍生物 (aspartame，阿斯巴甜，相对甜度为 20～50)、二氢查尔酮衍生物 (dihydrochalcone) 等。二氢查耳酮衍生物 (图 8-5) 是柚苷、橙

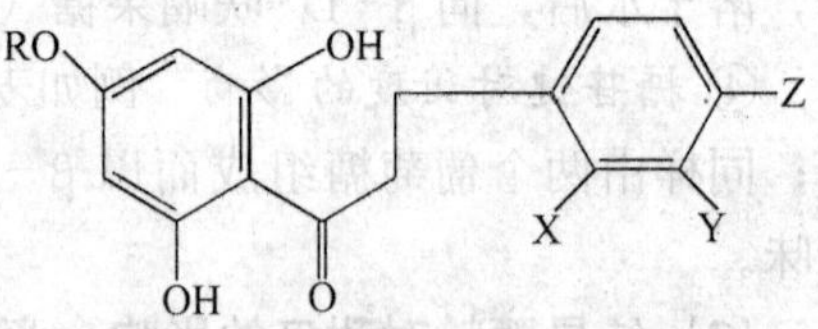

图 8-5　二氢查耳酮衍生物

皮苷等黄酮类物质在碱性条件下还原生成的开环化合物。这类化合物有很强的甜味，其甜味可参阅表 8-3。

表 8-3　具有甜味的二氢查耳酮衍生物的结构和甜度

二氢查耳酮衍生物	R	X	Y	Z	相对甜度
柚皮苷	新橙皮糖	H	H	OH	100
新橙皮苷	新橙皮糖	H	OH	OCH_3	1000
高新橙皮苷	新橙皮糖	H	OH	OC_2H_5	1000
4-O-正丙基新圣草柠檬苷	新橙皮糖	H	OH	OC_2H_5	2000
洋李苷	葡萄糖	H	OH	OH	40

8.2.3　酸味和酸味物质

酸味 (sour) 物质是食品和饮料中的重要成分或调味料。酸味能促进消化，防止腐败，增强食欲、改良风味。酸味是由质子 (H^+) 与存在于味蕾中的磷脂相互作用而产生的味感。因此，凡是在溶液中能离解出氢离子的化合物都具有酸味。在相同的 pH 下，有机酸的酸味一般大于无机酸。这是因为有机酸的酸根、负离子在磷脂受体表面的吸附性较强，从而减少受体表面的正电荷，降低其对质子的排斥能力，有利于质子 (H^+) 与磷脂作用，所以有机酸的酸味强于无机酸，有机酸的酸味阈值为 pH 3.7～4.9，而无机酸的阈值为 pH

3.5～4.0。一般有机酸种类不同，其酸味特性一般也不同，含 6 个碳原子的有机酸风味较好，含 4 个碳原子的有机酸味道不好，含 3 个碳原子有机酸和含 2 个碳原子的有机酸有刺激性。

酸味的品质和强度除决定于酸味物质的组成、pH 外，还与酸的缓冲作用和共存物的浓度、性质有关，甜味物质、味精对酸味都有影响。酸味强度一般以结晶柠檬酸（含 1 个结晶水）为基准定为 100，其他酸的酸味强度，无水柠檬酸为 110，苹果酸为 125，酒石酸为 130，乳酸（50%）为 60，富马酸为 165。酸味强度与它们的阈值大小无相关性（表 8-4）。

表 8-4　一些有机酸的阈值（%）

柠檬酸	苹果酸	乳酸	酒石酸	延胡索酸	琥珀酸	醋酸
0.0019	0.0027	0.0018	0.0015	0.0013	0.0024	0.0012

8.2.4　苦味和苦味物质

食品中存在不少苦味（bitter）物质。单纯的苦味人们是不喜欢的，但当它与甜、酸或其他味感物质调配适当时，能起到丰富或改进食品风味的特殊作用。例如苦瓜、白果、莲芯的苦味被人们视为美味，啤酒、咖啡、茶叶的苦味也广泛受到人们的欢迎。当消化道活动发生障碍时，味觉的感受能力会减退，需要对味觉受体进行强烈刺激，用苦味能起到提高和恢复味觉正常功能的作用，可见苦味物质对人的消化和味觉的正常活动是重要的。俗言云"良药苦口"，说明苦味物质对治疗疾病方面有着重要作用。应强调的是，很多具有苦味的物质也具有毒性，主要为低价态的氮硫化合物、胺类、核苷酸降解产物、毒肽（蛇毒、虫毒、蘑菇毒）等。

植物性食品中常见的苦味物质是生物碱类、糖苷类、萜类、苦味肽等；动物性食品常见的苦味物质是胆汁和蛋白质的水解产物等；其他苦味物有无机盐（钙、镁离子）、含氮有机物等。

苦味物质的结构特点是：生物碱碱性越强越苦；糖苷类碳原子数与羟基数的比值大于 2 为苦味 [其中—N$(CH_3)_3$ 和—SO_3 可视为 2 个羟基]；D 型氨基酸大多为甜味，L 型氨基酸有苦有甜，当 R 基大（碳原子数大于 3）并带有碱基时以苦味为主；多肽的疏水值（Q）大于 6.85 kJ/mol（$Q = \sum \Delta G/n$，其中 ΔG 为自由能变化量，n 为氨基酸的个数）时有苦味；盐的离子半径之和大于 0.658 nm 的具有苦味。

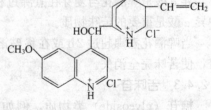

图 8-6　盐酸奎宁

盐酸奎宁（quinine，图 8-6）一般作为苦味物质的标准。

8.2.4.1　茶叶和咖啡中的苦味物质

茶叶和咖啡中的苦味物质主要为茶碱、咖啡碱和可可碱，是生物碱类苦味物质，属于嘌呤类的衍生物（图 8-7）。

（1）茶碱　茶碱（theophylline）主要存在于茶叶中，含量极微，在茶叶中的含量为 0.002% 左右，与可可碱是同分异构体，具有丝光的针状结晶，熔点为 273℃，易溶于热水，微溶于冷水。

（2）咖啡碱 咖啡碱（caffeine）主要存在于咖啡和茶叶中，在茶叶中含量为 1%～5%，在咖啡豆中的含量为 1%～2%。咖啡碱纯品为白色具有丝绢光泽的结晶，含 1 分子结晶水，易溶于热水，能溶于冷水、乙醇、乙醚、氯仿等，熔点为 235～238℃，120℃升华。咖啡碱较稳定，在茶叶加工中损失较少。

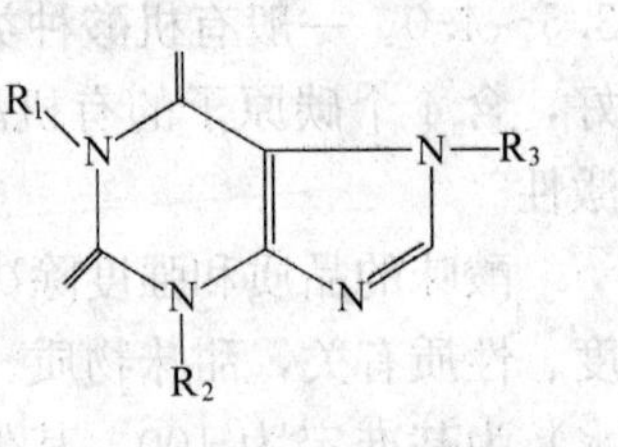

（3）可可碱 可可碱（theobromine）主要存在于可可和茶叶中，在茶叶中的含量为 0.05% 左右。可可碱纯品为白色粉末结晶，熔点为 342～343℃，290℃升华，溶于热水，难溶于冷水、乙醇、乙醚等。

图 8-7 生物碱类苦味物质

茶碱：$R_1 = R_2 = CH_3$，$R_3 = H$

咖啡碱：$R_1 = R_2 = R_3 = CH_3$

可可碱：$R_1 = H$，$R_2 = R_3 = CH_3$

8.2.4.2 啤酒中的苦味物质

啤酒中的苦味物质主要来源于啤酒花和在酿造中产生的苦味物质，已知有 30 多种，其中主要是 α 酸和异 α 酸等。

α 酸又名甲种苦味酸，是多种物质的混合物，有葎草酮（humulone）、异葎草酮（iso-humulone）、蛇麻酮（lupulone）等（图 8-8）。主要存在于制造啤酒的重要原料啤酒花中，它在新鲜啤酒花中含量为 2%～8%，有很强的苦味和防腐能力，在啤酒的苦味物质中约占 85%。

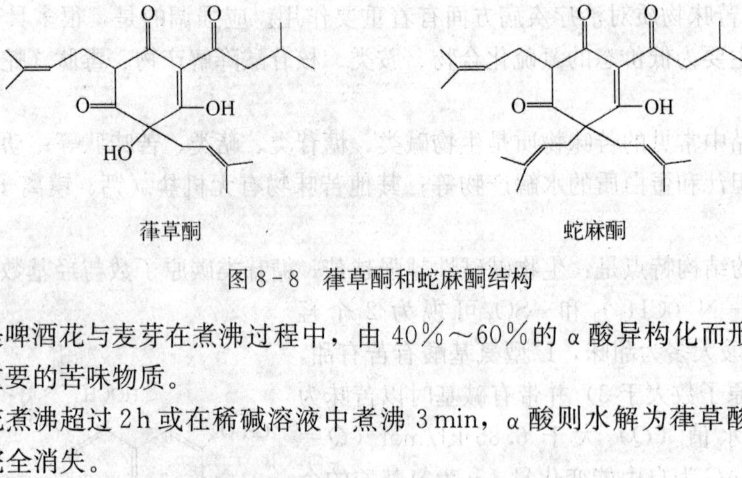

图 8-8 葎草酮和蛇麻酮结构

异 α 酸是啤酒花与麦芽在煮沸过程中，由 40%～60% 的 α 酸异构化而形成的，在啤酒中异 α 酸是重要的苦味物质。

当啤酒花煮沸超过 2 h 或在稀碱溶液中煮沸 3 min，α 酸则水解为葎草酸和异己烯-3-酸，使苦味完全消失。

8.2.4.3 苦味苷

糖苷（glycoside）类物质，例如苦杏仁苷、水杨苷等，一般都有苦味。存在于中草药中的糖苷类物质，也有苦味，可以治病。存在于柑橘、柠檬、柚子中的苦味物质主要是新橙皮苷和柚皮苷（naringin），在未成熟的水果中含量很多，它的化学结构属于黄烷酮苷类（图 8-9）。

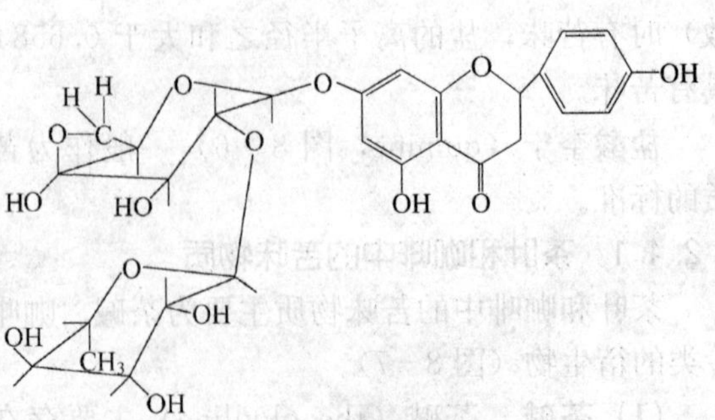

柚皮苷的苦味与它连接的双糖有关，该糖为芸香糖，由鼠李糖和葡萄糖通过

图 8-9 柚皮苷的结构

1,2糖苷键结合而成，柚苷酶能切断柚皮苷中的鼠李糖和葡萄糖之间的1,2糖苷键，可脱除柚皮苷的苦味。

8.2.4.4　苦味氨基酸与苦味肽

一部分氨基酸（如亮氨酸、异亮氨酸、苯丙氨酸、酪氨酸、色氨酸、组氨酸、赖氨酸和精氨酸）有苦味。苦味肽多来自于蛋白质过度水解，例如一些发酵过熟的奶酪常产生令人厌恶的苦味，是由于发酵过程中，微生物产生的蛋白质水解酶对乳蛋白的水解所致。氨基酸的苦味强弱与其分子中的疏水基团的大小和结构特性有关，一般疏水基较大并带碱基时苦味强。肽的苦味与相对分子质量有关，相对分子质量低于6000的肽，一般具有苦味。

8.2.5　咸味和咸味物质

咸味（salty）是中性盐呈现的味道，咸味是人类的最基本味感。没有咸味就没有美味佳肴，可见咸味在调味中的作用。在所有中性盐中，氯化钠的咸味最纯正，未精制的粗食盐中因含有KCl、$MgCl_2$和$MgSO_4$而略带苦味。在中性盐中，正负离子半径小的盐以咸味为主；正负离子半径大的盐以苦味为主。苹果酸钠和葡萄糖酸钠也具有纯正的咸味，可用于无盐酱油和肾脏病人的特殊需要。

8.2.6　其他味感

辣味、涩味、鲜味等味感虽然不属于基本味，但都是日常生活中经常遇到的味感，对调节食品的风味有重要作用。

8.2.6.1　辣味和辣味物质

辣味（piquancy）是刺激口腔黏膜、鼻腔黏膜、皮肤、三叉神经而引起的一种痛觉。适当的辣味可增进食欲，促进消化液的分泌，在食品烹调中经常使用辣味物质作调味品。辣椒、花椒、生姜、大蒜、葱、胡椒、芥末和许多香辛料都具有辣味，是常用的辣味物质，但其辣味成分和综合风味各不相同，有热辣味、辛辣味、刺激辣等。属于热辣味的有：辣椒中的类辣椒素（capsaicinoid），是一类含有碳链长度不等（$C_8 \sim C_{11}$）的不饱和脂肪酸的香草基酰胺；胡椒中的胡椒碱（piperine）和花椒中的花椒酰胺都是酰胺化合物。属于辛辣味的有姜中的姜醇（gingerol）、姜酚（shogaol）、姜酮（zingerone），肉豆蔻和丁香中的丁香酚，都是邻甲氧基酚基类化合物。属于刺激辣的有：蒜和葱中的蒜素、二烯丙基二硫化物和丙基烯丙基二硫化物，芥末、萝卜中的异硫氰酸酯类化合物等。几种辣味物质的结构见图8-10。

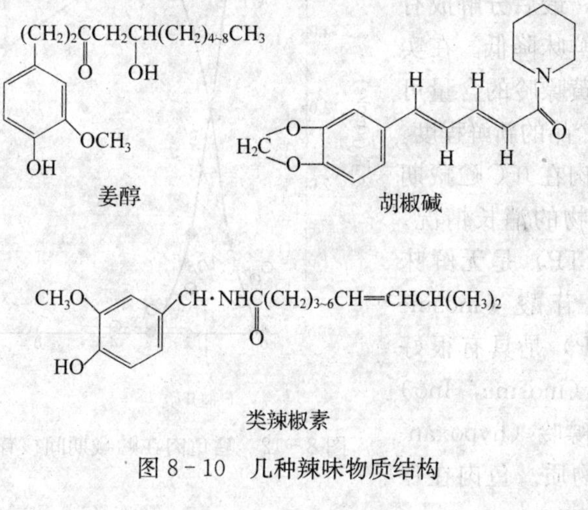

图8-10　几种辣味物质结构

8.2.6.2 涩味和涩味物质

涩味（acerbity）是涩味物质与口腔内的蛋白质发生疏水性结合产生的收敛感觉与干燥感觉。食品中主要涩味物质有：金属、明矾、醛类和单宁。

单宁（tannin）又称为鞣质，是涩味物质的重要代表物，单宁易于同蛋白质发生疏水结合，同时它还含有许多能转变为醌式结构的苯酚基团（图 8-11），也能与蛋白质发生交联反应。这种疏水作用和交联反应都可能是形成涩感的原因。柿子、

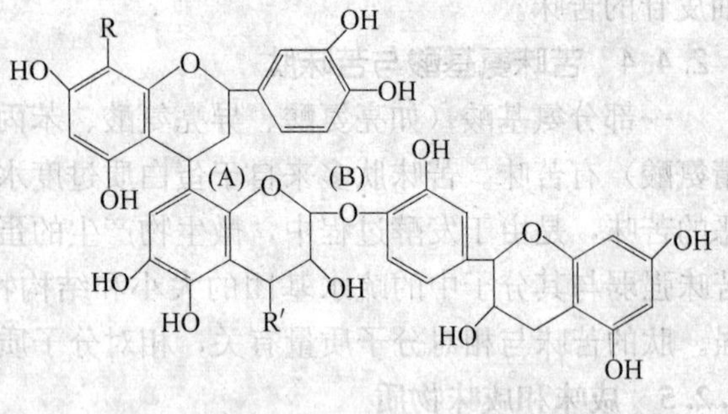

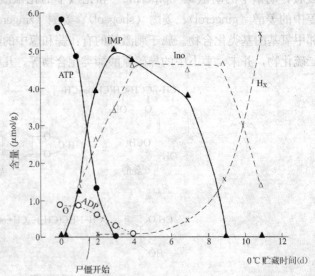

图 8-11 一种原花色素单宁的结构
（A）缩合单宁的化学键 （B）可水解单宁的化学键

茶叶、香蕉、石榴等果实中都含有涩味物质。茶叶、葡萄酒中的涩味人们能接受；但未成熟的柿子、香蕉的涩味，必须脱除。随着果实的成熟，单宁类物质会形成聚合物而失去水溶性，涩味也随之消失。柿子的涩味也可以用人工方法脱掉。单宁是多酚类物质，所以在加工过程中容易发生褐变。

8.2.6.3 鲜味及鲜味物质

鲜味（flavor enhancer）是呈味物质（如味精）产生的能使食品风味更为柔和、协调的特殊味感，鲜味物质与其他味感物质相配合时，有强化其他风味的作用，所以各国都把鲜味列为风味增强剂或增效剂。常用的鲜味物质主要有氨基酸和核苷酸类。氨基酸类鲜味物质有谷氨酸一钠（MSG）、谷甘丝三肽、水解植物蛋白等。核苷酸类鲜味物质有 5′-肌苷酸（IMP）、5′-鸟苷酸（GMP）、5′-黄苷酸（XMP）等。当鲜味物质使用量高于阈值时，表现出鲜味，低于阈值时则增强其他物质的风味。

动物的肌肉中含有丰富的核苷酸，植物中含量少。5′-肌苷酸广泛存在于肉类中，使肉具有良好的鲜味，肉中 5′-肌苷酸来自于动物屠宰后 ATP 的降解。动物屠宰后，需要放置一段时间后，味道方能变得更加鲜美，这是因为 ATP 转变成 5′-肌苷酸需要时间。但肉类存放时间过长，5′-肌苷酸会继续降解为无味的肌苷，最后分解成有苦味的次黄嘌呤，使鲜味降低。在实际工作中通过检测次黄嘌呤的含量可判断肉类、尤其是水产品的新鲜程度。

图 8-12 是鳕鱼肉在 0℃贮藏期间 ATP 及其降解产物的消长情况。其中三磷酸腺苷（ATP）是无鲜味的物质，单磷酸肌苷酸（inosine monophosphate，IMP）是具有很好鲜味的物质，肌苷（inosine，Ino）是无味的物质，次黄嘌呤（hypoxanthine，Hx）是苦味物质。鱼肉在尸

图 8-12 鳕鱼肉在贮藏期间核苷酸类物质的消长情况

僵前主要核苷酸类物质是 ATP，此时鱼肉鲜味不好；贮藏 2~4 d 后大多数 ATP 转化为单磷酸肌苷酸（IMP），此时的鱼肉最鲜美；贮藏到 10 d 后肌苷酸类物质都转化为次黄嘌呤（Hx），肉的味感变差。

除了以上介绍的鲜味物质外，常用的增加食品鲜味的物质还有琥珀酸及其钠盐，琥珀酸多用于果酒、清凉饮料、糖果的调味，其钠盐多用于酿造食品及肉制品调味。

8.3 嗅觉和嗅感物质

8.3.1 嗅觉生理

8.3.1.1 嗅感现象

嗅感（smell）是指挥发性物质刺激鼻黏膜，产生嗅感信号再经中枢神经传到大脑而产生的综合感觉。在人的鼻腔前庭部分有一块嗅感上皮区域，也称为嗅黏膜，膜上密集排列着许多嗅细胞就是嗅感受器。嗅感受器由嗅纤毛、嗅小胞、细胞树突、嗅细胞体等组成（图8-13）。人类鼻腔每侧约有 2 000 万个嗅细胞，挥发性物质的小分子在空气中扩散进入鼻腔，人们从嗅到气味到产生感觉时间很短，仅需 0.2~0.3 s。

人的嗅觉是非常复杂的生理和心理现象，具有敏锐、易疲劳、适应、习惯等特点，嗅觉比味觉更复杂。不同的香气成分给人的感受各不相同，薄荷、菊花散发的香气使青少年思维活跃、

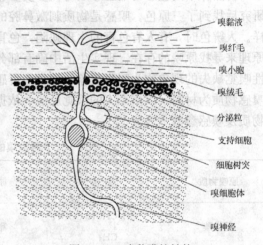

图 8-13 嗅黏膜的结构

（右侧标注，从上到下：嗅黏液、嗅纤毛、嗅小胞、嗅绒毛、分泌粒、支持细胞、细胞树突、嗅细胞体、嗅神经）

思路清晰，玫瑰花的香气使人精神振奋、心情舒畅，而紫罗兰和水仙花的香气能唤起美好的回忆。食品的香气给人愉快感受，能诱发食欲，增加人们对营养物质的消化吸收，唤起购买欲望。

人对嗅感物质的敏感性个性差异大。若某人的嗅感受器越多，则对气味的识别越灵敏、越正确。若缺少某种嗅感受器，则对某些气味感觉失灵。嗅感物质的阈值也随人的身体状况变化，身体状况好，嗅觉灵敏。

某物质的嗅感强度常用香气值（flavor unit，FU）衡量，其计算公式为

$$FU = 嗅感物质的浓度 / 阈值。$$

FU 小于 1，不能产生嗅感。FU 越大，说明嗅感成分浓度越高。

8.3.1.2 嗅感信息分类

由于各种食品都有复杂的化学组成，一般食品都可能有几百种嗅感物质。因此客观地评价食品的嗅感并非易事。有人用物理、化学分类法，根据气味与基本化学结构，把 600 多种气味物质分为 44 类，如花嗅、甜嗅、汗嗅等。有人采用心理分类法，由 180 人对 30 种物质进行嗅感评价，按各人的感觉，归纳嗅感因子，如辛香、香味、醚味等 9 种嗅感因子。对嗅感成分不管采用何方法研究，基本方法都是先分类研究。因此科学分类嗅感信息，对于研究食品的香气是十分重要的。目前，研究工作中采用较多的方法是根据物质分子的嗅感强度分类，将嗅感物质分为基本特征类、综合特征类和背景特征类 3 大类。

（1）基本特征类 基本特征类嗅感是在食品中具有占优势的嗅感，如麝香气味、尿气味

是基本特征类气味。基本特征类风味有 30 多种，但目前还有很多的没有确定分子结构特征。

（2）综合特征类　综合特征类嗅感是指一些物质不具有很强的特征嗅感，但与其他物质综合作用于嗅感器官时，具有多个互不占优势的嗅感信息能产生一种复合嗅感，这类嗅感也能赋予食品风味的一些特征。

（3）背景特征类　背景特征类嗅感是多种低强度嗅感的组合，信息图形非常复杂，信息结构与"噪音本底"的概念类似，对食品风味只有较小的贡献。

在食品风味的研究中，掌握食品的特征性香气成分是重要的分析方法之一。

8.3.2　原嗅

自然界中的色彩可谓五彩缤纷，多姿多彩，每种物质都有其特别的色彩，但通过物理学研究后找到了三原色。嗅感是物质刺激鼻腔的感觉，如同色彩刺激眼睛的感觉一样，多种多样。人辨色时，有人有色盲的生理缺陷，色盲发生率和原色密切相关。因此有人根据色盲的原理来寻找原嗅的存在。现实生活中确有部分人对某些气味不敏感，相关研究人员将有特异性嗅觉缺失的现象称为嗅盲现象，嗅盲人群感觉不到的嗅感就称为原嗅。研究以多种不同的嗅感物质为材料，以多个人的嗅觉反应为依据，以嗅盲发生率的高低为标准确定了 8 种原臭物质及嗅感参数（表 8-5）。

表 8-5　8 种原嗅的化学结构及基本参数

原嗅物质	结 构 式	原始嗅感	正常阈值		嗅盲发生率（%）
			空气中（mg/kg）	水中（mg/kg）	
异戊酸	CH_3CHCH_2COOH （CH_3）	甜汁酸味	0.0010	0.12	3
1-二氢吡咯		精液臭	0.0018	0.020	16
三甲胺	$CH_3—N(CH_3)_2$	腥臭	0.0010	4.7×10^{-4}	6
异丁醛	CH_3CHCHO （CH_3）	麦芽气味	0.0050	0.0018	36
L-香芹酮		薄荷气味	0.0056	0.041	8
5α-雄甾-16-烯-3-酮		尿臭	1.9×10^{-4}	1.8×10^{-4}	47
ω-环十五烷内酯		麝香气味	0.018	0.0018	12
L-1,8-桉树脑		樟脑气味	0.011	0.020	33

8.3.3 麝香

关于嗅感的研究，涉及的内容很多，本章仅以麝香的研究做一说明，以加深对原嗅概念的理解。麝是一种动物，又称为香獐。麝香（muskiness）是香獐腹部香腺分泌的，干燥后呈棕红色或暗红色，具有极好的香气，是各种名贵香精的重要原料，对人体健康也有很多的好处。具有麝香气味的化合物百种以上，从结构上分两大类：大环化合物和芳香族化合物。

8.3.3.1 大环化合物

麝香的大环化合物是含 15～17 个碳原子的环状分子，具长椭圆形的分子构象，麝香气味好。典型的麝香大环化合物见图 8－14。

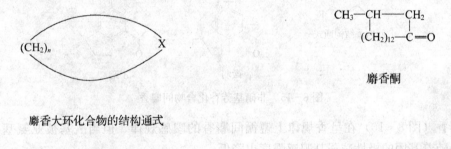

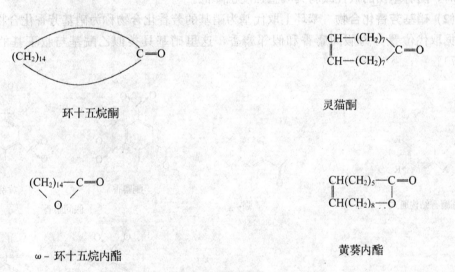

图 8－14 典型的麝香大环化合物

凡具有图 8－14 中类似结构的化合物，都具有麝香气味。麝香大环化合物的嗅感强度与成环的碳原子数有一定的关系，成环的碳原子数为 14～16 个的麝香气味强，11～13 个碳原子构成的环只有不纯的麝香气味，17～18 个碳原子构成的环麝香气味弱，19 个以上碳原子构成的环无麝香气味。

8.3.3.2 芳香族化合物

具有苯环结构及适当取代基的一类化合物也具有麝香气味，该类化合物根据取代基的不同分为非硝基芳香化合物和硝基芳香化合物。

(1) 非硝基芳香化合物 苯环上取代基为季碳烷基的芳香化合物称为非硝基芳香化合

物，又根据季碳烷基在苯环上的取代位置分为间麝香和邻麝香。

间麝香（图8-15）的嗅感强度取决于苯环上有两个季碳烷基。图8-15中，a和b都具季碳烷基取代基，因此嗅感强；c只有一个季碳烷基，另一个为叔碳烷基，因而香气弱；d没有季碳烷基，故无麝香气味。

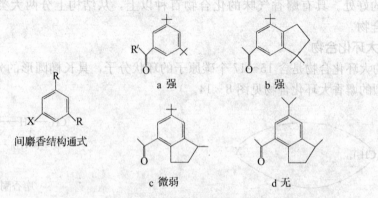

图8-15　非硝基芳香化合物间麝香

邻麝香（图8-16）在呈香规律上遵循间麝香的嗅感规律，但当酰基被亚氨基（NH）取代时，随着基团的极性减弱其嗅感强度也降低。

（2）硝基芳香化合物　苯环上取代基为硝基的芳香化合物称为硝基芳香化合物。该类物质根据取代位置分为假间麝香和假邻麝香，这里硝基具类似乙酰基与叔丁基的作用（图8-17）。

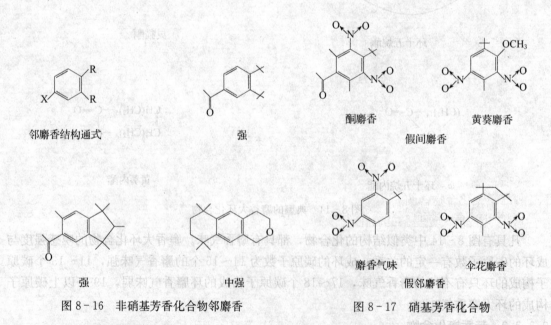

图8-16　非硝基芳香化合物邻麝香　　　　　图8-17　硝基芳香化合物

8.4　风味化合物形成的途径

食品风味的好坏取决于3个关键环节。第一个关键环节是食品原料的生产阶段，对动植物而言，合理的生理状态、合理的生态条件、合理的成熟度是产生良好风味的基础。第二个关键环节是原料和产品的贮藏阶段，由于酶和微生物的作用，会使部分风味物质损失，甚至会导致腐败使食品不能食用。第三个关键环节是食品的加工阶段，合理的加工工艺能使食品形成良好的风味。其中前两个环节对食品风味的影响主要是酶催化的反应，第三个环节主要是非酶催化反应。

8.4.1　酶催化反应

食品中酶催化的反应包括主要成分的反应和非主要成分的反应。生物体在正常生长期内酶催化的反应一般可形成较好的风味，如桃、苹果、梨、香蕉等随着果实的逐渐成熟香气逐渐变浓。以下几种典型的物质的反应如下。

8.4.1.1　油脂和脂肪酸的酶催化氧化

油脂和脂肪酸的酶催化氧化反应受到生物体的控制，脂肪在果蔬体内的生物氧化，裂解产物多为 $6\sim9$ 个碳原子的化合物，有较好的气味；由 β 氧化而产生的嗅感物质为中碳链的化合物（$6\sim12$ 个碳原子），生成的产物主要为 C_6 和 C_9 醛、醇类，对促成食物风味转化有很好的作用（图 8-18）。

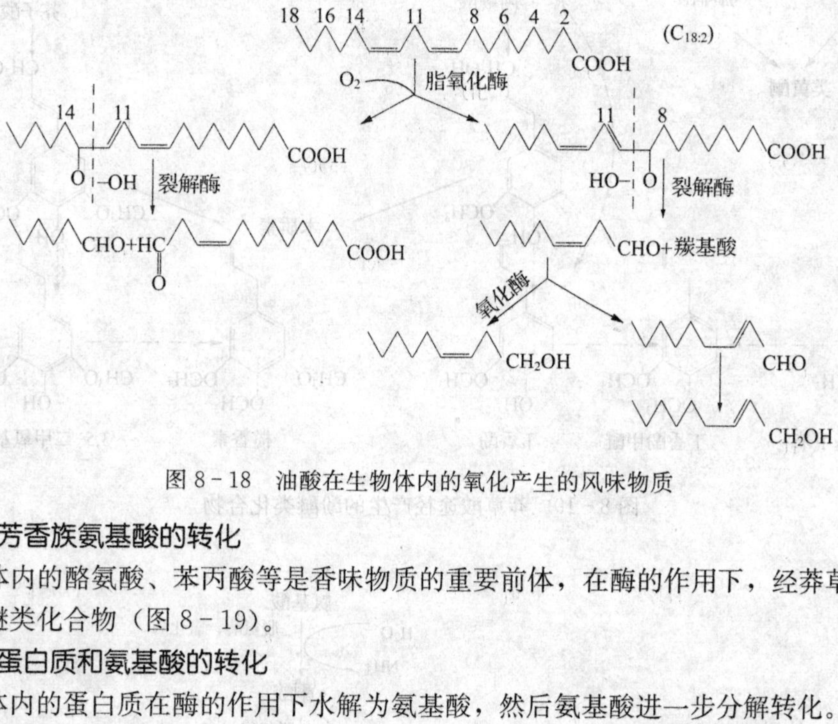

图 8-18　油酸在生物体内的氧化产生的风味物质

8.4.1.2　芳香族氨基酸的转化

生物体内的酪氨酸、苯丙酸等是香味物质的重要前体，在酶的作用下，经莽草酸途径产生各种酚醚类化合物（图 8-19）。

8.4.1.3　蛋白质和氨基酸的转化

生物体内的蛋白质在酶的作用下水解为氨基酸，然后氨基酸进一步分解转化。典型的葱蒜风味就是由含硫氨基酸转化而来（见本章 8.5.1.2）。一般氨基酸在生物体内形成酯类的反应步骤见图 8-20。

8.4.1.4　其他物质的转化

这里所指的其他物质主要是在食品中存在比较多的糖类、酸类、及部分色素。糖类和有机酸是生物主流代谢的核心物质，在糖酵解和三羧酸循环中，能产生多种中间产物，这些产物或者对食品质量有好处，或对食品质量不利。例如淀粉在酶的作用下转化为糖（图 8-21），是高淀粉、高水分农作物的常见反应，反应对食品风味的影响很大。例如甘薯中淀粉转化为糖，有利于改进烤甘薯的色泽风味；但马铃薯中淀粉转化为糖，不仅使马铃薯片变色，过多的糖分还使油炸马铃薯特有的香味损失。

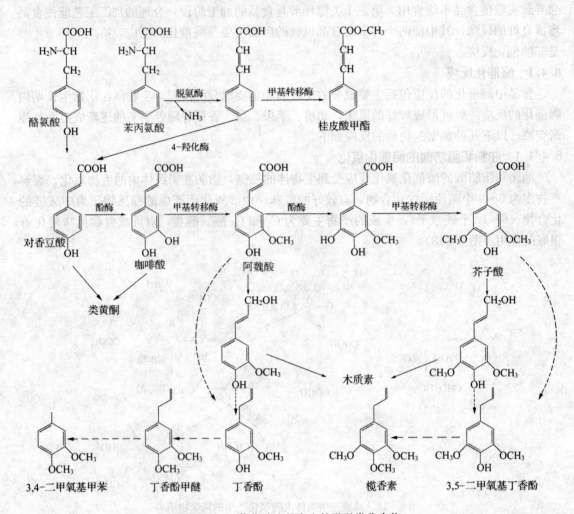

图 8-19　莽草酸途径产生的酚醚类化合物

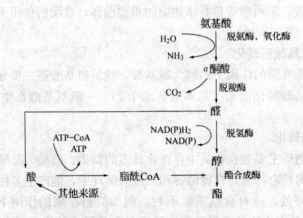

图 8-20　氨基酸转化酯类的一般途径

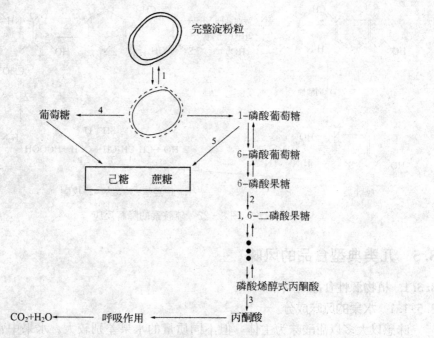

图 8 - 21　淀粉在低温条件下的降解

1. 低温破坏淀粉膜　2. 磷酸化酶的反馈控制步骤

3. 丙酮酸激酶反馈控制及进入三羧酸循环

4. 淀粉酶的作用　5. 己糖磷酸酶作用

8.4.2　非酶催化反应

在食品加工中，加热是食品是最普通、最重要的步骤，也是形成食品风味的主要途径。风味前体物质可发生各类反应，从而形成不同特性的风味物质。

8.4.2.1　基本组分的相互作用

基本组分是指糖类、蛋白质和油脂。这类物质在加工条件下的反应是本教材的重点，前面的章节已经有详细的介绍。加工中形成风味物质的反应主要是热降解反应。糖的热降解反应有：裂解、分子内脱水和异构，反应中单糖和二糖等产生低分子醛、酮、焦糖素等；纤维素、淀粉等 400 ℃ 以下生成呋喃、糠醛、麦芽酚等。氨基酸的热降解反应主要为含硫氨基酸的降解（肉香成分）、杂环氨基酸的降解（面包、饼干、烘玉米与谷物的香气）。油脂热降解反应主要为不饱和脂肪酸的热氧化降解，生成各种小分子的烯醛、醛、烃类；饱和脂肪酸的热氧化降解，生成物甲基酮、内酯、脂肪酸、丙烯醛等。控制好温度与反应时间，基本组分的相互作用可产生很好的香气。

8.4.2.2　非基本组分的热降解

非基本组分是指食品中含量相对低的组分。在食品加工中维生素类物质的降解，虽然损失了营养，但能产生较好的风味。例如抗坏血酸在热加工中生成糠醛，糠醛再进一步转化，产生的物质具有较好的香气。类胡萝卜素类物质转变为紫罗酮等衍生物，可使食品产生更好的嗅感。硫胺素降解可产生多种嗅感物质，大多具有肉香味，如图 8 - 22 中的 5 - 羟基 - 3 巯基 - 2 - 戊酮具有良好的肉香。

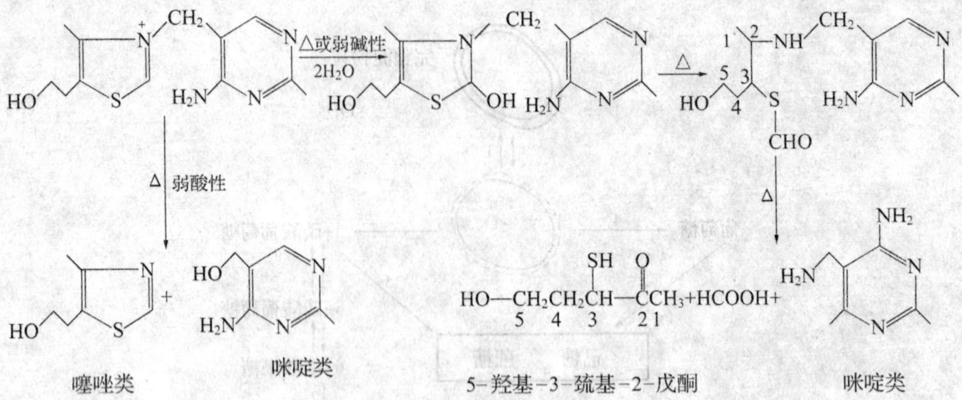

图 8-22 硫胺素的降解反应

8.5 几类典型食品的风味

8.5.1 植物源性食品的风味

8.5.1.1 水果的风味成分

味感以大多以甜酸味为主体,但不同质量的水果差别较大。水果中常常有不良味感成分,单宁在水果中普遍存在,使水果产生涩感;多种水果有糖苷,大多数苷类具有苦味或特殊的气味。

水果的香味主要通过酶促作用生物合成,随着果实逐渐成熟而增加,但人工催熟的水果香气不如自然成熟的好。水果的香气成分醛、醇来源于亚油酸与亚麻酸的分解,带支链的脂肪族酯、醇、酸来源于支链氨基酸。水果香味在贮藏期会不断减弱,热加工时一般原有香气破坏,形成加工后的嗅感物质。水果的主要香气物质有:有机酸酯类、醛类、萜烯类,其次还有有机酸类、醇类和羰基化合物类。各种水果的香气成分差异较大,成分十分复杂(表8-6)。

表 8-6　几种水果中主要呈香物质

水果名称	香气种类数	主要香气物质
苹果	250	2-甲基丁酸乙酯、2-己烯醛、丁酸乙酯、乙酸丁酯
桃	70	$C_6 \sim C_{11}$ 内酯和其他酯类,如 γ-十一烷酸内酯
香蕉	350	乙酸异戊酯、异戊酸异戊酯、丁酸异戊酯
葡萄	280	邻氨基苯甲酸酯、2-甲基3-丁烯-2-醇、芳樟醇、香叶醇
香瓜	80	烯醇、烯醛、酯类
菠萝	120	己酸甲酯、乙酸乙酯、3-甲硫基丙酸甲酯

8.5.1.2 蔬菜的风味成分

蔬菜的风味没有水果那样浓郁,类型也有别于水果,但有些蔬菜的风味独具特色。例如葱、蒜、姜、芫荽(俗称香菜)风味突出,萝卜、黄瓜、甘蓝具有浓厚的特殊气味,青椒、番茄、芹菜、韭菜各具不同风味。

葱和蒜的辣味物质一般以半胱氨酸为前体,经蒜氨酸而合成,是一些含硫化合物。例如洋葱风味的形成，是在其组织破裂后，原先被隔离在细胞不同区域内的蒜氨酸酶被激活，水解风味前体物质 S-（1-烯丙基）-L-半胱氨酸亚砜，生成次磺酸中间体、氨与丙酮酸，次磺酸能进一步重排，产生具有强穿透力的、刺激人泪腺的挥发性硫化物：丙基烯丙基二硫化物、二烯丙基二硫化物、氧化硫代丙醛（$CH_3CH_2CH \!=\! S \!=\! O$），另外还有硫醇、三硫化合物、噻吩等。葱和蒜经加热后，其辛辣味逐渐消失而产生甜味的原因是加热使酶失去活性，上述反应不能发生，而含硫化合物经加热降解生成的丙硫醇具有很好的甜味。

大蒜的特征风味成分是蒜素，它是由蒜氨酸经酶分解而成，产生的途径见图 8-23。

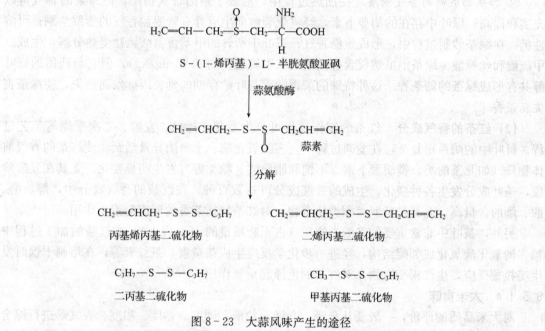

图 8-23 大蒜风味产生的途径

萝卜含有甲硫醇和黑芥子素，黑芥子素经酶水解生成挥发性辣味物质异硫氰酸丙酯。

$$CH_2\!=\!CH\!-\!CH_2\!-\!N\!=\!C{\overset{S \cdot C_6H_{10}O_5}{\underset{OSO_3K}{}}} \;+H_2O \longrightarrow CH_2\!=\!CH\!-\!CH_2\!-\!N\!=\!C\!=\!S+C_6H_{12}O_6+KHSO_4$$

十字花科蔬菜的种子均含有黑芥子素，在甘蓝、芦笋等蔬菜中还含蛋氨酸，蛋氨酸经加热分解生成有清香气味的二甲硫醚。

$$CH_3\!-\!S\!-\!CH_3\!-\!CH_2\!-\!CH（NH_2）COOH \longrightarrow CH_3\!-\!S\!-\!CH_3+CH_2\!=\!CH\!-\!COOH$$

8.5.1.3　茶叶的香气成分

茶的香型和特征是决定茶叶品质的重要因素，各种不同来源的茶叶，具有各自独特香气，习惯上把茶叶具有的特殊香气统称茶香。茶香与原料品种、采摘季节、叶的鲜嫩程度、生长条件、加热温度、发酵程度等因素有关。

茶香物质十分复杂，其中有萜烯类化合物、醇类、酯类、酚类、羰基化合物等。在这些香气物质中，沸点在 200℃以下的属于低沸点芳香物质，一般具有强烈的青草味；沸点在200℃以上的具有良好的香气。例如苯乙醇具有苹果香，苯甲醇具有玫瑰香，茉莉酮（3-甲基-2-［2'-戊烯基］环戊烯-2酮）具有茉莉花香，芳樟醇有百合花香或玉兰花香。

(1) 绿茶的香气成分 绿茶的香气来源于两条途径。

① 杀青形成的香气 在杀青过程中，鲜叶中低沸点物质 [如青叶醇（3-顺-己烯醇及 2-顺-己烯醇）、青叶醛（3-顺-己烯醛及 2-顺-己烯醛）]，因加热部分逸出。高沸点的香气成分（如苯甲醇、苯丙醇、芳樟醇、苯乙酮等）随着低沸点物质部分挥发而显露出来，例如芳樟醇在鲜叶中仅占 2% 左右，制成绿茶后含量上升到 10% 左右。部分青叶醇在加热过程中也可异构成具有清香味的反式青叶醇，它与鲜叶中剩余的青叶醇、青叶醛以及高沸点的香气成分共同组成了绿茶的清香鲜爽的特有风味。

② 加热形成新的香气物质 在加热过程中，形成了新的香气物质，使绿茶的香气得以充实和提高。绿叶中存在的胡萝卜素，经氧化裂解而生成具有紫罗兰香气的紫罗兰酮；可溶性糖，在绿茶炒制过程中，形成焦糖香气；茶叶中所含的甲基蛋氨酸锍盐受热分解，生成二甲硫醚和丝氨酸。绿茶中虽然仅含有微量的二甲硫醚（约 0.25 mg/kg），但它与残留的青叶醇共存形成绿茶的新茶香。这种特殊的茶香随着茶叶贮存期的延长因挥发而散失，使绿茶丧失新茶香味。

(2) 红茶的香气成分 红茶的制作过程可分为萎凋、揉捻、发酵、二次干燥等工艺过程。鲜叶中的酶系很复杂，在萎凋过程中，多酚氧化酶、水解酶异常活跃，使红茶的香气前体物质（如儿茶酚类、类胡萝卜素、不饱和脂肪酸、糖类等）发生明显变化，尤其在发酵阶段，茶叶成分发生各种变化，生成的香气成分可达数百种。在红茶的香气成分中，醇、醛、酸、酯的含量高，尤其是紫罗兰酮类化合物，对红茶特征茶香的形成起重要作用。

另外，茶叶中非常重要的多酚类物质（占干物质量的 15% 以上），在红茶的加工过程中被多酚氧化酶氧化成邻醌结构，经进一步化学反应生成茶黄素、茶红素等，在焙制干燥时发生美拉德反应，生产褐变产物，对红茶的色泽起重要作用。

8.5.1.4 大米食味

对大米品质的评价，一般要从色泽、光泽、粒形、硬度、黏度、甜度、香气等进行综合评价。大米中淀粉含量及支链淀粉与直链淀粉的比率，影响米饭黏性。大米蛋白质含量在 7% 左右，影响米饭的香气及浸米时的吸水性，蛋白质含量过高食味不好。大米中含有少量的脂肪，是产生大米陈化味的主要原因。煮熟的米饭只有淡淡的清香，风味成分主要为微量的醇、醛、酮类物质。

8.5.2 动物源性食品的风味

8.5.2.1 畜禽肉类的风味

各种熟肉的香气都非常诱人，现已鉴定出的香气成分近千种。形成熟肉香气的前体物质包括糖类、氨基酸类、肽类、脂类等。影响肉类风味的主要因素分为宰前与宰后的各种因素。宰前因素包括畜禽种类、性别、年龄、饲养条件。例如鸡可积累 α 生育酚，体内羰基化合物少，嗅感不强；未成年公猪有类似尿的气味（甾体激素 5-α-雄甾-16-烯-3-酮）；幼小动物缺少典型的肉香。另外，畜禽宰前的精神压力，导致生理代谢及 ATP 的分解不正常，也明显影响风味。宰后因素包括宰后处理（熟化、冷藏、嫩化）、加工方式等。

肉香与其前体物质有关。瘦肉中水溶性低分子质量化合物（还原糖、肽类、氨基酸等）在加工过程中形成风味物质，肌肉组织中低分子质量物质愈多，风味愈好，这是肉风味的主体。另外，一些含硫氨基酸在高温加工条件下也产生特有风味。脂肪是形成畜禽肉风味差异的主要物质，脂肪酸组成的差异、脂肪的酶促氧化产物的不同、脂溶性成分的不同（脂溶维生素、脂蛋白等），都导致肉制品风味的不同。完全无脂肪的瘦肉，难区别肉的种类。

畜禽肉的肉香成分，煮肉香气以硫化物、呋喃、苯环型化合物为主体，烤肉香以吡嗪、吡咯、吡啶等碱性组分与异戊醛为主，炒肉风味居于煮与烤之间。熏肉时烟料质量影响肉的风味，烟料的主要成分有酚类（如愈创木酚、甲酚）、羰基化合物（甲醛、乙醛、丙酮）、脂肪酸类、醇类、糠醛。熏制的温度影响肉与烟料成分的作用。另外腌料配方也明显影响腌肉的风味。

牛脂肪加热时产生的烃类有 25 种，羰基化合物有 15 种，酯类有 2 种，醇类有 11 种，内酯类有 9 种，吡嗪类 5 种，还有脂肪酸类等。$C_5 \sim C_9$ 的饱和醛类、2-壬烯醛、2-癸烯醛以及微量硫化氢，就有明显的牛油嗅味。猪脂肪亦有与牛脂肪类似的成分，含 $C_5 \sim C_9$ 的饱和醛类、2-庚烯醛、2-癸烯醛、2,4-癸二烯醛、戊醇、辛醇、1-辛烯-3-醇等化合物。

8.5.2.2 乳及乳制品的风味

鲜乳含多种脂肪酸、多种蛋白质与盐类，还含有一定量的糖，这些物质都以胶体态或溶液态存在，易于发生各种酶促反应与非酶促反应。鲜乳或乳制品风味的好坏与加工、贮藏等关系密切。鲜乳的主要香气成分有 142 种不同的酸，低碳数的酸对嗅感影响大；有少量低分子醛类，4-顺-庚烯醛是特征化合物之一，还有甲基酮、丁二酮等羰基化合物；酯类化合物有 $C_1 \sim C_{10}$ 的脂肪酸甲酯或乙酯；硫化物有二甲硫醚、硫化氢等。

新鲜乳制品如管理不当，易产生不良嗅感。主要有以下几方面原因。

a. 在 35℃时对外界异味很容易吸收。

b. 牛乳中的脂酶易水解产生脂肪酸（丁酸）。

c. 乳脂肪易发生自氧化产生辛二烯醛与壬二烯醛。

d. 日晒会使牛乳中蛋氨酸通过光化学反应生成 β-甲硫基丙醛，产生牛乳的日晒味，其反应为：

$$CH_3-S-(CH_2)_2-CH(NH_2)COOH \longrightarrow CH_3-S-(CH_2)-CHO+CO_2+NH_3$$

β-甲硫基丙醛有一种甘蓝气味，即使稀释到 0.05 mg/kg，这种日晒味也能被感觉出来。产生日晒味的 4 个要素为游离氨基酸和肽类、光能、氧气、维生素 B_2（核黄素）。

e. 细菌的在牛乳中生长繁殖，作用于亮氨酸生成异戊醛，产生麦芽气味，其反应为

$$(CH_3)_2CH-CH_2-CH(NH_2)COOH \longrightarrow (CH_3)_2-CH-CH_2-CHO+CO_2+NH_3$$

乳粉和炼乳的加工是热加工工艺，各物之间的非酶褐变反应不可避免的，特别是美拉德反应的产物与二次生成物，可使牛乳形成特有香气。另一方面，少量脂肪的氧化，也易使乳产生不新鲜气味，乳粉脂肪的氧化产物主要有糠醛、丁酸-2-糠醇酯、邻甲酚、苯甲醛、水杨醛等。

发酵乳制品主要有酸奶和奶酪。乳酸菌产生的香气主要有异戊醛、$C_2 \sim C_8$ 的挥发性酸，特征风味成分有 3-羟基丁酮和丁二酮，它们由乙酰乳酸分解而成，都有好的清香气味。酸奶的风味由乳酸味、乳糖的甜味及上述香气组成。奶酪品种 400 种以上，一般熟化过程长，有各种微生物、酶参与反应。其中乳酸菌产生乳酸香气，其他微生物产生脂酶和蛋白酶分别分解脂肪与蛋白质。奶酪的加工处理不同，风味差别很大。奶酪主要味感物质有乙酸、丙酸、丁酸，香气物有甲基酮、醛、甲酯、乙酯、内酯等。

8.5.2.3 水产品的风味

水产品包括鱼类、贝类、甲壳类的动物种类，还包括水产植物等。每种水产品的风味因

新鲜程度和加工条件不同而丰富多彩。

动物性水产品的风味主要由嗅感香气和鲜味共同组成。

(1) 新鲜鱼类和海产品的风味　最近研究证明，刚刚捕获的鱼和海产品具有令人愉快的植物般的清香和甜瓜般香气。这一类香气来源自 C_6、C_8 和 C_9 的醛类、酮类和醇类化合物，这些化合物是由长链不饱和脂肪酸经酶促氧化生成的产物。如花生四烯酸在脂肪氧化酶作用下生成氢过氧化物中间体，再被裂解酶或经歧化反应生成 C_6 系列挥发性香气物质，主要是顺-3-己烯醛或己醛。在大多数海产品中发现有 C_8 系列的醇类和酮类，它们使鱼具有特别的植物般香味。

鱼和海产品的种类很多，新鲜度也差别很大，随着新鲜度变化而改变的风味物质导致了鱼的风味有较大差异。过去一直认为鱼腥味与三甲胺有关系，但纯三甲胺通常只有氨味而无腥味，受酶的作用，三甲胺氧化物降解成三甲胺、二甲胺。只有在海产品中有相当数量的三甲胺氧化物，很新鲜的鱼基本不含三甲胺，该化合物经改性后能增强鱼腥味。

鱼新鲜度降低会形成腥臭气味。鱼腥味的特征成分是存在于鱼皮黏液内的 δ-氨基戊酸、δ-氨基戊醛和六氢吡啶类化合物。在鱼的血液内也含有 δ-氨基戊醛。在淡水鱼中，六氢吡啶类化合物所占的比重比海鱼大，这些腥气特征化合物的前体物质，主要是碱性氨基酸，所以在烹调时加入食醋可消除腥味。鱼臭味是鱼表皮黏液和体内含有的各种蛋白质、脂肪等在微生物的作用下，生成了硫化氢、氨、甲硫醇、腐胺、尸胺、吲哚、四氢吡咯、六氢吡啶等化合物。

在被称为氧化鱼油般的鱼腥气味中，还有部分来自 ω 不饱和脂肪酸自氧化而生成的羰基化合物。鱼油中含有丰富的多不饱和脂肪酸，如亚麻酸（18：3 ω3）、花生四烯酸（20：5 ω3）和二十二碳六烯酸（22：6 ω3，即 DHA）是鱼油中 3 种主要不饱和脂肪酸，它们容易发生自氧化反应，产生焦味、鱼腥味，例如 2,4-癸二烯醛、2,4,7-癸三烯醛等，后者即使浓度很低，也带有鱼腥味。

(2) 冷冻鱼和干鱼的呈味成分　和鲜鱼相比，冷冻鱼的嗅感成分中羰基化合物和脂肪酸含量有所增加，其他成分与鲜鱼基本相同。干鱼那种青香霉味，主要是由丙醛、异戊醛、丁酸、异戊酸产生，这些物质也是通过鱼的脂肪发生自氧化而产生的。鱼死亡后，肉质变化与畜肉变化类似，但由于鱼肉的变化速度较快，所以除部分瘦肉外，一般鱼死亡不久，鱼肉的品质便很快变差，加之鱼肉中不饱和脂肪酸含量比畜肉高，更容易引起氧化酸败，新鲜度降低很快。所以新鲜鱼加工时，应及时处理，防止产生不良的腐败臭气。

(3) 熟鱼和烤鱼的香气成分　熟鱼和鲜鱼比较，挥发性酸、含氮化合物和羰基化合物的含量都有所增加，并产生熟鱼的诱人的香气。熟鱼的香气形成途径与畜禽肉类相似，主要是通过美拉德反应、氨基酸降解、脂肪酸的热氧化降解、硫胺素的热解等反应生成，各种加工方法不同，香气成分和含量都有差别，形成了各种制品的香气特征。

烤鱼和熏鱼的香气与烹调鱼有差别，如果不加任何调味品烘烤鲜鱼时，主要是鱼皮及部分脂肪、肌肉在加热条件下发生的非酶褐变，其香气成分较贫乏；若在鱼体表面涂上调味料后再烘烤，来自调味料中的乙醇、酱油、糖也参与了受热反应，羰基化合物和其他风味物质含量明显增加，风味较浓。

(4) 其他水产品的香气成分　甲壳类和软体水生动物的风味，在很大程度上取决于非挥发性的味感成分，而挥发性的嗅感成分仅对风味产生一定的影响。例如蒸煮螃蟹的鲜味，用核苷酸、盐和 12 种氨基酸混合便可重现，如果在这些呈味混合物基础上，加入某些羰基化合物和少量三甲胺，便制成酷似螃蟹的风味产品。海参具有令人好感的风味，其清香气味的特征化合物有 2,6-壬二烯醇、2,7-癸二烯醇、7-癸烯醇、辛醇、壬醇等，产生这些物质的前体物是氨基酸和脂肪。

8.5.3　发酵食品的风味

发酵食品的种类很多，酒类、酱油、醋、酸奶等都是发酵食品。它们的风味物质非常复杂。主要由下列途径形成：a. 原料本身含有风味物质；b. 原料中所含的糖类、氨基酸及其他无味物质，经发酵在微生物的作用下代谢而生成风味物质；c. 制作过程和熟化过程中产生风味物质。由于酿造选择的原料、菌种不同，发酵条件不同，产生的风味物质千差万别，形成各自独特的风味。

8.5.3.1　白酒的风味

酒的种类很多，风味各异，这里介绍白酒的风味物质。白酒的芳香物质已经鉴别出 300多种，主要成分包括醇类、酯类、酸类、羰基化合物、酚类化合物、硫化物等。以上这些物质按不同比例相互配合，构成各种芳香成分。按风味成分将白酒分成 5 种主要香型（表8-7）。

表 8-7　白酒的香型

香型	代表酒	香型特点	特征风味物质
浓香型	五粮液、泸州大曲	香气浓郁、纯正协调、绵甜爽净、回味悠长	酯类占绝对优势，其次是酸，酯类以乙酸乙酯、乳酸乙酯、己酸乙酯最多
清香型	山西汾酒	清香纯正、入口微甜、干爽微苦、香味悠长	几乎都是乙酸乙酯、己酸乙酯
酱香型	茅台、郎酒	幽雅的酱香、醇甜绵柔、醇厚持久、空杯留香时间长、口味细腻、回味悠长	乳酸乙酯、己酸乙酯比大曲少，丁酸乙酯增多，高沸点物质、杂环类物质含量高，成分复杂
米香型	桂林三花酒	香气清淡	香味成分总量较少，乳酸乙酯、β-苯乙醇含量较高
凤香型	西凤酒	介于浓香和清香之间	己酸乙酯含量高，乙酸乙酯和乳酸乙酯比例恰当

（1）醇类化合物　白酒香气成分中含量最大的是醇类物质，其中以乙醇含量最多，它是通过淀粉类物质经酒精发酵得来。除此外，还含有甲醇、丙醇、2-甲基丙醇、正丁醇、正戊醇、异戊醇等。除甲醇外，这些醇统称高级醇，又称为高碳醇。高碳醇含量的多少，决定了白酒风味的好坏。高碳醇来源于氨基酸发酵，故酒类发酵原料要有一定蛋白质。果酒发酵因氨基酸少，生成的高碳醇较少；白酒及啤酒发酵，高碳醇直接从亮氨酸、异亮氨酸等转化而成，其反应为

$$(CH_3)_2—CH—CH_2—CH(NH_2)—COOH + H_2O \longrightarrow (CH_3)_2CH—CH_2CH_2OH + NH_3 + CO_2$$

　　　　　亮氨酸　　　　　　　　　　　　　　　　　　　异戊醇

好酒应高碳醇含量稍高，且比率适当。但如果高碳醇含量过高，会产生不正常风味。

（2）酯类化合物　白酒中的酯类化合物主要是发酵过程中的生化反应产物，此外，也可

以通过化学合成而来。酯类的含量、种类和它们之间的比例关系，对白酒的香型、香气质量至关重要。白酒的香型基本是按酯类的种类、含量以及相互之间的比例进行分类的。例如在浓香型白酒中，它的香气主要是由酯类物质所决定，酯类的绝对含量占各香气成分含量之首，其中己酸乙酯的含量又占各微量成分之冠，己酸乙酯的香气占主导；清香型白酒的香味组分仍然是以酯类化合物占绝对优势，以乙酸乙酯为主。酯类的来源有下述两个。

① 酵母的生物合成　这是酯类生成的主要途径。

$$R—COOH+COA—SH+ATP \longrightarrow R—CO—S—COA+AMP+PPi$$
$$R—CO—S—COA+ROH \longrightarrow R—CO—OR+COA—SH$$

② 白酒在蒸馏和贮存过程中发生酯化反应生成　在常温下白酒中的酯化速度很慢，往往十几年才能达到平衡。故此随着白酒贮存期的延长，酯类的含量会增加（表8-8）。这是经陈酿的酒香气比新酒浓的原因。一般优质酒都需经多年陈酿。

表8-8　蒸馏酒贮藏时间与酯化率的关系

	贮藏期			
	8个月	2年	3年	4~5年
酯化率（%）	34	36	62	64

(3) 酸类化合物　有机酸类化合物在白酒中是重要的呈味物质，它们的种类很多，有含量较高、易挥发的有机酸，如乙酸、丁酸、己酸等；有含量中等的含 C_3、C_5、C_7 的脂肪酸；有含量较少、沸点较高的 C_{10} 或 C_{10} 以上的高级脂肪酸，如油酸、亚油酸、棕榈酸等。酸类化合物本身对酒香直接贡献不大，但具有调节体系口味和维持酯的香气的作用，也是酯化反应的原料之一。这些酸类一部分来源于原料，大部分是由微生物发酵而成。带侧链的脂肪酸一般是通过 α 酮酸脱羧生成，这些带侧链的酮酸，则是由氨基酸的生物合成而来。

(4) 羰基化合物　羰基化合物也是白酒中主要的香气成分。茅台酒中羰基化合物最多，主要有乙缩醛、丙醛、糠醛、异戊醛、丁二酮等。大多数羰基化合物由微生物酵解而来。

酒中的醇和醛缩合生成柔和香味的缩醛，即

$$R—CHO+2R'OH \longrightarrow R—CH(OR')_2+H_2O$$

除上述主要形成途径外，少数羰基化合物可以在酒的蒸馏过程中通过美拉德（Maillard）反应或氧化反应生成。酒中的双乙酰及 2,3-戊二酮是酵母正常的新陈代谢产物。在酿造酒和蒸馏酒中均含有双乙酰，它对酒类的口味和风味有重要影响，当含量在 2~4mg/kg时，能增强酒的香气强度，含量过高时会使酒产生不正常气味。双乙酰由如下途径形成。

a. 由醛和酸合成，即

$$CH_3CHO+CH_3COOH \longrightarrow CH_3COCOCH_3$$

b. 由乙酰辅酶和活性乙醇缩合而成，即

$$辅酶 A+乙酸 \longrightarrow 乙酰辅酶 A$$
$$乙酰辅酶 A+活性乙醇 \longrightarrow 双乙酰+辅酶 A$$

c. α-乙酰乳酸的非酶促分解产生，即

$$丙酮酸+活性乙醛 \longrightarrow α-乙酰乳酸 \xrightarrow{\text{非酶促分解}} 双乙酰$$

d. 2,3-丁二醇氧化为双乙酰，即

$$CH_3-\underset{OH}{\underset{|}{CH}}-\underset{OH}{\underset{|}{CH}}-CH_3 \longrightarrow CH_3-\underset{O}{\underset{\|}{C}}-\underset{O}{\underset{\|}{C}}-CH_3$$

　　　　　　2,3-丁二醇　　　　　　　　双乙酰

(5) 酚类化合物　某些白酒中含有微量的酚类化合物，如 4-乙基苯酚、愈创木酚、4-乙基愈创木酚等。这些酚类化合物一方面由原料中的成分在发酵过程中生成，另一方面是贮酒桶的木质容器中的某些成分，如香兰素等溶于酒中，经氧化还原产生。

8.5.3.2　果酒的香气

　　最重要的果酒是葡萄酒，葡萄酒的种类很多，按颜色分为红葡萄酒（用果皮带色的葡萄制成）和白葡萄酒（用白葡萄或红葡萄果汁制成），按含糖量分为干葡萄酒（残糖量小于 4 g/L）、半干葡萄酒（含糖量为 4～12 g/L）、半甜葡萄酒（含糖量为 12～50 g/L）和甜葡萄酒（含糖量大于 50 g/L）。

　　葡萄酒的香气成分，包括芳香物质和花香物质两大类。芳香物质来自果实本身，是果酒的特征香气。花香物质是在发酵、陈化过程中产生的。

　　(1) 醇类化合物　葡萄酒中的高碳醇含量以红葡萄酒较多，但较白酒少，主要的高级醇为异戊醇，其他（如异丁醇、仲戊醇）的含量很少。这些高级醇主要是发酵过程中由微生物生物合成的，高级醇的含量和品种对其风味有重要影响。较少的高级醇会给葡萄酒带来良好的风味，如葡萄牙的包尔德葡萄酒中含较多的高级醇，很受消费者欢迎。甘油是发酵的副产物，味甜，像油一样浓厚，而且会影响葡萄酒的风味。果酒中还有些醇是来自果实，例如麝香葡萄的香气成分中含有芳樟醇、香茅醇等萜烯类化合物，用这种葡萄酿成的酒中也含有这些成分，从而酒呈麝香气味。

　　(2) 酯类化合物　葡萄酒中的酯类化合物比啤酒多，而比白酒少，主要是乙酸乙酯，其次是己酸乙酯和辛酸乙酯。由于葡萄酒中含酯类化合物少，故香气较淡。在发酵过程中除生成酯类还会生成内酯类，如 γ 内酯等，这些成分与葡萄酒的花香有关。例如 5-乙酰基-2-二氢呋喃酮是雪犁葡萄酒香气的主要成分之一。另外，葡萄酒在陈化期间，4,5-二羟基己酸-γ-内酯含量会明显增加，故该化合物常作为酒是否陈化的指标。

　　(3) 羰基化合物　葡萄酒中的羰基化合物主要是乙醛，有的酒中含量可高达100 mg/kg，当乙醛和乙醇缩合形成乙缩醛后，香气就会变得很柔和。葡萄酒中也含有微量的 2,3-戊二酮。

　　(4) 酸类及其他化合物　葡萄酒中含有多种有机酸（如酒石酸、葡萄酸、乙酸、乳酸、琥珀酸、柠檬酸、葡萄糖酸等），含酸总量比白酒大，其中酒石酸含量较高，它们主要来自果汁。在酿造过程中，酒石酸会以酒石（酒石酸氢钾）形式沉淀，部分苹果酸在乳酸菌的作用下变成乳酸，使葡萄酒的酸度降低。葡萄酒中还有微量的酚类化合物，例如对乙基苯酚、对乙烯基苯酚呈木香味，4-乙基（乙烯基）-2-甲氧基苯酚呈丁香气味。为使葡萄酒的风味更加浓厚，陈化时的容器最好使用橡木桶。从果皮溶出的花色苷、黄酮及儿茶酚、鞣质（单宁）等多酚类化合物，含量较高，使葡萄酒产生涩味，甚至苦味。人们不希望葡萄酒的涩味和苦味太强，在生产过程中应设法控制，以降低酒中多酚物质的含量。

　　葡萄酒中的糖类产生甜味，有机酸产生酸味及酒中所含的香气物质，共同组成了它的特殊风味。红葡萄酒一般是深红色或宝石红色，具优雅的酒香和浓郁的花香。白葡萄酒澄清透明，呈淡黄色，酒味清新，有果实的清香，风味圆滑爽口。葡萄酒等果酒中还含有一定量维生素，具有滋补强身作用，受到人们普遍欢迎。

8.5.3.3 酱油的风味

以大豆、小麦等为原料经曲霉分解后，在18％的食盐溶液中由乳酸菌、酵母等长期发酵，生成了氨基酸、糖类、酸类、羰基化合物和醇类等成分，共同构成了酱油的风味，在最后加热（78～80℃）工序中，发生一系列反应，生成香味物质，使香气得到显著增加。酱油的主要香气物质有：醇类、酸类、羰基化合物、硫化物等。

酱油中除1％～2％的乙醇外，还含有微量的各种高级醇类，如丙醇、丁醇、异丁醇、异戊醇、β-苯乙醇等。酱油中约含1.4％的有机酸，其中乳酸最多，其次是乙酸、柠檬酸、琥珀酸、乙酰丙酸、α-丁酮酸（具有强烈的香气，是重要的香气成分）等。酯类物质有乙酸乙酯、丁酸乙酯、乳酸乙酯、丙二酸乙酯、安息香酸乙酯等。$C_1 \sim C_6$的醛类和酮类化合物是美拉德反应的产物，美拉德反应同时也产生了麦芽酚等香味物质，使香气得到显著增强。在酱油中还有甲硫醇、甲硫氨醛、甲硫氨醇、二甲硫醚等硫化物，对酱油的香气也有很大的影响，特别是二甲硫醚使酱油产生一种青色紫菜的气味。

酱油的整体风味，是它的特征香气、氨基酸和肽类所产生的鲜味、食盐的咸味、有机酸的酸味等的综合味感。

复习思考题

1. 食品风味包括哪些基本要素？
2. 风味物质的相互作用有哪些现象？试举例说明。
3. 食品味觉是如何产生的？
4. Shallenberger甜味理论的基本点是什么？
5. 糖的甜度受哪些因素影响？
6. 苦味物质的来源和重要的生理作用各是什么？
7. 辣味物质有哪几类？各具有什么结构特点和典型化合物？
8. 影响肉类风味的主要因素有哪些？
9. 有哪些基本嗅感物质？
10. 具有麝香气味的物质有哪几类？呈香强度与分子结构有何关系？
11. 食品香气的形成有哪几种途径？
12. 使乳制品产生不良嗅感的原因有哪些？

第9章　食品中的天然色素

食品的品质，除了营养价值和卫生要求外，还应该包括食品的色泽和风味。颜色不仅通过视觉给人以美感，增加食欲，而且在一定程度上反映食品质量的优劣和新鲜程度。不自然、不均匀、不正常的食品颜色通常被认为是劣质、变质或工艺不良的标志。因此在生产食品时，如何采用合理的加工工艺和贮存方法，以保持食品的天然色泽，以及使用食品着色剂改进食品的颜色是一个非常重要的问题。

食品中的天然色素按其来源不同可分为3类：植物色素（如叶绿素、胡萝卜素、花青素等）、动物色素（如血红素、核黄素等）和微生物色素（如红曲色素）。

大多情况下，食品中的天然色素按其化学结构进行分类，如表9-1所示。

表9-1　天然色素分类

系　别	类　别	色素举例
吡咯色素	卟啉类	叶绿素、血红素
多酚色素	花色苷类	玉米红、萝卜红
	黄酮类	高粱红、可可色素
	鞣质类	鞣质、儿茶素
	查尔酮类	红花红、红花黄
醌酮色素	酮类	姜黄素、红曲色素
	蒽醌类	虫胶色素
	萘醌类	紫草根色素
多烯色素	胡萝卜素类	β胡萝卜素
	叶黄素类	辣椒红素、藏红花素
其他色素	含氮花青素	甜菜红、核黄素
	混合物	焦糖

9.1　色素的呈色机理

人眼的视网膜上含有感光的视杆细胞和椎体细胞，能够感受波长为 $380\sim780\,nm$ 的电磁波，即可见光。感光细胞把接受到的光波信号传到神经节细胞，再由视神经传到大脑皮层视觉中枢，产生颜色感。在可见光区内，不同波长的光组合在一起产生不同的颜色。可见光区域外的电磁波不能被感光细胞所感受，因而不产生颜色。

食品的颜色是通过其中的色素对可见光的选择吸收及反射而产生的。有机分子选择吸收可见光光波的特性取决于其特定的分子结构。各种色素分子都含有可以吸收紫外光和可见光的不饱和基团，称为发色团，如—C＝C—、—C＝O、—CHO、—COOH、—N＝N—、—N＝O、—C＝S等。发色团吸收特定波长的光能时，电子就会从能量较低的 π 轨道或 n 轨道（非共用电子轨道）跃迁至 π^{*} 轨道，然后再从高能轨道以放热的形式回到基态，从而完成了吸光和光能转化。—C＝O、—N＝N—、—N＝O、—C＝S 等含有杂原子的双键在发生 $\pi \rightarrow \pi^*$ 同时还能发生 $n \rightarrow \pi^*$ 电子跃迁。一些饱和的杂原子基团，如—OH、—OR、—NH₂、—NR₂、—SH、—Cl、—Br 等，与发色团发生共轭时，使有机分子的吸收带向长波方向移动，称为助色团。不同色素的颜色差异和变化主要取决于分子中发色团和助色团。孤立的双键发生 $\pi \rightarrow \pi^*$ 电子跃迁的吸收峰波长约为 200 nm，随着共轭双键数目的增多，吸收光波长向长波方向移动。如每增加 1 个—C＝C—双键，吸收光波长约增加 30 nm，因此，至少由 5～6 个—C＝C—双键共轭体系构成的发色团，才可能吸收可见光光波而呈现颜色。食品中能够吸收可见光激发而发生电子跃迁的食物成分统称为食品色素。食品原料中天然存在的色素称为食品固有色素，专门用于食品染色的添加剂称为食品着色剂。

自然光条件下，眼睛看到的食品颜色其实是色素吸收部分可见光后的反射光的颜色。吸收光的颜色和反射光的颜色互称补色。食品将可见光全部吸收时呈黑色，全部反射时呈白色。食品将可见光全部通过时无色。

9.2 食品原料中的天然色素

9.2.1 叶绿素

9.2.1.1 叶绿素的结构与性质

叶绿素（chlorophyll）是绿色植物的主要色素，存在于叶绿体中类囊体的片层膜上，在植物光合作用中进行光能的捕获和转换。叶绿素是由叶绿酸、叶绿醇和甲醇缩合而成的二醇酯，其分子结构见图 9-1。高等植物中的叶绿素有 a、b 两种类型，其区别仅在于 3 位碳原子（图 9-1 中的 R）上的取代基不同。取代基是甲基时为叶绿素 a（蓝绿色），是醛基时为叶绿素 b（黄绿色），二者的比例一般为 3：1。叶绿素不溶于水，易溶于乙醇、乙醚、丙酮等有机溶剂。

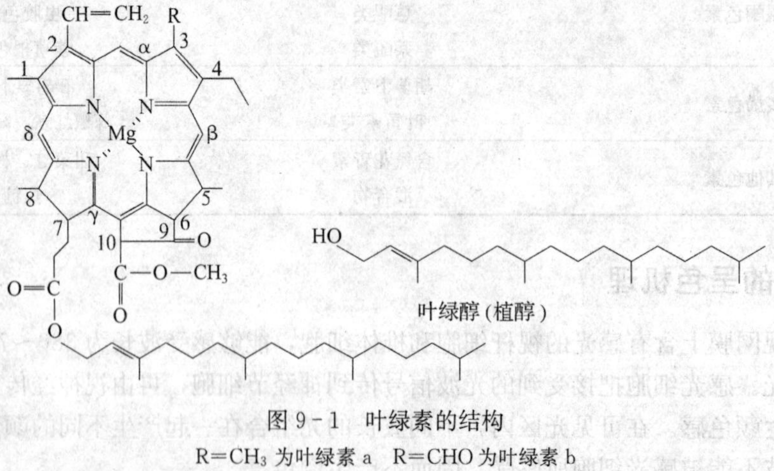

图 9-1 叶绿素的结构
R＝CH₃ 为叶绿素 a R＝CHO 为叶绿素 b

在活体植物细胞中，叶绿素与类胡萝卜素、类脂物及脂蛋白结合成复合体，共同存在于叶绿体中。当细胞死亡后，叶绿素就游离出来，游离的叶绿素对光、热敏感，很不稳定。因此在食品加工贮藏中会发生多种反应，生成不同的衍生物，如图 9-2 所示。在酸性条件下，叶绿素分子中的镁离子被两个质子取代，生成橄榄绿色的脱镁叶绿素，依然是脂溶性的。在叶绿素酶作用下，分子中的植醇由羟基取代，生成水溶性的脱植醇叶绿素（叶绿酸），仍然为绿色的。焦脱镁叶绿素的结构中除镁离子被取代外，甲酯基也脱去，同时该环的酮基也转为烯醇式，颜色比脱镁叶绿素更暗。脱镁脱植醇叶绿素中心镁离子还可以被二价锌或铜离子取代而形成衍生物，这类物质仍具有绿色，且其绿色比叶绿素更鲜艳、更稳定。

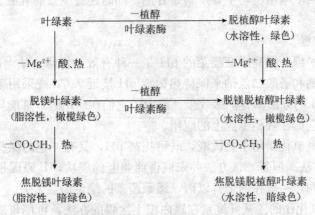

图 9-2　叶绿素的几种主要衍生物

9.2.1.2　叶绿素在食品加工与储藏中的变化

（1）热和酸引起的叶绿素变化　绿色蔬菜加工中的热烫和杀菌是造成叶绿素损失的主要原因。在加热下组织被破坏，细胞内的有机酸成分不再区域化，加强了与叶绿素的接触。更重要的是，又生成了新的有机酸，如乙酸、吡咯酮羧酸、草酸、苹果酸、柠檬酸等。由于酸的作用，叶绿素发生脱镁反应生成脱镁叶绿素，并进一步生成焦脱镁叶绿素，食品的颜色转变为橄榄绿、甚至褐色。pH 是决定脱镁反应速度的一个重要因素。在 pH 9.0 时，叶绿素很耐热；在 pH 3.0 时，叶绿素非常不稳定。植物组织在加热期间，其 pH 大约会下降 1，这对叶绿素的降解影响很大。

脱植醇叶绿素的热稳定性低于叶绿素，这是因为植醇对质子取代镁离子有空间位阻作用，所以脱植醇叶绿素比叶绿素更易脱镁。另外，脱植醇叶绿素是水溶性色素，更容易与质子接触而发生脱镁反应。

（2）叶绿素的酶促变化　在植物衰老和贮藏过程中，酶能引起叶绿素的分解破坏。这种酶促变化可分为直接作用和间接作用两类。直接以叶绿素为底物的只有叶绿素酶，催化叶绿素中植醇酯键水解而产生脱植醇叶绿素。脱镁叶绿素也是它的底物，产物是水溶性的脱镁脱植醇叶绿素，它是橄榄绿色的。叶绿素酶的最适温度为 $60\sim82\,℃$，$100\,℃$ 时完全失活。

起间接作用的有蛋白酶、酯酶、脂氧合酶、过氧化物酶、果胶酯酶等。蛋白酶和酯酶通过分解叶绿素蛋白质复合体，使叶绿素失去保护而更易遭到破坏。脂氧合酶和过氧化物酶可催化相应的底物氧化，其间产生的物质会引起叶绿素的氧化分解。果胶酯酶的作用是将果胶水解为果胶酸，从而提高了质子浓度，使叶绿素脱镁而被破坏。

为了使酶失活，果蔬加工中常采用不低于 $90\,℃$ 的热水或热蒸汽处理 $2\sim5\,min$，破坏其中的酶，达到护绿和保持其品质的目的。

（3）叶绿素的光解　在鲜活植物中，叶绿素和蛋白质结合，以蛋白复合体的形式存在，因此受到良好的保护，此时它既可进行光合作用，又不发生光分解。但当植物衰老时，保护作用丧失，或色素从植物中萃取出来以后或贮藏加工中细胞受到破坏，就会发生光分解。此时若有氧气存在，就会导致叶绿素的不可逆褪色。在有氧的条件下，叶绿素或卟啉类化合物遇光可产生单线态氧和羟基自由基，它们可与叶绿素的四吡咯进一步反应生成过氧化物和更多的自由基，最终导致卟啉环的分解和颜色的完全丧失。叶绿素光解的过程始于亚甲基的开环，并形成了线性四吡咯结构，主要产物是甘油，同时还有少量的乳酸、柠檬酸、琥珀酸和丙二酸。

9.2.1.3 蔬菜的护绿

(1) 中和酸而护绿 提高罐藏蔬菜的 pH 是一种有效的护绿方法（color preservation）。采用加入适量氧化钙和磷酸二氢钠来保持热烫液 pH 接近 7.0，或采用碳酸镁或碳酸钠与磷酸钠相结合调节 pH 的方法都有护绿效果。但由于它们在应用时，都能导致蔬菜组织软化并产生碱味而限制了它们在食品工业上的应用。

将氢氧化钙或氢氧化镁用于热烫液，既可提高 pH，又有一定的保脆作用，此种方法是众所周知的 Blair 方法。但是，该方法并未取得商业上的成功，其原因是组织内部的酸不能得到长期有效的中和，一般在两个月以内，罐藏蔬菜的绿色仍会失去。

采用含 5% 氢氧化镁的乙基纤维素在罐内壁上涂膜的办法，可使氢氧化镁慢慢释放到食品中以保持 pH 8.0 很长一段时间，这样就可使绿色保持相对长的时间。该方法的缺点是将会引起谷氨酰胺和天冬酰胺部分水解而产生氨味，引起脂肪水解而产生酸败气味。在青豌豆中，此种护绿方法还可能引起鸟粪石（磷酸铵镁络合物的玻璃状晶体）的形成。

(2) 高温瞬时杀菌 高温瞬时杀菌（high-temperature short-time，HTST）不但能使维生素和风味更好保留，也能显著减轻植物性食品在商业杀菌中发生的绿色破坏程度。但经过约两个月的贮藏后，食品的 pH 仍然会自然下降，导致叶绿素脱镁而使产品的绿色褪去。另外，采用高温瞬时杀菌和 pH 调节相结合的方法，叶绿素保存率通常会提高，但是贮藏过程中同样会因为 pH 的下降而使已取得的护色效果失去。

(3) 绿色再生 将锌离子添加于蔬菜的热烫液中，也是一种有效的护绿方法。其原理是叶绿素的脱镁衍生物可以螯合锌离子，生成叶绿素衍生物的锌络合物（主要是脱镁叶绿素锌和焦脱镁叶绿素锌）。这种方法使用 Zn^{2+} 浓度约为万分之几，并将 pH 控制在 6.0 左右，在略高于 60℃ 以上进行热处理。为提高 Zn^{2+} 在细胞膜中的渗透性，还可在处理液中适量加入具有表面活性的阴离子化合物。这种方法用于罐藏蔬菜加工可产生比较满意的效果。Cu^{2+} 也有相类似的护绿效果。

叶绿素衍生物的铜和锌络合物可被用于改善绿色蔬菜的颜色，主要的产品有叶绿素铜和叶绿酸铜，它们分别是脱镁叶绿素和脱镁脱植醇叶绿素的铜衍生物。除美国尚未批准其在食品中应用外，其他国家普遍允许使用。日本按化学合成品对待，每日最大摄入量（ADI）为 0～15 mg/kg。联合国粮食与农业组织（FAO）已批准将其用于食品，但是游离铜离子的含量不得超过 200 mg/kg 食品。

(4) 其他护绿方法 气调保鲜技术使绿色同时得以保护，这属于生理护色。当水分活度很低时，即使有酸存在，H^+ 转移并接触叶绿素的机会也相对减小，它难以置换叶绿素和叶绿素衍生物中的 Mg^{2+}。同时由于水分活度较低，微生物的生长及酶的活性也被抑制。因此脱水蔬菜能较长期地保持绿色。在贮藏绿色植物性食品时，避光、除氧可防止叶绿素的光氧化褪色。因此正确选择包装材料和护绿方法以及与适当使用抗氧化剂相结合，就能长期保持食品的绿色。

9.2.2 血红素

9.2.2.1 血红素的结构与性质

血红素（heme）是存在于高等动物血液和肌肉中的水溶性色素，是血红蛋白和肌红蛋白的辅基。肌肉中90％以上的色素是血红素，其他色素（如细胞色素、黄素蛋白、维生素B_{12}等色素）含量很少，故肌肉的颜色主要为血红素的紫红色。肌肉中的肌红蛋白是由1个血红素分子和1条肽链组成的，相对分子质量为17 000。而血液中的血红蛋白由4个血红素分子分别和4条肽链结合而成，相对分子质量为68 000。血红蛋白分子可粗略看作肌红蛋白的四连体。在活体动物中，血红蛋白和肌红蛋白发挥着氧气转运和贮备的功能。

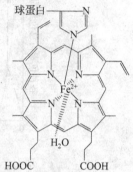

如图9-3所示，血红素是一种铁卟啉化合物，中心Fe^{2+}有6个配位键，其中4个分别与卟啉环的4个氮原子配位结合。还有一个与肌红蛋白或血红蛋白中的球蛋白以配价键相连接，结合位点是球蛋白中组氨酸残基的咪唑基氮原子。第六个键则可以与任何一种能提供电子对的原子结合。如与O_2、NO和CO结合形成有鲜艳红色的共价复合物氧合肌红蛋白、碳氧肌红蛋白和氧化氮肌红蛋白。Fe^{2+}能够被氧化剂氧化成Fe^{3+}，如被O_2所氧化形成高铁肌红蛋白。

图9-3 肌红蛋白的结构

动物屠宰放血后，对肌肉组织的供氧停止，新鲜肉中的肌红蛋白则保持还原状态，肌肉的颜色呈稍暗的紫红色。当鲜肉存放在空气中，肌红蛋白向两种不同的方向转变，部分肌红蛋白与氧气发生氧合反应生成鲜红色的氧合肌红蛋白；部分肌红蛋白与氧气发生氧化反应，生成褐色的高铁肌红蛋白。这两种反应可用图9-4来表示。

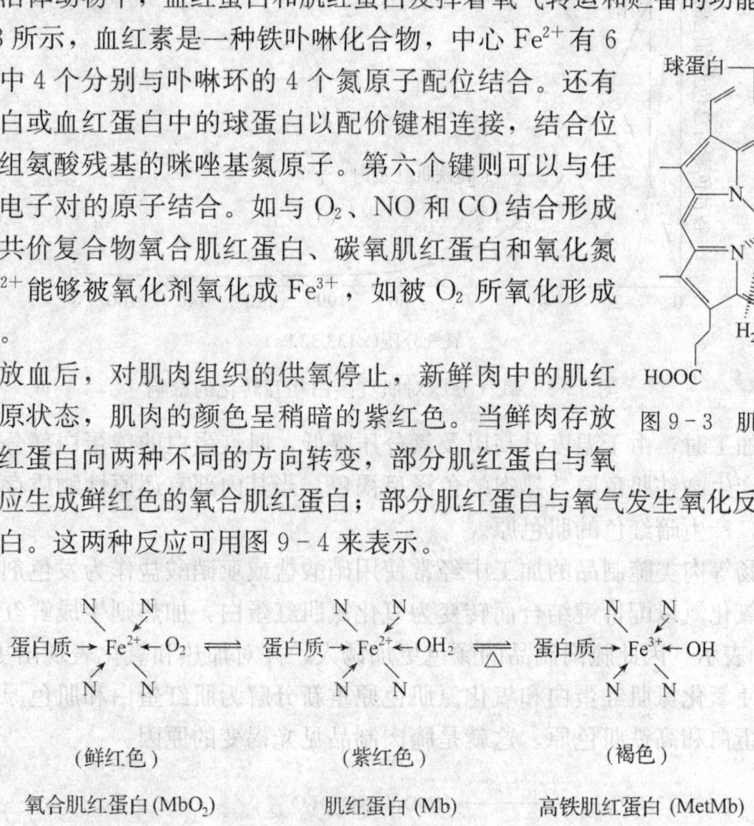

$$蛋白质 \rightarrow Fe^{2+} \rightarrow O_2 \quad \Longleftrightarrow \quad 蛋白质 \rightarrow Fe^{2+} \rightarrow OH_2 \quad \overset{\triangle}{\Longleftrightarrow} \quad 蛋白质 \rightarrow Fe^{3+} \leftarrow OH$$

（鲜红色）	（紫红色）	（褐色）
氧合肌红蛋白（MbO_2）	肌红蛋白（Mb）	高铁肌红蛋白（MetMb）

图9-4 肌红蛋白的相互转化

9.2.2.2 血红素在食品加工与贮藏中的变化及控制

在肉品的加工与贮藏中，肌红蛋白会转化为多种衍生物，包括氧合肌红蛋白、高铁肌红蛋白、氧化氮肌红蛋白、氧化氮高铁肌红蛋白、肌色原、高铁肌色原、氧化氮肌色原、亚硝酰高铁肌红蛋白、亚硝酰高铁血红素、硫肌红蛋白和胆绿蛋白。这些衍生物的颜色各异，氧合肌红蛋白为鲜红色，氧化氮高铁肌红蛋白为深红色，氧化氮肌色原为粉红色，氧化氮肌红蛋白和肌色原为暗红色，亚硝酰高铁肌红蛋白为红褐色，高铁肌红蛋白和高铁肌色原为褐色，亚硝酰高铁血红素、硫肌红蛋白和胆绿蛋白为绿色。贮藏和加工中可通过控制衍生物的形成来控制肉的色泽。

新鲜肉放置于空气中，表面会形成很薄一层氧合肌红蛋白而呈鲜红色。而在中间部分，由于肉中原有的还原性物质存在，肌红蛋白就会保持还原状态，故为深紫色。当鲜肉在空气中放置过久时，还原性物质被耗尽，高铁肌红蛋白的褐色就成为主要色泽。图 9-5 显示出这种变化受氧气分压的强烈影响，氧气分压高时有利于氧合肌红蛋白的生成，氧气分压低时有利于高铁肌红蛋白的生成，因此，常采用真空包装或短期适度充氧而达到肉品呈色的目的。

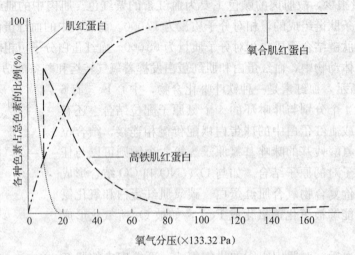

图 9-5 氧气分压对肌红蛋白相互转化的影响

鲜肉在热加工时，由于温度升高以及氧分压降低，肌红蛋白的球蛋白部分变性，铁被氧化成三价铁，产生高铁肌色原，熟肉的色泽呈褐色。当其内部有还原性物质存在时，铁可能被还原成亚铁，产生暗红色的肌色原。

火腿、香肠等肉类腌制品的加工中经常使用硝酸盐或亚硝酸盐作为发色剂。血红素的中心铁离子可与氧化氮以配价键结合而转变为氧化氮肌红蛋白，加热则生成鲜红的氧化氮肌色原，用图 9-6 表示。因此腌肉制品的颜色更加诱人，并对加热和氧化表现出更大的稳定性。但可见光可促使氧化氮肌红蛋白和氧化氮肌色原重新分解为肌红蛋白和肌色原，并被继续氧化为高铁肌红蛋白和高铁肌色原。这就是腌肉制品见光褐变的原因。

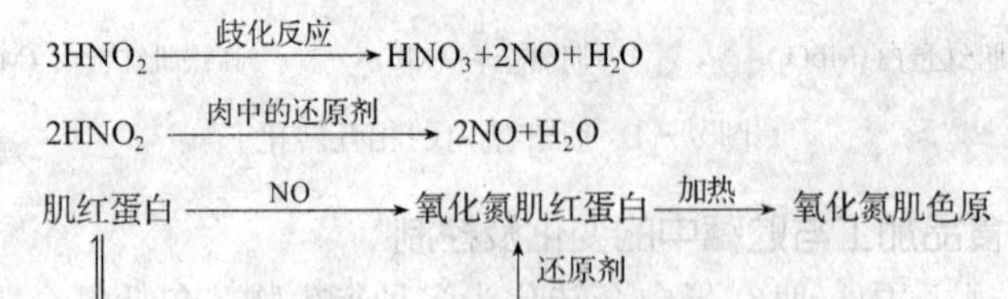

$$3HNO_2 \xrightarrow{\text{歧化反应}} HNO_3 + 2NO + H_2O$$

$$2HNO_2 \xrightarrow{\text{肉中的还原剂}} 2NO + H_2O$$

$$\text{肌红蛋白} \xrightarrow{NO} \text{氧化氮肌红蛋白} \xrightarrow{\text{加热}} \text{氧化氮肌色原}$$

$$\text{高铁肌红蛋白} \xrightarrow{NO} \text{氧化氮高铁肌红蛋白}$$

图 9-6 腌肉制品中的发色反应

鲜肉不合理存放会导致微生物大量生长，产生过氧化氢、硫化氢等化合物。过氧化氢可强烈氧化血红素卟啉环的 α 亚甲基而生成胆绿蛋白（绿色）。在氧气或过氧化氢存在下，硫化氢等硫化物可将硫直接加在卟啉环的 α 亚甲基上，成为硫肌红蛋白（绿色）。

硝酸盐和亚硝酸盐除具有发色剂的功能外，还具有防腐剂的功能，对肉制品的安全贮藏具有重要意义。但是硝酸盐和亚硝酸盐发色剂本身的用量必须严格控制，因过量使用不但使血红素卟啉环的 α 亚甲基被硝基化，生成亚硝酰高铁血红素（绿色），还会产生致癌物质亚硝胺。

9.2.2.3　肉和肉制品的护色

肉类色素的稳定性与光照、温度、相对湿度、水分活度、pH、微生物的繁殖等因素相关。

把鲜肉置于透气性很低的透明包装袋内，抽真空后密封，必要时还可在袋内加入少量除氧剂以保持袋内无氧，这能使肉中的肌红蛋白处于还原状态，即血红蛋白中的铁离子是二价且没有氧与其结合，这种肉的颜色能够长期保持不变。一旦开袋，大量氧气与肉表面接触后，很快使肉色转向氧合肌红蛋白的鲜红色。这正是超市鲜肉的包装方法。

采用气调或气控技术大规模贮藏肉或肉制品的方法也有一定的成功。首先，采用 100% CO_2 气体贮藏，肉色能得到较好保护。但 CO_2 分压不那么高时，肉品很容易出现褐色，主要原因是肌红蛋白向高铁肌红蛋白的转化。若配合使用除氧剂，护色效果可提高，但厌氧微生物的生长必须同时加以控制才行。

腌制肉（cured meat）产品的护色方法主要是避光和除氧。在选择包装方法时，必须考虑避免微生物的生长和产品失水。因为选择合适的包装方法不但可以保证此类产品的安全和减少失重，而且也是重要的护色措施之一。

9.2.3　类胡萝卜素

9.2.3.1　类胡萝卜素的结构与性质

类胡萝卜素（carotinoid）广泛分布于生物界中，蔬菜和红色、黄色、橙色的水果及根用作物是富含类胡萝卜素的食品。类胡萝卜素可以游离态溶于细胞的脂质中，也能与糖类、蛋白质或脂类形成结合态存在，或与脂肪酸形成酯。一些常见类胡萝卜素的结构见图 9-7。

类胡萝卜素按结构可归为两大类，一类是称为胡萝卜素的纯碳氢化合物，包括 α 胡萝卜素、β 胡萝卜素，γ 胡萝卜素及番茄红素；另一类是结构中含有羟基、环氧基、醛基、酮基等含氧基团的叶黄素类，如叶黄素、玉米黄素、辣椒红素、虾黄素等。类胡萝卜素的基本结构是多个异戊二烯结构首尾相连的大共轭多烯，多数类胡萝卜素的结构两端都具有环己烷。

类胡萝卜素是脂溶性色素，能溶于油和有机溶剂。胡萝卜素类微溶于甲醇和乙醇，易溶于石油醚；叶黄素类却易溶于甲醇或乙醇中，难溶于乙醚和石油醚。类胡萝卜素的颜色在黄色至红色范围，其检测波长一般为 430～480 nm。

由于类胡萝卜素具有高度共轭双键的发色基团和含—OH 等助色基团，故呈现不同的颜色。但分子中至少含有 7 个共轭双键时才能呈现出黄色。食物中的类胡萝卜素一般是全反式构型，偶尔也有单顺式或二顺式化合物存在。全反式化合物颜色最深，若顺式双键数目增加，会使颜色逐渐变浅。

无氧条件下，类胡萝卜素在酸、热和光作用下很易发生顺反异构化，所以颜色常在黄色和红色范围内轻微变动。强热时类胡萝卜素可分解为多种挥发性小分子化合物，改变食品的色泽和风味。有氧条件下，类胡萝卜素中双键被氧化，形成相应的氧化物或进一步分解为更小的分子。

类胡萝卜素在食品中降解的主要原因是氧化作用，包括酶促氧化、光敏氧化和自动氧化，其中最主要原因是光敏氧化作用，其双键过氧化后发生裂解，即失去颜色，裂解后的终产物中有一种具有紫罗兰花气味的紫罗酮，其分子中的环状部分称为紫罗酮环。因此某些类胡萝卜素可以作为单线态氧淬灭剂。研究证明，类胡萝卜素在细胞内和体外都能保护组织免

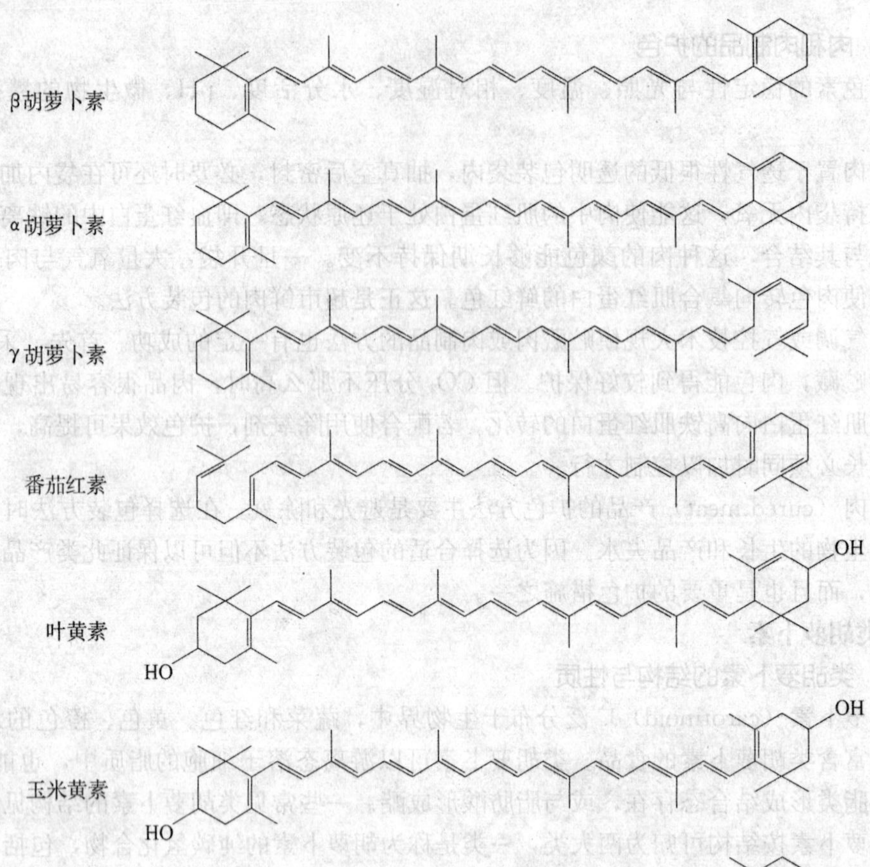

β胡萝卜素

α胡萝卜素

γ胡萝卜素

番茄红素

叶黄素

玉米黄素

隐黄素

虾黄素

辣椒红素

藏红花素

图 9-7 常见类胡萝卜素的结构

受单线态氧的攻击，这种作用与氧分子层的大小有关。在低氧分压时，类胡萝卜素能抑制脂质的过氧化。但是在高氧分压时，β胡萝卜素具助氧化的作用。当有分子氧、光敏化剂（叶绿素）和光存在时可能产生具有高反应活性的单线态氧。关于类胡萝卜素能够淬灭单线态氧，保护细胞免受氧化损伤，作为化学保护剂的作用，并不是所有的类胡萝卜素都具有此功效，其中番茄红素是最有效的单线态氧淬灭剂。类胡萝卜素的抗氧化活性使之具有抗癌、抗衰老和防止白内障、防止动脉粥样硬化等作用。

9.2.3.2　类胡萝卜素在食品加工与贮藏中的变化

一般说来，食品加工过程对类胡萝卜素的影响很小。类胡萝卜素耐 pH 变化，对热较稳定。但在脱水食品中类胡萝卜素的稳定性较差，能被迅速氧化褪色。首先是处于类胡萝卜素结构两端的烯键被氧化，造成两端的环状结构开环并产生羰基。进一步的氧化可发生在任何一个双键上，产生分子质量较小的含氧化合物，被过度氧化时，完全失去颜色。脂氧合酶催化底物氧化时会产生具有高度氧化性的中间体，能加速类胡萝卜素的氧化分解。食品加工中，热烫处理可钝化降解类胡萝卜素的酶类。但加热或热灭菌会诱导类胡萝卜素的顺反异构化反应。为减少异构化程度，应尽量降低热处理的程度。油脂在挤压蒸煮和高温加热的精炼过程中，类胡萝卜素不仅会发生异构化，而且产生热降解，当有氧存在时则加速反应进行。因此精炼油中类胡萝卜素含量往往降低。气流脱水容易引起类胡萝卜素大量降解，如胡萝卜片和甜马铃薯片的脱水产品，由于它们具有大的比表面积，因而在干燥或在空气中贮藏时，非常容易发生氧化分解。必须指出，类胡萝卜素异构化时，产生一定量的顺式异构体，不会影响色素的颜色，仅仅发生轻微的光谱位移，然而却降低维生素 A 原的活性。

类胡萝卜素与蛋白质形成的复合物，比游离的类胡萝卜素更稳定。例如虾黄素是存在于虾、蟹、牡蛎及某些昆虫体内的一种类胡萝卜素。在活体组织中，其与蛋白质结合，呈蓝青色。当久存或煮熟后，蛋白质变性与色素分离，同时虾黄素发生氧化，变为红色的虾红素。烹熟的虾蟹呈砖红色就是虾黄素转化的结果。

9.2.4　花青素

9.2.4.1　花青素的结构与性质

花青素（anthocyan）也称为花色素，是一类在自然界分布最广泛的水溶性色素，广泛存在于花、果实、茎、叶等组织的细胞液中。花青素不仅使食品呈现各种诱人色泽，同时也是食品中一种重要的抗氧化活性组分，已被民间广泛应用于预防或治疗脑梗死、心脏衰竭、眼黄斑退化等与年龄相关疾病。已知花青素有 22 大类，250 多种，食物中重要的有 6 种：天竺葵色素、矢车菊色素、飞燕草色素、芍药色素、牵牛色素和锦葵色素。

花青素的基本结构母核是 2-苯基苯并吡喃环氧离子，称为花色基元（图 9-8）。花青素是其带有羟基或甲氧基的多酚化合物。大多数花青素在花色基元的 3 位、5 位、7 位碳原子上有取代羟基。B 环各碳位上取代基的不同，形成了各种各样的花青素。植物中的花青素极少以游离的状态存在，而是与可溶性糖结合在一起以糖苷形式存在，称为花色苷（anthocyanin）。

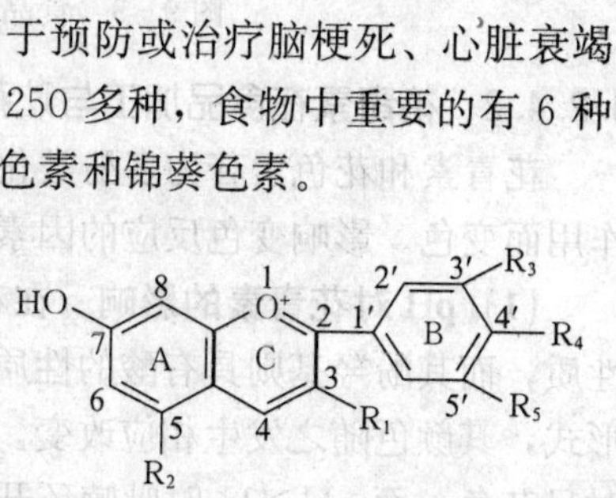

图 9-8　花色基元及其常见的取代基
R_1 和 R_2＝OH 或糖基
R_4＝OH　R_3 和 R_5＝H、OH 或 OCH$_3$

花色基元可与一个或几个单糖结合成花色苷，单糖部分一般是葡萄糖、鼠李糖、半乳糖、木糖和阿拉伯糖。这些糖基有时被有机酸酰化，主要的有机酸包括对香豆酸、咖啡酸、阿魏酸、丙二酸、对羟基苯甲酸等。侧链基团对花色基元有一定的保护作用，因此花色苷比花青素的稳定性强，且花色基元中甲氧基多时稳定性比羟基多时高。花青素和花色苷都是水溶性色素，后者分子中增加了亲水性的羟基，水溶性更大。

花青素可呈蓝、紫、红、橙等不同的色泽，主要受结构中的羟基和甲氧基的取代作用的影响。由图9-9可见，随着羟基数目的增加，蓝色增强；随着甲氧基数目的增加，红色增强。

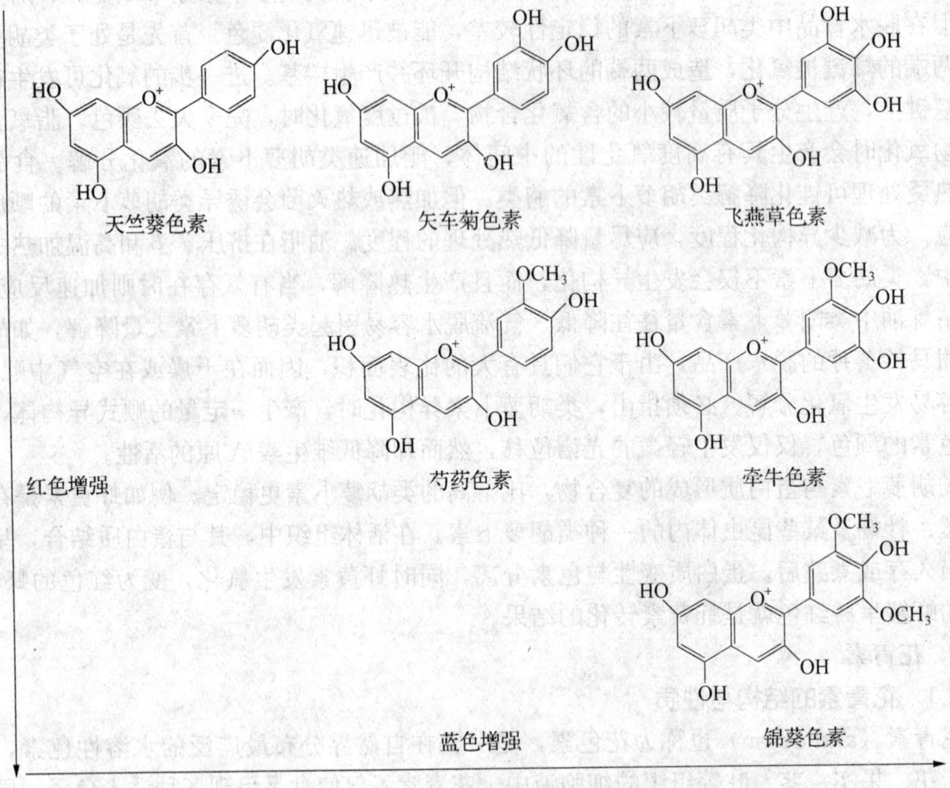

天竺葵色素　　矢车菊色素　　飞燕草色素

红色增强　　芍药色素　　牵牛色素

蓝色增强　　锦葵色素

图9-9　食品中常见花青素及其取代基对其颜色的影响

9.2.4.2　花青素在食品加工与贮藏中的变化

花青素和花色素苷为多酚类化合物，化学稳定性不高，在食品加工和贮藏中经常因化学作用而变色。影响变色反应的因素包括pH、温度、光照、氧、氧化剂、金属离子、酶等。

（1）pH对花青素的影响　在花色苷分子中，其吡喃环上的氧原子是四价的，具有碱的性质，而其酚羟基则具有酸的性质。这使花色苷在不同pH下出现图9-10所示的4种结构形式，其颜色随之发生相应改变。以矢车菊色素为例，在酸性条件下呈红色，在pH 8～10时呈蓝色，而pH>11时吡喃环开裂，形成无色的查尔酮。

（2）温度和光照对花青素的影响　高温和光照会影响花色苷的稳定性，加速花色苷的降解变色。一般来说，花色基元中含羟基多的花色苷的热稳定性不如含甲氧基或含糖苷基多的花色苷。光照下，酰化和甲基化的二糖苷比非酰化的二糖苷稳定，二糖苷又比单糖苷稳定。

（3）抗坏血酸对花青素的影响　果汁中抗坏血酸和花色苷的量会同步减少，且促进或抑制抗坏血酸和花色苷氧化降解的条件相同。这是因为抗坏血酸在被氧化时可产生 H_2O_2，H_2O_2 对花色基元的2位碳进行亲核进攻，裂开吡喃环而产生无色的醌和香豆素衍生物，这些产物还可进一步降解或聚合,最终在果汁中产生褐色沉淀。

$$醌式 \underset{OH^-}{\overset{H^+}{\rightleftharpoons}} 花锌式 \underset{H^+}{\overset{OH^-}{\rightleftharpoons}} 拟碱式 \rightleftharpoons 查耳酮式$$

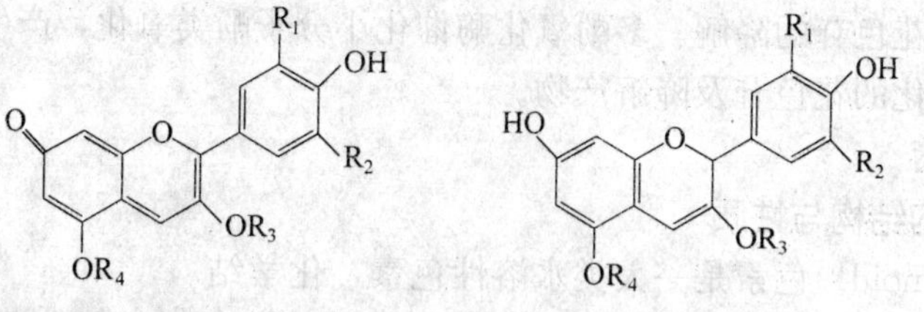

醌式结构 (蓝色)　　　　　　花锌结构 (红色)

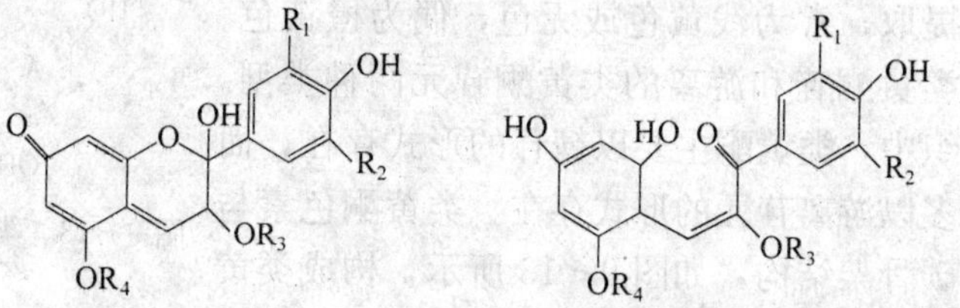

拟碱式结构 (无色)　　　　　查耳酮式结构 (无色)

图 9-10　花色苷在不同 pH 下结构和颜色的变化

(4) 二氧化硫对花青素的影响　水果在加工时常添加亚硫酸盐或二氧化硫,使其中的花青素褪色成微黄色或无色。如图 9-11 所示,其原因不是由于氧化还原作用或使 pH 发生变化,而是能在 2 位和 4 位的碳上发生加成反应,生成无色的化合物。

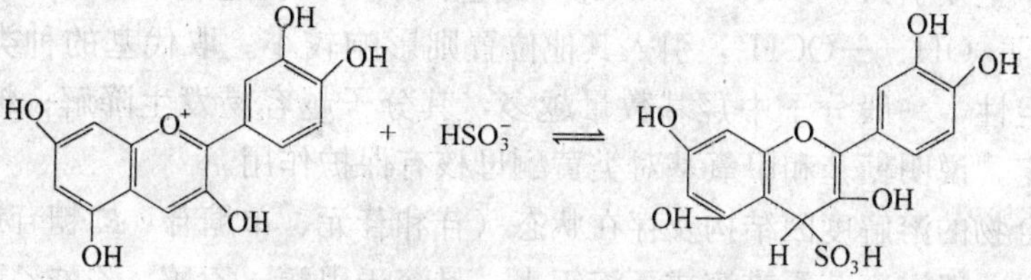

图 9-11　花青素与 HSO_3^- 形成复合物

(5) 金属元素对花青素的影响　花色苷可与 Ca、Mg、Mn、Fe、Al 等金属元素形成络合物 (图 9-12),产物通常为暗灰色、紫色、蓝色等深色色素,使食品失去吸引力。因此含花色苷的果蔬加工时不能接触金属制品,并且最好用涂料罐或玻璃罐包装。

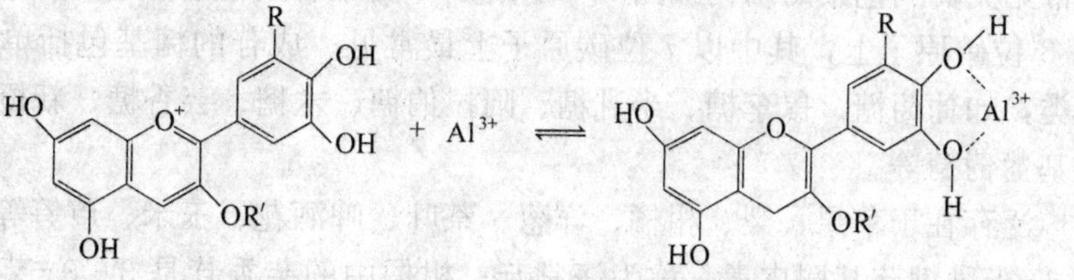

图 9-12　花色苷与金属离子形成络合物

(6) 糖及糖的降解产物对花青素的影响　高浓度糖存在下,水分活度降低,花色苷生成拟碱式结构的速度减慢,故花色苷的颜色较稳定。在果汁等食品中,糖的浓度较低,花色苷的降解加速，生成褐色物质。果糖、阿拉伯糖、乳糖和山梨糖的这种作用比葡萄糖、蔗糖和麦芽糖更强。这种反应的机理尚未充分阐明。

（7）花青素的酶促变化　花色苷的降解与酶有关。糖苷水解酶能将花色苷水解为稳定性差的花青素，加速花色苷的降解。多酚氧化酶催化小分子酚类氧化，产生的中间产物邻醌能使花色苷转化为氧化的花色苷及降解产物。

9.2.5　类黄酮色素

9.2.5.1　类黄酮的结构与性质

类黄酮（flavonoid）色素是一大类水溶性色素，化学结构类似于花色苷，广泛分布于植物组织细胞中，可用沸水或一定比例的醇溶液提取，常为浅黄色或无色，偶为橙黄色。天然的类黄酮包括类黄酮苷和游离的类黄酮苷元两种类型。在花、叶、果等组织中，类黄酮主要以糖苷的形式存在，而在植物木质部中，多以游离苷元的形式存在。类黄酮色素与花青素具有相似的碳骨架结构，如图 9-13 所示，构成类黄酮色素的母核是 2-苯基色原酮，区别于花青素的显著特征在于 4 位碳原子上皆为酮基。

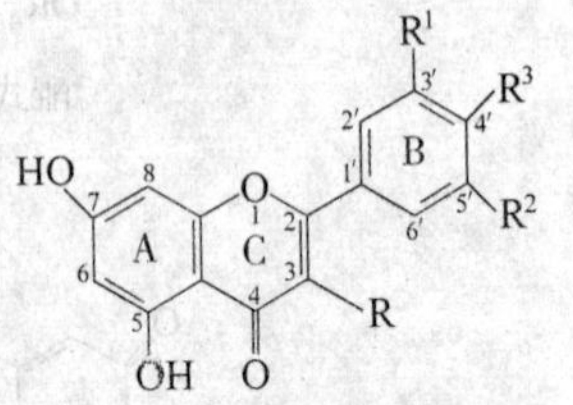

图 9-13　类黄酮色素母核的结构

类黄酮母核上，不同碳位上发生羟基、甲氧基或糖基取代，即成为类黄酮色素。色素的颜色与分子中 B 环与 C 环是否共轭及助色团（—OH、—OCH₃ 等）的种类、数目以及取代位置有关。一般情况下，黄酮、黄酮醇及其苷类多显灰黄色至黄色，查耳酮为黄色至橙黄色，而二氢黄酮、二氢黄酮醇、异黄酮类，因 B 环与 C 环不共轭或共轭链短而不显色（二氢黄酮及二氢黄酮醇）或显微黄色（异黄酮）。在黄酮、黄酮醇分子中，尤其在 7 位碳原子上及 4' 位碳原子上及引入—OH、—OCH₃ 等助色团后，因促进电子移位、重排而使化合物的颜色加深。但—OH、—OCH₃，引入其他位置则影响较小。取代基的种类和数量还影响黄酮分子的稳定性，一般分子中羟基数量越多，其分子越容易发生降解；糖基和甲氧基越多，分子越稳定，说明糖基和甲氧基对类黄酮母核有保护作用。

类黄酮化合物的溶解度因结构及存在状态（苷和苷元、单糖苷、二糖苷或三糖苷）不同而有很大差异。一般游离苷元难溶或不溶于水，易溶于甲醇、乙醇、乙酸乙酯、乙醚等有机溶剂及稀碱水溶液中。类黄酮苷元分子中引入羟基，将增大在水中的溶解度；而羟基经甲基化后，则增大在有机溶剂中的溶解度。类黄酮化合物的羟基糖苷化后，水中溶解度即加大，而在有机溶剂中的溶解度则相应减小。黄酮苷一般易溶于水、甲醇、乙醇等强极性溶剂中；但难溶或不溶于苯、氯仿等有机溶剂中。糖链越长，则水中溶解度越大。

食品中常见类黄酮色素的结构如图 9-14 所示。黄酮苷的成苷位置一般在母核的 4 位、5 位、7 位、3' 位碳原子上，其中以 7 位碳原子上最常见。成苷的糖基包括单糖、二糖、三糖和酰化糖类，如葡萄糖、鼠李糖、半乳糖、阿拉伯糖、木糖、芸香糖、新橙皮糖、葡萄糖酸、咖啡酰基葡萄糖等。

槲皮素广泛存在于苹果、梨、柑橘、洋葱、茶叶、啤酒花、玉米、芦笋等中。苹果中的槲皮素苷是 3-半乳糖苷基槲皮素，称为海棠苷；柑橘中的芸香苷是 3-β-芸香糖苷基槲皮素；玉米中的异槲皮素为 3-葡萄糖苷基槲皮素。圣草素在柑橘类果实中含量最多。柠檬等水果中的 7-鼠李糖苷基圣草素称为圣草苷，是维生素 P 的组成之一。柚皮素在 7 位碳原子处与新橙皮糖成苷，称为柚皮苷，味极苦；其在碱性条件下开环、加氢形成二氢查耳酮类化

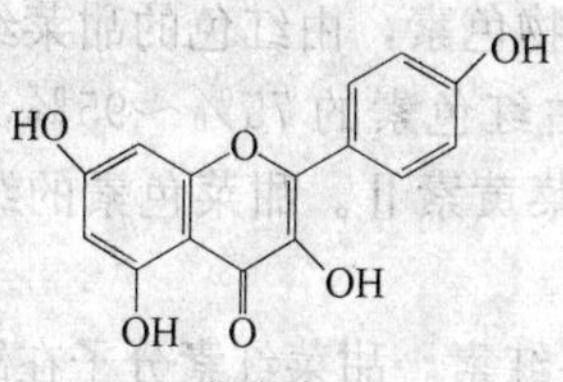

图 9-14　常见类黄酮色素的结构

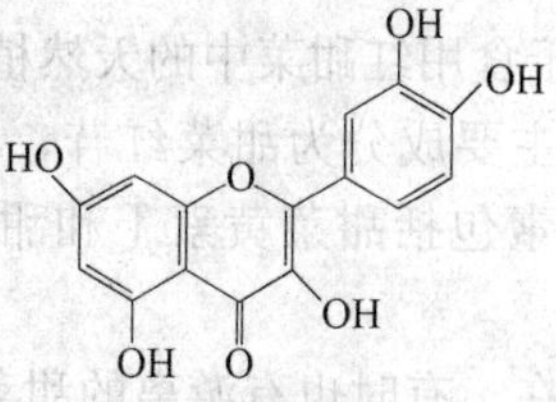

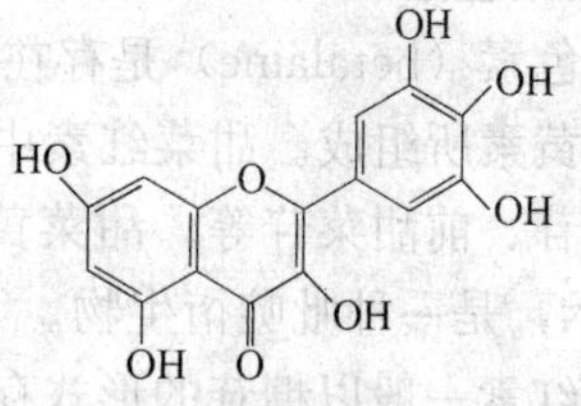

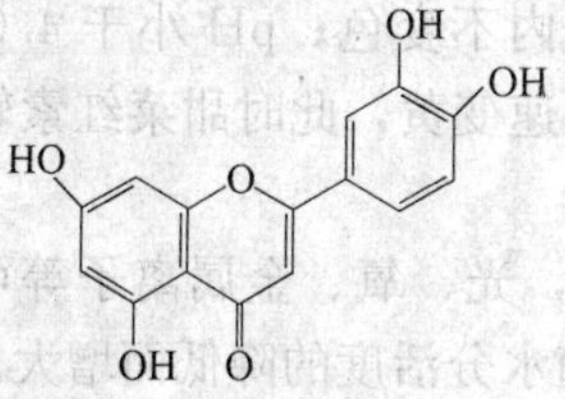

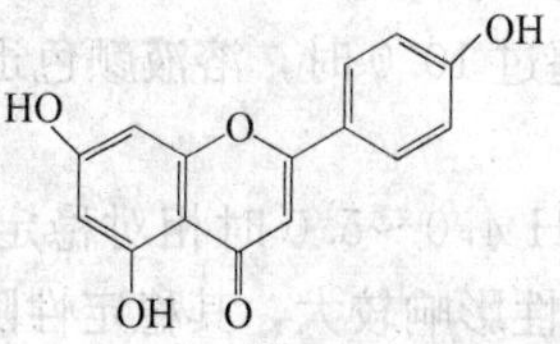

合物时，则是一种甜味剂，甜度可达蔗糖的 2000 倍。橙皮素大量存在于柑橘皮中，在 7 位碳原子处与芸香糖成苷称为橙皮苷，在 7 位碳原子处与 β-新橙皮糖成苷称为新橙皮苷。红花素是一种查耳酮类色素，存在于菊科植物红花中。自然状态下与葡萄糖形成红色的红花酮苷，当用稀酸处理时转化为黄色的异构体异红花苷。

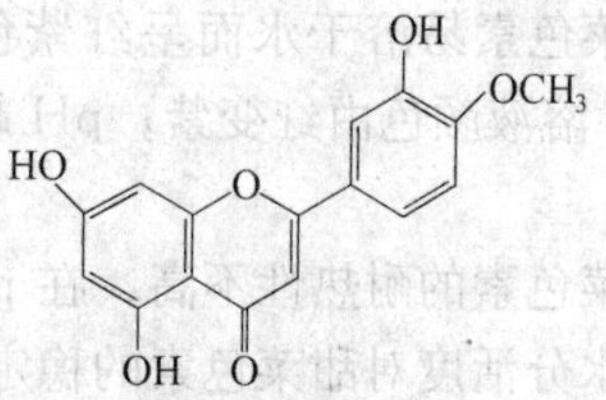

9.2.5.2　类黄酮在食品加工与贮藏中的变化与控制

在食品加工中，若水的硬度较高或因使用碳酸钠和碳酸氢钠而使 pH 上升，原本无色的黄烷酮或黄酮醇之类的类黄酮可转变为有色物。例如马铃薯、小麦粉、芦笋、荸荠、黄皮洋葱、菜花、甘蓝等在碱性水中烫煮都会出现由白变黄的现象，其主要变化是黄烷酮类转化为有色的查耳酮类。该变化为可逆变化，可用有机酸加以控制和逆转。在水果和蔬菜加工中，用柠檬酸调整预煮水 pH 的目的之一就在于控制黄酮色素的变化。但加工中要注意避免碱浓度过高，以免在强碱性下，尤其在加热时类黄酮母核被氧化分解而破坏。加酸时，酸性也不宜过强，以避免黄酮苷色素的水解或降解。

类黄酮可与多价金属离子形成络合物。例如与 Al^{3+} 络合后会增强黄色，与铁离子络合后可呈蓝、黑、紫、棕等不同颜色。芦笋中的芸香苷遇到铁离子后会产生难看的深色，使芦笋产生深色斑点。相反，芸香苷与锡离子络合时，则生成吸引人的黄色。类黄酮色素在空气中久置，易氧化而成为褐色沉淀，这是果汁久置变褐生成沉淀的原因之一。

类黄酮是一类重要的生物活性物质，具有抗氧化及清除自由基、扩张血管、改善微循环、降血脂、降低胆固醇等作用，可用于延缓衰老，预防和治疗癌症、心脑血管等疾病，提高机体免疫力，具有很大的开发应用价值。

9.3　天然食品着色剂

天然食品着色剂是从天然原料中提取的有机物，安全性高，资源丰富。近年来天然食品着色剂发展很快，各国许可使用的品种和产量不断增加，国际上已开发的天然食品着色剂在 100 种以上。我国天然食品着色剂年产 1×10^4 t 左右，其中焦糖色素 600 t 以上，虫胶红、叶绿素铜钠盐、辣椒红、红曲素、栀子黄、高粱红、姜黄素等都有一定的生产量。

9.3.1 甜菜色素

甜菜色素（betalaine）是存在于食用红甜菜中的天然植物色素，由红色的甜菜红素和黄色的甜菜黄素所组成。甜菜红素中主要成分为甜菜红苷，占红色素的 75%～95%，其余尚有异甜菜苷、前甜菜苷等。甜菜黄素包括甜菜黄素Ⅰ和甜菜黄素Ⅱ。甜菜色素的结构如图 9-15 所示，是一种吡啶衍生物。

甜菜红素一般以糖苷的形式存在，有时也有游离的甜菜红素。甜菜红素分子在缺氧、酸性或碱性条件下很容易在 C_{15} 位上发生差向异构形成异甜菜红素。

甜菜色素易溶于水而呈红紫色，在 pH 4.0～7.0 范围内不变色；pH 小于 4.0 或大于7.0 时，溶液颜色由红变紫；pH 超过 10.0 时，溶液颜色迅速变黄，此时甜菜红素转变成甜菜黄素。

甜菜色素的耐热性不高，在 pH 4.0～5.0 时相对稳定，光、氧、金属离子等可促进其降解。水分活度对甜菜色素的稳定性影响较大，其稳定性随水分活度的降低而增大。

甜菜红素对食品的着色性好，能使食品具有杨梅或玫瑰的鲜红色泽，我国允许用量按正常生产需要而定。

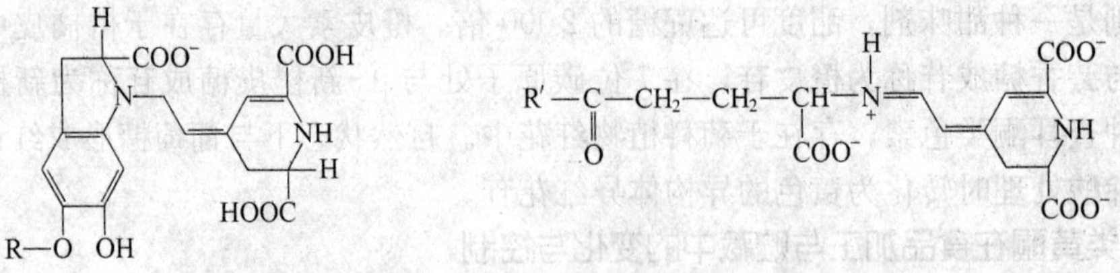

图 9-15 甜菜色素的结构

甜菜红素：R＝H　甜菜红苷：R＝β-葡萄糖　前甜菜红素：R＝6-硫酸葡萄糖

甜菜黄素Ⅰ：R′＝NH₂　甜菜黄素Ⅱ：R′＝OH

9.3.2 红曲色素

红曲色素（monascin）是由红曲霉菌产生的色素，有 6 种结构相似的组分，均属于酮类化合物，其化学结构如图 9-16 所示。

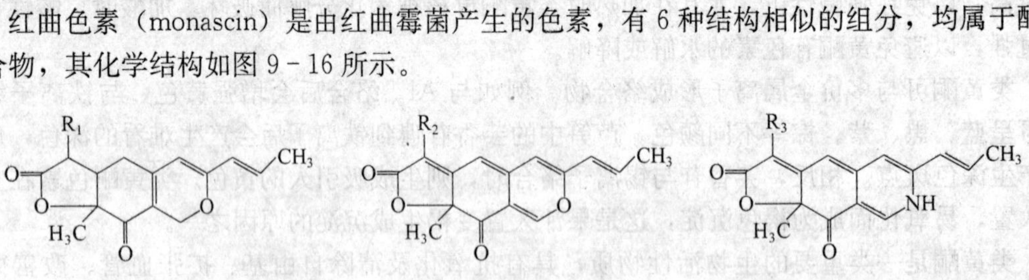

图 9-16 红曲色素的结构

红曲素：R_1＝COC_5H_{11}　黄红曲素：R_1＝COC_7H_{15}

红斑红曲素：R_2＝COC_5H_{11}　红曲玉红素：R_2＝COC_7H_{15}

红斑红曲胺：R_3＝COC_5H_{11}　红曲玉红胺：R_3＝COC_7H_{15}

红曲色素系用水将米浸透、蒸熟，接种红曲霉菌发酵而成。用乙醇提取得到红曲色素溶液，进一步精制结晶可得红曲色素。红曲色素具有较强的耐光、耐热性，对 pH 稳定，几乎不受金属离子的影响，也不易被氧化或还原。

　　红曲色素安全性高，稳定性强，着色性好，广泛用于畜产品、豆制品、酿造食品、饮料和酒类的着色。我国允许按正常生产需要量添加于腌腊及熟肉制品、腐乳、果酱、果冻、腌渍蔬菜、糖果、方便米面制品、蛋白饮料、果蔬汁、调制乳、配制酒等食品中。

9.3.3　姜黄素

　　姜黄素（curcumin）是从草本植物姜黄根茎中提取的一种黄色色素，属于二酮类化合物，其分子结构见图9-17。

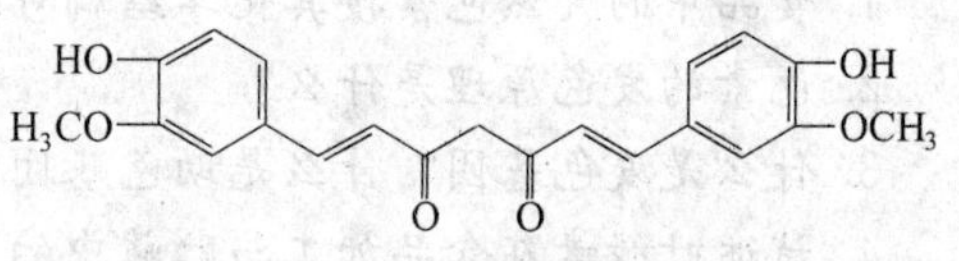

　　姜黄素为橙黄色粉末，具有姜黄特有的香辛气味，味微苦。姜黄素在中性和酸性溶液中呈黄色，在碱性溶液中呈褐红色；不易被还原，易与铁离子结合而变色；对光、热稳定性差；着色性较好，对蛋白质的着色力强；可以作为

图9-17　姜黄素的结构

糖果、冰激凌等食品的增香着色剂。我国允许的姜黄素添加量因食品而异，可按生产需要适量添加，适用于冷冻饮品、果酱、凉果、果冻、配制酒、调味品等，在膨化食品、即食谷物和腌渍蔬菜中的最大允许使用量分别为 $0.2\,g/kg$、$0.03\,g/kg$ 和 $0.01\,g/kg$。

9.3.4　虫胶色素

　　虫胶色素（lac dye）是一种动物色素，它是紫胶虫在蝶形花科黄檀属、梧桐科芒木属等寄生植物上分泌的紫胶原胶中的一种色素成分，在我国主要产于云南、四川、台湾等地。

　　虫胶色素有溶于水和不溶于水两大类，均属于蒽醌衍生物。溶于水的虫胶色素称为虫胶红酸，包括 A、B、C、D 和 E 5 种组分，结构如图9-18所示。

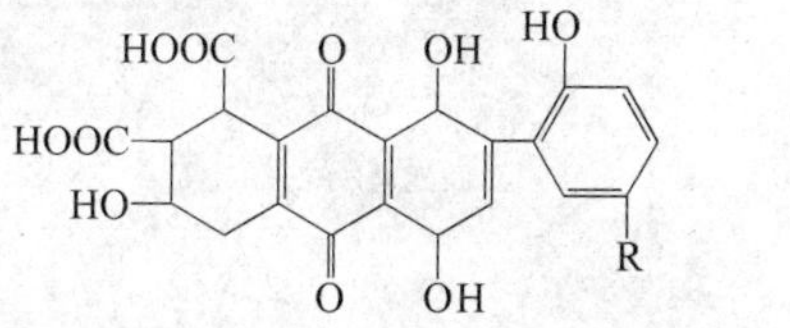

虫胶红酸A、虫胶红酸B、虫胶红酸C、虫胶红酸E 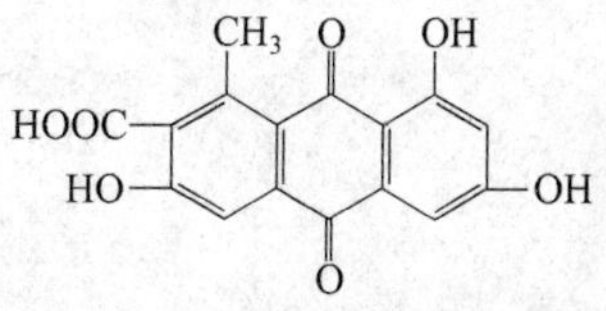　　　　　虫胶红酸D

图9-18　虫胶红酸结构图

虫胶红酸 A：R＝$CH_2CH_2NHCOCH_3$　虫胶红酸 B：R＝CH_2CH_2OH
虫胶红酸 C：R＝$CH_2CH(NH_2)COOH$　虫胶红酸 E：R＝$CH_2CH_2NH_2$

　　虫胶红酸为鲜红色粉末，微溶于水，易溶于碱性溶液。溶液的颜色随 pH 而变化，pH小于 4 时为黄色，pH 4.5～5.5 时为橙红色，pH 大于 5.5 时为紫红色。虫胶红酸易与碱金属以外的金属离子生成沉淀，在酸性时对光、热稳定，在强碱性溶液（pH＞12）中易褪色。常用于饮料、糖果、罐头着色，我国允许的最大使用量为 $0.5\,g/kg$。

9.3.5　焦糖色素

　　焦糖色素（caramel）也称为酱色，是蔗糖、饴糖、淀粉水解产物等在高温下发生不完全分解并脱水聚合而形成的红褐色或黑褐色的混合物。例如蔗糖在 160 ℃下形成葡聚糖和果聚糖，在 185～190 ℃下形成异蔗聚糖，在 200 ℃左右聚合成焦糖烷和焦糖烯，200 ℃以上则形成焦糖块，酱色即上述各种脱水聚合物的混合物。

焦糖色素具有焦糖香味和愉快的苦味，易溶于水，在不同 pH 下呈色稳定，耐光、耐色性均好，但当 pH 大于 6 时易发霉。焦糖色素用于罐头、糖果、饮料、酱油、醋等食品的着色。其用量除果酱、威士忌、朗姆酒、膨化食品和部分粮食制品馅料中有规定外，一般可按生产需要适量添加。

复习思考题

1. 食品中的天然色素按其化学结构可以分为哪几类？
2. 色素的发色原理是什么？
3. 什么是发色基团？什么是助色基团？
4. 试述叶绿素在食品加工与贮藏中的变化及护绿方法。
5. 氧气分压对肌红蛋白的相互转化有何影响？
6. 试述腌肉制品中的发色反应。
7. 虾蟹经烹煮后变色的原因是什么？
8. 试述花青素在食品加工与贮藏中的变化。
9. 常见的类黄酮色素有哪些？
10. 取代基的变化怎样影响黄酮的颜色？

第10章 萜类与生物碱

10.1 食品中常见的萜类化合物

10.1.1 萜类化合物概述

萜类化合物（terpenoid）是自然界存在的一类以异戊二烯为结构单元组成的化合物的统称，也称为类异戊二烯（isoprenoid）。该类化合物在自然界分布广泛、种类繁多，迄今人们已发现了近3万种，其中有半数以上是在植物中发现的。植物中的萜类化合物按其在植物体内的生理功能可分为初生代谢物和次生代谢物两大类。作为初生代谢物的萜类化合物数量较少，但极为重要，包括甾体、胡萝卜素、植物激素、多聚萜醇、醌类等。这些化合物有些是细胞膜组成成分和膜上电子传递的载体，有些是对植物生长发育和生理功能起作用的成分。醌类为膜上电子传递的在载体，载体是细胞膜组成成分，胡萝卜素类和叶绿素的侧链参与光合作用，赤霉素、脱落酸是植物激素。而次生代谢物的萜类数量巨大，根据这些萜类的结构骨架中包含的异戊二烯单元的数量可分为单萜（monoterpenoid，C_{10}）、倍半萜（sesquiterpenoid，C_{15}）、二萜（diterpenoid，C_{20}）和三萜（triterpenoid，C_{30}）等。它们通常属于植物的植物保卫素，虽不是植物生长发育所必需的，但在调节植物与环境之间的关系上发挥重要的生态功能。植物的芳香油、树脂、松香等便是常见的萜类化合物，许多萜类化合物具有很好的药理活性，是中药和天然植物药的主要有效成分。有些萜类化合物已经开发出临床广泛应用的有效药物，如青蒿中的倍半萜青蒿素被用于治疗疟疾，红豆杉的二萜紫杉醇被用于治疗乳腺癌等癌症。

一般来说，含有两个异戊二烯单位骨架的萜类称为单萜；含有3个异戊二烯单位骨架的萜类称为倍半萜；含有4个异戊二烯单位骨架的萜称为双萜；以此类推，有三萜、四萜等。此外，按萜类化合物是否含有环状结构又将其再分为无环萜（开链萜）、单环单萜、双环单萜、四环三萜等。

最简单的无环单萜是存在于月桂中的月桂烯（myrcene）也称为罗勒烯，其结构式简式为（式中虚线表示异戊二烯单位的分界线）

$$CH_2{=}CH{-}\underset{\underset{CH_2}{\|}}{C}{-}CH_2\ \vdots\ CH_2{-}CH{=}CH{-}CH_3$$

单环单萜母体也称为萜烷或对芌烷（图 10-1）。

从植物薄荷的茎叶中提取所得的精油即薄荷油，它是萜的衍生物，其主要成分是薄荷醇（menthanol），并含有少量薄荷酮（menthanone）（图 10-2）。

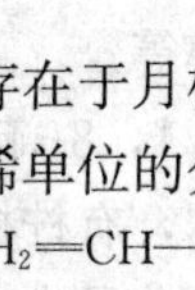

图 10-1　萜烷（对芌烷） 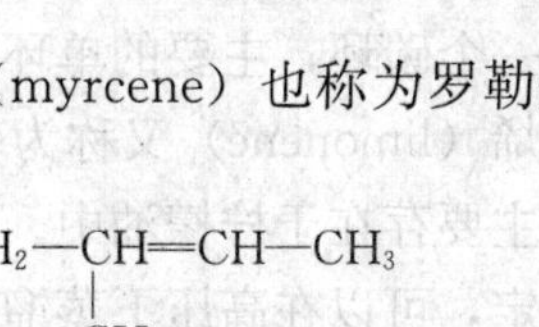　　　图 10-2　薄荷醇和薄荷酮

薄荷醇分子中含有 3 个手性碳原子，应该有 8（2^3）种对映异构体，但天然薄荷醇都是左旋体。薄荷油或薄荷脑常用于清凉饮料或糖中。

维生素 A 是含有 4 个异戊二烯单位的双萜，而胡萝卜之类的多烯色素则是含有 8 个异戊二烯单位的四萜，它们是食品中常遇到的萜类化合物。

10.1.2 单萜类化合物

单萜（monoterpenoid）是由两个异戊二烯单位首尾相连而成的。由于碳架的不同，单萜分为开链萜、单环萜和双环萜。

10.1.2.1 开链萜

柠檬醛 a 又称为牻牛儿醇，柠檬醛 b 又称为橙花醛（图 10-3），二者是开链萜中的重要化合物。其中牻牛儿醇是玫瑰油的主要成分（占 40%～60%），具有玫瑰花的香味，是一种名贵的香料，对黄曲霉菌和癌细胞有强大的抑制活性。存在于新鲜柠檬油中，有很强的柠檬香气，用于配制香精或作为合成维生素 A 的原料。

橙花醇是一个不饱和的伯醇，存在于橙花油、玫瑰油等中。橙花醇与香叶醇是同分异构体，含有香叶醇的精油，常同时含有橙花醇。橙花醇具有伯醇和不饱和醇的性质，具有 E 式的构型，其结构式见图 10-4。

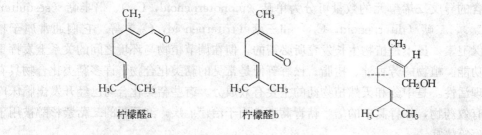

柠檬醛a	柠檬醛b

图 10-3　柠檬醛　　　　　　　　图 10-4　橙花醇

10.1.2.2 单环萜

单环萜（mono-cycle terpene）也是由两个异戊二烯单位相连而成的化合物，其特点在于它的分子中含有一个碳环，主要的单环萜有柠烯和萜醇等。

（1）柠烯　柠烯（limonene）又称为苧烯、柠檬烯是 1，8-萜二烯（图 10-5），较广泛地存在于自然界，主要存在于柠檬油中。柠烯是无色液体，有柠檬香味，不溶于水而易溶于有机溶剂，比较稳定，可以在高压下蒸馏而不分解。柠烯分子中含有一个手性碳原子，有旋光性，具有两个异构体。右旋柠烯存在于柠檬油和橙皮油中，左旋柠烯存在于松针和薄荷油中；外消旋柠烯存在于松节油中。

（2）萜醇　萜醇（terpene alcohol）的羟基连在 C_3 上，称为 3-萜醇。3-萜醇有 3 个手性碳原子（C_1、C_3 和 C_4），有 8 个旋光异构体。自然界存在的主要是薄荷醇，它的 C_1、C_3 和 C_4 都是以 e 键连接取代基。薄荷醇（menthanol）（图 10-6）是薄荷油的主要成分。薄荷油是重要的出口创汇商品，它有芳香、清凉气味，有杀菌、消炎和防腐作用，熔点为 42～44℃。它广用于医疗和食品工业，是驰名的清凉剂，是配制清凉油、十滴水、人参露、痱子水的主要成分之一。

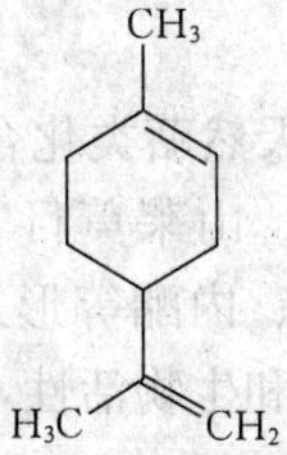

图 10-5 柠檬烯

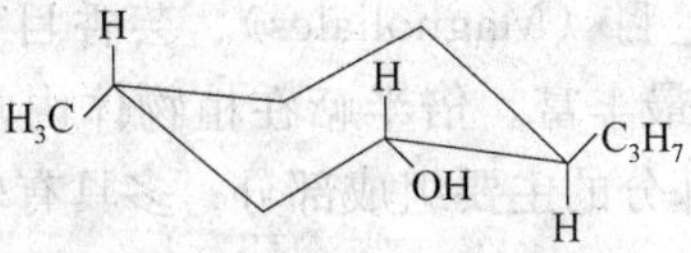

图 10-6 薄荷醇

10.1.2.3 双环萜

当萜烷中的第 8 位碳原子分别与环中不同碳原子相连时，就构成双环萜（bicyclo-terpene）骨架。萜烷中的第 8 位碳原子与第 1 位碳原子相连就得到莰，萜烷中的第 8 位碳原子和第 6 位碳原子相连就得到蒎。最重要的莰族和蒎族化合物，它们的母体分别为莰和蒎。

α-蒎烯（α-pinene）是 β-蒎烯（β-pinene）的异构体（图 10-7 和图 10-8），它们都存在于松节油中。α-蒎烯是松节油的主要成分，含量达 80%；而 β-蒎烯的含量较少。

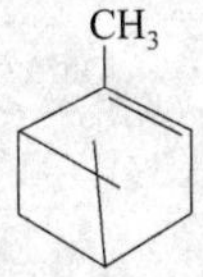

图 10-7 α-蒎烯

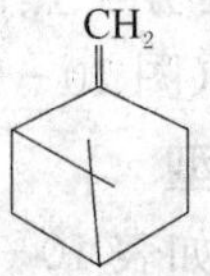

图 10-8 β-蒎烯

α-蒎烯和 β-蒎烯在结构上的差异主要是双键位置的不同。将松树皮割开后，从开口处分泌出一种胶态物质叫做松脂，松脂经水蒸气蒸馏，可以得到固态的松香和液态的松节油，而蒎烯是松节油的主要成分。

蒎烯是无色的液体，不溶于水，有特殊气味，松节油在工业上是重要的油漆溶剂，亦可做合成樟脑的原料。医药上用作祛痰剂，亦可用作舒筋活血的外用药。

樟脑又称为莰酮（bornanone），是白色闪光结晶性粉末，或无色半透明结晶块，熔点为 178～179℃，相对密度为 1，不溶于水而易溶于有机溶剂。它有独特的穿透性怡人香气，易升华。主要存在于樟树中，我国的台湾、江西、福建均有出产。将樟树枝叶切细进行水蒸气蒸馏，得到的樟脑油再经减压分馏得到樟脑粗品，再经连续升华法可得到精制的樟脑。自然界存在的樟脑是右旋体，人工合成的是外消旋体。

樟脑有两个手性碳原子，应有两对对应异构体，但由于碳桥只能在环的一侧，桥的存在限制了桥头两个碳原子的构型，因此樟脑只有一对对映体（图 10-9）。

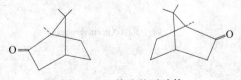

图 10-9 樟脑的对映体

樟脑具有兴奋呼吸和加强血液循环的作用，是一种强心剂和兴奋剂，又有局部刺激神经兴奋及防腐作用，因此用于治疗神经痛和冻疮；工业上用于制造赛璐珞、电木、无烟火药，又广泛用作防蛀剂。

10.1.3 倍半萜类化合物

10.1.3.1 倍半萜概述

倍半萜（sesquiterpenes）是指分子中含 15 个碳原子的天然萜类化合物。倍半萜类化合物分布较广，在木兰目（Magnoliales）、芸香目（Rutales）、山茱萸目（Cornales）及菊目（Asterales）植物中最丰富。倍半萜在植物体内常以醇、酮、内酯等形式存在于挥发油中，是挥发油中高沸点部分的主要组成部分；多具有较强的香气和生物活性，是医药、食品、化妆品工业的重要原料。

倍半萜类化合物较多，无论从数目上还是从结构骨架的类型上看，都是萜类化合物中最多的一支。倍半萜化合物多按其结构的碳环数分类，例如无环型、单环型、双环型、三环型和四环型。亦有按环的大小分类，如五元环、六元环、七元环，直到十一元大环都有。如按倍半萜结构的含氧基分类，则便于认识它们的理化性质和生理活性，例如倍半萜醇、倍半萜醛、倍半萜内酯等。

倍半萜化合物在植物中生物合成的前体物质是焦磷酸金合欢酯（FPP），焦磷酸金合欢酯由焦磷酸香叶酯（GPP）或焦磷酸橙花酯（nerol pyrophosphate，NPP）和 1 分子焦磷酸异戊烯酯（IPP），经酶作用缩合衍生（图 10-10）。

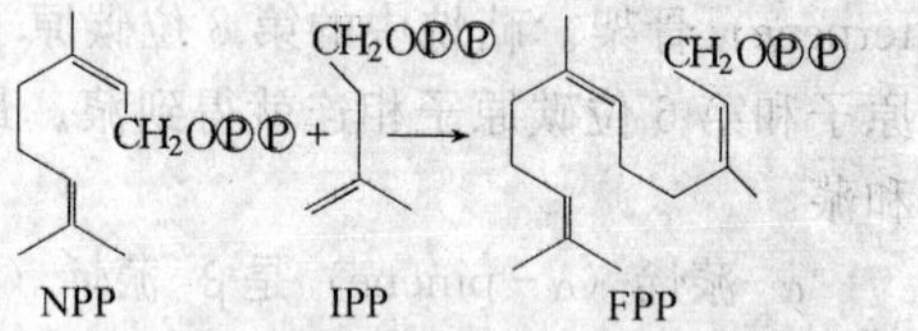

图 10-10 焦磷酸金合欢酯（FPP）的缩合过程

10.1.3.2 倍半萜的结构类型

倍半萜的主要结构类型如表 10-1 所示：

表 10-1 倍半萜的主要结构类型

类型	实例	结构	来源
无环类	金合欢烯（farnesene）	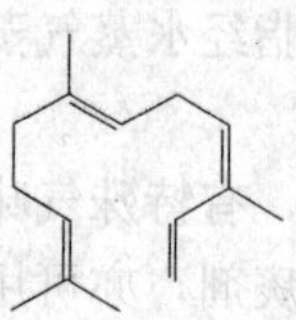	枇杷叶挥发油
单环类	姜烯（zingiberene）	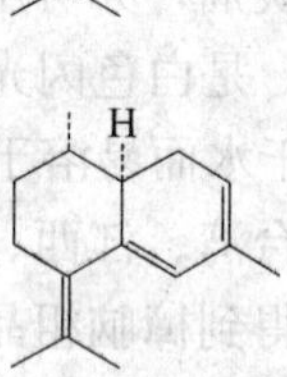	生姜、莪术、百里香挥发油
	牻牛儿酮（germacrone）	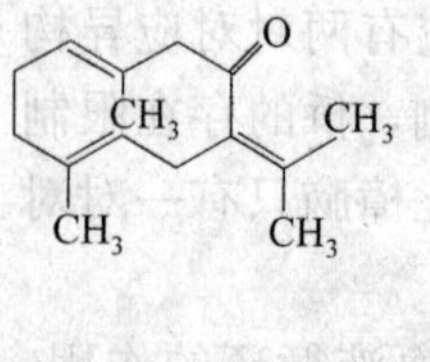	兴安杜鹃叶的挥发油
双环类	α-桉醇（α-eudesmol）	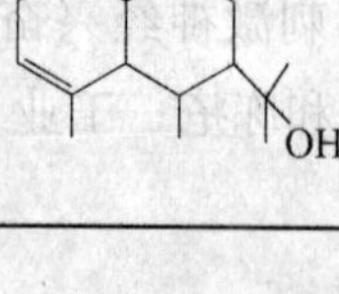	桉叶油

（续）

类型	实例	结构	来源
双环类	β-丁香烯（β-caryophyllene）		丁香
	香附酮（cyperone）		香附子挥发油
	喇叭茶醇（ledol）		喇叭茶
三环类	广藿香醇（patchouli alcohol）		广藿香
	青蒿素（artemisinin）		青蒿

10.1.3.3 重要的倍半萜化合物

（1）烃类倍半萜（sesquiterpenoid hydrocarbon）

① 没药烯 没药烯（bisabolene）是植物界分布广泛的倍半萜烃，在没药油、各种柠檬油、松叶油、檀香油、八角油等多种挥发油中均含有没药烯。

② 金合欢烯 金合欢烯（farnesene）最初由金合欢醇制备，在姜、杨芽、依兰及洋甘菊花的挥发油中均含有。有 α、β 式，在啤酒花挥发油中为 β-金合欢烯。

③ 姜烯 姜烯（zingiberene）存在于生姜、莪术、姜黄、百里香等挥发油中，其药效是祛风散寒、温味解表，既可以增进食欲，又有镇呕止吐的作用。

④ 芹子烯 芹子烯（selinene）在芹菜种子挥发油中含有（图 10-11）。

⑤ β-丁香烯 β-丁香烯（β-caryophyllene）在丁香油和薄荷油中含有（图 10-11）。

⑥ 葎草烯 葎草烯（humulene，α-caryophyllene）在啤酒花挥发油中含

β-芹子烯　　β-丁香烯　　葎草烯

图 10-11 几种烃类倍半萜

有，为 β-丁香烯十一碳大环异构物（图 10-11）。

（2）醇类倍半萜（sesquiterpenoid alcohol）

① 橙花倍半萜醇 橙花倍半萜醇（nerolidol）具苹果香，是橙花油中的主成分之一。

② 金合欢醇 金合欢醇（farnesol）在金合欢（*Acacia farnesiana*）花油、橙花油、香茅油中含量较多，为重要的高级香料原料。

③ 白檀醇 白檀醇（santalol）为白檀油中沸点较高的组分，用作香料的固香剂（图 10-12）。

④ 对凹顶藻醇 对凹顶藻醇（oppositol）存在于凹顶藻属（*Laurencia* spp.）植物中，是含溴元素的倍半萜醇，有较强的抑制金黄色葡萄球菌的活性（图 10-12）。

⑤ 环桉醇 环桉醇（cycloeudesmol）存在于对枝软骨藻（*Chondria oppsiticlada*）中，有很强的抗金黄色葡萄球菌作用，还有抗白色念球菌活性的作用（图 10-12）。

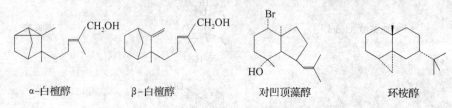

α-白檀醇　　　　　β-白檀醇　　　　　对凹顶藻醇　　　　　环桉醇

图 10-12 几种醇类倍半萜

（3）醛类、酮类和酸类倍半萜

① 缬草酮 缬草酮（valeranone）在缬草（*Valeriana fauriei*）的根中含有（图 10-13）。

② 香附可布酮 香附可布酮（kobusone）是香附子中的一种去甲倍半萜酮。

③ 香附酮 香附酮（cyperone）在中药香附子中含有，有理气止痛的作用。α-香附酮（α-cyperone）分子中的双键在酸的作用下能发生转位，异构化而形成 β-香附酮（图 10-14）。

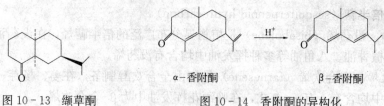

α-香附酮　　　　　β-香附酮

图 10-13 缬草酮　　　　　图 10-14 香附酮的异构化

④ 棉酚 棉酚（gossypol）存在于棉籽中，约含 0.5%，在棉的茎、叶中亦含有，为有毒的花色素。棉酚不含手性碳原子，但由于两个苯环折叠障碍而有光学活性。棉酚可视为焦磷酸金合欢酯（FPP）衍生为杜烯型的衍生物（图 10-15）。

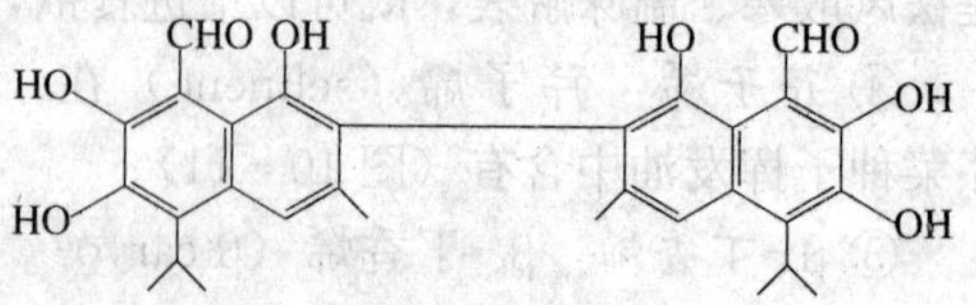

图 10-15 棉 酚

（4）过氧化物倍半萜（sesquiterpenoid peroxide）

① 青蒿素 青蒿素（arteannuin, artemisinin）是从中药青蒿（黄花蒿）中分离到的抗

恶性疟疾的有效成分，吸收快、副作用小，但复发率高。将青蒿素氢化、甲基化制成蒿甲醚衍生物，为活性更高的抗疟疾药物（图 10-16）。

② 鹰爪甲素 鹰爪甲素（yingzhaosu A）是从民间治疗疟疾的有效草药鹰爪根中分离出的具有过氧基团的倍半萜衍生物，对鼠疟原虫的生长有强的抑制作用（图 10-16）。

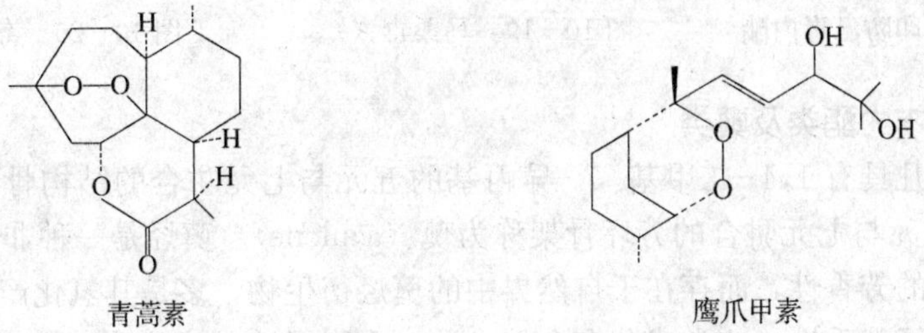

青蒿素   鹰爪甲素

图 10-16 过氧化物倍半萜

10.1.3.4 倍半萜内酯

倍半萜内酯（sesquiterpenoid lactone）种类较多，有一般倍半萜内酯、变形倍半萜内酯，还有愈创木倍半萜内酯，现举例如下：

① 山道年 山道年（l-α-santonin）是山道年草或蛔蒿未开放的头状花序或全草中的主成分。山道年是强力驱蛔剂，但有一定毒性。β-山道年为α-山道年的异构体。苦艾素（artemisin）为 8-α-羟基山道年（图 10-17）。

② 绵毛马兜铃内酯 绵毛马兜铃内酯（mollislactone）系得自绵毛马兜铃根、根茎（中药寻骨风）中的新倍半萜内酯（图 10-17）。

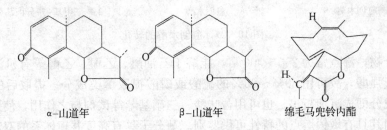

α-山道年   β-山道年   绵毛马兜铃内酯

图 10-17 倍半萜内酯

③ 印防己毒素 印防己毒内酯（picrotoxinin，图 10-18）和羟基马桑毒素（picrotin）是从印度防己种子中得到的化合物。这两种成分的等分混合物称为印防己毒素（picrotoxin），曾用于巴比妥类催眠药中毒时的解救剂，作苏醒药。

④ 马桑毒素类 马桑毒素（coriamyrtin）和羟基马桑毒素这类成分日本人曾从日本产毒空木叶中分出，我国学者从我国产马桑及马桑寄生中分离到。马桑毒素类化合物经临床实践证明对精神分裂症有疗效，其中尤以羟基马桑毒素效果较好，副作用小，且在植物体中含量较高（图 10-19）。

⑤ 奇蒿内酯 奇蒿内酯（arteanomalactone）是从活血中草药刘寄奴（奇蒿）中分得的 10 元大环倍半萜内酯（图 10-20）。

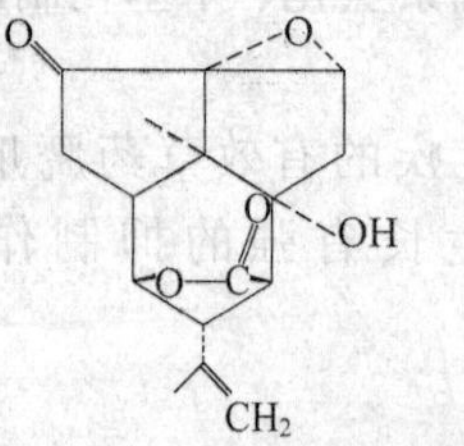

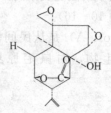

图 10-18　印防己毒内酯　　　　图 10-19　马桑毒素 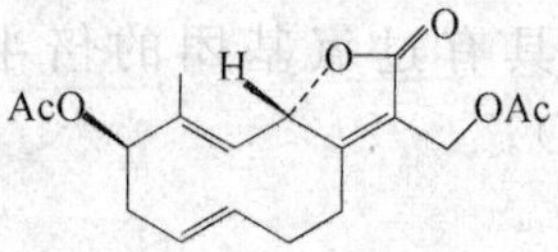　　　　图 10-20　奇蒿内酯

10.1.3.5　愈创木内酯类及薁类

(1) 概述　凡具有 1,4-二甲基-7-异丙基的五元与七元骈合的结构骨架称为愈创木烷 (guaiane)，而五元与七元骈合的芳环骨架称为薁 (azulene)。薁烃是一种非苯型的芳烃类化合物，具有一定的芳香性，而存在于自然界中的薁烃衍生物，多是其氢化产物的衍生物，其基本母核已失去了芳香性。这类成分在愈创木油、香附子油、桉叶油、胡萝卜籽油、苍耳籽油、洋甘菊、天名精、蓍草、野菊花、苦艾、泽兰等的挥发油中均有存在，多具有抑菌、抗肿瘤、杀虫等活性。

愈创木醇类成分在蒸馏、酸处理时可氧化脱氢而形成薁类。例如愈创木醇 (guaiol) 加硫或硒高温脱氢可产生 1,4-二甲基-7-异丙基薁（即愈创木薁）或 2,4-二甲基-7-异丙基薁。在激烈情况下能转化为 2,4-二甲基-7-异丙基薁（图 10-21）。

愈创木薁　　　　　　愈创木醇　　　　　2,4-二甲基-7-异丙基薁

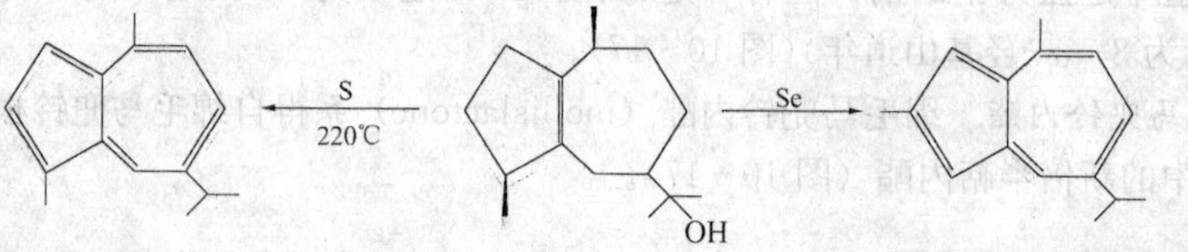

图 10-21　愈创木醇的转化

薁类化合物，沸点常为 250～300 ℃，能溶于石油醚、乙醚、乙醇等有机溶剂，不溶于水，但可溶于强酸。故可用 60%～65% 的硫酸或磷酸提取薁类成分。提取后的酸液加水稀释后，薁类成分即成沉淀析出。也可用苦味酸、三硝基苯等试剂与之作用，使形成 π 络合物的结晶，利用其具有敏锐熔点的特性可供鉴别。薁分子具有高度共轭体系的双键，在可见光 (360～700 nm) 吸收光谱中有强吸收峰。

(2) 举例

① 愈创木醇、喇叭醇和莪术醇　愈创木醇 (guaicol) 存在于愈创木木材的挥发油中。喇叭醇（杜香醇，ledol）存在于喇叭茶叶的挥发油中。莪术醇 (curcumol) 在莪术根茎中存在。

② 愈创木薁、关甘菊薁和乳霉菌薁　愈创木薁 (S-guaiazulene) 系愈创木醇、喇叭醇、缬草二醇等加硫高温脱氢而得。关甘菊薁 (chamazulene) 在洋甘菊花的挥发油中存在，用洋甘菊醇内酯、洋甘菊酮内酯等脱氢亦可制备，本品有消炎作用。乳霉菌薁 (lactarazulene) 是从乳霉菌分泌出的红色抗生液体中分离出的成分，在空气中可变成蓝色。

③ 天名精内酯、洋甘菊醇内酯和洋甘菊酮内酯　天名精内酯 (carpesia lactone，图 10-

22）在天名精果实中含有。洋甘菊醇内酯（matricin）及洋甘菊酮内酯（matricarin）在洋甘菊花中含有。

④ 泽兰苦内酯、泽兰氯内酯和大苞雪莲内酯　泽兰苦内酯（euparotin，图 10-23）和泽兰氯内酯（eupachlorin）是圆叶泽兰中的抗癌活性成分。大苞雪莲内酯（involucratolactone）是从新疆雪莲中得到的一种愈创木烷型倍半萜内酯苷。

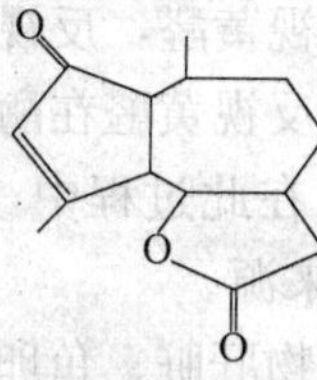

图 10-22　天名精内酯 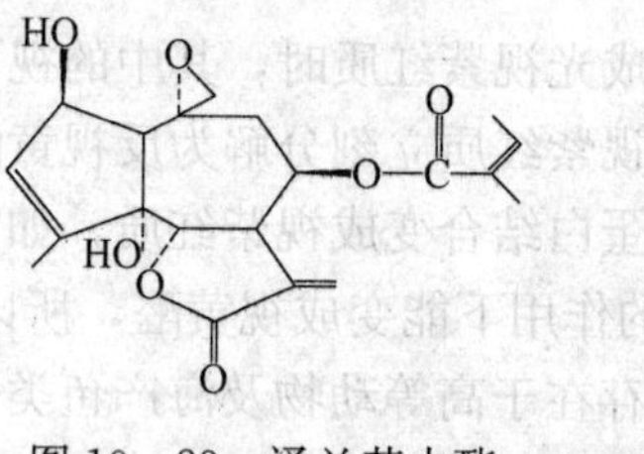　　　　　图 10-23　泽兰苦内酯

10.1.3.6　倍半萜内酯的细胞毒活性基因

倍半萜内酯类大多具有细胞毒和抗癌活性，构效关系的广泛研究表明这类化合物中的 CH_2=C—C=O 或—CH—CH—C=O 是最重要的活性基团。最常见的是 α-亚甲基-γ-内酯或 α,β-不饱和内酯。

如果与羰基共轭的双键由于氢化或其他加成反应而消失，其活性明显减弱或消失，例如斑鸠菊苦内酯（vernolepin）（图 10-24）。

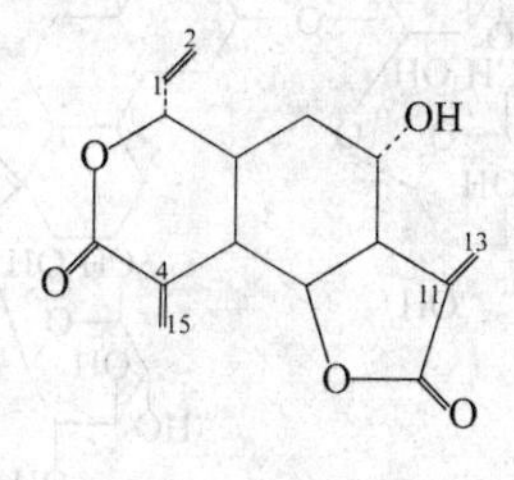

	细胞毒活性 人体鼻咽癌细胞 ED_{50}
斑鸠菊苦内酯	2.0 $\mu g/mL$
1,2-二氢斑鸠菊苦内酯	2.0 $\mu g/mL$
1,2,11,13-四氢斑鸠菊苦内酯	19.0 $\mu g/mL$
1,2,11,13,4,15-六氢斑鸠菊苦内酯	100.0 $\mu g/mL$

图 10-24　斑鸠菊苦内酯细胞毒活性变化

此外，许多实验表明环戊烯酮、α,β-环氧酮、α,β-不饱和酯、烯醇等也都是活性基团，但其活性较低。

10.1.4　二萜类化合物

二萜（diterpene）是由四个异戊二烯单位聚合成的衍生物，具有多种类型的结构。多数已知的二萜类都是二环和三环的衍生物。二萜类由于分子比较大，多数不能随水蒸气挥发，是构成树脂类的主要成分。

10.1.4.1　维生素 A

维生素 A（vitamin A）为单环二萜醇，包括维生素 A_1 和维生素 A_2 两种（图 10-25）。

维生素 A_2 比维生素 A_1 多一个双键，它的生物活性只有维生素 A_1 的 40%。通常所说的维生素 A 是指维生素 A_1。维生素 A_1 与视觉有密切关系，视网膜中有一种圆柱细胞，其中含有视紫红质，视紫红质有视蛋白和视黄醛（图 10-26）结合而成。视紫红质能吸收可见光，吸收光子后变成光视紫红质，同时发生刺激神经纤维的脉冲，产生视觉。

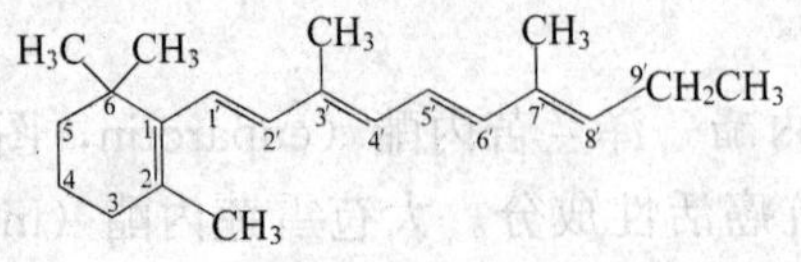

图 10-25 维生素 A 结构式

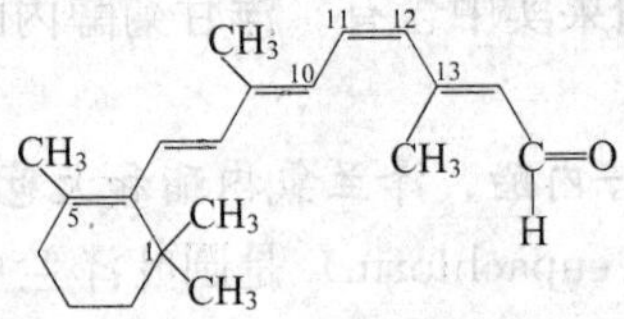

图 10-26 视黄醛结构式

视紫红质变成光视紫红质时，其中的视黄醛异化为反视黄醛，反视黄醛不能与视蛋白牢固结合。因此光视紫红质立刻分解为反视黄醛和视蛋白，反视黄醛在酶的作用下，又变成视黄醛，重新与视蛋白结合变成视紫红质，如此不断循环。在此过程中，不断有视黄醛消耗，维生素 A_1 在酶的作用下能变成视黄醛，所以是视黄醛的来源。

视黄醇广泛存在于高等动物及海产鱼类体中，尤以动物肝脏、鱼卵、眼球及蛋黄中最为丰富。

10.1.4.2 甜叶菊苷

甜叶菊糖苷（stevioside）也称为甜菊苷，是甜叶菊叶片中含有的甜味物质。甜叶菊又名甜菊、糖草，为原产于南美巴拉圭等地的一种野生菊科草本植物，它是目前已知甜度较高的糖料植物之一。甜叶菊苷是二萜的三糖苷，其相对分子质量为 803，熔点为 196℃，为白色晶体，可溶于二噁烷和水。其分子式为 $C_{38}H_{60}O_{18}$，结构式如图 10-27 所示。

甜叶菊苷的甜度约为蔗糖的 300 倍，是一种无毒、天然的有机甜味剂。由于其在人体内不参与代谢，不提供热量，并有一定的药理作用，因而日益引起人们的关注。在食品工业中，甜叶菊苷广泛应用于饮料中（如汽水、酒、果酒等），其味感较好，可改善砂糖、果糖、山梨糖醇等甜味。由于其热能仅为蔗糖的 1/3，属于低热能型甜味剂，可将其用于糖尿病人和肥胖人群的健康型饮料中。面包、糕点、油炸食品等也可使用甜叶菊苷。香肠、火腿等肉制品也可用甜叶菊苷作为甜味剂。甜菊苷还能用来腌制果蔬，使其不发生收缩，能较好地保持果蔬的原状。甜叶菊

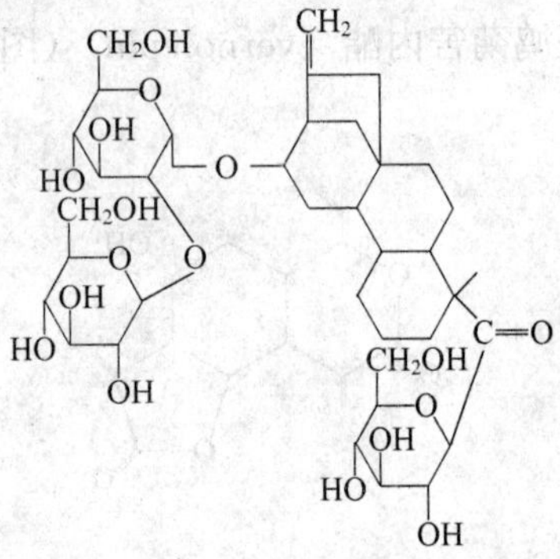

图 10-27 甜叶菊苷结构式

苷具有清热、利尿，调节胃酸的功效，对高血压也有一定的疗效，所以也广泛应用于医药工业，发展前景广阔，被誉为最有发展前途的新糖原。

目前，国内外从甜叶菊中提取甜叶菊苷的方法有：醇提取法、吸附法、浸提法、树脂法、分子筛法、醋酸铜法、硫化氢法等。虽然提取方法不同，但大体上都可分为 2 个步骤：甜味成分的提取和甜味成分的分离精制。甜味成分提取大多用 10～20 倍的水将干叶中可溶于水的物质综合抽提出来，溶出物为干叶的 30%～60%。抽提液中含有蛋白质、鞣质、色素、有机酸、盐类等杂质，这些杂质占溶出物的 75%～85%，需分离精制。一般精制法的共同点是用钙、铝、铁等盐或氢氧化物沉淀蛋白质、鞣质、有机酸、色素等物质，或用吸附法进行预精制，可除去 1/3～2/3 的杂质，再用离子交换树脂进行脱离子、脱色。也可直接将粗浸液浓缩离心分离除去杂质，然后用特定的合成树脂吸附溶液中的甜味成分，再将甜味成分用乙醇水溶液洗脱，经减压浓缩、喷雾干燥或结晶制成精制品。也可采用膜分离技术将沉淀脱色的甜叶菊苷水溶液用超滤技术进一步净化精制。此外，甜叶菊苷提取方法中有较先

进的超临界流体萃取技术，它采用液化 CO_2 萃取，得到 5% 的低极性物质，其次用甲醇作为夹带剂萃取，可得到收率为 45% 的甜叶菊苷混合物。

10.1.4.3 紫杉醇

紫杉醇（taxol）是红豆杉植物的次生代谢产物，也是近年来世界范围内抗肿瘤药物研究领域的重大发现。1963 年美国化学家瓦尼（M. C. Wani）和沃尔（Monre E. Wall）首次从一种生长在美国西部大森林中称为太平洋杉（Pacific yew）的树皮和木材中分离到了紫杉醇的粗提物。在筛选实验中，瓦尼和沃尔发现紫杉醇粗提物对离体培养的鼠肿瘤细胞有很高活性，并开始分离这种活性成分。由于该活性成分在植物中含量极低，直到 1971 年，他们才同杜克（Duke）大学的化学教授麦克法尔（Andre T. McPhail）合作，通过 X 射线分析确定了该活性成分的化学结构———一种四环二萜化合物，并把它命名为紫杉醇（taxol）。

紫杉醇是一种获美国食品与药物管理局（FDA）（1992）认证的优良抗肿瘤药物，早年主要用于治疗晚期卵巢癌和乳腺癌。后来发现紫杉醇及由紫杉烷半合成的泰索帝（taxotere）对非小细胞肺癌、食道癌及其他癌症亦有较好的疗效。由于紫杉醇结构复杂，化学全合成步骤多，产量低，而且成本很高，难以实现批量生产。目前，临床上使用的紫杉醇，主要是从红豆杉属植物的树皮、枝叶等组织中分离提取获得，也有部分是以红豆杉组织粗提液中的紫杉烷类物质为前体，通过化学半合成得到。但红豆杉植物生长十分缓慢，紫杉醇的含量非常少，大量的砍伐、毁坏，必然导致红豆杉资源趋于灭绝。我国已将红豆杉列为国家一级保护植物。事实上，目前通过砍伐天然资源来得到紫杉醇的途径已不可能。为寻找紫杉醇及其半合成前体的连续稳定供应的渠道，人们纷纷把眼光转向生物技术方法，如组织器官培养、细胞大规模培养、微生物发酵等。

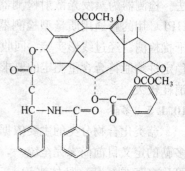

图 10-28 紫杉醇的结构式

紫杉醇的结构式如图 10-28 所示。

10.1.4.4 银杏内酯

银杏内酯（ginkgolide）属于二萜类化合物，包括 A（1a）、B（1b）、C（1c）、M 、J（1d），其结构式如图 10-29 所示。

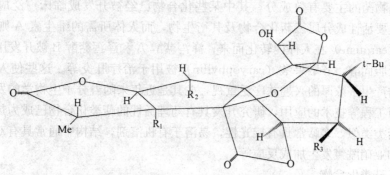

图 10-29 银杏内酯结构式

Me. 甲基 t-Bu. 叔丁基

1a：R_1=OH，R_2=H，R_3=H 1b：R_1=OH，R_2=OH，R_3=H

1c：R_1=OH，R_2=OH，R_3=OH 1d：R_1=H，R_2=OH，R_3=H

银杏内酯分子具有独特的十二碳骨架结构，嵌有 1 个叔丁基和 6 个五元环，包括 1 个螺壬烷、1 个四氢呋喃环和 3 个内酯环。银杏酯对血小板活化因子（platelet activating factor，PAF）受体有强大的特异性抑制作用，其中银杏内酯的抗血小板活化因子活性最高。血小板活化因子是血小板和多种炎症组织分泌产生的一种内源性磷脂，是迄今发现的最有效的血小板聚集诱导剂，它与许多疾病的产生、发展密切相关。而银杏内酯目前被认为是最有临床应用前景的天然血小板活化因子受体拮抗剂，其拮抗作用活性与化学结构密切相关。当内酯结构中 R_3 为羟基或羟基数目增多时，对血小板活化因子的拮抗活性减弱；而当 R_2 为羟基且 R_3 为 H 时，则活性显著增强，其中以银杏内酯 B 对血小板活化因子产生的拮抗作用最强，迄今对银杏内酯 B 的药理作用研究也最为集中。

银杏内酯的提取及纯化方法有：溶剂萃取法、柱提取法、溶剂萃取-柱提取法、超临界提取法及色谱或柱层析纯化法等。

银杏提取物中内酯类成分的含量测定可采用 HPLC-UV 法、HPLC-RI 法、GC、HPLC-MS、NMR、生物测定方法等，但因样品前处理技术不足，或因灵敏度不够，或稳定性和选择性相对较差，使结果均不太理想。目前，报道最有效的分析方法为 HPLC-ELSD 法。检测器为蒸发光散射检测器（evaporative light-scattering detector，ELSD）。这是一种 HPLC 用的新通用质量型检测器，不受外部环境的干扰，流动相在检测器中全部挥发，不干扰检测。经过线形实验、回收实验、稳定性实验等证明，ELSD 检测银杏内酯的灵敏度和稳定性均能符合含量测定的要求，是一种较理想的简便实用的检测方法。其缺点主要是载气消耗较大。

10.1.5 多萜

萜类化合物分类的主要依据分子中包含异戊二烯单位数或构成碳架的碳原子数目。对于多萜的定义目前尚未完全统一，一般认为分子结构中具有 6 个及 6 个以上单位异戊二烯的就可称多萜或复萜。具体来说，又可分为三萜、四萜及其他多萜，其中主要以三萜和四萜居多。

多萜类化合物种类繁多，在自然界分布很广，尤其在植物中存在较多。它们在植物体内具有重要的生理功能。有些是对植物生长发育和生理功能起重要作用的成分，有些在调节植物与环境之间的关系上发挥重要的生态功能。许多多萜类化合物还具有很好的药理活性，是中药和天然植物药的主要有效成分，其中某些化合物已经被开发成临床广泛应用的有效药物，如人参主要活性成分属三萜化合物及其衍生物，而人体所需的维生素 A 则是由四萜成分胡萝卜素（carotene）在人体内转化而来；泽泻萜醇 A 和泽泻萜醇 B 被开发用于治疗高血脂和用于降低胆固醇，齐墩果酸（caryophyllin）被用于治疗肝炎等。这些使人们对植物中多萜类化合物产生了浓厚的兴趣并广泛重视，尤其是近年来随着分子生物学的发展，以及代谢工程和基因工程等技术的应用，研究开发具有药理活性的萜类化合物已成为热点之一。

与其他萜类类似，多萜常具有旋光性，易溶于有机溶剂，结构中通常具有双键，可与卤素、卤化氢和亚硝酰氯发生加成反应等。

10.1.5.1 三萜类化合物

三萜类化合物（triterpenoid）是由 30 个碳原子组成的萜类化合物，分子式可以 $(C_5H_8)_6$ 通式表示。三萜广泛存在于植物界，单子叶植物和双子叶植物中均有分布，在石竹科、五加科、豆科、远志科、桔梗科、玄参科、楝科等科的植物中分布最为普遍，含量也较高。许多常见的中药如人参、三七、甘草、柴胡、黄芪中多含有一些具有特殊生物活性的三萜皂苷（triterpenoid saponin）或游离的三萜类化合物。

三萜化合物可看作由鲨烯（squalene）通过不同方式环合而成的，而鲨烯由金合欢醇（farnesol）和焦磷酸尾尾结合而成。三萜化合物较为复杂，结构类型很多，已发现的达 30 余类，主要是四环三萜和五环三萜两大类，其他类型数量较少。但是，近些年来，三萜类成分的研究进展很快，1983 年 Manik 等综述了 1978—1981 年发现的三萜类化合物已达 410 种，从海洋生物中得到的新型三萜类化合物也不少，是萜类成分研究中较活跃的一个领域。

10.1.5.2　四环三萜类

大多数四环三萜（tetra-cyclic triterpenoid）化合物具有甾体母核，在甾体的第 17 位碳原子上连有 1 条 8 个碳原子的侧链，母核上还有 5 个甲基，较多见的为达玛烷型（dammarane，图 10-30）和羊毛甾烷型（lanostane，图 10-31）。

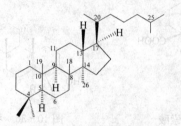

图 10-30　达玛烷型　　　　　　图 10-31　羊毛甾烷型

人参总皂苷是十几种皂苷的混合物。根据苷元的不同，可将人参皂苷分成 A 型、B 型和 C 型 3 种类型。A 型和 B 型都属于达玛烷型三萜，C 型是齐墩果烷型三萜。

不同类型的达玛烷型三萜皂苷生理活性有显著差异。人参总皂苷没有溶血作用，但经分离后，B 型人参皂苷和 C 型人参皂苷具有显著的溶血作用，A 型人参皂苷则有抗溶血作用；A 型人参皂苷能抑制中枢神经，而 B 型人参皂苷则有兴奋中枢神经的作用。

中药黄芪用于强身、利尿和抑制分泌，自其根中分离得到的黄芪苷类是由皂苷元环黄芪醇（cycloastragenol）与糖构成的配糖体。环黄芪醇属于羊毛甾烷类三萜。灵芝为补中益气、滋补强壮、扶正固本、延年益寿的名贵中药材，从其中分离得的四环三萜化合物已达 100 多种，其中部分属羊毛甾烷型。

10.1.5.3　五环三萜类

五环三萜类数目较多，主要有齐墩果烷（oleanane）型（图 10-32）、乌索烷（ursane）型（图 10-33）和羽扇豆烷（lupane）型。在植物界常以苷的形式存在，即为五环三萜皂苷。

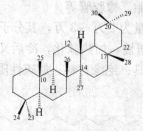

图 10-32　齐墩果烷　　　　　　图 10-33　齐墩果酸

齐墩果酸（oleanolic acid）首先从油橄榄的叶片中分得，广泛分布于植物界，多与糖结合成苷。齐墩果酸经动物实验有降转氨酶作用，对四氯化碳引起的急性肝损伤有明显的保护作用，并能促进肝细胞再生，防止肝硬变，已成为治疗肝炎的有效药物。

中药柴胡、商陆、文冠果、远志、丝石竹中都大量存在齐墩果烷型三萜皂苷。

乌索烷（图10-34）型三萜，又称为 α-香树脂烷三萜，大多是乌索酸（图10-35）的衍生物。乌索酸（maloic acid）又称为熊果酸，在植物界分布较广，熊果叶、车前草、四季青、柿蒂、木樨、薄荷等植物中均含有。该成分在体外对格兰氏阳性菌、酵母菌有抑制活性，能明显降低大鼠体温，并有安定作用。

羽扇豆种子中存在的羽扇豆醇（lupeol，图10-36）和桦木科植物华北白桦树皮中所含的桦木醇、白桦脂酸都属于这类成分。

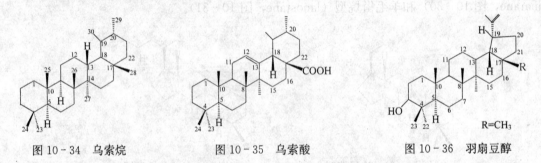

图 10-34 乌索烷   图 10-35 乌索酸   图 10-36 羽扇豆醇

上述类型三萜中甲基还可通过重排、扩环、降解、裂环等形成其他类型三萜，但不很常见。

10.1.5.4 四萜及其衍生物

四萜类（tetraterpenoid）衍生物中重要的一类就是多烯色素（polyene pigment），又称为类胡萝卜素（carotenoid）类。它们在植物中分布很广，如植物叶子中的叶黄素（xantho-phyll）、辣椒果实中的辣椒红素（capsorubin）。已知结构式的四萜已有 300 种以上，由于分子中有很长的共轭结构，所以大都有漂亮的颜色，但是对光、热、氧、酸不稳定，容易发生结构改变。大多数自然界存在的胡萝卜烃类具有 40 个碳原子的骨架，但近年来也发现 45个、50 个碳原子骨架的多萜类衍生物存在。根据四萜衍生物含氧官能团的取代情况，多烯衍生物又可分为多烯烃、多烯醇、多烯酮、多烯烃环氧化物和其他类的多烯烃。

10.1.5.5 其他多萜类

除上述三萜、四萜类以外，还有其他多萜类化合物。这些成分为数不多。例如橡胶（caoutchouc）存在于橡胶树、无花果的乳汁中，其相对分子质量约 17 万，系顺式高分子多异戊二烯化合物（图10-37）。橡胶乳液加醋酸凝固而成橡胶。生橡胶与硫低温结合成为具有弹性、强度、耐久性增大的加硫橡胶，广泛用于轮胎、橡胶管等。

硬胶存在于赤铁科植物的叶、皮中。相对分子质量为 2 万～3 万，其分子结构为反式高分子异戊烯化合物（图10-38）。硬胶少弹性，有可塑性，加热软化，冷后又固化成型。杜仲胶亦属此类。本品可用作齿科填封剂、医疗外科用具、绝缘材料。加硫性质同弹性橡胶。

图 10-37 顺 1,4-多异戊烯   图 10-38 反 1,4-多异戊烯

10.2　生物碱化学

10.2.1　生物碱概述

在生物体内中具有含氮碱基的有机化合物，能与有机酸反应生成盐类，将此类化合物称为生物碱（alkaloid）。它是一类存在于生物（主要是植物）体内、对人和动物有强烈生理作用的含氮的碱性物质。生物碱的分子构造多数属于仲胺、叔胺或季铵类，少数为伯胺类。它们的构造中常含有杂环，并且氮原子在环内。含有生物碱的植物有许多科，双子叶植物中的茄科、豆科、毛茛科、罂粟科、夹竹桃科等所含的生物碱种类特多，含量也高。单子叶植物中除麻黄科等少数科外，大多不含生物碱。真菌中的麦角菌也含有生物碱（麦角碱）。生物碱存在于植物体的叶、树皮、花朵、茎、种子和果实中，分布不一。一种植物往往同时含几种甚至几十种生物碱，如已发现麻黄中含 7 种生物碱，抗癌药物长春花中已分离出 60 多种生物碱。至今已分离出来的生物碱有数千种，其中用于临床的几百种。

10.2.1.1　生物碱的分类和命名

生物碱的分类方法有多种，较常用和合理的分类方法是根据其化学构造进行分类。例如麻黄碱（ephedrina）属有机胺类，苦参碱（sophorcarpidine）属吡啶衍生物类，莨菪碱（hyoscyamine）属莨菪烷衍生物类，喜树碱（camptothecin）属喹啉衍生物类，常山碱（febrifugine）属喹唑酮衍生物类，茶碱（elixophylline）属嘌呤衍生物类，小檗碱（berberine）属异喹啉衍生物类，利血平（sedaraupin）和长春新碱（leurocristine）属吲哚衍生物类等。

生物碱多根据它所来源的植物命名。黄麻碱因从黄麻中提取得到而得名，烟碱（nicotine）因从烟叶中提取得到而得名。生物碱的名称还可采用国际通用名称的译音，例如烟碱又叫尼古丁（nicotine）。

10.2.1.2　生物碱的一般性质

（1）生物碱的一般性状　大多数生物碱是结晶形固体，有些是非结晶形粉末，还有少数在常温时为液体，如烟碱（nicotine）、毒芹碱（coniine）等。多数生物碱无色，只有少数带有颜色，例如小檗碱（berberine）、木兰花碱（magnoflorine）、蛇根碱（serpentine）等均为黄色。生物碱本身或其盐类，多具苦味，有些味极苦而辛辣，还有些刺激唇舌的焦灼感。大多数生物碱含有不对称碳原子，有旋光性，左旋体常有很高的生理活性。只有少数生物碱分子中没有不对称碳原子，如那碎因（narceine）就无旋光性。还有少数生物碱，如烟碱、北美黄连碱（hydrastine）等在中性溶液中呈左旋性，在酸性溶液中则变为右旋性。大多数生物碱不溶或难溶于水，能溶于氯仿、乙醚、酒精、丙酮、苯等有机溶剂，也能溶于稀酸的水溶液而成盐类。生物碱的盐类大多溶于水。但也有不少例外，如麻黄碱（ephedrine）可溶于水，也能溶于有机溶剂。又如烟碱、麦角新碱（ergonovine）等在水中也有较大的溶解度。

（2）生物碱的酸碱性　大多数生物碱具有碱性，这是由于它们的分子构造中都含有氮原子，而氮原子上又有一对未共用电子对，对质子有一定吸引力，能与酸结合成盐，所以呈碱性。各种生物碱的分子结构不同，特别是氮原子在分子中存在状态不同，所以碱性强弱也不一样。分子中的氮原子大多数结合在环状结构中，以仲胺、叔胺及季铵碱 3 种形式存在，均具有碱性，以季铵碱的碱性最强。分子中氮原子以酰胺形式存在时，碱性几乎消失，不能与酸结合成盐。有些生物碱分子中除含碱性氮原子外，还含有酚羟基或羧基，所以既能与酸反应，也能与碱反应生成盐。

(3) 生物碱的沉淀反应 生物碱或生物碱的盐类水溶液，能与一些试剂生成不溶性沉淀。这种试剂称为生物碱沉淀剂，此种沉淀反应可用于鉴定或分离生物碱。常用的生物碱沉淀剂有：碘化汞钾（$HgI_2 \cdot 2KI$）试剂，与生物碱作用多生成黄色沉淀；碘化铋钾（$BiI_3 \cdot KI$）试剂，与生物碱作用多生成黄褐色沉淀；碘试液、鞣酸试剂、苦味酸试剂分别与生物碱作用，多生成棕色、白色、黄色沉淀。

(4) 生物碱的显色反应 生物碱与一些试剂反应，呈现各种颜色，也可用于鉴别生物碱。例如钒酸铵的浓硫酸溶液与吗啡反应时显棕色，与可待因反应显蓝色，与莨菪碱反应则显红色。此外，钼酸铵的浓硫酸溶液、浓硫酸中加入少量甲醛的溶液、浓硫酸等都能使各种生物碱呈现不同的颜色。

10.2.1.3 重要的生物碱

(1) 烟碱 烟草中含十余种生物碱，主要是烟碱（nicotine），含 $2\%\sim8\%$，纸烟中约含 1.5%。烟碱又名尼古丁，属吡啶衍生物类生物碱（图 10-39）。

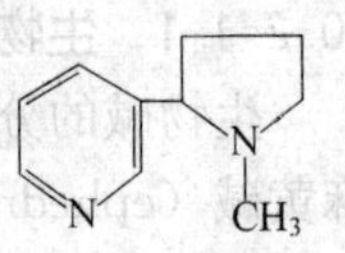

图 10-39 烟碱

烟碱有剧毒，少量对中枢神经有兴奋作用，能升高血压；大量则抑制中枢神经系统，使心脏麻痹以至死亡。几毫克的烟碱就能引起头痛、呕吐、意识模糊等中毒症状，吸烟过多的人逐渐会引起慢性中毒。

(2) 莨菪碱和阿托品 莨菪碱和阿托品（atropine）属莨菪烷衍生物类生物碱（图 10-40 和图 10-41）。

莨菪碱是由莨菪酸（tropaic acid）和莨菪醇（tropine）缩合形成的酯。莨菪醇是由四氢吡咯环和六氢吡啶环稠合而成的双环构造。

莨菪碱是左旋体，由于莨菪酸构造中的手性碳原子上的氢与羰基相邻，是 α 活泼氢，容易发生酮式-烯醇式互变异构而外消旋。莨菪碱在碱性条件下或受热时均可发生消旋作用，变成消旋的莨菪碱，即阿托品。

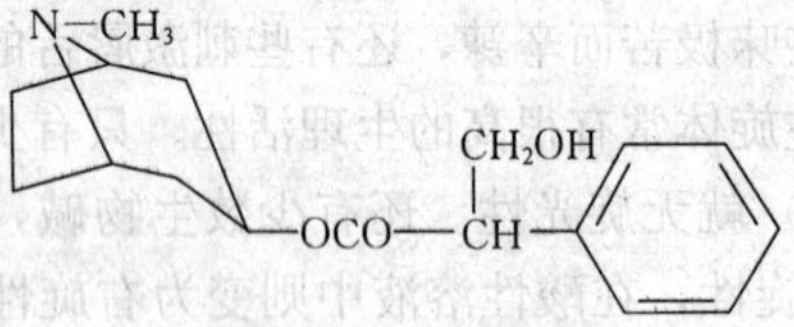

图 10-40 莨菪碱

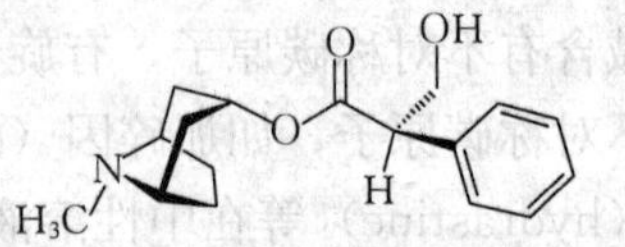

图 10-41 阿托品

医疗上常用硫酸阿托品作抗胆碱药，能抑制唾液、汗腺等多种腺体的分泌，并能扩散瞳孔；还用于平滑肌痉挛、胃和十二指肠溃疡病；也可用作有机磷、锑剂中毒的解毒剂。

除莨菪碱外，我国学者又从茄科植物中分离出两种新的莨菪烷系生物碱，即山莨菪碱（anisodamine）和樟柳碱（anisodine）。两者均有明显的抗胆碱作用，并有扩张微动脉，改善血液循环的作用，用于散瞳、慢性气管炎的平喘等；也能解除有机磷中毒。其毒性比硫酸阿托品小。

(3) 吗啡和可待因　罂粟科植物中提取的鸦片中含有 20 多种生物碱，其中比较重要的有吗啡（morphia，图 10－42）、可待因（codeine，图 10－43）等。这两种生物碱属于异喹啉衍生物类，可看作六氢吡啶环（哌啶环）与菲环相稠合而成的基本结构。

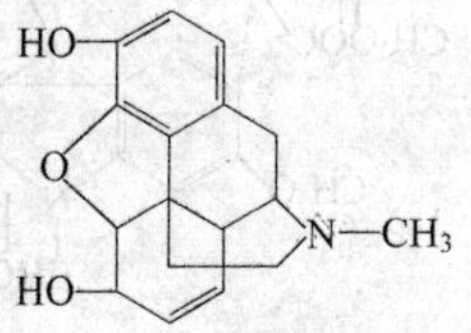

<table>
<tr><td>图 10－42　吗　啡</td><td>图 10－43　可待因</td></tr>
</table>

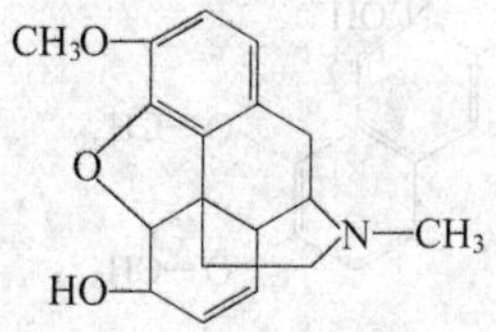

吗啡对中枢神经有麻醉作用，有极快的镇痛效力，但易成瘾，不宜常用。

可待因是吗啡的甲基醚（甲基取代吗啡分子中酚羟基的氢原子）。可待因与吗啡有相似的生理作用，可用以镇痛，但可待因主要用作镇咳剂。

麻醉剂海洛因（heroin）是吗啡的二乙酰基衍生物，即二乙酰基吗啡（两个乙酰基分别取代吗啡分子中两个羟基的氢原子，图 10－44）。

海洛因镇痛作用较大，并产生欣快和幸福的虚假感觉，但毒性和成瘾性极大，过量能致死。海洛因被列为禁止制造和出售的毒品。

(4) 麻黄碱　麻黄碱（ephedrina）是含于中药麻黄中的一种主要生物碱，又称为麻黄素。一般常用的麻黄碱系指左旋麻黄碱，它与右旋的伪麻黄碱互为旋光异构体。它们在苯环的侧链上都有两个手性碳原子，应有四个旋光异构体，但在中药麻黄植物中只存在（－）-麻黄碱和（＋）-伪麻黄碱（pseudoephedrine）两种（图 10－45 和图 10－46），并且二者是非对映异构体。

图 10－44　海洛因　　　　图 10－45　（－）-麻黄碱　　　图 10－46　（＋）-伪麻黄碱

麻黄碱和伪麻黄碱都是仲胺类生物碱，不具含氮杂环，因此它们的性质与一般生物碱不尽相同，与一般的生物碱沉淀剂也不易发生沉淀。

（－）-麻黄碱具有兴奋中枢神经、升高血压、扩张支气管、收缩鼻黏膜及止咳作用，也有散瞳作用，临床上常用盐酸麻黄碱（即盐酸麻黄素）治疗气喘等症。

(5) 小檗碱　小檗碱（berberine）又名黄连素，存在于小檗属植物黄柏、黄连和三颗针中，属于异喹啉衍生物类生物碱，是一种季铵化合物（图 10－47）。

小檗碱具有较强的抗菌作用，在临床上常用盐酸黄连素治疗菌痢、胃肠炎等疾病。

(6) 长春新碱　长春新碱（leurocristine）又名醛基长春碱，存在于夹竹桃科植物长春花中，属于双聚吲哚类生物碱（图 10－48）。

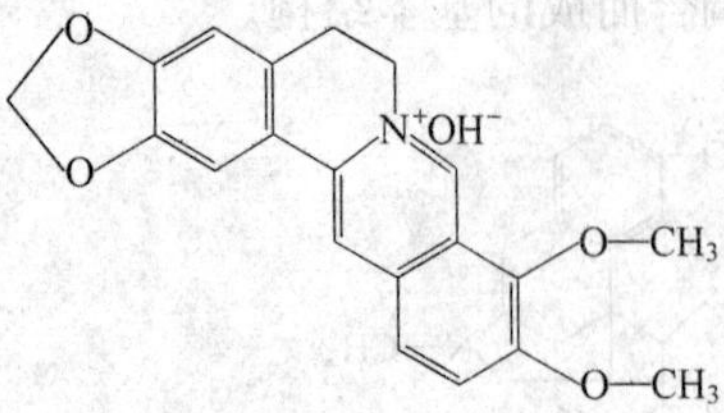

图 10-47 小檗碱（黄连素） 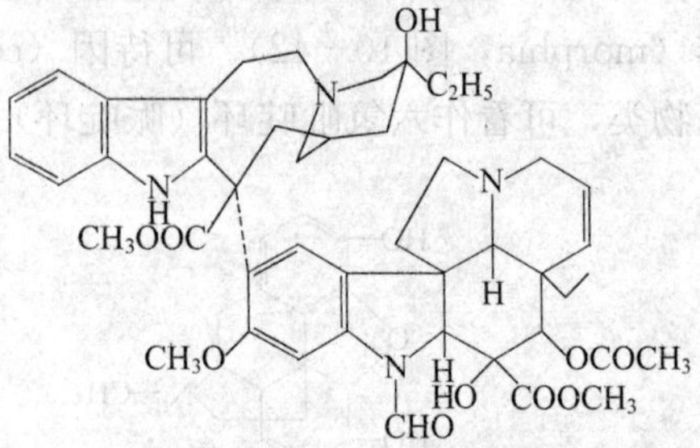　　　　　　图 10-48 长春新碱

长春新碱对白血病、癌症均有效，且毒性较低。

10.2.2 生物碱的生物活性

生物碱是指存在于生物体（主要为植物）中的一类除蛋白质、肽类、氨基酸及维生素 B 族以外的有含氮碱基的有机化合物，有类似碱的性质，能与酸结合成盐。

生物碱最早发现于 19 世纪初，它广泛分布于植物界，少数也来动物界，如肾上腺素等，是人类研究的最早而且最多的天然有机化合物。研究表明，生物碱大多对人和动物有强烈的生理作用，是许多药用植物中重要的主要有效成分之一。例如麻黄、黄连、当归、常山、贝母、曼陀罗等中药的有效成分都是生物碱。生物碱的种类繁多、来源不同，其生理作用随来源、结构不同而变化，已证实的药物作用主要有以下几方面。

10.2.2.1 生物碱的抗肿瘤作用

从喜树中分离出的喜树碱、10-羟基喜树碱、10-甲氧基喜树碱、11-甲氧基喜树碱、脱氧喜树碱、喜树次碱等，对白血病和胃癌具有一定的疗效。从海南粗榧、三尖杉、篦子三尖杉和中国粗榧中分离出近 20 中生物碱，其中三尖杉酯碱和高三尖杉酯碱对急性淋巴性白血病有较好疗效。从卵叶美登木、云南美登木、广西美登木及它们的亲缘植物变叶裸实中分离得美登素、美登普林和美登布丁 3 种大环生物碱，具有较好的抗癌活性。从农吉利中分得的野百合碱对动物肿瘤也有一定的抑制作用。从石蒜科几种植物中分得 20 余种生物碱，而其中伪石蒜碱具有抗肿瘤活性。掌叶半夏民间用于治疗宫颈癌，其中含胡卢巴碱，对动物肿瘤有一定疗效。从豆科植物苦豆子根茎提出的槐果碱有抗癌作用。另外，秋水仙碱能抑制细胞有丝分裂，临床上用于治疗癌症，特别是乳腺癌有良好疗效，对皮肤癌、白血病、何杰金氏病等也有作用。

10.2.2.2 生物碱作用于神经系统

从蝙蝠葛中提取出的蝙蝠葛苏林碱，其溴甲烷衍生物具有肌肉松弛作用。从山莨菪中分得的樟柳碱，虽然它对中枢及抗胆碱作用比东山莨菪阿托品稍弱，但毒性较小，对偏头痛型血管性头痛、视网膜血管痉挛和脑血管意外引起的急性瘫痪都有较好疗效，同时它还用作中药复合麻醉剂。从乌头属 16 种植物中分得 40 多种二萜生物碱，具有止痛作用。从八角枫中分得肌肉松弛有效成分八角枫碱。从延胡素中分出 10 多种止痛生物碱，尤其从千金藤属和轮环藤属植物的根部提出了几十种异喹啉生物碱，具有较强的生理活性，多数具有镇静和止痛作用。从瓜叶菊叶中分得瓜叶菊碱甲和乙、从猪屎豆属植物中分得的猪屎豆碱，均具有阿托品作用。从胡椒中分得胡椒碱，临床称为抗痫灵。

10.2.2.3　生物碱作用于心血管系统

利血平有良好的降血压作用，临床证明对高血压病有较好的疗效，且毒性小，使用安全，是常用的降血压药物。从中国罗芙木中分离的弱碱性混合生物碱含利血平，经试验证明降血压效果缓和，副作用小。从钩藤中分得钩藤碱，有降血压、安神和镇静作用。莲心中的莲心碱和甲基莲心碱季铵盐有降压作用。从马兜铃和广玉兰叶中分得广玉兰碱，有显著降压作用。从小叶黄杨中分出环常绿黄杨碱，对典型心绞痛、缺血型 S-T 及 T 段得改善，对血清中胆固醇的降低及高血压有较好的疗效。

10.2.2.4　生物碱的抗疟作用

海绵生物碱用于治疗疟疾。每年由于疟疾造成世界上 100 多万人死亡，在 1998 年，估计有 2.38 亿人患疟疾。据密西西比大学的最新研究显示，用海绵生物碱治疗疟疾比传统方法的效果好，海绵碱是一种很有开发前景的抗疟药。另外从菊花叶中分得菊三七碱，具有抗疟作用。

10.2.2.5　生物碱的抗菌作用

从黄藤中分得的棕榈碱，对白色念珠菌及亚洲乙型病毒有显著抑菌作用。苦豆子中所含生物碱对治疗菌痢、肠炎具有显著疗效。

目前，在世界范围内新的生物碱每年以 100 种的速度在递增，而生物碱的生物活性研究也在进一步深入，值得一提的是许多生物碱被发现在治疗艾滋病方面显示出了诱人的前景。

10.2.3　食品中的生物碱

绝大多数生物碱存在于植物中，有类似碱的性质，可与酸结合成盐。它们大多具有复杂的环状结构，且氮素包含在环内。生物碱的种类很多，已知的生物碱有 2 000 种以上。分布于多个科的植物中，如罂粟科、茄科、毛茛科、豆科、夹竹桃科等。存在于食用植物中的生物碱主要是龙葵碱、秋水仙碱、咖啡碱及吡咯烷生物碱等。

10.2.3.1　龙葵碱

龙葵碱（nightshade）又名茄碱、龙葵毒素、马铃薯毒素，是由葡萄糖残基和茄啶组成的一种弱碱性糖苷。其分子式为 $C_{45}H_{73}NO_{15}N$，结构式如图 10-49 所示。龙葵碱不溶于水、乙醚、氯仿，能溶于乙醇，与稀酸共热生成茄啶（$C_{27}H_{43}NO$）及一些糖类。茄啶能溶于苯和氯仿。

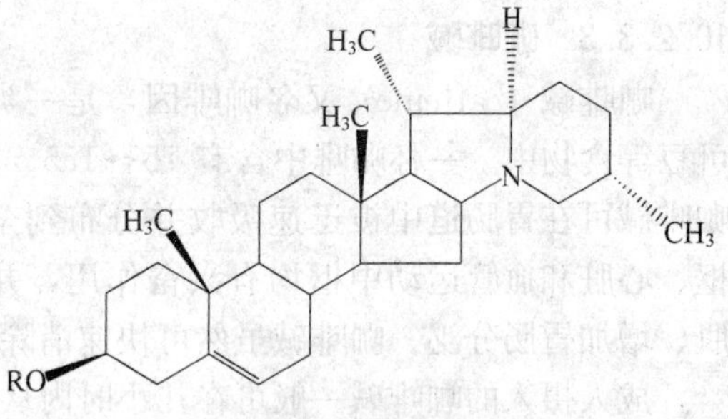

龙葵碱广泛存在于马铃薯、番茄、茄子等茄科植物中。马铃薯中龙葵碱的含量随品种和季节的不同而有所不同，一般为 0.005%～0.01%，在贮藏过程中含量逐渐增加，马铃薯

图 10-49　龙葵碱的结构

茄啶：R=H　龙葵碱：R=半乳糖-葡萄糖-鼠李糖苷

发芽后，其幼芽和芽眼部分的龙葵碱含量高达 0.3%～0.5%。龙葵碱口服毒性较低，对动物经口的 LD_{50}，绵羊为 500 mg/kg（体质量），小鼠为 1 000 mg/kg（体质量），兔子为 450 mg/kg（体质量）。人食入 0.2～0.4 g 龙葵碱即可引起中毒。龙葵碱并不是影响发芽马铃薯安全性的唯一因素，引起中毒可能是与其他成分共同作用的结果，其毒理学作用机理还需要进一步研究。

龙葵碱对胃肠道黏膜有较强的刺激性和腐蚀性，对中枢神经有麻痹作用，尤其对呼吸和运动中枢作用显著。龙葵碱对红细胞有溶血作用，可引起急性脑水肿、胃肠炎等。龙葵碱中毒的主要症状为胃痛加剧、恶心、呕吐、呼吸困难且急促，伴随全身虚弱和衰竭，严重者可导致死亡。龙葵碱主要是通过抑制胆碱酯酶的活性造成乙酰胆碱不能被清除而引起中毒的。

预防龙葵碱中毒的措施首先是将马铃薯贮存在低温、无直射阳光照射的地方，防止发芽。不吃生芽过多、有黑绿色皮的马铃薯。轻度发芽的马铃薯在食用时应彻底挖去芽和芽眼，并充分削去芽眼周围的表皮，以免食入毒素而引起中毒。

10.2.3.2　吡咯烷生物碱

吡咯烷生物碱（pyrrolidine alkaloid）广泛分布于植物界，在很多属中均能发现，例如千里光属、猪屎豆属等。已经分离鉴定出结构的吡咯烷生物碱约有 200 种，它们基本环状结构如图 10-50 所示。吡咯烷生物碱可通过茶、蜂蜜及农田的污染物进入人体。

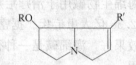

图 10-50　吡咯烷生物碱的结构

吡咯烷生物碱可引起肝脏静脉闭塞及肺部中毒。1972 年在美国有马和牛因食用含吡咯烷生物碱的植物造成大量中毒死亡，经济损失巨大。在非洲和阿富汗也发生过大规模的吡咯烷生物碱中毒事件。动物试验表明，许多种吡咯烷生物碱具有致癌作用。以含 0.5% 长荚千里光提取物的食物喂饲小鼠，结果存活下来的 47 只小鼠中有 17 只患有肿瘤。在另一个实验中，将吡咯烷生物碱以 25 mg/kg 经胃内给予小鼠，处理组的小鼠癌发生率为 25%。给小鼠每周皮下注射 7.8 mg/kg 的毛足菊素 1 年，也可诱导出皮肤、骨、肝和其他组织的恶性肿瘤。目前吡咯烷生物碱对人类的致癌性仍不清楚。

吡咯烷生物碱的致癌性和诱变性取决于其形成最终致癌物的形式。吡咯烷核中的双键是其致癌活性所必需的，该位置是形成致癌的环氧化物的关键。除环氧化物可发生亲核反应外，在双键位置上产生脱氢反应生成的吡咯环同样也可发生亲核反应，从而造成遗传物质 DNA 的损伤和癌的发生。

10.2.3.3　咖啡碱

咖啡碱（caffeine）又名咖啡因，是一类嘌呤类生物碱，广泛存在于咖啡豆、茶叶、可可豆等食物中。一杯咖啡中含有 75～155 mg 的咖啡碱，一杯茶中的咖啡碱为 40～100 mg。咖啡碱可在胃肠道中被迅速吸收并分布到全身，引起多种生理反应。咖啡碱对人的神经中枢、心脏和血管运动中枢均有兴奋作用，并可扩张冠状动脉和末梢血管、利尿、松弛平滑肌、增加胃肠分泌。咖啡碱虽然可快速消除疲劳，但过度摄入可导致神经紧张和心律不齐。

成人摄入的咖啡碱一般可在几小时内从血中代谢和排出，但孕妇和婴儿的清除速率显著降低。咖啡碱的 LD_{50} 为 200 mg/kg（体质量），属中等毒性范围。动物实验表明，咖啡碱有致突变和致癌作用，但在人体中并未发现有以上任何结果。曾有人研究过乳房肿块、膀胱癌和咖啡碱的关系，但没有确凿的证据证明其相关性。唯一明确的是咖啡碱对胎儿有致畸作用。因此孕妇最好不要食用含咖啡碱的食品。

10.2.3.4　秋水仙碱

秋水仙碱（colchicine）（图 10-51）是鲜黄花菜中的一种化学物质，它本身并无毒性，但是，当它进入人体并在组织中被氧化后，会迅速变成二秋水仙碱，这是一种剧毒物质。后者对人体胃肠道、泌尿系统具有毒性并产生强烈的刺激作用，对神经系统有抑制作用。成年人如果一次食入 0.1～0.2 mg 秋水仙碱，即可引起中毒；一次摄入 3～20 mg，可导致死亡。秋水仙碱引起的中毒，短者 12～30 min，长者 4～8 h。主要症状是头痛、头晕、嗓子发干、恶心、心慌胸闷、呕吐及腹痛、腹泻，重者还会出现血尿、血便、尿闭、昏迷等。因此在食用鲜黄花菜时一定要用开水焯，浸泡后再经过高温烹饪，以防止秋水仙碱中毒。

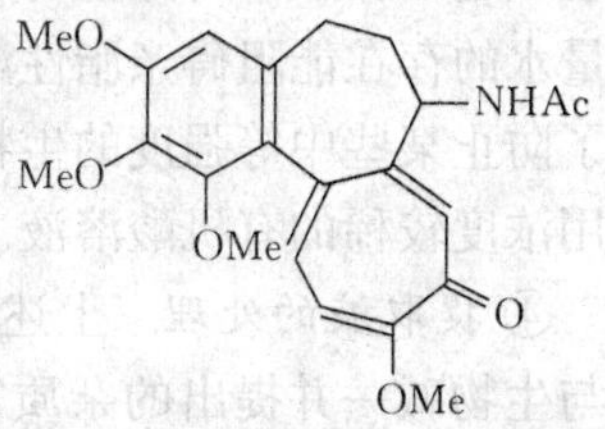

图 10-51　秋水仙碱的结构简图

但是，秋水仙碱具有治疗痛风的功效，可能是通过降低白细胞活性和吞噬作用及减少乳酸形成从而减少尿酸结晶的沉积，减轻炎性反应，因而起止痛作用。秋水仙碱主要用于急性痛风，对一般疼痛、炎症和慢性痛风无效。

10.2.4　生物碱的提取与分离

10.2.4.1　生物碱的提取

生物碱在生物体内大多以有机酸盐的形式存在，少数与无机酸结合成盐。有些碱性比较弱的生物碱不易或不能与酸成为稳定的盐，会以游离生物碱状态存在。还有的生物碱能与糖结合成苷存在。生物碱有脂溶性生物碱和水溶性生物碱，有挥发性生物碱和升华性生物碱。这些都是在生物碱的提取过程中首先要考虑的因素。生物碱的提取要根据生物碱本身的性质及其在生物体中存在的状态设计，一般有下述方法。

(1) 溶剂提取法　除去少数有挥发性、升华性等特殊性质的生物碱外，大多生物碱都采用各种溶剂提取法。根据提取溶剂的性质可分为水或酸水类、醇类和亲脂性溶剂提取法 3 种。

① 水或酸水提取法　此提取法要点是：利用生物碱盐易溶于水难溶于有机溶剂的性质，用水直接溶解生物体中的生物碱盐类或将其转变为水溶解度比较大的盐而溶解提取出来。具体操作是：用水或 0.5%～1% 的酸水（盐酸、硫酸、醋酸、酒石酸等）将样料粉末用渗漉或冷浸的方法提取出来，但该法提取液体积大，提取的水溶性杂质多，如蛋白质、糖类、鞣质、水溶性色素等，造成浓缩量大，纯化生物碱困难。

② 醇类溶剂提取法　此提取法要点是：将分子较小、易透入材料组织中的甲醇、乙醇作为提取剂，利用甲醇、乙醇对生物碱的溶解性能的广泛性，使材料中的亲脂性强弱不同的游离生物碱以及生物碱盐都被溶解提取出来。常用 95% 乙醇或酸性乙醇（酸的浓度一般小于 2%）作为提取溶剂。采用浸渍法、渗漉法、回流提取法来提取，如果提取溶剂是酸性乙醇，要注意酸性加热条件下结构易破坏的生物碱不宜用回流提取法。乙醇提取的水溶性杂质较酸水少，但易提取出脂溶性杂质，尤其是树脂类物质。为了便于去除杂质纯化生物碱，乙醇提取液一般都要在常压或减压下回收溶剂至浸膏浓缩，再制成酸水溶液待进一步处理。

③ 亲脂性溶剂提取法　此法提取的要点是：利用大部分游离生物碱有较强的亲脂性，其中在氯仿中溶解度还比较大的性质，使用碱水充分湿润材料，使所含生物碱游离后，采用氯仿、苯等亲脂性有机溶剂提取。该法提取生物碱选择性高，被提出的杂质少，产品较纯，但其存在操作复杂、成本较高、不安全等缺点，使其在使用时受到一些限制。

使用亲脂性溶剂提取生物碱前，一般先用碱水（常用石灰乳、10% 氨水或碳酸钠的水溶液）湿润材料，使材料中的生物碱全部游离，然后用氯仿、苯等亲脂性有机溶剂通过浸渍法、渗漉法、回流提取法来提取。提取含油高的材料要先脱脂。提取某些弱碱性生物碱，因其在材料中不易与酸结合成稳定的盐，提取时原料可不事先加碱水处理，可以用水湿润使材料组织适当膨胀，解除生物碱与原料之间的吸附现象，再用亲脂性有机溶剂直接提取。由于少量水的存在能阻碍亲脂性溶剂透入材料中，可适当延长提取的时间和增加提取次数。有时为了防止某些中等强度的生物碱因其盐的水解作用游离而使水呈碱性影响生物碱的提出，也常用浓度较稀的有机酸溶液。例如用乙酸溶液润湿材料后，再用有机溶剂提取。

④ 提取液的处理　上述 3 类溶剂的提取溶液，含有较多亲水性或亲脂性其他成分，这些与生物碱一并提出的杂质需要进一步处理，使其与生物碱分离，以获取较纯的生物碱成分。处理的方法通常都是围绕生物碱与其他成分的不同特点进行。

A. 离子交换法：离子交换法基于生物碱在酸水溶液中与酸反应生成盐，在水中可解离成为阳离子，通过强酸型阳离子交换树脂，可被交换到树脂上，一些不能离子化的杂质则随溶液流出，从而使生物碱与杂质分离。交换到树脂上的生物碱需要将其洗脱下来，才可得到游离的总生物碱或其盐类。

洗脱的方法有两种。第一种洗脱方法是将树脂碱化（常用稀氨水），使生物碱在树脂上游离为分子状，再用有机溶剂溶解洗脱，回收溶剂后得到生物碱。第二种洗脱方法是直接用稀酸水洗脱，即可得到总生物碱盐溶液。使用此法，常需要选择一个合适的离子交换剂，根据生物碱盐的属性，以及生物碱分子一般比较大，所以常选用低交联度（3%～6%）的强酸型离子交换树脂，如聚苯乙烯磺酸型树脂，如果应用高交联度的大孔树脂，则不利于大分子生物碱的交换。

B. 沉淀法：沉淀法的处理方法有下述 4 种。

a. 利用游离生物碱难溶于水而产生沉淀的性质，用碳酸钠、氨水、石灰水等碱化酸水提取液，可使某些生物碱游离并沉淀出来，与各种杂质包括水溶性生物碱分离。

b. 利用生成难溶于水的生物碱盐而沉淀的性质，在酸水提取液中加入某些酸，可使一些生物碱沉淀转化为难溶性盐而沉淀出来。

c. 利用盐析生成沉淀的性质，在提取液中加入一定量的无机盐（如氯化钠、硫酸钠等），可促使某些生物碱的溶解度降低而沉淀出来。

d. 利用生成雷氏复盐而沉淀的性质。季铵类生物碱极易溶于水，用碱化或盐析的方法一般得不到沉淀；又由于它在有机溶剂中溶解度不大，亦不便应用有机溶剂提纯法，因而常用雷氏铵盐为沉淀剂，使其与生物碱结合为雷氏复盐，难溶于水而沉淀析出。操作时首先将生物碱的溶液调成弱酸性，然后滴加雷氏铵盐的饱和水溶液，沉淀出生物碱雷氏盐，滤集沉淀物，少量水洗后将其转溶于丙酮，滤除不溶物。丙酮液加入硫酸银饱和水溶液使生物碱雷氏盐转为生物碱的硫酸盐。再加入氯化钡的水溶液，使过量的硫酸银成为硫酸钡与氯化银沉淀析出，而生物碱此时成为盐酸盐，滤去沉淀，蒸干滤液，即得生物碱盐酸盐。

C. 萃取法：在生物碱的提取精制过程中，常利用生物碱和游离生物碱在溶解度上的差异，通过两相溶剂萃取的方法来提纯生物碱。游离生物碱可溶于氯仿、苯等有机溶剂，而难溶于水；生物碱盐与之相反，在水中溶解度大，难溶于氯仿等亲脂性溶剂。

将生物碱的酸水液加入与水不相混溶的有机溶剂（如氯仿），再加入碱使酸水液碱化，生物碱盐即转化为游离生物碱，并从中转溶于氯仿，分取氯仿层，水溶性杂质仍留于水液，回收氯仿可得到游离生物碱粗品。同样，游离生物碱的氯仿溶液可以通过酸水萃取的方法除去脂溶性杂质，如此反复操作可使生物碱纯化。在萃取操作中，应先将有机溶剂加入酸水中，然后再碱化，这样可以使游离后的生物碱立即转入有机溶剂中，因为刚析出的游离碱常常为无定形细粒，比形成结晶状的生物碱更易溶于有机溶剂。

超临界流体萃取法（supercritical fluid extraction，SFE）也开始应用于生物碱的萃取分离。采用超临界二氧化碳作溶剂，在适宜的萃取温度、压力下进行萃取，具有无毒、无残留、提取效率高的优点。

（2）水蒸气蒸馏法　具有挥发性质的生物碱，可利用其能够在水蒸气中逸出的性质，用水蒸气蒸馏即可。

（3）升华法　在常压或减压下有升华性质的生物碱，可利用升华的方法提得，例如茶叶中的咖啡碱的提取。

用各种提取法得到的生物碱提取液经过初步分离，大量杂质被除去后，仍有少量亲脂性或亲水性杂质因各成分间的共溶或助溶作用而混杂在生物碱中，需要进一步精制才能得到较纯的生物碱。生物碱的精制可使用萃取法反复进行或采用活性炭脱色方法吸附除去一些脂溶性色素，最终的精制多使用乙醇、丙酮等溶剂进行多次重结晶，得到较高纯度的生物碱。

10.2.4.2　生物碱的分离

用前述各种提取方法得到的生物碱，常包含数种或数十种结构相似的生物碱，称为总生物碱。在研究中与生产中总生物碱的分离一般有系统分离和特定生物碱的分离。前者为基础研究性质，后者常侧重生产实用。特定生物碱的分离注重充分理解特定生物碱的结构、理化特性，采用更加直接有针对性的方法进行分离。

（1）利用生物碱及其盐类的溶解度不同进行分离　结构相似的生物碱在不同溶剂中的溶解性能是有差别的，即使在相同溶剂中其溶解度也会不同，生物碱的分离也可以利用这个性质特点。一般做法是将生物碱在选择的溶剂中溶解后，进行分步结晶分离。有些生物碱明显地表现出在某种溶剂中的溶解差异，可将生物碱溶解于易溶的溶剂中，再往其中逐步加入使生物碱难溶的溶剂促使其析出，有的还可以直接用溶剂从总碱中溶解出易溶的某些生物碱。大多数生物碱可以与盐酸、硫酸、氢氰酸、氢碘酸、草酸、苦味酸等形成盐，这些盐的溶解性能也不相同，常无规律，分离时可充分利用。利用生成难溶性盐分离生物碱的方法，可容易地将生物碱分离，操作简单迅速，实际生产上用的也较多。

（2）利用生物碱的碱性强弱不同进行混合生物碱的分离　对碱性强弱不同的生物碱可用pH 梯度法进行分离。该法在操作上分为两种形式。

一种是将生物碱溶解于酸水中，加适量的碱液调 pH 至一定的值，使生物碱在此值游离，用有机溶剂萃取。碱水层继续调 pH（由低至高），每调 1 次 pH，用有机溶剂萃取 1次，生物碱可依碱性强弱不同先后游离而被萃取分离。被分离的生物碱之间的碱度相差越大则分离越容易。

另一种是将生物碱溶解于有机溶剂中，用不同 pH（由高至低）的酸性缓冲液顺次萃取。（此法又称为多缓冲萃取法），依次将碱度由强到弱的生物碱萃取出来。萃取液的各个部分再经碱化、有机溶剂萃取，回收溶剂，最后得到不同碱度的生物碱。使用此法前，可用多缓冲层析为先导来了解总碱的成分数目和不同碱度后再进行。

（3）利用生物碱分子中带的功能团不同用化学反应进行分离　生物碱分子中可利用于分离的特殊功能基团主要有酚羟基、羧基等酸性基团，以及内酯和酰胺结构。使用碳酸氢钠和氢氧化钠溶液可分别溶解含羧基和酚羟基的生物碱而与其他非酸性生物碱分离。含内酯结构的生物碱在碱性条件下加热水解，内酯环开环而溶解于碱水溶液中，酸化后，闭环成为原来的生物碱，利用此特性进行分离。

（4）利用色谱法进行分离　用上述方法仍不能达到分离目的时，往往采用吸附柱色谱（分配色谱较少用）来分离生物碱。常用的吸附剂为硅胶、氧化铝，洗脱剂用苯、氯仿、乙醚等有机溶剂或混合有机溶剂。色谱法分离能力很强，对组分复杂的总生物碱或含量较低的生物碱有较好的分离效果。但色谱法技术要求高，一般的色谱法操作周期长，消耗溶剂多。高效液相色谱的应用，使生物碱的分离具有快速、准确、微量、高效的优点，实际工作中已广泛应用。

复习思考题

1. 名词解释

倍半萜　多萜　生物碱　银杏内酯　人参皂苷

2. 列举几种在食品中具有重要作用的萜类，并分别说明它们的来源及在食品中的具体作用。

3. 如何从天然动植物中分离提纯萜类化合物？

4. 生物碱具有哪些基本理化特性？

5. 分别列举几种对人体有益和有害的生物碱，分别说明其来源和作用原理。

6. 如何从天然动植物中分离提纯生物碱？

第 11 章　食品添加剂

11.1　食品添加剂概述

自古以来，食品添加剂就与人们的饮食息息相关。早在我国周朝已有肉桂增香的记载，北魏的《食经》《齐民要术》中有用卤水、石膏作为食品凝固剂制作豆腐的记录，南宋时期则产生了"一矾二碱三盐"的油条配方，并有使用亚硝酸盐腌制腊肉等应用。现代人类食品的加工过程就是食品添加剂的使用过程，食品添加剂对食品工业的发展起了非常重要的作用。可以说，食品添加剂是现代食品工业的灵魂。食品添加剂的不断创新不仅带来了食品口感和外观上的改变，而且促使食品在流通和运输过程中能保持色香、味美并变得丰富多彩，且更易于被消费者接受。

在食品添加剂使用过程中，除保证其发挥应有的功能和作用外，最重要的是按照最新国家标准《食品添加剂使用卫生标准》（GB 2760—2011），合理合法添加食品添加剂来保证食品的安全卫生。近年来，一些企业违法违规、超范围、超限量使用，使食品添加剂成了社会普遍关注的热点。实际上，一些重大食品安全事件中所暴露的如三聚氰胺、苏丹红、孔雀绿、石灰粉等物质，都不属于食品添加剂范畴，是非食用物质、非法的添加物。不法分子的恶劣行为给食品添加剂行业造成了恶劣影响，使消费者对食品添加剂的合法使用产生质疑。只要在生产中严格执行国家标准《食品添加剂使用卫生标准》（GB 2760—2011），树立食品卫生与质量安全观念，依法加强管理和完善监管机制等，就可以避免食品添加剂的滥用和失控现象发生，并避免食品安全事故的发生。

11.1.1　食品添加剂的定义

各国对食品添加剂的定义不同，食品添加剂的范畴也不尽相同。

我国于 2011 年 4 月 20 日颁布并于同年 6 月 20 日实施的《食品添加剂使用标准》（GB 2760—2011）中明确规定，食品添加剂是：为改善食品品质和色、香、味以及防腐、保鲜和加工工艺的需要而加入食品中的人工合成或天然物质。营养强化剂、食品用香料、胶基糖果中基础剂物质、食品工业用加工助剂也包括在内。

联合国食品法规委员会（Codex Alimentarius Commission，CAC）关于食品添加剂的定义是："有意识地加入食品中，以改善食品的外观、风味、组织结构和贮藏性能的非营养物质。"日本将食品加工、制造、保存过程中，以添加、混合、浸润或其他方式使用的成分定义为食品添加剂。

美国食品与药品管理局（FDA）则规定："有明确的或合理的预定目标，无论直接使用或间接使用，能成为食品成分之一或影响食品特征的物质，统称为食品添加剂。"所谓直接食品添加剂，是指直接加入到食品中的物质。所谓间接食品添加剂，是指包装材料或其他与食品接触的物质，在合理的预期下，转移到食品中的物质。根据这个定义，食品配料也是食品添加剂的一部分，这是美国与大多数国家对食品添加剂定义的不同之处。

在欧洲联盟，"食品添加剂"是指在食品的生产、加工、制备、处理、包装、运输或贮存过程中，出于技术性目的而人为添加到食品中的任何物质。而这些添加物质通常并不作为食品来消费，而且也不作为食品的特征成分来使用，无论其是否具有营养价值，这些添加物质本身或其附产物直接或间接地成为食品的组分。

11.1.2　食品添加剂的分类

食品添加剂按其来源可分为天然食品添加剂和化学合成的食品添加剂；根据制备方式可分为化学合成食品添加剂、生物合成食品添加剂和天然食品添加剂 3 类，目前开发的重点是天然食品添加剂。根据安全性评价方面，食品添加剂和污染物法规委员会（CCFAC）则将食品添加剂分为 A、B、C 3 类，每类再细分为两类。

应用最多的分类是按食品添加剂的主要功能和用途进行划分，例如我国《食品添加剂使用标准》（GB 2760—2011）包括了食品添加剂、食品用加工助剂、胶基糖果中基础剂物质和食品用香料等 2314 个品种，其中食品添加剂 327 种（含也可用于食品用加工助剂、胶基糖中基础剂物质或食品用香料 80 种）、食品用加工助剂 159 种、胶基糖果基础剂物质 55 种和食品用香料 1853 种，涉及 16 大类食品、23 个功能类别，主要包括酸度调节剂、抗结剂、消泡剂、抗氧化剂、漂白剂、膨松剂、胶基糖果中基础剂物质、着色剂、护色剂、乳化剂、酶制剂、增味剂、面粉处理剂、被膜剂、水分保持剂、营养强化剂、防腐剂、稳定和凝固剂、甜味剂、增稠剂、食品用香料、食品工业用加工助剂和其他类。

各个国家关于食品添加剂的分类都有自己的分类方法，有的分得较粗，有的分得较细；食品添加剂在开发和应用过程中，它的分类也不断地变动和完善。例如美国在联邦法规中规定食品添加剂分为 32 类，欧洲联盟则分为 24 类，联合国粮食与农业组织和世界卫生组织则将食品添加剂统一为 23 类，这些分类中有部分与我国的类种相同。

11.1.3　食品添加剂的作用

食品添加剂的作用无不依赖其本身独特的功能，利用食品添加剂的特殊功能和积极作用，既有利促进食品工业的发展，同时也对食品质量提高、应对食品资源匮乏等问题起到很好的作用，具体作用表现为以下几个方面。

a. 食品添加剂有利于增加食品的保藏和运输性能，延长保质期，防止微生物引起的腐败、由氧化引起的变质和防止抑制各类褐变，最大限度地保证食品的品质。

b. 食品添加剂可改善和提高食品的色香味和食品的质构，如借助色素、香精、各种调味品、增稠剂和乳化剂等，提高食品感官质量和满足人民群众对食品风味和口味的需求。

c. 食品添加剂有利于食品的工业化、机械化、自动化生产。例如用葡萄糖酸内酯作为豆腐凝固剂，有利于大规模生产安全、卫生的盒装豆腐。

d. 食品添加剂有利于保持和提高食品的营养和保健价值。例如营养强化剂、食品功能因子等的应用，可以减轻或减缓加工或者食源区域等原因造成的营养损失和失衡现象。

e. 食品添加剂有利于满足人们的不同需求。例如糖尿病人不能吃糖，则可用无营养甜味剂或低热能甜味剂制成无糖食品供应。

11.1.4　食品添加剂的使用原则

根据《食品添加剂使用卫生标准》（GB 2760—2011）规定，食品添加剂在使用时应符合以下基本要求。

a. 食品添加剂不应对人体产生任何健康危害。

b. 食品添加剂不应掩盖食品腐败变质。

c. 食品添加剂不应掩盖食品本身或加工过程中的质量缺陷或以掺杂、掺假、伪造为目的而使用食品添加剂。

d. 食品添加剂不应降低食品本身的营养价值。

e. 在达到预期目的前提下尽可能降低食品添加剂在食品中的使用量。

11.1.5　食品添加剂的应用

随着食品工业的快速发展，食品添加剂已经成为现代食品工业的重要组成部分，并且已经成为食品工业技术进步和科技创新的重要推动力。例如在食品加工过程中，使用风味添加剂来对食品进行调香、调味和调色来提高食品感官指标或增加食品花色品种；使用保鲜类添加剂延缓食品变质，或者用添加剂来改进加工工艺，降低成本，节约资源，提高食品的附加值，产生明显的经济效益和社会效益等。可以说，没有食品添加剂就没有现代食品工业。同时，食品添加剂伴随工业化的大规模生产应用已经深入到了我们的日常生活中，例如方便面中含有丁基羟基茴香醚（BHA）、二丁基羟基甲苯（BHT）等抗氧化剂，可阻止或推迟食品的氧化变质，从而提高食品的稳定性和耐藏性，也可防止可能有害的油脂自氧化物质的形成。豆腐中含有凝固剂（如 $CaCl_2$、$MgCl_2$、$CaSO_4$ 等），可明显提高食品的感官质量，满足人们的需要。酱油中含有防腐剂如苯甲酸钠，可以防止由微生物引起的食品腐败变质，延长食品的保存期，同时还具有防止由微生物污染引起的食物中毒作用。

11.1.6　食品添加剂的安全性评估和管理

11.1.6.1　食品添加剂的安全性评估

多数食品添加剂并非天然产物，许多添加剂在合成或分离过程中会残留部分有害原料或杂质，有些添加剂本身就是化学合成产物。因此确保食品添加剂的安全使用，对添加剂进行安全性评估是很有必要的。安全性评估涉及食品添加剂的限定物种、毒理学性质、用量限制、使用要求等，这些都是选择和使用食品添加剂前必须考虑的。

任何一种新食品添加剂都应对其进行毒理学评价，借助动物试验进行毒性评价的一般程序包括 4 个阶段：急性毒性试验、蓄积毒性试验（致突变试验及代谢试验）、亚慢性毒性试验（包括繁殖，致畸试验）和慢性毒性试验（包括致癌试验）。

急性毒性试验是指给予一次较大的剂量后，对动物产生的作用进行判断。通过急性毒性试验可以考查摄入该物质后在短时间内所呈现的毒性，从而判断对动物的致死量（LD）或半数致死量（LD_{50}）。半数致死量是通常用来粗略地衡量急性毒性高低的一个指标，是指能使一群试验动物，中毒死亡数达到一半所需的剂量，其单位是 mg/kg（体质量）。对于食品添加剂来说，主要采用经口服的半数致死量。受试物质的毒性分级见表 11-1。

表 11-1　经口服半数致死量与毒性分级（mg/kg）

毒性级别	大鼠 LD_{50}	毒性级别	大鼠 LD_{50}
极毒	<1	低毒	501~5 000
剧毒	1~50	相对无毒	5 001~15 000
中毒	51~500	实际无毒	>15 000

慢性毒性试验是指少量受试物质长期作用下所呈现的毒性，从而可确定受试物质的最大无作用量和中毒阈剂量。慢性毒性试验在毒理研究中占有十分重要的地位，对于确定受试物

质能否作为食品添加剂使用具有决定性的作用。最大无作用量（MNL）又称为最大无效量、最大耐受量或最大安全量，是指长期摄入该物质仍无任何中毒表现的每日最大摄入剂量，其单位是毫克/千克（体质量）。

11.1.6.2　食品添加剂的法律法规管理

为了确保人民的身体健康，防止食品中有害因素对人体的危害，我国政府对食品添加剂的生产、销售和使用都进行了严格的卫生管理。有关食品添加剂的法规、标准彼此相对独立，各类食品添加剂标准根据相关法规制定，从不同角度对食品添加剂法规贯彻实施。例如《中华人民共和国食品安全法》（以下简称《食品安全法》）于 2009 年 2 月 28 日审议通过，2009 年 6 月 1 日开始施行。该法共 10 章，104 条。从 8 个方面规定了食品添加剂的生产、经营、进口和使用。第 99 条明确了食品添加剂的概念；第 2 条规定《食品安全法》适用于食品添加剂的管理范围；第 13 条规定建立食品安全风险评估制度及负责组织风险评估的部门；第 19 条和第 20 条明确食品添加剂产品标准和使用标准属于国家强制标准；第 36 条、第 42 条和第 46 条规定了预包装食品生产使用食品添加剂的规定；第 28 条、第 38 条、第 43 条、第 44 条和第 45 对食品添加剂的生产经营进行了规定；第 62 条和第 63 条对进口食品添加剂进行了规定；第 77 条规定了各监督管理部门各自履行的食品安全监督管理职责；第 84~89 条规定了法律责任和违法的处罚。

同时，按照国家审批相关规定，食品添加剂的新品种，在生产企业进行生产前，必须出具该新品种的卫生评价和营养评价所需资料及样品，按照食品添加剂新品种的资料要求和需要扩大使用范围或使用量的物种，要求两种主要类型开展食品卫生标准审批程序报批。

此外，国家监管部门采取分段监管为主、品种监管为辅的方式落实各项监管职能，明确分管责任，确保人民的食用安全和健康安全。例如 2012 年 2 月 28 日，公布《关于进一步严格食品添加剂生产许可管理工作的通知（质检办食监函〔2012〕139 号）》，要求各质量技术监督局严格按照《食品安全法》《工业产品生产许可证管理条例》《食品添加剂生产监督管理规定》《食品添加剂生产许可审查通则》以及食品安全国家标准、行业标准或卫生部指定标准等有关文件的规定，组织开展本辖区内食品添加剂生产许可工作。所以目前允许使用的食品添加剂虽不能宣称绝对安全，但都是经过严格的毒理学试验的，只要依法严格执行《食品添加剂的卫生使用标准》，安全还是可以得到保证的。

11.2　食品防腐剂

11.2.1　食品防腐剂的定义

由于食品在生产、运输、销售及贮存的过程中，会因物理、化学、酶及生物等因素引起腐败变质，其中微生物作用最为严重。为了防止食品腐败变质，人们用许多方法来保藏食品，如腌渍、罐藏、冷藏等，在一定条件下，配合使用防腐剂作为保藏的辅助手段对防止食品的腐败有显著作用，因此防腐剂作为食品添加剂之一，加之其具有应用历史悠久、适用范围广泛、添加手续简便、应用成本低廉、使用低毒安全等特点，因而在食品工业中广泛应用，并朝着天然、高效、广谱、方便、低廉、安全等方向不断发展。

防腐剂是具有杀死微生物或抑制其增殖作用的物质，或者说是一类能防止由微生物所引起的食品腐败变质，延长食品保存期的物质。其作用机理主要通过作用于微生物的细胞壁或细胞膜、细胞原生质、蛋白质或酶等来发挥抑制食品腐败变质的作用。

11.2.2　食品防腐剂的分类

根据食品防腐剂的来源和组成可分为化学合成防腐剂和天然防腐剂，由于化学防腐剂使用方便、成本极低，在目前经济发展阶段还在广泛地应用。

（1）化学食品防腐剂　化学类食品防腐剂可分为 3 大类：酸性防腐剂、酯型防腐剂和无机盐防腐剂。酸性防腐剂（如山梨酸、丙酸及其盐类等）的酸性越强，其防腐效果越好，而在碱性条件下几乎无效。酯型防腐剂（如抗坏血酸棕榈酸酯等）在很宽的 pH 范围内都有效，毒性亦较低。无机盐防腐剂，例如含硫的亚硫酸盐、焦亚硫酸盐等的有效成分是亚硫酸分子，可杀灭某些好氧型微生物并能抑制微生物中酶的活性，但因残留二氧化硫能引起过敏反应，使用受到限制。

（2）天然食品防腐剂　天然食品防腐剂可分为 3 类：动物源天然防腐剂、植物源天然防腐剂和微生物源天然防腐剂。动物源天然防腐剂（如蜂胶、鱼精蛋白、壳聚糖等）是从动物体内提取出来的防腐剂。植物源天然防腐剂（如香辛料及茶叶、银杏叶、中草药提取物等），是国内外开拓食品防腐剂新领域的研发热点。微生物源防腐剂（如乳酸链球菌素、纳他霉素等）具有安全、高效和健康的特点，例如作为世界公认安全的食品防腐剂乳酸链球菌素（nisin），即乳链菌肽，是由乳酸链球菌产生的一种多肽物质，是一种高效、无毒、安全、性能卓越的天然食品防腐剂。

对防腐剂的要求是低浓度下具有显著的杀菌或抑菌作用，本身不应具有刺激气味和异味，在食品中有很好的稳定性，但不应影响肠道内有益菌的作用，价格合理，使用较方便。

11.2.3　影响食品防腐剂防腐效果的因素

11.2.3.1　pH

苯甲酸及其盐类、山梨酸及其盐类均属于酸性食品防腐剂。食品 pH 对酸性食品防腐剂的防腐效果有很大的影响，pH 越低防腐效果越好。如山梨酸在酸性环境抑菌效果好，在中性食品中几乎无效，pH 为 4～5 时山梨酸抗细菌活性最强，pH 超过 6 时无活性。

11.2.3.2　溶解与分散

食品防腐剂必须在食品中均匀分散，如果分散不均匀就达不到较好的防腐效果。所以食品防腐剂要充分溶解并分布于整个食品中。

11.2.3.3　热处理

一般情况下加热在抑制菌的同时也可增强防腐剂的防腐效果，二者具有协同作用，所以在加热杀菌时加入防腐剂，杀菌时间可以缩短。

11.2.3.4　复合使用

各种食品防腐剂都有各自的作用范围，在某些情况下两种以上的防腐剂并用，往往具有协同作用，而比单独作用更为有效。例如饮料中并用苯甲酸钠与二氧化硫，有的果汁中并用苯甲酸钠与山梨酸，可达到扩大抑菌范围的效果。

11.2.4　常用食品防腐剂简介

11.2.4.1　苯甲酸

苯甲酸（benzoic acid）又称为安息香酸，天然存在于蔓越橘、洋李、丁香等植物中，是最早在工业上应用的防腐剂之一。苯甲酸为白色、具有丝光的鳞片或针状结晶，质轻，无臭或微带安息香气味，相对密度为 1.265 9，沸点为 249.2℃，熔点为 122.4℃，100℃开始升华，其蒸气有很强的刺激性，吸入后易引起咳嗽。苯甲酸在酸性条件下容易随同水蒸气挥发，易溶于乙醇、乙醚等有机溶剂。加入食品后，在酸性条件下苯甲酸钠转变成具有抗微生物活性的苯甲酸。苯甲酸与苯甲酸钠同时使用时，以苯甲酸计总量不得超过最大使用量。

苯甲酸具有抗细菌作用，在酸性环境中，0.1%的浓度即有抑菌作用。通常 pH 较低情况下效果较好，如 pH 为 3.5 时，0.125%的浓度在 1h 内即可杀灭葡萄球菌。在碱性环境下苯甲酸的抗菌作用会被减弱。将 0.05%～0.1%苯甲酸加入食品中作防腐剂，可阻抑细菌和真菌的生长。苯甲酸作为食品防腐剂，其抑菌的最适 pH 是 2.5～4.0，适合使用于诸如果汁、番茄酱、腌菜、酸泡菜等高酸度食品。

我国《食品添加剂卫生使用标准》（GB 2760—2011）规定：苯甲酸允许用于酱油、醋、茶、咖啡等食品中，其最大用量为 1.0g/kg；用于蜜饯凉果，其最大使用量为 0.5g/kg；用于碳酸饮料，最大使用量为 0.2g/kg；用于果酒，最大用量为 0.8g/kg（以苯甲酸计）。

11.2.4.2 山梨酸及其钾盐

山梨酸（sorbic acid）的化学名称为 2,4-己二烯酸，俗名 B 二烯酸、花楸酸、清凉茶酸，是一种分子结构特殊的不饱和有机酸类，为不饱和六碳酸，分子式为 $C_6H_8O_2$，结构式为 $CH_3CH=CHCH=CHCOOH$，相对分子质量为 112。基于结构的共轭双键，山梨酸的化学反应活性高，易于进行加成、卤代、加氢、氧化、酯化、脱羧、共聚等多种反应。1859年从花楸浆果树的果实中首次分离出山梨酸，它的抗微生物活性是在 1939—1949 被发现的。山梨酸为无色针状结晶，无臭或稍带刺激性气味，耐光、耐热，但在空气中长期放置，易被氧化变色而降低防腐效果。山梨酸的沸点为 228℃（分解），熔点为 133～135℃，微溶于冷水，而易溶于乙醇和冰醋酸，其钾盐易溶于水。

山梨酸的抑菌效果主要取决于其未解离的酸分子，酸性越强效果越好，比较适合于 pH 在 5.5 以下的食品防腐。山梨酸能与微生物酶系统中巯基结合，从而破坏许多重要酶系，达到抑制微生物增殖及防腐的目的。在碱性条件下抑菌效果较差，且在水中溶解度小，这些都限制了山梨酸在食品中的应用范围。山梨酸属于一种酸性防腐剂，它可以被人体的代谢系统吸收而又迅速分解，产生二氧化碳和水。山梨酸及钾盐对霉菌、酵母和好氧性细菌的抑制很有效，而对厌氧性芽孢杆菌等则效果不佳。因此将山梨酸及钾盐与其他抗菌物质复配使用，提高防腐剂的抑菌广谱性，在目前的研究中也很受重视。

山梨酸钾为山梨酸的钾盐，为白色至浅黄色晶体颗粒或晶体粉末，无臭或微有臭味，长期暴露空气中易氧化而变色，可由山梨酸和碳酸钾制得，在人体代谢中过程与山梨酸类似。山梨酸钾比山梨酸更易溶于水，稳定性好，也是使用广泛的防腐剂，但其最大使用量不得超过《食品添加剂使用卫生标准》（GB 2760—2011）的规定。例如干酪、氢化植物油、人造黄油等，最大使用量为 1.0g/kg；风味冰、冰棍类、蜜饯凉果和腌渍的蔬菜最大使用量为 0.5g/kg；熟肉制品最大使用量为 0.075g/kg（均以山梨酸计）。

11.2.4.3 对羟基苯甲酸酯类

对羟基苯甲酸酯（methyl p-hydroxy benzoate）又称为尼泊金酯类，属于酯类防腐剂，包括对羟基苯甲酸甲酯（methylparaben，MP）、对羟基苯甲酸乙酯（ethylparaben，EP）、对羟基苯甲酸丙酯（n-propylparaben，PP）、对羟基苯甲酸异丙酯（isopropylparaben，IPP）等。我国允许使用的主要是对羟基苯甲酸甲酯钠和对羟基苯甲酸酯乙酯及其钠盐。

对羟基苯甲酸酯为无色结晶或白色结晶粉末，几乎无臭，稍有涩味，难溶于水，可溶于氢氧化钠溶液及乙醇、乙醚、丙酮、冰醋酸、丙二醇等溶剂。对羟基苯甲酸酯是类酯化合物，在食品中的化学活性非常低，防腐作用的持续时间较长。其防腐作用受 pH 的影响小，其化学性质稳定，在酸性、中性和碱性溶液中均有防腐效果，尤其在酸性溶液中的防腐效果最好。

表 11－2　尼泊金酯的主要理化性质

化合物名称	尼泊金甲酯	尼泊金乙酯	尼泊金丙酯	尼泊金丁酯
分子式	$C_8H_8O_3$	$C_9H_{10}O_3$	$C_{10}H_{12}O_3$	$C_{11}H_{14}O_3$
相对分子质量	152	166.18	180.21	194.23
水中溶解度（25℃）（g/100g）	0.25	0.17	0.05	0.02
在乙醇中溶解度（g/100g）	52	70	95	210
在丙酮中溶解度（g/100g）	64	84	105	240
外观	无色结晶或白色粉末，无味、无臭，口尝有麻舌感	无色结晶或白色粉末，无味、无臭，口尝有麻舌感	无色结晶或白色粉末，无味、无臭，口尝有麻舌感	无色结晶或白色粉末，无味、无臭，口尝有麻舌感
备注	1983 年开始用于食品防腐	无毒、防腐、杀菌，用于食品日化	1932 年开始用于油脂、蔬菜防腐	防腐杀菌能力强，但溶解性小

对羟基苯甲酸酯是一类稳定、低毒、高效和安全的防腐剂，已广泛应用于调味品、腌制品、酱制品、饮料、啤酒、黄酒、果蔬保鲜等领域，成品中的对羟基苯甲酸酯浓度一般小于 0.05％。针对对羟基苯甲酸酯用于食品防腐剂，许多西方国家很早以前就特地制定了有关的法规，允许将其应用于食品、化妆品等行业中。

对羟基苯甲酸酯适用于中性和弱酸性环境，它的防腐效能取决于药液中未电离部分的分子。在酸性条件下大部分以分子状态存在，极少电离，透膜吸收容易，抑菌作用强。当 pH 上升时，对羟基苯甲酸酯在水中的溶解度增大，透过微生物细胞膜的能力减弱，抑菌作用也降低。作为一种中性的食品防腐剂，对羟基苯甲酸酯的效果明显优于山梨酸钾和苯甲酸钠，并且用量少、毒性低，属于高效、低毒和安全的防腐剂。对羟基苯甲酸酯作用机制基本上与苯酚类似，它能破坏微生物的细胞膜，使细胞内的蛋白质变性，并且抑制细胞的呼吸酶系和电子传递系的活性。对羟基苯甲酸酯的抗菌活性主要是在分子态时起作用，由于分子内的羟基已被酯化，不再电离，而对位酚基的电离常数很小，在溶液 pH 为 8 时，仍有 60％以上呈分子状态存在，因此对羟基苯甲酸酯的抑菌作用在 pH 为 4～8 较宽的范围内均有良好的效果。

我国《食品添加剂卫生使用标准》（GB 2760—2011）规定，用于醋、酱油、蚝油、虾油、鱼露、风味饮料等食品中，对羟基苯甲酸的最大使用量为 0.25 g/kg（以对羟基苯甲酸计）。

11.2.4.4　丙酸及丙酸盐

丙酸钠（sodium prolionate）为白色结晶或白色晶体颗粒，无臭，易溶于水，可溶于乙醇，微溶于丙酮，为酸性防腐剂，起防腐作用的主要是丙酸。其具有良好的防霉作用，可用于面包发酵过程中，抑制杂菌生长，但会影响面包发泡性。

丙酸钙（calcium prolionate）为白色颗粒或粉，有轻微丙酸气味，对光热稳定，极易溶于水，易潮解，水溶液碱性（pH 为 8～10）。丙酸钙可由丙酸与碳酸钙中和反应制得。其抑菌效果与丙酸钠接近，在面包和糕点生产中除用作防腐剂外，还可补充食品中的钙元素。

我国《食品添加剂卫生使用标准》（GB 2760—2011）规定：丙酸类防腐剂可用于面包、醋、酱油、糕点和豆制品，最大使用量为 2.5 g/kg。

11.2.4.5　双乙酸钠

双乙酸钠（sodium diacetate），为白色晶体，带有乙酸气味，易溶于水，释放出乙酸，加热到 150℃可分解并可燃烧。其抑菌作用主要是通过乙酸作用于微生物细胞壁，干扰各种酶体系的生长，或使微生物蛋白质发生变性而死亡。双乙酸钠的毒性很低，在生物体内的最终代谢产物为二氧化碳和水，是一种公认的安全可靠的广谱、高效抗菌防霉剂。

我国《食品添加剂卫生使用标准》（GB 2760—2011）规定：双乙酸钠防腐剂可用于豆干类、豆干再制品、原粮、熟制水产品和膨化食品中，最大使用量为 1.0 g/kg；在粉圆、糕点中，最大使用量为 4.0 g/kg；在预制肉制品和熟肉制品中，最大使用量为 3.0 g/kg。

11.2.4.6　乳酸链球菌素

乳酸链球菌素（nisin），又称为乳球菌肽、乳链菌肽，是某些乳酸球菌代谢过程中合成和分泌的具有很强杀菌作用的小分子肽，它的分子式是 $C_{143}H_{23}N_{42}O_{37}S_7$，相对分子质量为 3354。乳酸链球菌素是一种多肽类羊毛硫细菌素，成熟的分子仅含有 34 个氨基酸残基。

1951 年，Hirish 等人首先将乳酸链球菌素用于食品防腐，成功地控制了肉毒梭菌引起的埃氏奶酪的膨胀腐败。1953 年英国首次进行了商业化，1968 年 FAO/WHO 添加剂联合委员会对乳酸链球菌素的安全性进行了确认，并批准可以用于食品。

乳酸链球菌素的抑菌作用主要是针对大多数的革兰氏阳性菌（G+）及其芽孢，但乳酸链球菌素对真菌和革兰氏阴性菌（G-）没有作用。不过一些研究结果表明，在加热、冷冻或调节 pH 的情况下，一些革兰氏阴性菌（如假单胞菌、大肠杆菌等）也对乳酸链球菌素敏感。乳酸链球菌素不仅对细菌的生长有抑制作用，而且对细菌所产生的芽孢同样有抑制作用，能抑制芽孢的萌发而不是杀死芽孢。

乳酸链球菌素之所以能抑制细菌的生长及芽孢的萌发，是由于其对细胞表面的强烈的吸附进而引起细胞质的释放而实现的。乳酸链球菌素是带有正电荷的疏水短肽，因而它可以作用在革兰氏阳性菌细胞壁带负电荷的阴离子成分上（如磷壁酸、糖醛酸、酸性多糖和磷脂），相互作用的结果是与细胞壁形成管状结构，使得小分子的细胞组成成分从孔道中泄露出来，导致细胞内外能差消失，对蛋白质、多糖等物质的生物合成产生抑制作用。而革兰氏阴性菌和革兰氏阳性菌相比，其细胞壁成分复杂而且结构致密，乳酸链球菌素无法通过，因而对其不能发挥作用。但当经过处理改变革兰氏阴性菌的细胞壁通透性后同样对乳酸链球菌素敏感。

乳酸链球菌素是一种安全的可用于食品防腐的抗菌肽，其对热稳定，食用后在消化道内很快被蛋白水解酶消化成氨基酸，不会产生抗性和过敏反应，在我国食品工业中的应用越来越广泛。例如乳酸链球菌素添加在消毒奶中解决了由于耐热性芽孢繁殖而变质的问题，并且只用较低浓度的乳酸链球菌素便可以使其保质期大大延长，同时乳酸链球菌素还可以改善牛乳由于高温加热而出现的不良风味。此外乳酸链球菌素对苹果汁、橘子汁和葡萄柚汁中的泛酸芽孢杆菌也有抑制作用。在巴氏灭菌前添加适量的乳酸链球菌素能有效地防止果汁饮料的酸败。酒精饮料工业中，也可以利用乳酸链球菌素防止杂菌的污染。由于乳酸链球菌素对酵母菌不起作用，因而可在酒的发酵过程中加入乳酸链球菌素来抑制乳酸菌的生长，并在整个发酵过程中都有一定的抑菌作用，从而提高啤酒质量，保证口味的一致性。

我国《食品添加剂卫生使用标准》（GB 2760—2011）规定：乳酸链球菌素可用于乳及乳制品、预制肉制品、熟肉制品、熟制水产品（可直接食用）等食品中，最大使用量为 0.5g/kg。在应用于食用菌和藻类罐头、八宝粥罐头时，最大使用量为 0.2g/kg。

11.3　食品抗氧化剂

11.3.1　食品抗氧化剂概述

食品的劣变常常是由于微生物的生长活动、一些酶促反应和非酶促化学反应引起的，而在食品的贮藏期间所发生的化学反应中氧化反应的影响很大。特别对于含油较多的食品来说，氧化与酸败一样均为导致食品质量变劣的主要因素之一，氧化可产生一些有毒、异味物质，在影响人体食欲的同时，还会妨碍人体健康；产生的自由基会促进人体的脂肪氧化，引起细胞功能衰退甚至导致各种生理疾病。因此在食品加工、运输和贮藏时，合理使用抗氧化剂可防止和减缓食品氧化，具有重要的意义。

食品抗氧化剂是一类能防止或延缓油脂或其他食品成分氧化分解、变质，进而提高食品的稳定性和延长食品的贮存期的添加剂。

抗氧化剂按来源可分为天然的和化学合成的；依相关分类标准可分为还原型和螯合型；按溶解性可分为油溶性的和水溶性的，其中油溶性的抗氧化剂主要用来抗脂肪氧化，水溶性抗氧化剂主要用于食品的防氧化、防变色、防变味等。其中化学合成抗氧化剂作为工业生产产品，价格较天然抗氧化剂低廉，适用范围更广。但化学合成的抗氧化剂，少量长期摄入也有可能存在对机体的潜在危害。因此合成抗氧化剂的使用范围和使用量都应满足国家强制性卫生标准的要求。

11.3.2　食品抗氧化剂的作用原理

食品抗氧化剂的作用原理，主要是食品抗氧化剂吸收或钝化自由基，以终止自由基引发的氧化反应；或通过封闭对氧化有催化活性的金属离子来缓解氧化反应，以便更有利于食品的加工和贮藏。其抗氧化作用的原理具体表现在以下几个方面。

11.3.2.1　自由基的捕捉（也可称吸收剂）

人体内一旦有超于正常范围的自由基就要设法消灭或捕捉。捕捉自由基的食品抗氧化剂能吸收氧化产生的自由基，阻断自由基连锁反应，将油脂氧化产生的自由基转变成稳定的产物。一般情况下，空气中的氧首先与脂肪分子结合生成 ROO· 自由基，抗氧化剂提供氢给予体 AH，将 ROO· 自由基吸收形成氢过氧化物。生成的 A· 自由基比 ROO· 自由基更稳定。脂类氧化产生的另一个自由基 R·，可以被抗氧化剂的电子接受体消除。这类抗氧化剂主要有植物中的天然多酚类化合物、维生素 E（生育酚）、谷类及豆类中所含的黄酮类、酚酸类及鞣质、大豆中的异黄酮、绿茶中的茶多酚、迷迭香都是很好的自由基捕捉剂。

11.3.2.2　起还原剂的作用

起还原剂作用的食品抗氧化剂，借助本身的氧化还原反应来抑制氧化反应的物质，例如大蒜中的硫化物、超氧化物歧化酶（SOD）、维生素等。

11.3.2.3 消除氧自由基

消除自由基的抗氧化剂可破坏活性氧而抑制自由基的反应，可保护脂质不受破坏而防止或抑制脂质过氧化反应。BHA、BHT、TBHQ、PG 等化学合成的抗氧化剂都具有阻止脂质过氧化的作用。

11.3.3 常用食品抗氧化剂简介

11.3.3.1 丁基羟基茴香醚

丁基羟基茴香醚（butylated hydroxyanisol）也称为特丁基 4-羟基茴香醚，简称为 BHA，为白色或微黄色蜡样结晶状粉末，具有典型的酚味，当油受到高热时，酚味就相当明显了。丁基羟基茴香醚通常有 3-BHA 和 2-BHA 两种异构体混合物。丁基羟基茴香醚熔点为 57～65℃，随混合比不同而异，例如 3-BHA 占 95% 者，熔点为 62℃。丁基羟基茴香醚不溶于水，易溶于乙醇、丙酮等有机溶剂，并溶于各种油脂中。

大鼠丁基羟基茴香醚口服 LD_{50} 为 2 900 mg/kg，每日允许摄入量（ADI）暂定为 0～0.5 mg/kg。

根据《食品添加剂使用标准》（GB 2760—2011）规定，丁基羟基茴香醚在坚果与籽类罐头、油炸面制品、杂粮粉、饼干、膨化食品等中，最大使用量为 0.2 g/kg；在胶基糖果中，最大使用量为 0.4 g/kg。

11.3.3.2 二丁基羟基甲苯

二丁基羟基甲苯（butylated hydroxytoluene）别名为 2,6-二特丁基对甲酚，简称为 BHT，为白色结晶或结晶性粉末，无味，无臭，熔点为 69.5～71.5℃，沸点为 265℃，不溶于水，能溶于多种有机溶剂。二丁基羟基甲苯的性质类似于丁基羟基茴香醚，对热稳定，与金属离子反应不会着色。

大鼠二丁基羟基甲苯经口 LD_{50} 为 1.70～1.97 g/kg。每日允许摄入量（ADI）定为 0～0.3 mg/kg。

根据《食品添加剂使用标准》（GB 2760—2011）规定，二丁基羟基甲苯在坚果与籽类罐头、油炸面制品、方便米面制品、饼干等中，最大使用量为 0.2 g/kg；在胶基糖果中，与丁基羟基茴香醚一样其最大使用量为 0.4 g/kg。

11.3.3.3 没食子酸丙酯

没食子酸丙酯（propyl gallate）又称为棓酸丙酯，简称 PG，纯品为白色至淡褐色的针状结晶，无臭，稍有苦味，易溶于乙醇、丙酮和乙醚，难溶于水、脂肪和氯仿。没食子酸丙酯水溶液有微苦味，pH 为 5.5 左右时对热比较稳定，无水物熔点为 146～150℃，易与铜、铁等离子反应显紫色或暗绿色，潮湿和光线均能促进其分解。

没食子酸丙酯大鼠经口 LD_{50} 为 3.6 g/kg，每日允许摄入量（ADI）为 0～1.4 mg/kg。

国家标准《食品添加剂卫生使用标准》（GB 2760—2011）规定，没食子酸丙酯用于油炸面制品、脂肪、油和乳化脂肪制品和风干、烘干、压干等水产品中，最大使用量为 0.1 g/kg（以油脂中的含量计）。

11.3.3.4 维生素 E

维生素 E（vitamine E）也称为生育酚，是自然界分布最广的一种抗氧化剂，它是天然抗氧化剂。生育酚有 8 种同系物结构，其活性不尽相同，都是母生育酚甲基取代物。

已知的天然维生素 E 有 α、β、γ、δ 等 7 种同分异构体，作为抗氧化剂使用的是它们的混合浓缩物。生育酚存在于小麦胚芽油、大豆油、米糠油等的不可皂化物中，工业上用冷苯处理再除去沉淀，再加乙醇除去沉淀，然后经真空蒸馏制得。

维生素 E 混合物为黄色至褐色、几乎无臭的透明黏稠液体，相对密度为 0.932~0.955，溶于乙醇，不溶水，可与油脂任意混合，对热稳定。因所用原料油与加工方法不同，成品中维生素 E 总浓度和组成也不一样。品质较纯的维生素 E 浓缩物含维生素 E 的总量可达 80% 以上。作为维生素 E 的生理作用则以 α 生育酚为最强。

大鼠维生素 E 经口 LD_{50} 为 10 g/kg，每日允许摄入量（ADI）为 0~2 mg/kg。

国家标准《食品添加剂卫生使用标准》（GB 2760—2011）规定，维生素 E 用于油炸面制品、熟制坚果与籽类、蛋白饮料类、非碳酸饮料等食品中，最大使用量为 0.2 g/kg（其中油炸面制品的用量以油脂中的含量计）。

11.3.3.5　特丁基对苯二酚

特丁基对苯二酚（tertiary butylhydroquinone）简称 TBHQ，为白色结晶，较易溶于油，微溶于水，溶于乙醇、乙醚等有机溶剂，对热稳定性较好，熔点为 126.5~128.5 ℃，抗氧化性强。

大鼠特丁基对苯二酚经口 LD_{50} 为 0.7~1.0 g/kg，每日允许摄入量（ADI）为 0~0.7 mg/kg。

国家标准《食品添加剂卫生使用标准》（GB 2760—2011）规定，特丁基对苯二酚用于油炸面制品、熟制坚果与籽类、饼干等食品中，最大使用量为 0.2 g/kg（以油脂中的含量计）。

11.3.3.6　植酸

植酸（phytic acid）又名肌醇六磷酸，属于天然抗氧化剂，是肌醇的六磷酸酯，在植物中与镁、钙或钾形成盐。

植酸为淡黄色或淡褐色的黏稠液体，易溶于水、乙醇和丙酮。难溶于乙醚、苯和氯仿，对热比较稳定。

对小鼠植酸经口 LD_{50} 为 4.192 g/kg，每日允许摄入量（ADI）无限制性规定。

国家标准《食品添加剂卫生使用标准》（GB 2760—2011）规定，植酸用于加工水果、加工蔬菜、油炸肉类、肉灌肠类等食品中，最大使用量为 0.2 g/kg。

11.3.3.7　维生素 C

维生素 C 又名抗坏血酸（ascorbic acid），是一种水溶性强抗氧化剂，它的最大特性是还原性，通过还原作用消除有害氧自由基的毒性。其抗氧化作用表现在可以与 O_2^-、HOO^-、OH^- 迅速反应，生成半脱氢抗坏血酸，清除单线态氧，还原硫自由基，其抗氧化作用依靠可逆的脱氢反应来完成。由于它是供氢体，也可使被氧化的维生素 E 和巯基恢复成还原型，这是其间接抗氧化作用。维生素 C 不仅有抗氧化作用，在一定条件下也有促氧化作用。还原型维生素 C 是氢原子供体，给出一个氢原子，它可成为半脱氢维生素 C；如再给出一个氢原子，则成为双脱氢维生素 C（即氧化型维生素 C）。一般认为，当维生素 C 浓度较高时，则可作为自由基清除剂发挥作用。维生素 C 可直接消除 R·、·OH 等自由基。

对小鼠维生素 C 经口 LD_{50} 为 5 g/kg，每日允许摄入量（ADI）无限制性规定。

国家标准《食品添加剂卫生使用标准》（GB 2760—2011）规定，维生素 C 用于加工小麦粉时，最大使用量为 0.2 g/kg；应用于浓缩果蔬汁生产时则按生产需要适量使用。

11.3.3.8　迷迭香提取物

迷迭香原生于西班牙、法国、意大利等环地中海沿岸的欧洲及其毗邻的北非地区，我国古代作为香料从西域引入种植，1981年中国科学院北京植物研究所从美国引种获得成功。迷迭香抗氧化剂是从植物中提取的具有抗氧化活性的一系列化合物构成的混合物。迷迭香中含有单萜、倍半萜、二萜、三萜、黄酮、脂肪酸、多支链烷烃、氨基酸等化学成分。工业生产的迷迭香抗氧化剂其外观有多种形式，如粉状和液状。粉状产品是迷迭香提取物（rosemary extract）经过干燥和粉碎后得到的产品；而液状产品则是迷迭香提取物溶于溶剂中形成的溶液，或者直接由溶剂提取得到的原溶液，具有水分散型、油分散型等不同形式。对于不同形态的产品，其质量指标要求也不同，但一般均是以有效成分的含量来衡量。国外相关迷迭香抗氧化剂的主要质量指标，一般要求水溶性产品的迷迭香酸含量大于6%，而脂溶性产品的有效成分（酸酚总量）则可分为大于15%、25%、60%等不同级别。

迷迭香中鼠尾草酚、迷迭香酚、迷迭香双醛等具有较强的抗氧化功能，能提供氢中和自由基，从而阻止氧化反应。或者迷迭香中鼠尾草酚、迷迭香酚、迷迭香双醛等成分作为断链型自由基终止剂，通过捕获过氧自由基来抑制过氧化链式反应的进行。由于生成的酚氧自由基相对稳定，与类脂反应很慢，从而阻断了自由基链传递和增长，进而抑制氧化过程的进展。

国家标准《食品添加剂卫生使用标准》（GB 2760—2011）规定，迷迭香提取物用于油炸肉类、熏、烧、烤肉类、预制肉制品、油炸面制品、动物油脂等食品中，最大使用量为0.3g/kg；用于植物油脂则最大使用量为0.7g/kg。

11.4　食品漂白剂

11.4.1　食品漂白剂概述

食品漂白剂（bleaching agent）是指使食品褪色或使食品免于褐变的一类物质。食品漂白剂可分为氧化型和还原型。氧化型食品漂白剂是通过自身的氧化作用从而破坏发色或着色基团，以实现漂白的目的。在果蔬加工中以还原型食品漂白剂的应用较为广泛，其可通过二氧化硫的还原作用使果蔬中的色素分解，此外它们还同时具有防腐、防褐变、防氧化等多种作用。

11.4.2　常用食品漂白剂简介

11.4.2.1　二氧化硫

二氧化硫（sulfur dioxide）又称为亚硫酸酐，通常状况下，是一种具有刺激性气味的有毒气体，易溶于水，能和水反应生成亚硫酸。二氧化硫及其水溶液都具有漂白性，能够通过化学作用将有色物质转化无色物质。然而，这种转化是可逆的，因为它与有色物质生成的化合物并不稳定，在加热的条件下很容易分解，无色物质还会分解为有色物质。从化合价的角度看，二氧化硫和亚硫酸盐中硫原子的化合价为+4，处于中间价态，所以二者既具有氧化性又具有还原性，能够和许多还原性物质以及氧化性物质发生化学反应。

目前，在我国的食品加工过程中，主要使用二氧化硫和亚硫酸盐。由于它们本身并无营养价值，并不是食品本身必不可少的成分，而且还具有一定的毒性，能危害人的身体健康。因此对其用量应该严格加以限制。

11.4.2.2　亚硫酸钠

亚硫酸钠即结晶亚硫酸钠（sodium sulfite crystal），不稳定，150℃失去结晶水而成为无水亚硫酸钠，易溶于水，与酸作用产生二氧化硫，低浓度水溶液具有强还原性。

11.4.2.3　低亚硫酸钠

低亚硫酸钠（sodium hydrosulfite）即连二亚硫酸钠（$Na_2S_2O_4$），也称为保险粉，为白色结晶粉末，有强还原性，极不稳定，易溶于水，不溶于乙醇。

11.4.2.4　焦亚硫酸钠

焦亚硫酸钠（sodium pyrosulfite）又称为偏重亚硫酸钠 $Na_2S_2O_5$，为白色结晶粉，有强烈的二氧化硫味道，溶于水，溶液呈酸性。高于150℃时可分解释放出二氧化硫。

11.4.2.5　亚硫酸氢钠

亚硫酸氢钠（sodium sulphite）也称为重亚硫酸钠，为白色结晶粉，有二氧化硫气味，可分解生成二氧化硫，易溶于水，微溶于乙醇。

以上几种漂白剂的使用要求，在国家标准《食品添加剂卫生使用标准》（GB 2760—2011）中明确规定，经表面处理的鲜水果最大使用量为 0.05 g/kg；水果干类和腌制的蔬菜、粉丝、粉条、食糖、饼干最大使用量为 0.1 g/kg，蜜饯凉果最大使用量为 0.35 g/kg，干制蔬菜最大使用量为 0.2 g/kg，蔬菜罐头（仅限竹笋和酸菜）、干制的食用菌和藻类、坚果和籽类罐头最大使用量为 0.05 g/kg（最大使用量以二氧化硫残留量计）。

11.5　食品增稠剂

11.5.1　食品增稠剂概述

食品增稠剂（thickener）是指能提高食品黏稠度或形成凝胶，从而赋予食品黏润、口感适宜、并兼有稳定或使呈悬浮状态作用的一类食品添加剂。其为亲水胶体，能溶解于水，并在一定条件下被水分子充分水化而形成黏稠、滑腻的大分子物质。

食品增稠剂在食品加工中用量少，一般为千分之几或百分之几，但为食品工业中最重要的辅料之一，其对食品的结构稳定性发挥重要的作用，并影响食品的感官评价，主要表现在：增稠、分散和稳定作用，形成胶凝作用，起到澄清作用，发挥保水作用，控制结晶作用，成膜和保险作用，以及发泡和稳定泡沫等作用。

食品增稠剂根据化学结构可分为多肽类和多糖类，其中多糖类是食品加工中应用最多的。根据制备来源可将其分为天然来源与合成来源两大类型，其中天然来源类型还可进一步细分为动物性、植物性、微生物和酶工程来源 4 大类。此外食品增稠剂还可按照物质属性分为无机类增稠剂（如二氧化硅）、纤维素衍生物增稠剂（如羧基甲基纤维素）、水溶性高分子增稠剂和缔结型增稠剂。

常用的增稠剂主要有：羧甲基纤维素钠、瓜尔豆胶、明胶、琼脂、果胶、海藻酸钠、黄原胶、卡拉胶、阿拉伯胶、淀粉、变性淀粉等。

11.5.2　食品增稠剂使用注意事项

11.5.2.1　不同来源不同批号产品性能不同

食品增稠剂工业产品常是混合物，其纯度、分子大小、取代度的高低等都将影响胶的性质，如耐酸性、能否形成凝胶等。在实际应用时一定要预做试验加以确定。

11.5.2.2 使用中注意浓度和温度对其黏度的影响

黏度一般随胶浓度的增加而增加，随温度的增加而下降。许多亲水胶体在水中的分散性不好，容易结块而很难配成均匀的溶液。可以将增稠剂先和其他配料干混，再在机械搅拌下溶解，也可用胶体磨等多种方法处理。增稠剂在约 2% 或更低依度时就可表现出理想的功能性质，使用时要考虑温度对黏度的影响。

11.5.2.3 注意 pH 的影响

一些酸性多糖，在 pH 下降时黏度有所增加，有时发生沉淀或形成凝胶。很多食品增稠剂在酸性下加热，大分子会水解而失去凝胶和增稠稳定作用。所以在生产上要注意选择耐酸的品种或控制好工艺条件，不要使酸不太稳定的增稠剂在酸性和高温下经历太长的时间。

11.5.2.4 注意胶凝速度对凝胶类产品质量的影响

用具有胶凝特性的增稠剂制作凝胶类食品时，胶凝剂溶解是否彻底与胶凝的速度是否控制适当，对产品质量影响极大。一般缓慢的胶凝过程可使凝胶表面光滑，持水量高。所以常常用温度、pH 或多价离子的浓度来控制胶凝的速度，以得到期望性能的产品。

11.5.2.5 注意多糖之间的协同作用

两种或两种以上的多糖一起使用时会产生协同作用。例如黄原胶在单独使用时不具有胶凝性质，但是它能与魔芋葡甘露聚糖或刺槐豆胶相互作用而产生凝胶。利用多糖协同作用可以改善胶的性能或节省胶的用量。

11.5.3 常用食品增稠剂简介

11.5.3.1 明胶

明胶（gelatin）为动物的皮、骨、软骨、韧带、肌膜等所含有的胶原蛋白，主要组成为氨基酸组成相同而分子质量分布很宽的多肽分子混合物，相对分子质量 10 000～70 000，其制作方法有碱法和酶法两种制法。明胶为白色或淡黄色、半透明、微带光泽的薄片或粉粒，有特殊的臭味，潮湿后易为细菌分解。其化学成分，甘氨酸占 26%，苯丙氨酸和精氨酸为 1：1 而合占总量的 20%，脯氨酸占 14%，谷氨酸和羟脯氨酸的比例为 1：1 而合占总量的 22%，天冬氨酸占 6%，赖氨酸占 5%，缬氨酸、亮氨酸和丝氨酸各占 2%，剩下的 1% 为异亮氨酸、苏氨酸等。明胶既具有酸性，又具有碱性，是一种两性物质。明胶不溶于乙醇、乙醚、氯仿等有机溶剂，易溶于温水，冷却形成凝胶，熔点为 24～28 ℃，其溶解温度与凝固温度相差很小，易受水分、温度、湿度的影响而变质。

与琼脂相比，明胶的凝固力较弱，5% 以下不能凝成胶冻，一般需 10%～15% 才能凝成胶冻。明胶的溶解温度与凝固温度相差不大，30 ℃以下为凝胶而 40 ℃以上呈溶胶。明胶的分子质量越大，分子越长，杂质越少，凝胶强度越高，溶胶黏度也越高。明胶的胶凝温度与其浓度、共存的盐分、溶液的 pH 等有关。

在国家标准《食品添加剂卫生使用标准》（GB 2760—2011）中明确规定，风味发酵乳、稀奶油、冰激凌、雪糕类、方便米面制品、焙烤食品、半固体复合调味料中应用时，明胶的最大使用量为 2.5 g/kg。

11.5.3.2 琼脂

琼脂（agar）学名琼胶、洋菜（agar - agar）、冻粉、琼胶，为细胞壁的组成成分，含有复杂的糖类、钙与硫酸盐，是植物胶的一种，常用海产的石花菜、江蓠等制成，为无色、无固定形状的固体。常温下，琼脂不溶于水、无机溶剂和有机溶剂，只微溶于乙醇胺和甲酰胺，但在加热条件下可溶于水和某些溶剂。干琼脂在常温下可吸水溶胀，吸水率可达 20 倍，加热到 95℃可溶于水形成溶液，琼胶溶液在室温下可形成凝胶，与其他能形成凝胶的物质相比，在相同浓度下其凝胶能力最强，即使 0.1%的琼脂溶液在 30℃左右即可凝固。

琼脂凝胶是热可逆性凝胶，凝胶加热时融化，冷置后便凝固，能够重复进行。琼脂溶液的凝固温度一般为 32～43℃，而琼脂凝胶的熔点一般为 75～90℃。熔点远高于凝固温度是琼脂的特有现象，称为滞后现象，琼脂的许多应用优越性就体现在它的这种高滞后性。琼脂的最大特点是具有凝胶性，即使浓度很低，在常温下也能形成凝胶。琼脂形成凝胶时，无需任何助凝剂，凝胶强度的大小与原料的种类、生长环境、采集季节、提取方法等有关，而且还与其化学组成和结构密切相关。琼脂强度是衡量琼脂品质的最主要指标。低强度凝胶，具有优良的分散体系的保护作用、防止扩散作用和改善产品质地的效果。高强度的凝胶，由于它们具有优良的强度、弹性、回复力、相对透明性、相对渗透性和可逆性，因而具有极高的应用价值。

琼脂在食品工业的应用中具有一种极其有用的独特性质。其特点是具有凝固性、稳定性，能与一些物质形成络合物等物理化学性质，可用作增稠剂、凝固剂、悬浮剂、乳化剂、保鲜剂和稳定剂。例如在糖果工业中琼脂作为制造软糖的胶凝剂，根据琼脂的凝胶能力，软糖中的琼脂用量一般为 1%～2.5%，糖类以蔗糖为主，淀粉糖浆为辅，其比例约为 3∶2。用琼脂制造的软糖，其透明度、品质及口感均优于其他软糖。

国家标准《食品添加剂卫生使用标准》（GB 2760—2011）规定，琼脂作为增稠剂可在各类食品中根据生产需要适量使用。

11.5.3.3　羧甲基纤维素钠

羧甲基纤维素钠（sodium carboxyl methyl cellulose，CMC），是纤维素的羧甲基化衍生物，又名纤维素胶，是最主要的离子型纤维素胶。羧甲基纤维素钠于 1918 年由德国首先制得，并于 1921 年获得专利，此后便在欧洲实现商业化生产。联合国粮食与农业组织（FAO）和世界卫生组织（WHO）已批准将纯羧甲基纤维素钠用于食品，它是经过极严格的生物学、毒理学研究和试验后才获得批准的。

羧甲基纤维素是一种水溶性纤维素醚，通常具有实用价值是它的钠盐。羧甲基纤维素钠通常是由天然纤维素与苛性碱及一氯醋酸反应后制得的一种阴离子型高分子化合物，主要的副产物是氯化钠及乙醇酸钠。衡量羧甲基纤维素钠质量的主要指标是取代度（DS）和黏度。一般取代度不同则羧甲基纤维素钠的性质也不同，取代度增大，溶液的透明度及稳定性也越好。

在豆奶、冰激凌、雪糕、果冻、饮料、罐头食品中的用量为 1%～15%。羧甲基纤维素钠还可与醋、酱油、植物油、果汁、肉汁、蔬菜汁等形成性能稳定的乳化分散液，其用量为 0.2%～5%。特别是对动植物油、蛋白质与水溶液的乳化性能极为优异，能使其形成性能稳定的匀质乳浊液。因其安全可靠性高，因此其用量不受国家食品卫生标准每日允许摄入量（ADI）限制。

11.5.3.4　卡拉胶

卡拉胶（carrageenan）也称为角叉菜胶、鹿角藻胶、爱尔兰菜胶，是从红藻的角叉菜属（*Chondrus*）、麒麟菜属（*Eucheuma*）、杉藻属（*Gigartina*）、沙菜属（*Hypnea*）等海藻中提取的海藻多糖的统称。不同的来源有不同的精细结构，其胶体性质也不尽相同。

卡拉胶其化学结构是由 D-半乳糖和 3，6-脱水-D-半乳糖残基所组成的线形多糖化合物。含有硫酸酯基团（—OSO₃）是卡拉胶的重要特征。硫酸酯基团以共价键与半乳吡喃糖基团上 C₂、C₄ 或 C₆ 相连接，在卡拉胶中含量为 20%～40%（m/m），导致卡拉胶带有较强的负电性。卡拉胶重要的 3 种类型中硫酸酯基分布分别为 κ 型、ι 和 λ 型。

食品级卡拉胶为白色至淡黄褐色、表面皱缩、微有光泽、半透明片状体或粉末状物，无臭或有微臭，无味，口感黏滑，在冷水中膨胀，可溶于 60℃ 以上的热水后形成黏性透明或轻微乳白色的易流动溶液，但不溶于有机溶剂，在低于或等于其等电点时，易与醇、甘油、丙二醇相溶，但与清洁剂、低分子质量胺及蛋白质不相溶。由于卡拉胶大分子没有分支的结构及其具有强阴离子特性，它们可以形成高黏度溶液，其黏度取决于浓度、温度、卡拉胶类型以及是否有其他溶解物质存在等。另外，卡拉胶还可以在低温下在水中或奶基食品体系中形成多种不同的凝胶。卡拉胶稳定性强，干粉长期放置不易降解。它在中性和碱性溶液中也很稳定，即使加热也不会水解，但在酸性溶液中（尤其 pH≤4.0）易发生酸水解，使凝胶强度和黏度下降。所有类型的卡拉胶都能溶解于热水中，形成黏性透明或轻微乳白色的易流动溶液。卡拉胶在冷水中只能吸水膨胀而不能溶解。

卡拉胶作为一种很好的凝固剂，可取代通常的琼脂、明胶、果胶等。以卡拉胶制成的水果冻富有弹性且没有离水性，这种有独特的凝胶特性使卡拉胶成为果冻常用的凝胶剂。在冰激凌中，卡拉胶加上甘露聚糖，配合乳蛋白，形成弱凝胶网络，赋予冰激凌保型性和抗热变性，防止浆液分离，抑制冰晶长大，提高冰激凌的膨胀率和融化率。

国家标准《食品添加剂卫生使用标准》（GB 2760—2011）中明确规定，生干面制品中应用卡拉胶时，其最大使用量为 8.0g/kg；婴幼儿配方食品，其最大使用量为 0.3g/L（以即食状态食品中的使用量计）。

11.5.3.5　黄原胶

黄原胶（xanthan gum）是 20 世纪 50 年代美国农业部的北方研究室（Northern Regional Research Laboratories，NRRL）从野油菜黄单胞菌（*Xanthomonas campestris*）NRRLB-1459 上发现的分泌性中性水溶性多糖，又称为汉生胶。

黄原胶由五糖单位重复构成，主链与纤维素相同，即由以 β-1，4 糖苷键相连的葡萄糖构成，三个相连的单糖组成其侧链：甘露糖→葡萄糖→甘露糖。与主链相连的甘露糖通常由乙酰基修饰，侧链末端的甘露糖与丙酮酸发生缩醛反应从而被修饰，而中间的葡萄糖则被氧化为葡萄糖醛酸，相对分子质量一般为 $2×10^6$～$2×10^7$。黄原胶除拥有规则的一级结构外，还拥有二级结构，经 X 射线衍射和电子显微镜测定，黄原胶分子间靠氢键作用而形成规则的螺旋结构。双螺旋结构之间依靠微弱的作用力而形成网状立体结构，这是黄原胶的三级结构，它在水溶液中以液晶形式存在。

黄原胶的外观为淡褐黄色粉末状固体，亲水性很强，没有任何的毒副作用。由其二级结构决定，黄原胶具有很强的耐酸、碱、盐、热等特性。黄原胶最显著的特性是其控制液体流变性质的能力，它即使在低浓度时也可形成高黏度的、典型的非牛顿溶液，具有明显的假塑性（即随着剪切速率的增大，其表观黏度迅速降低）。

黄原胶借助于水相的稠化作用，可降低油相和水相的不相溶性，能可使油脂乳化在水中，因而可在许多食品饮料中用作乳化剂和稳定剂。黄原胶溶液优良的悬浮性、假塑性、合用安全性和良好的配伍性，再加上它在许多苛刻的条件（如 pH、温度、盐）下性能基本保持稳定，因此在食品中的应用比明胶、果胶等更具有普适性。

在国家标准《食品添加剂卫生使用标准》（GB 2760—2011）中明确规定，黄油和浓缩黄油、其他糖和糖浆（如红糖、赤砂糖、槭树糖浆）中应用时，黄原胶最大使用量为 5.0 g/kg，生湿面制品（如面条、饺子皮、馄饨皮、烧卖皮），其最大使用量为 10 g/kg。

11.6 食品乳化剂

11.6.1 食品乳化剂概述

食品乳化剂是指在食品加工中具有降低表面活性，进而形成能够促进或稳定乳浊液的食品添加剂。乳化剂在食品体系中可以发挥乳化、润湿、渗透、发泡、消泡、分散、润滑等作用，能增加食品组分之间的亲和性，降低表面张力，稳定和改进食品的结构，简化和控制食品的加工过程，改善风味、口感，提高食品质量和延长食品保质期。

食品乳化剂的结构特点是具有两亲性，其结构由亲水基和亲油基组成，因而可以使油和水两相相混合，产生水乳交融效果。乳化剂的性能常用亲水亲油平衡值（HLB）来表示。

食品乳化剂可以根据来源分为天然的和化学合成的两类。按照其离子性可分为离子型和非离子型两类，离子型食品乳化剂有黄原胶、羧甲基纤维素等；大多数食品乳化剂属于非离子型乳化剂，如甘油酯类。乳化剂按照亲油亲水也可分为油包水类和水包油类两类，油包水类乳化剂一般指亲油亲水平衡值为 3～6 的乳化剂，如山梨醇酯类乳化剂；水包油类乳化剂一般指亲油亲水平衡值 9 以上的乳化剂，如聚甘油酯类乳化剂。

11.6.2 食品乳化剂的作用机理

a. 食品乳化剂在分散相外围形成具有一定强度的亲水性或亲油性的吸附层，防止液滴的合并，吸附层还具有调节分散相比重的作用，使分散相与连续相比重相似。

b. 食品乳化剂降低两相间的界面张力，使两相可以扩大接触面积，进一步分散和稳定乳化液的微粒。

c. 食品乳化剂在两相界面形成单电层和双电层，增加分散相液滴的电荷，进而阻止液滴的聚合。

11.6.3 乳化剂在食品中的作用

11.6.3.1 分散体系的稳定作用

由于食品乳化剂具有两亲作用，在油水界面能定向吸附，使油相界面变得亲油，使原本不相容的不同体系相容，从而使体系稳定。

11.6.3.2 发泡和充气作用

食品乳化剂是表面活性剂，在气液界面也能定向吸附，大大降低了气液界面的表面张力，使气泡容易形成和稳定。

11.6.3.3 破乳和消泡作用

食品乳化剂中亲水亲油平衡值较小会在气液界面优先吸附，但其吸附层不稳定，缺乏弹性，造成气泡破裂，因而起到消泡的作用。

11.6.3.4 对体系结晶的影响

食品乳化剂可以定向吸附于结晶体系的晶体表面，改变晶体表面张力，影响体系的结晶行为。

11.6.3.5　与淀粉相互作用

食品乳化剂可以与酯的长链结构形成络合物，从而阻止淀粉的老化，延长淀粉类食品的保鲜期。

11.6.4　常用食品乳化剂简介

11.6.4.1　大豆磷脂

大豆磷脂（soybean phospholipid）含有非极性亲油基和极性亲水基，属于性能良好的两性表面活性剂，具备乳化、分散等诸多性能。磷脂经过加工后种类丰富、亲水亲油平衡度（HLB）变化范围大，符合多样性需求。由于大豆磷脂具有安全性和营养生理功能特性，使得其在食品乳化剂市场中占据非常重要的位置，在世界磷脂年需求总量中占有重要地位。

大豆磷脂是从油脚中提取出的黏稠的含油很高的毛磷脂。它是由甘油醇与脂肪酸及其衍生物酯化而生成的弱极性类化合物所构成的混合物。粗磷脂经萃取后，可得到醇溶性和醇不溶性两种组分，前者为卵磷脂，后者为脑磷脂，二者均为磷脂混合物。因制备、贮存方法、条件等不同，大豆磷脂呈现淡黄色到浅棕色（依脱色、漂白情况而定），为粉状或液态半透明黏稠状流体，稍有腥味，属于多功能型天然原料。不同溶剂下大豆磷脂产品的溶解度大相径庭，可溶于非极性物质，与油脂互溶，微溶于水，难溶于丙酮和醋酸酯，因为磷脂大都以内盐的形式存在，属于非极性物质。大豆磷脂结构中既含疏水基，又含亲水基，溶于水后会形成双层结构，因此水溶性很低，难以分散；且容易吸潮，从而导致大豆磷脂体积变大，形成水合物转化极性不溶于油。纯磷脂久置空气中，会发生变色，色泽加深；若在油脂中则难变色。高温环境则会加快此种氧化，使之很快变色分解并产生异味。

表面活性是大豆磷脂最主要的性质，在油水相中加入磷脂能形成相对稳定的乳液，如卵磷脂有利于形成水包油型乳液，而脑磷脂则有利于形成油包水型乳液，二者同时存在就会互相抑制，使得天然磷脂对外乳化性表现较弱，油溶性好但很难溶于水。当处在热水和偏碱环境中（pH>8），乳化效果则增强，但又由于溶液中酸和中性盐的存在，使得乳化效果遭到破坏，导致分层并生成沉淀。此外，磷脂还有润滑设备减少磨损的作用。

磷脂分子结构中的酯键、脂肪酸链及 X 取代基这些官能团决定了其主要的化学性质。大豆磷脂是混合物，各组分的结构、性能各异，成分含量不同时对外表现的理化性质和功能也差异很大，只有提纯组分才可获得最佳功能。粗大豆磷脂色泽较深，容易发生霉变和氧化，乳化稳定性能差，亲水-亲油平衡值（HLB）低表现为油溶性好而亲水性极差，这些都限制了它的拓展应用。同时由于磷脂的组成与其来源息息相关，即使是同一种类的磷脂，脂肪酸组成也各有所异，使得其外在性质也相差甚远。因此需要对磷脂进行改性，改善诸多不足，制备具有某些特定功能和用途的大豆磷脂（诸如良好的乳化分散性、抗氧化性、抗热性、抗霉变性等），现实意义重大。磷脂的改性方法主要有物理法、化学法和酶法 3 种。酶法改性比物理法、化学法更为简便、环保，应用前景更广阔，在工业化生产中潜力也最大。大豆磷脂经过改性后，其亲水性、稳定性及分散性都得到很大改善，方便了磷脂的深加工，拓宽了磷脂的功能应用领域，本身价值也得到了极大的开发。

国家标准《食品添加剂卫生使用标准》（GB 2760—2011）中有酶解大豆磷脂（enzymatically decomposed soybean phospholipid）、改性大豆磷脂（modified soybean phospholipid）等。该标准明确规定，磷脂在稀奶油、氢化植物油、婴幼儿配方食品中应用时，按生产需要适量使用。

11.6.4.2　聚甘油脂肪酸酯

聚甘油脂肪酸酯（polyglycerol ester of fatty acid）是一种性能优良的新型非离子表面活性剂，由于它们具有良好的乳化、分散、润湿、稳定等多重表面性能，应用领域十分广泛。聚甘油脂肪酸酯以其卓越的安全性及优良的表面活性被人们所认同，较其他食品添加剂，乳化性能及风味更佳。联合国粮食与农业组织（FAO）、世界卫生组织（WHO）食品添加剂专家委员会已经确认 30 多种聚甘油脂肪酸酯食品乳化剂，美国、日本、欧洲、中国等已批准聚甘油脂肪酸酯作为食品乳化剂。

聚甘油脂肪酸酯一般是由聚甘油与脂肪酸进行酯化反应生成的，产物成分多，结构复杂，其结构取决于聚甘油的聚合度（n）、脂肪酸的种类、酯化度和酯化位置。所用的脂肪酸可以是硬脂酸、软脂酸、油酸、月桂酸等高级脂肪酸，也可以是低级脂肪酸。聚甘油的聚合度越高、脂肪酸碳链越短、酯化度越低，聚甘油脂肪酸酯的亲水性越强。由于其亲水性取决于甘油聚合度（n），而亲油性能取决于脂肪酸烷基（R）的长度和个数，所以改变聚合度（n）、脂肪酸的种类及酯化度可以得到亲水-亲油平衡值（HLB）为 2～16 的不同性能的一系列非离子表面活性剂，以适用于各种不同的应用需求。

亲水亲油平衡值 $\leqslant 6$ 的聚甘油脂肪酸酯可以被用作油包水型乳化剂，乳化性能良好，可用于生产奶油、起酥油等。聚甘油脂肪酸酯比其他类食品乳化剂乳化力更高，耐热性能良好，应用过程中，既可以单独使用，也可与脂肪酸蔗糖酯等混合使用，可获取更高的稳定性、发泡性和保型性。亲水亲油平衡值 $\geqslant 7$ 的亲水性聚甘油脂肪酸酯可用于水包油型乳化剂，形成乳液耐盐、耐酸性能良好，在 pH 较低和盐含量较高的情况下，其乳化和稳定性能依然良好，是生产椰汁、牛乳等的重要乳化剂。

聚甘油脂肪酸酯一般为固体、半固体或稠状液，色泽变化范围大，白色到米黄色或褐色，呈油脂味到微甜味，在加热时可分散于水中。聚甘油脂肪酸酯的水溶性作用在于经剧烈震荡后能形成乳状分散体，同时由于它的存在，可将空气引入含脂类的物料而使密度降低，产生工艺所需的气泡组织，这是其他乳化剂少有的特性。由于亲水亲油平衡值范围大，具有较强的适应性，亲油性聚甘油脂肪酸酯对结晶有抑制作用，不同聚合度、酯化度的聚甘油酯对同一产品的结晶有抑制或促进作用。高亲水亲油平衡值聚甘油脂肪酸酯对水不溶的亲油性物质有助溶剂的作用，中等链长的聚甘油脂肪酸酯对各种菌有较强的抗性。聚甘油脂肪酸酯能降低水的表面张力，乳化能力强，耐酸性好，其耐热性、黏度比其他多元醇系脂肪酸酯高。在高固形物系统中对酸、热和剪切力都有良好的稳定性。聚甘油脂肪酸酯虽不溶于水中，但易分散于水中，易溶于有机溶剂和油类。其水溶液不会因存在酸或盐而发生凝聚作用，且耐水解性能好。聚甘油脂肪酸酯在人体的代谢过程中可分解为甘油和脂肪酸，可以被人体利用，从而参与代谢，

在国家标准《食品添加剂卫生使用标准》（GB 2760—2011）中明确规定，聚甘油脂肪酸酯在调制乳、调制乳粉和调制奶油粉（包括调味乳粉和调味奶油粉）、植物油（仅限煎炸用油）、熟制坚果与籽类（仅限油炸坚果与籽类）、可可制品、巧克力和巧克力制品（包括代可可脂巧克力及制品）、方便米面制品中应用时，最大使用量为 10.0 g/kg，在糖果中最大使用量为 5.0 g/kg。

11.6.4.3　蔗糖脂肪酸酯

蔗糖脂肪酸酯（sucrose esters of fatty acid）（简称蔗糖酯）是由蔗糖与各种酸基结合而

成的一大类有机化合物的总称。1880 年蔗糖脂肪酸酯被首次发现，但自然界存在的蔗糖脂肪酸酯数量很少，人们研究的大多是人工合成的产物。蔗糖分子中有 8 个羟基，其中 3 个伯醇羟基活性较强，但它们之间以及它们和其他仲醇羟基间反应活性相近，因此通常合成的蔗糖脂肪酸酯都是由蔗糖脂肪酸单酯、蔗糖脂肪酸二酯和蔗糖脂肪酸多酯组成的混合物。

蔗糖脂肪酸酯的合成已有百年历史，随着人们对蔗糖脂肪酸酯产品要求的提高，其合成方法不断改进。蔗糖脂肪酸酯的合成有 3 种方法：a. 在吡啶的存在下蔗糖与脂肪酸酰氯进行反应，但由于脂肪酸酰氯在空气中很容易潮解，造成该法产率不高；b. 蔗糖与脂肪酸酐反应，但该方法操作复杂，生产成本也高；c. 由蔗糖与甘油酯或脂肪酸酯进行酯交换反应。目前工业上应用较多的是蔗糖与脂肪酸酯的酯交换反应。

蔗糖脂肪酸酯是优质高效的乳化剂，具有乳化油脂容量大、乳化稳定性和破乳化性优越、防止蛋白凝集和沉淀等作用，用于面包、饼干、糕点、人造黄油、冰激凌、糖果、果酱、饮料、乳制品及仿乳制品中，起到改善产品性质和质量的作用。蔗糖脂肪酸酯对人体无害，不刺激皮肤和黏膜，无毒，易生物降解为人体可吸收物质。

复习思考题

1. 食品添加剂的使用有哪些要求？
2. 影响防腐剂防腐效果的因素有哪些？
3. 简述抗氧化剂的作用原理。
4. 现行主要漂白剂有哪些？
5. 常用的增稠剂有哪些？有何应用特点？
6. 乳化剂在食品中的作用是什么？

第 12 章　食品中的有害物质

自然界一直存在着有毒有害物质，特别是近代工农业发展对环境的破坏和污染，以及食品原料本身含有的毒素都可能危及人们的健康与生命安全。食品或食品原料中含有各种分子结构不同的，对人体有毒的或具有潜在危险性的物质一般称为嫌忌成分（undesirable constituent），也有人将其称为食品毒素或毒物（toxic substance 或 toxicant）。毒素是"当被人或动物摄入一定数量时，显示出对人或动物有一定程度危害的物质。"在《大不列颠百科全书》中，有关毒素和毒物作了区分，毒素（toxin）被定义为"任何能够对生物体产生毒害作用的物质"，但是又指出，毒素一词有时仅用于指生物体自然产生的毒物；而毒物（poison）被定义为"可导致组织损伤，对机体功能有破坏作用甚至是致死作用的一类物质"。本章将这些物质统称为有害物质，只是有时对某类有害物质，如来自于微生物繁殖所产生的有害物质以及一些植物组织所含的代谢产物，仍然习惯称之为毒素。

目前，食品科学急需解决的一大问题就是食品安全性问题。食品的安全性指食品无毒、无害，符合应当有的营养要求，对人体健康不造成任何急性、亚急性或者慢性危害的性质。由于安全性是食品的第一要素，因此从食品安全性方面来了解、研究这些物质是非常必要的。这些有害物质包括不同种类的无机物和有机化合物，从金属、简单的无机盐到复杂的大分子物质。这些物质在人类长期的进化和生存过程中，有的已被充分认识，还有一些则是随着科技的发展近来才被人们所认识。从这些有害物质的具体来源上来看，这些物质可分为植物源的、动物源的、微生物源的以及因环境污染所带入的 4 类；也可以将其分为外源性有害物质、内源性有害物质和诱发性有害物质 3 类；还可以根据毒素产生的特征，将有害物质的来源分为两大类：固有的和污染的，其具体产生途径如表 12-1 所示。

表 12-1　食品有害物质的来源

来源	途　径
固有有害物质	在正常条件下生物体通过代谢或生物合成而产生的有毒化合物
	在应激条件下生物体通过代谢和生物合成而产生有毒化合物
污染有害物质	有毒化合物直接污染食品
	有毒化合物被食品从其生长环境中吸收
	由食品将环境中吸收的化合物转化为有毒化合物
	食品加工中产生有毒化合物

就危害性大小而言，微生物污染产生的有害物质（或致病）危害最大，来自环境污染的危害次之，农药、兽药残留、食品添加剂滥用也会有不同程度的危害。另外也应注意一些天然食品中的有害物质，食品的安全性不能只通过判断是否为天然成分而确定，类似于"纯天然的""无任何添加物"的食品广告宣传语言，不仅是误导消费者，更是没有任何科学道理；

至于"不存在任何化学物质"之类的表述，完全是一种错误的说法。

食品中有害物质对人体的健康影响，一般划分为下述 3 种不同的危害作用。

（1）急性中毒　急性中毒是指有害物质随食物进入人体后，在短时间内造成机体的损害，出现临床症状，如腹泻、呕吐、疼痛等。一般微生物毒素中毒和一些化学物质中毒会出现此症状。

（2）慢性中毒　食物被有害化学物质污染，由于污染物的含量较低，不能导致急性中毒，但长时间食用会体内蓄积，经几年、十几年或者是更长的时间后，引起机体损害，表现出各种慢性中毒的临床症状，如慢性的苯中毒、铅中毒、镉中毒。

（3）致畸、致癌作用　一些有害的物质可以通过孕妇作用于胚胎，造成胎儿发育期细胞分化或器官形成不能够正常进行，出现畸形或死胎，例如农药滴滴涕、黄曲霉毒素 B_1 等；或者是这些物质可在体内诱发肿瘤生长，形成癌变。目前许多物质被怀疑与癌变有关，如亚硝酸胺、苯并（a）芘、多环芳烃、黄曲霉毒素等。

应该指出的是，由于毒性的大小是一个相对的概念，所以以绝对的安全在科学上并不存在。任何物质在低于某一水平时是安全的，只有超出一定剂量时才能表现出相应的毒性和毒性结果。所以美国食品与药物管理局（FDA）引入"相对毒性"的概念来制定相应的标准，这样可以更科学地评价食品的安全性问题。

本章主要介绍有关来源于植物组织、动物组织的一些有害化学物质（毒素），以及微生物所产生的对人体危害较大的一些微生物毒素，同时介绍常见的、危害较大的环境污染物以及食品加工贮藏过程生成的有害物质；对于因食品掺假行为而给食品带来的有害化学物质（如甲醛、吊白块等），在这里不介绍。

12.1　植物性毒素

植物毒素（phytotoxic metabolite）又称为有毒性植物代谢物，表 12 - 2 列出的是存在于植物食品中的一部分主要毒物，并附有其主要特征，下面将对其中的一些典型毒物作简单介绍。

表 12 - 2　植物性食品的毒性组分

有害物质	化学性质	主要植物来源	主要毒性症状
蛋白酶抑制剂	蛋白质和多肽（相对分子质量 4 000 ～24 000）	豆类（大豆、绿豆、菜豆等）、薯类（甘薯、马铃薯）、谷类以及一些瓜类（南瓜、番木瓜等）	阻碍生长和食品利用、胰腺肥大
血细胞凝集素	蛋白质（相对分子质量为 10 000～124 000）	豆类（小扁豆、豌豆）	阻碍生长和食品利用、试管内红细胞凝聚或丝状分裂
皂苷	三萜或甾体类糖苷	大豆、甜菜、菠菜、甘草	溶血作用
芥子苷	硫代糖苷类	油菜、芥菜、甘蓝、小萝卜等	甲状腺肿大、甲状腺机能亢进
氰	生氰的葡萄糖苷	豆类、亚麻、果核、木薯	氰化物中毒
棉酚色素	棉酚	棉籽	肝损伤、出血、水肿、影响生育

（续）

有害物质	化学性质	主要植物来源	主要毒性症状
山黧豆素	β-氨基丙腈及衍生物	鹰嘴豆	骨畸形、中枢神经损伤
苏铁苷	甲基氧化偶氮甲醇	苏铁科植物	致癌性
蚕豆病	蚕豆嘧啶葡萄糖苷和伴蚕豆嘧啶核苷	蚕豆	急性溶血性贫血
植物抗毒素	简单及复杂呋喃类化合物、异黄酮	甘薯、芹菜、蚕豆、豌豆、青刀豆、菜豆	肺水肿、肝肾损伤、皮肤过敏
双稠吡咯啶生物碱	二氢吡咯	紫草科、菊科和豆科、茶叶、发芽马铃薯	肺功能损伤、致癌、致畸形
黄樟素	烯丙基取代苯	黄樟、黑胡椒	致癌
苍术苷	甾族糖苷	洋飞廉、苍术树胶	糖原消耗

12.1.1　蛋白酶抑制剂、血细胞凝集素和皂苷

蛋白酶抑制剂、血细胞凝集素和皂苷这 3 组物质虽然在化学性质或毒理方面并不相关，但是往往同时存在于相同的豆类植物及谷物中。很早就观察到加热可使大豆的营养价值提高，用生的菜豆喂养大鼠可引起体质量下降及死亡，由这些发现而带动起来的研究工作使人类对这些物质有了较充分的了解。

植物中广泛存在能够抑制某些蛋白酶活性的物质即为蛋白酶抑制剂（protease inhibitor），属于抗营养物质类，对食物的营养价值具有较重要的影响。蛋白酶抑制剂是一种小分子蛋白质，在体外试验中能与蛋白酶结合，或抑制蛋白酶活性。一般讲，此种结合作用的速度很快，所形成的复合物非常稳定。来自大豆分离得来的 Kunitz 抑制剂，是一种所谓的单头抑制剂，按化学计量 1:1 与胰蛋白酶结合，显示出 2×10^2 L/（mol·s）的二级反应速度常数，在 pH 6.5 时的离解常数为 10^{-11} mol/L。另一种被广泛研究的蛋白质为 Bowman - Birk 抑制剂，它也来自大豆，这是一种双头抑制剂，能在两个独立的位置与一分子胰蛋白酶及一分子胰凝乳蛋白酶结合（图 12 - 1）。而实验证明，大豆中的蛋白酶抑制剂可引起实验动物胰腺肥大、增生及胰腺瘤的发生。

Laskowski 等人首次进行了蛋白酶抑制剂系统分类，将自然界的所有蛋白酶抑制剂划分为 4 类：丝氨酸蛋白酶抑制剂、巯基蛋白酶抑制剂、金属蛋白酶抑制剂与酸性蛋白酶抑制剂。目前在植物中没有发现酸性蛋白酶抑制剂。

大部分有关酶抑制剂的研究都采用了牛胰蛋白酶和胰凝乳蛋白酶；以往曾假定这些酶足以代表一般的哺乳类动物的蛋白酶，然而，目前已证明这种假定是错误的。用纯化的均一的阳离子人胰蛋白酶做研究，其结果证明该酶确能很快地与 Bowman - Birk 抑制剂结合，但其离解常数远大于相应的牛胰蛋白酶的复合物的离解常数，因此在人体内它们所产生的酶抑制作用可能较弱。此外，Kunitz 抑制剂使人胰蛋白酶失活的作用也是很弱的。

虽然对这些抑制剂的结构和作用方式已经用物理-生化方法进行了大量的研究，但是它们在动物营养及毒理学方面的作用仍有相当大的部分是不清楚的。某些含有蛋白酶抑制剂的生鲜食品，其营养价值之所以较低，可能与这些蛋白酶抑制剂能影响蛋白质水解有关，但该推论尚未得到证实。当以纯化形式喂动物时，这些抑制剂的主要毒性反应为胰腺增大，这种

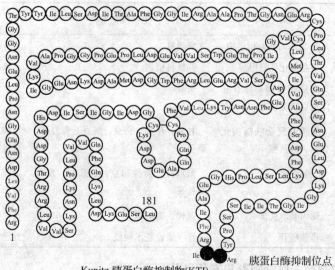

Kunitz 胰蛋白酶抑制物(KTI)

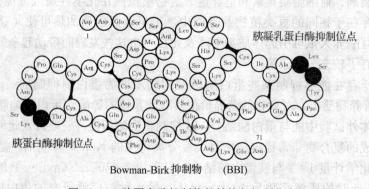

Bowman-Birk 抑制物　　(BBI)

图 12-1　胰蛋白酶抑制物的结构与抑制位点

症状的意义还不清楚。由于加热可使这些蛋白酶抑制剂失活，因此采用高压蒸汽处理或浸泡后常压蒸煮或微生物发酵方法，可有效消除蛋白酶抑制剂的作用。

植物血细胞凝集素（hemagglutinin，简称凝集素）是一种在豆类及豆状种子（如蓖麻）中含有的能使血细胞凝集的蛋白质，它们通过与血细胞膜高度特异性结合使血细胞凝集，并能刺激培养细胞分裂。因此血细胞凝集素已成为研究细胞膜结构和功能的工具。

已知血细胞凝集素种类很多，仅有很少数分离出纯品。血细胞凝集素大多为糖蛋白，含糖类 4%～10%，其分子多由 2 个或 4 个亚基组成，并含有二价金属离子。然而，最彻底鉴定的一种外源血细胞凝集素伴刀豆球蛋白 A 并不含有糖类成分。植物中主要有大豆血细胞凝集素、菜豆属豆类的血细胞凝集素和蓖麻毒素。血细胞凝集素类中的某些纯化蛋白质当给动物喂食或注射时，可导致死亡；最毒的是从蓖麻籽中分离出来的蓖麻毒素，大鼠的 LD_{50} 是 5 $\mu g/kg$。对照之下，大豆与菜豆中的外源血细胞凝集素的毒性仅为蓖麻毒素的 1/1000，而小扁豆和豌豆外源血细胞凝集素是无毒的。对食品安全性重要的是，所有血细胞凝集素在湿热处理时均被破坏，在干热处理时则不被破坏，因此可采用加热处理、热水抽提等措施去毒。

外源血细胞凝集素经加工后并未失活而引起人类中毒的例子已有报道。例如 1948 年，柏林发生的集体中毒是由于食用了未煮透的豆片引起的。在欠发达国家中由于食物短缺和寻找蛋白质的其他来源，正在考虑食用豆粉与谷物的混合物。所以令人担忧的是，如烹煮不当，外源血细胞凝集素将导致有害的效应。在我国屡有发生的豆角（四季豆、刀豆）中毒事件，就是由于食用未经充分加热的相应食品后，产生的红细胞凝集素、皂苷中毒结果。

皂苷（saponin）是苷元为三萜或螺旋甾烷类化合物的一类糖苷，主要分布于陆地高等植物中，也少量存在于海星、海参等海洋生物中。皂苷有 3 种特性：苦味、在水溶液中形成泡沫和使红细胞溶解。皂苷对鱼和其他水生冷血动物具有高度毒性，然而对高等动物的作用是不定的。根据结合于己糖、戊糖或糖醛酸的皂角苷配基的性质，可将它们分为两类：皂角苷配基是固醇类（C_{27}）和三萜烯化合物（C_{30}）。人们对这类物质的兴趣，主要是被它们的溶血作用引起的，但在考虑食品中如果存在微量的皂苷，则它们对人体的毒性似乎并不重要。目前认为皂苷能与内源性胆固醇形成不溶性复合物，妨碍胆固醇的再吸收、促进胆固醇的排泄，从而具有降低血清胆固醇的功能，可能成为一种重要的功能因子。因此皂苷类物质除具有一定毒性外还具有广泛的药理活性。

12.1.2　硫代葡萄糖苷

硫代葡萄糖苷（glycosinolate）是具有抗甲状腺作用的含硫葡萄糖苷，十字花科的植物是硫代葡萄糖苷的主要来源，食品中最重要的代表是芥属。含有此类糖苷的典型食品是卷心菜、花茎甘蓝、萝卜、芜菁甘蓝和芥菜。硫代葡萄糖苷除了有抗甲状腺功能之外，水解后具有刺激性气味，在食品的风味化学中具有重要意义。虽然这些抗甲状腺物质在人类地方性甲状腺病因学中所起的作用是很小的，但是含有它们的农产品被用作动物饲料时，对动物生长有不利的影响。

各种天然硫代葡萄糖苷已被鉴定的大约有 70 种，它们都与一种酶或多种相应的糖苷酶同时存在，这种酶能将其水解成糖苷配基、葡萄糖和亚硫酸盐。然而，这种酶在完整的组织中是没有活性的，它的激活需要将组织破坏，例如将湿的、未经加热的组织压碎、切分。烧熟或煮沸过的食品（例如卷心菜），含有完整的芥子苷。在糖苷配基中可发生分子间重新排列，产生异硫氰酸酯、腈、硫氰酸酯等产物（图 12-2）。异硫氰酸酯（isothiocyanate）经环化可成为致甲状腺肿素（goitrin）（5-乙烯基噁唑-2-硫酮，5-vinyloxazolidine-2-thione），在血碘低时妨碍甲状腺对碘的吸收，从而抑制甲状腺素（thyroxine）的合成，导致甲状腺代谢性增大。然而，在膳食中碘的供应量充足时，正常的食用十字花科植物不会造成甲状腺肿大问题，因为在此条件下硫代葡萄糖苷类化合物并不妨碍甲状腺素的合成。

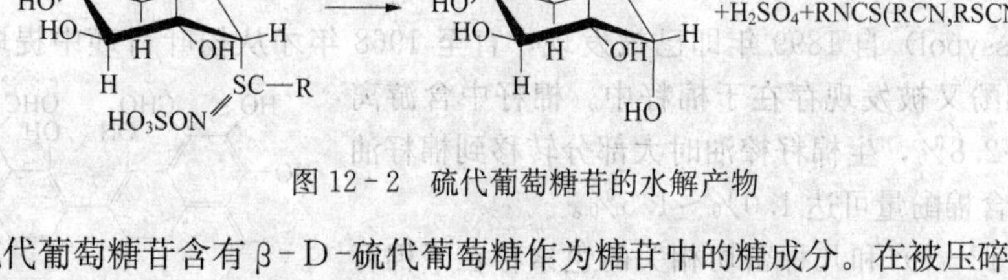

图 12-2　硫代葡萄糖苷的水解产物

所有硫代葡萄糖苷含有 β-D-硫代葡萄糖作为糖苷中的糖成分。在被压碎的植物中，糖苷配基进一步代谢成为环硫化物衍生物。最近，提纯了一种环硫化剂蛋白质（epithiospecific protein, ESP），它的相对分子质量为 30 000~40 000，当它存在时，能将硫的反应导入硫代葡萄糖苷中间体的末端不饱和的位置，产生环硫化合物（图 12-3），此反应需要铁。

对于长期低剂量食用硫代葡萄糖苷及其分解产物所造成的后果知道得也不多。最近的体内试验表明，一种黑芥子苷（芥末中的硫代葡萄糖苷）的水解产物异硫氰酸烯丙酯对大鼠有致癌作用。异氰酸酯及异硫氰酸酯

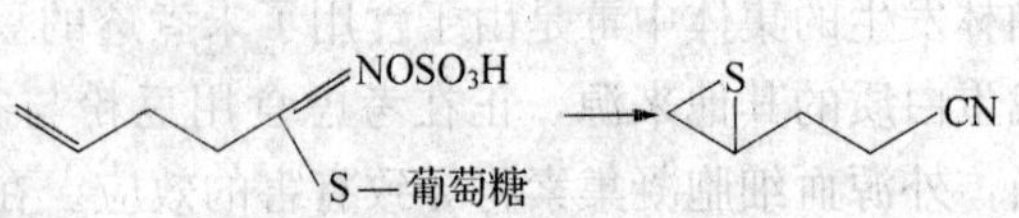

图 12-3 环硫腈的生成

是烷化剂，环硫化物也是烷化剂，它们的作用与环氧化物相似，特别在弱酸条件下更是如此。硫氰酸酯抑制碘吸收，因此具有抗甲状腺作用，在血碘较低时抑制甲状腺对碘的吸收，使甲状腺发生代谢性肿大。此外，腈类分解产物也有毒。

12.1.3 生氰苷类

许多植物性食品（如杏、桃、李、枇杷等的核仁、木薯块根和亚麻籽）中含有氰苷（cyanogentic glycoside）。氰苷的主要的形式是生氰的葡萄糖苷，这类糖苷均呈 β 构型。在可食用植物中，检验出 3 种葡萄糖苷：苦杏仁苷（苯甲醛氰醇葡萄糖苷）、蜀黍氰苷（对羟基苯甲醛氰醇葡萄糖苷）和亚麻苦苷（丙酮氰醇葡萄糖苷）。苦杏仁苷存在于苦杏仁和其他果仁中，蜀黍氰苷存在于高粱和有关草类中，亚麻苦苷存在于豆类植物、亚麻仁和木薯中。已有报道，每 100 g 未煮熟竹笋内含有高达 245 mg 的 HCN（生氰的葡萄糖苷的降解产物）。人类 HCN 的致死量为 0.5～3.5 mg/kg（体质量），偶有人们因摄入足够量的生氰食品而引起中毒死亡的实例。有人提出，经常食用少量生氰食品可能引起慢性中毒，但尚未得到证实。

亚麻苦苷的水解见图 12-4。当食品被捣碎时，细胞破裂而引发酶的作用。水解酶存在于细胞外，一旦细胞壁屏障破裂，水解酶即与细胞内氰结合，产生 HCN。众所周知，捣碎的木薯根是相当毒的。

以往认为硫氰酸酶的主要功能在于防止氰化物的中毒，然而，现已发现它仅能防止低剂量 HCN 引起的中毒。其他发现（例如硫氰酸酶在组织中的分布情况和它的亚细胞定位），使人们对此酶的作用重新做了研究。目前认为，该酶是调节硫烷库的多酶体系的一个部分。

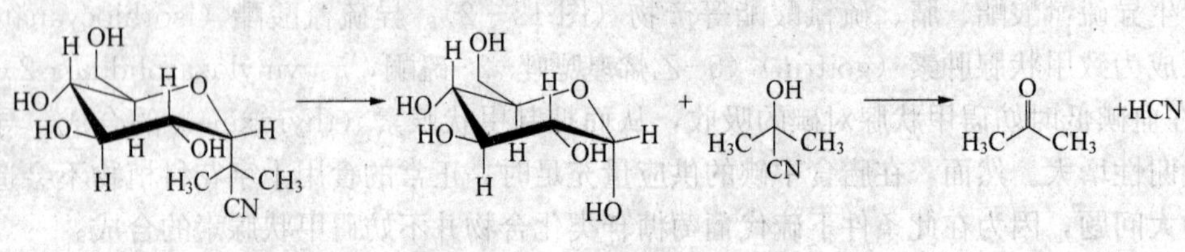

图 12-4 亚麻苦苷的水解

12.1.4 棉酚

棉酚（gossypol）自 1899 年即已被发现，直至 1968 年才从杨叶肖瑾中提取出光活棉酚，1971 年棉酚又被发现存在于棉籽中。棉籽中含游离棉酚 0.15%～2.8%，生棉籽榨油时大部分转移到棉籽油中，毛棉籽油含棉酚量可达 1.0%～1.5%。

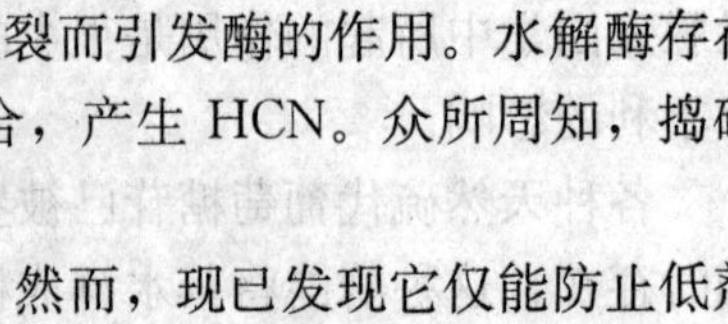

棉酚（图 12-5）和几种密切相关的色素存在于棉籽的色素腺中，含量为 0.4%～1.7%。这是一种高度活泼的物质，能使人体组织红肿出血，产生生殖障碍问题、肝

图 12-5 棉酚的化学结构

损伤、中枢神经系统损伤、体质量减少等。它也能使棉籽粉的营养价值降低，而棉籽粉是人类日益重要的蛋白质资源。现在正在通过植物育种发展无腺体、无棉酚的棉籽，所以因为棉酚而引起的食品安全性问题不是十分严峻。

12.1.5　植物抗毒素

植物抗毒素（phytoalexin）常被称为应激性代谢产物，是植物的次级代谢产物，是在受到外界病原微生物或环境条件改变，诸如霉菌感染、紫外线（UV）、寒冷、重金属盐类处理及外伤等应激情况下生成的产物，其中有许多已被分离出来，并且对其化学结构做了鉴定。至今为止，几乎所有的植物抗毒素的相关研究都是豆科和茄科的一些品种。最初的研究是在受霉菌感染的豌豆和菜豆中进行的，在这些植物中，分别分离出豌豆素、菜豆球蛋白等化合物（图 12-6）。

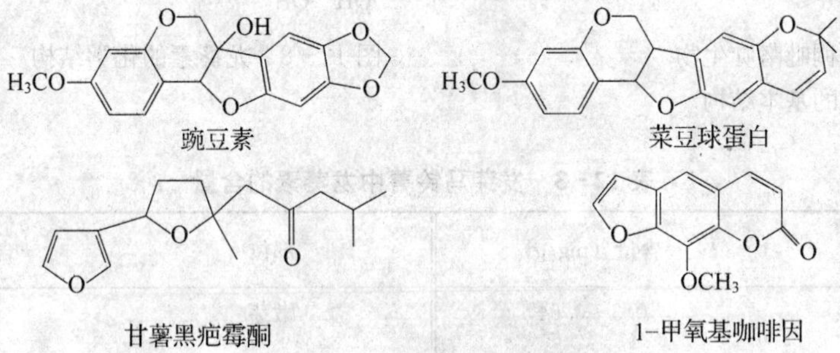

豌豆素

菜豆球蛋白

甘薯黑疤霉酮

1-甲氧基咖啡因

图 12-6　一些植物抗毒素

已分离出许多植物抗毒素，它们包括番薯酮（甘薯）、蚕豆酮（蚕豆）和咖啡因（芹菜）。咖啡因能产生皮肤光敏，家畜喂以有枯萎病（含咖啡因）的甘薯能引起肺水肿和死亡。豌豆素和菜豆球蛋白在试管中能使红细胞分解；但是对其在体内的毒性的研究则较少，而且对长期低剂量接触植物抗毒素时所产生的影响还不清楚。

12.1.6　双稠吡咯啶生物碱类

生物碱（alkaloid）是指存在于植物中的含氮碱性化合物，大多数具有毒性。双稠吡咯啶生物碱类广泛分布于植物界，在很多种属中均能发现，例如紫草科、菊科和豆科。已分离并鉴定出结构的超过 150 种，它们的基本环状结构见图 12-7。

含有这些物质的植物在美国的东南部和西部很易生长，并与牲畜的大量死亡有关。1972年，在俄勒冈（Oregon）由于食用了莨狗舌草而损失的马和牛的价值估计有 2000 万美元。与此有关的生物碱导致肝脏静脉闭塞，有时引起肺部中毒，最近某些生物碱已被证实有致癌作用。此类生物碱可通过茶进入人体，也可作为麦田的污染物而进入人体，近年来蜂蜜中也有发现。在非洲和阿富汗发生过大规模的双稠吡咯啶生物碱中毒，在阿富汗有 1700 人发病。这种病与 Reyes 综合征相似。一般认为，母体化合物必须先代谢成吡咯中间产物才产生毒性。

含有生物碱的植物一般不作为人类的食品，对人类影响最重要的恐怕是马铃薯中的龙葵素（茄碱，图 12-8），在变青、发芽的马铃薯中含量较高，不同部位的含量也不一样（表12-3）。误食龙葵素后会出现呕吐、腹泻症状，严重时心肺功能衰竭而死亡。龙葵素在一些毒蕈类中有存在。此外，咖啡因也是一种生物碱，但毒性较小，研究发现当孕妇摄入过多的咖啡因时胎儿畸形率提高。还有黄嘌呤衍生物咖啡碱、茶碱和可可碱是食物中分布最广泛的兴奋性生物碱，相对而言，这类生物碱是无害的。

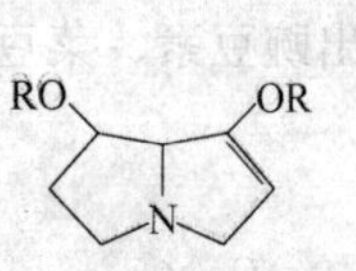

图 12-7 双稠吡咯啶生物碱的基本结构

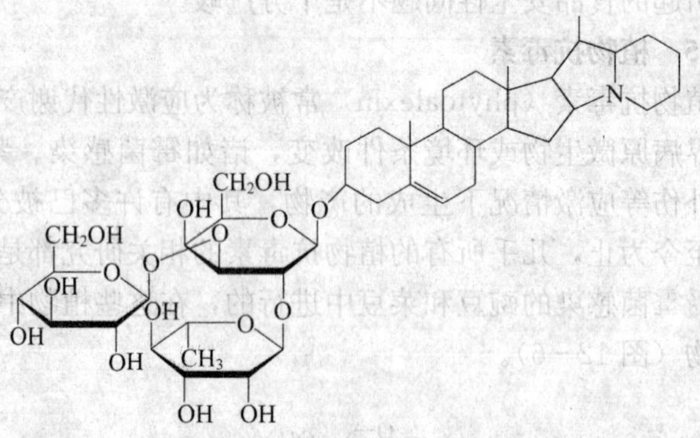

图 12-8 龙葵素的化学结构

表 12-3 发芽马铃薯中龙葵素的含量

部位	含量（mg/g）	部位	含量（mg/g）
外皮	0.3~0.64	嫩芽	4.2~7.3
内皮	0.15	叶	0.55~0.6
肉质	0.012~0.1	茎	0.023~0.33
整体	0.075	花	2.15~4.15

双稠吡咯啶生物碱只是众多植物生物碱的一部分，它们在植物中的含量同其他生物碱一样很低，共同特征还包括均有苦味。食品中常见的生物碱的定性鉴别，可以采用生物碱同不同化学试剂的显色反应来识别，表 12-4 列出几个典型的生物碱显色反应特征，其中一些是它们的特有反应。

表 12-4 常见生物碱的显色反应

生物碱	显 色 试 剂			
	矾硫酸	钼硫酸	甲醛硫酸	硝硫酸
士的宁	蓝紫色	无色	无色，加热变棕绿	淡黄色
吗啡	红色→蓝紫色（特有）	紫色（特有）	紫色（特有）	红色
阿托品	红色→黄色	无色	微棕色，加热变浅绿	无色
钩吻碱	紫色→紫红色	黄棕色→淡紫红色	—	—
乌头碱	淡棕色→橙色	黄棕色	无色	紫色
烟碱	无色	无色→黄色→微红白色	无色	无色→黄色→红色
马钱子碱	淡红色	红色→黄色→无色	淡红色	血红→黄色（特有）

12.1.7 植酸盐和草酸盐

12.1.7.1 植酸盐

植酸几乎都是以单盐或复盐形式存在，称为植酸盐（phytin）。其中较为常见的是以钙、镁盐形式即植酸钙镁盐或称菲丁的形式存在。在植物性饲料中以植酸盐形式存在的有机磷酸化合物通常被称为植酸磷（图 12-9）。植酸盐是植物组织中贮存磷元素的一种重要方式，在谷物、豆类和硬果中含量较高，特别是荞麦、玉米、燕麦，一般植物中总磷的 60%～80% 为植酸盐。

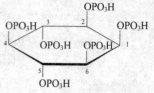

图 12-9　植酸磷的化学结构

植酸盐的毒性极低，本身对人体无害，但是它可以与钙、镁、铁、锌等形成难溶性盐类，妨碍人体对矿物质的利用，所以是一种抗营养因子。植酸盐的化学稳定性较高，烹调时只有部分被破坏；在发酵食品中植酸盐被水解，主要是植酸酶的作用，但植酸酶的热稳定性较差，受温度、pH 等因素的影响大，容易失活。

12.1.7.2　草酸盐

草酸盐（oxalate）是草酸形成的盐类，含有草酸根离子，大量存在于菠菜、茶叶等植物中，当大量摄入时不仅会妨碍人体对矿物质的利用，而且会对肾脏产生影响，因此它也是一种抗营养因子。

对广大的消费者来讲，经过长期的食用，植物食品的安全性基本是有保障的；虽然植物组织中存在一些不安全的因素（例如一些植物成分对动物是致癌物），但在正常的饮食情况下，现在只有很少的几种固有植物毒素会对人体有实际的毒性作用，所以在经过正常的加工处理以后，植物食品的安全性可以得到保证。

在植物组织中存在的有毒物质还包括秋水仙碱（生鲜黄花菜中）、桐酸和异桐酸（桐油籽中）、银杏酸和银杏酚（银杏中）、大麻酚类（大麻籽中）、蓖麻碱（蓖麻籽中）、毒芹碱（毒芹中）、莨菪碱（曼陀罗中）等。

12.1.8　其他植物性毒物

表 12-2 所列举的其他植物性毒物仅和那些有着非同寻常的摄入方式或对这些毒物有特殊敏感性的有限人群有关。人类的神经性山黧豆中毒是一种由于脊髓退行性病变引起的跛行性疾病，已知仅发生于印度，该病与摄入某种草香豌豆有关，其致病因子还不清楚。例如有毒氨基酸存在于有害的植物中，它们已被证明在动物中能产生在某方面与人类神经性山黧豆中毒症状相似的病变。因此这些有毒氨基酸被怀疑与引起神经性山黧豆中毒有关，但未证实。

毒素对每个摄入者均引起毒性反应，而食物过敏原则不然，它们所引起不良反应并非由于其固有的毒性，而是因为它可以在敏感人群中引起过敏反应。在过敏人群中能产生过敏反应的食物成分的范围是非常广的，实际上包括所有食品。

苏铁素代表另一种问题。这种化合物，即甲基氧化偶氮甲醇的糖苷，是多种植物的正常组成成分，这些植物在太平洋区域及日本的一部分人群中作为应急的淀粉来源。虽然它在动物中有很强的致癌作用，但是传统的加工淀粉的方法似乎能有效地去除毒性物质。因此这种化合物对人类的食品安全的重要性不能肯定。

蚕豆病是人类的一种临床综合征，包括急性溶血性贫血和相关的症状，它是由摄入蚕豆或吸入此种植物的花粉而引起。该病明显地集中于地中海地区海岛或沿海地区，它的病因被归于先天性的代谢障碍，并随种族而分布。敏感个体的红细胞中缺乏 6-磷酸葡萄糖脱氢酶，使机体对蚕豆中的活性物质过敏，产生急性溶血疾病。在蚕豆中已分离出嘧啶葡萄糖苷，它经水解所生成的糖苷配基会造成红细胞谷胱甘肽缺乏，这最终导致细胞不能对进一步的氧化作用起反应。此种 β-葡萄糖苷的结构见图 12-10。

蚕豆嘧啶葡萄糖苷　　　　　　　伴蚕豆嘧啶葡萄糖苷

图 12 - 10　从蚕豆中分离出的嘧啶葡萄糖苷

12. 2　动物性毒素

　　有毒的动物性食品几乎都属于水产品。目前，从海洋中获取新的动物蛋白质的来源是研究的热点，然而海洋中频繁发生的赤潮（red tide）又使得一些有毒物质在生物体内大量蓄积，因此食用海洋动物应有一定的食品安全知识。目前已知 1000 种以上的海洋生物是有毒的或能分泌毒液的，其中许多是可食用的，或者能进入食物链。产生毒性的毒素在化学和毒理学方面变化很大。有些毒素是大分子量的蛋白质；有些则是小分子的胍类化合物，其中大部分尚未被分离或纯化。

　　由海洋动物引起的中毒主要有两大类：鱼中毒（含有毒组织的鱼类所引起）和贝壳类中毒（不洁水质区生长的贝壳类所引起），分别称为鱼类毒素和贝类毒素。另外在海洋动物中，北极熊等的肝脏富含维生素 A，所以大量食用时可以引起维生素 A 的中毒，但是并不能将维生素 A 作为食品中的毒素。

12. 2. 1　鱼毒素

　　已知约有 500 种海洋鱼类在被人类摄入后会引起中毒，而其中多种是食用鱼。进食这些鱼后的中毒症状各不相同，常以有关鱼的种类命名，例如肉毒鱼类毒素、河豚毒素、组胺毒素等（表 12 - 5）。在下面选出几个重要的例子来说明鱼中毒问题的一般特点。

表 12 - 5　海洋产品中有代表性毒性鱼类

毒素	鱼类名称	毒素	鱼类名称
肉毒鱼类毒素	隆头鱼		金枪鱼
	颊纹鼻鱼		长鳍金枪鱼
	红鳍笛鲷	鲭毒素	灰鲭
	鳝海科		鲣
	鲹科		太平洋竹笑鱼
	鲳科黄鳍鱼		鳗
	鳞豚鱼	鲱毒素	鲱
	鲹科蓝鹦嘴鱼		小沙丁鱼
河豚毒素	虫纹东方河豚	海龟类毒素	海龟
	其他河豚	幻觉性鱼毒素	梭鱼

12. 2. 1. 1　肉毒鱼类毒素

　　肉毒鱼类中毒是鱼类中毒中最常见的，它可发生于进食各种经常食用的鱼类之后，例如鲳、海鲈或鲷。这种性质的中毒与食物链有关，毒素显然来自蓝绿藻，它可直接进入食草

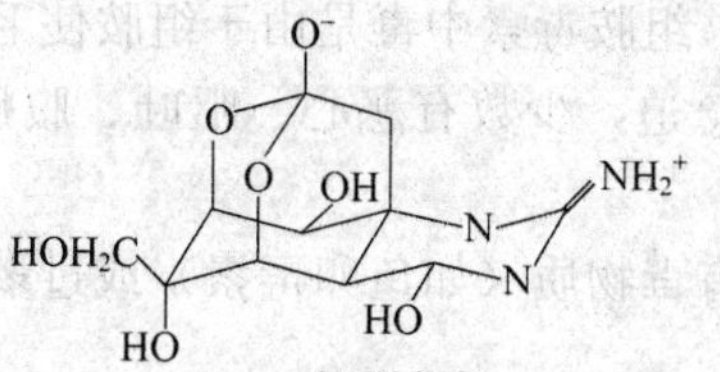

图 12-11　存在于鱼、贝类中的一些毒素的化学结构
扇贝毒素 1：R＝CH₂OH　扇贝毒素 2：R＝CH₃　扇贝毒素 3：R＝CHO

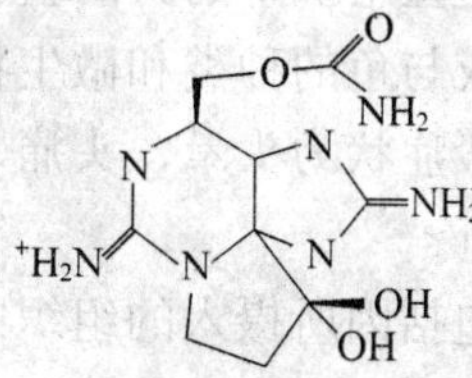

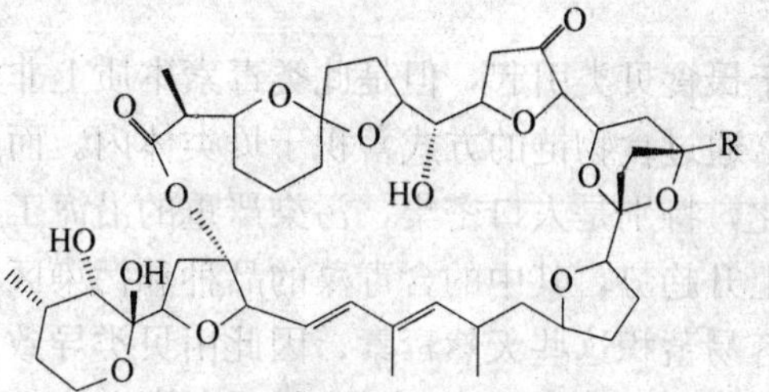

鱼，并间接进入食肉鱼类。此毒素已被分离成纯品，它的经验分子式为 $C_{35}H_{65}NO_8$。大鼠的 LD_{50} 为 $80\,\mu g/kg$（体质量），但是毒素的确切作用形式仍然是不清楚的，中毒的老因表现为心血管系统衰竭。

12.2.1.2　鲱毒素

鲱鱼中毒有时发生在进食某种鲱、鲭、海鲢或北梭鱼之后，在加勒比海地区较多见。毒素产生的方式可能与肉毒鱼类中毒相似，但是毒素来源及性质仍然是不清楚的。中毒时的临床症状已被充分地鉴定其特征，死亡常见。

12.2.1.3　河豚毒素

河豚中毒可能是最为公众所了解的、研究最多的一类鱼中毒情况。河豚科的鱼类大多有毒，所以河豚通常并不作为食用鱼，但是在日本经特殊处理后被食用，因而偶有中毒致死的事件发生，在我国有关河豚中毒一般是由于不认识河豚而误食。所有鱼毒素中，河豚毒素（tetrodotoxin）可能是最毒的。这种毒素主要存在于卵巢、肝脏、肾脏、血液、眼睛、鳃和皮肤中，对热的稳定性较高，$100\,^{\circ}\text{C}$、$4\,h$ 或 $120\,^{\circ}\text{C}$、$60\,min$ 才可被完全破坏。河豚毒素中毒的早期症状为口渴、口唇和手指发麻，然后为肠胃道症状，最后发展到麻痹、瘫痪、体温下降、死亡。河豚毒素中毒的死亡率很高，为 $40\%\sim60\%$，时间短的约 $1h$，长的不过 $8h$。河豚毒素的毒性非常强，小鼠腹腔注射的 LD_{50} 为 $8\,\mu g/kg$，中毒机制可能与其妨碍钠离子的膜透过性、阻碍了神经和肌肉的兴奋传达有关。要注意的是，河豚毒素并不是只存在于河豚中，在一些海螺、海星、其他鱼中均有发现。

12.2.1.4　组胺毒素

另外，鱼类含有丰富的组氨酸，鱼类存放时由于细菌的作用会生成大量的组胺，当其含量达到 $1\sim4\,mg/g$ 时，就会使食用者中毒，但发病虽快，症状较轻，恢复得也快。这被认为是一种过敏性食物中毒，而具有组氨酸脱羧酶的细菌包括大肠埃希氏菌、产气荚膜梭菌等。

鱼类的组胺毒素是鱼组织中的游离组氨酸在链球菌、沙门氏菌等细菌中的组氨酸脱羧酶作用下产生的。其形成与鱼的种类和微生物有关。组胺毒素中毒是由于组胺使毛细管扩张和支气管收缩所致，一般症状为头晕、头痛、呼吸急迫，少数有恶心、呕吐、腹痛、腹泻等反应，1～2d后症状消逝。

鱼类中毒还包括因所摄入的组织中含有有毒物质（如鱼卵毒素）或过多的某种成分（如鱼肝中毒由过量的维生素A引起）。

12.2.2　贝类毒素

海产贝类毒素中毒虽然是由于摄食贝类引起，但是此类毒素本质上非贝类代谢物，而是某些产毒藻或微生物产生天然毒素通过食物链的方式蓄积于贝类体内。而近年来，由于人为污染导致海洋环境发生激烈的变化，特别是人口密集，污染严重的沿海工业城市，由浮游生物导致的赤潮发生频率呈明显的上升趋势，其中的含毒藻的品种和污染区域也呈明显的扩大趋势。贝类相对于其他水产品更容易蓄积这些天然毒素，因此由贝类导致的水产品中毒相对突出。目前已知容易蓄积于贝类的天然毒素主要有麻痹性贝毒、腹泻性贝毒、神经性贝毒、记忆丧失性贝毒和河豚毒素，而我国比较常见的天然毒素有麻痹性贝毒、腹泻性贝毒和河豚毒素。过去认为只有河豚才会蓄积河豚毒素，随着研究的不断深入，发现河豚毒素还广泛存在于贝类、虾、蟹和其他鱼类。

从1995年开始含毒贝类导致的食物中毒事件呈明显上升趋势，在2005—2011年期间，贝类导致的中毒人数占天然毒素中毒总人数的比例上升至44%。这个结果和赤潮发生频率上升非常一致，表明贝类的天然毒素安全问题是人类过度开发导致环境污染的直接后果，而且日趋严重突出。

12.2.2.1　麻痹性贝毒

麻痹性贝毒（paralytic shellfish poison，PSP）为一类四氢嘌呤的衍生物，是目前世界分布最广、发生频率最高的一类神经性毒素，它是由石房蛤毒素（saxitoxin，STX）及其衍生物组成的一种赤潮生物毒素（图12-12）。根据取代基团的差异，可以将其分为4类：a. 氨基甲酸酯类毒素（carbamate toxin），包括石房蛤毒素（STX）、新石房蛤毒素（neoSTX）和膝沟藻毒素1～4（GTX1～4）；b. N-磺酰氨甲酰基类毒素（N-sulfocarbamoyl toxin），包括GTX5、GTX6和C1～4；c. 脱氨甲酰基类毒素（decarbamoyl toxin），包括dcSTX、dcneoSTX和dcGTX1～4；d. 脱氧脱胺甲酰基类毒素（deoxydecarbamoyl toxin），包括doSTX和doGTX2～3）。目前已经发现有30多种麻痹性贝毒的衍生化合物。

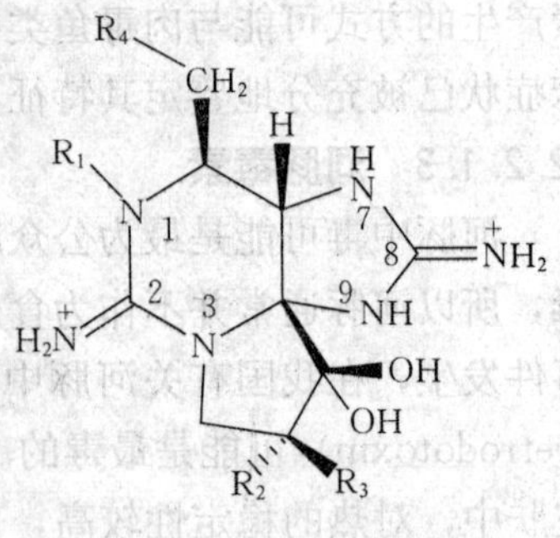

图12-12　麻痹性贝毒的基本化学结构示意图

表12-6列出了部分麻痹性贝毒衍生化合物的取代基和其毒性值，从表12-6可以看出不同结构的毒素其毒性有明显差异。总体上看，除了GTX2略低外，氨基甲酸酯类毒素的毒性相当高，尤其是STX、neoSTX和GTX1，其毒性相当于氰化钠的1000倍，而磺酰胺甲酰基类毒素（GTX5、GTX6以及C1～4）的毒性较低。由于麻痹性贝毒极性官能团较多，因此极易溶于水，微溶于甲醇和乙醇，不溶于非极性溶剂。麻痹性贝毒在在酸性条件下比较稳定，加热也不容易分解，一般加热难以将其破坏，也不能被人体中的消化酶所分解。但是

在碱性条件下加热很容易被氧化而使其毒性降低甚至消失。

表 12-6　部分麻痹性贝毒衍生化合物的取代基和其毒性值

R$_1$	R$_2$	R$_3$	氨基甲酸酯类毒素	N-磺酰胺甲酰基类毒素	脱氨甲酰基类毒素
				R$_4$	
			CONH$_2$	CONHSO$_3$	H
H	H	H	STX (2483)	GTX5 (160)	dcSTX (1274)
OH	H	H	neoSTX (2295)	GTX6 (180)	dcneoSTX (33)
OH	OSO$_3^-$	H	GTX1 (2468)	C3 (33)	dcGTX1 (1500)
H	OSO$_3^-$	H	GTX2 (892)	C1 (15)	dcGTX2 (1617)
H	H	OSO$_3^-$	GTX3 (1584)	C2 (239)	dcGTX3 (1872)
OH	H	OSO$_3^-$	GTX4 (1803)	C4 (143)	dcGTX4 (1080)

注：C 代表 C toxin；GTX 代表 gonyautoxin；STX 代表 saxitoxin，即石房蛤毒素；dc 代表 decarbamoyl，即脱氨甲酰基毒素；括号中的数据为该化合物的毒性值。

由于麻痹性贝毒分子小，很容易被吸收，因此中毒后其毒性发作非常快，潜伏期仅数分钟或数小时，中毒初期唇、口和舌感觉异常和麻木，随后这种感觉蔓延至脸、脖子等身体各组织，指尖和脚趾常有针刺般痛的感觉，并伴有轻微的头痛和头晕，有时中毒早期还会出现恶心和呕吐的现象。稍微严重的中毒，胳膊和腿出现麻痹并有晕眩和轻飘感，说话语无伦次，还经常伴有小脑受损迹象（如共济失常、运动失调等）。严重时，呼吸出现困难，咽喉紧张，窒息，肌肉麻痹扩展加深，最终导致死亡。麻痹性贝毒主要通过堵塞神经细胞和肌肉细胞的钠离子通道，使钠离子无法内流，导致神经系统传输障碍而产生麻痹瘫痪作用，严重时会引起呼吸肌麻痹而窒息死亡。由于目前尚无中毒特效解毒药，在中毒初期只能采用催吐、下泻、活性炭吸附毒素等方法阻止毒素吸收进体内。毒素进入人体细胞后，只能借助人工机械呼吸方法帮助中毒患者维持心肺呼吸功能，并等待毒素通过自然代谢排出体外。因此麻痹性贝毒对生命安全的威胁性极大。

到目前已知在西半球与麻痹性贝类中毒有关的软体动物包括有：贻贝、石房蛤、开口蛤、蛤蜊、海螂、笠贝、偏顶蛤、白鸟蛤、巨蛎等。

12.2.2.2　腹泻性贝毒

腹泻性贝毒（diarrhetic shellfish poisoning，DSP）由赤潮藻类鳍藻属（*Dinophysis*）和原甲藻属（*Prorocentrum*）产生的一类脂溶性聚醚或大环内酯化合物。其中毒症状除了腹泻、呕吐外，还伴有恶心、腹痛、头痛，几乎不发烧。根据其碳骨架结构，腹泻性贝毒可分成 3 类：a. 酸性成分的大田软海绵酸（Okadaic acid，OA）及其天然衍生物轮状鳍藻毒素（dinophysistoxin，DTX）；b. 中性成分的聚醚内酯蛤毒素（pectenotoxin，PTX）及其衍生物；c. 其他成分的扇贝毒素（yessotoxin，YTX）及衍生物 45-羟基扇贝毒素等。其中，软海绵酸及其衍生物是主要成分。

腹泻性贝毒是通过激发磷酸化来控制大肠细胞内钠的分泌而引起腹泻，其中毒症状主要有腹泻、呕吐、恶心、腹痛和头疼。发病可在食后 30 min 至 14 h 不等，一般在 48h 内恢复健康。一般止泻药不能医治。腹泻性贝毒不是一种可致命的毒素，通常只引起轻微的胃肠疾病，而症状也会很快消灭，没有强烈的急性毒性。但大田软海绵酸是强烈的致癌因子，能增加消化道肿瘤的发生，而且可能具有遗传毒性，同时它还是蛋白磷酸酶 PP1 和 PP2a 的强烈抑制剂。值得关注的是，近年来我国沿海均不同程度地检测出腹泻性贝毒，其扩大趋势和安全性应当引起足够的重视。

12.2.2.3 神经性毒素

神经性贝毒（neurotoxic shellfish poisoning，NSP）主要是因贝类摄食短裸甲藻后在体内蓄积，被人类食用后产生以神经麻痹为主要特征的神经性毒素。目前已知的神经性贝毒有 10 种以上，其中活性物质主要为 brevetoxin A（BTX-A）、brevetoxin B（BTX-B）和 hemibrevetoxin B（HeBTX-B）。由于产毒藻短裸甲藻也曾称为 *Ptychodiscus breve*，因此这些毒素也称为 *Ptychodiscus* brevetoxin。

神经性贝毒中毒事件主要发生在美国和墨西哥沿海。神经性贝毒的中毒症状以胃肠道和神经症状为主，无麻痹感。此外，还通过形成气溶胶，作用于人类呼吸系统，导致类似哮喘的症状。神经性贝毒的毒性较低，对小鼠的半致死量为（LD_{50}）为 50 μg/kg。神经性贝毒是一种去极化物质，它可以打开细胞膜上电压门控的钠离子通道，使钠离子不可控地大量内流，从而使细胞膜持续处于去极化状态，进而引起平滑肌的持续收缩。

12.2.2.4 记忆缺失性贝毒

记忆缺失性贝毒（amnesic shellfish poisoning，ASP）存在于硅藻属赤潮藻类中，如多列尖刺菱形藻。这类贝毒在欧洲和北美洲报道较多，我国关于这类毒素的报道较少。中毒时往往有昏眩、昏迷等类似神经性中毒症状，还有恶心、呕吐、腹痛、腹泻等症状，中毒后有永久性丧失部分记忆，因此得名。记忆缺失性贝毒的主要成分是软骨藻酸（domoic acid，DA），它属于氨基酸类化合物，具有典型的酸性氨基酸特征，易溶于水。目前已发现鉴定的软骨藻酸异构体有 10 种。软骨藻酸在紫外线照射或加热等条件下能够转化生成部分异构体。软骨藻酸能够竞争性结合氨基酸受体，引起中枢神经系统海马区和丘脑区以及记忆有关区域的损伤，导致记忆丧失。欧洲联盟和美国安全标准为 20 mg DA/kg 贝肉组织。

此外，鱼毒素中的河豚毒素分布广泛，不仅存在于河豚体内，还存在于毛颚类、腹足类、软体动物、棘皮类、两栖类、纽虫、海藻等多种动植物，从海洋沉积物、淡水沉积物中也分离到了产河豚毒素及其类似物的微生物。而且部分生物中的河豚毒素含量很高，如光织纹螺、节织纹螺的河豚毒素含量有时可以达到每克软组织几百个鼠单位以上。我国沿海发生的多起织纹螺中毒均因其中的河豚毒素引起。

12.3 微生物毒素

污染食品的微生物可产生对人畜有害的毒素，某些还是还具有致癌性和剧毒。根据微生物的种类可以将食品中常见的微生物毒素（microbial toxin）分为两大类：霉菌毒素和细菌毒素。此外，由于蕈类与霉菌属于真菌，所以对有毒蕈中存在的环肽毒素也在这里做一般介绍。

12.3.1 霉菌毒素

12.3.1.1 霉菌毒素概述

霉菌属于真菌，广泛存在于自然界，它们在食品及饲料上很容易生长、繁殖，在潮湿条件下更是如此。虽然很早以前人们就认识到食物或饲料感染真菌、发生霉变会产生不愉快的味道和一些不期望的变化，但是对霉菌污染所产生的其他后果在最近的几十年才受到应有的重视，霉菌毒素（mycotoxin）的研究也自 20 世纪 60 年代以来成为了热门课题。一些霉菌在生长过程中能够合成有毒物质，当人或动物摄入含有这些有毒物质时，会引起各种中毒症状。这类有毒物质通常被称为霉菌毒素，它们所产生的中毒症状称为霉中毒症。

霉菌毒素是一些小分子的有机化合物，几乎所有霉菌毒素的相对分子质量均小于 500。目前已发现 50 属的霉菌能产生毒素，霉菌毒素约有 150 多种。但其中大多数的毒素代谢物对动物或人类的疾病无关，只有 3 属的霉菌会产生对人或动物有致病作用的毒素，它们是曲霉属、镰刀霉属和青霉属。这些有毒的霉菌进入食品或饲料的途径很多，包括原料的生产、加工、运输和贮藏。环境条件（如底物、湿度、温度、pH 等）对毒素的产生是最重要的环境条件；而玉米、花生、棉花、大豆等则是有毒霉菌容易污染的农作物。一般来讲，产生毒素的相关条件包括以下几个方面：

（1）菌株种类　不仅是不同菌株产毒能力不同，就是同一菌株由于培养基的变化其产毒能力也会发生变化；新分离出的菌株由于经过累代培养，其产毒能力也会发生变化，常常因为不适应培养基而丧失产毒能力。

（2）基质的影响　霉菌生长的营养源主要是糖分、少量的无机氮等，极易在谷物食品（如面包、饼干）中生长。并且在天然基质上的生长更容易产毒，所以从食品安全性的角度来看，所有食品均可能成为产毒的基质。

（3）水分　在田野里未成熟的谷物中容易生长镰刀菌属的病原菌，但随着谷物收割后晒干入仓，青霉、曲霉占主要，并且在水分含量为 17%～18% 时容易产毒。

（4）温度　温度可以影响霉菌的产毒。田野的霉菌在室温下产毒能力较低，在雪中或经历温度激变后，霉菌的产毒能力增强。

表 12-7 列举了对人类食品有重要影响的霉菌毒素及对人体的危害。图 12-3 列出了几种重要霉菌毒素的化学结构。

表 12-7　存在于人类食品中的霉菌毒素

毒素	产毒霉菌	主要受影响的食品	摄入后的主要症状
黄曲霉毒素	黄曲霉	油料作物、谷物、豆类等，动物性食品中的残留物	对肾脏有毒性，对几种动物肝脏有致癌作用，对人肝脏可能有致癌作用
杂色曲霉毒素	构巢曲霉、杂色曲霉	谷物	对大鼠肾脏和肝脏有毒性及致癌作用
棕曲霉素	棕曲霉、鲜绿青霉	谷物、生咖啡，动物食品中的残留物	对大鼠肾脏和肝脏有毒性
黄变米霉毒素	岛青霉	大米	小鼠的肝小叶中心坏死，肝细胞弥漫性脂肪变态
岛青霉素	岛青霉	大米和其他谷物	对大鼠肾脏有毒性，有致癌作用
棒曲霉素	荨麻霉、棒曲霉等	苹果制品、谷类、小麦	水肿，对大鼠肾脏有毒性
镰刀霉毒素、玉米赤霉烯酮	赤霉，镰刀菌	玉米、小麦、大麦、燕麦	引起猪和实验动物高雌激素症
单端孢霉烯酮族化合物（T-2 毒素）	三线镰刀霉、拟枝孢镰刀菌	小米和其他谷物	食物性毒性白细胞缺乏症（ATA），在人类流行时伤亡率高达 60%

（续）

毒素	产毒霉菌	主要受影响的食品	摄入后的主要症状
串珠镰刀菌素	燕麦镰刀菌、木贼镰刀菌	豆荚类	大鼠进行性肌肉衰弱，呼吸困难，昏迷甚至死亡
橘霉素	鲜绿青霉	玉米、稻谷、大麦	致癌，损伤肾脏
3-硝基丙酸	节菱孢菌	甘蔗	中枢神经损伤
甘薯黑疤霉酮	霉菌	甘薯	肝中毒症状，严重者死亡
麦角生物碱	麦角菌	谷物（麦穗的黑色瘤状物）	坏疽和惊厥性麦角中毒
黑葡萄状穗霉毒素	黑葡萄状穗霉	作物秸秆、牧草	呼吸器障碍

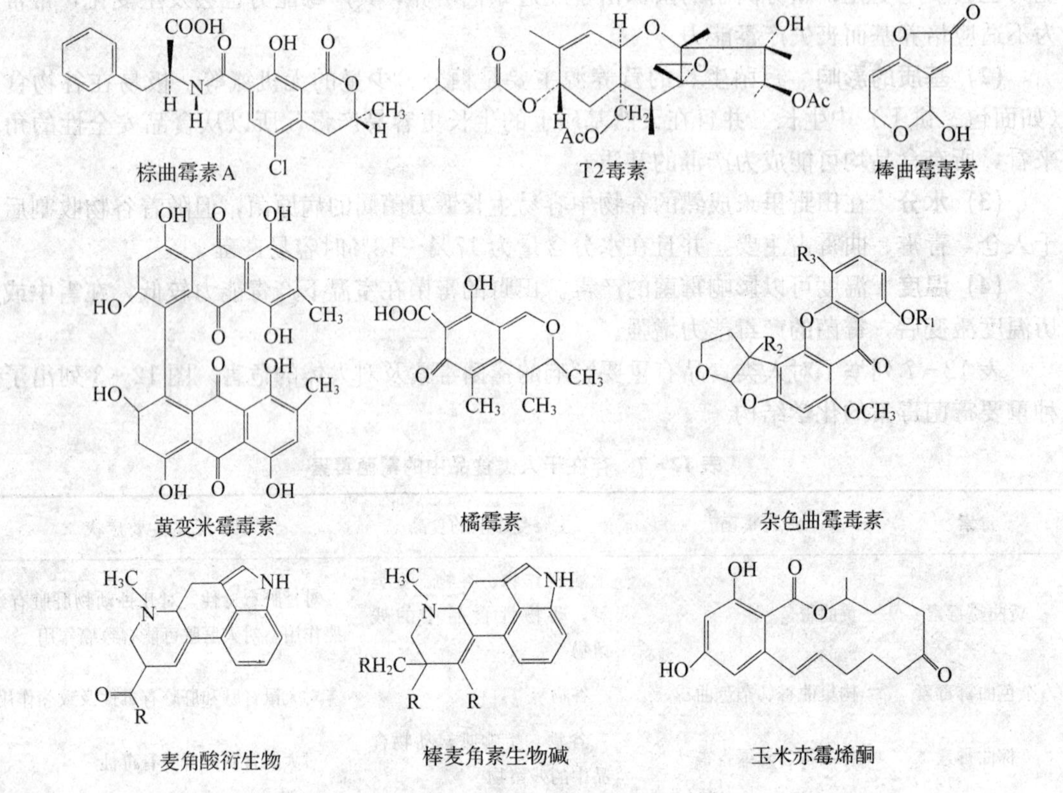

图 12-13 几种重要霉菌毒素的化学结构

食品被霉菌毒素污染会产生多方面的问题。当人类进食被霉菌毒素污染的食品后能使人类健康遭受直接损害。必须注意到，即使产生霉菌毒素的霉菌已经死亡，霉菌毒素仍保留在食品中，尽管食品看上去已不是霉变的了。此外，很多种霉菌毒素（但不是所有的）相当稳定，普通的烹饪或加工条件并不能破坏它们。如果牲畜喂以被霉毒素污染的饲料，则能产生一些性质不同的问题，除牲畜死亡或不健康而造成的经济损失之外，霉菌毒素或霉菌的代谢产物可作为残留物存于肉、乳或者蛋中，于是它们最终被人类所摄入。在历史上，曾发生过霉菌毒素引起的集体中毒事件，例如在中世纪曾流行过麦角中毒，这是由于进食被麦角菌污染的谷物而引起的中毒。（一些麦角毒素的化学结构如图 12-13 所示），1951 年在法国也小规模暴发过此毒素中毒事件。营养中毒性白细胞减少症（ATA）是另一种霉菌毒素中毒症，它的起因是进食了在田间过冬而发霉的谷物。上述两类中毒都是急性发作，显然是与摄入大剂量的毒素有关。

12.3.1.2 黄曲霉毒素

Sargeant 于 1961 年首先从霉变花生粉中提取并制得无色粗制结晶的黄曲霉毒素。黄曲霉毒素是由黄曲霉或寄生曲霉中少数的几个菌株所产生的，它们的孢子分布广泛，特别在土壤中。虽然毒菌株在特定条件下仅能产生 2～3 种黄曲霉毒素，但是已鉴定出 17 种在化学结构上相关的毒素或衍生物。黄曲霉毒素的相对分子质量为 312～346，熔点为 200～300 ℃，在熔化时会分解。其中之一的黄曲霉毒素 B_1（图 12-14），它是食品中最为常见的，并且也是这一组毒素中间毒性最强的（LD_{50} 为 0.5～18 mg/kg 体质量），它比无机物 KCN 的毒性还强 10 倍，是砒霜毒性的 70 倍。黄曲霉毒素的耐热性强，正常的食品加热处理不会对其造成有效地破坏，在近 300 ℃ 的温度下其分解才明显。但是由于其化学结构的特点，黄曲霉毒素在碱性条件下是不稳定的，所以在大豆、花生等易感染黄曲霉的油料作物的油脂加工过程中，油脂的碱精炼处理可基本除去黄曲霉毒素。

黄曲霉毒素是黄曲霉和寄生曲霉污染食物后生长繁殖产生的毒素。这两种霉菌在自然界中普遍存在，很容易污染食品，尤其是花生和玉米。产生黄曲霉毒素所需要的基质并无特异性，事实上，任何食品（或合成基质）只要能支持适当的霉菌的生长，它们就能产生此毒素。因此，任何食品只要霉变，就必须认为可能被黄曲霉毒素所污染。但是经验证明，食品中的黄曲霉毒素发现的频度与浓度显著地取决于食品的种类和食品出产的地区。同时需要指出的是，采用黄曲霉发酵的食品，在正常的发酵条件下并无黄曲霉毒素产生。

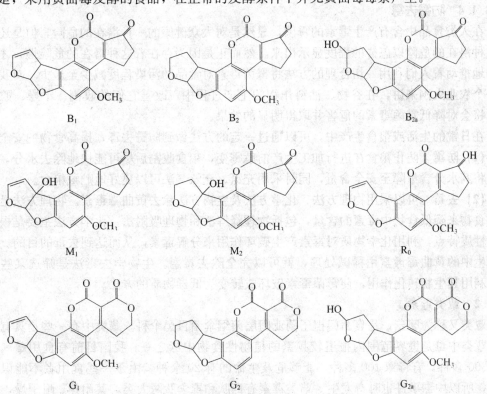

图 12-14 一些黄曲霉毒素的化学结构

　　根据对动物的半致死量（LD_{50}），黄曲霉毒素属于剧毒物。当动物喂以被黄曲霉毒素污染的食物或按剂量进食黄曲霉毒素的纯制剂时，可产生急性中毒或亚急性中毒。虽然不同种类的动物对急性中毒的敏感性存在差异，但是尚未发现能完全抵抗黄曲霉毒素的动物。在大多数家畜中，给予含有 $10\sim100\,mg/kg$ 或更少的黄曲霉毒素的饲料即可产生中毒症状。牛相对地能耐受较多量的黄曲霉毒素，受污染后分泌的牛乳中含有黄曲霉毒素 M_1（黄曲霉毒素 B_1 的代谢物）。黄曲霉毒素 B_1 是目前为止发现的毒性最大的真菌毒素，它的致癌作用比二甲基亚硝酸胺强 75 倍。由于黄曲霉毒素的这个性质，推动了人们对霉毒素的研究。不同种类黄曲霉毒素的致癌活性在以下动物实验中得到证明：鸭、硬头鳟、大鼠、家鼠和猕猴。硬头鳟是最敏感的品种，饲料中含低于 $1\,\mu g/kg$ 黄曲霉毒素即可产生癌肿块。给大鼠喂食黄曲霉毒素 B_1 含量高于 $15\,\mu g/kg$ 的饲料，可引起高的肝癌发病率。我国规定大米、食用油中黄曲霉毒素允许量标准为 $10\,\mu g/kg$，其他粮食、豆类及发酵食品为 $5\,\mu g/kg$。婴儿代乳食品不得检出。而世界卫生组织推荐食品、饲料中黄曲霉毒素最高允许标准为 $15\,\mu g/kg$。不合格等级有：$30\sim50\,\mu g/kg$ 为低毒，$50\sim100\,\mu g/kg$ 为中毒，$100\sim1000\,\mu g/kg$ 为高毒，$1000\,\mu g/kg$ 以上为极毒。

　　黄曲霉毒素主要作用器官是肝脏，它既可引起肝脏组织的损伤也可导致肝癌的发生。某些动物对黄曲霉毒素致癌作用非常敏感，只要给予很少量的毒素便会诱发肿瘤。在热带和亚热带地区，黄曲霉毒素是一个极难解决的问题，尤其是在巴基斯坦、菲律宾和越南。

12.3.1.3　其他常见霉菌毒素

　　青霉毒素、镰刀菌毒素、霉变甘薯毒素也是常见的污染粮食与饲料的霉菌毒素。

12.3.1.4　防霉去霉

　　在人类食品中含有产生毒素的霉菌，显然是对大众健康的一种潜在的危险，但是还不知道这种潜在的危险以怎样的程度显示出来。然而正是因为存在着这种潜在的危险性，才能强有力地推动着人们利用一切合理的方法将霉菌毒素对食品的污染程度减少至最少。对我国这样一个农业大国来讲，在谷物、油料作物的生产过程中，改善它们的收割、干燥、贮藏条件，将会对降低霉菌毒素的危害并取得明显的效果。

　　在日常的生活或粮食生产中，可以通过一定的方法做到防霉去毒，提高食物的安全性。

　　（1）防霉　防止粮食在进行加工生产前就霉变，粮食收割后尽可能快地除去水分，防雨淋，将其水分含量降至安全含量，同时采用充氮、充氨气法可以更好地贮藏粮食。

　　（2）去霉　可以采用物理方法、化学方法及生物方法除去黄曲霉毒素。物理方法是筛除霉变食物来降低食物中毒素的含量，包括物理降解法和物理吸附法。化学方法主要是根据毒素的性质特点，利用化学物质对毒素产生破坏作用来分解毒素，从而达到去毒的目的。例如对花生中的黄曲霉毒素用稀碱处理，就可以完全除去毒素。生物学去毒法是筛选某些微生物，利用其生物转化作用，使霉菌毒素破坏或转变为低毒物质的方法。

12.3.2　蕈类毒素

　　蕈类又称为蘑菇，是真菌门担子菌亚门层菌纲伞菌目黑伞科。蕈类中有一些是具有剧毒的，蕈类中毒是世界范围内报道较频繁的植物性食物中毒之一。我国目前有食用蕈（食用菌）300 多种，有毒蕈 100 多种，能够危及生命的有 20 余种。由于一些食用者不能识别有毒蕈，所以中毒事件也时有发生。蕈类毒素有毒肽和毒伞肽两大类，其耐热、耐干燥，且不被一般烹调破坏的环肽类物质，以环八肽的毒性最强（图 12 - 15），中毒一般以肝损伤致死较多。避免毒蕈中毒的方法就是不食用不熟悉的蕈类。

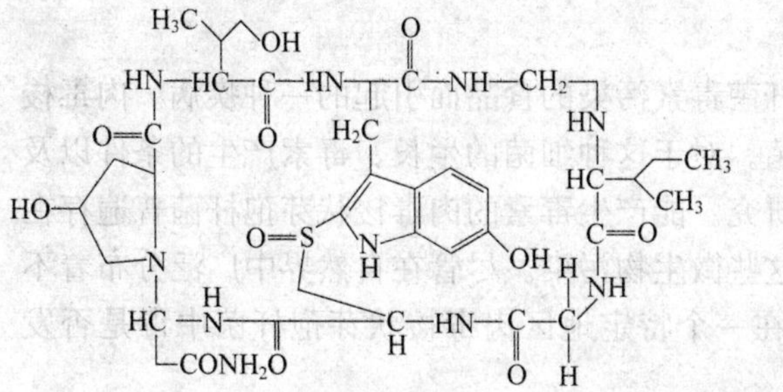

α鹅膏素 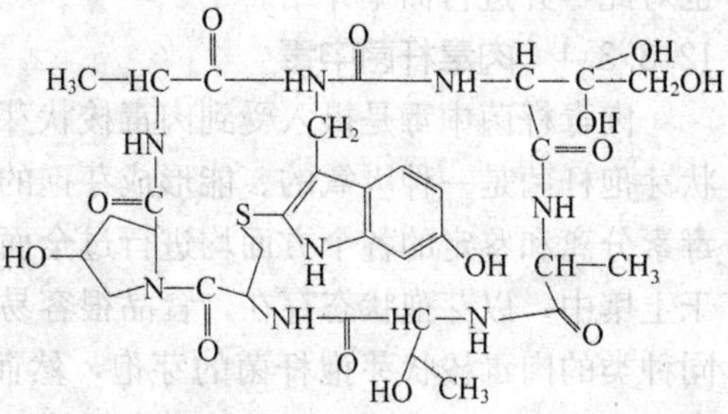　　　　　　　　　　　　鬼笔素

图 12-15　存在于毒蕈中的环肽类毒素

表 12-8 给出了一些有毒的蕈类的生长及形态特征，可以用于一般的辨认。

表 12-8　几种常见的毒蕈的辨别

名　称	生长季节	生长地	蕈　盖　特　征	蕈　柄　特　征
毒蝇蕈 （蛇蕈、蛤蟆蕈）	秋季	山地林中间	盖圆而扁平，深红色、橙黄色或带褐色，有白色或黄色的疣状突起，盖下蕈褶为白色，较紧密	白色，中部有白色膜环，下部肥大
瓢蕈	夏末及秋季	山野、路旁等	主体为白色，中央部位常为绿色、黄褐色等，表面平滑，白色蕈褶	白色，上部有白色膜环，根部隆起，包以被膜
白帽蕈 （辣乳蕈）	夏季	山地	白色，中间微凹，为漏斗状，损伤后有辛辣的乳液流出	白色，粗壮，半埋于土中
腋蕈	秋季	喜生于槐干上	肾形，约2cm长，颜色有淡红、褐、紫黑等，蕈褶白色，新鲜时夜间发磷光	柄短，由盖的一侧附生于树干上，白色，有暗紫色斑纹
鬼笔蕈	夏、秋季	竹林间等阴湿地	呈钟形，红色，盖上有黏液，奇臭	柄上部浅红色，下部白色

近年来，从毒蕈中分离出一种有毒物质，称为奥来毒素，是一种作用缓慢但能致死的毒素，人的致死量估计是 100～200 g 鲜毒蕈，小鼠或大鼠口服干的奥尔良丝膜菌，其致死量（LD_{50}）是 1～6 mg/kg。

12.3.3　细菌毒素

某些细菌的生长也能产生具有毒性的物质，与霉菌毒素中毒不同的是，细菌毒素（bacterial toxin）中毒导致急性中毒。肉毒杆菌中毒症是由于肉毒梭状芽孢杆菌生长而引起的，由于相关毒素的毒性特别强，造成的死亡率很高，所以它是食物中毒中影响最大的一类。由金黄色葡萄球菌产生的肠毒素所引起的中毒，虽然它的严重性比肉毒杆菌毒素低得多，但是发生率很高。这两种细菌引起的食物中毒是细菌毒素中最明显的，然而仍有许多尚未搞清楚的细菌毒素存在于食品中。

至于沙门氏菌、副溶血性弧菌、病原大肠菌等，它们是造成感染型的食物中毒，通过它们在体内的繁殖而导致摄食者产生不良反应，与严格意义上的毒素型中毒有所区别，在这里也对此一并进行简单介绍。

12.3.3.1　肉毒杆菌中毒

肉毒杆菌中毒是摄入受到肉毒梭状芽孢杆菌毒素污染的食品而引起的一种疾病。肉毒梭状芽孢杆菌是一种厌氧的、能形成芽孢的杆菌。对于这种细菌的生长、毒素产生的条件以及毒素分离和鉴定的各个方面均进行过全面的研究。能产生毒素的肉毒梭状芽孢杆菌普遍存在于土壤中，以芽孢状态存在，食品很容易被这些微生物污染。尽管在自然界中广泛分布着不同种类的肉毒梭状芽孢杆菌的芽孢，然而，在一个特定地区肉毒梭状芽孢杆菌中毒是否发生，主要归之于该地区居民的膳食习惯。

已知有6种血清型的产毒肉毒梭状芽孢杆菌：A型、B型、C型（C_α型、C_β型）D型、E型和F型。在这些类型中只有A型、B型和E型经常与人类肉毒杆菌中毒有关。这些细菌产生的毒素是蛋白质，其生理活性状态、确切分子质量还不清楚。然而，细菌培养基中分离出的结晶毒素A的相对分子质量为900000，能用色谱法将该分子分离成相对分子质量为128000（α）和500000（β）的两个部分，两者均有毒性。因此导致食品中毒的毒物的确切分子大小是不清楚的。肉毒梭状芽孢杆菌毒素是神经毒素，它的作用部位已被确定为周围神经系统的突触，这些突触依赖乙酰胆碱传递神经冲动，由于横隔和其他呼吸器的麻痹而造成窒息死亡。

肉毒梭状芽孢杆菌毒素的毒性很强，$1\mu g$纯的毒素相当于家鼠最小致死量的200000倍，该毒素对人类的致死量可能不会超过$1\mu g$很多。肉毒梭状芽孢杆菌A对热最稳定，在100℃加热60 min才灭活，在120℃加热也得4 min才灭活。肉毒梭状芽孢杆菌E对热最不稳定，在100℃加热5 min就灭活。肉毒梭状芽孢杆菌毒素对热不稳定，一般在80℃加热15 min即失去生物活性，该特性具有重要的实际意义，因为在加工食品的加热过程中或在大多数通常的烹饪条件下就能使它失活。此外肉毒梭状芽孢杆菌毒素对胃酸和胃蛋白酶等有一定的抵抗力，但对碱不稳定，在pH 7以上条件下分解，游离的毒素可被胃酸、酶所分解。

如今导致人类肉毒杆菌中毒的最常见的原因是在家中制备食品时加热或烟熏得不够充分。工厂制备的食品是相当安全的，当然也有例外，在以前曾经发生小规模的肉毒杆菌中毒，涉及的食品有烟熏白鱼、罐装金枪鱼、罐装肝酱和罐头奶油浓汤。

在食品的保藏中，可以采取杀死芽孢、抑制芽孢的生长或者是二者结合的方法来控制肉毒梭状芽孢杆菌，一般的抑制剂在芽孢受到严重损伤时才能得到满意的效果，所以常采用热处理来损伤芽孢。表12-9列出了食品中各控制肉毒梭状芽孢杆菌以及其他具有危害性微生物的一些方法。

表 12-9　食品中控制肉毒梭状芽孢杆菌的主要因素

类别	热处理	其他处理	杀菌	抑菌	食品
1	$F_0 \geq 2.5$	—	+	—	低酸罐头（pH＞4.6）、未腌制食品
2	巴氏杀菌	pH	—	+	醋渍食品、腌鱼、酸化果蔬汁和罐头
3	巴氏杀菌	冷冻	—	+	罐装蟹肉、烟熏鱼
4	$F_0 = 0.2 \sim 0.6$	食盐、亚硝酸盐	—	+	罐装腌肉
5	巴氏杀菌	食盐、亚硝酸盐、冷冻	—	+	烟熏鱼、易腐腌肉、易腐罐装腌肉

（续）

类别	热处理	其他处理	杀菌	抑菌	食品
6		pH、食盐、亚硝酸盐、干燥	一	＋	生的、发酵的干肉类
7	巴氏杀菌	pH、食盐	一	＋	鱼、鱼子酱、肉、加工干酪
8		食盐	一	＋	生肉、生鱼和鱼产品

注："＋"表示有效果，"一"表示无效果。

12.3.3.2　金黄色葡萄球菌产生的肠毒素

葡萄球菌中最著名的是金黄色葡萄球菌。葡萄球菌导致的食物中毒可能是食物中毒事件中最常见的，中毒症状常在餐后 2～3 h 后出现，先出现唾液增多症状，继之以恶心、呕吐、腹部绞痛和腹泻。大部分患者于 24～28 h 后恢复正常，极少人因中毒而死亡。因为轻微中毒患者很少就医，因此确切的发病率不清楚，但被认为相当高。通常只有发生暴发性的大量人群中毒时，才引起卫生部门的注意。

食物金黄色葡萄球菌中毒的起因是菌体的生长和毒素的产生。金黄色葡萄球菌是一种常见于人类和动物的皮肤以及表皮的细菌，所以传染源为人或动物。金黄色葡萄球菌中只有少数亚型能产生肠毒素（enterotoxin）（一种外毒素），其产毒能力难以判定，除非从污染的食品直接分离毒素。已知有 A 型、B 型、C 型、D 型、E 型等免疫特性肠毒素，常见的是 A 型及 D 型。对肠毒素 A、肠毒素 B 和肠毒素 C 的物理化学研究表明，它们是成分相似的蛋白质，相对分子质量为 26 000～29 000。人们对该毒素的作用方式尚未完全明了，但它们具有相当强的作用。肠毒素 B 在猴子中的呕吐剂量为 0.8 mg/kg，据估计，低至 1 μg 的肠毒素 A 即能使人产生反应。

根据血清学测定结果，肠毒素 A 是最常见的，以下顺序为肠毒素 D、肠毒素 B 和肠毒素 C。粗制培养基提取物在煮沸 1 h 后，仍保留对猴子的催吐活性。虽然纯的肠毒素对热失活稍敏感，但是从它们的毒理学的活性来看，仍然可以认为对热是比较稳定的，加热至 100 ℃持续 2 h 才能将其破坏。

发生金黄色葡萄球菌食物中毒必须满足 3 个条件：a. 必须有足够数量的产生肠毒素的细菌，至少有 10^6 以上才能产生足够的毒素；b. 食品能支持病原菌的生长和毒素的产生（烤豆、烤鸭、马铃薯色拉、鸡肉色拉、牛乳蛋糊和奶油夹心的焙烤食品为这类细菌常见的媒介物）；c. 食物必须在适当的温度下存放足够的时间以利于毒素产生（在室温下 4 h 或以上）。

12.3.3.3　沙门氏菌属与副溶血性弧菌引起的中毒

（1）沙门氏菌引起的中毒　在细菌性食物中毒中，最常见的是沙门氏菌属食物中毒。沙门氏菌为革兰氏阴性菌，种类很多，其中能够引起食物中毒的沙门氏菌一般为猪霍乱沙门氏菌、鼠伤寒沙门氏菌和肠炎沙门氏菌，沙门氏菌本身不分泌外毒素，但会产生毒性较强的内毒素。沙门氏菌引起的食物中毒，通常是一次性吞入大量菌体所致，菌体在肠道内破坏后放出肠毒素引起症状。一般发生在进食后的 12～24 h，初期症状为头痛、恶心、食欲不振、全身无力，后期会出现腹痛、呕吐、腹泻、发烧症状，大便有黏液、脓血，病程一般为 3～5 d。食物污染的原因是生食与熟食的混放而造成交叉污染，污染的食物一般为肉类，少数见于鱼类、虾类、禽类、乳类、蛋类及制品。加热杀菌可以较容易地将其杀死，一般在中心温度达到 80℃时，12 min 即可将病原菌杀死。所以控制沙门氏菌中毒的关键在于正确的食品卫生管理和加工条件，不食用病死的动物，避免食物的交叉污染。

(2) 副溶血性弧菌引起的中毒 副溶血性弧菌是嗜盐菌，属于革兰氏阴性菌，适合生长的环境为海洋环境（pH 7.7，温度 37℃左右），在海水、海底淤泥、鱼类、虾类、贝类中存在。我国的沿海地区是高发病区，日本也属于高发区之一。中毒临床表现为阵发性腹部绞痛、腹泻、血便，多数人腹泻后有恶心、呕吐症状，少数人出现休克和神经症状，病程为 2～4 d。食物感染副溶血性弧菌原因也是加热不彻底，未经加热杀菌的海产品极易引起中毒。

12.3.3.4 其他细菌引起的中毒

(1) 蜡状芽孢杆菌引起的中毒 蜡状芽孢杆菌产生两种不同的肠毒素，也为蛋白质，一种可以导致腹泻，另一种导致呕吐，其作用机理尚不清楚。蜡状芽孢杆菌污染的食品是谷物类，也有其他食品，一般食品中活菌数在 $1.3 \times 10^7 \sim 3.6 \times 10^7/g$ 才能够致病。

(2) 韦氏梭菌引起的中毒 韦氏梭菌（产气荚膜梭菌）所产生的毒素有 12 种，有 3 种对人致病，致病症状一般为呕吐、腹泻、头痛等，食品中活菌数达到 $10^5/g$ 就能够致病。

12.3.3.5 细菌毒素的实质

并不是所有细菌毒素都是蛋白质，例如由假单胞菌和黄杆菌产生的毒素就是毒性脂肪酸，其他例子还有亚硝酸盐中毒等。

美国食品工艺师学会（Institute of Food Technologists，IFT）对潜在危害性食品进行的有关研究中，特别注意对于病原性微生物、产毒微生物的控制问题，同时提出对相应食品，采用相应的处理（如温度-时间，包括有其他控制）。表 12 - 10 给出了一些重要微生物繁殖时的适宜条件，对决定食品的保藏条件可以提供有益的参考价值。

表 12 - 10　一些重要的微生物的适宜生长条件

微生物	最低水分活度 (a_w)	温度（℃）			pH		
		最低	最适	最高	最低	最适	最高
黄曲霉（产毒）	0.71～0.78	11	33	42	1.7～2.4	3.4～5.5	9.3
蜡状芽孢杆菌	0.93～0.95	7	30	49	4.4～5.0		9.3
肉毒梭菌 A 型、B 型	0.94～0.95	3～4	37	49	4.8	7	8～8.5
肉毒梭菌 E 型	0.97	3.3	30	45	5.0	7	8.5～9
沙门氏菌属	0.95	5.2	37～43	44～47	4.1～5.5	7	8～9
金黄色葡萄球菌	0.83～0.86	6.7	37～40	45	4.3	7	8～9
副溶血性弧菌	0.94	5～6	37	42～44	4.8	7.4～8.5	11

12.3.4　真菌中毒与细菌中毒的比较

不同微生物毒素中毒的特点不一致，但也有一些共同点，其对人体的危害程度也不同，表 12 - 11 比较细菌毒素与真菌毒素中毒的一些异同点。

表 12 - 11　细菌中度与真菌中毒的异同点

	细菌中毒	真菌中毒
食品感官质量	绝大部分无变化	有霉变
中毒食品状况	污染食品、拼盘	熟食品
潜伏期	比较长（2~14 h）	比较短（1~2 h）
症状	主要为肠胃症状	对实质性器官损伤
预后	比较乐观	一般不乐观
治疗方法	有特效治疗	无特效治疗

12.4　化学污染物

12.4.1　化学污染物概述

食品中的有害成分还有一部分是因日益严重的环境污染带来的，如农药、化学品污染等。流行病学的调查结果和一些科学研究均证明，人类的健康与其生活环境的污染程度有密切的关系，环境污染包括工业排放的"三废"（废水、废渣和废气）、交通运输排放的尾气、城市生活产生的垃圾、农药等在环境中的残留。

12.4.1.1　环境污染的特点

目前世界范围内的环境污染的特点体现在下述几个方面。

a. 化学污染物增加，一些毒性较大的化学物质已经进入人类的生活环境，并影响人们的生活，例如过去未被注意的二噁英。

b. 一些高度稳定的化学物质进入环境（例如农药六六六），这些物质在自然界中的降解周期极长，在机体中的蓄积使得其危害在短时间内无法消除。

c. 放射性污染在增加。由于核工业的发展和同位素应用的增多，人类受辐射的可能性在增加，特别是在发生核泄漏的地区。

d. 城市化发展不仅带来居住问题，对环境的压力也增大，在大城市中酸雨问题、化学烟雾问题等已经不再是新闻。

e. 工业、农业中使用的化学制剂、化肥、农药等，污染水体、土壤，不仅导致生物灭绝，而且由于有害化学物质在生物体内的富集作用，最后进入食物链，导致人类食物的污染或不可食用。

12.4.1.2　环境污染物对人类的危害

（1）决定环境污染物对人类的危害程度的因素　环境污染物对人类的危害程度大小与污染物的化学存在形式有关，例如对于重金属元素汞，有机汞的毒性就比无机汞更大；此外有一些污染物在使用时是低毒性的，经过生物代谢后可以生成毒性更大的物质。污染物对机体的毒性与人的营养状况、生理状态等也有关系，一般条件下充足的营养，可以降低环境污染物对机体的危害。

（2）通过食物链危害人类的化学品　人们最为关注的是那些对生物有急慢性毒性、易挥发、在环境中难降解、高残留、并能通过食物链危害身体健康的化学品，它们对动物和人体有致癌、致畸、致突变的危害。这些危害主要表现在下述几个方面。

① 环境荷尔蒙类损害 近年国际上对环境荷尔蒙研究非常活跃。研究筛选出大约 70 种这类化学品（如二噁英等）。欧美国家以及日本等 20 个国家的调查表明，近 50 年男子的精子数量减少 50%，活力下降，这就是由于这些有害化学品进入人体干扰了雄激素的分泌，导致雄性退化。

② 致癌、致畸、致突变化学品类损害 研究表明，有 140 多种化学品对动物有致癌作用，已确认对人的致癌物和可疑致癌物有 40 多种。人类患肿瘤病例的 80%～85% 与化学致癌物污染有关。

③ 有毒化学品突发污染类损害 有毒有害化学品突发污染事故频繁发生，严重威胁人民生命财产安全和社会稳定，有的则造成严重生态灾难。

就常见的环境污染物对人类的影响情况，美国的有关机构根据有害化合物的毒性、人体接触-暴露于其中的机会等综合考虑，列举出约 300 个对人类危害较大的物质，表 12-12 给出了 1999 年和 2001 年评价结果的前 10 位化合物。

表 12-12 对人体危害较大的前 10 位有害物质

物质	砷	铅	汞	氯乙烯	多氯联苯	苯	镉	苯并（α）芘	多氯芳烃	苯并荧蒽
危害位次	1	2	3	4	5	6	7	8	9	10

位于前 50 位的有害物质（括号内数字为危害位次）还有农药中的滴滴涕（12）和滴滴滴（26），有机物中的氯仿（11）、三氯乙烯（15）、联苯胺（25）、四氯乙烯（32）和四氯化碳（44）。在 2001 年新增加的有害有机物包括有二噁英（dioxin）等。

下面就不同来源的化学污染物质的一般情况进行简单介绍。

12.4.2 农药类

历史上使用过的农药类型包括有机氯、有机磷、有机硫、有机砷、有机汞、有机氟等（图 12-16），它们对农业生产的发展发挥了重要的作用，作为杀虫剂、除草剂、杀菌剂、植物生长调节剂等而使用；但是其广泛应用带来了严重环境污染问题。农药不仅在食物中残留，还能通过饲料进入畜产品、通过水体进入水产品和植物，特别是在食物链中所产生的富集作用。在我国，过去时有农药中毒事故发生（包括误食）。

目前农业生产中广泛使用的有机磷杀虫剂是乙酰胆碱酯酶抑制剂，毒性较低，稳定性较差，所以残留量也较低。

有机氯农药包括氯代苯类和多环氯代脂肪烃类，如滴滴涕（DDT）、六六六、三氯杀螨醇、五氯硝基苯、克菌丹、狄氏剂、艾氏剂等，对食品残留影响大的是滴滴涕和六六六。滴滴涕（二氯二苯三氯乙烷）和六六六（六氯化苯），不易降解，有极高的脂溶性，从而在环境和食物链中得到极大的蓄积，例如乌贼对滴滴涕的富集系数达到 200～1000000，牡蛎对滴滴涕的富集系数达到 700000。在 20 世纪 50～60 年代，当滴滴涕被广泛应用时，人体脂肪的滴滴涕含量达 5mg/kg。曾有人估计，那时每个成人平均每天摄取 0.2mg 滴滴涕。滴滴涕等有机氯农药属于神经毒素与细胞毒素，能够通过胎盘传递给胎儿。动物试验证实，滴滴涕和六六六可致肝癌；流行病病学调查发现，六六六的蓄积量与肝癌、肠癌、肺癌等发病率有关。在 20 世纪末，滴滴涕在世界范围内被禁止生产和使用，但由于滴滴涕的降解速度慢，对人体的危害将还会持续一段时间。目前有机氯农药残留的情况是：动物性食品残留高于植物性食品残留，脂肪多的食品残留较高，水产品中淡水产品高于海洋产品，池塘产品高于河湖产品；在植物性食品中以油料作物和粮食残留较高，蔬菜和水果中的残留较低。

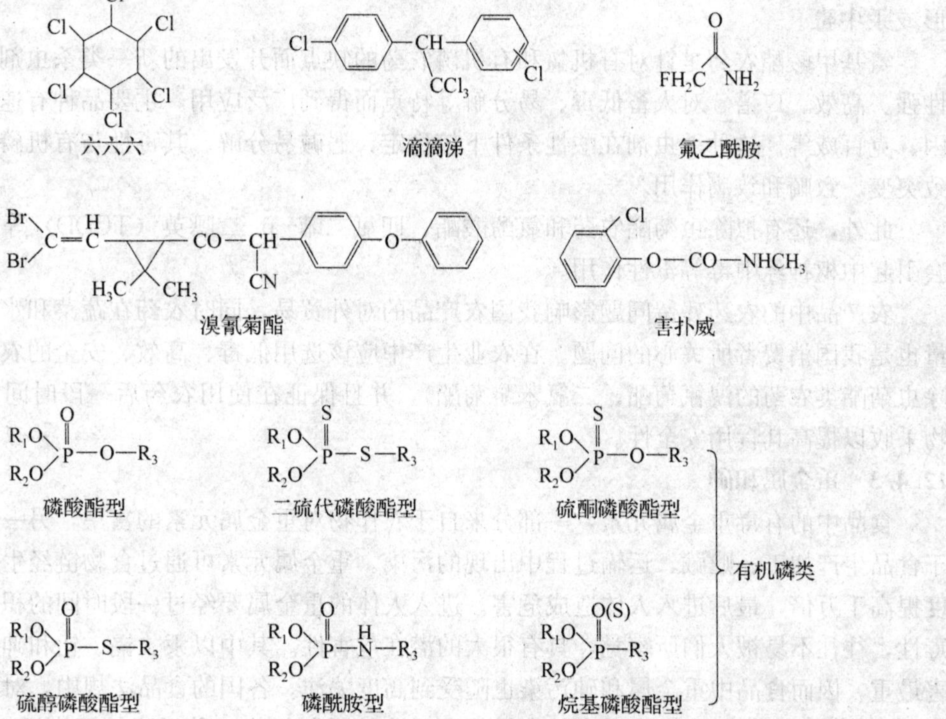

图 12-16　一些常见的农药的化学结构

　　有机磷农药（organophosphate pesticide）是人类最早合成而且仍在广泛使用的一类杀虫剂。在农业生产中具有较大的使用量，此类物质是神经毒素，可以抑制血液和组织中的乙酰胆碱酯酶，从而导致中枢神经系统过度兴奋而出现中毒症状。与有机氯农药相比，有机磷农药的溶解性较好，易被水解，在环境中的滞留时间短，可被快速分解，一般触杀性有机磷农药在数天或 2～3 周内即可分解，内吸性有机磷农药在 3～4 个月以后才能分解，存在于蔬菜和水果中的有机磷农药在 2 周内即可降解一半。同时有机磷农药在食品的清洗、加工过程中会减少，如果正常使用有机磷农药，一般对食用者不会产生安全问题。常用的有机磷农药包括马拉硫磷、乐果、氧化乐果、久效磷、对硫磷、杀螟松、乙酰甲胺磷、敌百虫、苯腈磷等。

　　有机氮农药的毒性与有机磷农药相似，一般比有机磷农药安全，在食品中的残留情况也与有机磷农药相似。有机氮农药包括西维因、害扑威等。

　　近来备受注意的是氟乙酰胺问题，它是一种高效、剧毒农药，曾经作为棉花、树木的杀虫剂，还被非法的用于鼠药的生产，在我国曾出现轰动一时的案件。氟乙酰胺具有内吸和触杀作用，人类口服半致死量为 2～10 mg/kg。氟乙酰胺进入人体后脱氨形成氟乙酸，干扰正常的三羧酸循环，导致三磷酸腺苷合成障碍及氟柠檬酸直接刺激中枢神经系统，引起神经及精神症状。中毒死亡的动物在被人或其他动物食用后可以引起第二次、第三次中毒，它是世界上禁止使用的农药。

有机汞农药曾经是农作物种子的杀菌剂，用于浸种与拌种。它在土壤中长期残留，不易分解，食品中的残留也不容易除去，所以是目前禁用的农药。有机汞农药残留通过食品进入机体后排除很慢，可以通过乳汁、胎盘传递给胎儿，可以导致胎儿的先天性畸形或汞中毒。

氨基甲酸酯农药是针对有机氯和有机磷农药的缺点而开发出的新一类杀虫剂，具有选择性强、高效、广谱、对人畜低毒、易分解等特点而得到广泛应用。主要品种有速灭威、西维因、克百威等。这种杀虫剂在酸性条件下较稳定，遇碱易分解。其毒性与有机磷类似，具有致突变、致畸和致癌作用。

此外，还有拟除虫菊酯农药和氯酚酸酯、四氯二苯-p-二恶英（TCDD）等除草剂等也会引起中枢神经中毒等毒性作用。

农产品中的农药残留问题影响我国农产品的对外贸易，同时农药在蔬菜和水果中的残留量也是我国消费者所关心的问题。在农业生产中应该选用低毒、高效、安全的农药（例如拟除虫菊酯类农药的溴氰菊酯、二氯苯醚菊酯），并且保证在使用农药后一段时间方进行农作物采收以提高其食用安全性。

12.4.3 重金属和砷

食品中的有毒重金属元素，一部分来自于农作物对重金属元素的富集，另一部分则来自于食品生产加工、贮藏、运输过程中出现的污染。重金属元素可通过食物链经生物浓缩，浓度提高千万倍，最后进入人体造成危害。进入人体的重金属要经过一段时间的积累才显示出毒性，往往不易被人们所察觉，具有很大的潜在危害性。其中以汞、镉、铅和砷等元素的危害最重，因而食品中重金属和砷污染也随受到高度关注。各国的食品法规中，对汞、镉、铅和砷这4种有害的元素在食品中的含量均有明确的限制。这4种元素的污染源主要是印刷、电镀废水、废弃电池、油漆颜料、含铅汽油、电器仪表制造、矿石开采与冶炼、陶瓷业等，最近还有人提出未来的一段时间内，淘汰的家用电子设备（电视机、电脑等）将成为环境污染的又一个重要来源。

12.4.3.1 汞

汞（mercury，Hg）主要来源于环境的自然释放和工业的污染。汞是蓄积作用较强的元素，主要在动物体内蓄积。湖泊、沼泽中的水生植物、水产品易蓄积大量的汞。有机汞化合物（如甲基汞），其毒性比无机汞要大得多，这两种化学形态的汞都作用于中枢神经系统。甲基汞摄取量超过 $4\,\mu g/kg$（体质量）时，就有明显的临床中毒症状，症状包括食欲减退、呕吐、腹泻、呆滞、运动失调、震颤、瘫痪等，严重时精神错乱、死亡。有机汞进入人体后主要蓄积于肝、肾、脑等组织中，甲基汞还可以通过胎盘进入胎儿体内，有一定的致畸作用，甚至导致脑瘫。一般人每周可耐受量为 $300\,\mu g$ 总汞，其中甲基汞不得超过 $200\,\mu g$。由于经过胆汁排出的甲基汞在肠道被重新吸收，形成了肝肠循环，所以在人体中汞的残留时间较长。我国生活饮用水水质卫生标准规定汞不超过 $0.001\,mg/L$。

20世纪发生在日本的水俣市的水俣病，就是由于甲基汞中毒产生脑组织损伤而得名。甲基汞主要来源于那些受污染的鱼类食品，其他食品一般不超过 $100\,\mu g/kg$ 的水平。

12.4.3.2 镉

镉（cadmium，Cd）是最常见的污染食品和饮料的重金属元素。镉污染一般是由于矿业、冶金、电池、塑料等的"三废"而进入环境。我国水稻、蔬菜等农作物中镉的检出率较高，超标现象严重。镉可以经过消化道、呼吸道被人体吸收。在人体中镉同血红蛋白结合进入组织，然后与金属硫蛋白结合，贮存于肝脏和肾脏，其排出速度非常慢，生物半衰期为 $16 \sim 33$ 年。被镉污染的食物是人摄入镉的一个重要途径，长期食用被镉污染的食物，会损害肾脏，其他症状有贫血、肝功能不良，人每周可承受量为 $400 \sim 500 \mu g$。一般认为，食品（如大米）中镉的含量在 $0.02 \sim 0.05 \mathrm{mg/kg}$ 为正常，超过此量就可能为污染所致。

镉中毒的症状较多，包括关节疼痛、容易骨折、贫血等，如在日本的富士山境内居民的中毒症状就包括骨痛，他们是由于长期食用被冶炼厂含镉废水污染的大米而造成的；镉中毒也可造成肝脏、肾脏损伤、癌症等其他不良后果。

12.4.3.3　铅

铅（lead，Pb）在自然界分布甚广，是工业生产的重要原料。自工业革命以来，全世界铅的产量逐年增加。工业用铅可分为金属铅和含铅化合物两大类，进入环境的铅主要是含铅化合物。含铅排放物除小部分可以回收利用外，其余均通过各种途径进入环境，造成污染和危害。在汽车业发达的国家里，由于过去使用铅的化合物作为燃油添加剂，因汽车尾气而排放出的铅量占铅污染很大的比例；铅还是工业"三废"中的重要污染物。

铅及其化合物侵入人体的途径，主要是呼吸道，其次是消化道，完整的皮肤不能吸收。铅通常以蒸气、烟尘及粉尘形态进入人体，一般说，吸入的铅 $70\% \sim 75\%$ 仍随呼气排出，其余 $30\% \sim 50\%$ 吸收进入人体。铅通过消化道进入人体，主要来自在作业场所进食和饮水。铅在生物体内的半衰期较长（约 $1460 \mathrm{d}$），进入人体后可蓄积于骨骼中，少量存在于内脏、血液和脑组织中，机体缺钙时铅可以溶出而产生更大的毒性。铅的毒性一般是影响神经系统、造血系统和消化系统，从而引起头痛失眠、关节酸痛、贫血、食欲不振等症状，同时还可以损伤肾脏、机体免疫系统、导致孕妇流产或死胎。在铅中毒患者中可以观察到牙龈出现铅线，血液中可观察到点彩红细胞。一般人每周可耐受量为 $300 \mu g$ 左右。铅化合物的毒性大小顺序一般为：溶于水和酸的盐＞溶于水的盐＞不溶于水的盐＞金属铅。

12.4.3.4　砷

砷（arsenic，As）在自然界分布很广，动物和植物机体中都含有微量的砷。农田用水的污染和含砷农药的广泛使用，是农作物受污染的主要来源。据报道，海水含砷为 $2 \sim 30 \mathrm{ng/kg}$，而工业城市毗邻的沿海水域可达 $140 \sim 1000 \mathrm{ng/kg}$。砷在我国大部分地区的蔬菜中检出率近 100%。粮食、水果、蔬菜、肉、乳、蛋、鱼类及其制品、茶叶等食品均有检出，有的超过食品安全卫生标准。土壤中含有一定量的砷，一般来讲砷在天然食品中的含量很低，但在水生生物（特别是海洋生物如海带、牡蛎）对砷的富集作用很强，可浓缩 3000 倍，所以砷在水生动物中通常有较高的含量。食品中砷的污染主要是使用含砷的农药，或者是由于含砷的工业废水的污染而致，这些废水一般来自农药厂、化工厂、冶炼厂、砷矿等。在生物体内，砷一般为有机砷。

不同化学形态的砷均具有毒性，其中五价砷的毒性小于三价砷，有机砷的毒性小于无机砷，砒霜（As_2O_3）就是人们熟知的一种剧毒的化学品。砷在机体内主要蓄积在毛发和指甲，其次是皮肤、肺、肾、脾等器官中，排出体外的速度也很慢。砷可以抑制多种酶的活性，例如同丙酮酸氧化酶结合，影响新陈代谢，使神经系统、肝脏、肾脏发生病变。砷急性中毒的症状有呕吐、腹泻、头痛头晕、四肢麻木等，严重时死亡；慢性中毒症状为消化障碍、食欲不振、呕吐、腹痛、肝肿大等，也会出现色素沉着、角质增生、多发性神经炎等。

流行病学调查发现无机砷对人有致癌作用,主要是肺癌和皮肤癌。

12.4.4 多氯联苯化合物和多溴联苯化合物等

多氯联苯化合物(PCB)和多溴联苯化合物(PBB)是含有多个卤素原子、苯环的有机化合物,它们是惰性材料,不能被水解或氧化,水中溶解度低,挥发性也低,可作为绝缘体、防火材料、润滑油、其他工业产品的配料(如炭粉、油墨、油漆),在工业上有广泛应用,是目前化学污染物中较受注意的目标。美国的食品与药物管理局(FDA)等就食品中的多氯联苯限量问题已经做出明确的规定。

多氯联苯大约有210种异构体,其中有50种为工业常用的化合物,同环境污染有关的主要是二联苯的氯化物,少数为三联苯的氯化物。多氯联苯不易降解,有较高的脂溶性,跟滴滴涕相似,进入人体蓄积于脂肪组织。多氯联苯常出现在鱼、家禽、牛乳和鸡蛋里,含量水平为$1\sim40$ mg/kg,很少在新鲜水果蔬菜里发现。多氯联苯的毒性一般为慢性中毒、蓄积中毒,并有致畸作用。在对大鼠试验时,其LD_{50}为$1\sim3$ mg/kg。20世纪60年代,首先在瑞典的波罗的海海域测得多氯联苯在海水中存在,并发现其在食物链中有明显的富集;1968年在日本发生的多氯联苯污染米糠油事件中,中毒者有恶心、呕吐、肌肉疼痛、肝功能紊乱等症状,严重者死亡。

含有多氯联苯的工业"三废"大量排放到环境中是造成食品污染的主要原因,此外含有多氯联苯的废品在焚烧时会造成多氯联苯污染大气,随后多氯联苯与尘埃或雨水沉降,造成环境污染。目前海水由于受到多氯联苯的污染,使得水生动物体内多氯联苯的蓄积量也明显增加。鱼是人摄入多氯联苯和多溴联苯的主要来源,家禽、乳和蛋中也常含有这类物质。多氯联苯和多溴联苯进入人体后主要积蓄在脂肪组织及各种脏器中。

氯萘主要用作木材防腐剂和润滑油,当饲料在加工过程中接触到氯萘时就产生安全性问题。已知氯萘可引起牲畜患角化病,死亡率较高。

12.4.5 二噁英化合物

食品中的二噁英(chlorinated dibenzo-p-dioxin,CDD)污染问题可能是20世纪末一个最大的、影响面最广的食品安全性问题。2011年01月,德国多家农场传出动物饲料遭二噁英污染的事件,导致德国当局关闭了将近5000家农场,销毁约10万颗鸡蛋,这次污染事件发生在德国的下萨克森邦,被发现当作饲料添加物的脂肪部分遭到二噁英污染,对饲料厂样品进行的检测结果显示其二噁英含量超过标准77倍多。二噁英化合物是一类对人非常有害的有机化合物,它的毒性十分大,是砒霜的900倍,有"世纪之毒"之称,0.1 mg甚至10 ng的二噁英就会给健康带来严重的危害。二噁英除了具有致癌毒性以外,还具有生殖毒性和遗传毒性,直接危害子孙后代的健康和生活。因此二噁英污染是关系到人类存亡的重大问题,必须严格加以控制。国际癌症研究中心已将其列为人类一级致癌物。

此类化合物的基本结构如图12-17所示,为多氯代二苯并-对-二噁英(PCDD)和多氯代二苯并呋喃(PCDF)。二噁英化合物苯环上的$1\sim4$位和$6\sim9$位可以分别被氯取

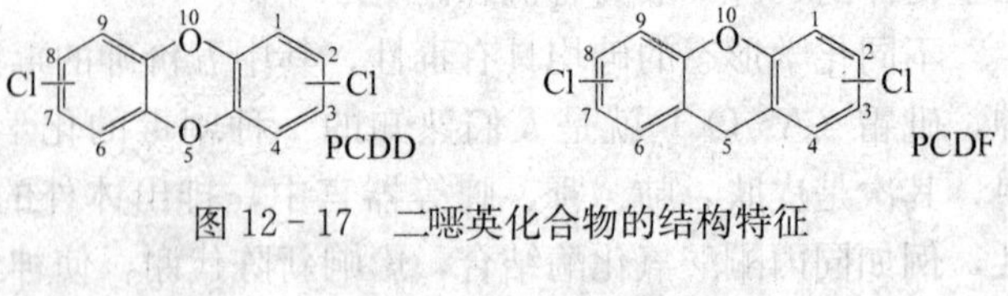

图12-17 二噁英化合物的结构特征

代,生成相应的一氯代至八氯代化合物,所以通常所说的二噁英化合物实际上有75个同系物,因此上面提及的多氯联苯有时也被看作二噁英类似物。

二噁英化合物既不是天然产物，又不是化工业有目的生产产物。二噁英化合物实际上是一些工业生产时产生的不希望副产物。例如在造纸工业生产时由于漂白而使用的氯及其衍生物，会形成少量的二噁英化合物，并最终随废水排放至环境；化工业在用酚类化合物生产氯代苯酚时也有二噁英化合物生成。但是二噁英化合物最大的来源是在日常生活对垃圾的焚烧、工业上石油的燃烧、废旧金属的回收等。在这些过程中产生的二噁英化合物通过废水、废气、尘埃等各种途径进入环境，并最终进入食品链（如农产品中的动物产品乳制品就是典型的例子），自然界的微生物和水解作用对二噁英的分子结构影响较小，因此环境中的二噁英很难自然降解消除。二噁英可以影响人们的食品安全性。

对二噁英化合物的研究历史不长，所以其食品安全性方面的许多问题仍然在进行相关的研究。二噁英化合物中 2,3,7,8 - 四氯 - 二苯 - 二噁英在动物试验中显示很大的毒性，例如可以产生体质量下降、肝损伤、影响内分泌系统，怀孕动物可造成流产或者严重的生殖缺陷（畸形、免疫力低下）；它可影响皮肤（产生皮疹），导致一些癌症产生。目前 2,3,7,8 - 四氯 - 二苯 - 二噁英已经被世界卫生组织（WHO）确认为致癌物。

由于二噁英问题引起公众的强烈关注，虽然由食物而导致的风险不高，西方的一些国家确定食品中二噁英可承受的日摄入量为 $1 \sim 10\,pg/$（kg·d），而人类从所有相关食品源中二噁英的一天总摄入量为 $0.2 \sim 0.6\,pg$。所以说总体而言此类化合物对人类产生的危害还不是十分严重。

12.4.6　兽药及非法添加物

在进行食品原料生产过程中，为提高生产数量与质量常施用各种化学控制物，如兽药、饲料添加剂、动植物激素等。这些物质的残留对食品安全产生着重大的影响。

12.4.6.1　抗生素

抗生素作为饲料添加剂和动物药物被广泛应用以来，在动物组织中残留，对食品的安全性产生不良影响，直接威胁人类身体的健康和安全，受到了社会公众、政府和学术界的关注。据近来我国外贸部门的统计，我国畜禽产品的出口因受药物残留影响很大。这里所说的抗生素，包括 β - 内酰胺类抗生素（即青霉素类）（图 12 - 18）、四环素类、磺胺类、庆大霉素等。

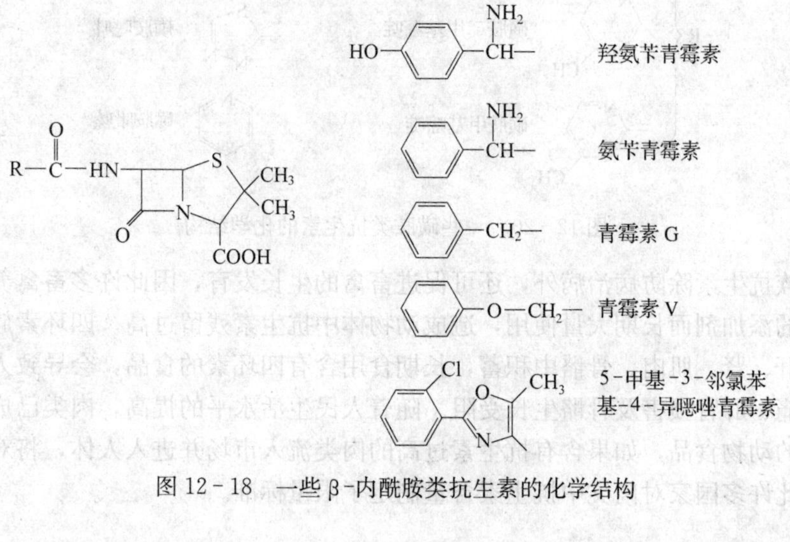

图 12 - 18　一些 β-内酰胺类抗生素的化学结构

　　长期以来，抗生素被广泛地用于人和动物疾病的防治，尤其是在治疗乳牛的乳房炎方面取得了显著的效果。但是抗生素在应用于动物后，一定时间内残留于动物机体组织中，这对于经常食用含有抗生素残留食品的人而言，等于长期间接地吸收低剂量的抗生素，从而可引起病原菌对多种抗生素产生耐药性，现已证明青霉素、氯霉素、四环素等能诱导葡萄球菌获得耐药性。例如残留在牛乳中的抗生素会造成对人体健康的危害。据报道，目前金黄色葡萄球菌、致病性大肠杆菌耐药菌株高达 70%。由于产生耐药性问题，治疗牛乳房炎抗生素剂量越用越大，青霉素 G 由 20 年前使用 6.0×10^5 IU 剂量增加到现在的 8.0×10^5 IU，因而残留在牛乳中抗生素的剂量也越来越高，长期饮用抗生素残留较高的牛乳可使人体内的正常菌群对抗生素敏感而受到抑制，破坏菌群间相互制约，扰乱机体的内环境平衡，造成菌群失调而不利于健康，而且饮用含抗生素残留的牛乳会使过敏体质的人出现过敏反应。又如，据资料介绍，用添加青霉素饲料喂猪的饲养员，从其皮肤和鼻子中分离的细菌有 30.3% 是抗青霉素的。由于抗药性细菌的发展，肠道细菌感染病人的死亡率增长。随着对抗生素药物残留的深入研究，世界卫生组织（WHO）及各国都主张，青霉素、链霉素、四环素类（金霉素、土霉素、四环素）（图 12-19）、磺胺类药物（图 12-20）、氯霉素不宜作饲料添加剂。现在世界各国正逐步开展以微生物添加剂和畜用抗生素来取代这些抗生素。

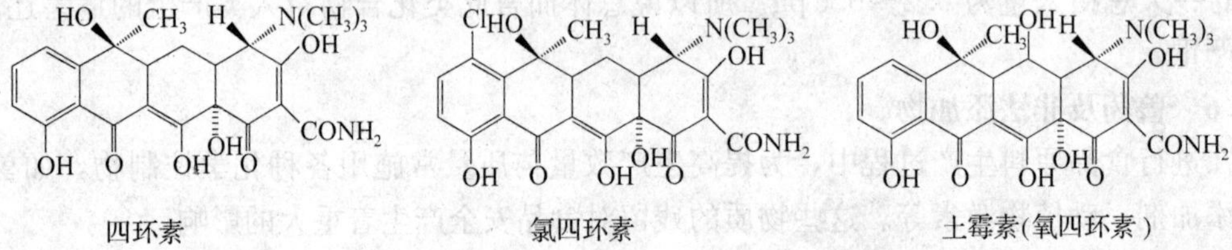

四环素　　　　　　　氯四环素　　　　　　土霉素（氧四环素）

图 12-19　一些四环素类抗生素的化学结构

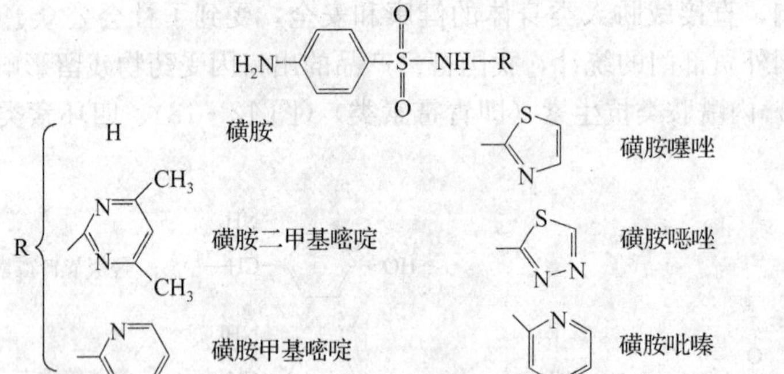

图 12-20　一些磺胺类抗生素的化学结构

　　四环素族抗生素除防病治病外，还可促进畜禽的生长发育，因此许多畜禽养殖场把抗生素作为饲料的添加剂而长期大量使用，造成动物体中抗生素残留过高。四环素族抗生素主要在人体心、肝、肾、肌肉、骨骼中积蓄，长期食用含有四环素的食品，会导致人体患四环素牙、肌肉酸痛、肝肾损害及骨骼生长受阻。随着人民生活水平的提高，肉类已成为人们膳食中不可缺少的动物食品，如果含有抗生素过高的肉类流入市场并进入人体，将对人体造成很大危害，为此许多国家对肉类中抗生素含量制定了限量标准。

联合国粮食与农业组织（FAO）及世界卫生组织（WHO）早在 1969 年就提出应对各种动物性食品中的抗生素残留提出限量标准，日本于 1997 年规定牛乳中抗生素残留限量为 0.1mg/kg，我国 1990 年明确规定乳牛在应用抗生素期间和停药后 5d 内的乳汁不得供食用。

12.4.6.2 激素类

激素（hormone）是由机体某一部分分泌的特种有机物，可影响机能活动并协调机体各部分的作用，促进畜禽生长。存在于食品中的激素类物质包括植物激素、动物激素。典型的植物激素有生长素、细胞分裂素、赤霉素等；典型的动物激素包括甲状腺素、肾上腺素、雌激素、雄激素等。这里将重点介绍近年来影响我国动物食品生产的人工合成的激素物质瘦肉精和雌激素、雄激素。

(1) 瘦肉精 瘦肉精原是西药中的平喘药物，化学名称为盐酸克仑特罗（clenbuterol hydrochloride），既是人工合成的 β-肾上腺素的类激素之一，又是一种强效 β-2 受体激动剂。它具有能够改变动物养分的代谢途径，促进动物肌肉特别是骨骼肌中蛋白质的合成，抑制脂肪的合成和积累，从而改善胴体品质，使生长速率加快，瘦肉比例增加。一般来说，饲料中添加适量盐酸克仑特罗后（1kg 饲料添加 3～5mg），可使猪等畜禽生长速率、饲料转化率、胴体瘦肉率提高（可以使猪的瘦肉率提高 97%，脂肪则下降 14.1%），瘦肉精名称就是由此而来的。

但是盐酸克仑特罗的摄入对人体是有害的，在国外和我国（特别是近几年来）均有大规模的消费者中毒事件，自 20 世纪 80 年代开始欧美等国均将其定为禁用药品。我国最高报道的瘦肉精中毒事件是 1998 年供港活猪引起的，此后这类事件经常发生，2001 年广东曾经出现过群体中毒事故，因此它也是我国禁用的饲料添加剂。

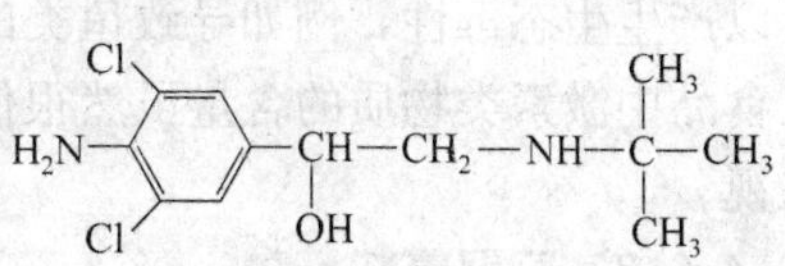

图 12-21 盐酸克仑特罗的化学结构

瘦肉精在猪肉组织和肌肉中的残留，尤其是在内脏中的残留相当大，并且代谢很慢，这种残留通过食物链进入人体后，必然使人体内盐酸克仑特罗严重超量而导致积蓄性中毒。盐酸克仑特罗进入人体后首先通过胃肠道吸收，且吸收快，人或动物服后 15～20 min 即起作用，2～3 h 血浆浓度达到峰值，作用持续时间比较长久。盐酸克仑特罗还能引起血钾降低，造成低钾血症，可导致心律失常。摄入盐酸克仑特罗量过大则可能出现肌肉震颤、心慌、心悸、战栗、头疼、恶心、呕吐等症状，特别是对于高血压、心脏病等疾病患者危险性更大，易导致意外发生。有研究表明，如果长期摄入盐酸克仑特罗，还可导致染色体畸变，诱发恶性肿瘤等。所以要坚决杜绝在动物饲养过程中非法使用瘦肉精，保护广大消费者的健康权益。

(2) 动物激素 人工合成激素，例如己烯雌酚（diethylstilbestrol）、己烷雌酚（hexestrol）、己二烯雌酚（dienestrol）、雌二醇（estradiol）、雌三醇（estriol）、去甲雄三烯醇酮（trenbolone）、睾酮（testosterone）等（图 12-22），对人、动物以及环境存在潜在危害性，世界上许多国家禁止在动物饲料中使用这些激素。

过去这些激素，特别是己烯雌酚由于结构简单、成本低廉，在饲料工业中得到应用。牛、羊、猪、鸡等家畜，通过内服或者皮下埋植己烯雌酚，能够增进食欲、加快新陈代谢，动物体内的氮保留增加，促使氨基酸合成蛋白质的速度增加，从而达到提高饲料利用率、增加动物体质量或瘦肉率的目的。但是动物在被用于激素后，通常会在其内脏、肌肉中残留，

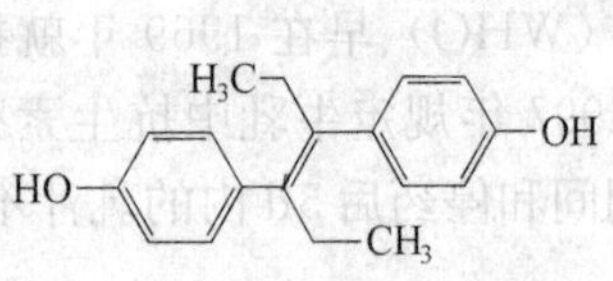

己烯雌酚 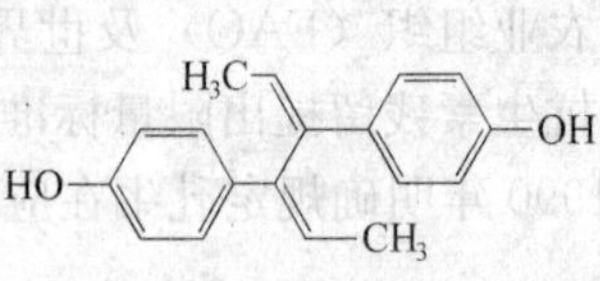　　　　　　　　　　　己二烯雌酚

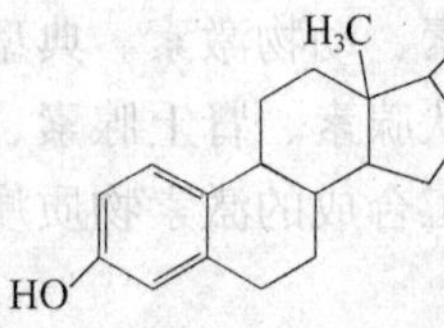

雌二醇 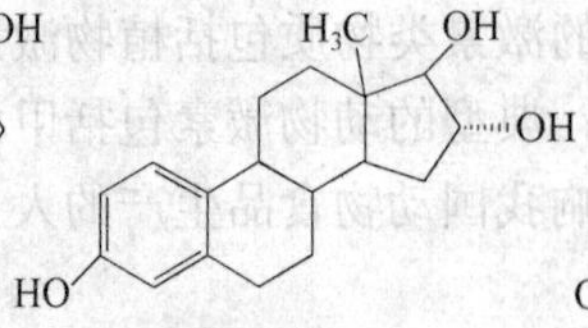　　　　雌三醇 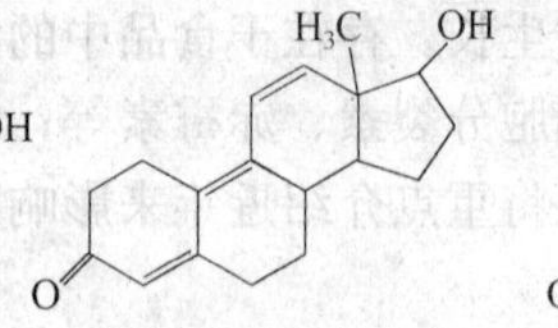　　　　去甲雄三烯醇酮 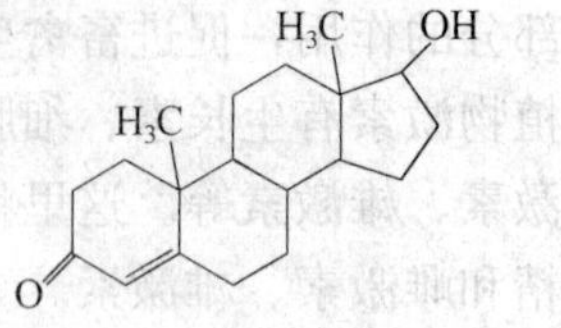　　　　睾酮

图 12-22　一些激素的化学结构

这样激素就会在动物被食用后进入人体，产生相应的不良反应，特别是雌激素类物质具有明显的致癌作用。常见的不良反应包括干扰人体正常的激素平衡，例如女性出现男性化，肌肉增加、毛发增多、月经失调，或者是出现性早熟、抑制骨骼发育；而男性出现雌性化，秃头、睾丸萎缩、胸部扩大和内脏功能障碍、肿瘤等。而进入环境的激素类物质，已经被发现可以产生生态毒性，例如导致鱼类的雌性化或雄性化、引起野生动物的生殖器官畸形等。所以食品中激素类物质的含量虽然很低（以 ng/kg 计），但是它对食品安全性带来的问题不容忽视。

12.4.6.3　三聚氰胺

三聚氰胺（melamine）（图 12-23），俗称密胺、蛋白精，是一种三嗪类含氮杂环有机化合物，被用作化工原料。它是白色单斜晶体，几乎无味，微溶于水，可溶于甲醇、甲醛、乙酸、热乙二醇、甘油、吡啶等，不溶于丙酮、醚类，对身体有害，不可用于食品加工或食品添加剂。但是由于其分子中含有多个氮原子，为提高饲料产品的含氮量，常常被在饲料加工中被人为加入。

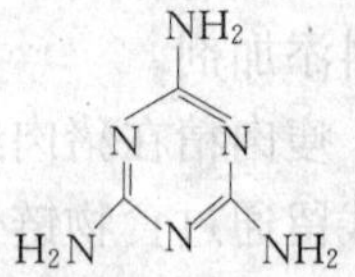

图 12-23　三聚氰胺的化学结构

三聚氰胺不可燃，在常温下性质稳定。其水溶液呈弱碱性；与盐酸、硫酸、硝酸、乙酸、草酸等都能形成三聚氰胺盐。在中性或微碱性条件下，与甲醛缩合而成各种羟甲基三聚氰胺，但在微酸性中与羟甲基的衍生物进行缩聚反应而生成树脂产物。三聚氰胺遇强酸或强碱水溶液水解，胺基逐步被羟基取代，先生成三聚氰酸二酰胺，进一步水解生成三聚氰酸一酰胺，最后生成三聚氰酸。

由于三聚氰胺为常见的化工产品，故以前多作为职业暴露进行分析。工业生产中工人可能吸入或皮肤接触，但对健康的危害不大。三聚氰胺会随着工业生产废弃物进入水、土壤和大气中，并有少量通过空气或食物进入人体。由于三聚氰胺可用于生产食品包装材料、农药和化肥，因此食品中可能会有微量的三聚氰胺。此外，采用三聚氰胺-甲醛树脂制作的食品餐具在与食品接触时会有微量的三聚氰胺迁移出来。此前并无明确的三聚氰胺毒性的人群资料，但一般认为不会产生永久性损伤或死亡。动物实验显示，三聚氰胺在体内不会被分解，主要经尿液排出体外。虽然三聚氰胺能给实验动物造成泌尿系统的肿瘤，但并没有足够的证据证明它对人体有致癌性。然而，近年来报道的三聚氰胺中毒事故多是由于乳粉中含有大量的三聚氰胺引起的。根据报道，在婴幼儿配方乳粉中三聚氰胺的最高含量达到了2500mg/kg以上。超过 99％的患者是 3 岁以下儿童。这是由于非法添加三聚氰胺造成的灾难性后果。

12.4.6.4 邻苯二甲酸酯类物质

起云剂（又名浑浊剂、乳浊剂、增浊剂）也就是人们常说的乳化稳定剂，是指将具有一定香气强度的风味油，以细微粒子的形式乳化分散在由阿拉伯胶、变性淀粉、水等组成的水相中形成的一种相对稳定的水包油体系。起云剂是一种合法食品添加物，它的常用原料为风味油、单体香油、增重剂、乳化稳定剂及多种食品添加物。主要应用于饮料和奶类制品。

起云剂的常用原料是阿拉伯胶、乳化剂、棕榈油或葵花油。按照正规的制备方法所得到的起云剂只要按照国家规定食品添加标准进行添加对人体是不会产生毒性作用的。然而近几年发生的起云剂事件与工业酒精勾兑、苏丹红、三聚氰胺事件类同，是不良商家采用致癌性的塑化剂邻苯二甲酸酯（也称为酞酸酯）类物质取代成本贵 5 倍的棕榈油，从而引起了食品安全性问题。

2011 年 5 月起我国台湾省食品中先后检出邻苯二甲酸二酯（DEHP）、邻苯二甲酸二异壬酯（DINP）、邻苯二甲酸二正辛酯（DNOP）、邻苯二甲酸二丁酯（DBP）、邻苯二甲酸二甲酯（DMP）和邻苯二甲酸二乙酯（DEP）6 种邻苯二甲酸酯类塑化剂成分，药品中检出邻苯二甲酸二异癸酯（DIDP）。截至 2011 年 6 月 8 日，我国台湾省检测出含塑化剂食品达 961项。2011 年 6 月 1 日我国卫生部紧急发布公告，将邻苯二甲酸酯类物质列入食品中可能违法添加的非食用物质和易滥用的食品添加剂名单。

2013 年中国白酒行业再掀起塑化剂风波，某品牌白酒样品检测出邻苯二甲酸二丁酯，最高检出值为 1.04mg/kg，超过卫生部对于食品塑化剂限量标准 247％。

邻苯二甲酸酯类物质是一种环境激素，尽管有大量的研究表明它对人和生物有害，但是对于人体的毒害机理还不太明确。一些国家和地区已经把邻苯二甲酸酯类物质列为第 2B 类致癌物（致癌或危害存在，但致癌和危害是如何发生的仍有待研究）和第 4 类毒性化学物质。塑化剂进入人体可能会损害男性生殖能力，促使女性性早熟，以及对免疫系统和消化系统造成伤害。

12.4.7 放射性物质

12.4.7.1 食品中的放射性物质

在自然界中存在着能够释放出射线的核素，称为放射性核素或放射性同位素，其中一些是由人工方法合成的（人工放射性核素）。放射性物质（radioactive material）对环境的污染一般是由 3 种途径产生：核爆炸、核废料的排放和意外事故（如核电站的泄漏）。各种放射性核素的半衰期不同，对食品而言，从食品安全性角度来考虑，对人体危害较大的是那些半衰期较长的放射性同位素。

由于生物体与其所在的环境之间具有固定的物质交换过程，所以大多数动植物食品中均含有一定量的放射性同位素。食品中主要的天然放射性同位素主要是 ^{40}K、^{226}Ra、^{228}Ra、^{210}Po 和天然铀（U）、钍（Th）等。其中 ^{40}K 是食品中含量最高的放射性核素，产生 β 射线，在天然食品中的比例约为总钾含量的 0.0119％，以坚果类食品中含量较高，蔬菜、豆类及肉类食品次之，谷类和奶类中较低；Ra 是对人存在危害性最大的放射性同位素，产生 α 射线，可以通过水、食品等进入人体，但在不同食品中 Ra 的含量差异较大。Po 的危害性与 Ra 相似，也是产生 α 射线，它在生物链中可以富集，所以在以浮游植物为食物的鱼类中其含量较高；铀和钍则属于中等危害的放射性物质，它们产生的主要是 α 射线。

12.4.7.2 环境中放射性物质进入食品的途径

除人为的污染外，环境中的放射性物质主要是通过下述 3 种途径向食品中转移的，并最终将对人类产生危害。

(1) 向水生动物体中转移 放射性物质进入水体后被水生植物、藻类等富集，低等水生动物在将其摄食以后就进入水生动物链，以后再进入掠食动物的体内，从而在食物链中形成富集作用。

(2) 向植物中转移 放射性物质随大气沉降物或雨水进入环境后，被地表的植物组织吸收，从而进入食物链。植物吸收放射性物质的量与土壤、植物、气象等因素有关。

(3) 向动物体转移 环境中的放射性物质通过饲料、牧草、饮水等途径进入人类饲养的畜禽体内，造成对动物性食品的污染。在此过程中通常也表现出对放射性物质的富集作用。

总之，放射性物质进入人体的途径可以用图 12-24 来表示。

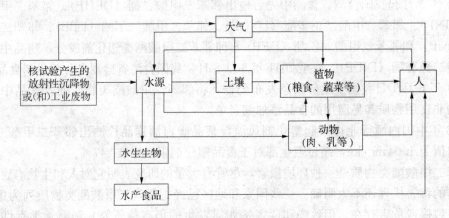

图 12-24 放射性物质进入人体的途径

12.4.7.3 食品放射性物质对人体的危害

食品放射性物质对人体的主要危害在于对体内、器官和细胞产生低剂量、长时间的照射作用。当人摄入被放射性物质污染的食品以后，如果超过一定的程度，轻者是产生不良反应，例如头痛、头晕、食欲下降、睡眠障碍及白细胞降低等症状，严重时会出现放射病，例如白血病、肿瘤、代谢病、遗传方面的问题等。但是不同个体对放射性物质的敏感程度差异较大，并与年龄、营养、性别等条件有关，婴幼儿、儿童、孕妇、老年人等是敏感人群。

12.5 食品在加工贮藏中生成的有害物质

12.5.1 多环芳烃与苯并 (a) 芘

多环芳烃是指分子结构中有 3 个以上的苯环稠合在一起的有机化合物，其中许多种均具有致癌作用，此类化合物的代表物为苯并 (a) 芘（图 12-25），为强烈的致癌物。苯并 (a) 芘（benzopyrene）主要导致人类的胃癌、皮肤癌、肺癌等。流行病学的调查发现，在熏鱼、熏肉食用多的地区，胃癌的发病率较高，而改变生活习惯以

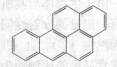

图 12-25 苯并 (a) 芘的化学结构式

后胃癌的发病率下降，而大气中的苯并（a）芘的存在水平与肺癌的发病率存在正相关。

苯并（a）芘可以通过皮肤、呼吸道、消化道及食物进入人体，进入血液或沉积于肺泡而危害人体健康。它的性质很稳定，在食物的烹饪过程中不易破坏。食品中苯并（a）芘的来源一般有两种：（1）大气的污染所致；（2）食品加工中生成。

食物的烟熏、烧烤、油炸过程是苯并（a）芘污染的重要途径。熏烟中苯并（a）芘的形成与生烟时的温度直接相关，在 400℃以上时苯并（a）芘的生成量随温度的升高而增加，在 400℃以下时苯并（a）芘的生成量较少。在对食物进行烧烤加工时，食物中所含的脂类化合物在高温下分解产生多环芳烃化合物，当油滴在滴入火中时，苯并（a）芘的含量增加。所以食品如果进行长时间的高温油炸，也会生成苯并（a）芘。

为了提高这些食品的安全性，避免苯并（a）芘对食品的污染，应控制严格的食品加工条件，例如避免明火烧烤和长时间高温油炸，尽量采用冷熏处理产品。

12.5.2　硝酸盐、亚硝酸盐与亚硝酸胺

在土壤、水体和动植物组织中均存在硝酸盐（nitrate），农业生产时如果使用过多的硝酸盐化肥或气候干旱时，农产品中硝酸盐的含量偏高，乳牛在饮用盐碱水时其乳汁中的硝酸盐含量也偏高。农产品中的硝酸盐在一定条件下可以转化为亚硝酸盐（nitrite），例如通过微生物的还原作用，蔬菜在正常条件下的贮存、腐烂或腌制后亚硝酸盐的含量就大大增加。食品中人为地加入硝酸盐或亚硝酸盐的例子是在肉制品的腌制过程中，加入硝酸盐或亚硝酸盐作为护色剂和保藏剂，如果加入的是硝酸盐，在微生物的还原作用被还原为亚硝酸盐。一般人类膳食中 80%的亚硝酸盐来自蔬菜类食物中，所以蔬菜是人类摄入亚硝酸盐的主要途径。一些蔬菜中硝酸盐的含量如表 12 - 13 所示。

表 12 - 13　蔬菜中硝酸盐的含量（%，以干物质计）

蔬菜	硝酸盐氮含量	蔬菜	硝酸盐氮含量
番茄	0.0～0.11	黄瓜	0.0～0.16
南瓜	0.09～0.43	青豆	0.04～0.25
芹菜	0.11～1.12	卷心菜	0.01～0.09
菠菜	0.07～0.66	胡萝卜	0.0～0.13

一般的亚硝酸盐中毒不是由于食物本身的原因，通常为误食与食盐相似的工业废盐（含大量的亚硝酸盐）或者是食用私盐而导致的，中毒量为 0.3～0.4g，致死量为 3g。亚硝酸盐的急性毒性作用是导致高铁血红蛋白症，即亚硝酸盐使血红蛋白的亚铁离子被氧化为高铁离子，血氧运输严重受阻。这种症状特别容易在婴儿中发生，这是因为婴儿肠内酸度较低，并且缺乏使血红素的高铁离子还原为亚铁离子的心肌黄酶。而中毒严重者出现面部及皮肤青紫，头痛、无力，甚至出现昏迷、抽筋、大小便失禁，会因呼吸困难而死亡。

亚硝酸盐对人类的危害主要表现在亚硝基化合物的形成上。食品中天然存在的亚硝基化合物极少，但是食品中存在着不同的胺类化合物。在酸性条件下，亚硝酸与胺类化合物作用，可以生成亚硝酸胺（nitrosoamine）与亚硝酰胺（图 12 - 26）。

图 12 - 26　亚硝酸胺（左）与亚硝酰胺（右）的化学结构

对几百种此类化合物的研究表明，90％的亚硝基化合物对动物有致突变、致畸、致癌作用。长时间、小剂量的亚硝基化合物可以使动物致癌，一次高剂量的冲击也可诱发癌变。此外，它们可以对任何器官诱发肿瘤，甚至可以通过胎盘、乳汁来引起后代发生癌变，所以亚硝酸胺化合物曾经成为人们谈癌色变的主要物质之一。

由于人体胃液的 pH 低，适合亚硝酸胺、亚硝酰胺的生成，所以蔬菜中的亚硝酸盐与高蛋白食物中胺类化合物之间的反应不容忽视。一些食品在利用传统的方法加工、处理时，就存在安全性方面的不利因素，例如有研究指出在我国一些地区的大豆制品以及其他一些食品中就含有较高的亚硝酸胺。水产品在腌制、熏制时，存在高含量的亚硝酸胺化合物，如咸鱼、虾皮等传统食品。在高食道癌发病区的调查发现，泡菜、酸菜是一种有代表性的、亚硝酸胺含量高的食物。当然畜产品加工中广泛使用硝酸盐、亚硝酸盐作为发色剂（护色剂），也给食品的安全性带来问题。

由于亚硝胺给食品带来的安全性问题如此严重，所以过去对胺类化合物的亚硝化反应的研究也就较多，表 12 - 14 给出了一些仲胺和氨基酸发生亚硝化反应时的动力学速度常数，而在表 12 - 15 中显示了温度和时间对亚硝酸胺形成的影响情况。

表 12 - 14　一些仲胺与氨基酸亚硝化反应速度常数

氨基化合物	最适宜 pH	适宜 pH 下反应速度常数 k_1 $[L^2/(mol^2 \cdot min)]$	化学计量速度常数 k_2 $(\times 10^{-6})$
哌啶	3.0	0.027	8.6
二甲胺	3.4	0.10	8.9
吗啉	3.0	14.8	15.0
一亚硝基哌啶	3.0	400	5.0
哌嗪	3.0	5 000	3.7
脯氨酸	2.25	2.9	—
羟基脯氨酸	2.25	23	—
肌氨酸	2.5	13.6	—

注：反应速度＝k_1［游离胺］［亚硝酸］²；或反应速度＝k_2［总胺］［亚硝酸盐］²。

表 12 - 15　温度和时间对亚硝基二甲胺（DMN）生成量（mg/kg）的影响

温度（℃）	DMN 生成量	时间（d）	DMN 生成量
50	0.2	2	1.6
60	0.4	8	6.2
70	0.75	18	13.5
80	1.55	30	25
90	3.0	52	42
100	8.3	104	88

从表 12 - 15 中可见，温度每升高 10℃，反应的速度增加一倍，即温度显著影响硝化反应的进行。同时随着时间的增加，亚硝基二甲胺的生成量也成正比地增加。所以不仅是食品

的贮藏温度，其贮藏时间也会影响食品中亚硝酸胺的含量水平。

提高食品安全性、降低亚硝基化合物的危害性的有效方法是采用良好的加工条件、降低畜产品加工时亚硝酸盐的使用量，对此世界各国对动物食品中亚硝盐的残留量均有明确限制，也在寻找替代的有效方法；减少腌菜、腌鱼、熏鱼等食品的食用量，提倡食用新鲜的蔬菜、鱼类。此外一些食物或食品成分（如大蒜、猕猴桃、茶叶、维生素 C、维生素 E、酚类等）可以阻断亚硝基化合物的形成，降低亚硝酸胺形成的风险。

12.5.3 丙烯酰胺

在 2002 年初，瑞典的食品局（NFA）和斯德哥尔摩大学的科学家公布了他们对丙烯酰胺（acrylamide）的最新研究结果，他们发现丙烯酰胺在许多高温加工食品中存在。这引起世界范围的关注，并促进了国际间的合作研究，所以在 2002 年有关丙烯酰胺的研究是食品化学、食品安全性研究工作的一个热点问题，有美国、英国、澳大利亚、日本、德国等国家的科学家及时地开展相关研究，从各方面对食品中丙烯酰胺的生成途径、潜在危害、分析方法等进行探讨。淀粉类食品在高温（>120℃）烹调下容易产生丙烯酰胺。研究表明，人体可通过消化道、呼吸道、皮肤黏膜等多种途径接触丙烯酰胺，饮水是其中的一条重要接触途径。

根据目前已有的毒理学资料，丙烯酰胺是一种有毒的化学物质，可诱发癌变，是一个神经毒素，同时可能导致基因损伤。丙烯酰胺的急性中毒剂量很低，所以毒性很大。但是过去对食品中丙烯酰胺的了解甚少，对它在食品中的形成途径、形成条件、最终去向、生物可利用率、含量水平等几乎一无所知，所以在今后的一段时间内有关丙烯酰胺的研究将是一个热点，并最终确定在加工食品中丙烯酰胺是否成为一个安全性问题。但无论结果如何，已有的研究结果可以明确说明在食品的加工过程中，丙烯酰胺是一个生成的污染物，对人类存在潜在的危害。

有关热加工食品中丙烯酰胺的形成机制已经有大量的研究报道。目前公认最可能生成途径有两个（图 12-27），一个是由天冬酰胺参与的美拉德反应是食品中产生丙烯酰胺的重要途径之一，称作天冬酰胺途径；另有一些研究者认为丙烯酰胺可以通过丙烯醛或丙烯酸而形成，称作丙烯酸途径。食物中的单糖在加热过程中发生非酶促降解、蛋白质和糖类在高温分解反应中，都会产生大量的小分子醛（如甲醛、乙醛等），它们在适当的条件下，重新化合生成丙烯醛，进而生成丙烯酰胺。油脂在高温加热过程中释放的三脂酰甘油分解成丙三醇和脂肪酸，丙三醇的进一步脱水或脂肪酸的进一步氧化均可产生丙烯醛。食物中的蛋白质氨基酸（如天冬氨酸）的降解，丙氨酸和精氨酸在高于 180℃加热时都能生成丙烯酸；丝氨酸和半胱氨酸加热经丙酮酸、乳酸生成丙烯酸。丙烯酸途径在食品中似乎更为广泛，但是由于受自由氨的限制，要使反应有效进行需要相对高的温度，所以丙烯酸途径产生的丙烯酰胺的量比天冬酰胺途径少。

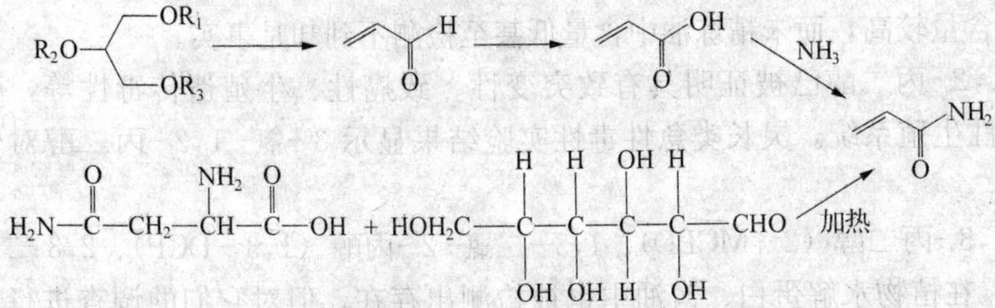

图 12-27 丙烯酰胺的可能生成途径

表 12-16 列举了在一些食品中发现的丙烯酰胺含量水平，显然高温加工食品时应该是今后重点注意的对象，特别是油炸食品中。

表 12-16　一些食品中的丙烯酰胺的含量测定结果

食品	丙烯酰胺含量水平（μg/kg）		样品数
	平均	范围	
油炸马铃薯片	1312	170~2287	38
油炸马铃薯条	537	<50~3500	39
焙烤食品	112	<50~450	19
饼干、薄脆饼干、烤面包条	423	<30~3200	58
谷物早餐食品	298	<30~1346	29
爆玉米	218	34~416	7
软面包	50	<30~162	41
煎鱼、海产品（裹面包渣）	35	30~39	4

注：加符号"<"表示样品分析结果低于实验室分析方法的检测限。

12.5.4　氯丙醇

氯丙醇（chloro-propanol）是继二噁英之后食品污染领域的又一热点问题。氯丙醇是一种毒性致癌物。早在 20 世纪 70 年代，人们就发现氯丙醇能够使精子减少和精子活性降低，并有抑制雄激素生成的作用，使生殖能力减弱，甚至有人试图将其作为男性避孕药开发。因此氯丙醇不仅具有致癌性，而且具有雄激素干扰物活性。

同二噁英化合物类似，氯丙醇也是一类化合物的统称。食品加工贮藏过程中均会受到氯丙醇污染，其中酱油、蚝油等调味品加工过程中产生或添加不合卫生条件酸水解蛋白质液是造成氯丙醇污染食品的主要途径。在酸水解植物蛋白（HVP）过程中可形成 4 种氯丙醇化合物（图 12-28）：3-氯-1,2-丙二醇（3-MCPD）、2-氯-1,3-丙二醇（2-MCPD）、1,3-二氯-2-丙醇（1,3-DCP）、2,3-二氯-1-丙醇（2,3-DCP）。

3-氯-1,2-丙二醇（3-MCPD）是熟知的化学污染物，除存在于酱油、蚝油等调味品中外，还广泛存在于加热处理的含油脂食品中，如精制植物油、炸薯条、方便面、烤面包、面包皮、甜甜圈、炭烧咖啡、烤深色麦芽、香肠等。有研究者调查 135 份酱油中 3-

图 12-28　氯丙醇化合物的化学结构

氯-1,2-丙二醇检出率为 32.05%，含量范围为 5.8~379.1μg/kg。到目前为止，原料和精炼工艺对食用植物油中 3-氯-1,2-丙二醇含量的影响还不确定。但是精炼植物油中 3-氯-1,2-丙二醇含量较高，而未精炼油中含量低甚至检测不到却是事实。

3-氯-1,2-丙二醇已被证明具有致突变性、致癌性、生殖遗传毒性等，靶器官主要为肾脏和雄性生殖系统。灵长类急性毒性实验结果显示 3-氯-1,2-丙二醇对骨髓有毒性作用。

2-氯-1,3-丙二醇（2-MCPD）、1,3-二氯-2-丙醇（1,3-DCP）、2,3-二氯-1-丙醇（2,3-DCP）在植物水解蛋白、酱油中也被检测出存在，但对它们的调查进行面没有达到 3-氯-1,2-丙二醇的程度。

2001 年联合国粮食与农业组织和世界卫生组织联合食品添加剂专家委员会（JECFA）对 3 - 氯 - 1,2 - 丙二醇进行安全评估，确定其暂定每日膳食耐受量（PMTDI）为 $2\mu g/kg$，并于 2006 年再次评估这种污染物。食品法典委员会（CAC）自 2000 年起讨论氯丙醇，并于 2008 年规定含有酸水解植物蛋白的液态调味品（不包括天然发酵酱油）中 3 - 氯 - 1,2 - 丙二醇的限量为 $0.4mg/kg$。

基于食品安全性的考虑，目前我国相关法规明确规定，不得以植物蛋白水解物代替正常用豆类发酵生产的酱油生产调味液，在产品中如果添加一定量植物蛋白水解液，必须在标签上说明其产品是配制产品，并规定添加酸水解植物蛋白的液体调味品中 3 - 氯 - 1,2 - 丙二醇的限量标准为 $0.4mg/kg$；同时禁止利用动物蛋白水解物来生产调味液。

12.5.5　杂环芳胺类

食品的热加工过程中可以形成杂环芳胺（heterocyclic aromatic amines，HCA）类化合物，尤其是在富含蛋白质、氨基酸的食品中。虽然在 1936 年便有人发现烤马肉的提取物可以诱发动物致癌，只是在随后的 70 年代，一些科学家发现从烤鱼中发现具有致突变作用的化合物，而且它的作用甚至超过前述的苯并（a）芘，后来在烧焦的肉中、正常烹饪的肉中均有类似的发现，由此才引起人们广泛开展对含有蛋白质、氨基酸的食品的热解产物的研究工作，从而导致发现新的一类食品有害成分杂环芳胺。到目前为止已经有 20 多种的食品衍生杂环芳胺化合物被分离出，它们具有强烈的致突变性，与人类的大肠、乳腺、胃、肝脏和其他组织的肿瘤发病率增加有关。研究表明它们的致癌靶器官主要为肝脏，并且还发现可以转移至乳腺而存在于哺乳动物的乳汁中，所以杂环芳胺对食品的污染以及由此所造成的健康危害，已经是食品安全性方面的重要问题之一。

对杂环芳胺化合物的早期研究，利用 Ames 检测技术分析，发现经过高温烹制的肉类食品，几乎均具有致突变性，而不含蛋白质或氨基酸的食品的致突变性很低。进一步的化学分析表明，鱼和肉类食品是杂环芳胺的主要来源。蛋白质、氨基酸在 300℃ 以上的温度下裂解时，主要生成图 12 - 29 所示的杂环芳胺化合物，它们主要存在于肉类、鱼的表面，为非常强的致突变物质，但通常不是非常强的致癌物。化学结构上，它们为吲哚、咪唑、吡啶类化合物，来自色氨酸、谷氨酸、苯丙氨酸等的热解产物。

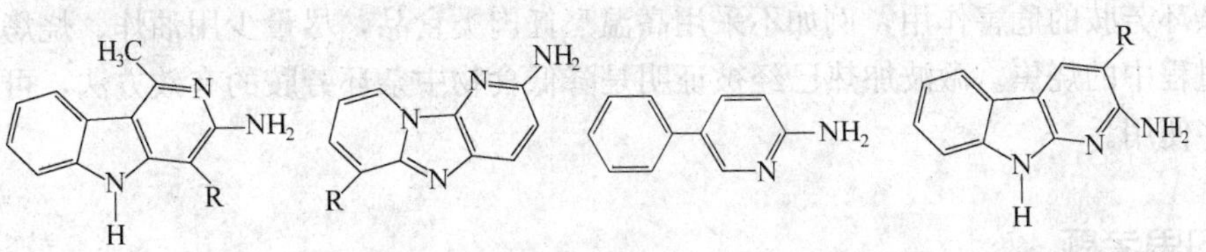

图 12 - 29　高温下生成的杂环芳胺化合物

第二类杂环芳胺化合物存在于 150～200℃ 焙烤食品的焦壳中，这些化合物一般为喹啉、喹喔啉、吡啶，结构见图 12 - 30，它们是肌酐、肌苷酸同氨基酸、糖反应形成的产物，而这些反应物正是肉类食品的天然成分。

进一步研究的结果发现，氨基酸与肌酸是反应的重要前体（它们正是在植物食品中较少或不存在成分），美拉德反应在杂环芳胺形成的作用过程中具有作用（图 12 - 31）。这些杂环芳胺化合物是已知最强的食品源致突变物，对啮齿动物具有强的致癌作用，它们和其他一些因素共同作用就会产生严重的不良后果。

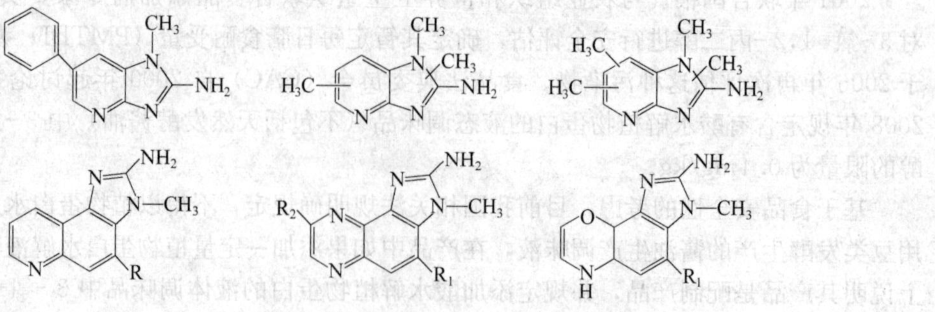

图 12-30 食品中存在的第二类杂环芳胺化合物

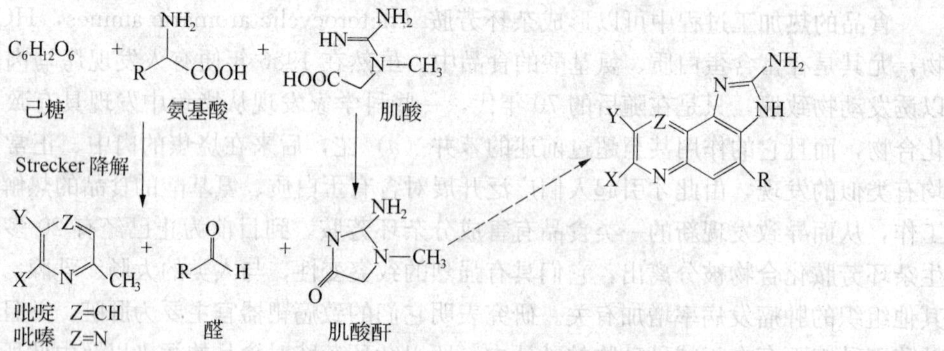

图 12-31 杂环芳胺的形成途径

　　一般而言，水煮时由于温度较低，故产生的杂环芳胺较少，煎、炸、烤加工由于温度较高，故产生的杂环芳胺的量相应较高。例如研究表明，温度从 200 ℃升高至 300 ℃，致突变性增加 5 倍；杂环芳胺在油炸加工时主要在前 5 min 形成，5～10 min 的形成速度明显减慢，更长时间的加热处理已经影响不大。

　　由于杂环芳胺形成的前体普遍存在于动物性食品中，仅通过简单的加热处理就可以形成各种致突变物，所以人类要想完全避免其危害是不可能的。但是人们仍然可以采取一些措施来降低杂环芳胺的危害作用，例如不采用高温烹饪肉类食品，尽量少用油炸、烧烤加工，防止加工过程中的烧焦。微波加热已经被证明是降低食物中杂环芳胺的有效方法，可以在日常生活中多使用。

复习思考题

　　1. 指出食品中有害物质的分类以及产生的主要途径，说出食品有害成分对食品安全性的重要影响。

　　2. 植物组织中常见的有害物质有哪些？通过何种手段可以将其生理作用有效清除？

　　3. 动物组织中常见的毒素存在于何种动物？其特征是什么？如何预防其中毒发生？

　　4. 食用发生"赤潮"海域的贝类会导致食物中毒，为什么？

　　5. 微生物毒素是如何分类的？重要的微生物毒素有哪些？其对人体健康影响如何？如何抑制微生物毒素的产生或脱除食品中的典型微生物毒素？

6. 来自环境中的有害污染物主要有哪些？它们对人体健康的潜在危害有什么特点？

7. 核污染产生的原因是什么？核素对人体的主要危害是什么？

8. 如何控制硝酸盐和亚硝酸盐类物质危害？

9. 近年来频繁发生的食品安全事件与哪些食品中的有害物质有关？

10. 食品加工过程中产生的有害物质主要有哪些？它们的产生途径是何？如何采用一些有效手段抑制这些有害物质的产生？

11 高温加工食品中生成的有害化学物质有哪些？它们的主要危害在哪些方面？

12. 大豆是一种重要的油料作物，试综合说明存在于大豆中对人体健康有不利影响的物质。

主 要 参 考 文 献

蔡云升，卜永士.2003.聚甘油脂肪酸酯在食品中的应用［J］.食品工业科技，24（7）：54-56.

陈炳卿.2000.营养与食品卫生学［M］.4版.北京：人民卫生出版社.

陈敏.2008.食品化学［M］.北京：中国林业大学出版社.

戴有盛.1994.食品的生化与营养［M］.北京：科学出版社.

格莱翰 HD.1987.食品安全性［M］.黄伟坤，译.北京：轻工业出版社.

韩雅珊.1992.食品化学［M］.北京：北京农业大学出版社.

何国兴.2004.颜色科学［M］.上海：东华大学出版社.

阚建全.2008.食品化学［M］.2版.北京：中国农业大学出版社.

李杰，王丽，于长青.2005.大豆磷脂的研究现状及展望［J］.黑龙江八一农垦大学学报，17（2）：
   81-84.

凌关庭.1997.食品添加剂手册［M］.2版.北京：化学工业出版社.

刘成梅，游海.2003.天然产物有效成分的分离与应用［M］.北京：化学工业出版社.

刘程，周汝忠.1994.食品添加剂实用大全［M］.北京：北京工业大学出版社.

刘邻渭.2000.食品化学［M］.北京：中国农业出版社.

龙朝阳，许秀敏.2005.食品中四种常用尼泊金酯的高效液相色谱法测定［J］.中国卫生检验杂志，15
   （l）：66-67.

罗贵明.2002.酶工程［M］.北京：化学工业出版社.

马自超，庞业珍.1994.天然食用色素化学及生产工艺学［M］.北京：中国林业出版社.

宁正祥，赵谋明.2000.食品生物化学［M］.广州：华南理工大学出版社.

天津轻工业学院，无锡轻工业学院.1991.食品生物化学［M］.北京：中国轻工业出版社.

汪东风.2007.食品化学［M］.北京：化学工业出版社.

王敏奇.2001.胆碱在饲料工业中的应用研究进展［J］.粮食与饲料工业，11：25-26，30.

王宪楷.1988.天然药物化学［M］.北京：人民卫生出版社.

王璋，许时婴，汤坚.1999.食品化学［M］.北京：中国轻工业出版社.

吴立军.2007.天然药物化学［M］.5版.北京：人民卫生出版社.

肖崇厚.1987.中药化学［M］.上海：上海科学技术出版社.

谢笔均.2011.食品化学［M］.3版.北京：科学出版社.

谢明勇.2011.食品化学［M］.北京：化学工业出版社.

邢其毅.1983.基础有机化学［M］.北京：人民教育出版社.

徐凤彩.2001.酶工程［M］.北京：中国轻工业出版社.

杨永明，卢德勋，甄玉国.2001.胆碱及其应用［J］.饲料研究，3：38-41.

余权，赵强忠，赵谋明，等.2010.乳化剂 HLB 值对含大豆蛋白搅打稀奶油的搅打性能及质构特性的影响
   ［J］.食品与发酵工业（10）：11-14.

张秀琴.2002.中药化学［M］.北京：中国医药科技出版社.

郑建仙.1999.功能性食品（第一、二、三卷）［M］.北京：中国轻工业出版社.

DENNIS R HELDMAN.2001.食品加工原理［M］.夏文水，等，译.北京.中国轻工业出版社.

NORMAN N POTTERE, et al.2001.食品科学［M］.王璋，等，译.北京.中国轻工业出版社.

S SUZANNE NIELSEN. 2002. 食品分析 [M]. 杨严俊，等，译. 北京：中国轻工业出版社.

BELITZ H D，GROSH W. 1999. Food chemistry [M]. 2nd ed. New York：Springer-Verlag.

BIESAGA M. 2011. Influence of extraction methods on stability of flavonoids [J]. Journal of Chromatography (18)：2505-2512.

CASTANEDA-OVANDO A，et al. 2009. Chemical studies of anthrocyanins：a review [J]. Food Chemistry (113)：859-871.

DAVID H WATSON. 2001. Food chemical safety，volume 1：contaminants [M]. Boca Raton：CRC Press LLC.

JIHONG，BRADLY T M. 1996. Atlantic salmon (Salmon salar) fed L-carnitine exhibit altered intermediary metabolism and reduced tissue lipid，but no change in growth rate [J]. J. Nutr.，126 (8)：1937-1950.

KANTRE M M，WILLAMS M H. 1995. Antioxidants，carnitine and choline as putative ergogenic acid [J]. Int. J. Nutr.，5 (6)：120-131.

LEONARD N BELL，THEODORE P LABUZA. 2000. Moisture sorption-practical aspects of isotherm measurement and use [M]. 2nd ed. St. Paul：American Association of Cereal Chemists，Inc.

MCDOWELL L R. 1989. Vitamins in animal nutrition (comparative aspects to human nutrition) [M]. San Diego：Academic Press，Inc.

MERTZ W. 1993. Chromium in human nutrition [J]. J. Nutr.，123：626.

MOSSOP R T. 1983. Effects of chromium (III) on fasting blood glucose，cholesterol and cholesterol HDL in diabetics [J]. Cent. Afr. J. Med.，29：80.

MOWAT D N. 1993. Chelated chromium fir stressed feeder calves [J]. Can. J. Anim. Sci.，73：49-55.

NIELSEN F H. 1994. Chromium [G]. //M E SHILS，J A OLSON，M SHIKE. Modern nutrition in heath and disease. 8th ed. Philadelphia：Lea & Febrger.

OWEM R FENNEMA. 1996. Food chemistry [M]. 3rd ed. Hongkong：Marcel Dekker，Inc.

WORKEL H A. 1998. Choline-the rediscovered vitamin [J]. World Poultry，10：22-25.

ZDZISLAW E SIKORSKI. 2002. Chemical and functional properties of food components [M]. 2nd ed. Boca Raton：CRC Press LLC.

附　英文缩略词表

简写	英文全称	中文全称
a_w	activity of water	水分活度
AV	acid value	酸价
AAS	amino acid score	氨基酸分数
ADI	acceptable daily intake	日允许摄入量
ADP	adenosine diphosphate	二磷酸腺苷
ARA	arachidic acid	花生四烯酸
AOM	active oxygen method	活性氧法
ATP	adenosine triphosphate	三磷酸腺苷
BBI	Bowman-Birk inhibitor	Bowman-Birk 蛋白酶抑制剂
BHA	butylated hydroxy anisole	丁基羟基茴香醚
BHT	butylated hydroxy toluene	二丁基羟基甲苯
CA	crude ash	粗灰分
CI	color index	染料索引号
CAT	catalase	过氧化氢酶
cmc	critical micell concentration	临界胶束浓度
CMC	carboxyl methyl cellulose	羧甲基纤维素
CRS	Chinese restaurant syndrome	中国餐馆综合征
CTP	cytidine triphosphate	胞苷三磷酸
CDDs	chlorinated dibenzo-p-dioxins	二噁英化合物
CANPs	calsium-activated neutral proteinases	钙活化中性蛋白酶
CGTase	cyclomaltodextrin glucanotransferase	环糊精葡萄糖基转移酶
DE	dextrose equivalent	葡萄糖当量
DS	degree of substitute	取代度
DV	diene value	二烯值
DCP	1,3-dichloro-propane	1,3-二氯丙醇
DDT	dichlorodiphenyl trichloroethane	农药滴滴涕
DHA	dehydroalanine	脱氢丙氨酸残基
DHA	docosahexaenoic acid	二十二碳六烯酸
DMN	dimethyl nitrosamine	二甲基亚硝胺
E	enzyme	酶

（续）

简写	英文全称	中文全称
EC	emulsification capacity	乳化能力
ES	emulsification stability	乳浊液的稳定性
ES	enzyme-substrate complex	酶-底物复合物
EAA	essential amino acid	必需氨基酸
EAI	emulsion activity index	乳化活性指数
EFA	essential fatty acid	必需脂肪酸
EPA	eicosapentanoic acid	二十碳五烯酸
ERH	equilibrium relative humidity	平衡相对湿度
ELSD	evaporative light-scattering detector	蒸发光散射检测器
Fp	foam power	发泡力
FU	flavor unit	香气值
FAD	flavin adenine dinucleotide	黄素腺嘌呤二核苷酸
FAO	food and Agriculture Organization of the United Nations	联合国粮食与农业组织
FDA	Food and Drug Administration	食品药品管理局
FMN	flavin mononucleotide	黄素单核苷酸
FPP	farnesene pyrophosphate	焦磷酸金合欢酯
GTF	glucose tolerance factor	葡糖糖耐受因子
GPP	pyrophosphate	焦磷酸香叶酯
GTP	guanosine triphosphate	鸟苷三磷酸
GSSG	glutathion (oxidized form)	氧化型谷胱甘肽
GSH	glutathion (reduced form)	谷胱甘肽
GSH-Px	glutathione peroxidase	谷胱甘肽过氧化物酶
Hx	hypoxanthine	次黄嘌呤
HAP	hydrolyzed animal protein	水解动物蛋白
HCA	heterocyclic aromatic amines	杂环芳胺
HDL	high density lipoprotein	高密度脂蛋白
HLB	hydrophile lipophile balance	亲水-亲油平衡值
HMF	hhydroxymethylfurfural	羟甲基糠醛
HVP	hydrolyzed vegetable protein	水解植物蛋白
IV	iodine value	碘值
IU	international units	国际单位
IFT	Institute of Food Technologists	（美国）食品工艺家研究院
IMP	inosine monophosphate	单磷酸肌苷酸
Ino	inosine	肌苷
IP₃	inositol triphosphate	三磷酸肌醇
IVS	intervening sequence	间隔序列

（续）

简写	英文全称	中文全称
KTI	Kunitz inhibitor	Kunitz 胰蛋白酶抑制剂
LD	lethal dosage	致死剂量
LD_{50}	50% lethal dose	半数致死剂量
LDL	low density lipoprotein	低密度脂蛋白
Lox	lipid oxidase	脂肪氧合酶
α-Ln	α-linolenic acid	α-亚麻酸
γ-Ln	γ-linolenic acid	γ-亚麻酸
Mb	myoglobin	肌红蛋白
MC	methyl cellulose	甲基纤维素
M_m	move of molecule	分子移动性
MNL	maximum non-effect Level	最大无作用量
MSI	moisture sorption isotherm	吸湿等温线
MSG	mono sodium glutamate	谷氨酸一钠（味精）
MbO_2	oxymyoglobin	氧合肌红蛋白
MetMb	met myoglobin	高铁肌红蛋白
MUSFA	monounsaturated fatty acid	单不饱和脂肪酸
NAD	nicotinamide adenine dinucleotide	烟酰胺腺嘌呤二核苷酸
NPY	non-peptide Y	非肽类神经肽 Y
NSI	nitrogen solubility index	氮溶解性指标
NPP	nerol pyrophosphate	焦磷酸橙花酯
NTP	nucleotide triphosphate	核苷三磷酸
NADP	nicotinamide adenine dinucleotide phosphate	烟酰胺腺嘌呤二核苷酸磷酸
PA	phosphatidic acid	磷脂酸
PC	phosphatidyl choline	卵磷脂
PE	phosphatidyl ethanolamine	脑磷脂
PG	propyl gallate	没食子酸丙酯
PI	phosphatidyl inositol	肌醇磷脂
PS	phosphatidyl serine	丝氨酸磷脂
PAF	plague activity factor	血小板活化因子
PAH	polycyclic aromatic hydrocarbon	多环芳烃
PBB	polybromidebiphenyl	多溴联苯
PCB	polychlorobiphenyl	多氯联苯
PDI	protein disperse index	蛋白质分散性指标
PER	protein efficiency ratio	蛋白质利用率
PGE_1	prostaglandin E_1	前列腺素 E_1

简写	英文全称	中文全称
PGI_2	prostaglandin I_2	前列腺环素 I_2
POV	peroxide value	过氧化值
PUSFA	polyunsaturated fatty acid	多不饱和脂肪酸
RE	retinol equivalent	视黄醇当量
SOD	superoxide dismutase	超氧化物歧化酶
SR	selective ratio	选择比
Sn	stereospecific numbering	立体有择位次编排命名法
SFI	solid fat index	固体脂肪指数
SV	saponify value	皂化值
SFA	saturated fatty acid	饱和脂肪酸
T_g	temperature of glass	玻璃化温度
TBHQ	tertiary butylhydroquinone	特丁基对苯二酚
TXA_2	thromboxane	血栓素 A_2
TPP	thiamin pyrophosphate	硫胺素焦磷酸
UV	ultraviolet	紫外线
UFA	unsaturated fatty acid	不饱和脂肪酸
USP	United States pharmacopeia units	美国药典单位
UTP	uridine triphosphate	尿苷三磷酸
USFA	unsaturated fatty acid	不饱和脂肪酸
WDP	water disperse protein	水可分散蛋白
WHO	World Health Organization	（联合国）世界卫生组织
WMD	white muscle disease	白肌病
WSP	water soluble protein	水溶性蛋白质